草地工作技术指南

主　编

师尚礼

副主编

曹文侠　蒲小鹏

编著者

（按姓氏笔画排列）

张　虎　张德罡　赵　忠

陈本建　鱼小军　蔡卓山

薛福祥

金盾出版社

内 容 提 要

本书由甘肃农业大学草业学院师尚礼教授等多位专家组织编写。内容包括:中国草地资源概况,草地资源监测和评价,草地培育与合理利用,退化草地治理与生态恢复重建,牧草种质资源利用,草地有害生物防除,草原旅游及自然保护区管理,草原法制建设,草业试验设计与分析等9章。适合草原、畜牧、生态治理和旅游业等领域的管理人员和技术人员及草业科学、生态学、资源与环境等专业师生参考使用。

图书在版编目(CIP)数据

草地工作技术指南/师尚礼主编 . —北京:金盾出版社,2009.3
ISBN 978-7-5082-5528-6

Ⅰ. 草… Ⅱ. 师… Ⅲ. 草地—农业技术—中国—指南 Ⅳ.
S812-62

中国版本图书馆 CIP 数据核字(2009)第 013798 号

金盾出版社出版、总发行
北京太平路 5 号(地铁万寿路站往南)
邮政编码:100036 电话:68214039 83219215
传真:68276683 网址:www. jdcbs. cn
封面印刷:北京精美彩色印刷有限公司
正文印刷:北京外文印刷厂
装订:万龙印装有限公司
各地新华书店经销
开本:850×1168 1/32 印张:24.75 字数:621 千字
2009 年 3 月第 1 版第 1 次印刷
印数:1~8 000 册 定价:55.00 元

作 者 简 介

师尚礼,男,1962 年 10 月生,甘肃省会宁县人,1985 年毕业于甘肃农业大学草原专业并留校从事草业科学教学工作,2005 年取得草业科学博士学位,现任甘肃农业大学草业学院院长、教授、博士生导师,农业部现代牧草产业技术体系育种与良种繁育岗位科学家,甘肃农业大学草业生态系统教育部重点实验室主任,教育部重点实验室建设项目、国家级实验教学示范中心评审专家,全国农业推广硕士草业领域培养协作组成员,中国草学会常务理事、教育专业委员会常务副主任委员、饲料生产委员会常务理事,甘肃省沙草产业协会理事。2002 年被遴选为甘肃省"555 创新人才工程"人选,2003 年、2005 年分别赴朝鲜、美国讲学和学术交流。

主要从事牧草种质资源与育种方面的教学、科研和推广工作。先后主持和参加完成 10 余个项目。获省部级科技进步二等奖 4 项、三等奖 1 项,厅级二等奖 1 项、三等奖 1 项,省级教学成果一等奖 1 项、二等奖 1 项,国家版权局计算机软件著作权登记 1 项。参加育成紫花苜蓿新品种 1 个,新品系 4 个,申报发明专利 1 个,发表研究论文 60 余篇。

目前,主持"十一五"国家科技支撑计划"西北优势和特色牧草生产加工关键技术研究与示范"课题、"优质抗逆苜蓿新品种选育"子课题、"西北饲草和饲料作物高效生产技术研究与示范"专题和农业部"牧草与草坪草种质资源保种繁殖"、公益性行业专项"西北区域人工草地优质牧草生产技术研究与示范"(西北区负责人)、"牧草与草坪草种质资源中心库评价"、"国外草产品质量安全检测检验标准搜集"及科技部"牧草种质资源标准化整理整合及共享试点"项目子课题等国家级、省部级科研项目。

主要著作有:《草坪技术手册——草坪草种子生产技术》、《优质苜蓿品种及栽培关键技术》、《优质苜蓿栽培利用》、《牧草种子生产》、《退耕还草技术指南》。2006 年策划编写世行环境基金 GEF 系列培训教材《野生牧草种子采集和贮藏指南》、《草地资源调查与监测技术》、《草地生物多样性保护及评估技术》、《甘肃省 GEF 项目管理者必读》、《草地有害生物防治技术》、《参与式草地资源管理理论与技术》和《草业可持续发展与草地管理》。作为世界银行 GEF 湿地生态与生物多样性保护玛曲项目草原畜牧专家组组长,组织编写《玛曲湿地草地监测方法》、《玛曲湿地草地有害生物防治》、《湿地保护指南》系列丛书。

研究领域集中在寒旱牧草新品种创制、良种良法配套、饲草与种子高产、苜蓿多功能促生菌肥研制与应用、西北干旱半干旱区集雨保墒人工草地建植、粮经饲间作模式等方面进行技术创新和实践应用研究,成果丰富了西北牧草产业化的品种资源和良种良法配套高产技术。提出的垄覆膜沟覆秸秆的垄沟覆盖集雨保墒牧草种植方法显著提高了牧草播种出苗率、成苗率和产量,解决了西北雨养农业区高产人工草地建植密度达不到设计密度的技术瓶颈,为干旱半干旱区草业的可持续发展奠定了基础。

目前已培养博士后、博士、硕士 27 人,2 篇硕士论文分别获得 2006 年、2008 年甘肃农业大学优秀硕士学位论文。

前　　言

　　我国拥有各类天然草地近 4 亿 hm^2，约占国土面积的41.7%，是耕地面积的 3.2 倍，是森林面积的 2.5 倍，且大多分布在大江、大河的源头和中上游地区，是我国面积最大的绿色生态屏障，也是现代草业发展的根本和草原文化的重要载体。丰富的草地资源为我国草地畜牧业和草原旅游等新兴产业的发展提供了巨大的发展空间和发展潜力。然而，由于气候变化和自然灾害，以及过度放牧等人类的不合理利用，导致我国天然草地生产力降低、草地生物多样性下降，生态服务功能减退，出现了大范围的草地退化问题，严重威胁着国家的生态安全和草业的可持续发展。

　　为适应草地工作的新形势和现实要求，加强天然草地的科学管理和合理利用，恢复和培育改良退化草地，提高草地的生产力和生态服务功能，实现草地资源的可持续利用，促进农牧区经济发展，亟须一本全面系统介绍草地资源特性，指导草地管理、草地生产和草地研究的技术性参考书，特组织编写了《草地工作技术指南》一书。

　　本书系统地介绍了草地资源的概况与监测技术、利用与培育技术、治理与恢复重建技术、草地保护与鼠虫病害及杂草防治技术，还介绍了草地物种资源保护、草原旅游管理、草地法制管理以及开展草地科学研究的基本设计与分析方法。具体内容包括：草地资源概况、草地资源监测和评价、草地合理利用与培育技术、退化草地治理与生态恢复重建技术、牧草种质资源保护与利用、草地鼠害、虫害、病害以及草地杂草防治技术、草原旅游资源及旅游管理、草原法制建设、草业试验研究与分析共九个部分。

　　本书由师尚礼教授主编，曹文侠、蒲小鹏副主编。编写人员有张德罡（第一章、附录 A、附录 B）、蒲小鹏（第二章）、曹文侠（第三章）、陈本建（第四章）、鱼小军（第五章）、薛福祥（第六章）、张虎（第七章）、赵忠（第八章，附录 D）、师尚礼（第五章和第九章）和蔡卓山（附录 C）。

本书可供草原、畜牧、生态治理和旅游等领域的管理人员和技术人员使用，也可作为草业科学、生态学、资源与环境等专业师生的参考书。由于编者水平有限，书中错误和不妥之处在所难免，敬请读者批评指正。

编 著 者

目　录

目　录

第一章　中国草地资源概况

第一节　草业生产系统的构成

一、草业及其相关概念

自从有了人类的渔猎活动,草业生产的素材就开始积累。这些素材,在不同的历史时期、不同的生态区域经过不断累积和发展,逐渐形成了自己的生产特征,也就连带出现了相应的科学内涵。

处于植物生产与动物生产之间的草原学,是两者之间的界面科学。长期以来,人们对于它的界面特性认识不足,因此在草原学的发展过程中,根据它出发的原点不同,不是被纳入植物生产类(农学)、如西欧、就是被纳入动物生产类(畜牧学)、如我国。在很长一段时期内它未被看做是一门独立学科。

20 世纪 80 年代,钱学森首次提出创立知识密集型草业产业,其基本含义是:以草地为基础,利用日光能量合成牧草,然后用牧草饲喂畜禽,再通过生物化工、机械等一切可以利用的现代科学技术手段,建立起创造物质财富的高度综合的产业系统。除草畜统一经营之外,还有种植、营林、饲料、加工、开矿、狩猎、旅游、运输等经营活动。以草地为载体的牧草与其周围的一切共生资源是一个密切相关的统一体,草业产业就是要运用生物、机械、化工、信息等一切可利用的现代科技手段,综合开发草地上以牧草为主的共生资源,在种植优良牧草、改良土壤、建立优化生态系统的基础上,发展草、牧、林、渔、工、商、旅游等连锁产业,建立起高度综合的、能量循环的、科学管理的、生态优化的、多层次的、高效益的产业巨系统。这样一来就把历来草地资源开发利用上孤立分割、技术分散、效益单一的传统方式，转变为综合开发、科技密集、效益耦合的科学方式。草业不再是传统认识的资源性的自然再生产，而是一个完整的行业。它包含从日光能到牧草等饲用植物，再到动物生产，再到产品的加工流通等全部生产流程，即产业化过程。

钱学森先生的草业概念，虽然是肇始于天然草原区，但没有忽视农区和林区的草业。作为一个草业产业，将不同地区的同一性质的产业，以其特殊共性概括为一个完整的科学和生产范畴，就是今天我们所说的草业，它包含草原区的草业、农区的草业和林区的草业。

二、草业生产层

草业包括 4 个生产层次（图 1-1），这就是前植物生产层、植物生产层、动物生产层和外生物生产层。

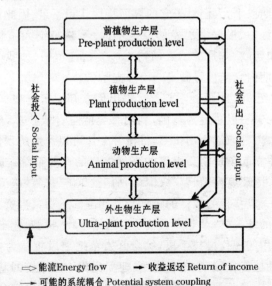

图 1-1　草地农业生态系统的四个生产层

草地农业生态系统通过 4 个生产层来表达其生产特性。按其生产属性来看，前植物生产层不以生产动、植物产品为主要目的，而以景观效益为其主要社会产品的生产部分，如自然保护区、水土保持区、风景旅游公园等，体现系统的生态价值，因此不妨称之为生态价值层。植物生产层是传统的作物、果蔬、林木等生态系统的初级生产部分，如牧草生产。在草地农业生态系统中，其更具特色的功能是提供动物生产的基础。动物生产层是以草食动物为基础的家畜、家禽和野生动物及其产品为主要生产目标的部分。外生物生产层是指加工、流通，以及为草业系统服务的专用人才的培养、教育等。

4 个生产层是生产管理系统的不同生产层次，每个生产层都可能输出产品，获得生产效益。4 个生产层次之间可以发生系统耦合，导致更高一级的系统发生，从而产生效益放大。

第二节　草地分类

一、中国草地分类法

1979 年开始的全国统一草地资源调查，原则上采用以贾慎修教授为代表的植物-生境学分类方法，由南方草场资源调查办公室和北方草场资源调查办公室分别在《南方草场资源调查方法导论及技术规程》和《重点牧区草场资源调查大纲》中，制订了南方和重点牧区草地类型分类系统和划分标准。以省、自治区、直辖市为单位进行的草地资源调查，均按上述草地类型分类系统进行。通过调查实践，各地草地资源调查的主持单位和技术人员，对中国草地类型分类系统做了大量的补充和修改。为了统一全国草地类型的分类标准，在农业部畜牧局和全国畜牧兽医总站的主持下，从 1980 年至 1987 年，每年召开 1 次全国性草地资源调查专业性会议,邀请全国的草地学专家和草地调查技术骨干,讨论并修改全国草地类型分类系统。比较重要的有1982年的株洲会议、1984年的厦门会议和1987年的北京会议。在此期间,吸收了新疆维吾尔自治区畜牧厅关于温带荒漠类型的划分,河北省畜牧局关于增加滩涂盐化草甸亚类的划分,湖北等南方省(自治区)的畜牧局对热性草丛类和热性灌草丛类的划分,山东省、河南省、天津市畜牧局关于暖性草丛类和暖性灌草丛类的划分,广东、云南、四川3省畜牧局关于干热稀树灌草丛类的划分等意见,极大地丰富和充实了中国草地类型分类系统。1987年,全国草地资源调查业内总结会议,制定了《中国草地分类系统划分标准》(初稿)。1988年3月初,由农牧渔业部畜牧局和全国畜牧兽医总站主持的会议,邀请贾慎修教授和南、北方草场资源调查办公室负责人参加,对《中国草地分类系统划分标准》(初稿)进行了最后的修改和审定,形成《中国草地类型的划分标准和中国草地类型分类系统》,并作为统一标准印发给全国草地资源调查业内总结各专题任务组依照执行。1988年底,全国最后完成草地资源调查的西藏自治区,向全国业内总结工作提交了西藏自治区草地分类系统。1989年采纳了西藏草地分类系统中增设高寒草甸草原类、高寒荒漠草原类和高寒盐化草甸亚类的意见,形成最终的中国草地类型分类系统。

(一)中国草地类型的分类原则、单位和标准

1. 分类原则

第一,气候因素,特别是草地水、热状况,决定着草地的形成和发展。在一定的气候带内,必然发育着一定的草地类型。所以,气候因素是草地形成和变化的决定性因素,应是草地分类的主要依据之一。

第二,地形因素在改变了水、热条件再分配的情况下,能造就发育出与所处气候带的地带性草地不同的草地类型。非地带性草地,即低湿地草甸和沼泽,就是在负地形或积水地形条件下发育而成的。此外,地形因素,特别是海拔高度、坡向,也是制约山地垂直带草地类型发生的主要因素。因此,地形因素是非地带性草地的主要分类依据。

第三,草地植被是人类直接利用的对象,又是草地发生、演替过程中最敏感、变化最迅速的因素。因此,草地植被应是贯穿草地分类不同层次的主要依据之一。

第四,草地分类要特别体现草地的经济价值与经营、利用特点。因此,草地分类应将草地饲用植物及其组合视作主要分类对象进行分类。草地类型应有一定的足以利用的面积。

第五,草地类型应具有相对的稳定性,草地分类应以基本稳定的、具有顶极群落的草地作为分类对象,不稳定的、以一年生牧草为优势种的草地不宜作为分类对象。

第六,草地类型分类应有利于草地制图。划分的草地类型应能准确地绘制于地形图上,以便准确地量算其面积,计算草地生产力。

2. 分类单位和标准 中国草地类型遵照上述分类原则,按类(亚类)、组、型进行三级分类。各分类级的划分标准如下:

(1)第一级 类 类是指具有相同水热大气候带特征和植被特征,具有独特地带性的草地;或具有广域分布的隐域性特征的草地。各类之间的自然特征和经济利用特性有质的差异。

草地热量条件,用热量带划分,将分布于热带、亚热带、暖温带、温带和高山亚寒带、寒带的草地分别用热性、暖性、温性和高寒4种热量级表示。草地植被的水分生态类型用伊万诺夫湿润度划分。它们与草地类型的对应关系见表1-1。

表 1-1　草地植被水分生态类型与草地植被类型

伊万诺夫湿润度	草地植被水分生态类型	草地植被类型
<0.13	极干旱	荒漠
0.13～0.20	强干旱	草原化荒漠
0.20～0.30	干旱	荒漠草原
0.30～0.60	半干旱	草原
0.60～1.00	半湿润	草甸草原
>1.00	湿润	草甸、草丛、灌草丛

　　全国草地的植被类型包括草甸、草原、荒漠、沼泽和森林破坏后次生的灌草丛 5 种。为了突出不同的草地植被在草地畜牧业中的不同重要程度，依据草地所处的气候带和植被结构，将草甸划分为高寒草甸、温性山地草甸和隐域性低地草甸 3 个草地类；将草原植被先按热量带划分为温性草原和高寒草原，再进一步按植被性质划分为温性草甸草原类、温性草原类（典型）、温性荒漠草原类和高寒草甸草原类、高寒草原类（典型）、高寒荒漠草原类 6 个类；将荒漠划分为温性草原化荒漠类、温性荒漠类和高寒荒漠类 3 个类；将灌草丛植被按热量带和植被稳定性划分，基本稳定的为草丛类，相对稳定的为灌草丛类；暖温带次生灌草丛分为暖性草丛类和暖性灌草丛类，热带、亚热带次生灌草丛分为热性草丛类、热性灌草丛类和干热稀树灌草丛类 3 个类；沼泽植被面积小，畜牧业利用价值相对较低，单独作为一个类，不再按热量带划分。按上述标准将全国天然草地划分为 18 个类（见中国草地类型系统）。

　　亚类不作为分类级，它是类的补充，是在类的范围内大地形、土壤基质或高级植被类型差异明显的草地。不同的草地类划分亚类的依据可以有所不同，有的类也可以不划分亚类。

　　温性草甸草原类、温性草原类和温性荒漠草原类 3 个类各自均按地形划分为：位于平原丘陵的、位于山地的、发育于沙地的 3 个不同的亚类；温性荒漠类按其土质、沙砾质和盐土质 3 种土壤基质划分为荒漠亚类、沙漠亚类、盐漠亚类共 3 个亚类；低地草甸类按其地形和植被的差异划分为位于湖滨、河漫滩的低湿地草甸亚类、位于内陆盐碱地的低地盐化草甸亚类、位于沿海滩涂的滩涂盐生草甸亚类和植被沼泽化的低地沼泽化草甸亚类共 4 个亚类；山地草甸类按其地形划分为位于中低山的山地草甸亚类和位于亚高山的亚高山草甸亚类 2 个亚类；高寒草甸类按土壤和植被差异划分为：位于高原或高山的典型高寒草甸亚类、发育于盐土的高寒盐化草甸亚类和植被沼泽化的高寒沼泽化草甸亚类 3 个亚类。

高寒草甸草原类、高寒草原类和高寒荒漠草原类 3 个类，虽然从地形上可以划分为分布于高山的和分布于高原的，但其植被组成差异不大，经济价值和畜牧业利用重要程度较低，故不再划分亚类。

温性草原化荒漠类，处于温性荒漠草原向温性荒漠过渡的过渡带，分布面积不大，不划分亚类。

高寒荒漠类，植被组成简单，分布地区较受局限，利用价值很低，没有必要划分亚类。

暖性草丛类、暖性灌草丛类、热性草丛类和热性灌草丛类，绝大多数位于丘陵、山地，分布地形差异不大。从植被组成而言，虽然有具有疏林景观和不具有疏林景观的差异，但草本层饲用植物优势种的组成差异不大，故不划分亚类。

干热稀树灌草丛类分布范围小，其地形、土壤、植被组成差异小、面积小、畜牧业利用重要程度低、不划分亚类。

沼泽类分布面积小，畜牧业利用价值低，也不划分亚类。

（2）第二级 组　组是指在草地类和亚类范围内，组成建群层片的优势种或共优种植物所属经济类群相同的草地。组是草地分类的中级分类单位。

草地组主要按草地优势种或共优种所属的经济类群进行划分和命名。草地植物的经济类群是根据植物生活型和草地植物的畜牧业利用经济属性进行聚类。草地组是区别于草地分类与植被分类的重要分类级。

草地植物的生活型大体可分为乔木、灌木、半灌木、多年生草本、一二年生草本植物。将畜牧业利用重要程度较高,对草地最主要的多年生草本和半灌木做进一步的区分,将多年生草本划分为高禾草、中禾草、矮禾草、豆科草本、大莎草、小莎草、杂类草共7个经济类群组;将半灌木划分为蒿类半灌木和半灌木2组,再加上灌木组和小乔木组,共划分11个组。组的划分标准和经济意义如下:

①高禾草组　以草层高>80cm,茎秆高大粗硬的禾本科牧草为优势种组成的草地,多利用其叶片。

②中禾草组　以草层高30～80cm的禾本科牧草为优势种组成的草地,可供割晒干草。

③矮禾草组　以草层高<30cm的禾本科牧草为优势种组成的草地,属放牧型草地。

④豆科草本组　以豆科牧草为优势种组成的草地,豆科牧草富含蛋白质,其粗蛋白质含量一般高于其他科牧草,对家畜生长发育具有重要意义。

⑤大莎草组　以高大的莎草科牧草为优势种组成的草地,牧草冷季保存率高,植株较高大,可供割草,是高寒地区最重要的冷季放牧草地。

⑥小莎草组　以矮小的莎草科牧草为主,主要是蒿草属或苔草属牧草为优势种组成的草地,草质柔软,叶量大,营养价值高,利用率高,是高寒地区最重要的暖季放牧草地。

⑦杂类草组　以除禾本科、豆科、莎草科以外的双子叶阔叶牧

草为优势种组成的草地,杂类草的经济利用价值随种类不同而异。大多数以杂类草为优势种的草地,牧草适口性较差,枯黄后叶易凋落,冷季保存率低,畜牧业利用经济价值较低。

⑧蒿类半灌木组　以蒿类半灌木为优势种组成的草地。蒿类半灌木春、夏多有异味,牲畜很少采食,秋后异味消失,子实富含蛋白质,是绵羊、山羊秋季抓膘的重要牧草。蒿类半灌木组草地分布海拔相对较低,亦是冷季重要的放牧草地,较其他半灌木草地经济利用价值高。

⑨半灌木组　除蒿类半灌木以外的其他半灌木为优势种组成的草地。半灌木构成优势层片的草地大多在温性草原化荒漠类、温性荒漠类和高寒荒漠类中出现,畜牧业利用经济价值不高。

⑩灌木组　以灌木为优势种组成的荒漠草地,只能利用其叶片和嫩枝条。

⑪小乔木组　以梭梭为优势种组成的荒漠草地,只能利用其叶片和嫩枝条。

(3)第三级　型　型是指在草地组的范围内,主要层片的优势种或共优种相同,生境条件相似,利用方式一致的草地。型是草地类型分类的基本单位。

主要层片是指主要饲用植物层片,特别是多年生牧草层片。疏林草原、疏林草甸和疏林草丛中的乔木,虽具有景观或建群意义,但大多数不可食,故乔木不作为型的主要分类对象。

基本分类单位的分类级别,与调查区域范围的大小密切相关。调查区域小,基本分类单位的分类级应低。若在范围小的调查区内,采用高分类级为基本分类单位,必将使调查区域内的类型划分过于简单,失去实用性。调查区域大,基本分类单位的分类级应高。若在大范围的调查区域内采用低分类级为基本分类单位,则会使调查区域内的类型划分过于琐碎、繁杂,失去概括性。

在一定的调查区域内,基本分类单位的分类级的高低取决于对基本分类单位应占有的最小面积的规定,与调查精度、草地类型图比例尺大小和最小图斑面积的规定密切相关。这里要特别说明的是,由于全国草地资源统一调查开始时,在县级范围内的类型分类系统中将"型"视为类、组、型三级分类单位的基本分类单位,没有在"型"以下再设分类级,以至于到地区级范围内和省级范围内的类型分类系统,都将"型"视为基本分类单位,从而造成了用"型"命名不同分类级的基本分类单位的结果。

(二)中国草地类型分类系统

全国统一制定的中国草地资源类型分类的划分标准和中国草地资源类型系统,明确了中国草地的草地类和亚类的划分,未确定草地组和草地型的具体划分,草地组和草地型的划分应来自草地资源的实地调查结果。

"中国草地类型分类系统"见附录 A。

二、综合顺序分类法

1956 年,任继周发表"甘肃中部的草原类型"一文,提出用气候、地形和植物分别划分草原的类、亚类和型,共划分为 7 类,名称为综合分类法。

1965 年,任继周、胡自治、牟新待发表"我国草原分类第一级——类的生物气候指标"一文,对这一分类方法做了很大改进。建立了计算湿润度的模型,提出了热量级、湿润度级和分类检索图。将全国草原共划分为 20 类,名称改为综合顺序分类法。

1978 年,胡自治、南志标在"甘肃省的草原类型"一文中,报告全省有 27 个类。

1980 年,任继周、胡自治、牟新待发表"草原的综合顺序分类法及其发生学意义"一文,提出了草原分类的原则,完整地论述了综合顺序分类法的基本方法,论述了类间的发生学关系。

1985 年,任继周在《草原调查与规划》一书中,进一步论述了草原分类的原则,根据新的资料,报告我国有 36 个类。胡自治还分别描述了 36 个类的特征。

1995 年,胡自治、高彩霞、张德罡和龙瑞军在"草原综合顺序分类法的新改进"的系列论文中,利用我国 2 352 个、国外 350 个气象台站的资料,对热量级、湿润度级进行了修订;对非地带性的草甸和沼泽制订了分类的热量和湿润度指标;提出了人工草地系统分类方法;将地带性和非地带性草地、天然草地和人工草地纳入了统一的检索图。检索图将我国和世界的天然草地划分为 56 类,人工草地划分为 5 类。

(一)综合顺序分类法的分类体系

综合顺序分类法的分类单位包括类、类组、亚类、型、亚型、微型共 6 个级别,其中,类为基本分类单位,其他各级都是辅助分类单位。

1. 类　把类作为基本分类单位,其根据在于:生物气候条件是各种生物,包括草原生产的主要对象——牧草与家畜立地条件的最本质特征。正是在这一基础上,出现了各种草原生物群落,并表现为各具特色的生态系统。类所依据的生物气候条件,在空间上基本为地带性分布。类的确定将有助于草原区划与生产规划,生物气候条件在时间上,在草原发展诸因素中具有较高的稳定性。因此,有了以此为依据的类作为草原分类的基本单位,这一分类体系才具有足够的稳定性。

在生物气候要素中,热量与水分居于首要地位。因此,草原综合顺序分类法根据水热条件组合的草原学表现,制订了草原的热量级和湿润度指标。

(1)草原热量级　热量级是以零度(0℃)以上的年积温为指标,作出热量级等值线。与草原生态及自然地理实际情况相对照,将全世界热量级分为:寒冷(年积温小于 1 300℃),相当于自然地带的寒温带较冷部分;寒温(年积温 1 300℃～2 300℃),相当于自然地带的寒温带部分;微温(年积温 2 300℃～3 700℃),相当于自然地带的温带;暖温(年积温 3 700℃～5 300℃),相当于自然地带的暖温带;暖热(年积温 5 300℃～6 200℃),相当于自然地带的亚热带较冷部分;亚热(年积温 6 200℃～8 000℃),相当于自然地带的亚热带较暖部分;炎热(年积温高于 8 000℃),相当于自然地带的热带(表 1-2)。

表 1-2　草原各大类的热量级及其相当的自然带

热量级	$\sum \theta(℃)$	相当的热量带
寒　冷	＜1300	寒温带
寒　温	1300～2300	寒温带
微　温	2300～3700	温带
暖　温	3700～5300	暖温带
暖　热	5300～6200	亚热带
亚　热	6200～8000	亚热带
炎　热	＞8000	热带

　　草原综合顺序分类法采取零度以上的积温,而不是农业气象学所常用的 10℃以上或 5℃以上积温,这是考虑到我国绝大多数野生牧草的萌生临界温度在 0℃左右。也就是说 0℃以上积温,代表了草原生态系统中可用于进行功能活动的全部能量。另外也考虑到我国草原地区气温较低,有些草地类年平均气温为 0℃上下,无绝对无霜期,如使用 10℃(或 5℃)以上的积温,将使所得数值过小,各热量级之间的差距也将大为缩小,这将为区分各级间的特性带来不便。

　　(2)草原湿润度　水分条件在综合顺序分类法中用草原湿润度(K)来表示。湿润度(K)的计算方式是:

$$K = \frac{r}{0.1 \sum \theta}$$

式中：　r——全年降水量(mm)

　　　　$\sum \theta$——>0℃的年积温

参考现有的自然地理、动物、植物、土壤和农牧业生产特点,特别是草原学有关资料作出 K 值等值线,从而将湿润度分为极干、干旱、微干、微润、湿润、潮湿 6 个级别,每一级别都有其相应的自然景观(表 1-3)。

表 1-3　湿润度(K)的分级及其相应的自然景观

湿润度	K 值	相应的自然景观
极　干	<0.3	荒漠
干　旱	0.3～0.9	半荒漠
微　干	0.9～1.2	草原、干生阔叶林、稀树草原
微　润	1.2～1.5	森林、森林草原、草原、稀树草原
湿　润	1.5～20	森林、草甸
潮　湿	>2.0	森林、草甸、冻原

在计算 K 值时,采用全年降水量,而不是生长季降水量。虽然生长季降水量动态,在某种意义上更符合生物生长量动态,但考虑到非生长季降水量具有不可忽视的生态学意义,尤其在积雪较多、积雪时间较长的地区,非生长季降水量在全年湿润度动态中作用尤为显著。同时,考虑到全世界范围内生长季的时间差别很大,而且情况复杂,如把生长季内的降水量作为 K 值计算的参数,不仅增加了 K 值分级的复杂性,而且使 K 值很不稳定。

采用十分之一的零度以上积温,是为了缩小分母值,以免 K 值过小,不便使用。

热量级($\sum \theta$)七级与湿润度(K)六级互相缀合,理论上可组成 42 类草地(图 1-3)。它们以热量级名称及湿润度级名称相连缀的双名法命名。如暖温极干草地类、微温微润草地类。

2. 类组 在所有类别中，有某些类别，在湿润度或热量级方面具有共同特性。为了使用方便，往往把它们组成若干类组。现在使用的类组系统有 3 种：

一是根据湿润度级来划分类组。如极干类组、干旱类组、微干类组、微润类组、湿润类组、潮湿类组等。

二是根据热量级来划分类组。如炎热类组、亚热类组、暖热类组、暖温类组等。

三是根据生物气候指标及过去使用习惯，分为 10 个类组，它们的名称及所包含的草地类见图 1-2。这一类组系统使用较多。因类组名称沿用过去习惯用法，与草地类在对应方面有时界限不够严格。

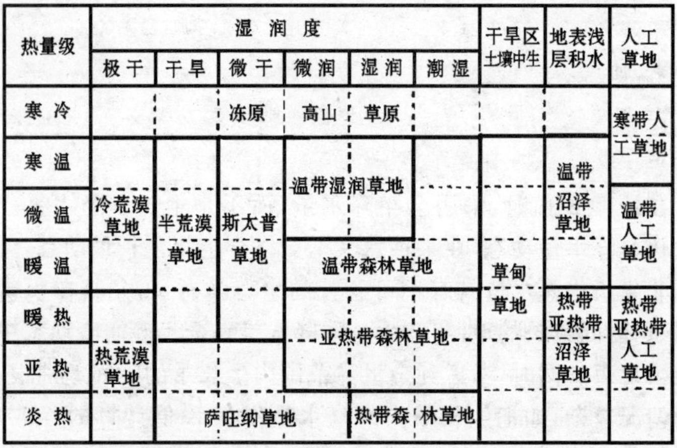

热量级	湿润度						干旱区土壤中生	地表浅层积水	人工草地
	极干	干旱	微干	微润	湿润	潮湿			
寒 冷			冻原	高山	草原				寒带人工草地
寒 温			温带湿润草地					温带沼泽草地	温带人工草地
微 温	冷荒漠草地	半荒漠草地	斯太普草地						
暖 温			温带森林草地				草甸草地		
暖 热			亚热带森林草地					热带亚热带沼泽草地	热带亚热带人工草地
亚 热	热荒漠草地								
炎 热		萨旺纳草地			热带森林草地				

图 1-2 草地类组及包含的草地类

3. 亚类 在划分了草原的类别基础上，就可进行亚类的划分。划分亚类以土地条件（包括土壤和地形）为指标。在同一个草原类别中,相同的地形单位总是存在着与地形相适应的土壤,因而也存在着相似的草原生产条件。根据亚类的特征,可以指示我们进行草原的土地规划。

在地形较为复杂的情况下,划分亚类以地形条件为指标,较为适用和方便。命名使用地貌学中的地貌单元一级的名称。例如,寒温微润(莎嘎土,高山草原－草甸草原)草地类的梁坡地亚类,微温微干(栗钙土,草原)草地类的沟谷地亚类等。

如果某一草原类别,在某一地区的地形条件较为单纯,使用地形条件划分亚类不太方便时,则使用土壤特征来划分亚类。在草原类的范围内,或因接受了不同的外力影响,或因成土母质不同,或因其他原因产生不同的土壤,从而影响到草原生产时,则可根据土壤条件划分为2个以上的亚类。例如,在微温极干(灰棕漠土,荒漠)和暖温极干(棕漠土,荒漠)草地类中,我们可以根据其土壤或基质的特征来划分亚类,如黏土亚类、盐土亚类、沙土亚类、砾石(即蒙古语"戈壁")亚类等。

在确定亚类时,应尽可能参考植被条件,它可以帮助理解地形和土壤在划分亚类中所起的实质作用,但不把植被条件作为划分亚类的指标来看待。

应该指出的是,在亚类调查中,对于地形与土类的记叙,并不一定要求从最高一级到最低一级完整系列命名。例如,寒温微润草地类称梁坡地亚类即可,没必要命名为寒温微润草地类丘陵地梁坡地亚类。

4. 型、亚型、微型　是在亚类的基础上,主要以植被条件为指标来划分和命名的。型、亚型和微型3级还可以构成它们的复合体。

型是具有一定经济意义和特征的植被地段。面积在一个轮牧分区以上或与此相适应的地段,在这里生长有显著特征性的优势植物和亚优势植物。型的命名由优势植物和亚优势植物相连缀而成。例如苔草－垂穗披碱草型,苔草是优势植物,垂穗披碱草是亚优势植物。如果有一种以上的优势和亚优势植物,则用"＋"号将各种优势或亚优势植物串联起来,而其间仍用"－"号相连缀。例如披针苔＋细叶苔－垂穗披碱草＋垂穗鹅冠草型。这表示两种苔草是优势植物,两种禾草是亚优势植物。

当调查的目的不同,或难以区别优势或亚优势植物的种时,则可用优势和亚优势植物的属科、生活型以及经济类群来命名。例如蒿属－猪毛菜型,莎草科－禾本科型等。

在同一型中,其优势植物相同而亚优势植物不同,则可划分为亚型。面积也应在一个轮牧分区以上,其命名和型相同。

微型是由于微地形或其他偶然的原因造成草地植被的差异,对生产和规划无特殊意义。但对科学研究、草地的动态发展有意义。它的面积很小,从几平方厘米到几百平方米,如草原上的鼠丘、草丘、盐斑地、秃斑地等属于微型的范围。微型的命名也与型和亚型相同。

型的复合体是由于小地形和微地形的土壤差异,形成具有特征的若干微型,而这种微型因地形的变化在一块草地上反复出现,呈现特殊景观。型复合体的命名是用斜分号将两个以上的微型连起来。例如:拂子茅－冰草/草芦－拂子茅型复合体,羊草－虎尾草－蓬子菜/鹅毛委陵菜－碱蓬型复合体等。

综上所述,综合顺序分类法的基本分类级别为类、亚类、型3级。在类以上,为了某些场合的表述方便,可以归纳为若干类组。在型以下又可根据植被组成的差异性和其他原因,进一步划分为亚型、微型和型复合体。在这一分类系统中,类是基本分类单位,其他各分类级都是辅助单位。

(二)草原分类检索图及其所表示的草原发生学意义

1. 分类检索图 综合顺序分类法的分类检索见图1-3。

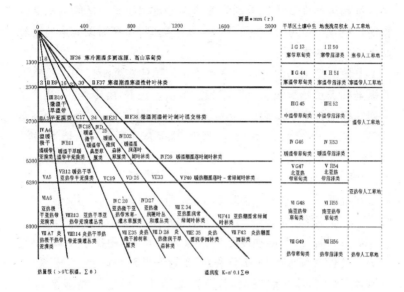

图 1-3　综合顺序分类法的分类检索

ⅠA1 寒冷极干寒带荒漠、高山荒漠类　　　ⅠD22 寒冷微润少雨冻原、高山草甸草原类

ⅡD23 寒温微润山地草甸草原类　　　　　Ⅲ A3 微温极干温带荒漠类

ⅠC15 寒冷微干极地干冻原、高山草原类　　ⅡC16 寒温微干山地草原类

ⅤA5 暖热极干亚热带荒漠类　　　　　　　Ⅲ C17 微温微干温带典型草原类

ⅡB9 寒温干旱山地半荒漠类　　　　　　　ⅡB8 寒冷干旱寒带半荒漠、高山半荒漠类

ⅤC19 暖热微干亚热带-禾草灌木草原类　　ⅤD26 暖热微润落叶阔叶林类

ⅡA2 寒温极干山地荒漠类　　　　　　　　Ⅲ D24 微温微润草甸草原类

ⅠE29 寒冷湿润冻原、高山草甸类　　　　　ⅡE30 寒温湿润山地草甸类

Ⅲ E31 微温湿润森林草原、落叶阔叶林类　　ⅤE33 暖热湿润常绿-落叶阔叶林类

　　　从检索图可以看出,草地类是由热量、降水量及其湿润度决定的。这3个因素也是决定地球上气候类型、植被类型和土壤类型的基本因素。草地类型就是热量级和湿润度级所规定的草地气候、土壤和植被类型的综合表现。通过检索图中≥0℃年积温、年

降水量和湿润度3个气候因素变量与一定草地类型之间的相关性和等价性,就可以用水热条件确定草地类型,并获知该类草地畜牧业生产的最基本条件。

草地类型第一级分类检索图为最简单的二维坐标图。检索图的纵坐标表示热量级(≥0℃年积温),从上到下,由冷变热,共7个系列。横坐标表示湿润度(年降水量 mm),从左到右,降水量逐渐增多。各K值线表示相对湿润程度,也是从左到右逐渐增大,共8个系列。此外,还有草甸、沼泽、人工草地3个非数量化湿润度系列,以热量为接口与检索图连接。

在检索图中,每一个地带性和非地带性草地类都有其固定的空间位置。检索图中的56个天然草地类别用阿拉伯数字编序号。

从左到右,按照湿润度级划分为8个系列,用拉丁字母编号。A 为大陆性气候地带的极干系列,B 为干旱系列,C 为微干系列,D 为微润系列,E 为湿润系列,F 为海洋性气候地带潮湿系列,G 为草甸系列,H 为沼泽系列。

从上到下,按照热量级划分为7个系列,用罗马数字编号。Ⅰ为寒冷系列,Ⅱ为寒温系列,Ⅲ为微温系列,Ⅳ为暖温系列,Ⅴ为暖热系列,Ⅵ为亚热系列,Ⅶ为炎热系列。

图上2条K值线之间的各个草地类别,从上到下,由冷变热,表示由极地到赤道的纬向地带性。从 A 到 F 的6个纵向系列,则分别表示从最干旱的大陆性气候区到最湿润的海洋性气候区的纬向地带性的草地类型内部组合的差异。G 和 H 系列则表示草甸草地和沼泽草地从极地到赤道的纬向地带性。

在同一热量级内,从左到右,由干变湿,表示由于距离海洋湿润气流的远近而产生的经向地带性。从 Ⅰ 到 Ⅶ 的7个系列,分别表示从寒带到热带的不同热量带经向地带性的草地类型内部组合的特点。

从任何一个草地类型开始,其向上向右的方向,即变冷变湿的方向,表示以此类型为基带,由于海拔增高而形成的垂向地带性。这种向上向右的垂向地带性,越是接近 F 系列,其趋势越是接近垂直向上。这是由于在海洋性气候区,降水量和湿润度已经很大,因海拔增高而增大的降水和湿度的作用,已不具有重要的生态意义。

根据类的序列和排序位置可以确定类的发生关系、类间的相同或相异程度。以某一草地类为核心,则其周围的类型,离核心类型的序列关系愈近,发生学的关系就愈近;反之,发生学的关系就愈远。

根据类的序列和排序位置还可确定类的演替方向。根据类间的发生学的关系,可以帮助我们定量地判断某一特定的草地类型,当热量和水分发生单项或综合的变化后,它将向哪个方向发展,并演替为哪一类型。

根据类的序列和排序位置还可用来预测类的自然特征和经济特性。对于未研究或未发现的类型,根据其在检索图中的空间位置及其上下左右相邻类型的特性,可预测它的自然特性和生产特征,如未知草原的气候、土壤、植被的特性,它的牧草、家畜种类和草地牧业特点等,从而提高草原分类工作和指导草原畜牧业生产的科学性。

根据类的序列和排序位置可对草原进行统一分类。检索图是开放式的,世界上任何一块草地都可在图中找到它的坐标位置。因而也就可以确定它在草原发生学序列中的关系,这就为把全世界互相远离的各类草地纳入一个分类系统提供了可能性。而这正是任何科学的分类工作都应争取达到的最高目标之一。达到这个目标,有利于全球各类草地在同一基础上进行特性的比较,全球范围的牧草、草坪草和家畜等物种的正确引种和交流,各国先进生产措施的正确引入、推广和交流。

2. 分类检索图所表示的发生学意义　根据热量级和湿润度级,以最通用的两维坐标法制成的我国草地类型的检索图,将我国的地带性草地分为 42 类(已研究过的有 36 类)。这个检索图是开放型的,随着科学的发展和资料的积累,对其进一步完善后有可能适用于全世界的草地统一分类,也有可能成为草地在地球理想大陆分布的模式图。

这个检索图,其纵坐标表示热量级,从上到下,由冷变热;横坐标表示绝对降水量,从左到右,降水量逐渐增多;各个 K 值线表示不同的相对湿度,从左到右相对湿度逐渐增大。这样,检索图还可以体现草地类型的纬向、经向和垂向地带性。在图上,两条 K 值线之间的各个草地类型,从上到下,表示由极地到赤道的纬向地带性。从 A 到 F 的 6 个纵向系列,则分别表示从大陆性气候区到海洋性气候区的纬向地带性的内部组合差异。例如,A 系列的 1~8 类,表示极端大陆性气候控制区,由冷到热的纬向地带性的草地类型组合;F 系列的 41~48 类,则表示典型海洋性气候控制区,由冷到热的纬向地带性的草地类型组合。经向的地带性是在同一热量级内,由各类型的左右水平位置表示。从 I 到 Ⅶ 的 7 个系列,分别表示了从寒带到热带不同热量带的草地类型。由于距离海洋湿润气流的远近,而形成的经向草地类型组合特点。在检索图上,从任何一个类型开始,其向上向右的方向(即变冷变湿),表示以此类型为基带,由于海拔增高而形成的垂向地带性;这种向上向右的垂向地带性趋势,越是接近下系列,越接近于垂直向下。

草地分类检索图,可以根据相同的热量级或相同的湿润度,编成横向或纵向的发生学系列,已如前述。如果以某一类为核心,则其周围的各草地类型,离核心类型愈近,则发生学上的关系愈近,反之,离核心类型愈远,则发生学上的关系愈远。这种类间的发生学关系,可以帮助我们定量地判断某一特定的草地类型,在热量与水分发生单项的或综合的变化后,它将向哪个方向发展,并演替为哪一个类型。

草地分类检索图所表明的这种各个类型间的序列发生学关

系,不仅可以指示我们了解各个草地类相似或相异的程度,还可以指示可能的发展方向。对于目前研究不够,或尚未发现的类型,可以根据检索图上的坐标,来预测它的自然特性和生产特性。这就提高了我们对于草原生产和草地类型学的科学预见性。

根据这一分类检索图的原理,世界上任一草地都可以在图上找到它的坐标位置,因而也就可以确定它在草原发生学序列中的关系。这不仅对物种交流、生产措施的引入和推广都有重要意义,它还为把全世界互相远离的各类草地纳入一个分类系统以内提供了可能性。而这正是任何科学的分类工作都应该争取做到的。

为了便于使用和记忆这一发生学关系,该图以从上到下、从左到右的次序编了序号。根据这一序号系统,可以判断各类间的发生学关系。

3. 使用草地分类检索图应注意的问题

一是水热指标的计算,以气象台、站的记录为依据,尽管所使用的记录都是很普通,且为各气象台、站所必有的,但可能由于气象台、站不够普遍或台、站位置没有足够的代表性,可能使类型判断发生误差。因此,在上述情况下,当确定类型时,应与各类的模式描述加以核对,如有不符,应根据模式描述加以校正。

二是在所用气象记录年代过短、气象记录变率较大的地区,其记录数据往往误差过大,不宜使用。为了安全起见,记录年代在3年以下者,最好只作参考,不作依据。

三是气象台、站过少或没有气象台、站的地区,可根据有关草地类的模式描述加以确定。

(三)我国草地所包含的类型简介

根据草地分类检索图,全世界存在的草地类型共48个。但其中有些类在我国还未发现,有些类虽已发现但还缺乏足够的研究资料,因而有12类草地未做描述。已经描述过的草地共36类。以上36类草地的详细特征见附录B。

　　为了便于记忆和运用,每一草地类给以固定编号。编号方式为:横轴坐标(以罗马数字表示,从 I 到 Ⅶ)+纵轴坐标(以拉丁字母表示,从 A 至 F)+固定序号(以阿拉伯数字表示)。如ⅡA(2)类,即表示该类草地在横坐标第二行(Ⅱ行),纵坐标第一行(A行)。

第三节　中国草地资源概况

一、基本概况

　　我国是一个草地资源大国,拥有各类天然草地近 4 亿 hm²,面积居世界第二位,约占全球草地面积的 13%,占国土面积的 41.7%,大约是耕地面积的 3.2 倍、森林面积的 2.5 倍。

　　按行政区划以西藏自治区草地面积最大,达 82 051 942 hm²,占本区总面积的 68.1%,可利用草地面积为 70 846 781 hm²,占全国可利用草地面积的 21.41%,人均占有 2.84hm²。第二位是内蒙古,草地面积 78 804 483hm²,占本区土地总面积的 68.81%,可利用草地面积 63 591 092hm²,占全国可利用草地面积的 19.21%,人均占有 2.67hm²。第三位是新疆维吾尔自治区,草地面积 57 258 767 hm²,占本区土地总面积的 34.68%,可利用草地面积 48 006 840 hm²,占全国可利用草地面积的 14.51%,人均占有 2.93hm²。草地面积在 1 500 万 hm² 以上的有青海、四川、甘肃和云南等 4 个省。500 万~1 000 万 hm² 的有广西、黑龙江、湖南、湖北、吉林、陕西等 6 个省、自治区;400 万~500 万 hm² 的有河北、山西、江西、河南、贵州等 5 个省;300 万~400 万 hm² 的有辽宁、广东、浙江、宁夏等 4 个省、自治区;100 万~300 万 hm² 的有福建、山东、安徽、重庆等 4 个省、直辖市。小于 100 万 hm² 的省、直辖市有海南、江苏、北京、天津、上海。香港、澳门、台湾等地的草地面积未有统计数字。西藏、内蒙古、新疆、青海、甘肃、四川、宁夏、辽宁、吉林、黑龙江被称为我国草地面积连片分布的十大牧区,草地面积占全国草地总面积的49.17%(表1-4)。

表1-4 全国草地面积统计表 (单位:hm²)

省 (自治区、 直辖市)	天然草地总面积		可利用草地面积		
	数　量	占本省土 地面积(%)	数　量	占全国可利用 草地面积(%)	人　均
北　京	394 816	24.07	336 310	0.10	0.02
天　津	146 604	12.97	13 402	0.04	0.01
河　北	4 712 140	25.06	4 085 324	1.23	0.06
山　西	4 552 000	29.03	4 552 000	1.38	0.14
内蒙古	78 804 483	68.81	63 591 092	19.21	2.67
辽　宁	3 388 848	23.23	3 239 293	0.98	0.08
吉　林	5 842 182	30.60	4 378 993	1.32	0.16
黑龙江	7 531 767	16.57	6 081 653	1.96	0.16
上　海	73 333	11.64	37 333	0.00	0.00
江　苏	412 709	4.08	325 673	0.10	0.00
浙　江	3 169 853	30.57	2 075 176	0.63	0.04
安　徽	1 663 179	11.89	1 485 176	0.45	0.02
福　建	2 047 957	16.54	1 957 060	0.59	0.06
江　西	4 442 334	26.58	3 847 562	1.16	0.09
山　东	1 637 974	10.45	1 329 157	0.04	0.01
河　南	4 443 788	26.76	4 043 253	1.22	0.04
湖　北	6 352 215	34.23	5 071 537	1.53	0.08
湖　南	6 372 668	30.07	5 666 309	1.71	0.08
广　东	3 266 241	18.34	2 677 239	0.81	0.08
广　西	8 698 342	36.75	6 500 346	1.84	0.13
海　南	949 773	27.93	843 273	0.25	0.10

省 (自治区、 直辖市)	天然草地总面积		可利用草地面积		
	数 量	占本省土 地面积(%)	数 量	占全国可利用 草地面积(%)	人 均
四 川	20 964 932	42.16	18 230 281	5.51	0.21
重 庆	1 573 844	24.07	1 390 021	0.41	0.01
贵 州	4 287 257	24.40	3 759 735	1.14	0.10
云 南	15 308 433	40.11	11 925 587	3.61	0.27
西 藏	82 051 942	68.10	70 846 781	21.41	25.86
陕 西	5 206 183	25.32	4 349 218	1.31	0.12
甘 肃	17 904 206	42.07	16 071 608	4.86	0.61
青 海	36 369 746	51.36	31 530 670	9.53	5.85
宁 夏	3 014 067	58.19	2 625 556	0.80	0.45
新 疆	57 258 767	34.68	48 006 840	14.51	2.45
全 国	392 832 633	41.70	330 995 458	100.00	0.25

注:①全国草地面积和可利用草地面积未包括台湾省和香港、澳门地区的统计数字;②人均占有草地面积的人口数引自《2005 中国统计年鉴》(全国人口数未包括港、澳地区和台湾省);③ 该表统计数字源于《中国草地资源》;④ 土地面积,引自《全国土地利用总体规划纲要(草案)》,国家土地局编,1992 年 12 月

我国地域辽阔,南北相距纬度 31°,跨热带、亚热带、暖温带、中温带和寒温带五个气候热量带;东西横越经度 61°,年降水量从东南沿海的 2 000mm 向西北逐渐减少至 50mm 以下,海拔高度从 −100 多米至 8 000 多米,气候复杂、地形多样。又由于我国草地分布地域广阔,自然条件和人为社会因素复杂多样,形成了草地类型的多样化。

我国草地是欧亚大陆草原的重要组成部分。世界上可用于家畜放牧利用的主要草地类型中我国拥有原生的草甸、草原、荒漠、

沼泽和次生的灌草丛,类型较为全面。我国不但拥有热带、亚热带、暖温带、中温带和寒温带的草地植被,还拥有世界上独一无二的高寒草地类型。青藏高原位于中国的西南部,具有特殊的气候特征,高寒的气候条件下形成并发育了世界上面积最大、呈地带性分布、类型丰富、以高寒草地植被为主的青藏高原草地分布区。

根据中国草地资源调查的分类原则,将我国草地划分为 18 个大类、53 个组、824 个草地类型。按地域植被特征,可以概括为草甸类、草原类、荒漠类、灌草丛类和沼泽类。其中草甸类草地面积最大,分布最广,草地总面积达 105 659 096hm²,占全国草地总面积的 26.9%;其次是温性草原类草地,面积 74 537 509hm²,占全国草地面积的 18.98%;沼泽类草地面积最小,只有 2 873 812hm²,仅占草地总面积的 0.73%。

全国草地依分布面积大小排序如下:高寒草甸类、温性荒漠类、高寒草地类、温性草地类、低地草甸类、温性荒漠草原类、热性灌草丛类、山地草甸类、温性草甸草原类、热性草丛类、暖性灌草丛类、温性草原化荒漠类、高寒荒漠草原类、高寒荒漠类、高寒草甸草原类、暖性草丛类、沼泽类、干热稀树灌草丛类,还有极少部分为未划分类型草地。以上成片草地合计占 90.69%(含未划类型的成片草地 0.24%),未划分草地类型的零星草地占总草地面积中的 9.31%。其中青藏高原的高寒类型草地面积占全国草地的近 1/3 (32.24%),草丛、灌草丛和稀树灌草丛类合计占 12.96%。

高寒草甸类、温性荒漠类、高寒草原类、温性草原类 4 类草地面积之和占全国草地面积的 48.74%。中国各类草地面积构成和各类型在各省、自治区、直辖市中的分布见表 1-5。

表1-5 各类草地在各省、自治区、直辖市的分布

草地类型	面积（hm²）	占全国草原比例（%）	面积排序	主要分布区
温性草甸草原类	14519331	3.70	9	内蒙古、吉林、黑龙江、新疆
温性草原类	41096571	10.46	4	内蒙古、甘肃、青海、新疆
温性荒漠草原类	18921607	4.82	6	内蒙古、甘肃、宁夏、新疆
高寒草甸草原类	6865734	1.75	15	西藏、甘肃、青海
高寒草原类	41623171	10.60	3	西藏、青海、新疆
高寒荒漠草原类	9566006	2.44	13	西藏、甘肃、新疆
温性草原化荒漠类	10673418	2.72	12	内蒙古、甘肃、宁夏、新疆
温性荒漠类	45060811	11.47	2	内蒙古、甘肃、青海、新疆
高寒荒漠类	7527763	1.92	14	西藏、青海、新疆
暖性草丛类	6657148	1.69	16	冀、晋、辽、鲁、豫、鄂、川、滇、黔、陕
暖性灌草丛类	11615910	2.96	11	京、冀、晋、辽、鲁、豫、鄂、川、滇、藏、陕、甘
热性草丛类	14237195	3.62	10	长江以南各省、自治区
热性灌草丛类	17551276	4.47	7	长江以南各省、自治区
干热稀树灌草丛类	863144	0.22	18	海南、四川、云南
低地草甸类	25219621	6.42	5	内蒙古、辽宁、黑龙江、山东、甘肃、青海、新疆
山地草甸类	16718926	4.26	8	内蒙古、四川、云南、西藏、甘肃、新疆
高寒草甸类	63720549	16.22	1	四川、西藏、甘肃、青海、新疆
沼泽类	2873812	0.73	17	内蒙古、吉林、黑龙江、四川、新疆

续表 1-5

草原类型	面积 （hm²）	占全国草原 比例（%）	面积 排序	主要分布区
成片草地	355311993	90.45		全国
零星草地	36587720	9.31		全国（黑龙江、西藏、甘肃、 宁夏、新疆未调查）
未划类型草地	932920	0.24		西藏
全国合计	392832633	100		全国

注：根据《中国草地资源数据》整理编辑

二、主要分布省、自治区概况

（一）西藏自治区

草原是西藏主要植被景观类型之一，广泛分布于西藏南部、北部和西部地区。这里环境严酷，气候寒冷，土壤质地较粗、有机质含量较低，草群生长一般低矮稀疏，生物量偏低。西藏为全国五大牧区之一，草地资源丰富，面积居全国之首。全区天然草地面积8 205.2万 hm²，占西藏土地面积的 68.1%，占全国天然草地总面积的 1/5 左右，其面积是西藏农耕地面积的 232 倍，各类林地面积的 11.4 倍，其中可利用草地为 7 084.7 万 hm²。由于西藏所处的特殊地理位置、复杂的自然环境和气候条件，造就了其草地类型的复杂性。全国 18 个草地类型中，西藏就有 17 个。除干热稀树灌草丛外，从热带、亚热带的次生草地到高寒草原，从湿润的沼泽、沼泽化草甸到干旱的荒漠化草原，如此众多的草地类型是我国重要的绿色基因库和可贵的景观资源。

西藏草地植物共有 3 000 多种，从科、属来看，在 150 种以上的科有菊科、禾本科、豆科、毛茛科、蔷薇科、石竹科、十字花科、莎草科、龙胆科、玄参科和唇形科，这 11 个科共有 1 858 种，占草地植物种数的 61.3%；从西藏各类草地特别是主要草地的建群种、优势种、分布面积和草质、产草量来看，禾本科、莎草科和菊科在草地群落中的作用最大，其中饲用植物 2 672 种，以它们为优势种的草地类型分布广泛，面积辽阔。

西藏草原上除了生长着种类繁多的优良牧草，还分布有数百种野生药用植物资源，如贝母、北柴胡、山莨、虫草、龙胆草、麻黄、大黄等。西藏草原还养育了大量的野生动物。在西藏草原上栖息繁衍的野生动物数量居全国之冠，其中属于国家一类保护动物的有西藏野驴、野牦牛、藏羚羊、赤斑羚、白唇鹿、雪豹、黑颈鹤、藏雪鸡、藏马鸡、黑头角雉、灰腹角雉等，这些野生动物大多为我国所特有，属于世界珍稀动物。

西藏草地资源在不同地区的数量与质量、载畜量与载畜能力、畜产品的经济产量和生物学产量都具有很大差异，产生此种差异的原因是由于自然条件和草地生产技术等多种因素所致。

昌都地区位于西藏东南部，为三江流域之高山峡谷区，该区南部受印度洋暖湿气流影响，谷地气候温暖、雨量充沛，发育大片森林，天然草地类型主要分布是在海拔 4 000m 以上的疏林灌丛草地。昌都地区中部峡谷地带干热，多为有刺灌丛，发育着寒冷潮湿（高山草甸）草地，畜群中牦牛比重大。由于地形和森林分布，草地面积只占本区总土地面积的 50.36%。草地垂直分异显著，暖季牧场面积大，利用时间短，草地季节不平衡严重。

山南地区是西藏的主要农业区，但牧业生产的比重大，牲畜的饲料来源虽有农作物副产品补充，但仍以天然草地放牧为主。河谷地带气候温和，水源充足，但放牧地面积有限。由于森林分布广、面积大，草地占总土地面积的 51.94%。大面积的天然草地主要分布于羊卓雍湖以东、朗县、三安曲林、加玉一线以西的海拔 4 000~4 800m 的高原上。由于水热条件比较好，草地生产能力较高。

拉萨地区的特点是草地资源少,特别是东南部的墨脱、林芝等县,森林面积大,农业用地多。天然草地主要分布于西北部高海拔地区。

日喀则地区除西部三县为牧业县外,其余均为农业或半农半牧县,天然草地资源丰富,境内 2/3 以上土地为牧业用地。草地生产能力仅次于山南,但生产潜力较山南要大。

那曲地区是西藏自治区的重要畜牧业基地,是牦牛的集中产地,牦牛主要分布在那曲地区东部,即怒江的河源地区,地形起伏大,气温低,年降水量达 500mm 左右,发育着大面积寒冷潮湿草地(高山草甸),这类草地是牦牛生活最适宜的环境。那曲西部地区为羌塘高原,属内陆水系,气候干旱。

阿里地区由于气候干旱,冬春又多风,天然草地的植被多为有刺灌丛,草地产草量很低。

西藏主要草地类型为高寒草甸、高寒灌丛草甸、高寒草原、高寒荒漠等。高寒草甸和高寒灌丛草甸占全区可利用草地的30.1%,主要分布在昌都北部海拔 4 000m 以上的高原上,往西经那曲地区东部、念青唐古拉山和冈底斯山东段南坡向南至喜马拉雅北坡 4 500～4 800m 的山地。分布的下限是东低西高、南低北高。例如,在昌都北部海拔 4 100～4 200m,往西至念青唐古拉山上升至 4 500m,进入藏北高原后上升至 5 100m。由南向北的分布也如此,在中喜马拉雅山北坡寒冷潮湿草地类分布下限为4 700m,向北至冈底斯山上升至 4 900m,进入羌塘高原后可上升至5 100m。其垂直带的宽度在西藏东部为 1 000～1 100m,向西至念青唐古拉山缩至 70～800m,到羌塘高原中部江爱山一带为不连续分布。

此区由于地势高,降水量较多,气候表现为寒冷湿润。温度变化剧烈,年平均气温低于 0℃,≥0℃ 的年积温不足 1 100℃,没有绝对无霜期,野生植物生长期只有 70～110d。降水量 300～

500mm。春季多大风,常有风雪灾害。

此区在寒冷湿润的环境下发育的土壤为高山草甸土(黑毡土),具有明显的草根层,极富弹性、未腐殖化的草根絮结层厚15～20cm,土壤有效水分低,通常含水量低于10％时即出现旱象。冬季结冰后地表出现龟裂,春季消融时引起草皮滑塌。主要植物群落有高山矮嵩草,金露梅—矮草,圆柏—矮嵩草,杜鹃—矮嵩草等群落。草层中垫状植物如点地梅(Androsuce aizoon),苔状蚤缀(Arenaria musciformis)分布普遍。可食牧草除矮嵩草外,还有羊茅、早熟禾、紫花针茅等禾本科牧草。杂类草中常见的为多茎委陵菜(Potentilla multicaulis),蒲公英等。每公顷可食牧草产量为1 062.75kg,草质优良、粗蛋白质含量达14.86％。此类草地适于牦牛和藏系绵羊的生态要求,所以西藏80％以上的牦牛集中在此类草地中。

高寒草原在西藏草地中分布最广,主要分布于羌塘高原海拔4 500m以下的湖盆、宽谷、低山及台地。在阿里高原南部海拔4 500～5 000m的山地垂直带中也分布着这一类草地。其面积约占全区草地31.1％。气候为高原大陆性气候、寒冷干燥,年均温0℃左右,≥0℃年积温1 100℃～1 700℃。年降水量150～300mm。野生植物生长期达120d左右。土壤为沙砾质高山草原土,放牧过重的地段常引起风蚀和沙化。主要植被为紫花针茅—硬叶苔,锦鸡儿—针茅,固沙草—针茅等群落。根据24个测产样方统计,平均1hm² 可食牧草产量为406.2kg。本类草地是西藏的养羊业基地。

高寒荒漠分布在羌塘高原和阿里高原北部的湖盆、宽谷,剥蚀低山和洪积扇。在西部班公湖附近分布下限达到海拔4 400m,地表为风化残积碎石或砾石。草层稀疏,总盖度仅10％～15％。主要植物为极端耐旱的半灌木垫状驼绒藜(Ceratoides compacta),阿加蒿(Ajuana fruticulosa),匙叶芥(Christolea crassfola),硬叶苔,沙生针茅、羽柱针茅等。草质低劣,水草不配套,多数利用率不高,只能夏、秋放牧。总面积约占全区草地 12%。

(二)内蒙古自治区

内蒙古疆域辽阔,东西经度差 29°,南北纬度差 16°,东起大兴安岭山地,西至居延海,广袤无垠的草原东西绵延 400km 以上。内蒙古草原是欧亚大陆草原的重要组成部分,也是目前世界上草地类型最多、保存最完整的草原之一。代表着欧亚大陆草原众多草地类型的典型特征和天然草地生态系统的自然特性。草地资源是内蒙古经济和畜牧业发展的优势,充分发挥地域优势和资源优势是内蒙古草业可持续发展的战略基础。

内蒙古在 20 世纪 50 年代拥有天然草地 8 800 万 hm^2,占自治区国土面积的 74.4%,是耕地的 12.4 倍,是森林的 4.2 倍,占全国草地总面积的 22%。根据 20 世纪 80 年代全国草地资源普查结果,内蒙古天然草地可利用面积 6 359.11 万 hm^2,占其草地总面积的 80.69%,居全国首位。内蒙古天然草地划分为 8 个类、19 个亚类、134 个组、476 个型,草地型占全国草地型的 58%。从东北向西南依次分布着温性草甸草原类、温性典型草原类、温性荒漠草原类、温性草原化荒漠类和温性荒漠类等 5 个地带性草地,其中镶嵌分布着低平地草甸和沼泽等隐域性草地。分布在农区的各种零星草地,林区林木郁闭度小于 0.3 的疏林草地和灌丛郁闭度小于 0.4 的灌丛草地以及农牧交错带持续撂荒时间大于 3 年的次生草地等附带草地。

面积最大的是温性典型草原类,面积达 2 767.35 万 hm^2,占草地总面积的 35.12%;排在第二位的是温性荒漠类,面积达 1 692.13 万 hm^2,占草地总面积的 21.47%;第三位为低平地草甸类,占草地面积的 11.76%;第四位为温性草甸草原类,占草地面积的 10.95%;第五位为温性荒漠草原类,占草地面积的 10.68%;排在第六位的为温性草原化荒漠类占 6.84%;排在第七位的为山地草甸类,占 1.89%;排在第八位的为沼泽类,占 1.04%(表 1-6)。

表 1-6　内蒙古草地类构成 （单位:万 hm²）

草地类	总面积				可利用面积			
	50 年代	%	80 年代	%	50 年代	%	80 年代	%
总　计	8800	100	7880.45	100	6500.56	100	6359.11	100
温性草甸草原类	1354.32	15.39	862.87	10.95	1028.38	15.82	760.49	11.96
温性典型草原类	2347.84	26.68	2767.35	35.12	2003.13	30.81	2422.52	38.09
温性荒漠草原类	1198.56	13.62	842.00	10.68	853.15	13.12	765.29	12.04
温性草原化类	243.76	2.77	538.65	6.84	172.21	2.65	479.28	7.54
温性荒漠类	2053.92	21.47	1692.13	21.47	1242.85	19.12	941.71	14.80
低平地草甸类	1152.80	13.10	926.41	11.76	886.45	13.64	776.74	12.21
山地草甸类	125.48	1.43	148.63	1.89	90.08	1.39	130.56	2.05
沼泽类	44.88	0.51	82.09	1.04	31.57	0.47	64.92	1.02
附带(撂荒)草地	278.08	3.16	20.14	0.26	192.54	2.96	17.60	0.28

　　温性草甸草原,划分为 3 个亚类、66 个型,主要分布于大兴安岭山脉两侧森林向草原的过渡地带,属于半湿润气候。主要建群种有贝加尔针茅、羊草、线叶菊等;草群植被覆盖率高,质量好,适于放牧和打草;集中分布于呼伦贝尔市、锡林郭勒盟及兴安盟。

　　温性典型草原,划分为 3 个亚类、147 个型,是内蒙古天然草地的主体,是欧亚大陆草原区的重要组成部分。在全区有广泛分布,是在半干旱气候条件下形成的质量最好的草地。主要建群种有羊草、大针茅、克氏针茅、本氏针茅、糙隐子草、冷蒿、小叶锦鸡儿、沙蒿等。锡林郭勒盟和呼伦贝尔市是典型草原分布的中心。在呼伦贝尔高平原中西部,越过大兴安岭南段延伸至西辽河平原东部,西沿阴山北麓呈狭长条状分布,并跨越阴山山脉,一直分布到鄂尔多斯高原东南部。由于大兴安岭、冀北山地和阴山山脉的分隔,自然地分成了3块:内蒙古高原草原分布区;与松辽平原相连接的西辽河平原草原分布区;阴山南部与晋、陕高原接壤区及阴山北麓丘陵地带。

温性荒漠草原,划分为3个亚类、49个型,主要分布于阴山山脉以北的内蒙古高原中部偏西地区,处于草原向荒漠的过渡地带,是草地植被中最旱生的类型。是由旱生多年生丛生小禾草和旱生小半灌木为建群种的草地。主要建群种为沙生冰草、小针茅、达乌里胡枝子、冷蒿、小叶锦鸡儿、中间锦鸡儿等。

温性草原化荒漠,划分为3个亚类、44个型,主要分布于锡林郭勒盟西北部、乌兰察布市北部、包头市北部、巴彦淖尔市北部、鄂尔多斯市西北部、阿拉善盟东部。以旱生、强旱生灌木、半灌木为建群种,草本植物参与度很低,常见的有锦鸡儿、驼绒藜、绵刺、霸王、红砂、白刺等。

温性荒漠,划分为4个亚类、55个型,主要分布于巴彦淖尔市北部和阿拉善盟境内。建群种以灌木和半灌木为主,草本植物极少见,常见的灌木有红砂、霸王、梭梭、白刺、沙冬青、沙鞭等。

山地草甸类,划分为2个亚类、21个型,是以多年生中生草本植物为主体组成的草地。因山体大小、高差和山地的地质条件与地貌结构以及山地所坐落的水平地带等不同,草地类型的分化和组合也有显著的差别。主要优势植物有荻、大油芒、穗序野古草、拂子茅、无芒雀麦、鸭茅、草地早熟禾、细叶早熟禾、地榆、垂穗披碱草、野青茅、短柄草、羊茅等。

低平地草甸类,划分为3个亚类、82个型,在各盟(市)都有分布。多发育在河漫滩、低湿洼地、山间谷地、丘间盆地、湖滨周围及沙丘沙地中的坨间低地等地段,除大气降水外,还接受河流春、夏泛水或由高处注入的地表径流。在泉水溢出地段,尚有地下水的补给,因而有时草地常出现季节性积水的现象。该类草地植被是以多年生的湿中生、中生及旱中生草本植物为主,其中禾本科及莎草科植物占较大比例,杂类草形成优势层片,菊科植物也大量出现,中生柳灌丛在部分河流沿岸也大量生长。

沼泽类草地,划分为 9 个型,是在地表积水、土壤过湿并常有泥炭累积的生境中,以湿生草本植物为主组成的一类隐域性草地。沼泽生境的基本特征是水源补给充足,地面、水面蒸发弱,地表积水,土壤通气状况不良,形成泥炭沼泽土与盐化沼泽土。从植物区系成分来看,组成沼泽类草地的主要植物种大多数是世界广布种,如芦苇、乌拉草、香蒲、水葱、苔草等。

(三)新疆维吾尔自治区

新疆深居亚欧大陆腹地,地处祖国西北边陲,远离海洋,四周环山,地形闭塞,属内陆温带、暖温带荒漠区。从北到南由阿尔泰山、准噶尔盆地、天山、塔里木盆地、昆仑山构成"三山夹两盆"的地形结构,使新疆境内既有高山、盆地,又有平原绿洲、戈壁沙漠;既有海拔 −154m 的吐鲁番盆地,也有平均海拔 6 000m 的昆仑山以及号称世界屋脊的帕米尔高原,高差悬殊很大。特定的地理位置与地貌条件,加之戈壁、沙漠为下垫面,既造就了新疆气候的大陆性和干燥度极强,生态极其脆弱,也决定了新疆生态环境的多样性和复杂性,为丰富多样的草地类型形成奠定了基础。

在强大的荒漠气候控制下,新疆荒漠草地类型多样,分布广泛。既有平原荒漠,又有山地荒漠;既有温性荒漠,又有高寒荒漠。但植被稀疏、承载力低、生态系统脆弱。新疆草地除部分山地外,大部分地区降水稀少,形成大面积缺水和无水草地,全疆缺水草地总面积为 2 172.1 万 hm^2,占天然草地总面积的 37.9%。综上所述,新疆草地生态环境极其脆弱,尤其是荒漠草地生态系统干旱少雨蒸发强烈,草地植被生长稀疏,一旦遭到破坏,草地生态系统很难得到恢复。

新疆草地生态环境又具有多样性的一面。阿尔泰山、天山、昆仑山的强烈隆起,使山地水热条件随山体海拔高度升高而发生规律性变化,从而造就了新疆丰富多彩的草地生态环境与草地资源类型。除了46.92％的荒漠草地外,新疆山地草原草地和山地草甸草地分别占全疆草地总面积的29％和11.6％。山区是新疆天然草地的主要分布区域,山地草地占全疆草地总面积的58％,也是新疆草原畜牧业的主要经营区域。依赖地下水和地表水形成的占全疆草地面积12％的低地草甸草地,既给单调、枯燥的平原荒漠草地增添了无限生机,也为农区畜牧业提供了良好条件。

新疆虽然地处干旱荒漠区,但独特的"三山夹两盆"的地貌格局,使平原与山地连接并存,山地降水成为荒漠绿洲区生命线——水的供应源,为天然和人工绿洲发育及灌溉农业发展提供了保障。山地水分条件的改善,发育了呈垂直分布的草原和草甸草地。草地生态环境、类型和物种的多样性,特别是灌溉绿洲的镶嵌分布,为草地和农地资源、农业和畜牧业产业融合发展,为克服天然草地的自然缺陷创造了良好条件,为高效畜牧产业发展提供了可能。这种互补优势在国内外干旱荒漠区较为少有。因此,新疆草地不仅具有荒漠区共有的脆弱性,更具有多样性和丰富性,具有改造脆弱生态的优越性。

作为我国主要牧区之一,新疆天然草地面积辽阔、分布广泛、类型多样。根据20世纪80年代的草地资源调查成果,全区草地毛面积为5 725.9万 hm^2,净面积4 800.7万 hm^2,草地面积占全国草地总面积的14.5％,占新疆国土总面积的34.68％。按照《中国草地类型分类的划分标准和中国草地类型分类系统》,新疆草地共分为11个草地类、25个草地亚类、131个草地组、687个草地型(表1-7)。

表 1-7　新疆草地类型面积、载畜量基本情况

类型名	毛面积 （万 hm²）	净面积 （万 hm²）	鲜草产量 （kg/hm²）	载畜量 （万羊 单位/年）	羊单位占有 草地净面积 ［hm²/（羊 单位·年）］
温性草甸草原类	116.60	108.62	37215.0	161.00	0.67
温性草原类	480.77	442.25	16275.0	283.79	1.56
温性荒漠草原类	629.86	580.97	9975.0	221.40	2.62
高寒草原类	433.19	386.09	7665.0	164.72	2.35
温性草原化荒漠类	441.85	356.63	8565.0	105.97	3.37
温性荒漠类	2133.19	1609.99	8940.0	452.81	3.56
高寒荒漠类	111.75	80.48	2550.0	13.30	6.05
低平地草甸类	688.58	603.62	34410.0	701.77	0.86
山地草甸类	287.06	265.70	58920.0	666.70	0.40
高寒草甸类	376.37	341.90	29145.0	412.87	0.83
沼泽类	26.66	24.44	66450.0	40.53	0.60
合　计	5725.88	4800.68	20130.0	3224.86	1.49

　　依据地貌类型，新疆天然草地可分为山地草地、平原草地和沙漠草地。其中山地草地 3 324.7 万 hm²，占全区草地面积的 58%；平原草地 1 944.6 万 hm²，占 34%；沙漠草地 456.7 万 hm²，占 8%。

　　20 世纪 80 年代的调查资料表明，新疆天然草地的理论载畜量为 3 224.86 万羊单位，羊单位理论占有草地面积为 1.49 hm²/羊单位·年。按照季节草地计算，夏牧场的理论载畜量为 3 622.66 万羊单位，春秋牧场为 1 318.03 万羊单位，冬牧场为 2 085.69 万羊单位。夏秋牧场为 430.25 万羊单位，冬春牧场为 240.34 万羊单位，冬春秋牧场为 346.38 万羊单位，全年牧场为 541.49 万羊单位。

新疆的水平地带性草地是荒漠,又有呈垂直带分布并得到较好发育的各种山地草地类型。自平原到高山,地貌、土壤和气候条件差异极大,因而发育了包括荒漠、草原、草甸、沼泽在内的丰富多彩的草地类型。全国 18 个草地类型中,新疆有 11 个大类。其中属于荒漠草地类组的温性草原化荒漠类、温性荒漠类和高寒荒漠类草地面积 1 686.79 万 hm²,属于草原草地类组的温性草甸草原类、温性草原类、温性荒漠草原类、高寒草原类草地面积 1 660.42 万 hm²,属于草甸草地类组的温性低地草甸类、温性山地草甸类和高寒草甸类草地面积 1 352.01 万 hm²,类型丰富度全国第一。多种草地类型相结合,形成了季节放牧地和割草地等多种草地利用类型,既为草原畜牧业发展提供了较好的物质条件,又对新疆生态环境维护作出了重要贡献。

新疆各类荒漠草地毛面积 2 686.79 万 hm²,净面积为 2 047.1 万 hm²,分别占全疆草地毛面积与净面积的 46.2% 与 42.6%,但载畜量低仅占全疆草地载畜量的 17%。荒漠草地中具有一定利用价值的草地面积仅占 30.88%,其余 69.12 % 的荒漠草地属于盖度小、产草量低、草质差的低质荒漠草地。无论从生态保护、社会进步还是从发展效益畜牧业方面讲,荒漠草地都不适宜继续放牧利用,应予退牧还草、围栏封育,实行永久性禁牧,建成防风固沙、水土保持型生态草地。

根据 20 世纪 80 年代的草地资源调查结果,新疆的高等植物有 108 科、687 属、3 270 种,其中牧草植物 2 930 种,而数量较多、价值较高的有 382 种。世界上公认的优良牧草新疆几乎都有分布。如梯牧草、无芒雀麦、鸭茅、黄花苜蓿、红三叶、野豌豆、西伯利亚驴食豆等优良牧草,在新疆天然草地上均有较大面积分布。

几大山体的强烈隆起既决定了新疆草地类型具有明显的垂直分异规律,又决定了新疆草地畜牧业在经营利用上的严格季节性。天然草地季节轮牧是新疆草原畜牧业有别于我国其他牧区的特色之一。由于新疆草地面积大,自然条件差异明显,各地在草地利用上形成不同的、适应自然规律的、各具特色的季节轮牧利用方式和放牧体系。依照草地放牧季节分类,可以将新疆天然草地利用季节归纳为夏牧场、夏秋牧场、春秋牧场、冬牧场、冬春牧场、冬春秋牧场和全年牧场等 7 种类型。其中北疆多实行从沙漠到高山四季3 处转场利用的夏牧场、春秋牧场和冬牧场;南疆实行夏秋牧场与冬春牧场轮换转场利用;南疆平原区多为四季在同一处放牧利用的全年牧场。冬春秋牧场是一处草地 3 季放牧,南北疆均存在,这种利用方式对草地破坏最为严重。

(四)青海省

全省有草地面积 3 636.97 万 hm²,占全省土地总面积的51.36%。其中可利用草地面积 3 153.07 万 hm²。草地主要分布在环湖地区、青南高原、柴达木盆地,占全省草地面积的 94.47%。东部农业区草地只占全省草地面积的 5.53%。全省冬春草地1 586.36 万 hm²,占全省可利用草地面积的 50.19%;夏秋草地1 574.67 万 hm²,占全省可利用草地面积的 49.81%。

天然草地主要分布在日月山以西的广大牧区,可分为环青海湖地区、青南高原区和柴达木盆地区三大块。其中以行政隶属关系来分,玉树藏族自治州草地面积最大,达 1 084.81 万 hm²,其中可利用草地面积 956.98 万 hm²,占全省可利用草地面积的30.27%;海西蒙古族藏族自治州位居第二,草地面积为 969.36 万hm²,其中可利用草地面积 731.51 万 hm²,占全省可利用草地面积的 23.14%;果洛藏族自治州居第三,草地面积为 675.37 万hm²,其中可利用草地面积 625.52 万 hm²,占全省可利用草地面积的 19.79%;海南藏族自治州居第四,草地面积为 360.78 万hm²,其中可利用草地面积 339.46 万 hm²,占全省可利用草地面积的 10.74%;海北藏族自治州居第五,草地面积为 256.84 万hm²,其中可利用草地面积 238.59 万 hm²,占全省可利用草地面积的 7.55%；黄南藏族自治州居第六位，草地面积为 164.97 万 hm²，其中可利用草地面积 157.8 万 hm²，占全省可利用草地面积的 4.99%；日月山以东的海东及西宁地区草地呈零星分布，草地面积为 132.81 万 hm²，其中可利用草地面积 111.17 万 hm²，占全省可利用草地面积的 3.52%。

根据 1980～1988 年青海省草地资源调查，全省草地共有 9 个草地类、7 个草地亚类、28 个草地组、173 个草地型。

9 个草地类为：高寒干草原类、山地干草原类、高寒荒漠类、山地荒漠类、平原荒漠类、高寒草甸类、山地草甸类、平原草甸类、附带草地类。其中高寒草甸类，面积 2 366.16 万 hm²，位居第一；高寒干草原类，面积 582.01 万 hm²，位居第二；山地干草原类，面积 272.08 万 hm²，位居第三；山地荒漠类，面积 118.86 万 hm²，位居第四；平原草甸类，面积 108.61 万 hm²，位居第五；平原荒漠类，面积 96.27 万 hm²，位居第六；高寒荒漠类，面积 52.55 万 hm²，位居第七；附带草地类，面积 28.63 万 hm²，位居第八；山地草甸类，面积 11.82 万 hm²，位居第九。

青海省草地资源有以下特征：

1. 草地类型复杂多样，以高寒草甸、高寒干草原为主体　全省发育着丰富多样的草地类型，从温性草原、草甸到高寒干草原、草甸，从潮湿的疏林、灌丛到极干的荒漠无所不有。在天然草地诸类中，高寒草甸、高寒干草原所占的比重较大，二者面积之和为 2 948.16 万 hm²，占全省草地面积的 80.88%，是青海省天然草地的主体。

2. 牧草低矮，缺少割草地　全省天然草地牧草普遍生长低矮，为低草区。除局部滩地、河谷阶地上的披碱草、芨芨草等稍高大外，大部分牧草高度都在 10～30cm。其中占全省草地面积 31% 的高山嵩草，高度仅 2～5cm。牧草低矮不利于打草，因此全省缺少割草地。

3. **天然草地为主,人工草地面积比例极小** 全省人工草地面积所占比重极小,到 2005 年累计人工草地保留面积为 29.66 万 hm^2,仅占全省可利用草地面积的 0.9%。

4. **莎草草地占优势,草地耐牧性较强** 在全省 173 个草地型中,以莎草科牧草为优势种的草地型有 40 个,虽然其数量不多,但其面积却达 2 092.37 万 hm^2,占全省草地面积的 57.38%。莎草草地在全省占据优势地位。莎草科牧草根系发达,在生草层中交错盘结,形成 10～15cm 厚的草皮层。该层虽然不利于通气透水,但却富有弹性,不易遭到破坏,具有较强的耐牧性,是理想的放牧型草地。

5. **牧草种类简单,缺少豆科牧草** 据统计,青海省有维管束植物 113 科、564 属、2 500 种左右,约占全国维管束植物总数 28 000 种的 1/13。在众多植物中,豆科植物较少(常见的约 13 属、77 种),仅占全省植物总数的 3.67%,而且数量少、分布零星。在仅有的豆科植物中,除去有毒、有刺、有怪味和低矮贴地的以外,所剩无几。豆科牧草在饲用牧草中占的比重较低。

6. **牧草营养丰富** 青海光能资源丰富,太阳辐射强,牧草生长旺盛,营养丰富,一般都具"三高一低"(即粗蛋白高、粗脂肪高、无氮浸出物高、粗纤维低)的特点,弥补了全省豆科牧草的不足。

7. **产草量地域差异大,总体偏低** 由于全省地处青藏高原地区,地域辽阔,地形复杂,水、热条件相差很大,植物生长期短,造成植被类型多样,分布错综复杂。不同草地类型间,产草量和草质差异很大。灌丛草甸亚类、典型草甸亚类、高寒草甸亚类草地的平均每公顷鲜草产量为 2 765～3 810.15kg,草本植物营养成分高,草质柔嫩,适口性好;而高寒荒漠类和山地荒漠类草地的平均每公顷鲜草产量仅为 592.95～1 000kg,并且牧草粗、硬,适口性差。同时,由于生态条件的限制,总体上全省平均牧草产量低。据 1986 年全省草地资源普查,全省草地平均每公顷牧草产量为 2 250kg。由于各种原因草地退化严重,全省草地平均产草量呈逐年下降趋势。

8. 天然草地牧草营养物质贮藏量季节、年度变化显著 青海省草地受高原大陆性气候的影响,气温、降水季节、年度变化显著,全省年平均降水量 350mm 左右,多集中于全年最热月份牧草生长季 5～9 月份,占年降水量的 70%～80%,雨热同季,无明显的四季之分,只有冷暖之别,暖季湿润凉爽、短暂,牧草生长期短,仅为 90～150d,此期间牧草生长丰茂,营养丰富,鲜嫩适口;冷季干燥、寒冷、漫长,牧草枯草期长达 210～270d,牧草枯黄,此期间草地牧草的贮量为暖季的 43% 左右,营养价值仅为暖季的 20% 左右。据青海草地资源统计数据,粗蛋白质含量在绿草期平均为 11.14%,枯草期降至 6.21%。据铁卜加草原改良站试验结果表明,天然草地粗蛋白质含量,年度间变化以正常年为 100%,丰年可达 154.53%,歉年仅为 74.11%,丰、歉年相差 80.42 个百分点,变化极显著。

9. 草地植被差异大,有利于季节草地划分 全省因地形的作用,造成在不同地形上具有优势种不同的植被类型。一般说来,山地上部及阴坡气温低,植被多以高寒草甸为主。这里的冷季气候寒冷,多风、多雪,牧草被冰雪覆盖,不易融化,牲畜觅食困难。夏季,气候凉爽,蚊蝇少,牧草营养丰富,适口性好,因此适宜作各类牲畜的夏、秋放牧场。山地下部的阳坡及河谷宽阶地等处气温较高,植被多以草原为主。冷季,这里背风向阳,气候温暖,积雪少,同时牧草较高,不易被雪覆盖,宜作各类牲畜的冬、春放牧场。全省这种因地形造成的植被差异,有利于季节草地的划分。

10. 由于地形引起水、热条件的差异,导致各地区产草量的明显差异 黄南藏族自治州天然草地平均每公顷产鲜草 4 516.2kg,居全省首位;果洛藏族自治州为 3 363kg,居第二;西宁市第三,为 2 952.75kg;海东行署为 2 843.85kg;玉树藏族自治州为 2 561.55 kg,海南藏族自治州为 2 395.35kg;海北藏族自治州为 2 203.35kg;

海西藏族自治州产量最低，为1371.75kg。

依据全国草地等级评定标准，青海就草地质量等级而言，中等草地占全省草地面积的大部分。以二等六级草地所占比重最大，占全省可利用草地面积的24.14％；三等七级、二等五级、二等七级分别位居第二、第三、第四，分别占14.86％、13.73％和10.9％。

(五)四川省

四川省草地(草山草坡)面积为2 096.49万hm²，占全省国土面积的43％，分别是现有耕地面积的4倍，森林面积的1.5倍，是全省绿色植被生态环境中面积最大的生态系统，为全国五大牧区之一。同时，四川草地是世界十大生物多样性中心之一的青藏高原的重要组成部分，具有丰富的生态多样性、生物多样性和文化多样性的特点。四川草地主要分布在甘孜、阿坝、凉山3个少数民族自治州，区内共有天然草地1 633.33万hm²，其中可利用草地1 413.33万hm²，占全省草地总面积的78％，是四川重要的畜牧业基地，也是长江上游地区重要的生态屏障。

四川草地分属青藏高原草原区，长江、黄河中上游草原区和南方山草坡区，以高寒草甸草地、高寒沼泽草地、高寒灌丛草甸草地、山地疏林草丛草地为主，草地植被11个类、35个组、126个型，牧草构成以莎草科、禾本科为主，天然草地平均产草量在3 500kg/hm²左右。全省地域辽阔，自然资源丰富，特殊的地理位置和气候条件，使全省草地资源具有以下特点：面积大，类型多，分布广，规模各异；草地面积规模东南部小、西北部大，低山丘陵区小、高原区大；草地植物种类多、饲用价值高、草地质量好，但目前生产水平较低，生产潜力很大。

(六)甘肃省

草地是甘肃国土资源及土地类型中面积最大的部分。全省有天然草地1 790.42万hm²，占全省国土面积的42.07％。其中可利用草地面积1 607.16万hm²、占全省国土面积的35.37％，可利

用草地面积是耕地的 3.31 倍、林地的 4.05 倍。草地面积占全国
草地面积的 4.86％,仅次于新疆、内蒙古、青海、西藏、四川,位居
全国第六,因此甘肃是全国重点草原牧区省份之一。

在甘肃省 14 个市、州中,草地面积占国土面积 50％ 以上的有
庆阳、武威、张掖、甘南、兰州、白银等 6 个市、州,最高为甘南藏族
自治州,占 67.64％;占 30％～50％ 的有定西、临夏、金昌;占
20％～30％ 的有陇南、酒泉;占 10％～20％ 的有平凉、天水和嘉峪
关(表 1-8)。

表 1-8　甘肃省天然草地面积与分布　（单位：hm²）

分布区	草地面积	占所在地土地面积（％）	占全省土地面积（％）	可利用面积	占所在地草地面积(％)	占全省可利用面积（％）
庆阳市	1405268	51.83	7.85	1280027	91.06	7.96
平凉市	185086	16.61	1.03	164066	88.64	1.02
陇南市	741821	26.59	4.14	637795	85.95	3.97
定西市	651263	33.19	3.64	601841	92.43	3.74
武威市	1745115	52.50	9.75	1506790	86.34	9.38
张掖市	2390479	58.40	13.35	2150048	89.94	13.38
酒泉市	5312235	27.80	29.67	4691563	88.32	29.19
临夏州	273800	33.52	1.53	258329	94.35	1.61
甘南州	2602459	67.64	14.54	2494985	95.87	15.52
天水市	163014	11.39	0.91	148725	91.23	0.09
兰州市	829008	61.14	4.63	750108	90.48	4.67
白银市	1216968	60.80	6.80	1042281	85.65	6.49
金昌市	370263	38.60	2.07	328495	88.72	2.04
嘉峪关市	17067	11.63	0.09	16554	96.99	0.01
合　计	17 904206	39.40	100.00	16071608	89.76	100.00

根据全国草地分类系统,甘肃省草地可划分为 14 个草地类、19 个草地亚类、41 个草地组、88 个草地型。

甘肃草地类型的构成同全国及其他省、自治区、直辖市相比较,具有类型多样的特点。同全国比,甘肃除缺少分布在我国岭南地区的 3 个热性草丛类草地(热性草丛、热性灌草丛和干热稀树灌草丛)类型外,在全国 18 个草地类中,甘肃有 14 个,占全国草地类数的 78%(表 1-9)。

表 1-9　甘肃省各类草地构成　(单位:hm²)

草地类	草地面积	草地可利用面积	占全省可利用草地面积(%)
暖性稀树灌草丛	262869	219793	1.37
暖性灌草丛	173933	152230	0.95
暖性草丛	487096	419083	2.61
温性草甸草原	773069	681120	4.24
温性草原	2595786	2404925	14.96
温性荒漠化草原	1049798	919002	5.72
温性草原化荒漠	703710	587189	3.65
温性荒漠	4705994	3852731	23.97
高寒荒漠	18927	14559	0.09
高寒草原	1479716	1401508	8.72
高寒草甸	664648	640840	3.98
高寒灌丛草甸	4317111	4131786	25.71
低平地草甸	643899	621313	3.87
沼　泽	27650	25529	0.16
合　计	17904206	16071608	100.00

暖性稀树灌草丛类草地集中分布在黄土高原石质山地薪炭

林、涵养林、用材林林地的外缘和陇南南部碧口一隅和白龙江、白水江、西汉水一带海拔 2 000m 以下的河谷地段。灌木有狼牙刺、木兰、胡枝子、美丽胡枝子、珍珠梅等。草本层有以白羊草、黄背草为优势的暖性草丛和以白茅、野古草为优势但面积不大的热性草丛。乔灌层分盖度之和在 40% 以上,群落总盖度 40%～90%,平均草层高 23～41cm,禾、豆、莎草占总牧草生物量的 30%～70%。产草量鲜重为 4 605～10 350kg/hm²,平均 0.31～0.7hm² 可载牧 1 个羊单位,是全省草地类型中载畜量最大的草地类型。分布区大都用作刈牧兼用地。该类草地共贮可食鲜草 151.1 万 t,理论载畜量 41.4 万羊单位。总面积 26.29 万 hm²,占全省草地总面积的 1.47%;可利用草地面积 21.98 万 hm²,占全省可利用草地面积的 1.37%。该类草地分 1 个组、4 个型。

暖性灌草丛主要分布于陇南海拔 1 000m 左右的河谷阶地。草地植物组成为灌木和草本两种生活型。马桑、火棘、酸枣是陇南山区的常见灌草丛植被类型,草本层铁杆蒿、天蓝苜蓿、白羊草、艾蒿频度较大。植被总盖度 60%～85%,草层高 15～24cm,产草量鲜重 2 865～4 125kg/hm²,平均 0.8～1.13hm² 可养 1 个羊单位。共贮鲜草 54.1 万 hm²,理论载畜量 17.4 万个羊单位。该草地类总面积 17.39 万 hm²,占全省草地总面积的 97%;可利用草地面积 155.1 万 hm²,占全省可利用草地面积的 0.95%。此类草地有 1 个组,3 个型。

暖性草丛主要分布于陇南、天水、庆阳和平凉南部泾、渭河谷,海拔 2 000m 以下地带。大油芒是北亚热带向暖温带过渡的常见草种。大油芒占优势的灌草丛草地就成了当地主要的天然割草地,而白茅、白羊草、野古草、黄背草是暖性灌草丛草地分布较广的草种之一。该类草地中仍以杂类草占绝对优势,约占 50% 以上,是一种天然刈牧兼用型草地。总盖度平均为 38%～90%,草群自然高度 12～33cm,平均产草量鲜重 2 295～6 885kg/hm²,平均

0.46～1.4hm² 可养 1 个羊单位。共贮鲜草 155.1 万 t,理论载畜量 42.5 万个羊单位。草地总面积 48.71 万 hm²,占全省草地总面积的 2.7%;可利用草地面积 41.91 万 hm²,占全省可利用草地面积的 2.61%。本草地类有 2 个组,7 个型。

温性草甸草原主要分布在秦岭以北黄土高原南部的广大狭长地带,其北线大体在临夏、渭源、秦安、平凉、庆城(包括环县、曲子)、华池一线以南以东地区;在祁连山中东段山地草原向山地草甸过渡地带亦有不连续的该类草地分布。本草地类的建群种植物为中生或广旱生多年生草本植物,混生有中生或旱生植物。其最具指示意义的群落有环县曲子的小尖隐子草群落、大夏河河谷的白羊和洮河河谷的三刺草群落。山地基本为蒿属类型,如铁杆蒿、茵陈蒿以及冷蒿、艾蒿、苃蒿等。该草地分布区地面坡度较大,裸地率较高,草群平均总盖度 40%～80%,草层平均高度 11～28cm,平均产草量鲜重 2 265～3 435kg/hm²,平均 0.8～1.3hm²可养 1 个羊单位。共贮鲜草 255.7 万 t,理论载畜量 84.7 万个羊单位。总面积 77.3 万 hm²,占全省草地总面积的 4.3%;可利用草地面积 68.11 万 hm²,占全省可利用草地面积的 4.24%。本草地类有 2 个组,6 个型。

温性草原主要分布在陇东北部、陇中会宁、榆中等黄土高原中部残塬梁峁沟壑,是半干旱气候类型的代表植被,居于草甸草原和荒漠草原中间。山地草原广布于祁连山、阿尔金山中山地带。甘南高原部分河流、沟谷也有分布。主要植被成分有长芒草、克氏针茅、扁穗冰草等。植被总盖度 30%～70%,草层高 10～24cm,产草量鲜重 1 080～3 120kg/hm²,平均 0.8～2.7hm² 可养 1 个羊单位。共贮鲜草 464.8 万 t,理论载畜量 159.2 万个羊单位。总面积 259.58 万 hm²,占全省草地总面积的 14.5%;可利用草地面积 240.49 万 hm²,占全省可利用草地面积的 14.96%。本草地类有 2 个亚类,5 个组,7 个型。

温性荒漠化草原主要分布在环县、靖远一线,黄河以北的黄土高原和祁连山山前海拔 2 300～2 450m 的浅山地带或山前倾斜平原。指示性草种主要是短花针茅和无芒隐子草,建群种植物有戈壁针茅、沙生针茅、多根葱、薯状亚菊、驴驴蒿、珍珠、红砂、合头草等。该类草地中的驴驴蒿草地是我国荒漠草原草地的特有类型,驴驴蒿是荒漠草原区的一个特有种,也是典型的强旱生小半灌木,它的产草量较高,是甘肃半荒漠地区很有价值的放牧型草地。这一草地类中由于存在甘草、麻黄、发菜等药用、食用植物,所以人类干扰造成的破坏性极大,也是我们应重点保护的区域。草地群落盖度多在 25%～60%,草层高 10～24cm,平均产草量鲜重825～1 950kg/hm²,平均 1.5～3.5hm² 可养 1 个羊单位。共贮鲜草137.5 万 t,理论载畜量 47.11 万个羊单位。草地总面积 104.98万 hm²,占全省草地总面积的 5.86%;可利用草地面积 91.9 万hm²,占全省可利用草地面积的 5.72 %。本草地类有 2 个亚类,4个组,5 个型。

温性草原化荒漠类草地主要分布于黄土高原北部与阿拉善、鄂尔多斯高原交接地段,从白银、靖远向西直到河西走廊南北山均有分布。植被总盖度平均只有 14%～45%,草层高 2～30cm,灌木层高 30～70cm,灌木和杂类草在重量组成中占 90%。平均产草量鲜重 450～1 275kg/hm²,平均 0.7～8hm² 可养 1 个羊单位。共贮鲜草 53.3 万 t,理论载畜量 14.6 万个羊单位。总面积 70.37万 hm²,占全省草地总面积的 3.93%;可利用草地面积 58.72 万hm²,占全省可利用草地面积的 3.65%。该类草地按土壤基质划分为 2 个亚类,3 个组,6 个型。

温性荒漠类草地主要分布在河西走廊山前冲积平原,祁连山和阿尔金山山麓,海拔 1 000～1 500m 地带。群落种的组成贫乏,一般不超过 10 种,甚至只有 1～2 种。群落简单,盖度很小。灌木以白刺、红砂、沙拐枣、沙冬青、细枝盐爪爪和沙蒿为主,草本层有多根葱、戈壁针茅、沙生针茅和一年生的盐生草、猪毛蒿、猪毛菜等。该类草地平均草层高 9～42cm，平均总盖度 10%～40%，在草群重量组成中，禾草占 15% 左右，可食性杂类草占 75% 左右。平均产草量鲜重 270～2 640kg/hm2，平均 1.3～1.4hm² 可养 1 个羊单位。共贮鲜草 351.6 万 t，理论载畜量 96.82 万个羊单位。该类草地面积 470.6 万 hm²，占全省草地总面积的 26.28%，是全省草原面积最大的部分；可利用草地面积 385.27 万 hm²，占全省草地可利用面积的 23.97%。本草地类有 4 个亚类，5 个组，15 个型。

高寒荒漠类主要分布在祁连山高山带和阿尔金山高山带，其代表性草种是垫状驼绒藜，是高寒荒漠区具有较高饲用价值的主要牧草之一，为藏羊暖季主要放牧草地。总盖度 8%～25%，平均产草量鲜重 300kg/hm²，平均 12hm² 可养 1 个羊单位。共贮鲜草 0.4 万 t，理论载畜量 1 100 个羊单位。草地总面积 1.89 万 hm²，占全省草地总面积的 0.11%；可利用草地面积 1.46 万 hm²，占全省草地可利用面积的 0.09%。该类草地与分布在甘南和黄土高原高山带的流石植被上的垫状蚤缀、垫状点地梅稀疏植被不同，因而该类只划了 1 个组、1 个型。

高寒草原类主要分布在祁连山海拔 3 400m 以上高山带，甘南的太子山、西倾山均可见到。玛曲县北部与青海交界处的欧拉秀玛北部高山带也有紫花针茅与异针茅结合的群落。在碌曲尕海 3 400m 左右的低山丘陵阳坡也可见到紫花针茅群聚，局部进入嵩草、异针茅草地。该型盖度较大，通常在 60%～70%。平均草层高 8cm，总盖度 27%～50%。禾莎草占重要组成的 51%，豆科占 13%。可食性杂类草占 34%，毒草占 2%。平均产草量鲜重525～1 740kg/hm²，平均 2～7hm² 可养 1 个羊单位。共贮鲜草 218.5 万 t，理论载畜量 74.86 万个羊单位。该类分布总面积 147.97 万 hm²，占全省草地总面积的 8.26%；可利用草地面积

140.15 万 hm²,占全省可利用草地面积的 8.72%。该类有 2 个亚类,2 个组,2 个型。

高寒草甸类主要分布在甘南高原和祁连山山地,该类草地具有草层低矮、结构简单、层次分化不明显、草群密集、盖度大、生长季短、生物量低、地表根系盘结致密、草皮层紧实、耐牧性好的特点。盖度可达 60%~95%,草层高 9~16cm,在草群重量及种类组成中禾莎草比重较大、占总产量的 71%,可食性杂类草占 28%,是冷季牧草保存率较高的一种类型。但豆科种很少,仅有棘豆属的毒草占 3%。平均产草量鲜重 2 145~7 395kg/hm²,平均 0.4~1.4hm² 可养 1 个羊单位。共贮鲜草 262.1 万 t,理论载畜量 89.67 万个羊单位。本类草地总面积 66.47 万 hm²,占全省草地总面积的 3.71%;可利用草地面积 64.08 万 hm²,占全省可利用草地面积的 3.98%。本类下分 2 个亚类,3 个组,7 个型。

高寒灌丛草甸类分布在海拔 3 200~4 000m 的山地寒温针叶林缘和亚高山灌丛带,常与团块状针叶林和亚高山灌丛交错、镶嵌分布,草群中常混生着林下和林间草本植物。在甘南高原还有向低平地或林缘发育的典型草甸,优势种以根茎禾草和疏丛禾草比重较大,是甘南高原林限以上分布面积较大最具代表性的亚高山草甸,是一种较好的天然放牧草地。组成草地的灌丛有革叶和落叶阔叶两种,其中落叶阔叶灌丛草甸是一种可供利用的放牧地。该类草地平均总盖度 60%~95%,平均草层高度 7~28cm,产草量鲜重 2 490~6 735kg/hm²,平均 0.45~1.3hm² 可养 1 个羊单位。在重量组成中禾草占 56%,莎草占 8%,毒草占 8%。共贮鲜草 1806.6 万 t,理论载畜量 610.88 万个羊单位。该类草地总面积有 431.71 万 hm²,占甘肃省草地总面积 24.11%;可利用草地面积 413.18 万 hm²,占全省可利用草地面积的 25.71%。本草地类有 3 个亚类,7 个组,19 个型。

低平地草甸类形成于草原、荒漠区或高原低洼、排水不畅、地下水接近地面或泉水溢出、外露地段的湿土地段,主要分布在河西等地的河岸和绿洲边缘潮湿滩地,包括沼泽化草甸和盐生草甸两个较典型的隐(泛)域植被,因分布区同属低湿地并称为低平地草甸类。植被组成中主要有赖草、芦苇、芨芨草、碱茅、早熟禾、针茅等优良牧草。平均总盖度 40%~90%,平均草层高 24~36cm,平均产草量鲜重为 1 845~5 565kg/hm²,平均 0.5~1.6hm² 可养 1个羊单位。共贮鲜草 277.8 万 t,理论载畜量 95.13 万个羊单位。草地总面积 64.39 万 hm²,占全省草地总面积的 3.6%;可利用草地面积 62.13 万 hm²,占全省可利用草地面积的 3.87%。此类分为 2 个亚类,4 个组,5 个型。

沼泽类主要分布地带是甘南高原、河西走廊河谷低洼地和祁连山地的山间盆地。甘南藏族自治州的玛曲沼泽与若尔盖沼泽连为一片,碌曲、夏河两县也有分布。该区气候寒冷而潮湿,年降水量在560~700mm,相对湿度为 60%~70%,地面蒸发量 450mm左右,气温低,冰冻期长,全年没有绝对无霜期,水下冻结期可达300d 左右。冰冻层的存在使地表过湿,地温过低,限制了微生物的活动繁衍,地面有机质的分解减慢,泥炭层积累多,并有较厚的生草根。生长着裸果扁穗苔、藏嵩草、喜马拉雅嵩草、针蔺等沼泽化草甸植物。该类草地在结冻期多为马和牦牛的放牧场。它的总盖度 70%。由于生长季家畜不采食,因此草群中生殖枝多在45cm 左右高度,基本无禾草,莎草占总重量的 71%,杂类草占13%,不食草占 16%,平均产草量鲜重 6 330kg/hm²。共贮鲜草16.1 万 t,理论载畜量 5.53 万个羊单位。该类草地总面积 2.77万 hm²,占全省草地总面积的 0.15%;可利用草地面积 2.55 万hm²,占全省可利用草地面积的 0.16%。本草地类有 1 个组,1 个型。

第二章　草地资源监测和评价

第一节　概　述

　　监测的含义可理解为监视、测定、监控等。环境监测就是通过对影响环境质量因素的代表值的测定,确定环境质量(或污染程度)及其变化趋势。也可解释为用科学的方法监测和测定代表环境质量及发展变化趋势的各种数据的全过程。

　　草地生态监测就是对草地生物及其环境间关系的测定,也就是通过对草地非生物无机环境因素、草地生物因素(牧草、家畜、野生动物等)和人类生产活动的分析,来预测草地资源价值的变化趋势。

　　全球草地面积约为 $65 \times 10^6 \, km^2$,约占全球陆地面积的 47%,其中 50% 以上用于放牧地,还有约 1/3 的农业用地用于生产家畜饲料。因此,草地的主要利用方式是放牧。然而,随着人口压力的增大,以及由于人们对草地生态系统自然规律认识的不够,过牧和开垦等违反自然规律的人类活动频繁发生,使草地退化日益严重,生物多样性丧失,生产力低下。因此,了解人-资源-环境间的关系及其变化趋势是草地监测的主要目的。

　　随着世界草地资源的退化,草地生态监测的重要性日趋显著。为什么要进行草地生态监测? 原因可概括如下。

　　第一,科学发展的需要。当前,人口增长是人类面临的最严重的问题。人们根据生态学原理在开发利用草地资源的同时,也应注重草地上生存的各种生物应享有其生存和选择环境的权利。任何一种生物的存在都将记载过去、现在和未来的经历,因而生物存在既有其本身的价值,也与人类文化有密切的关系。同时,生态系统的退化常伴随土壤系统的退化,土壤有机质和理化性质以及土壤生物的变化和凋落物的分解都影响退化草地的恢复。在过去的100多年中,全球地表温度平均增加了 0.6℃,人类活动向大气释放的二氧化碳等温室气体是导致全球气候变暖的主要原因之一。因而,只有对草地动态和长期的定位监测和研究,才能实现对草地资源的持续利用,才能提示全球变化对生物多样性的影响,实质上实现保护人类自己及其生命支持系统。

第二,世界经济发展的需要。天然草地生态环境脆弱,一旦系统遭到破坏,则需投入十倍、百倍的资源和精力才能恢复,甚至无法恢复,从而给世界造成不可估量的损失,如美国 20 世纪 30 年代的黑风暴,中国的沙尘暴,长江流域特大洪灾等。传统畜牧业的主要障碍仍然是自然灾害。因此,对这些地区的草地生态状况进行监测,对灾害性事件进行预报和预测,提供预警信息系统,对防灾减灾具有重大的理论和实践意义。

随着西部大开发战略的深化,如果再不采取抢救措施,选择一批有代表性的草地生态系统、珍稀濒危野生动植物的天然集中分布区以及有重要科研、生产和旅游等特殊保护价值的草地景观予以保护和监测,有效地控制人为破坏行为,将使草地严重退化和沙化,生境破坏,重要的草地景观将会消失,造成的社会经济损失将无法估计。

第二节 草地监测样地的选择

一、样 地

样地代表一个群落整体,因此样地应选在群落的典型地段,尽量排除人的主观因素,使其能充分反映群落的真实情况,代表群落的完整特征,应注意不要选在被人、畜和啮齿动物过度干扰和破坏的地段,也不要选在两个群落的过渡地段。平地上的样地应位于最平坦的地段,山地上的群落应位于高度、坡度和坡向适中的地段;具有灌丛的样地,除了其他条件外,灌丛的郁闭度应为中等的地段。

样地应当能提供关于该群落(草地型)的充分而完整的概念,因此样地应有一定的面积。草本植被样地的面积至少应为 $100\sim400m^2$,个别特殊的群落如其总面积很小,则可将全部面积作为样地使用。灌丛植被样地面积应更大一些,一般为 $400\sim1\,000m^2$。在平原地区,样地面积可适当扩大;在山区,由于生态条件复杂且在空间上变化迅速,群落的变化也很快,因此样地可适当缩小。

样地的轮廓可以是定形的,如正方形、长方形;也可以是不定形的,如对平地和山地的小面积群落,可沿其自然边界建立样地。样地四周应当用围栏加以保护,以免人、畜破坏。为了精确地研究,尤其是产量动态,样地需用网眼为 $5cm\times5cm$ 以下的网围栏保护,防止野兔等采食。

野外调查路线及调查地点选择应以草地类型图及 1∶5 万地形图为依据,兼顾不同的群落类型和地形条件。山地草地,按一定的海拔间隔,充分考虑地形因素(如海拔高度、坡向、坡度、坡位等)或选择有代表性的 $1\sim2$ 个山头。平原草地则可选择 $1\sim2$ 块自然地段作为调查点。对沿途所有见到的植物进行记录和照相,并采集植物标本,所有记录要与采集的植物标本及照片的编号保持统一,通过标本的鉴定,统计各植被类型或草地类型的物种多样性。

二、取样方法

取样就是从调查对象的总体中(通常是以草地型或草地亚型为单位)抽取样本的过程。如果植被具有完全均匀的组成和分布,那么在任何地方抽取一个取样单位——样本就可以了,但这种情况在自然界的草地中并不存在,因此就不得不抽取一系列的样本并对其布局作出合适的安排,以便从其中获得的信息与数据能代表样地,进而能代表整个草地群落。在草地资源调查和研究中,通常的取样方法有两种,一种是典型取样法,另一种是用概率统计的方法取样。

(一)典型取样法

典型取样法也称代表性取样或主观取样,是草地调查中最常用的一种取样方法。用该方法的前提是在调查之前,要对调查区内不同地段的气候条件进行系统分析,再通过现场核实,基本上可以判断出调查区内可能会出现哪些草地类。在明确了草地类型的性质与分布的基础上,在不同类型内,选择认为能够反映草地特征的最典型地段设置样地,进行类型分析、测定与登记。技术关键在于典型样地的选择和典型样地的设置。典型取样具有一定的主观性,它要求调查人员应具有良好的专业知识和草地调查技能。典型样地如果选择合适,可获得可靠的结果。尤其在大范围的路线调查中,主观取样具有省时、省力的特点,因而常被采用。其特点是:对于初学者或者经验不足者不易掌握,因取样不当则影响调查结果。另外,这种方法所取得的资料无法用于统计学分析,因而所获数据无法估计抽样误差。

(二)概率取样法

草地资源调查由于受野外工作环境的限制,加之本方法要求相当数量的样本,因而在以往的实际调查中应用不如前者普遍。随着数量分析方法和计算机以及其他新技术的发展,将会使草地野外取样调查更为完善、更为科学。

概率取样方法有多种,常用的有以下 4 种方法:

1. 随机取样 这种抽样方法,样地是从总体中随机抽取的,群落的各个部分都有同等概率被抽取作为样地的机会。在大范围的野外调查中,首先在工作底图上或航空照片、卫星照片上先确定一条基线,然后做若干平行线,最后利用随机数字表在每条线上取样。小范围的调查,可将调查地段分成若干大小均匀的方格,每格都编号或确定位置,然后以方格网中的一组随机数字确定样地的位置。网格的划分,可选在底图上,然后在现场落实。此种方法的优点是便于统计分析。缺点是要取较多的样地,工作量大。也有个别类型易被遗漏或取样太少,损失十分珍贵的科学信息。为了避免这些缺点,可采用改进的随机步程法,即在样地内互相垂直的两个轴上,利用成对的随机数字作距离以确定取样的地点,即先从一个方向以随机步数进行取样,取完后改变方向并重复这一程序。

2. 系统取样　这种方法是将取样单位尽可能地等距、均匀而广泛地散布在样地中。具体工作方法是:首先随机决定一个样方,然后沿一定方向,每隔一定距离取一个样方。此种方法简单易行,样地布点均匀,工作者现场定点方便。其缺点是:当草地类型分布复杂且呈不规则的随机分布时,就可能出现类型的遗漏或不能如实反映类型特征。用系统取样法,目前还没有完全满意的方法进行校准误差的显著性测定。

系统取样的具体方法如图 2-1 所示。在按这些方法取样和等距布局时,如果其中有的取样单位正好碰到裸地、岩石、鼠洞、蚁塔、石块等处而无草地的代表意义时,可以稍为偏移。

3. 限定随机取样　这是随机取样和系统取样的有机结合,它体现了二者的优点。具体做法是将样地进一步划分为较小单位,在每个单位中采用随机取样,这样可使样地内每个点都有成为样本的更大机会,而且数据适于统计分析。限定随机取样和其基础方法比较费时,因为样地面积须用网格画出,以便确定较小单位的取样数及其随机点的位置。

4. 分层取样　这种方法适用于具有明显的镶嵌分布的草地群落,或由较小的异质群落构成的群落复合体等。取样时先将样地划分为相对同质的各个部分,然后在每部分内按其面积或其他参数使用随机或系统取样。在非镶嵌的灌丛草地，可在同一面积上对灌丛和草本植被分别取样，然后对获得的数据进行计算以得到统一的结果。

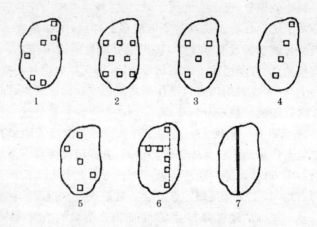

图 2-1　取样和取样单位布局示意
1. 随机取样　2～5. 系统取样
6. 限定随机取样　7. 样带

三、样方的大小

从统计学的要求出发，取样的面积越大，所获的结果越准确，但所费的人力和时间相应增大。取样的目的是为了减少劳动，因此要使用尽可能小的样方，但同时又要保证试验的准确性和达到统计学的要求，样方面积不可能无限制地减少，因而就出现了统计学上的最小面积的概念。

最小面积就是能够提供足够的环境空间，能保证体现群落类型的种类组成和结构真实特征的最小地段。不同类型的群落其最小面积是不一样的。最小面积可以用不同的方法求得，最常用的是种－面积曲线法,用种数和面积大小的函数关系确定最小面积。

具体方法是开始使用小样方,随后用一组逐渐把面积加倍的样方(巢式样方),逐一登记每个样方中的植物种的总数。以种的数目为纵轴,以样方面积为横轴,绘制种－面积曲线。曲线最初急剧上升,后来近水平延伸,并且有时再度上升,好像进入了群落的另一发展阶段。曲线开始平伸的一点就是最小面积(图 2-2)。

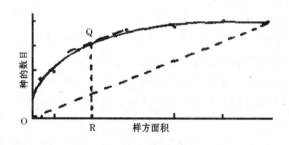

图 2-2　最小面积曲线图(R 为最小面积)

调查具多层结构的群落也可以分层确定最适面积。下列为样方最小面积的经验值,可供参考使用:草本群落为 $1\sim10\text{m}^2$,灌丛为 $16\sim100\text{m}^2$,单纯针叶林约 100m^2。

样方数目的多少决定于群落结构的复杂程度和研究精确度要求,一般每类群落以 $3\sim5$ 个样方为宜,以便于统计比较。

四、样条、样带和样圆法

样条是样方的变形,即长宽比超过 $10:1$,取样单位呈条状的样方。样条因在一定面积的基础上长度延伸很大,在取样中可更多地体现草地在样条长度延伸方向上的变化,因此适用于研究稀疏、或呈带状变化的植被。在植物个体大小相差较大时,样条的准确性超过样方。在半荒漠和荒漠,视灌木成分的多少和均匀程度,可用 1m 宽、20～100m 长的样条,重复 2～3 次测定重量及其他数量特征。

样带是由一系列样方连续、直线排列而构成的带形样地,因此是系统取样的一种形式。样带的长短取决于样方的多少,而样方的多少又取决于研究的对象和重复的多少。样带最适用于生态序列,即植被和生态因子在某一方向上的梯度变化及其相互关系的研究。例如,低地到沙丘的水分、盐分和植被变化,两个群落过渡地带的植被及其生境条件的变化等。

样条和样带的区别是 1 个样条只是 1 个取样单位,而 1 个样带包含了许多取样单位(样方)。

小样圆法是使用圆形取样面积进行植被分析的方法。同等的面积,圆的边线最短,边际效应最小,理应是最好的取样形状。但是由于在测定重量时它的边界不易严格遵循,而样方却方便得多,因此除了测定频度外,一般不使用样圆。测定草本植物频度的样圆面积规定为 $0.1m^2$(直径 35.6cm),重复 50 次。

第三节　草地群落调查方法

植被在草地生态系统中处于生产者的地位,它的健康状况直接影响草地动物生产和人类环境的变化,因此植被监测是生态系统监测的主要内容。通过进行植被监测可以取得以下结果:①研究植物的组成、盖度、干物质生产等。②评估人类活动导致的植被变化。③度量家畜载畜量。④评价人类活动对土壤质量的影响。⑤提示土壤质量对系统生产力的影响。

草地资源属性是由气候、土地、生物和生产劳动因素 4 方面综合体现的。其中生物因素在接受大气、土地的决定作用的同时,也对大气、土地产生反作用,形成特殊的小气候和改变土壤肥力;生物因素中的植被状况,既决定了家畜生产能力,同时也是生态环境的重要表征。所以,植物群落调查是草地资源调查的主要内容。

一、样地环境条件调查

所有的群落样地环境条件调查,包括踏勘、详细调查在内,一律要记载所在地的地理位置和环境特征。环境条件调查内容如下:

(一)地理位置

可用大的地理名称,如某县某山等;或者用样地编号,如某地若干号。具体样地位置应尽量地确切,如距某村某方向若干距离的某山坡上部或下部等,供以后需要时复查使用。

(二)植物群落周围条件

有助于分析相邻的其他群落、村庄、道路、河流等对此群落的影响,记录宜简明准确。

(三)地形条件

包括海拔、坡向、坡度、位置、地形起伏与侵蚀状况等,平原或河谷中还应包括记载地下水位及其水化学性质等。

(四)土壤条件

包括剖面特征及质地结构等,最少应区分出土壤类型及各发育层厚度、母质等。

(五)人类影响

包括砍伐、栽种、开垦、放牧、挖药、火灾等方面的强度、持续时间和频度(必要时通过访问了解)。

(六)其他环境条件

如群落小气候观测资料。条件允许时可在群落内外平行观测风速、气温、相对湿度、光照强度等,也可以在群落内不同高度做小气候对比观测。

二、植物群落属性调查

植物群落是草地生态系统中的所有植物,通过相互联系和相互作用形成了一个整体,它是草地生态系统的组成单位。植物群落属性应包括群落的种类组成、群落产量、高度、盖度、密度、频度、区系成分、生活型组成、植株物候期、植物生活力以及植物间相互关系的其他表现。

(一)高　度

1. 含义　草地高度分为群落高度和植物分种高度。草地植物群落高度,以优势层片的优势种高度来表示;分种高度则分种测量,以每一植物种分别表示,可以调查每种植物的个体平均高度和最大高度。

2. 测定方法　高度通常分为最高、最低和平均 3 项,每种高度至少以 20 个样本的平均计。草本植物有两种实测方法:一种是测定其自然状态的高度,称为自然高度;一种把植株拉直来量,称为绝对高度。低矮的植株用尺直接量取自然生长的高度。测量较高乔木的准确树高需使用仪器,如测高仪。简单的可以用直尺自制简易测高仪或目测估计。量测树高的同时需要测定枝下高,就是树干上最下面一个活枝所在的高度。

调查时一般只量取自然高度。对于禾草型的或其他有顶生花序的植物,应分出叶丛高度和生殖枝高度。

高度在群落各项指标中,是一个重要的指标,高度可以作为放牧是否过度的一个标志,高度还与地上生物量、地下根深成正相关,可以回归草地生物量。

(二)盖　度

1. 含义　也称覆盖度,指草地植物地上部覆盖地面的程度。通常将按植物茎叶对地面的投影面积计算的盖度,称"投影盖度"。又有总盖度、分盖度之分。总盖度——全部群落的盖度;分盖度——每种或每类(如禾本科、豆科等)植物的盖度。

2. 测定方法　测定盖度有下列 4 种方法。

(1)目测法　凭肉眼估计覆盖度,可借助带小方格的样方框(如 1m² 样方框上用线绳分隔成 100 个或 25 个小方格),估计覆盖度时想象地把地面空隙或植物覆盖地面面积集中在一些网格内,估计出盖度的百分数。

(2)点测法　也称针刺法。凭借大量的点来测定植被的盖度。具体方法是在 1m² 样方框上,利用钢卷尺将纵横两边分别按 10cm 等分,这样 1m² 样方可划分出 121 个交点,选择其中的 100 个交点并用一定长度的尖针刺点,每刺一次算作一点。在反复刺下大量的点(100)时,统计刺穿或接触到植物的点数,计算各种植物及裸地占 100 个刺点的百分数,即为植物的盖度。

(3)样线法　利用有长度标志的绳子或皮尺(长度可为 3～5m 或 10～20m)放在调查样地的地面上拉直作为一条测线,量出沿线被植物株丛覆盖的总长度(去掉空白的长度),以其与测线全长之比换算成百分数,称为"线性盖度"。调查时应先后测量若干条线,以求出盖度的平均数。测定带有灌丛和大丛草本植物的群落或不连续覆盖地面的丛生禾草草原,可应用此法。

(4)步测法　适用于面积广阔的草地,且测定仪器简单。测量人员在两鞋尖前用红色记号笔分别做一点标记,然后沿选定方向步行 500 步,同时记录下鞋尖前红色记号每次所接触的植物名称或空地。最后,统计空地及各种植物所占总步点的比例。

群落盖度即通常所说的总盖度 100% 减去空地盖度的差值;由于植物分种间互相交错,在用针刺法测定盖度时,分盖度之和大于群落总盖度。

(三)密　度

1. 含义　密度是在单位面积(样地)上某个种的全部个体数。多度或者叫做群落的个体饱和度,是某一物种个体数占样方内总个体数的比例。很多人把多度视为密度的同义词。相对多度或相对密度是指样地中特定种个体数占总个体数的百分数,它表达出某个种的个体数量是否占优势的情况。

2. 测定方法 对杂类草而言,如珠芽蓼可以每平方米多少株计,对密丛型的禾草、莎草则可按每平方米多少丛计。

对分布比较均匀的草地可适当缩小样方,可选 $1/4m^2$ 的样方,对灌木草地而言,则取样应在 $10m^2$ 以上,可以按每平方米的株数或枝数计算。

草本植物的测定工具可用普通剪刀,灌木则需要用枝剪。

(四)频 度

1. 含义 频度是指各个植物种在调查地段上水平分布的特征,也就是在群落中水平分布的均匀程度,是某种植物出现的样方的百分率(不论在样方内个体数量多少)。

2. 测定方法 测定频度常用的方法是在调查地段上设置若干频度样地。每一次即将所遇到的各种植物登记在频度样地登记表上,逐渐编成完全的植物名录表。在此表上,凡在样地内出现者,即在该种的名称一行内划上"|"号,未出现者记上"—"号;也可用划"正"字的方式统计各种植物频度。

测定频度,一般草本通常可用 $0.1m^2(0.2m×0.5m)$ 的小样方或直径为 35.6cm 铁丝样圆,在记载样地内随机投掷,重复 50 次。小灌木、半灌木及高草,可用 $1m^2$ 样方重复 20 次。

(五)草 产 量

1. 含义 植物量的组成部分见图 2-3。

现存量是样方中活的部分,直立的死植物体为立枯体,死亡并脱落到地面的为凋落物。牧用草地中经济效益最大的是地上植物量,它是放牧家畜的最主要的饲料。

群落中植物地上部的植物量有鲜重和干重之分。亦即草地的产草量,是草地经济评价的一个重要指标。分类或者分种测得的重量又可以判断不同植物的优势程度和草地质量。

牧草生产力为第一性生产力,它是第二性生产的基础,它的数量和质量直接影响动物生产及其产品;也可以通过科学试验对最终产品进行

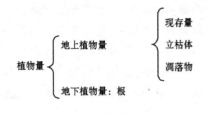

图 2-3 植物量组成

预测;通过对草地初级生产能力的评价,可以了解各个时期草层组成及其生活力状况,判断不同利用条件对草层和土壤及生态的影响。

2. 测定方法 草本群落的调查要在调查地段上设立若干小样地,分别将其中的草割下,立即称其鲜量,晾干再称其干重(风干重),并从中选取 2 个最有代表性的样地,按以下经济类群分别称重。A:禾本科或禾本科+莎草科植物。B:豆科植物。C:蒿类植物。D:杂草类。E:有毒有害植物。F:碎屑(不能鉴别的小残体)。在荒漠、草原化荒漠类草地还应当分出藜科植物;高寒草甸类草地应单独分出莎草科植物;早春调查时需分出"秋黄草"等类群。这种分类可直接在野外进行,也可用塑料袋封装带进室内尽快进行。以上均需登记于草地产量测定记录表中。

剪(割)草的留茬高度:干草原类草地为 3cm;荒漠草原、荒漠类草地的草本植物为 2~3cm,高大草本植物为 5~6cm;割草地为 6~8cm。

带有灌木、半灌木或高大草丛的群落须用较大的样地——常用 100~1 000m² 的大样方,采取"株丛法"测定重量。株丛法又称为标准株法,即先将样地灌木、半灌木或高大草丛按株丛大小分为大、中、小 3 级,分别剪(割)有代表性的 5~10 株的可食茎叶(灌木、半灌木只剪直径 2~3mm 以下的枝条,高大灌丛的上部、家畜采食不到的不剪割。这种方法可测定灌木的可食牧草。如测群落

产量,则应将选定枝条全株剪下。一般认为,羊可采食到 1.2cm 以下、牛为 2cm、骆驼为 3cm),称得平均单株重量,同时统计样地内实有的各级株丛数,以各级单株重量乘以株丛数,并将 3 级得数相加即为样地内的总重量。称鲜重后可以从其中称取一部分,带回晾干再称干重。测产时必须将牲畜可食及不可食的分开登记。

灌木、半灌木或高大草丛下面的草本植被,仍用上述草本群落测产法测定,但折合成单位面积的鲜重和干重时除去灌木、半灌木或高大草丛占去的面积。最后将灌木、半灌木、高大草丛的重量加上其下面草本的重量而得群落总重量。

草产量较正:①降水的影响。对中国的农业生产条件而言,普遍规律是 3 年 1 旱,所以应选择 3 年的草地产量计算平均产量,以减小降水丰年、平年和歉年的影响。②地形的影响。平地和山地的图上面积和实际面积间的校正。③陈草的校正。当陈草仍然具有饲用价值而被家畜采食时,应该测定陈草数量,将样方中产量记录加以校正。④季节的校正。天然草地通常在秋季产量达到 100%,冬季由于风吹日晒仅为 60%,春季时仅为 40% 左右,这就是牧草保存率。所以,依据草地最高产量计算的冬季草场的载畜量还应考虑到牧草保存率的影响。

(六)优势度

1. 含义 优势度(SDR)是一个综合性指标,它较全面地反映种群在群落中的地位和作用,通常由密度、产量、高度和频度等指标计算而来。不同指标的测量值,可以表示一定植物种的绝对数量特征,而它们的相对值(即对所有种测量总值的百分比)则反映该种植物在群落成员中的重要性。因此,把这几个测量数据的相对值合并,便构成特定植物的重要值。优势度通过分析确定植物群落乔、灌、草本层的优势种,并对草地型予以命名。优势度多用于分析草本植物和许多灌木层中种的重要性。计算优势度由于使用的相对值参数数量不一,有以下不同的表达式。

$$SDR_3 = \frac{相对盖度+相对产量+相对密度}{3}$$

$$SDR_4 = \frac{相对高度+相对盖度+相对频度+相对密度}{4}$$

$$SDR_5 = \frac{相对高度+相对盖度+相对产量+相对频度+相对密度}{5}$$

2. 测定方法 草地资源调查中得到某样地 A、B、C、D 和 E 共 5 种植物的"四度一量"资料(表 2-1),计算草地优势度,并对草地型命名。

步骤 1:数据整理

表 2-1 草地"四度一量"原始资料

样　方	A	B	C	D	E
高度(cm)	50	35	40	20	15
盖度(%)	80	70	40	50	100
频度(%)	70	60	50	100	40
密度(株/m²)	140	180	100	150	200
草产量(g/m²)	300	400	500	600	1000

步骤 2:数据标准化

由于 5 个指标间单位不统一,且数据绝对值大小不一,不能直接计算 SDR。需要对以上数据标准化。常用标准化方法有 3 种,即极大值标准化、总和标准化和数据中心化(即平均值标准化)。日本学者沼田真提出的 SDR 公式中采用了总和标准化法。天然草原采取极大值标准化法比较简单,容易计算,本例也采用极大值标准化法。具体计算过程为:以每一指标中的极大值为分母去除以该指标,将所有数据化为值阈[0,1]之间的数据。高度数据中50cm是极大值,以50cm为分母标准化该行数据。其余同理。将原始数据整理成表2-2。

表 2-2　草地"四度一量"标准化后数据

样　方	A	B	C	D	E
相对高度	1	0.7	0.8	0.4	0.3
相对盖度	0.8	0.7	0.4	0.5	1
相对频度	0.7	0.6	0.5	1	0.4
相对密度	0.7	0.9	0.5	0.75	1
相对草产量	0.3	0.4	0.5	0.6	1

步骤3:计算优势度

$$SDR_5 = \frac{相对高度+相对盖度+相对产量+相对频度+相对密度}{5}$$

采用以上公式,计算各种植物优势度,结果见表2-3。

表 2-3　草地植物的优势度(SDR_5)

样　方	A	B	C	D	E
SDR_5	0.7	0.66	0.54	0.65	0.74

步骤4:草地型的命名

对于型的划分和命名、提出应遵循下列原则:

第一,在草甸类的主要层中,往往难以分出主要优势种。在这种情况下,可选择优势种中的优势度最大的饲用植物命名。其余可按属或经济类群来命名,如裂叶蒿、苔草型,蓬子菜、丛生禾草型。根据表2-3内容,假如A、B、C、D和E分别代表的植物是珠芽蓼、香青、凤毛菊、早熟禾和高山嵩草,则该草地优势植物为高山嵩草和珠芽蓼,将两者用"+"连缀起来即可,则该草地为高山嵩草+珠芽蓼型草地。

第二，当主要层中的主要优势种为非饲用植物时，除优势种要加括号表示外，还要从草地型中选择一种可食的植物或在草群中占比例较大的属名来命名，如(狼毒)、长芒草型，(乌头)、苔草型。

第三，主要层中出现乔木、灌木的优势种时，可分以下情况处理：

一是如具有饲用价值的乔木、灌木，可按其优势种的名称来命名，如小叶锦鸡儿、克氏针茅型，榆、褐沙蒿型。

二是如具有饲用价值的乔木、灌木，其优势种的饲用价值相同，生境相似的，可将不同种的优势种进行合并，用属名来进行命名。如狭叶锦鸡儿、短花针茅型，中间锦鸡儿、短花针茅型，荒漠锦鸡儿、短花针茅型，可合并成锦鸡儿、短花针茅型。

三是如没有饲用价值的灌木、乔木为优势种要加括号表示，如(马尾松)、白茅型，(窄叶鲜卑花)、四川嵩草型等。

四是如没有饲用价值的乔木、灌木为优势种，且其下层草类饲用植物又相同时，可将优势的灌木合并统称为"灌木"来表示。如(窄叶鲜卑花)、四川嵩草型，(小叶杜鹃)、四川嵩草型，可合并成(灌木)、四川嵩草型。

(七)其　他

主要包括群落层次、植物生活型、生育期和生长活力等。

1. 群落层次　群落层次调查一般均以层为单位分别进行，分成乔木层、灌木层、草本(及小灌木)层、苔藓地衣层 4 个基本层。当每层内部若由一些不同高度乃至具有不同生态特征的植物种构成时，通常进一步细分为若干亚层。藤本植物和附生植物被列入层外植物或称层间植物，单独记载。

2. 生活型　生活型起源很早，并逐渐形成多种体系。根据拉思基尔生活型分类法可分为高位芽植物、地上芽植物、地面芽植物、隐芽植物、一年生植物等。对草原学来说，最常用的是德国学者克涅尔的生活型系统,他不仅划分了生活型,而且在某种意义上说对各型也做了饲用意义的鉴定。克涅尔的生活型系统,把具有重要意义的植物,划分了以下几个类型:

(1)乔木 多年生木本植物,具有明显的主干,高达 4~69m 甚或以上,树干和枝条直到生命结束以前都不死亡;树叶每年部分或全部死亡。它在湿润气候地区广泛分布。它是热带、亚热带以及温带森林植被的基础,在干旱荒漠、半荒漠地区较少。

(2)灌木 多年生木本植物,它与乔木不同的是从地面开始就分枝而形成丛状,无明显主干,干和枝上有芽,冬季也不死亡。高度从数厘米至 4~5m,寿命可达 20~30 年,分布较为广泛。灌木比乔木有更大的饲用价值,但有些灌木种家畜不食,甚至是有毒的(如麻黄、青海杜鹃、烈香杜鹃等)。

灌木根据其植株的高矮,可分出一类小灌木,它们的高度一般只有 20~30cm,通常不超过 50cm。小灌木在荒漠植被中起主要作用。

(3)半灌木 是介于灌木和多年生草本之间的一类植物。是它们之间的一种过渡类型,冬季不仅叶子死亡,而且株丛的上部也死亡。分枝从地面开始,没有主干,茎高 0.2~0.5m。枝条的特点是下部为多年生,上部为一年生,寿命 10~20 年或更长。在典型草原、荒漠、半荒漠地区分布较广,是冬、春季节的主要饲用植物,对绵羊、骆驼、马和山羊特别有价值。

(4)多年生草类 多年生草类的地上部分为每年全部死亡,靠营养繁殖或种子繁殖来更新,高度差别很大,从数厘米至 4~5 米。寿命从 2 年至数十年不等。多年生草类中还可以分出一类多年生短命植物,它们的生长发育期短,从萌发到种子成熟脱落,均在春季完成,如鳞茎早熟禾等。多年生短命植物主要分布于典型草原、半荒漠和荒漠。多年生草类分布极为广泛,特别是在微干、微润、湿润、潮湿的生境条件下,生长良好,是家畜的主要饲料来源。

(5)一年生草类　在秋季(冬性植物)或春季(春性植物)从种子萌发,并在当年或翌年完成其全部发育过程。其种子成熟脱落后,地上和地下部分全部死亡。因此,一年生草类只能借种子进行繁殖。主要分布于荒漠、半荒漠草地类型上。

(6)苔藓类　高等孢子植物。多生于阴湿的环境中,在热带、亚热带常绿雨林、季雨林、温带针叶林、高山林区以及极地生长繁茂。多数是独立生活,也有少数营腐生生活。没有饲用意义,但有少数种可作药用。其生态意义更大,在高寒灌丛中,它吸取的水分重量是本身的 3 倍以上,是主要的水源涵养植物。

(7)地衣　是真菌和藻类组成的一类共生植物。地衣能生活在各种环境中,特别是耐干、寒。根据外部生长形态,可分为壳状地衣(着生于石地、树皮上)、胶质地衣、叶状地衣和枝状地衣 4 大类。前 3 类家畜不食,无饲用意义。枝状地衣在秋、冬、春季为鹿所喜食,但生长缓慢,每年只生长 1cm 左右。

3. 物候期　指调查时某种植物所处的发育期。其特征可以反映植物与环境的关系,既标志当地相应的气候特点,又说明植物对各样地、群落内部不同位置的小环境适应情况。记载物候期以大多数植物为准,对少数处于不同发育阶段的也应注明。通常为 20% 时,即可作为新阶段的始期;为 50% 时,为盛期;残存 20% 时,可作为该阶段的末期。禾草物候期分为:萌芽、分蘖、拔节、抽穗、开花、乳熟、黄熟。野外物候期调查工作可简化为萌动、抽条、花前营养期、花蕾期、花期、结实、果(落)后营养期、枯死等阶段。

4. 生活力　指生活强度,可以判断各种植物在某群落中生活是否正常。野外记录要求区分 3 级生活力。

强:植物发育良好,枝干发达,叶片大小和色泽正常,能够结实或有良好的营养繁殖。

中:植物枝叶的发展和繁殖能力都不强,或者营养生长虽然较好但不能正常结实繁殖。

弱：植物达不到正常的生长状态，明显受到抑制，甚至不能结实。

5. 物种多样性 生物多样性是地球上所有生命的总和，是40亿年来生物进化的最终结果，每一级生命实体如基因、细胞、种群、物种、群落、生态系统等都存在着多样性，它是时间和空间的函数，它具有区域性。

物种多样性是生物多样性的一种，表示物种水平上的多样性，它是用一定空间范围物种数量和分布特征来衡量，是生物多样性的重点。

当研究一个群落的时候，我们首先踫到的问题就是这个群落由多少物种组成，每一物种个体数目有多少。其中有些物种个体数目是清晰易数的，有些物种的个体数目是无法数清的。所以，它以一定空间范围物种数量和分布特征来衡量。

物种多样性的测定，归纳起来有以下几种方式：

（1）以种的数目表示 指一个群落或生境中种的数目。在统计种的数目时，需要说明多大的调查面积，以便比较。

Patrick 指数为： $\qquad D=S$

Dahl 指数为： $\qquad D=\dfrac{S-\bar{S}}{\ln Q}$

Gleason 指数为： $\qquad D=\dfrac{S}{\ln A}$

式中：D——表示物种多样性指数；

A——表示研究的面积；

Q——表示样方数；

$\bar{S}$——为样方平均物种数；

S——为样方物种数。

（2）以种的数目和全部种的个体数表示 这类指数为种丰富度指数，不需要考虑研究面积的大小，而是以一个群落中的物种数和个体总数的关系为基础。

Margalef 指数为：
$$D = \frac{S-1}{\ln N}$$

Menhinnick 指数为：
$$D = \frac{\ln S}{\ln N}$$

式中：D——表示物种多样性指数；

　　　S——为样方物种数；

　　　N——为全部物种的个体数。

（3）以信息公式表示

Shannon-Wiener 指数：
$$H = -\sum_{i=1}^{s}(Pi \ln pi)$$
$$Pi = Ni/N$$

这里，Pi 表示第 i 个种的多度比例，对数可用以 e 或 10 为底对数。

6. 群落演替度　关于演替的数据通常用以下一些方法获得：一是建立永久样方，在不同时间记录群落种类和数量特征。二是建立禁牧的永久样方，与永久样方的差别在于，它同时排除了人类和其他大型动物对群落的影响。三是利用不同时间的航空照片或卫星照片，可以解释一些数据，比如群落面积的变化、群落边界的变化等。

在一般的植物群落调查中，只记录样方中的种类及其数量特征，这种数据不包含时间因子，是一次性调查结果，对这种数据进行的演替分析称为静态演替分析。其一般方法比较简单，可采用群落演替度法，适合于次生恢复演替的研究。

$$D_j = \frac{\sum_{i=1}^{p}(I_i SDR_i)}{P} V$$

式中：D_j 为第 j 个群落的演替度；

　　　Ii 为种 i 的寿命，通常依生活型确定，即一年生植物为

1,二年生植物为 2,多年生草本和小灌木等于 10,大灌木和小乔木为 50,中乔木和大乔木为 100;

P 为种数;V 为植被率,SDR_i 为种 i 的优势度。

以东北羊草群落为例(表 2-4),演替度计算过程如下:

一般草本植物群落的顶极群落的演替度为 300～400,说明该羊草群落正处在演替中,离顶极群落还有一个阶段。

$$D=\frac{10\times96+10\times27+\cdots+10\times36}{7}\times1=295$$

表 2-4 东北羊草群落优势度和寿命

种 名	SDR_i	I_i
羊 草	96	10
五脉山黧豆	27	10
水 苏	19	1
针 蔺	19	10
芦 苇	26	10
苣荬菜	7	1
寸草薹	36	10

(祝廷成,1988)

第四节 草地遥感监测技术

所谓遥感就是指各种非接触的、远距离的探测技术。具体到空间对地遥感而言,就是指从外层空间的平台上,利用可见光、红外、微波等探测仪器,通过摄影或扫描来感应来自地球大气反射、散射和发射的相应波段的电磁辐射,经过传输和处理,从而识别大气物理性质和运动状态的现代探测技术。从外层空间感应来自地球大气的辐射均要经过大气层才能到达宇宙空间。因此,卫星探测地球表面,首先要解决大气层的遥感问题,要么把它作为地表遥感探测的噪声,避开或滤掉;要么把它作为遥感的对象,探测大气成分和参数。气象卫星首先得到发展的另一个原因是大气科学业务应用服务的迫切需求和技术上的可行性。所以,早在1960年美国就把第一颗实验气象卫星送上太空,开辟了从外层空间监测地球大气的新纪元。气象卫星探测的巨大成功,促使地球科学的各分支学科竞相发展相应的空间探测技术,资源卫星、海洋卫星和更复杂、综合性更强的地球观测系统卫星的相继升空,使遥感成为全球变化研究的基础。

一、资源卫星

在草地资源监测中多采用气象卫星和陆地卫星。气象卫星的研究始于1960年,距今已近50年的历史,气象卫星NOAA/AVHRR资料地面分辨率可达到1.1km,覆盖次数多达1天2次,价格低廉,最适用于大面积的草地监测。用于陆地资源和环境探测的卫星称为陆地卫星。迄今为止,全世界已有美、俄、法、加、中国、日本等多个国家,发射了24个系列、50多个型号的陆地卫星。按照陆地卫星综合能力,可分为陆地卫星、高分辨率陆地卫星、高光谱陆地卫星和合成孔径雷达卫星等4类。

(一)陆地卫星

美国Landsat系列、法国的SPOT系列、印度的IRS系列、日本的JERS、俄罗斯的Resurs—O系列和中国的CBERS系列均属于这类卫星。在所有的陆地卫星中以美国Landsat发射的最早、维持时间最长。

美国1972年7月23日发射了第一颗陆地卫星,当时称为地球资源技术卫星ERTS,从第二颗起命名为陆地卫星,至今为止已发射了7颗Landsat卫星。此卫星系列均选用太阳同步近地圆形轨道,轨道倾角98.25°,高度700km,16天覆盖全球一遍。表2-5和表2-6列出了这一卫星系列的主要特点,其中TM传感器是因运行时间长、获取资料多而在遥感界获得广泛应用的一个探测器，在波段范围 0.24～12.5μm 被分为 7 个波段，扫描幅宽 185km×185km，像元为 30m。

表 2-5　Landsat 卫星系列的主要技术指标

Landsat	发射年代	传感器	分辨率(m)	通　道
1	1972	MSS,RBV	80,80	4,3
2	1975	MSS,RBV	80,80	4,3
3	1978	MSS,RBV	80,40	5,1
4	1982	TM,MSS	30,80	7,4
5	1984	TM,MSS	30,80	7,4
6	1993(失败)	ETM	15,30,120	PAN,6,1
7	1998	ETM+	15,30,60	PAN,6,1

（引自《对地观测卫星在全球变化中的应用》，秦大和主编）

注：MSS；RBV：返束光导摄像管；TM：专题成像制图仪；ETM：增强型专题成像制图仪；PAN：全色波段

表 2-6　TM 遥感探测器各通道的主要用途

光谱段(μm)	TM 主要应用
0.24～0.52	测绘水系和森林覆盖图，识别土壤和常绿植被
0.52～0.60	探测植物绿色反射率和水下特征
0.63～0.69	测量植物叶绿素吸收率，进行植被分类
0.76～0.90	估测地表生物量和作物长势，确定水体轮廓
1.55～1.75	测量土壤水分和地质研究，区分云和地表积雪
2.08～2.35	城市利用，岩石反射率和地质研究，水热制图
10.4～12.5	植物热损伤评估和其他地表热红外制图

(二)高分辨率陆地卫星

这主要是指一些空间分辨率小于 10m 的卫星,这类卫星早期主要用于军事目的。目前正在运行的美国快鸟(Quick Bird)卫星和以色列的 EROS 卫星的分辨率均达到 1m。由于这类卫星观测的幅宽甚窄,限制了它在大范围资源环境监测中发挥作用。

(三)高光谱陆地卫星

是指卫星上的探测器具有高光谱特性,可以得到分辨率 5～10m 的遥感信息。目前,安装在地球观测系统(EOS)卫星上的中分辨率成像光谱仪(MODIS),其分辨率达到了 5～10m。

(四)合成孔径雷达卫星

这是把主动遥感的高方位分辨率的相干雷达装置安装在卫星上的遥感卫星。1978 年 6 月发射的海洋卫星(Seasat)是世界上第一颗装载这一遥感探测器的卫星。此后,俄罗斯、欧洲航天局、德国、日本等国家均发射了 SAR 卫星。

二、植被指数

对地观测卫星是地球观测系统(EOS)计划的重要组成部分,该计划的目的之一是研究陆地植被在大尺度全球变化过程中的作用,以便理解地球的生态系统。这个过程需要了解各种植被的全球分布情况及其各种变化特点。

植被生长状况的好坏可通过植被指数来反映。植被指数的一个重要特点是可以转换成叶冠生物物理学参数(如叶面积指数、绿蔽度、光合有效辐射等);植被指数将提供对全球植被在一致的时间和空间状态下的比较,可用于监测地球上光合作用植物的活动,以便进行变化监测和生物气候学及生物物理学解释,如不同时间周期合成的植被指数格点图可以用来监测地球植被的季节变化和年变化。

植被指数是对地表植被活动的简单有效和经验的度量,是一无量纲量,它是利用叶冠的光学参数提取出的独特的光谱信号(特别是红光和近红外光谱区的信号),适用于开展对植被活动的辐射度量。其主要优势是简单,除了辐射观测之外,不需要其他的辅助资料,也没有假设条件。问题的关键就是如何有效地综合各观测通道的信息,在增强植被信号的同时使非植被信号最小化。

许多研究表明红色通道和红外通道反射能量与地表植被量有关。由于光合作用植物叶绿素对光的吸收,反射的红光能量降低;另一方面,健康植物对近红外波段的辐射吸收很少,反射的近红外波段的能量随着植物的成长而增加。但是,由于被植物叶冠反射并到达卫星传感器的辐射量与太阳辐射、大气条件、非光合作用植物、叶冠背景、叶冠结构和成分等许多因素有关,所以不可能使用单一的光谱测量来量化植物生物物理学参数。这个问题可以用2个或更多通道辐射资料的组合建立综合"植被指数"的方法来解决。

由于植物叶面在可见光红光波段有很强的吸收特性,在近红外波段有很强的反射特性,通过这两个波段测值的不同组合可得到不同的植被指数。

(一)差值植被指数

VI=NIR−R,又称农业植被指数。为两个通道反射率之差,它对土壤背景变化敏感,能较好地识别植被和水体。该指数随生物量的增加而迅速增大。

(二)比值植被指数

RVI=NIR/R,又称为绿度。为两个通道反射率之比,能较好地反映植被覆盖度和生长状况的差异,特别适用于植被生长旺盛、具有高覆盖度的植被监测。但对于浓密植物,反射的红光辐射很小,RVI将无限增长。

(三)归一化植被指数

NDVI=(NIR−R)/(NIR+R)。为两个通道反射率之差除以它们的和。在植被处于中、低覆盖度时,该指数随覆盖度的增加而迅速增大,当达到一定覆盖度后增长缓慢,所以适用于植被早、中期生长阶段的动态监测。NDVI 的应用能检测植被生长状态、植被覆盖度和消除部分辐射误差;$-1 \leqslant NDVI \leqslant 1$,负值表示地面覆盖为云、水、雪等,对可见光反射率高;0 表示有岩石或裸土等。NIR 和 R 近似相等;正值,表示有植被覆盖,且随覆盖度增大而增大。

植被指数还有大气修正植被指数(Atmospherically Resistant vegetation Index,ARVI)、增强植被指数(Enhanced Vegetation Index,EVI)、微波偏差分指数(Microwave Polarization Difference Index,MPDI)等。ARVI 利用蓝色和红色通道的辐射差别修正红色通道的辐射值,减少植被指数对大气的依赖。在已有的 40 多种植被指数定义中,只有 NDVI 得到了广泛应用。

三、草地遥感监测

草地监测实质上是对草地定期估产,通过产量变化来确定草地健康状况。遥感估产的重要意义在于可以准确地估计不同地方乃至全球的各种草地类型的预期产量。草地遥感估产的优越性主要表现在以下几个方面:一是客观性和科学性。遥感是通过卫星传感器,多波段的获取大量地面信息,其中包括大量的人眼难以看到的草地信息,这就大大增强了收集草地信息的能力,经过遥感图像处理、建立估产模型、空间运算等过程,最终得到的草地长势、面积和生产力等信息是客观的,消除了部分主观影响。二是宏观性和综合性。气象、资源、海洋卫星在距地面 700~1 000km 的位置上观测地物,具有覆盖面大的特点;同时,这些周期性的卫星获取的地面数据是连续不断的,信息量大,便于综合性宏观分析。三是时效性和动态性。草地动态监测不仅要求能够适时地获取草地信息,而且要求能够对草地进行跟踪观测,如 MODIS 卫星 1 天内能够 2 次获取我国全境范围内的地面信息,所以卫星遥感获取的草地信息有多时相、速度快的特点,能够满足这方面的要求。四是经济性和实用性。当今,卫星信息相当丰富且价格便宜,精确度高,可以满足不同草地生产力估产的精度要求,只要选用卫星信息源时设计合理,就能在较高精度基础上,用少量的经费实施草地生产力的遥感估产。

目前,草地遥感技术有 2 种技术路线:①遥感影像像元植被指数－地面生物量等级关系模式。首先计算卫星影像像元的植被指数(以归一化植被指数 NDVI 为例),然后对植被指数进行分类,通常按照监测地区草地类型数目划分植被指数等级,如监测地区有 n 个类型,则将植被指数分为 n 个等级,并对每一等级的植被指数求平均值。②遥感－地学综合模式。牧草产量与区域水热条件密切相关,因此可把草地的地上生物量(W)看作这些因子的函数,在系统的图形叠加过程中,可形成地学产草量等级图与遥感估产等级图的复合图。

第五节　草地经济产量的估测方法

一、草地生产流程

草地生产主要由初级生产与次级生产构成,而这两个生产又包含六个转化阶段,经过六个转化阶段,日光能和无机物最终转化为次级生产能力(可用畜产品)。现分别叙述。

(一)日光＋无机物→植物生产量(总初级生产力,用 P_1 表示)

通过牧草对日光能的利用率只有 $1\% \sim 2\%$(此值难以改变或通过科技改变不大),除去植物生命活动(主要是呼吸)消耗,通过 R_1 转化为初级生物生长量(植物生长量)、即总初级生产能力。它包括了植物地上部分(茎叶等地上器官)和地下部分(根、根茎等地下器官)。

(二)总初级生产能力→净初级生产能力(用 P_2 表示)

总初级生产能力中,由于牧草地下器官占一半以上,一般不为家畜采食,没有饲用价值。通过 R2 转化率(50%~60%)除掉这一部分,才能构成净初级生产能力,也就是作为可食牧草(P_2)的形态贮存下来,这叫净初级生产能力。

(三)净初级生产能力→采食牧草(用 P_3 表示)

净初级生产能力(即可食牧草)受下面三因素影响:①草原畜牧业生产技术水平高低,如青贮、饲草加工等水平。②动物种类的差异,例如品种本身的因素。③植物发育阶段不同,采食率不同。例如幼嫩牧草采食率高,粗老牧草采食率低。

(四)采食牧草→消化营养物质(用 P_4 表示)

动物所采食的牧草除去消化所造成的损失(R4 为 30%~80%),才能成为"消化营养物质"(P_4)的形态,这与家畜的年龄、品种、牧草的品质等有关。

(五)消化营养物质→动物生长量(用 P_5 表示)

家畜的消化营养物质中,一部分通过以下途径损失消耗:①从尿中排除物中流失。②动物本生的呼吸、循环、消化维持体温和必要活动的基本代谢消耗。扣除这一部分,转化率一般为 60%~80%,低者可能为 0~85%,剩下的才能变成动物有机体,也就是"总次级生产能力"。

(六)动物生长量(总次级生产力)→ 净次级生产力(用 P_6 表示)

动物的生长量并不是全部转化为有经济意义的可用畜产品。如肉用家畜要除去屠宰率,奶用家畜饲养条件不同产奶量从零到较高,这一过程耗变幅度较大,为 $P_6=0~50\%$。

综上所述,草地生产流程,即从牧草生长量到可用畜产品,要经过物质的多种贮存形态和转化阶段,才能得到可用畜产品。

根据草地生产流程,我们可以看到 R1 变幅很小,而且一般不易控制,可在计算中定为一个常数(K＝100％),这样可用畜产品的计算公式如下:

$P_6＝K×R2×R3×R4×R5×R6$,如 K＝100％时,根据我国现在的生产技术水平,P_6 为 1％～2％或更低,世界先进国家的生产水平为 16％。通过对不同转化阶段的评价,可从不同层次反映草地生产能力的高低。

二、牧草产量指标法

(一)地上净初级产量的估测

草地的生物学产量是指单位面积的草地,在一定时间内积累的地上、地下或全群落(地上＋地下)的净初级产量,也称净初级生产力。

1. 现存量的测定 现存量是某一时刻单位面积上的活植物体重量。将样方内的牧草植物齐地面剪下(不留茬),拣出死亡的立枯物,称重登记鲜重后,在实验室测定干重。

2. 立枯物量的测定 立枯物量为死亡后仍直立或未脱离活的株体的死植物体重量。对于十分低矮的草地或以坐垫植物、莲座丛状植物为主的草地,立枯物难以和凋落物区分,可将两者合并称重和统计。

3. 凋落物量的测定 凋落物量是死亡并脱落到地面的植物体重量。对于高大草本和灌木,测定凋落物量需用专门收集器,将其在到达地面前截留并保存下来。此外,还必须防止破碎、溶解和分解等造成的损失。对于一般的草地,可在较长的间隔时期,如 1 个月 1 次在样方中直接收集凋落物。直接收集还需要考虑凋落物在草地上放置过久因分解而造成的损失(在湿热条件下这种损失很大),因此需要测定凋落物的平均消失率(r)以校正凋落物量。

凋落物平均消失率的测定方法是:在一定间隔的开始日,每次将 6～10 个尼龙网袋(5cm×20cm 大小,1mm 的网眼)随机排列在试验草地上,然后收集尼龙袋附近的 5cm×20cm 面积上的凋落物,称鲜重后装入尼龙袋,将袋置于地面并用铁钉或针固定。与此同时,在袋周围再采 20～50g 凋落物样品带回试验室测定水分含量,用来计算袋中凋落物的干物质重。经过一定时间,到规定的间隔期结束日,收集草地上所有的尼龙袋,将袋中剩余的凋落物烘干后称重,即可根据下式计算消失率:

$$r = \frac{\ln(l_1/l_2)}{t_2 - t_1}$$

式中:r——消失率(g/g. d);

l_1——t_1 时袋中凋落物干重(g);

l_2——t_2 时袋中凋落物干重(g);

t_1——间隔期开始日期;

t_2——间隔期结束日期;

根据下式计算一定间隔期(t_1～t_2)样方中的凋落物量(L):

$$L = L_2 - L_1 + \frac{L_1 + L_2}{2} \cdot r \cdot (t_2 - t_1)$$

式中:L_1——t_1 时样方中凋落物量(g);

L_2——t_2 时样方中凋落物量(g);

4. 动物采食量的估测 动物采食量包括家畜、野生草食动物和植食性昆虫的采食量。一般情况下昆虫的采食量不超过净初级产量的 1%～2%,故可略去不计。家畜的采食量可根据家畜头数、体重、放牧时间、畜产品数量,按照家畜营养物质需要表逆算为牧草干物质量,也可按家畜体重或家畜平均采食量与放牧时间估算。

5. 平均产量 平均产量是在草地利用的成熟时期来测定第一次产量。所谓成熟时期就是达到适当利用的生长发育阶段。例如,对割草地来说,就是禾本科牧草抽穗、豆科牧草 1/3 开花的时候;对放牧地来说,就是禾本科分蘖至拔节,豆科分枝至孕蕾的时期。在第一次测定产量之后,当牧草生长到可以利用的高度时,再来测定它的再生草产量。再生草可以测定1次、2次乃至多次。各次测定的产量相加,就是全年的平均产量。

6. 实际产量(利用前产量) 因为在草原的利用中,并不总是根据平均产量的测定时间来利用,多为早于或者晚于这个时期。这样,实际利用的产量就会与平均产量有出入。因此,我们常常需要测定实际产量。对于割草地来说,实际产量往往与平均产量相符,只有在特殊情况下,如调制嫩干草的提前刈割或等待种子成熟时延期刈割,这就要比测定平均产量早一些或迟一些。这时所测定的产量叫做利用前产量,或称实际产量。对放牧地来说,株高在中等高度以下的草,放牧前5d内测定,可以得到较为精确的结果。对高草来说,在生长旺季,为了得到较准确的结果,须在放牧前1d、不得已时可在放牧前3d内测定。以后每次刈割或放牧时,重复测定产量,各次测定的产量之和,就是全年实际产量。

7. 动态产量 动态产量是在不同时期测定的一组产量。在进行这项工作时,要在一定类型草地的典型地段,设立有围栏保护的定位样地,在样地上根据设计预先布置样方,进行定期的产量测定。在布置样方时,要进行样方误差的处理。如根据微地形、牧草成分等的变异,剔除一些不合要求的样方。还要留出一些后备样方,以便布置的个别样方在受到意外的(如鼢鼠刨土,野兔采食等)破坏后,工作仍能按原位置进行。为了剪草准确,基础一致,动态产量的测定可以齐地面剪割。

(二)地下净初级产量的估测

由于死根的分解量和土壤动物的采食量目前无法准确测定而略去,故地下净初级产量近似为活根的增量与死根增量之和,也就是一定时期最大总根量与最小总根量之差。

1. 地下根量取样方法

(1)壕沟法　先在供试草地上挖一壕沟,然后按一定的取样面积修成土柱,再按一定层次(自然层次或人为划分)分层取样,带回实验室冲洗,冲洗干净的根样进一步区分为活根和死根后烘干称干物质量。取样面积视具体草地的情况而有不同。牧草低矮、密度大、分布均匀的天然草地,取样面积 20cm×20cm,重复 3 次;牧草较高大、密度小、分布不太均匀的天然草地和栽培的人工草地,取样面积需加大到 50cm×50cm,重复 3 次。取样深度依供试草地的牧草种类而异。用壕沟法取样的优点是除了能获得较准确的根量外,还能获得根的分布、根体积、根表面积、根长等的较准确数据,但取样及洗根的工作量大,破坏草地甚多是其缺点。

(2)土钻法　一般使用的土钻钻孔直径为 3.5～7cm,最大10cm;使用 10cm 的土钻时要重复 3～5 次。土钻法的优点是省时省工,还可以用机械代替人工取样;另外破坏的草地面积很小。但准确度较壕沟法为差。

2. 根系处理技术

(1)干洗法　是用小刀、针、镊子、刷子等工具直接将根从土壤中筛选出来的方法,也可将土壤-根系样品放入斜置的网筛上筛。此法适宜砂壤土或沙土基质上牧草的根量研究,比湿洗法省时省工,但细根损失较多。

(2)湿洗法　是用水冲洗将根从土壤中分离出来的方法,过程较为繁杂。

土壤-根系样品的保存:在取样很多、不可能立即冲洗时,在15℃～25℃的条件下,浸泡的根 2～3d 便开始腐烂,因此就出现了样品的保存问题。一般可用 10%酒精或 4%福尔马林稀释液保存,也可在 0℃～-2℃的条件下冷冻保存。不得已时风干保存,但风干后影响根的分离精度。

3. 死活根的辨别和分离

（1）肉眼辨别法　这是根据根的形态解剖特征，用肉眼从外表上主观判断的方法。一般活根呈白色、乳白色，或表皮为褐色，但根的截面仍为白色或浅色；而死根颜色变深，多萎缩、干枯。这一方法较费时，只有经验丰富的人才能作出比较准确的结果。

（2）比重法　将拣出了明显的较大的活根和死根的剩余根样，放入盛水容器中加以搅拌，静置数分钟，漂浮在水面的根为死根，悬浮在水中和沉在容器底部的为活根，沉在容器底部的黑褐色屑状物为半分解的死根。这一方法简单易行，但准确性也较差。

（3）染色法　常用的药剂为2,3,5-氯化三苯基四氮唑，简称TTC。TTC的染色程度受温度、pH、溶液浓度和处理时间的影响。温度30℃～35℃为宜，pH 6.5～7.5最适，浓度一般为0.3％～1％，处理时间8～24h。具体方法是先将冲洗干净的根样剪成2cm的小段，然后每10g鲜重作为一个样本，放入培养皿中，加入80ml已知浓度的TTC溶液，放入30℃的恒温箱中，在黑暗条件下染色约12h，样品取出后用蒸馏水将药液冲洗干净，用镊子分离着色与不着色两部分，着色的部分即为活根，不着色部分为死根。

（三）牧草产量指标法

牧草的产量和品质是构成草地生产能力的基础因素之一，因此它对评定草地生产能力具有重要意义。一般来说，牧草产量的意义在于：①可以反映草地初级生产，即日光能和无机物转化为植物产品的效率和状况。或者说，在一定的时间内可以供给家畜多少牧草。②它是次级生产，即由植物产品转化为动物产品的基础，它的数量和质量直接影响最终产品。③通过经验积累和科学试验，可以根据一般规律推测牧草对最终产品的一般影响。④可以了解各个时期的草层组成及其生活力状况，判断不同利用条件对草层和土壤的影响。但这里也要明确指出，牧草产量在评定草地生产能力方面所起的作用，正像其他中间转化阶段所起的作用一样,对于全面了解草地生产是必要的,甚至比其他各中间转化阶段更重要些。但它毕竟不能取代对草地生产的直接评价——根据畜产品产量的评价,如果超过了这一界限,就会给生产带来损失。

三、可食牧草指标法

可食牧草指标法是以单位面积草地上生产多少青草或干草作为评定草地生产能力的指标。

可食牧草产量指标法测定方法同地上植物量测定法。

对用此法的评价:

第一,对牧草产量和质量的评定,在任何时候都不能取消,但决不能用它来代替对草地生产能力的直接评定。

第二,从可食牧草到可用畜产品的漫长转化过程中,可能有大量的能量和物质的流失,其底限可能为零,高限可为可食牧草所含能量和物质的 27%,这样大的差别在生产中不应忽视。

第三,用此法易导致部分人们形成把牧草生产当作草地生产的错误观点,这样造成的损失就更大。

四、营养物质指标法

植物营养物质指标法是用被家畜采食,消化吸收以后牧草可利用营养物质的多少来评定草地生产能力的一种方法。

植物营养物质指标法,主要是通过计算草地的总消化营养物质、消化能、代谢能、生产净能或其他衍生单位(如淀粉价),以及各种饲料单位(燕麦单位、玉米单位、土豆单位、干草价)、草地营养比、总可消化养分(TDN)等来评定草地生产能力的方法。它比前边所讲 P_2 指标法相比,在草原学中应用了现代家畜营养科学成果,向着最终畜产品前进了一大步。但由于它是草地生产流程中的中间能量物质贮存形态,仍然不能准确衡量草地实际生产能力。

草地牧草营养比的计算公式如下:

$$R = \frac{NFE + CF + EE \times 2.4}{CP}$$

式中：R——牧草营养比；

　　NFE——无氮浸出物含量％；

　　CF——粗纤维含量％；

　　EE——粗脂肪含量％；

　　CP——粗蛋白质含量％。

根据草地牧草的营养比可以确定草地的生产方向，如氮型（N型）草地宜发展奶品生产，碳型（C型）草地宜发展肉牛生产，碳氮型草地（CN）宜发展肉品生产。

牧草总可消化养分（TDN）的计算公式如下：

$$TDN = D_{CP} + 2.25 D_{EE} + D_{CF} + D_{NFE}$$

式中：TDN——牧草总可消化养分，单位可以为％或 g/kg；

　　D_{NFE}——可消化无氮浸出物含量；

　　D_{CF}——可消化粗纤维含量；

　　D_{EE}——可消化粗脂肪含量；

　　D_{CP}——可消化粗蛋白含量。

利用 TDN 可对牧草综合品质进行评价。

五、草地等级评价法

草地等级评价法是对草地牧草质量和数量进行的一种综合评价方法。体系明确，方法简单，在 20 世纪 80 年代进行的草地普查中均采用此法。

首先对草地牧草按种的质量特征——适口性、营养价值和利用性状进行综合评价，将草地饲用植物划分为优、良、中、低、劣 5 类。各类牧草划分标准如下。

优类牧草：各类家畜从草群中首先挑食；粗蛋白质＞10％，粗纤维<30%,草质柔嫩;耐牧性好,冷季保存率高。

良类牧草:各类家畜喜食,但不挑食;粗蛋白质 8%～10%;粗纤维 30%～35%;耐牧性好,冷季保存率高。

中类牧草:各类家畜均采食,但采食程度不及优类和良类牧草;青绿期有异味或枯黄后草质迅速变粗硬,家畜不愿采食;粗蛋白质<10%,粗纤维>30%,耐牧性好。

低类牧草:大多数家畜不愿采食,仅耐粗饲的骆驼或山羊喜食;或家畜将草群中优良牧草采食完后才采食。

劣类牧草:家畜不愿采食或很少采食,仅在饥饿时才采食;或某季节有轻微毒害作用,但在一定季节少量采食。

草地等:以草地型为评价单元,根据型内5类牧草所占重量比例,划分为优、良、中、低、劣5等(表2-7)。

草地级:以年内最高产量代表草地牧草自然生产力,以干草产量的多少分级,共划分为8级(表2-8)。

表 2-7　草地等划分标准

符　号	草地等	标　准
Ⅰ	优等	优类牧草 60%以上
Ⅱ	良等	良类牧草 60%以上
Ⅲ	中等	中类牧草 60%以上
Ⅳ	低等	低类牧草 60%以上
Ⅴ	劣等	劣类牧草 60%以上

表 2-8　草地级划分标准

草地级	标准(kg/hm^2)
1	>4000
2	3000～4000
3	2000～3000

草地级	标准（kg/hm²）
4	1500～2000
5	1000～1500
6	500～1000
7	250～500
8	<250

在综合评价中，Ⅰ等1级是经济价值最高的草地；5等8级则是最差的，记为 V8。

第六节　草地载畜量的估测方法

一、载畜量

载畜量指标法最接近草原生产的最终产品，因而目前在我国与世界广泛应用。

载畜量（carrying capacity）也称载牧量（grazing capacity）。其含义是以一定的草原面积，在放牧季内以放牧为基本利用方式（也可适当配合割草），在放牧适度的原则下，能够使家畜良好生长及正常繁殖的放牧时间和放牧头数。

载畜量含义所表现的草原生产能力由3项要素构成：①家畜头数。②放牧时间。③草原面积。这3项要素中只要有2项不变，1项为变数，即可表示载畜量。因此，载畜量指标有3种表示方法。

（一）家畜单位法

家畜单位法亦称家畜当量（animal equivalent）或家畜系数（animal index）。它指在一定时间内，单位面积的草原可以养活的家畜数目,以家畜数目为变数。

计算过程中,它根据家畜对饲料的消耗量,将各种家畜折算成一种标准家畜,以便进行统计学处理。标准家畜世界各地都采用"牛单位"。中国广泛采用王栋教授首创的"绵羊单位"。它的含义是:体重 40kg 的母羊及其哺乳的羊羔为 1 个标准单位。其他家畜可根据标准折算成羊单位。

当前我国畜牧业中的头数指标,如存栏数、净增数等均属此类指标。

(二)时间单位法

时间单位法指在单位面积的草地上,可供 1 头家畜放牧的天数或日数,它以放牧时间为变数,最常用的是头日法。

头日法指在一定面积的草地上,对于一定数量的家畜可放牧的日数。例如某一牧场每公顷可供 10 头羊放牧 60 天,其载畜量为每公顷 600 羊头日,即 1 只羊在 $1hm^2$ 牧场上能放牧 600 天。

时间单位也有用月作单位的,即家畜单位月。

(三)草地单位法

草地单位法也称面积单位法。

草地单位法指在单位时间内一头放牧家畜所需要的草地面积,它以草原面积为变数。通常说的亩地养 1 只羊,即用的此种方法。

中国草地单位由王栋教授提出,它指在放牧条件下能供给 1 头体重 40kg 的绵羊及其哺乳羔羊每天 5～7.5kg 牧食青草所需的草地面积。其他家畜的草地单位与之折算,不同草地类型的羊单位草地面积不同。

二、家畜单位及其换算系数

为了便于按家畜单位统计各种大小不同的家畜,许多国家和地区制定了不同的换算标准,下面举出一些有代表性的换算标准系列表(表 2-9 至表 2-14)。

表 2-9 中国牧区和半牧区适用的家畜单位换算系数

家畜种类	家畜单位
绵 羊:	
繁殖母羊及其哺乳羔羊	1.0
成年公羊及羯羊	1.0
1 岁育成羊	0.5
山 羊:	
繁殖母羊及其哺乳羔羊	0.9
成年公羊及羯羊	0.9
1 岁育成羊	0.4
牛:	
奶牛,日产奶 7.5kg	5.0
役牛,中役	5.0
肥育的肉用阉牛	2.5
6～12 月龄育成牛	2.5
12～18 月龄育成牛	3.5
18～24 月龄育成牛	4.5
牦 牛:	
繁殖母牛及其哺乳犊牛	4.0
混合群平均	3.0
马和骡:	
成年马和骡,中役	5.0
繁殖母马及其哺乳幼驹	5.0
1 岁育成马和骡	2.5
2 岁育成马和骡	3.5
3 岁育成马和骡	4.5

续表 2-9

家畜种类	家畜单位
驴：	
成年驴，中役	3.5
繁殖母驴及其哺乳幼驹	3.5
3 岁育成驴	3.0
骆　驼：	
成年驼	7.0
猪（放牧条件下）：	
混合群平均	1.0

表 2-10　美国草原家畜单位换算系数

家畜种类	家畜单位
牛：	
成年母牛（带犊或不带犊）和阉牛	1.00
断奶犊牛及 1 岁犊牛	0.50
2 岁及 2 岁以上公牛	1.30
马：	
1 岁驹	0.75
2 岁驹	1.00
3 岁以上	1.25
绵羊和山羊：	
断奶羔羊及 1 岁羔	0.12
繁殖母羊（带羔或不带羔）	0.20
公　羊	0.26

表 2-11 前苏联家畜单位换算系数

家畜种类	家畜单位
牛：	
混合群平均	0.7～0.8
母牛及其犊牛	1.0
公牛及役牛	1.0～1.2
1 岁牛	0.5～0.7
1 岁以下犊	0.15～0.25
绵羊和山羊：	
混合群平均	0.14
成年绵羊和山羊	0.13～0.14
马：	
混合群平均	0.8
役　马	1.0～1.1

表 2-12 德国家畜单位换算系数

家畜种类	体重(kg)	家畜单位
马：		
成年马	600	1.2
驹	250	0.5
牛：		
公　牛	600	1.2
奶　牛	600	1.2
犊　牛	200	0.4
猪：		
去势猪	200	0.4
带仔母猪	175	0.35

续表 2-12

家畜种类	体重(kg)	家畜单位
肥育猪	125	0.25
育成公猪	50	0.10
绵羊和山羊：		
成年绵羊	50	0.10
成年山羊	50	0.10
羔羊	25	0.05
禽：		
火鸡	10	0.02
鸭	5	0.01
鸡	2	0.004
兔：	3	0.006

表 2-13　非洲撒哈拉地区热带家畜单位换算系数

家畜种类	家畜单位
成年牛、马和骆驼(单峰驼)	1.0
牛、马、骆驼的幼畜和驴	0.5
成年山羊和绵羊	0.1

表 2-14　野生草食动物对家畜单位换算系数

家畜种类	家畜单位
牛(Bos taurus)	1.00
非洲野牛(Syncerus caffer)	1.11
美洲野牛(Bison bison)、大角斑羚(Taurotragus oryx)	1.00
美洲赤鹿(Cervus canadensis)、白氏斑马(Equus burchelli)	0.66
水羚(Kobus ellipsiprymnus)、斑纹角马(Connochaetes taurinus)	0.50

家畜种类	家畜单位
麋羚(Alcelaphus spp.)、非洲羚羊(Damaliscus korrigum)	0.40
黑尾鹿(Odocoileus hemionus)	0.25
黑斑羚(Aepyceros melampus)	0.20
叉角羚(Antilocapra americana)	0.15
汤姆森瞪羚(Gazella thomsonii)	0.10
犬羚(Rhynchotragus spp.)	0.03
黑尾兔(Lepus californicus)	0.02

三、载畜量的估测

根据牧草产量估测载畜量,这在我国草地生产中是通用方法。其具体步骤是:测定草地可利用牧草的平均产量,然后根据每头家畜的实际放牧采食量或饲养标准的需求量来计算载畜量。

例如:甘肃省天祝县永丰乡红疙瘩牧业村有草地面积 1.2 万 hm^2,1 年生产可利用青草为 13 632 970kg,1 只成年羊每日正常放牧采食量为 5kg 青草,计算该村的草原载畜量。

计算:时间单位:13 632 970kg/5kg/羊日=2 726 594(羊日)

家畜单位:2 726 594 羊日/365=7 470.1 羊/年

草地单位:12 000 hm^2/7 470.1 羊/年=1.6 hm^2/羊·年

注意事项:

第一,对于牧草可利用的数量,应实测或估测或询问当地农民。

第二,在统计可利用牧草时应考虑牧草的再生、枯黄和补饲等情况。

第三,统计载畜量最好按季节进行。

四、载畜量指标法总评价

第一，载畜量指标简洁、易懂、统计方便，被我国和世界广泛采用。

第二，与前面几种方法相比，载畜量指标已把评定草地生产能力问题，从牧草或可利用营养物质产量的植物性生产引入动物性生产，是最接近草地生产能力的评定方法。

第三，从理论上说，它消除了统计上 20%～70% 的误差，比以前几种方法更进了一大步。同时，载畜量指标法混淆了动物生长量与可利用畜产品的界限，也就是说没有将总次级生产能力与净次级生产能力区别开，实质上是对草地的动物生产量的评定。

第四，载畜量指标法对具有生产资料和畜产品双重性质的家畜不能明确区分其真正的生产性能。

第五，载畜量指标法易导致生产中出现错误的现象。例如，家畜存栏数增加了，但相应的畜产品产量降低了，畜牧业经济效益下降了。

第六，该指标法不能反映出草地畜牧业经济水平。例如，如果用头数与澳大利亚相比（面积单位法），澳大利亚 1.72hm²（26 亩）草地养 1 只羊，而我国是 1.07hm²（16 亩）草地养 1 只羊，那么说我国生产水平高，而实际只有人家的 1/10。

第七节　草地可用畜产品数量的估测方法

一、畜产品单位法

用畜产品来衡量草地生产能力由来已久，生产水平较高的国家已普遍采用。至少在 180 年以前，丹麦、澳大利亚就有人应用此方法，目前畜产品单位法也是国外草原畜牧业研究的重点内容之一。该方法重点强调单位草地面积上的可用畜产品量,而不是家畜数量。如美国,目前牛的数量比 1975 年仅增加 3%～7.5%,但牛肉产量提高了 81.6%。而且近 20 年来,美国牛奶产量保持在 5 000 多万吨左右,而奶牛数量减少了一半,所以国外发达国家目前强调的是可用畜产品数量,讲产投比,要求消耗少、产出多。

甘肃农业大学草业学院,经过 10 多年的研究,提出了一个能够衡量多种畜产品的新指标——畜产品单位法。1 个畜产品单位(APU)规定相当于中等营养状况的放牧肥育肉牛 1kg 增重,其能量消耗相当于 110.8 MJ 消化能,或 94.1 MJ 代谢能,或 58.1MJ 的增重净能。其他各种畜产品根据其在放牧或以放牧为主的饲养条件下,生产单位重量的畜产品消耗的能量之比来确定折算比率,这样就能衡量多种畜产品,不像国外只有一种衡量标准,无法相比(表 2-15)。

表 2-15　各类畜产品的畜产品单位折算表

畜 产 品	畜产品单位(APV)
1kg 肥育牛增重	1.0
1 个活重 50kg 羊的胴体	22.5(屠宰率 45%)
1 个活重 280kg 牛的胴体	140.0(屠宰率 50%)
1kg 可食内脏	1.0
1kg 含脂率 4% 的标准奶	0.1
1kg 各类净毛	13.0
1 匹 3 岁出场役用马	500.0
1 头 3 岁出场役用牛	400.0
1 峰 4 岁出场役用骆驼	750.0
1 头 3 岁出场役用驴	200.0
1 匹役马工作 1 年	200.0
1 头役牛工作 1 年	160.0

续表 2-15

畜 产 品	畜产品单位（APV）
1 峰骆驼工作 1 年	300.0
1 匹役驴马工作 1 年	80.0
1 张羔皮（羔皮羊品种）	13.0
1 张裘皮（裘皮羊品种）	15.0
1 张牛皮	20.0（或以活重的 7％计）
1 张马皮	15.0（或以活重的 5％计）
1 张羊皮	4.5（或以活重的 9％计）
1 头淘汰的中上肥度的菜羊（活重 50kg）	34.5（或以活重的 69％计）
1 头淘汰的中上肥度的菜牛（活重 280kg）	196.0（或以活重的 70％计）

二、畜产品单位法的意义和特点

　　针对前述 3 种方法所存在的问题,畜产品单位法应符合下列几项原则:①草地生产能力,要以具有使用价值的可用畜产品(乳、肉、毛、皮、役畜、役力等)来表示,以便明确区别于作为生产资料的家畜。对于草地植物性初级产品的牧草,中间产品、幼畜的维持饲养以及其他必要的消耗,均应通过统计的畜产品来处理,而不应和畜产品并列或单独立项统计。但为了准确计算本单位的草地生产能力,出售和买进的牧草和精饲料,由于各单位生产管理水平的差异,不应规定统一的折算比率,而应按本单位的实际饲养管理水平来折算标准单位数。②直接采用一种畜产品形态作为标准单位,并核算它和其他各种畜产品的折算比率,以使标准单位具有衡量草地一切畜产品的资格,在草地生产中能普遍使用。③新的指标在实际应用时应简明、方便。

　　根据上述原则,甘肃农业大学用畜产品单位作为标准单位,用来评定草地生产能力。各种畜产品在折算为畜产品单位时,其质量标准规定:①活重增重的畜产品形态为牛、羊等家畜的中上肥度的胴体。②乳含脂率为 4%、无氮固形物 8.9% 的标准奶。③毛为净毛。④役畜为正常育成年龄中等体重的成品役畜。⑤役用工作均为轻役。⑥羔皮为羔皮品种羊所产符合一般要求的羔皮。⑦裘皮为裘皮品种羊所产符合一般要求的裘皮。

根据汇总的放牧试验和其他资料,放牧奶牛每 kg 产奶所消耗的能量是肉牛 1kg 增重的 1/10,即 10kg 牛奶相当于 1 个畜产品单位。

肥育绵羊增重 1kg 所需能量和肉牛相似,故 1kg 绵羊增重也相当于 1 个畜产品单位。

绵羊生产 1kg 净毛所消耗的能量为增重 1kg 的 13 倍,故 1kg 净毛等于 13 个畜产品单位。

役用马一般 3 岁出场,把 3 年内消耗的营养物质的能量与 1kg 增重消耗的能量相比,每匹役用马相当于 500 个畜产品单位。正在使役的马(按轻役计,下同)每年所消耗的能量相当于 200 个畜产品单位。

役用牛一般也是 3 岁出场,1 头役牛相当于 400 个畜产品单位。正在使役的牛每年所消耗的能量相当于 160 个畜产品单位。

役用骆驼 4 岁出场,1 峰役用驼相当于 750 个畜产品单位。骆驼的役用能力相当于 1.5 匹马,1 峰正在使役的役驼,每年所消耗的能量相当于 300 个畜产品单位。

役用驴出场时可按 200 个畜产品单位计,使役 1 年可按 80 个畜产品单位计。

羔皮品种羊生产 1 张羔皮的能量消耗相当于 13 个畜产品单位。

裘皮品种羊生产 1 张裘皮的能量消耗相当于 15 个畜产品单位。

畜产品单位法的特点：①它将草地生产能力用可用畜产品（乳、肉、毛、皮、役畜等）表示，明确区别于作为生产资料的家畜。②采用一种畜产品形态作为标准单位，并计算它和其他畜产品的计算比率，能普遍使用。③特点是在实际应用简明、方便。

畜产品单位法的意义：①它根据草地生态系统的理论反映了生产过程中最后一个阶段的真实情况，在草地科学的能量与物质流动过程中，提供了一个新的概念与尺度。②这个尺度不仅可以直接测定草地生产能力本身，还可以间接反映草地生产的综合科学水平。因为它的依据是生产流程中多阶转化的最后一个阶段。从理论上讲，它是在此以前各个生产环节的最终全面体现。③它把动物资源与动物畜产品在属性上区别开来，排除了长期家畜头数指标的假象干扰，真实地反映了草地生产能力。

三、畜产品单位法的计算

例如：甘肃省天祝县红疙瘩村是一个纯牧业村，有草地1.2万hm²，饲养绵羊5 000只、牦牛5 000只、马1 000匹、山羊800只，以其当年生产实际为例求算其草地总的畜产品单位（APU）生产能力和单位面积草地的畜产品生产能力。当年的生产情况如下：①淘汰肉牛565头（平均活重280kg）。②淘汰肉羊787只（平均活重50kg）。③生产牦牛奶75 092kg（1kg牦牛奶相当于1.3kg标准奶）。④生产净羊毛4 920kg。⑤生产净牛毛3 082kg。⑥出售役马21匹。⑦出售役牛20头。⑧工作役马20匹。⑨工作役牛70头。⑩生产牛皮245张（非正常死亡牛剥皮）。⑪生产羊皮228张（非正常死亡羊剥皮）。

计算总APU：① 565×280×0.7＋② 787×50×0.69＋③ 75092×0.13＋④ 4920×13＋⑤ 3082×13＋⑥ 21×500＋⑦ 20×400＋⑧ 20×200＋⑨ 70×160＋⑩ 245×280×0.07＋⑪ 228×4.5＝268412.5APU

单位面积的 APU 为:286 412.5/180 000＝1.49APU/667m²

第八节 生态草地评价方法

一、草地退化监测

(一)目的与任务

对退化草地的分布、面积和程度进行监测,定期提供草地退化动态数据和退化分布图;找出草地退化的影响因素,并分析其相互关系。

(二)内容与指标

内容包括获取草地植物群落中优良牧草种类变化状况,退化草地类型、面积,产草量,空间分布及动态状况;分析人类活动对草地退化的影响。

指标包括盖度变化、高度变化、频度变化、产草量变化、植物种个数变化、毒害草变化、指示植物变化、一年生种数变化、退化等级、地表特征、利用现状等。

(三)方　法

以草地资源调查和定位研究资料为本底资料,确定不同监测区域内草地退化的空间分布状况。以地面监测数据为依据,在遥感影像上标定不同退化等级的地面样本,结合植被、降水量、土壤等数据,利用判读、分类或其他影像处理方法,获得草地退化的范围。

将不同时期遥感影像进行对比分析,评价草地退化趋势和人类活动影响。

(四)结　果

草地退化分级数据;草地退化分布图;草地退化发展趋势分析与评估报告。

二、草地沙化监测

(一)目的与任务

获得草地沙化的现状和变化数据。编制草地资源沙化现状分布图;提供草地沙化动态数据;对照历史资料,分析社会经济因素对草地沙化发展趋势的影响。

(二)内容与指标

内容:草地沙化植物群落特征、组成结构、指示植物变化和地上生物产量动态状况;地表状况和沙丘形态特征;草地沙化面积及空间分析;人类活动对草地沙化的影响。

指标:植物群落变化指标与退化监测指标相同,结合表土厚度、覆沙厚度、地下水位、风蚀深度、沙化地段比例、沙化时间、沙化程度、沙化等级、主要沙化形态、沙丘移动速度、丘间距、丘盆比、丘高等。

(三)方　法

以草地资源调查和定位研究资料为本底资料,确定不同监测区域内草地沙化的空间分布状况。以地面监测数据为依据,在遥感影像上标定不同沙化等级的地面样本,结合植被、地表特征等数据,利用判读、分类或其他影像处理方法,获得草地沙化的范围。

将不同时期遥感影像进行对比分析,评价草地沙化趋势和人类活动影响。

(四)结　果

草地沙化面积统计表;草地沙化分布图;草地沙化发展趋势分析评估报告。

三、草地盐渍化监测

(一)目的与任务

获得草地土壤盐渍化现状、动态,编制草地土壤盐渍化现状分布图;提供草地土壤盐渍化动态数据和分析评价,找出草地土壤盐渍化动态的影响因素及相关分析。

(二)内容与指标

内容:草地土壤盐渍化的类型与空间分布;草地土壤盐渍化的群落特征、组成结构、指示植物变化和地上产草量动态;地表特征和土壤含盐量;人类经济活动对草地土壤盐渍化的影响。

指标:植物群落变化监测指标与退化监测指标相同。其他有土壤类型、土壤含盐量、土壤 pH、盐碱指示植物优势度、盐碱斑面积比例,盐渍化程度。

(三)方　法

以草地资源调查和原生盐生植被等资料为本底资料,确定不同监测区域内草地盐渍化的空间分布状况,以地面监测数据为依据,建立草地土壤盐渍化影像解译标志,在遥感影像上标定不同盐渍化等级的地面样本,结合植被、降水量、土壤含盐量等数据,利用判读、分类或其他影像处理方法,获得草地盐渍化的范围。

(四)结　果

草原土壤盐渍化数据;草原土壤盐渍化分布图;草原土壤盐渍化发展趋势分析评估报告。

四、牧区雪灾监测

(一)目的与任务

依据牧区雪灾时空分布特点,结合监测手段的可行性,获得牧区雪灾发生范围、程度和动态。实时或准实时监测牧区雪灾的发展趋势。

(二)内容与指标

内容:获取草情、雪情、畜情 3 个方面选择指标,进行牧区雪灾的综合评估。

指标:实际载畜量、积雪面积比、积雪深度比、积雪日数、牲畜死亡数、牲畜死亡率、雪灾等级等。

(三)方　法

利用草地生产力、畜群分布、草地资源,分县(旗)草原保护建设及畜牧业生产等统计数据,雪灾地区现场调查等本底资料,生成雪灾区域分布图。

草情指标:在雪灾的可能发生区,以冬、春放牧地或全年放牧地的实际载畜量与理论载畜量(含补饲量)的比较值,即草畜平衡作为衡量指标。

雪情指标:选定积雪面积比(在冬春放牧地或全年放牧地中,积雪面积占整个冬春放牧地或全年放牧地的比例)、积雪深度比(积雪深度与牧草高度的比)和积雪日数(d)为雪情指标。

畜情指标:雪灾发生后的牲畜死亡率等指标。

以雪灾指数作为牧区雪灾的综合评价指标;加权值依各因子在雪灾综合资料评判中的作用而递增(表2-16)。

表 2-16　牧区雪灾综合评价体系

因　子	轻度雪灾 (L) 1	中度雪灾 (M) 2	严重雪灾 (H) 3	特大雪灾 (S) 4	加权值
积雪深度比(%)	50	50~70	70~90	>90	5
积雪面积比(%)	50	50~70	70~90	>90	4
积雪日数(d)	3~7	8~14	15~21	>21	3
过牧量(%)	<25	25~65	65~100	>100	2
牲畜死亡率(%)	10	10~20	20~30	>30	1
雪灾指数	<15	15~30	30~45	45~60	

依据牧区雪灾时空分布特点,需在草情、雪情、畜情方面进行牧区雪灾的综合评估(表2-17)。

表 2-17　牧区雪灾等级划分标准

等　级	雪情指标	草情指标 （草畜平衡）	畜情指标 （牲畜死亡率）
轻度雪灾	积雪深度比＜50%，积雪面积比＜50%，积雪天数 3～7d。	＜25%	＜10%
中度雪灾	积雪深度比 50%～70%，积雪面积比 50%～70%，积雪天数 8～14d。	25%～65%	10%～20%
严重雪灾	积雪深度比 70%～90%，积雪面积比 70%～90%，积雪天数 15～21d。	65%～100%	20%～30%
特大雪灾	积雪深度比＞90%，积雪面积比＞90%，积雪天数＞21d。	＞100%	＞30%

（四）结　果

草地雪灾数据统计；草地雪灾分布图；牧区雪灾发展趋势分析、评估报告。

五、草地旱灾监测

（一）目的与任务

获得草地旱灾的发生范围、危害程度、持续时间等数据，即草地植被生长状况和水分供应情况，预测旱灾发生的区域、程度等。

（二）内容与指标

内容：获取草地现实降水以及土壤、植被的水分数据，对比其正常年份同期数据，得出草地干旱程度。

指标：降水量、土壤含水量、植被指数。

（三）方　法

根据时空差异，草地旱灾监测可采用以下 2 种方法：

1. 植被指数法　利用遥感资料计算得到植被指数，建立实测牧草产量与植被指数的关系模型。利用植被指数数值图生成牧草产量等级图,比较牧草产量与常年值的差异程度,依此评定干旱程度。最后预测旱灾发生区域和程度(表2-18)。

表2-18　草原旱灾程度分级标准

等　级	旱情指标
轻旱灾	春季牧草返青生长较正常,大、小家畜尚可放牧;夏季干旱,牧草高度、产量中等;秋季植株枯黄较早。
中旱灾	春季牧草返青推迟或植株生长缓慢,牧草稀疏,放牧困难;夏季牧草发育期缩短,植株矮小、稀疏或无新生枝,产量很低或无增长量;秋季大多数植株过早枯黄,家畜放牧采食和饮水受到影响
重旱灾	植株极少,有时不能返青或不能进入下一个发育阶段,牧草产量无增长或负增长,草场不能利用,家畜放牧采食和饮水受到严重影响

2. 气象要素法　根据前期降水量等气象要素与多年平均值的比较,确定旱灾的范围和程度。用降水的标准差,计算干旱指数Z,并且与牧草特征及放牧情况结合确定旱灾等级。

$$Z = \frac{\bar{R} - Ri}{\sigma_1}$$

式中:Ri——为当年降水量;

　　　$\bar{R}$——为平均降水量;

　　　σ_1——为年降水量的标准差。

Z<1正常年;1<Z<1.5偏旱年;1.5<Z<2中旱年;2<Z<5重旱年。

(四)结　果

受灾区域、干旱程度等数据;干旱发生分布图;草地旱灾发展趋势分析、评估报告。

六、草地火灾监测

（一）目的与任务

及时发现草地火情，实时或准实时监测草地火情的发展趋势，为草地防火、灭火部门提供草地火情信息。

（二）内容与指标

内容：获得草原火险及其草地类型、水文条件、草地利用现状等相关信息，建立预警和火行为模型，监测草地火情及其发展趋势。

指标：可燃物种类、高度、盖度、产量、可燃物含水量和土壤水分等；火情实地调查内容包括：火情发生地理位置，起火和灭火时间、原因，过火面积，经济损失等。

七、草地鼠害监测

（一）目的与任务

通过地面调查结合遥感监测等手段，掌握鼠害发生现状和动态，实时监测鼠害发展趋势，及时向各级政府和群众发出鼠情预报。

（二）内容与指标

内容：鼠害地理分布与自然生存环境条件有关因子，鼠的组成结构、多样性、演替趋势和破坏量及与牧草长势、地上生物量的关系等。

指标：鼠类组成、鼠洞比例、土丘比例、鼠群密度、破坏量。

（三）方　法

1. 自然条件调查与分析　通过对啮齿动物分布状况（片状、带状、岛状）的调查、分析和当地纬度、海拔、土壤、水位、气候及植被的关系，并确定不同生境中的类型，提出啮齿动物群落分布图。调查人类生产活动、当地啮齿类天敌（种类、数量、活动规律等）及寄生物与传染病等对啮齿类种群的影响。

2. 区系组成 调查工作有以下 3 个方面。

种类组成：以采集标本鉴定种类为主，还应通过观察鼠洞、鼠丘、鼠类活动痕迹等辅助方法间接识别鼠种。如取食方式、植物的被害状况，或泥地、沙地、雪地上的足迹，看粪便、看洞形、看跑道等。

数量组成：调查各种鼠的比例关系，确定该地鼠的优势种、常见种和稀有种。

群落组成：在同一景观区域内进行鼠类调查，确定群落的组成结构、多样性、生物量及演替趋势。

3. 数量调查 采用夹日法、洞口统计法、目测统计法、开洞封洞法进行数量调查。一般数量统计的结果用级数表示，定为 3 级。其标准是：优势种，数量多于 10%；常见种，数量 1%～10%；稀有种，数量少于 1%。每级之间相差 5 倍或 10 倍，并用"＋"号代表级数，如优势种"＋＋＋"。

4. 鼠类害情调查 破坏量的调查采用做图法。首先按景观特点，选择代表性地段绘制样地内的生境类型分布图。其次是计算新、旧土丘和洞口，塌陷的洞道、跑道，以及活动期造成的秃斑和植被"镶嵌体"等面积。

鼠类啃食活动所减少的产草量，可分别在鼠群活动地段和非活动地段测定产草量，再加以比较求出。

在获得样地内破坏量后，还需在面上做补充调查，按区段计算破坏率。

（四）结 果

草地鼠害数据；草地鼠害分布图；草地鼠害发生及发展趋势报告。

八、草地虫害监测

（一）目的与任务

通过地面调查结合遥感监测等手段，掌握虫害发生现状和动态,实时监测虫害发展的趋势。及时向各级政府和群众发出虫情预报。

(二)内容与指标

内容:获得草地害虫种类组成、发生区、发生期及发生量及其与牧草长势、地上生物量、牧草生育期、季节以及气象之间相互关系的数据,预测其发生期,危害程度,防治阈值,防治适期。

指标:害虫种类、优势种类、虫态、虫源基数、虫口密度、虫口数量、迁入期、迁出期、发生期、发生区、防治期、发育进度、牧草产量损失率等。

(三)方　法

直接观察害虫的发生和牧草物候变化,查明虫口密度、生活史与牧草生育期的关系。应用物候现象、发育进度、虫口密度和虫态历期等资料进行预报监测。

(四)结　果

草地虫害数据;草地虫害分布图;草地虫害发生报告。

第三章　草地培育与合理利用

第一节　草地基本建设

草地建设是指对草地的综合调查规划、设计及建设方案的实施过程。建设方案的设计应有利于合理开发利用国家土地及草地资源,有利于科学地、合理地安排和使用人力、物力和财力,科学地组织草、畜产品的生产,在有效地发挥草地生态服务功能的同时,为提高草原区人民生产生活水平发挥其应有的重要作用。草地建设包括草地、村镇及居民点建设、水利建设、道路与电力通讯设施建设、文教卫生公共服务设施建设等。具体包括草地围栏及灌溉等配套设施建设、人工草地建植、畜棚建设等。下面主要就合理利用和管理草地中最主要的围栏建设及人工草地建植进行介绍。

一、草地围栏建设

草地围栏是控制畜群活动、保护草地牧草和进行草地建设的基本设施。实现草地围栏放牧,可大大减轻劳动强度,使牧民的大量劳动由管理畜群转变为管理草地。在草原牧区,除了用围栏进行划区轮牧以外,也用于保护人工草场、补播改良的草场、饲料作物地及保护新种植的防护林。草地围栏的建设还可起到划分草场边界、固定草地使用权、提高牧民建设和保护草地的积极性等作用,并使草地的培育建设有了保障。

在围栏发展初期,各地因陋就简创造过多种形式的围栏,如土墙围栏、草皮墙围栏、石墙围栏、堑壕围栏等。这些围栏形式虽然有就地取材的优点,但缺点很多(如费工费时、成本高、不耐久、且破坏草场),现已大部分被淘汰。近年来,全国各地建立网围栏厂,加工"预制围栏"取得了很好的效果。电围栏架设容易,成本低,作为临时性围栏或训练用围栏也逐渐开始被采用。

(一)网格围栏各部位名称

草地围栏的种类很多,从永久性、建设成本综合效果来看,目前主要采用网格围栏。以网格围栏为例介绍其结构如下:

1. 编结网　用扣结把纬线钢丝和经线钢丝结合在一起而形成的钢丝网。

2. 编结网纬线　架设后的编结网中平行于地面的钢丝线。

3. 边纬线　架设后的编结网中最上端和最下端的纬线。

4. 中纬线　位于边纬线之间的纬线。

5. 编结网经线　架设后的编结网中垂直于纬线的钢丝线。

6. 股线　刺钢丝的主线钢丝。

7. 刺钢丝　把刺钉线绕结在单根或双根股线上形成的带刺钢丝线。

8. 小立柱　安装在围栏线路上,用来支撑编结网的柱子。

9. 中间柱　承受编结网张紧力的柱子。

10. 角柱　安装在围栏线路的方向变化较大处,用来承受编结网张紧力的柱子。

11. 支撑杆　支撑在中间柱、角柱、门柱上的柱子。

(二)围栏类型与结构

1. 生物围栏　是利用生长速度快具有刺的灌丛或乔木构成围篱,建植成分隔草地的永久性围栏。这种围栏的优点是:投资少,不用钢材、木材和水泥等建筑材料;可以保持水土,防风固沙,保护草地;维修费用小,缺能源地区还可收获薪材。缺点是在不能种植树木的地方无法建植,此外不能搬迁,有刺灌丛易挂失羊毛。由于气候土壤类型不同,在建植生物围栏时应选择适宜树种。在干旱和半干旱或黄土地区,可选用沙枣、枸杞、骆驼刺;半湿润的草甸草原地区可种植沙棘、狼牙刺、酸枣、黄蔷薇等灌木。温暖潮湿地区常用灌木有小檗和女贞等。生物围栏要求经常修剪,控制围栏厚度,发现缺苗或植株死亡要及时补植。干旱地区最好与灌溉渠系配套,将围栏建在水渠沟沿上,以便能浇水施肥。

2. **网围栏**　网围栏所用材料主要是市场提供的钢丝编结网和立柱。围栏主要零部件技术要求符合 JB/T 7138.13－1993 的要求,经农业部农机鉴定总站鉴定,地方质量监督检验部门颁布生产许可证及产品合格证即可使用。

网围栏的网片是用普通低碳钢丝制成的弹性镀锌线材,经机械加工的成卷产品。网围栏采用环绕式、环扣式。草原网围栏不带刺丝,无金属刺尖,柔韧性好。早期生产的网围栏都有配套的钢质立柱和各种规格的金属门扇,以及安装用的紧固铁件等。由于钢材昂贵,各地都在用钢筋混凝土桩来替代钢质立柱,如果有可取沙石的地方,建造钢筋混凝土网围栏,既可减少钢质立柱丢失带来的损失,又可降低围栏造价。

使用时根据围栏的用途,选用不同规格的编结网。常用编结网的规格有 6×90×60 型、7×90×60 型、7×100×60 型、7×110×60 型、8×110×60 型,编结网的参数见表 3-1。

表 3-1　编结网围栏规格与基本参数　　（单位:mm）

规　格	纬线根数	网宽	经线间距	钢丝公称直径			自上而下相邻两纬线间距
				边纬线	中纬线	经线	
8×110×60 型	8	1100	600	2.8	2.5	2.5	200，180，180，150,130,130,130
7×110×60 型	7	1100	600				200，200，180，180,180,160
7×100×60 型	7	1000	600				150，180，180，180,160,150

续表 3-1

规　格	纬线根数	网宽	经线间距	钢丝公称直径			自上而下相邻两纬线间距
				边纬线	中纬线	经线	
7×90×60 型	7	900	600				180，180，150，130，130，130
6×90×60 型	6	900	600				210，210，180，160，140
6×100×60 型	6	1000	600				240，220，200，180，160

3. 刺丝围栏　刺丝围栏所用材料主要是刺钢丝和支撑刺钢丝的固定柱。刺丝围栏的优点是防护效果好，使用寿命长，在干燥地区可用数十年，对草场生态植被没有多大影响。但它缺乏弹性，夏季气温高时变松弛，冬季寒冷时发生收缩、常使受力的立柱或刺丝拉断；而且损伤家畜皮毛，动物在碰挂网围栏时往往刺伤皮肤形成小疤小洞，影响皮张质量和商品价值。

刺线（刺钢丝）的商品规格是用 12♯和 14♯镀锌钢丝经机械加工的成卷产品，可购市场定性产品，技术要求每千米长重量为150kg～170kg，刺间距 100～120mm，每米长度股线转数为 7～8转，抗张强度 ≥500kg/m。刺线纬线根数 6～8 根，纬线间距 15～20cm，底边纬线距地面 15cm。

刺丝围栏立柱可用圆木、废钢管和钢筋混凝土。如果采用水泥桩，则每个轮牧小区要安装 1～2 个避雷地线，以防雷击。围栏线路外观要整齐，界限分明，不能利用树桩，电线杆等物体作为围栏桩。水泥立柱规格如下：小立柱：120mm×120mm×1800mm，120mm×120mm×2000mm，120mm×120mm×2 300mm；中间柱及角柱：160mm×160mm×2 200mm，160mm×160mm×2 500 mm。制作立柱的技术要求是：内含冷拔钢筋 4 根，小立柱钢筋 φ 6～8mm，中间柱及角柱钢筋 φ9～10mm，每根柱内有 5 根8♯～10♯铅丝固筋固定；水泥标号为 425♯，混凝土标号 200♯，每根立柱预制挂钩的数目及相关尺寸与刺丝围栏和编结网围栏的纬线间距要求一致。

标准围栏的高度为 1 100～1300mm，以拦挡小畜为目的的围栏高度可降低 200mm，以拦挡野生动物为目的的围栏高度视具体动物而定。

4. 电围栏　电围栏是要定时地放出电脉冲，来管理围栏内的牛和防止围栏外的捕食动物。电围栏一般不作永久性围栏，它常用作分隔栏。电围栏可以在大面积范围内快速地、有效地、经济地建立起围栏管理系统、划区系统。农牧民在设计和建设普通围栏系统时要考虑到未来的改造，即可以使用很少的材料和劳力就可把普通围栏改建成电围栏。电围栏实际上是一个心理上的围栏，某种意义上不是一个实际存在的围栏。动物通过触摸和看到其他动物触摸电围栏后的结果，即知道电围栏的作用。这种对电围栏的态度是电围栏系统的关键。经过训练后，动物通常是不会去触摸电围栏的。

电围栏是由脉冲发生器和导线围栏两部分组成。由于电源和导线铺设方式不同，有交、直流电围栏、太阳能电围栏、单导线电围栏、电网围栏。

(三)网围栏的架设与安装

值得注意的是现在许多农牧场虽然使用了很好的围栏器材，但架设起来的围栏却不能保持良好状态。有些围栏仅使用 3～5 年，就已东倒西歪，不起作用，而正确架设的围栏可以使用 30 年以上。由此可见，普及围栏架设技术十分重要。施工程序一般为：

放线定点 → 固定门柱、拐角柱和受力中立柱 → 展开网片 → 固定起始端 → 专用张紧器固定 → 夹紧纬线 → 实施张紧 → 绑

扎固定网片 → 移至下一个网片段施工

为保证网围栏的安装质量,提高网围栏的防护效果,应遵守下面的架设安装技术规程。也可参阅中华人民共和国农业行业标准(NY/T1237－2006)草原围栏建设技术规程。

1. 现场定线、清理　围栏定线通常要求尽量取直线,以节省建筑材料。根据草地围栏建设规划图,到现场反复踏勘,选定围栏的走向。要求:①尽量避免有锐角出现,若有小锐角要舍弃小块草地,使围栏线取直。②留足公路和牧道。③考虑好畜群出入的位置,留出合理的门位。④尽量避开深沟、小溪和陡崖。有的地形如陡崖可用作围栏的一部分,但要设计好封闭方式。

定线方法可用3根花杆,1条测绳,由2～3人进行定线。其方法是:①在起始点立一根花杆,使其垂直于地面,在围栏线走向的另一端(应在视野范围内)竖立第二根花杆,另一人执第三根花杆定于前两根花杆中间,在起始点瞄准3根花杆使成一直线。②花杆立定后,将测绳由起始点量起,按规定桩距在测绳一侧用铁锹或镢头挖开一小坑作为立柱标记。在地形有变化如跨越低洼地或起伏高坎时,应该加密立柱,标记时一同完成,标记完一段线后向前移动第三根花杆;拉紧测绳,仍使三根花杆保持成直线,并按前述方法继续标记立柱位置。③定线时最好画一草图,记录围栏线长度,立柱数目和拐点位置,以便按计划将不同规格的立柱运送到预定位置,以免栽立柱时调整搬动。

清理围栏线路现场,将灌丛、树木、石块等杂物清除掉,以便节省架设围栏的工时。如有旧围栏时,应先拆下围栏线,拔出旧围栏立柱,捡拾干净废旧钉子和小段铁丝,以免牲畜误食,再用推土机在线路上平整小丘,铲除石块等杂物。若有高大灌丛,先要人工砍伐,再挖除树根,并平整地表。能机械作业的地段,尽量推平压实,然后再测量线路,定出立柱的位置。

2. 围栏立柱的固定　在围栏线路上按定好的立柱标记挖洞

或直接将立柱打入。使用木质立柱或钢筋混凝土立柱时,要预先挖好洞,为了使洞尽量挖得又深又小,可利用专门的挖洞工具或机械。为使洞的位置准确,定线时要打立柱标记,挖坑不能太大。挖洞时要将标记尽量对准在洞的中心位置,这样立柱放在洞中后不致因修理洞口反复拔出立柱。为使立柱支撑网片的一面保持在直线上,挖洞时可将洞在围栏走向两侧适当挖宽些,以便立柱可左右调整,而前后洞壁尽量少挖,以防立柱前后倾斜。

挖立柱洞要注意:①深度要挖够,一般围栏高度为 1.1～1.2m,立柱长 1.8～2m,所以洞深应挖 0.7～0.8m。②若遇到地下有大石块不能挖洞,应移开立柱位置,调整立柱间距离,使其避开大石块。③围栏不能置于自流水冲击或有崩塌危险的河岸、溪沟、陡坎等地方。

埋设立柱时应使立柱呈直线,遇到拐弯时可先将两拐点的立柱固定好。然后由起始拐点向另一拐点依次埋设固定立柱,此时应由一人指挥,由起始点瞄准各立柱的位置。另一拐点距离远时可在前端竖立一根花杆,以便随时瞄准,使中间立柱保持成直线。

3. 围栏受力桩的建筑　围栏的门柱、拐点桩和跨越低洼地的立柱,都要受到不同方向的拉力。要建设高质量的围栏,必须建筑好上述受力桩,需采用高质量或大规格的立柱。①门柱建筑。门柱可用单跨加强柱(图 3-1A)、斜撑(图 3-1B)、门顶拉线(图 3-1C)和现场浇注大规格门桩来固定。②拐点桩的建筑。拐点桩可选用内斜撑(图 3-2A)、地锚(图 3-2B)、内单跨加强桩和双跨加强桩。③抗吊加重桩。围栏跨越浅沟或低洼地时,因围栏张力的合力将低处的围栏立柱拔起,为此可将桩穴挖大,并在桩基周围浇注混凝土。如果围栏要跨越水渠或小溪沟,则应在水渠或小溪沟两岸设受力加强桩,让张紧的围栏直接跨越(图 3-2C)。在渠道或溪沟中另架设防止小牲畜钻过围栏的刺铁丝。若无流水通过的低洼处,可直接用石块或土填平,也可放置有刺灌木加以堵塞。

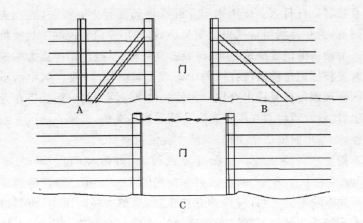

图 3-1　围栏门柱的几种形式

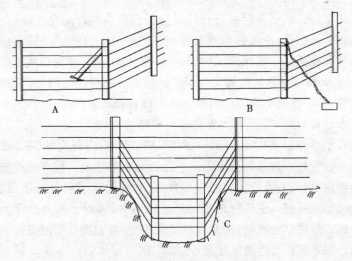

图 3-2　围栏拐点柱的几种形式

若围栏通过低凹地,凹地两边为缓坡,相邻小立柱之间的坡度变化≥1：8时,应在凹地最低处增设加长立柱,并将桩坑扩大,在桩基周围浇灌混凝土固定。若雨季有水从围栏下流过,则应在溪流的两边埋设两根如上所述的加长立柱。在两立柱之间增加几道刺钢丝以提高防护性。

若围栏穿过低湿地,可使用悬吊式加重小立柱,用混凝土块加重。亦可用钢筋作栏桩,以石块加重。围栏跨越河流、小溪,若河流宽度不超过5m,可在河流两岸埋设小立柱,使围栏跨越河流;若河流宽度超过5m,则应在河流两岸埋设中立柱。为了防止水流冲毁围栏,不宜在河流中间埋设立柱,应用木杆或竹竿吊在沟槽处起拦挡作用。

4. 网片铺放和并接 网围栏出厂时是成卷供应的,每卷展开长度为50～60m、有的为200m。因为牲畜的压力一般来自一侧,所以网片最好挂在受力最大的一侧,将编结网铺在围栏草地内侧,从中间柱的一端开始,沿围栏线路铺放编结网。网片的结头方法也很重要,将网格较紧密的一端朝向立柱,起始端留5～8cm编结网。编结网的一端剪去一根经线,将编结网竖起,把每一根纬线线端在起始中间柱上绑扎牢固。继续铺放围栏网,直到下一个中间柱,将编结网竖起并初步固定。若需将两部分编结网连接在一起,使用围栏线铰接器和手钳打好接头。进行刺线作业应戴皮手套,防止刺破双手。

5. 网围栏的张紧 网围栏的网片可用专用紧线器或邮电线路架设的紧线器进行张紧。其施工程序如下:①埋设工艺桩,以便固定紧线器。采用工艺桩的目的在于尽量减少已被拉紧的围栏回松。②将网片立起来,靠在立柱上,并用绳子或铁丝将网片初步固定。③将紧线器链条或钢丝绳固定在工艺桩上。④将紧线器的夹线头或夹板及棘轮机构安装就位。注意紧线器钢丝绳在工艺桩上的位置不可过低,防止当张紧网片时,使网片下坠触地不易拉紧。⑤板动紧线器手柄,慢慢张紧上边的紧线器,然后再紧下边的紧线器,如此上下交替进行,目的在于使围栏网片的上下纬线张紧一致。张紧围栏时一定要慢,不能操之过急,这时要边张紧边检查整个网片拉紧的程度和结头,不可过紧。否则,会使围栏纬线丧失部分弹性,围栏就更容易松弛。张紧刺线时,在拐点或直线一定距离内,设一临时桩(通常直接打入,其后加一锚桩)。

6. 围栏网片的紧固　由于围栏桩的材料不同,固定方法也不同。木质桩可用U形钉(也叫蚂蟥钉)钉在经线与木柱交叉处,注意不要打死,以使纬线在热胀冷缩时可以伸缩移动。U形钉的方向应与木纹交叉,不要平行。用角铁加工的围栏立柱,在板上均打有孔,以便用铁丝绑扎。其孔距要求与网片纬线距离相匹配,不然难以固定。当用钢筋混凝土桩代替钢材时,预制混凝土桩可预埋支承钩或环,也可在侧面预留孔,在控网面预留支承槽或预留孔和支承槽相结合,用半环形铁丝进行绑扎。紧线器的拆卸和终端固定是决定围栏张紧程度的最后一道手续,也是十分关键的工序。若拆卸不符合技术要求,整个网片又将回收松弛,因此如何拆除紧线器和固定好经线的终端,是十分重要的技术。可按下面的程序进行:①用两组紧线器交替向前张紧,第一组张紧固定后随之架设第二组紧线器,张紧后拆卸第一组紧线器,并按此方式继续紧固。②将网片中央的一根经线切断,将线端绕过立柱并在其身躯所在的纬线上绞紧。为防止纬线切断后松回,可在切断前在终端桩上再接一个紧线器,待将单根经线拉紧后剪断经线并固定在终端桩上。④网片终端处的经线用手钳拆除掉,以便留有一段纬线绕过立柱绞紧固定。自中线向上、向下交替切断并绞结好各条纬线和固定。⑤按上述方式继续进行,最后留下末端纬线固定在起始立柱上。

刺线安装时还需注意,由于刺线无弹性,夏季安装可稍拉松,冬季安装则以拉紧为止。但刺线在一定张力下有形变的特性,过紧的刺线经过一定时间后也会因形变加长而松弛,所以要经常维修。

7. 门的安装 预先将围栏门留好，门宽 6～8m、高 1.2～1.3m。门柱要用支撑杆予以加固，用门柱埋入环与门连接，加网前将门柱及受力柱固定好。

(四)电围栏的组成与安装

安装电围栏的立柱通常为木桩或专用塑料杆。用木桩时，先将木桩一端砍成斧形，用铁锤和木槌直接打入计划位置，然后装上绝缘子。导电栏线多用 12♯镀锌铁丝或裸铝绞线。导线展开后用手张紧到一定程度即可，不需要用紧线器。因电围栏是临时的草地设施，导线固定在绝缘子上也应该便于拆卸，因此绝缘子可制成卡口式，绑扎牢固即可。

一个好的电围栏既应解决目前饲养动物的问题，还应抵御未经过训练动物的冲击。每当动物触摸到围栏即可以放出安全、有效的电冲击。电围栏必须有一个最低电压，才能对动物起作用。对长毛动物一般需要最低 2 000V，而短毛动物最低需 700V。

铁丝(铝丝)的间隔的设计必须使得当动物触摸围栏时电围栏可对动物的脸部、耳朵放电，不能让动物的头穿过去。而且围栏也不能建成让动物看上去是一个实际的障碍。当降水量很低或者是分布不均匀时，地线是很有必要的，地线的目的是当土壤条件很干燥时形成一个电流回路。

1. 选择高压脉冲电流发生器 一个现代化的电围栏高压脉冲电流发生器就像一个汽车中的电子点火器。首先有一个电容器，它可以在 1/3～1/2s 之内缓慢地充电，把电存起来。然后一个分离定时开关通过一个变压器用电容器来放电和充电。变压器确定所释放的电压，高压发生器有一个线把地线插头和围栏连接起来。动物站在地面接触到围栏线后即形成一个电流回路(高压脉冲电流发生器 → 电线到动物 → 地面 → 高压脉冲电流发生器)，动物即可以接受电流脉冲。电围栏高压脉冲电流发生器不仅放出高压(5 000V 或更高)和低的阻抗(几乎无电阻)，还可以很经济地运行、满足安全要求。高压脉冲电流发生器的制造商和销售商可以提供有关各种类型高压脉冲电流发生器的安装、运行和维护的知识。

2. 电线 用于电围栏的电线的类型和规格是很重要的。对于固定的电围栏,选择高强度平滑镀锌的电线是很合适的。具有高强度的特性很重要,因为电线不能够沉降或在落雪时变得潮湿或长期保持张力。选择高强度平滑电线的合适规格,保证动物和人都可以看得见。

3. 柱子 在拐角处的柱子对围栏来讲是非常重要的,这些柱子通常直径为 $150\sim200mm$,而在边线上的柱子的直径通常为 $50\sim75mm$。边线的柱子主要是固定围栏线的。使用高强度平滑的电围栏线时,没有必要按照固定的间隔设置边线柱子,按照地形的等高线布设边线柱子即可。按照等高线布设边线柱子的间隔最大间隔可以达到12m,当地形不平时边线柱子的间隔可以是4m,以保持正确的电围栏线的高度。木柱子的绝缘性随着木材的性质、干湿程度和使用的处理材料而变化。塑料和纤维柱子具有很多优点,如重量轻、自身具有绝缘性、灵活性等,容易安装使用,但是在阳光下都要老化,在临时围栏和条带状放牧围栏中使用较多,不可以用在永久和固定的围栏建设中。

4. 绝缘体 塑料或纤维柱子不需要加绝缘物。其他所有类型的柱子都需要好质量的绝缘物。绝缘物有用于固定与木头或钢柱子连接的绝缘物和把电线与柱子相互隔离的绝缘物。有两种主要的绝缘材料,即瓷和塑料。

5. 电线的连接 不要把电线的中部和端部拧折。良好的连接是用套接、无焊缝连接、螺丝类型的铰接或可变的连接器进行的。

6. 断电开关 这些开关是用于对所选定的围栏部分断开电源,是对围栏的某些部分进行隔离或维修时断电。断电开关必须用在电线上不受力部分或安装在角落里。由于某些开关不适合户外使用,因此应安装防雨水、冰和雪的装置。

7. 张力和打结　用手工拉紧电线就足可以满足要求并且达到美学上的要求,但是不要过分拉紧。安装好后可以用固定的电线拉紧器进行调整,安装网围栏中最容易犯的错误是把电线拉得过紧,最好使用一个张力计以解决这个问题。在绝缘体上打结,并留下足够长的线头与其他电线连接,把所有加上电压调节器的线头都连接到公用线头上。连续的电线的导电性能好。当需要把导电线与围栏线或地线隔离时应使用塑料管子,避免短路。

8. 给电围栏接地　给电围栏合适地接地是非常重要的。一般来讲,对于固定围栏或临时围栏至少需要一根 3m 长的接地电杆。把高压脉冲发生器的接地端与接地电杆连接。用防锈剂进行防锈处理,并且确保连接是牢靠的,在每个季节都要检查。

9. 门　围栏门把手、绞页连接、开关和围栏抬升装置都可以购买到。应把门安装在已经连接好围栏电线的门柱子上。应给门的插销或门锁上通电,这样即使是开门或关门都能保持围栏是通电的,不会短路。

(五)围栏的维护与管理

围栏是经营放牧畜牧业的基本设备。设立围栏可以节省放牧人工,便于草地合理利用。为保证其功能的正常有效发挥,要对围栏设施经常检查,看围栏纬线与各立柱的绑结是否牢固可靠,发现围栏松动或损坏要及时维修。

电围栏如果不能发出有效的电流脉冲,则不能起到围栏的作用。因此,电围栏需要经常进行维护使其正常运行。每年对电围栏进行 1 次全面的检查和维修。在暴雨后也应检查。在不同的地段对电围栏的电压进行定时的检查。当电网围栏出现故障时应首先查看是电网围栏的故障还是高压脉冲发生器的故障。

(六)围栏建设中的其他设施

1. 牧道　它和公路是连接畜圈、饮水点和围栏的通道,主要供畜群转移用。乡村公路是运输物资的通道,其作用比牧道更重要。在建设围栏之前必须规划好。牧道设计原则是:①尽可能缩短牧道和公路的里程,距离越短越好,可以节省家畜体能消耗,节约动力,而且减少占用草地面积。②尽量避开深沟、陡崖和沼泽地,以减少桥梁涵洞和开挖土方工程量。牧道坡度过大,也会造成家畜运动中体能消耗增加,车辆运行困难。③要有足够宽度。各地畜群规模大小不同,必须以当地最大畜群通过时的宽度为准,通常牧道宽度要求不得小于20m。如果牧道与乡村公路相结合,公路的边沟两侧必须留上5m以上的地带作牧道。④必要的桥涵不可省。当牧道通过水渠或饮水溪流时,为防损坏渠道和污染水源,必须建筑桥涵。这样,既便于畜群通过,也利于车辆通行。

2. 围栏饮水点 现代化的围栏必须建筑分布合理、安全卫生的饮水设施,才能使放牧家畜在草地围栏内既能吃草又能饮水,使家畜昼夜不出栏,减轻牧工驱赶家畜的劳动。同时,也可防止大量家畜共用同一饮水设施,造成相互感染疾病。为了节约建筑饮水工程的投资,围栏布置时尽可能将溪沟部分包括在围栏内。围栏内无饮水来源的草地,可打井并设置管道供水系统或车辆供水,轮牧小区内根据牲畜数量设置饮水槽。给畜群供水要及时,保证水槽内有足量的清水,保证牲畜夏季饮水 3~2 次/d,冬季 2~1 次/d。

3. 擦痒架、遮阴设施 根据实际情况及牲畜数量小区内可设置擦痒架及遮阳棚。轮牧小区布设适量舔砖,以便为畜群及时补充盐分。

二、人工草地建设

(一)建立人工草地的重要性

由于天然草地存在着季节性产草量不平衡的基本特点,大部分地区的天然草地是夏场或夏秋场的面积大于冬场或冬春场;在利用时间上,前者利用时间短,而后者长;在草地单位面积生产力方面,前者高而后者低;牧草营养价值也是前者较高,后者低。从而形成冷季饲草不足,并与牲畜妊娠产羔哺乳需要更多更好的营养相矛盾,且时间长达 7～8 个月之久。由于饥饿,牲畜就不得不耗用体内所贮积的脂肪,这样膘情不断下降,一遇到黑、白等自然灾害,造成大批死亡,严重地影响着我国畜牧业的发展。因而,解决冬、春缺草是当前草地畜牧工作者的主要任务。在合理利用和改良培育天然草地的前提下,建立巩固的人工草地则是解决这一矛盾的重要途径。

人工草地就是利用综合农业技术,在完全破坏了天然植被的基础上,通过人为播种而建植的人工草本群落;在不破坏或少破坏天然植被的条件下,通过补播、施肥、灌溉、除莠等措施培育的高产优质草地,称为半人工草地或半天然草地。据测定,一般人工草地产草量可比当地天然草地高 10 倍以上。

(二)规划设计

1. 地段选择　选择地势相对平缓开阔的地段,便于田间作业。土壤质地和水热条件较好,适合播种牧草生长。如果降水不足,为保证牧草出苗和正常生长,则应有灌溉条件的地段。人工草地尽量选在距居民点较近的地方,以便减少运输,节省劳力和便于管理。还应避免选择风蚀严重的风口及易沙化的地方建立人工草地。

2. 土壤测试　建植前对土壤氮、磷、钾及有关微量元素含量进行测试,或查阅当地土壤调查资料,了解土壤养分水平,以便制订施肥计划。

3. 草地规划图　应包括草地的地理位置、面积、类型等相关信息。

(三)地面处理

酸性碱性及盐渍化严重的土壤,都应进行相应的处理,以满足牧草及饲料作物生长的需要。一般盐碱地可采用灌水法洗盐碱、排盐碱,酸性土壤施石灰改良,碱性土壤施石膏、磷石膏、明矾、绿矾、硫黄粉改良。有地表积水的应开沟排水。

适于种植牧草的土地,最好是前作压青地或中耕作物地,这样的土地墒情好,杂草也少,利于牧草的生长发育。对新开垦的饲草基地最好在伏天耕翻,此时正值雨季,翻后经过高温高湿,利于植物残体分解和土壤熟化,提高肥力。耕深一般在18~22cm,然后平整地面,减少土壤水分蒸发,为牧草生长发育准备更好的条件。由于牧草种子小而轻,贮存的营养物质不多,种子萌发及幼苗生长都很缓慢,对于土地的要求比较严格。春季播种前应耙地,使土块细碎,地面平整,以利于种子的萌发。

在有残茬、立枯物等覆盖的地面,或在南方土层较薄、坡度较大、天然草被茂盛的地段播种时,用除莠剂连续处理2~3次,待枯死的草已处于半分解状态时,可用免耕机播种或直接播种后结合牲畜蹄耕覆盖。

(四)播前准备

1. 施足基肥 施肥不仅能供给牧草生长发育所需的养分,增加产量,而且施用有机肥料还能改良土壤,防止土壤盐渍化,培育和提高地力。牧区有大量的肥源,如发酵腐熟的羊粪和牛粪,有条件的应施基肥(有机肥)20 000~30 000kg/hm²。

2. 冬、春灌溉 在深秋将要上冻时或春季解冻后,有水利条件的地方应在冬、春浇地。冬、春浇地不仅能增加土壤含水量,而且还可以提高地温,能保证牧草苗全、苗壮,防止播后浇水引起表土板结,影响幼苗生长。

3. 播种材料选择 选择适应当地气候和土壤条件、符合建植人工草地的目的和要求、适应性强、应用效能高的优良牧草品种;种子质量符合国家质量标准;无性繁殖材料要求健壮、无病、芽饱满,就近供种。

播种材料选择在符合上述条件的基础上,还应遵循如下原则:

牧草形态(上繁与下繁、宽叶与窄叶、深根系与浅根系)上的互补；生长特性的互补；营养互补(豆科与禾本科)；对光、温、水、肥的要求各异。

4. 播种量　单播播种量的计算公式如下：

$$实际播种量(kg/hm^2) = \frac{保苗系数 \times 田间合理密度(株/m^2) \times 千粒重(g)}{净度(\%) \times 发芽率(\%) \times 100}$$

混播播种量的计算公式如下：

$$K = \frac{HT}{X}$$

式中：K——每一混播种子的播种量(kg/hm^2)；

　　　H——该种牧草种子利用价值为 100% 时的单播量(kg/hm^2)；

　　　T——该种牧草在混播中的比例(%)；

　　　X——该种牧草的实际利用价值(即该种的纯净度×发芽率,%)。

一般竞争力弱的牧草实际播种量根据草地利用年限的加长而增加 25%～50%。常用牧草参考播种量见表 3-2、表 3-3。

表 3-2　常见牧草参考播种量　(kg/hm^2)

牧草名称	播种量	覆土深度(cm)	牧草名称	播种量	覆土深度(cm)
黑麦草	15～22.5	2～3	苏丹草	22.5～30	2～3
多花黑麦草	15～22.5	2～3	非洲狗尾草	7.5～15	2～3
鸭茅	7.5～15	2～3	大翼豆	7.5～12	2～3
苇状羊茅	15～30	2～3	鸡眼草	7.5～15	2～3
羊茅	37.5～45	2～3	白三叶	3.75～7.5	2～3
紫羊茅	7.5～15	2	红三叶	9～15	2～3
草地羊茅	15～18	1～2	绛三叶	12～19.5	2～3
扁穗雀麦	22.5～30	3～5	杂三叶	6～7.5	2～3

续表 3-2

牧草名称	播种量	覆土深度 （cm）	牧草名称	播种量	覆土深度 （cm）
无芒雀麦	22.5～30	4～5	野火球	15～22.5	3～4
草 芦	22.5～30	3～5	草莓三叶草	15～22.5	2～3
球茎草芦	7.5～15	3～4	地三叶	19.5～24	2～3
宽叶雀稗	15～22.5	2～3	埃及三叶草	12～15	2～3
毛花雀稗	15～22.5	2～3	百脉根	6～12	2～3
巴哈雀稗	11～16	2～3	绿叶山蚂蟥	2.25～3.75	2～3
狗牙根	6～12	2～3	银叶山蚂蟥	3.75～7.5	2～3
羊 草	30～52.5	2～3	银合欢	15～22.5	3～4
老芒麦	22.5～30	2～3	葛 藤	3.75～4.5	3～5
披碱草	15～30	2～3	紫花苜蓿	15～22.5	2～4
肥披碱草	22.5～30	2～3	黄花苜蓿	15～22.5	2～4
垂穗披碱草	15～22.5	2～3	金花菜	15～22.5	2～4
冰 草	15～22.5	3～4	箭舌豌豆	60～75	4～5
蒙古冰草	22.5～30	3～4	毛苕子	45～75	4～5
沙生冰草	1.25～22.	3～4	山野豌豆	45～75	4～5
偃麦草	22.5～30	2～3	紫云英	30～60	3～4
中间偃麦草	15～22.5	2～3	鹰嘴紫云英	1.25～18.75	2～3
弯穗鹅观草	35～45	3～4	沙打旺	3.75～7.5	2～3
纤毛鹅观草	22.5～30	3～5	草木樨状黄芪	7.5～12	2～3
猫尾草	7.5～12	1～2	红豆草	45～90	2～4
大看麦娘	15～30	3	外高加索红豆	60～90	2～4
苇状看麦娘	8.75～22.	1～2	沙地红豆草	45～60	2～4
短芒大麦草	7.5～15	2～3	扁蓿豆	30～37.5	1～2
布顿大麦草	1.25～15	3～4	黄花羽扇豆	150～200	3～5

续表 3-2

牧草名称	播种量	覆土深度 (cm)	牧草名称	播种量	覆土深度 (cm)
高燕麦草	45～75	3～4	柱花草	1.5～3	2～3
草地早熟禾	7.5～15	2～3	矮柱花草	1.5～3	2～3
扁秆早熟禾	7.5～12	2～3	圭亚那柱花草	6～9	2～3
普通早熟禾	12～15	2～3	白花草木樨 (荚果)	15～22.5	2～4
加拿大早熟禾	12～15	2～3	黄花草木樨 (荚果)	15～22.5	2～4
碱　茅	7.5～15	1～2	细齿草木樨 (荚果)	15～18	2～4
朝鲜碱茅	30～37.5	0.5～1	羊　柴	30～45	3～5
花　棒	9～18	3～5	山蔂豆	60～75	3～5
山竹子	15～22.5	3～5	小冠花	4.5～7.5	1～2
柠　条	7.5～10.5	2～3	菊　苣	2.25～3	2～3
中间锦鸡儿	7.5～10.5	2～3	串叶松香草	3.75～7.5	3～4
小叶锦鸡儿	6～9	2～3	鲁梅克斯	3～6	1～2
蓝花棘豆	15～30	2～3	优若藜	3.75～7.5	2～3
二色胡枝子	7.5～15	3～4	伏地肤	22.5～30	2～3
截叶胡枝子	9～30	3～4	冷　蒿	3～4.5	0.5
达乌里胡枝子	6～7.5	2～3	白沙蒿	3～4.5	0.5
细叶胡枝子	15～22.5	3～4	伊犁蒿	3～4.5	0.5

注:引自 NY/T 1342—2007 人工草地建设技术规程

表 3-3　　　无性繁殖牧草参考用种量　（kg/hm²）

牧草名称	种茎(根)用量	覆土深度(cm)
象　草	3000～4500	4～5
扁穗牛鞭草	3000～4500	3～4
聚合草	1500～2250	3～4

注：引自 NY/T 1342—2007 人工草地建设技术规程

5. 种子处理　对豆科牧草的硬实种子,通过机械处理、温水处理或化学处理,可有效破除休眠,提高种子发芽率。对禾本科牧草种子,通过晒种处理、热温处理或沙藏处理,可有效地缩短休眠期,促进萌发。

采用过筛、风选、水漂、清选机破碎附属物等方法对杂质多、净度低的播种材料在播前进行必要的清选,以提高播种质量。

对有长芒和长绵毛的种子,将种子铺于晒场上,厚度 5～7cm,用环行镇压器压切,而后过筛去除。也可选用去芒机去除芒和长绵毛。

首次种植的豆科牧草播种时必须接种根瘤菌。根瘤菌剂有液体和固体两种。液体菌剂要求活菌数 5 亿个/ml 以上,有效期 3～6 个月;固体菌剂要求活菌数 1 亿个/g 以上,有效期 6～12 个月。黏合剂一般采用羧甲基纤维素钠、阿拉伯树胶、木薯粉、胶水等,干燥剂用钙镁磷肥,还可使用灭虫剂、灭菌剂。

(五)播　种

1. 播种期　播种期一般应安排在雨季来临前。

北方以春播为主,以保证牧草和饲料作物有足够的生长期,一方面可获得高产,另一方面有利于多年生牧草越冬;南方各地均可春播,但春播杂草危害严重。因此,南方以秋播为主,但在局部海拔较高地区,霜期到来前 1 个多月播种。

2. 包衣拌种及根瘤菌接种　将黏合剂与根瘤菌剂(禾本科牧

草无需根瘤菌)充分混合,用包衣机将混合液均匀喷在所需包衣的种子上;也可手工包衣用手工混合均匀;常见豆科牧草根瘤菌接种,喷入细粉状的干燥剂、肥料和杀虫剂等材料(豆科牧草接种根瘤菌后就不加杀菌剂),迅速而均匀地混合,直到有初步包衣的种子均匀分散开为止。豆科牧草种子接种根瘤菌,低温鼓风快速干燥,温度一般在 40℃ 以下;手工包衣的种子一般随包随播,不进行干燥也不能保存,不适于飞机播种。

3. 播种方式　穴播:在行上、行间或垄上按一定株距开穴点播 2～5 粒种子。条播:按一定行距 1 行或多行同时开沟、播种、覆土 1 次完成。

(1)同行条播　各种混播牧草种子同时播于同一行内,行距通常为 7.5～15cm。

(2)间行条播　可采用窄行间行条播及宽行间行条播,前者行距 15cm,后者行距 30cm。人工或 2 台条播机联合作业,将豆科和禾本科草种间行播下。当播种 3 种以上牧草时,一种牧草播于一行,另 2 种分别播于相邻的两行,或者分种间行条播,保持各自的覆土深度。也可 30cm 宽和 15cm 窄行相间播种。在窄行中播种耐阴或竞争力强的牧草,宽行中播种喜光或竞争力弱的牧草。

(3)交叉播种　先将一种或几种牧草播于同一行内,再将一种或几种牧草与前者垂直方向播种,一般把形状相似或大小接近的草种混在一起同时播种。

(4)撒播　把种子尽可能均匀地撒在土壤表面并覆土。

4. 营养体繁殖牧草的播种方式

(1)穴播　指在行上、行间或垄上按一定株距开穴栽植 1～2 个种苗或插条。

(2)条播　按一定株距和行距 1 行或多行同时开沟栽植种苗或插条。

(3)撒播　把营养体繁殖材料尽可能均匀地撒在土壤表面并

覆土。

5. 覆盖与镇压 播种后要覆土,覆土深度见表 3-2 和表 3-3。种子特别细小时,为避免覆土过深,一般采用耙地覆土。

在干旱和半干旱地区播后镇压对促进种子萌发和苗全苗壮具有特别重要的作用,湿润地区则视气候和土壤水分状况决定镇压与否。

(六)管 理

1. 苗期管理 出现地表板结,用短齿耙或具有短齿的圆盘耙镇压器破除。有灌溉条件的地方,也可采用轻度灌溉破除板结。在保证合理密植所规定的株数基础上,去弱留壮。第一次间苗应在第一片真叶出现时进行。定苗(即最后一次间苗)不得晚于 6 片叶片,间苗和定苗时要结合规定密度和株距进行。检查出苗、成苗情况,对缺苗率超过 10% 的地方,应及时移栽或补播。

2. 杂草防除 通过农艺方法或化学方法及时防除杂草。

3. 追肥 在 3~4 片叶时要及时追苗肥,一般使用尿素 75kg/hm^2。原则上在每次利用后都要追肥,追肥的种类和数量要根据土壤和牧草生长发育情况确定。一般禾本科草地以氮肥为主,豆科草地以磷、钾肥为主,混播草地以复合肥为主。施用氮肥应避开豆科牧草快速生长期,以免抑制其根瘤菌固氮。

4. 中耕与覆土 北方干旱寒冷地区,中耕覆土有利于多年生牧草越冬。

5. 灌溉 根据当地的气候条件和牧草自身的生物学特性确定草地是否需要灌溉,需灌溉的牧草种(品种)在无灌溉条件的地方不宜栽培。在北方牧草返青前、生长期间、入冬前宜进行灌溉。南方在春旱、伏旱、冬旱期间宜灌溉。

6. 病虫害防治 要以预防为主,一旦发生病虫害要立即采取措施予以控制。

(七)利 用

1. 刈割 刈割的留茬高度按具体牧草的利用要求执行。一般中等高度牧草留茬 5cm,高大草本留茬 7～10cm。刈割的最佳时期,禾本科牧草是分蘖－拔节期,豆科牧草是初花期。

2. 放牧 人工草地可以放牧利用。但在我国往往是先刈割利用,再生草放牧利用或者茬地放牧利用。再生草地放牧利用时,往往放牧带羔母羊或肥育羊。

第二节 草地培育的主要措施

天然草地是一种可更新的自然资源,能为畜牧业持续不断地提供各种牧草。但是天然草地在自然条件和人类生产活动的影响下,不断发生变化,生产不稳定。对由于自然环境的恶化和人类不合理的利用造成的生产力下降,以及草地退化,只有通过科学的经营管理,合理地利用和适宜地培育和改良,才能在实现天然草地可持续利用的同时,提高草地的产量和质量。

培育草地的目的在于:调节和改善草地植物的生存环境,创造有利的生活条件,促进优良牧草的生长发育。草地培育技术包括改善草地地面状况、草地土壤状况及草群状况等方面的内容,具体可采取草地封育、松耙、浅翻划破草皮、排水、灌溉、施肥、补播、重建改良、清除毒害草等方法。

一、草地封育

(一)草地封育

天然草地由于长期不合理的放牧利用,特别是在过牧情况下,加之管理不当,草地植物在长期反复采食利用的情况下耗尽贮藏营养物质,而又不能及时得到补充,造成牧草的生长发育受阻,生活能力减弱,繁殖能力衰退,特别是优良牧草形不成种子而丧失种子繁殖机会,于是逐渐从草群中消失,适口性差的杂类草或毒害草侵入,结果导致草地植被退化。在一般情况下,草场生产力没有受到根本破坏时,采用草地封育的方法,可收到明显的效果,达到培育退化草地和提高草地生产力的目的。

草地封育就是把草地暂时封闭一段时期,在此期间不放牧或割草,使牧草有一个休养生息的机会,积累足够的贮藏营养物质,逐渐恢复草地生产力,并使牧草有结籽或营养繁殖的机会,促进草群自然更新。

草地封育作为培育天然草地的一种行之有效的措施,为国内外普遍采用。其优点在于该方法简单易行而又经济,不需要很多投资;另一方面,草地封育在短期内就可以收到明显效果。在国外,计划放牧中,均安排休闲草地和延迟放牧。近年来,草地封育作为一种草地培育措施,已在我国各地普遍采用。各地草地封育的实践已证明,退化草地封育一个时期后,草地植物的生长发育、植被的种类成分和草地的生境条件都得到了明显的改善,草地生产力有很大提高。禾本科和豆科牧草成分都有所增加,毒害草数量大大减少。

由于草地封育后防止了随意抢牧、滥牧的无计划放牧,牧草得到了休养生息的机会,植物生长茂盛,覆盖度增大,草地环境条件发生了很大变化。一方面,植被盖度和土壤表层有机物的增加,可以减少水分的蒸发,使土壤免遭风蚀和水蚀。另一方面,植物根系得到较好的生长,增加了土壤有机质含量,改善了土壤结构和渗水性能。草地封育后,由于消除了家畜过牧的不利因素,植物能贮藏足够的营养物质,进行正常的生长发育和繁殖。特别是优良牧草,恢复生长迅速,增强了与杂草竞争的能力,不但能提高草地产草量,还能改进草地的质量。

(二)休牧和禁牧

草地封育一般应根据当地草地面积状况及草地退化的程度进

行逐年选块轮流封育。如全年封育;夏、秋季封育;夏季利用,每年春季和秋季两段封闭等。对放牧地而言,可根据封育时间的长短,分为休牧和禁牧。

休牧是指短期禁止放牧利用。是一种在 1 年内一定时期对草地施行禁止放牧利用的措施。

禁牧是指长期禁止放牧利用,是对草地施行 1 年以上禁止放牧利用的措施。

"季节性禁牧"、"季节性休牧"、"春季禁牧"、"返青期禁牧"、"结实期禁牧"等提法等同于"休牧"。"长期休牧"等同于"禁牧"。

休牧措施适用于所有季节分明、植被生长有明显季节性差异的地区,一般在立地条件良好、植物生长正常、或略显退化的地块采用。

禁牧措施一般在由于过度放牧而导致植被减少,生态环境严重恶化,暂时的或长期不适合于放牧利用的草地上采用。不适宜放牧利用的特殊生态地区可实施永久性禁牧(退牧)。

为了防止家畜进入封育的草地,封育草地应设置保护围栏设施,围栏应因地制宜,以简便易行、坚固耐用为原则。若草地面积不大时,可就地取材,采用垒石墙、围篱笆等防护措施。

休牧和禁牧的时间应视各地的土地基本情况、气候条件等有所不同,一般为 2~4 个月。休牧时间一般选在春季植物返青以及幼苗生长期和秋季结实期,有特殊需要时也可在其他季节施行。各地根据植物物候期的不同来确定春季休牧时间,以当地主要草本植物开始返青为主要参考指标,一般在每年的 4 月初开始。结实期休牧一般在夏末或秋初开始,以当地主要草本植物进入盛花期为主要参考指标。其他时间休牧则可根据具体需要确定休牧开始时间。各地根据草地情况和气候特点,可以对具体时间有所调整。春季休牧一般在 6 月中旬结束。其他时间的休牧可根据具体情况确定休牧期结束的时间。

结束休牧的主要依据是草原上植物的生长速度和生物量积累情况。当植物的日平均生长速度超过 $10kg/hm^2$、地上干物质积累量超过 $100kg/hm^2$ 时,可以结束休牧。同时,气候条件严重影响着植物的生长发育速度。因此,在确定休牧的起始期以及休牧期延续时间时,应考虑当年、当地的气候条件。

解除禁牧的时限以一个植物生长周期(即 1 年)为最小时限,视禁牧后植被的恢复情况,禁牧措施可以延续若干年。一般以初级生产力和植被盖度作为解除禁牧的主要依据。当上 1 年度初级生产力最高产量超过 600kg 干物质$/hm^2$、生长季末植被盖度超过 50%时,可以解除禁牧。也可用当地草原的理论载畜量作为参考指标,当禁牧区的年产草量超过该地理论载畜量条件下家畜年需草量的 2 倍时,可以解除禁牧。解除禁牧后,宜对草原实施划区轮牧或休牧。

(三)封育草地的其他配套培育措施

单一的草地封育措施虽然可以收到良好的效果,但若与其他培育措施相结合,其效果会更为显著。单纯的封育措施只是保证了植物的正常生长发育的机会,而植物的生长发育还受到土壤透气性、供肥能力、供水能力的限制。因此,要全面地恢复草地的生产力,最好在草地封育期内结合采用综合培育改良措施,如松耙、补播、施肥和灌溉等,以改善土壤的通气状况、水分状况,个别退化严重的草地还应进行草地补播。此外,有些类型的草地封育以后牧草生长很快,应及时刈割,以免植物变粗老,营养价值降低,降低适口性。

二、草地松耙

草地经过长期的自然演替和人类活动的影响,土壤变得紧实,土壤的通气和透水性减弱,微生物的活动和生物化学过程降低,直接影响牧草水分和有机物质的供应,因而使优良牧草从草层中衰退,降低了草地的生产力。为了改善土壤的透气状况,加强土壤微生物的活动,促进土壤中有机物质分解,对草地必须进行松土改良。

(一)划破草皮

1. 划破草皮的作用　所谓划破草皮是指在不破坏天然草地植被的情况下,对草皮进行划缝的一种草地培育措施。通过划破草皮可以改善草地土壤的通气条件,提高土壤的透水性,改进土壤肥力,提高草地生产能力。划破草皮还有助于牧草的天然播种,有利于草地的自然复壮;而且划破草皮还可以起到调节土壤的酸碱度,减少土壤中有毒、有害物质等作用。

2. 划破草皮的方法及效果　选择适当的机具是进行划破草皮时很重要的一项工作。小面积草地可以采用畜力机具划破。而较大面积的草地,可用拖拉机牵引的特殊机具(如无臂犁、燕尾犁)进行划破。划破草皮的深度,应根据草皮的厚度来决定。一般以 $10\sim20cm$ 为宜,行距以 $30\sim60cm$ 为宜。划破的适宜时间,应视当地的自然条件而定,可在早春或晚秋进行。早春土壤开始解冻,水分较多,易于划破。秋季划破后可以把牧草种子掩埋起来,有利于翌年牧草的生长。

不是所有的草地都需要划破草皮,应根据草地的具体条件来决定。例如,一般寒冷潮湿的高山草地,地面往往形成坚实的生草土,可以采用划破草皮的方法。有些地方,虽然寒冷潮湿,但因放牧不重,还未形成絮结紧密的生草土层,所以不必划破。在比较干热的荒漠草地,无需进行草皮划破,因为在这样气候条件下,划破草皮会增加土壤水分蒸发,不利于保墒,甚至造成风蚀。

划破草皮应选择地势平坦的草地进行,在缓坡草地应沿等高线划破,以防止水土流失。

(二)耙　地

1. 耙地的作用　耙地也是改善草地表层土壤空气状况的常

用措施,可切碎生草土块,疏松土壤表层,改善土壤的物理性状,是草地进行营养更新、补播改良和更新复壮的基础作业。耙地可清除草地上的枯枝残株,以利于新的嫩枝生长;耙地还能促进根茎性草类的再生;耙地可将土壤的毛细管切断起到松土保墒作用;可消灭杂草和匍匐性的寄生植物;有利于天然植物落下的种子和人工补种的种子入土出苗。

2. 耙地的效果　耙地若进行不当,不但起不到改良的作用,反而会使草地的生产力下降。耙地的效果好坏,决定于多种因素,如耙地的时间、耙地的工具、草地的类型等。

(1)耙地的时间　松耙时间春、夏、秋三季均可,耙地时间最好在早春土壤解冻 2～3cm 时进行。此时耙地一方面可以起保墒作用;另一方面春季草类分蘖需要大量氧气,耙地松土后土壤中氧气增加,可以促进植物分蘖。我国北方,春季多风,气候干旱,此时松耙草地容易加剧草地风蚀,其最佳作业时间宜安排在夏末秋初雨季之前。

割草地的耙地时间依割草次数而定,通常 1 年割 1 次的草地,耙地必须在割草后或放牧再生草后进行(8 月份)。割 2 次的草地,耙地应在第一次和第二次刈割之后立刻进行,因为此时禾本科草类的分蘖节上正在发出新枝和形成新的分蘖芽,特别需要氧气,另外,干燥炎热季节已过,不会发生因耙地裸露根颈而旱死。在有积雪的干旱草地上,秋耙有利于蓄渗雪水,耙地可在这个季节进行。就总体而论,早春是耙地的最佳时间。秋季虽可耙地,但改良效果不如春季明显。

(2)耙地的工具　耙地的机具和技术对耙地效果影响较大,常用的耙地工具有两种,即钉齿耙和圆盘耙。钉齿耙的功能在于耙松生草土的土壤表层,耙掉枯枝残株。圆盘耙耙松的土层较深(6～8cm),行距 35～40cm,能切碎生草土块及草类的地下部分。因此,在生草土紧实而厚的草地上,使用缺口圆盘耙耙地的效果更好。

（3）适宜耙地的草地类型　这里的草地类型主要是指草地上主要植物的生活型，它对耙地效果起决定性作用。一般认为以根茎状或根茎疏丛状草类为主的草地，耙地能获得较好的改良效果，因为这些草类的分蘖节和根茎在土中位置较深，耙地时不易拉出，可促进其营养更新，形成大量新枝。以丛生禾草和豆科草为主的草地，耙地对这些草损伤较大，尤其是一些下繁草（如早熟禾、羊茅等）受害更大，耙地往往不能得到好的效果。匍匐性草类、一年生草类及浅根的幼株会因耙地而死亡。

三、草地补播

草地补播是在不破坏或少破坏原有植被的情况下，在草群中播种一些适合当地自然条件的、有价值的优良牧草，以增加草群中优良牧草种类成分和草地的覆盖度，达到提高草地生产力和改善牧草品质的目的。

国外进行草地补播的历史悠久，新西兰 2/3 的草地都是经过补播改良的。由于草地补播可显著提高产量和品质，对沙质土或退化严重的草地进行人工补播极为重要，是提高草地生产力的改良措施之一。补播已成为各国更新草场、复壮草群的有效手段。因此，草地补播在我国更具有非常重要的现实意义。

（一）补播地段的选择与处理

需要补播的草地有：原有植被稀疏或过牧退化的地方；滥垦、滥挖使植被破坏，造成水土流失或风沙危害的地方；清除了灌木、毒草及其他非理想植物的地方；原有植被饲用价值低或种类单一，需要增加豆科或其他优良牧草的地方；开垦后撂荒的弃耕地等。

补播能否成功与补播地段的选择有一定的关系，选择补播地段应考虑当地降水量、地形、土壤、植被类型和草地退化的程度。在没有灌溉条件的地区，补播地区至少应有 300mm 以上的年降水量。地形应平坦些，但考虑到土壤水分状况和土层厚度，一般可选择地势稍低的地方,如盆地、谷地、缓坡和河漫滩。在多沙地区,可以选择滩与丘之间交界地带,这样的地方风蚀作用小,水分条件也较好。此外,可选择草原地区的撂荒地,以便加速植被的恢复。

在有植被的地段,补播前进行 1 次地面处理是保证补播有成效的措施之一。地面处理的作用是破坏一定数量的原有植被,减弱原有植被对补播牧草的竞争力。地面处理的方法可采用机械进行部分耕翻和松土,破坏一部分植被,也可以在补播前重牧或采用化学除莠剂消灭一部分植物,减少原有草群的竞争。除了要为补播的牧草创造一个良好生长发育条件外,还应选择生长发育能力强的牧草品种,增加其在草群中的生存能力。

(二)补播牧草种类的选择

选择的补播牧草种类应从饲用价值出发,选择适口性好、营养价值和产量较高的牧草进行补播。最好选择适应当地气候条件的野生牧草或经驯化栽培的优良牧草补播。一般在草原区补播应选择具有抗旱、抗寒和深根特性的牧草,在沙区应选择超旱生的防风固沙植物;局部地区还应根据土壤条件选择补播牧草种类,如盐质地应选耐盐碱性牧草(表 3-4)。还要根据不同的利用目的,选择不同的株丛类型,如割草地应选上繁草类,放牧地应选下繁草类。

表 3-4 不同草原区补播牧草种类的选择

草地类型	地 面 补 播	飞 播
草甸草原	羊草、冰草、雀麦、看麦娘、偃麦草、山野豌豆、扁蓿豆、胡枝子、老芒麦、查巴嘎蒿、草木樨、苜蓿	扁蓿豆、苜蓿、山野豌豆、胡枝子
干草原	羊草、蒙古冰草、柠条、胡枝子、羊柴、老芒麦、披碱草、沙打旺	草木樨状黄芪、柠条、羊柴、沙打旺
荒漠草原	沙生冰草、地肤、驼绒藜、老芒麦、披碱草、柠条、羊柴	羊柴、地肤

续表 3-4

草地类型	地 面 补 播	飞 播
荒　漠	沙拐枣、黑沙蒿、梭梭、花棒	沙拐枣、黑沙蒿
沙地草场	沙打旺、草木樨、沙蒿、羊柴、花棒、沙生冰草、柠条	沙打旺、柠条、沙蒿
低湿盐碱地	野大麦、肥披碱草、芨芨草、碱茅、偃麦草、草木樨、马蔺	

(三)加强补播牧草种子处理

处理种子的主要目的是提高补播质量和种子的发芽率。野生及新收获的牧草种子无论在天然或人工栽培条件下,其萌发能力都比较低。这是因为收获的野生牧草种子还没有完全达到正常的生理成熟。野生或新收获的牧草种子,野生性状比较浓厚,如有芒、具翅、硬实等,若种子不进行播前处理,则影响播种质量。为提高补播质量,常见的几种处理方法为:去芒、脱颖(壳)、碾破种皮等机械处理;用自然光或紫外线、红外线照射种子,加速种子内容物生理代谢和种子熟化,打破休眠,或用 1% 的稀硫酸或 0.1% 的硝酸钾溶液浸种;低温(-8℃~-10℃)或高温(30℃~32℃)处理、及变温处理;沙埋处理:将沙拐枣、山杏等种子,用湿沙埋藏 1~2 个月催芽,提高种子出苗率;种子丸衣化处理可增加种子的重量,有利于播种。

(四)补播技术

1. 播前准备　一般的说,天然草地土壤是紧实的,表面播种不易成功,因种子不易入土的结果。因此,在补播前播床要松土和施肥。松土机具一般用圆盘耙或松土铲,作业时松土宽度在 10cm 以上,松土深度 15~25cm。松土原则上要求地表下松土范围越大越好,而地表面开沟越小越好。这样有利于牧草扎根,同时增强土壤的保墒能力,改善土壤的理化性状。

2. 补播时期 具体补播时期要根据当地的气候、土壤和草地类型而定。可采用早春顶凌播种，夏、秋雨季或封冻前"寄子"播种。因为春季正是积雪融化时，土壤水分状况好，也是原有草地植被生长最弱的时期。从草地植被生长状况和土壤水分状况出发，以初夏补播较适合，因为此时雨季又将来临，水分充足。

3. 补播方法 补播方法采用撒播和条播两种方法。撒播可用飞机、骑马、人工撒播，或利用羊群播种。若面积不大，最简单的方法是人工撒播。在沙地草场，利用羊群补播牧草种子也是一种在生产上比较实用的简便方法。如内蒙古有的地区用罐头盒做成播种筒挂在羊脖子上，羊群边吃草边撒播种子，边把种子踏入土内。据试验，一群 200 只羊群，一半带上播种筒，放牧 5km，每日可播种 12hm^2。

4. 飞播措施 在大面积的沙漠地区，或土壤基质疏松的草地上，可采用飞机播种。飞机播种速度快，面积大，作业范围广，适合于地势开阔的沙化、退化严重的草地和黄土丘陵。利用飞机补播牧草是建立半人工草地的最好方法。①补播区应选择在沙地、严重退化的大面积草地，做到适地、适草、适时播种。②飞机撒播的种子一定要事先经过处理，防止种子位移，最好把小粒种子制成丸衣种，种子外面的丸衣成分是磷肥、微量元素等含多种养分的种衣。③播区要有适于飞播草种发芽成苗和生长的自然条件，年降水量最少在 250mm 以上，或有灌溉条件，土层厚度不小于 20cm。④飞播后应加强管理，落实承包权，当年禁止利用。

5. 补播机具 条播主要是用机具播种。目前国内外使用的草地补播机种类很多。如美国"约翰·迪尔"生产的条播机，可以直接在草地上播种牧草。澳大利亚在弃耕地上补播，常用圆盘播种机和带锄式开沟器的条播机。目前，我国成批生产的牧草补播机有青海生产的 9CSB-S 型草原松土补播机，具有一次同时完成松土、补种、覆土、镇压等工序。还有其他省、自治区生产的草地补播机有:9MB-7 牧草补播机,9BC-2.1 牧草耕播机,每小时可播 1.4hm^2。

6. 补播牧草的播种量和播种深度 种子播种量的多少决定于牧草种子的大小、轻重、发芽率和纯净度,以及牧草的生物学特性和草地利用的目的。一般禾本科牧草(种子用价为 100％时)常用播量 15～22.5kg/hm^2,豆科牧草 7.5～15kg/ hm^2。草地补播由于种种原因,出苗率低,所以可适当加大播量 50％左右,但播量不宜过大,否则对幼苗本身发育不利。

播种深度应根据草种大小、土壤质地决定。在质地疏松的较好的土壤上可播深些,黏重的土壤上可浅些。大的牧草种子可深些,小的种子可浅些,一般牧草的播种深度不应超过 3～4cm。各种牧草种子间应有区别,如苜蓿、草木樨等为 2～3cm,无芒雀麦和羊草为 4～5cm,冰草为 1～2cm,披碱草和碱草为 3～4cm,狐茅、沙打旺为 0.5～1cm。有些牧草种子很小,如红三叶、看麦娘、木地肤等,可以直接撒播在湿润的草地上而不必覆土。牧草种子播后最好进行镇压,使种子与土壤紧密接触,有利于种子吸水发芽。但对于水分较多的新土和盐分含量大的土壤不宜镇压,以免引起返盐和土层板结。

7. 补播地的管理 目的在于保护幼苗的正常生长和恢复草地生产力。草原地区常常干旱,风沙大,严重危害幼苗生长。所以,为了保护幼苗,保持土壤水分,常在补播地上覆盖一层枯草或秸秆,以改善补播地段的小气候。有条件的地区,结合补播进行施肥和灌水,是提高产量的有效措施,也有利于补播幼苗当年生长。另外,刚补播的草地幼苗嫩弱,根系浅,经不起牲畜践踏。因此应加强围封管理,当年必须禁牧,第二年以后可以在秋季割草或冬季放牧。沙地草地补播后,禁牧时间应最少在 5 年以上才能改变流沙地的面貌,成为生产草料基地。不论哪种补播草地,除必须做到上述管理措施外,还应注意防鼠、防病虫害,确保幼苗不受危害。

四、草地灌溉

水是草地牧草生长发育的最基本条件之一。水对生物来说，既是组成成分，又是环境要素。调节草地水分，不仅关系到牧草的生长发育，而且也关系到草地的开发和有效利用，甚至关系到人、畜的饮水问题。草地灌溉是为满足植物对水的生理需要，提高牧草产量的重要措施。植物体的一切生命活动都是在水的参与下进行的，水是植物体的主要组成部分。植物通过蒸腾作用，保证了养料的吸收和输送，保证了植物体同化作用、异化作用、生化作用等新陈代谢作用的正常进行。很多试验证明，多年生牧草每制造 1g 干物质，需消耗 $600 \sim 700ml$ 水。当然，不同的植物种类或同一植物不同生长期需水量是不同的。草地灌溉、调节草地水分不仅有它的生理学意义，更重要的是草地水分的生产意义。草地牧草的生产，很大程度上决定于水分的供应情况。若草地供水不足，有机物就不能充分分解，矿物质营养难以溶解利用，就是有肥，也因供水不足而难以充分吸收利用。另外，调节草地供水，还是扩大草地可利用面积和改良退化草地的有效途径。

天然降水在各地区、不同季节分布不均，降水的年变幅大，降水量和降水时间都不可能完全符合植物生长发育的需要。特别是干旱地区，降水少，蒸发量大，而且往往在植物生长发育最需水的季节缺乏水分，因此草地灌溉更具有特殊的意义，可以弥补依赖天然降水的不足。综合起来，草地灌溉在草地生产上体现了如下好处：①能适时适量地满足牧草对水分的需要，保证了草地高产、稳产。②改善草群组成，提高牧草质量。③改善了土壤的理化性质，增加了土壤肥力，促进牧草对土壤养分的吸收。④改善了草地局部气候条件，延长了牧草的青绿时间。

牧区草地灌溉与排水工程建设应坚持因地制宜、经济合理、运行可靠、节约用水和水资源优化配置的原则，积极引进新技术、新材料、新工艺。在具备雨洪资源或地表水较丰富的地区,可选择地势开阔、地形平坦的天然草地发展灌溉。

(一)灌溉对水质的要求

草地灌溉对牧草生长发育的影响,不仅表现在灌溉量上,也表现在水质上。水质主要包括溶解于水中的各种盐类、温度及所含泥沙、有机物等3方面。灌溉水中含有过多的可溶性盐类时,不仅破坏牧草的生理过程,影响牧草的生长发育,而且会导致土壤盐碱化,恶化草地的生态环境。由于水中含盐量过多,提高了土壤溶液的渗透压,使植物吸水困难。同时,土壤中含有各种盐类,往往以一种为主,形成不平衡溶液,对植物发生毒害作用。由于植物和盐分之间的关系很复杂,在不同条件下,植物受害程度有很大差异。水中含盐量不同,含盐种类不同,对植物的危害程度不同。不同种类植物对盐分含量的多少反应也不一样。我们把水中所含离子、分子和各种化合物的总量称为矿化度,以 g/L 为单位。矿化度的大小是衡量水质是否适宜灌溉的指标。灌溉用水的允许矿化度应小于 1.7g/L,若矿化度为 1.7～3g/L,则必须对盐类进行具体分析,以判断是否适于灌溉。矿化度大于 5g/L 的水,不能用于灌溉。这种标准,应根据各地区的条件区别对待。易透水和易排水的草地,也可使用矿化度稍高的水;相反,矿化度就应降低。由于不同盐类溶液的渗透压不同,同一浓度的盐分,使植物受害程度也不一样。在盐类成分中,以钠盐类危害最大。水中的盐类也不都是对植物有害。如碳酸钙、碳酸镁、硫酸钙均无害;而且硝态氮和磷酸盐还是一种肥料,用于灌溉有明显的增产效果,这种水也叫肥水。水温对植物的生长发育也有显著的影响,灌溉的水温应与草地土壤温度接近,才适宜植物生长。水温过低或过高,都会损伤植物,应以迂回灌溉或设晒水池等方法提高水温,一般水温在15℃～20℃为好,不宜高于 37℃。水中泥沙过多,妨碍输水,灌溉后覆盖牧草,形成胶泥层,干裂时破坏牧草根系和再生。

（二）草地灌溉水源

水源是草地灌溉必要条件，无论哪一种形式的草地灌溉，首先必须先开辟水源，因此了解和掌握水源情况才能保证适时、适量、合理的灌溉草地。我们可利用的水源可分为地表径流水和地下水。

1. 蓄积地表径流水 当降水较大且集中或春季冰消雪融时，地面水分过多，一时不能全部渗入土内而形成地表径流水，这种径流汇入湖泊、河流。在我国地表径流水年均总水量有 26 808 亿 m^3。即使较干旱的新疆，地表水年径流量也有 960.4 亿 m^3，为黄河的 1.9 倍。所以，应采用各种不同的蓄水方式，蓄积这些水，用于草地灌溉。根据不同的地形、地面径流状况，采用相应的有效蓄水方式。

（1）挖水平沟和鱼鳞沟蓄水 这是在山区和丘陵地适宜的蓄水方法。在倾斜平缓的草地上沿等高线挖掘水平沟，呈"品"字形排列。一般沟上口宽 0.8～1m，沟底宽 0.3m，沟深 0.4m，两沟间距 2m。在坡度较大、坡面不整齐的草地，可以挖鱼鳞坑蓄水。

（2）修筑土埂蓄水 通常在缓坡上修筑，沿等高线筑一道或多道层次的土埂。埂高 1m 左右，埂长数百米，埂间距 60～600m，视坡度大小而定。

（3）修涝地 山谷地形中，有较大径流或洪水较多时，可利用天然地形修涝地（涝坝）截流，并通过渠道引水灌溉草地。涝地相当于一个小型水库，在缺水地区，还可作放牧饮水的水源。修涝池时，应注意选择有自然凹陷的地方，集水容易。此种蓄水方式多在新疆前山山地草原带采用，贮积春季融雪水，解决春旱时需水。

（4）旱井（水窖） 是上小下大，形状似井的一种干旱地区拦蓄地表径流的小型建筑物。现修筑球形混凝土水窖。

（5）积雪 主要是防止风把雪吹走、吹散，确保在春季融雪时，使雪缓缓融化，雪水均匀渗入土内，以利调节草地水分，促进牧草春季提早萌发。积雪的方法很多,主要是因地制宜地建立不同形式的积雪障碍物。积雪蓄水方法,多在草原和荒漠地区年降水量少,但冬季都有一定量的降雪,有些年份降雪较大,但又多风的地区采用。对于开发干旱缺水草地具有重要意义。

2. 地下水的利用 地下水的主要来源是天然降水渗透到不同土层形成。因此地下水根据埋藏深度不同分为:潜水、层间水、裂隙水、泉水等,都有利用价值。寻找地下水、利用地下水是一项复杂的勘探水利工程,技术性很强,通常是由专门的水利部门进行。但是,寻找浅层地下水用在生产实践上,各地群众有许多经验,他们借助自然界的特殊现象找水。牧区开发利用地下水的方法有打井、掏泉等。井的种类也有很多,如筒井、管井、坎儿井、机井等。作为放牧饮水,井的分布要合理,每眼井要有一定的控制面积和放牧饮水半径,否则会因牲畜集中而破坏草地。地下水开发区须根据水资源赋存状况划出宜采区、限采区和禁采区。

(三)草地灌溉方法和制度

1. 漫灌 漫灌也叫浸灌。是利用水的势能作用,在草地上引水漫流,短期内浸淹草地的灌溉方式。在天然草地灌溉中浸灌较为广泛采用,就是草地畜牧业发达的国家也常用浸灌方式灌溉大面积的天然草地。如新西兰利用漫灌方法灌溉草地,使草地利用年限延长 1 倍,载畜量提高 3 倍。浸灌的优点是工程简单,投资少,收效大,有的水源带有大量有机肥料,起到增加土壤肥力的作用。缺点是耗水量大,灌水不均匀,一般多在平缓草地上采用。若坡度大时,可采用阻水渗透灌溉方式,如通过挖水平沟、鱼鳞坑、修筑坝等拦阻水势,使水沿坡度的沟、坑慢慢下流渗透,达到灌溉目的。这是对特殊地形地势草地的浸灌方式。草地浸灌,最好每年进行 2~3 次,春季缺水时,更有必要,应当进行 1 次浸灌,使草地充分浸润,以利牧草快速生长。豆科牧草较多的草地,淹浸时间不宜过长,以免根系受涝害而烂根或死亡。低洼草地应注意与排涝相结合,以免引起草地次生盐渍化。

2. 沟灌　沟灌适用于人工草地或渗水性较好的草地。灌水时水沿水沟流动,以毛管作用向沟的两侧渗入土壤。沟灌可以避免灌水后土壤板结,破坏土壤的团粒结构。沟垄上土壤可保持疏松状态,空气流通、减少蒸发。沟灌可以减少深层渗漏,节约用水达到灌溉的效果。

3. 喷灌　喷灌是一种先进的灌溉技术,它是利用专门的喷灌设备将水喷射到空中,散成水滴状,均匀浇灌在草地上。20 世纪60 年代以来,喷灌技术在世界各地迅速发展,如英国。瑞典、法国喷灌面积占灌溉面积的 56％以上。我国也在各地大力推广应用喷灌技术。因为这种灌溉方法与地面灌水方法相比,它有很多优点:由于喷灌工作全部机械化,可减轻劳动强度,节省劳力。喷灌可以做到浅浇勤灌,不产生地表径流,不会导致土壤盐渍化,而且比地面灌省水 30％～60％。喷灌能控制土壤水分,保持土壤肥力,不仅可以提高草产量,同时不会使土壤板结,还可调节地面小气候,增加地面空气湿度。喷灌不受地面限制,可减少沟渠占地,能提高土地利用率。

喷灌的缺点就是受风力、风向影响大,而且需要机械设备和能源消耗,投资大。喷灌系统可分为固定式、移动式和半固定式三种。无论哪种形式的喷灌系统都是由动力抽水机械、输水系统及喷灌机械等组成。在安装时,输水系统的铺设应注意管道间距等。根据喷头的有效射程来设计,使两个喷头喷射半径刚刚相交为好。喷头的选择应根据工作压力,也就是喷头进口处的水压力和射程,结合牧草生育期株苗大小,选择低压低射程、中压中射程或高压高射程的喷头,使之符合一定的喷灌技术要求,适宜的喷灌强度,水滴直径和喷灌均匀度。对于喷灌动力要求应因地制宜,视条件而定。可采用电力抽水或以汽油、柴油机为动力抽水,在山地,丘陵地采用天然水源落差行自压喷灌,可节省设备,减少投资。

4. 灌溉制度　灌溉制度是指牧草在一定气候、土壤和农业技术条件下,为获得高产、稳产所规定的灌溉定额、灌水定额、灌水次数和灌水时间。

灌溉定额:指在牧草整个生育期内,单位面积上应灌溉的总水量,以 m³/hm² 为单位。

灌水定额:指在牧草各生育阶段、单位面积上浇灌一次所需的水量,以 m³/hm² 为单位。

灌水次数:满足牧草生长发育的需要,在牧草整个生育期内应浇灌的次数。

灌水时间:在牧草各生育阶段,每次合适的灌水时间。

有关草地的灌溉定额,依各地自然条件、草地类型不同而有很大差异。一般干草原地区为 $3\,000 \sim 4\,500\text{m}^3/\text{hm}^2$,荒漠地区 $4\,500 \sim 6\,000\text{m}^3/\text{hm}^2$。因此,草地灌溉应根据牧草种类、草地类型、产量、土壤和气候条件来决定灌溉制度。一般多以产量作指标来确定需水量。计算公式如下:

$$E = K \cdot y$$

式中:E——牧草田间需水量(m^3/hm^2);

　　　y——牧草计划产量(kg/hm^2);

　　　K——牧草需水系数,即每生产 1kg 牧草所消耗的水量(m^3/kg)。

应注意,产量与田间需水量的增加并不成正比关系,当田间需水量增加到一定程度时,必须增加其他农业技术措施(如施肥、密植等),否则产生逆反效果。另外,灌溉次数也应在灌溉定额限度内才有增产效果。

五、草地施肥

施肥是提高草地牧草产量和品质的重要技术措施。合理的施肥可以改善草群成分并大幅度地提高牧草产量,且增产效果可以延续几年。近 30 年来,世界各国草地施肥面积不断扩大,理论上,每施 0.5kg 氮肥,可以增产 0.75kg 肉,现在生产实际已达到增产 0.5kg 肉。试验证明,施氮、磷、钾完全肥料,每 hm^2 增产牧草 1 095~2 295kg,草群中禾本科牧草的蛋白质含量增加 5%~10%。施肥还可以提高牧草的适口性和消化率。同时,为了保持土壤肥力,就必须把植物带走的矿质养分和氮素,以肥料的方式还给土壤。

(一)植物营养与土壤养分的关系

植物正常的生长发育需要从土壤和空气中吸收多种多样的营养元素,它们与水同时进入植物体内,并参与植物体内的新陈代谢,这些元素称为植物的营养元素。在这些元素里,碳、氢、氧、氮、磷、钾、钙、镁、硫、铁等,植物需要量较多,称为常量元素;硼、锰、铜、锌、钼、钴等,需要量小,称为微量元素。此外,钠、氯、硅等在植物营养中不直接起营养作用,但间接影响植物的生长,把它称为有机元素。植物的有机体主要是由碳、氢、氧、氮元素构成,占植物体总成分的 95%左右;其他元素占 5%左右。碳、氢、氧是从空气和水里得来的,其他元素主要是从土壤里吸收。但是,土壤中氮、磷、钾含量很少,需要靠施肥来补给,而且氮、磷、钾供应水平的高低对植物的生长发育、产量及品质的好坏具有重要作用。因此,称氮、磷、钾为肥料三要素。但在植物生长发育过程中,各种营养元素同等重要,不能相互替代。

植物正常生长除需要各种养料外,还需要一定的土壤酸碱度。一般植物适应中性、微酸性或微碱性土壤,利于植物吸收水分和养分。土壤的微生物条件对植物的营养也起到重要作用,通过施肥调节土壤环境条件,活化土壤的有益微生物,抑制有害微生物活动;另外,可以增施微生物肥料,加强土壤有益微生物的活动,如播种豆科牧草时可以接种根瘤菌剂。

(二)草地施肥的原理

因长年放牧或割草,必然要从土壤中取走一定量的养分,因此要想恢复地力,增加产量,就应正确施肥,归还或补充从土壤中取走的养分。

植物常常根据自身的需要对外界环境中的养分有高度的选择性。一般土壤中含有较多的硅、铁、锰等元素,而植物却很少吸收它们。相反,植物对土壤中有效成分较少的氮、磷、钾却有较多的需要。由于植物具有选择性吸收的特性,就必然会造成土壤肥料中的阴、阳离子不平衡的现象,必须合理地施肥,保持土壤养分比例的平衡。这就需要根据植物的种类和产量以及土壤肥力来确定营养元素的数量和比例进行施肥。

在牧草不同生长发育时期,其营养特点也不同,因此应根据同一植物不同生长期的营养需要,用合理有效的施肥手段调节它们的营养条件。

另外,牧草从土壤中吸取养分的数量随牧草的利用方式不同而异。放牧的青草比收割的干草含有更多的氮、磷、钾。

综上所述,牧草从土壤中吸取养分的数量与草地类型、牧草种类、牧草的生长发育时期、牧草的利用方式等有关。不同的土壤提供养分能力也不同,因此应在土壤养分诊断的前提下,根据不同牧草、不同草地类型及牧草的不同生长期进行施肥。

草地施肥的原理只依据植物的营养需要和土壤的供养能力是不充分的,还应从施肥的作用和效益方面考虑。在天然草地上无论施有机肥还是在地表施化肥,虽然都能显著地提高产草量,但在改善草群成分上存在着差异。草地上单施氮肥,能增进禾本科草的发育,对豆科牧草生长不利;而施磷、钾肥有利于豆科牧草的生长;施用有机肥能使多数牧草种类均衡生长发育,使禾草和豆科牧草的比重增加,草群中杂类草比例减少。

施肥改变了牧草的茎叶比、营养枝与生殖枝比例,改善了草群成分。因而提高了牧草中蛋白质、钙、磷和钾等营养物质的含量，增加了牧草中维生素含量，改善了牧草的品质，提高了牧草的适口性和消化率。

(三)草地施肥技术与特点

草地在合理施肥的基础上，才能发挥肥料的最大效果。肥料的种类很多，其性质与作用都不同，如何进行合理施肥、发挥肥料的效果，这取决于牧草种类、气候、土壤条件、施肥方法和施肥制度，这就是应掌握的施肥技术。

草地上施用的肥料有有机肥料、无机肥料和微量元素肥料。应根据肥料的性质进行施肥。草地施用有机肥料，不但可以满足植物对各种养分的需要，而且有利于土壤微生物的生长发育，从而改善土壤的理化性状，有助于土壤团粒结构的形成。有机肥料效果迟缓，这是不足之处。但它来源广，能就地取材，价格低，主要作为基肥。无机肥料，也叫化学肥料或矿物质肥料。不含有机质，肥料成分浓度高但不完全，主要成分能溶于水，易被植物吸收利用，一般多作为追肥施用。

植物生长发育除需要氮、磷、钾三要素外，还需要多种微量元素。是植物生长发育必需的、不可缺少、不可代替的元素。微量元素的施用特点是用量小而适量。科学实验和生产实践证明，如果土壤中某一微量元素不足时，牧草就会出现一种缺乏病状；反之，若土壤中某一微量元素过多时，牧草就会出现中毒症状。它一般用于叶面喷雾和根外追肥(表 3-5)。鉴于微量元素的性质，不要随意施用。

表 3-5　喷施微量元素肥料的溶液浓度

微量元素	使用的化合物	溶液浓度(%)
铜	硫酸铜	0.2～0.5
硼	硼　酸	0.05～0.20

续表 3-5

微量元素	使用的化合物	溶液浓度(%)
硼	硼镁肥料	0.05～0.20
锰	硫酸锰	0.5～1.00
锌	硫酸锌	0.005～0.10
钼	钼酸铵	0.01～0.05
钴	硫酸钴	0.0005～0.01

在草地施肥时应根据牧草生长发育的不同时期进行施肥。在植物生长的前期,特别在分蘖期施肥效果好,能促进植物生长。施肥时要区别牧草种类和需肥特点,一般禾本科牧草需要多施些氮肥,豆科牧草需要多施些磷、钾肥。豆科、禾本科混播草地应施磷、钾肥,不应施氮肥。

依据土壤供给养分的能力和水分条件进行施肥。土壤的养分供应能力同气候、微生物和水分条件密切相关。如气候温暖时,土壤中硝化细菌等微生物活跃,对氮素供应就多。土壤中水分的多少,决定施肥效果,影响植物对肥料的吸收和利用。水分少时,化肥不能溶解,植物无法吸收利用。土壤中水分不足,有机肥不能分解利用。水分过多也不好,易造成养分流失。

依据施肥技术要求和肥料的性质,采用合理的施肥方法才会收到良好的效果。一般施肥方法包括基肥、种肥、追肥。基肥是在草地播种前施入土壤中的厩肥、堆肥、人粪尿、河湖淤泥和绿肥等有机肥料的某一种,目的是供给植物整个生长期对养分的需要;种肥是以无机磷肥、氮肥为主,采取拌种或浸种方式在播种同时施入土壤,其目的是满足植物幼苗时期对养分的需要;追肥是以速效无机肥为主,在植物生长期内施用的肥料,其目的是追加补充植物生长的某一阶段出现的某种营养的不足。

各类草地因其形成和利用方式不同,各具一定的施肥特点。

以放牧为主的天然草地,因其所处的生态环境不同,对各种营养元素的需要也不尽相同。冲积地草地、土壤中总体各种营养物质的含量较为丰富,磷、钾相对较多,而含氮较少。因此这类草地施用氮肥效果好,对其他各种肥料的反应较弱。低洼地草地,氮和钙的含量较丰富,磷的含量少,因此施用磷肥效果好。沼泽地草地,营养物质最缺乏,这类草地同时施用磷、钾肥效果好。坡地和岗地草地,养分易随地下水流失,加之土壤干燥,氮的含量低,磷和钙也不足,这类草地施有机肥效果最好,无机肥以氮、磷、钙等肥料效果好。水泛草地,土壤中各种营养物质总含量较为丰富,因而对各种肥料的反应较弱,通常施氮肥效果较好。

放牧地的施肥应在每次放牧后进行。例如,以禾草为主的放牧地在春季放牧后施以全肥,即 $30\sim45kg/hm^2$ 氮、$30\sim45kg/hm^2$ 五氧化二磷、$30\sim45kg/hm^2$ 氧化钾;在第二次、第三次放牧后,各施氮肥 $30\sim45kg/hm^2$。但天然放牧地因经常有家畜的粪便等排泄物及分解的残草有机物,土壤养分相对平衡,可少施肥或不施肥;而利用过度、退化严重的个别放牧地需要结合其他改良培育措施进行施肥。

第三节　放牧地利用

一、家畜放牧的意义及放牧对草地的影响

放牧既是经济的草地畜牧业生产方式,同时合理地放牧利用也是科学管理草地的基本途径之一。放牧既是家畜在人工管护下的一种牧食行为,也是将牧草转化成畜产品的一种传统生产方式。在这种生产过程中,草地为放牧家畜提供了生存条件和生活场所。一方面从放牧地采食牧草,摄取生长发育必需的营养物质;另一方面家畜在放牧中得到适当的运动,接受日照和各种气候环境的锻

炼,为机体健康和良好生长、发育提供了优越条件。适当的放牧也提高了家畜产品的品质,还可以帮助牧草传花授粉、分离根系。

适度放牧可刺激草丛分蘖,保持旺盛的生机。轻度采食不仅不危害植物的生存和生长,相反对植物的生长发育有促进作用,该促进作用可以弥补植物因食草动物采食造成的营养和生殖方面的损失。食草动物的采食还可以去除植物的衰老组织,有利于植物的再生。当有动物放牧时,把种子踩入土中(蹄耕作用),在牧草生长早期适度践踏能增加牧草产量。排泄粪尿起到均匀施肥的作用。尿中养分可缓慢地刺激牧草生长达 6 个月之久。据测定,在放牧过程中家畜排泄粪尿而归还给草地的营养物质总量为:氮 $100\sim150kg/hm^2$,钾 $75\sim125kg/hm^2$,磷 $10\sim20kg/hm^2$。有 $60\%\sim70\%$ 的排泄氮和 $80\%\sim90\%$ 的以尿液形式排泄的钾可自由利用,其余部分则以粪便的形式存在而被草地缓慢利用。

由此可见,动物的采食不仅加速土壤－植物系统的养分循环,提高土壤肥力而诱导植物的超补偿,还能调节植物种间关系,有计划放牧可控制杂草,使草地生态系统的植被保持一定的稳定性。

但是过度放牧时,由于家畜采食的频率过高,留茬高度过低,则直接影响牧草的分蘖,牧草叶面积减少,牧草根系变短,根量减少,随着利用程度的加剧,牧草的密度、盖度、高度和株数均显著下降;还会导致草层中有放牧利用价值的丛生禾草消失,草群中高大草类减少并逐渐消失,为下繁草的生长发育创造了有利条件;以种子繁殖的草类数量大大减少或完全消失;适口性好的牧草数量减少或消退,而适口性差的牧草和家畜不喜食牧草的数量增加;牧草生长发育也受到严重影响,物候期推迟,过度放牧的草地,频繁连年极度放牧,抑制了营养繁殖器官根茎的生长发育;家畜采食和行走过程中撕碎、遗弃、踩碎、碰伤和折断牧草,而造成可食牧草的浪费;在潮湿情况下或夏季干燥条件下,践踏对草地的影响很大,以及牧草花期和结果期,践踏和倒伏将导致草地明显减产;畜蹄也会使草地表面的土壤松散和易受侵蚀，或导致土壤紧实。粪尿对草地牧草的产量、质量、适口性和植物学成分均有局部影响，对牧草产生毒害作用，粪尿可直接影响草地的有效利用面积，被污染的牧草通常在 2 个月内也不为家畜所采食。

因此，为了发挥放牧对草地的积极影响，避免消极影响，就必须进行科学有效的管理，确定合理载畜量，在适宜的放牧强度下，实现对草地资源的可持续利用。

二、放牧利用草地的基本要求

草地是可更新的土地资源，在没有人为干扰的情况下，草地生态系统可进行自我调节，以维持平衡。在放牧系统中，牲畜处于一级消费者的地位，很大程度上受着人为的控制。如果人们为了追求高额产量而无限地增加牲畜头数，无限制地利用草地，使草地生态系统长期损耗大量营养物质和能量，过多地消耗第一性产品，并到时将畜产品取走，势必造成系统的亏损，必将导致整个草地生态系统因失去平衡而遭到破坏。

对草地的放牧利用只有同时符合经济适合度和生态适合度，才是合理、有效的，才能获得一种最大持续产量。必须指出的是盲目追求牲畜存栏数和高载畜量，可暂时获取比最大持续产量更高的产量是完全可能的，但这样做不可避免地会损害草地的更新能力，产量迟早要下降。长期过度利用草地使植被退化，土壤沙化、盐碱化，生态平衡受到破坏。因此，只有科学合理地利用草地，才能保持草地资源的可持续利用。

为使放牧草地达到较高的持续生产能力，从草地利用的角度来说，必须确定合理的载畜量、控制放牧强度和采取适宜的放牧日期措施，才能使草地草层中有价值的成分长期保持，以使牲畜获得充足的饲料供给并获取高额的畜产品产量。

(一)核定载畜量

草地载畜量是指在一定放牧时期内,一定草地面积上,在不影响草地生产力的同时保证家畜正常生长发育,所能容纳放牧家畜的数量。根据载畜量来确定放牧家畜的数量,就不致因放牧过轻而浪费草地,也不致因放牧过重引起草地退化。载畜量的核定是根据草地的面积、牧草产量和家畜日采食量来核定适宜的载畜量。根据适宜载畜量和实际饲养量之差,得出草畜是否平衡的结论。

天然草地合理载畜量的估算方法和要求可参照农业部发布的国家行业标准执行,即中华人民共和国农业行业标准:NY/T635—2002《天然草地合理载畜量的计算》。

估测载畜量时应考虑牧草的利用率,因为放牧并不是采食完所有草地可食牧草,必须留有一定存量,才不致对草地产生消极影响,使草地保持持续生产能力。草地利用率就是适宜载畜量所代表的放牧强度,即家畜的采食未超过牧草的忍耐限度,并保持家畜的正常生长、发育。这一可采食掉的部分占牧草总量的百分比就是利用率,而家畜实际采食(采食率)加破坏的牧草量占草地牧草总量的百分比,可能偏高或偏低。因此,载畜量在计算时可采用以下公式:

$$载畜量(羊单位/hm^2)=$$

$$\frac{草地可食牧草产量(kg/hm^2)×草地面积(hm^2)×放牧草地的利用率(\%)}{羊单位日食量(kg/d)×放牧草地的放牧日数(d)}$$

但在生产实践中,以"吃一半留一半"作为一个参考标准,根据实际情况灵活调整,也不失为一个保护草地生产力的简单可行办法。但应遵循以下原则:早春或晚秋的"忌牧期"或遇到干旱、虫灾时要降低利用率;坡地草牧场,利用率随坡度增加而减少;在正常放牧时期内,划区轮牧草地的利用率可高于自由放牧草地;冬季利用率可比夏、秋季高20%～30%;人工、半人工草地比天然草地利用率可提高10%～20%;一次性利用草地,如一年生草地,利用率可达 80%～90%;多次利用草地,其利用率要低于正常水平。

季节放牧草地采用的草地利用率如表 3-6 所示。采用轮牧、围栏划区轮牧利用方式的草地、其利用率可参考表 3-6 规定的利用率上限;采用连续自由放牧、散牧利用方式的草地,其利用率取表 3-6 规定的利用率下限。

表 3-6 不同利用季节放牧草地的利用率 (单位:%)

草地类型	暖季放牧	春秋季放牧	冷季放牧	全年放牧
低地草甸类	50～55	40～50	60～70	50～55
温性山地草甸类、高寒沼泽化草甸亚类	55～60	40～45	60～70	55～60
高寒草甸类	55～65	40～45	60～70	50～55
温性草甸草原类	50～60	30～40	60～70	50～55
温性草原类、高寒草甸草原类	45～50	30～35	55～65	45～50
温性荒漠草原类、高寒草原类	40～45	25～30	50～60	40～45
高寒荒漠草原类	35～40	25～30	45～55	35～40
沙地草原(包括各种沙地温性草原和沙地高寒草原)	20～30	15～25	20～30	20～30
温性荒漠类和温性草原化荒漠类	30～35	15～20	40～45	30～35
沙地荒漠亚类	15～20	10～15	20～30	15～20
高寒荒漠类	0～5	0	0	0～5
暖性草丛、灌草丛草地	50～60	45～55	60～70	50～60
热性草丛、灌草丛草地	55～65	50～60	65～75	55～65
沼泽类	20～30	15～25	40～45	25～30

轻度退化草地,其利用率为表 3-6 中规定的草地利用率的 80%;中度退化草地,其利用率为表 3-6 中规定的草地利用率的 50%;严重退化草地应停止利用,实行休牧或禁牧。

但是,载畜量的数值只是一个相对稳定的值。载畜量也在多种因素的影响下不断地变化,在不同季节、不同年份间草产量差别很大,处于变化的过程中。而规定适宜的草地利用率也比较复杂,它不仅受牧草的耐牧性、生长期、地形、土壤、家畜种类和生产性能及草地放牧管理制度等诸因素的影响,而且需要长期检验,精心试验。因此,载畜量的测定不能一劳永逸,应进行即时监测。应根据具体情况采用动态载畜量。表 3-7 是针对不同类型不同生产力的草地提出的载畜量参考。

表 3-7　不同类型草地载畜量参考标准

草地类型		鲜草产量	干草产量	适宜载畜量 *
类　型	亚　类	（kg/hm²）	（kg/hm²）	（羊单位/hm²）
温性草原类草地	温性草甸草原	3100～3500	1200～1600	1.20～1.30
	温性草原	1500～2100	500～800	0.60～0.70
	温性荒漠化草原	1000～1600	350～600	0.30～0.40
温性荒漠类	温性草原化荒漠	900～1300	300～500	0.28～0.35
	温性荒漠	600～1100	150～430	0.20～0.28
草甸类草地	低地草甸类草地	3700～3900	1600～1800	1.20～1.80
	山地草甸类草地	5800～6100	1500～1800	2.00～2.50
高寒草甸类草地		3800～4100	1500～1800	0.70～0.90
高寒草原类草地		1900～3000	600～1000	0.25～0.35
高寒荒漠类草地		650～1000	250～300	0.10～0.15
暖性灌草丛类草地		2300～4500	850～2000	0.80～0.90
热性灌草丛类草地		5900～6100	2000～3000	2.50～3.00
沼泽类草地		6600～6800	1000～2200	2.00～2.60
零星草地		6600～6800	2500～2700	2.20～2.60

　　* 本表中的羊单位仍为王栋提出的绵羊单位(体重 40kg 的母羊及其哺乳的羊羔为一个标准羊单位)

(二)控制放牧强度

由于载畜量是一个动态数值,所以应进行即时监测,应根据具体情况调整载畜量,而基本依据就是准确判断放牧强度是否过重。当我们观察某一放牧地时,常说这里放牧过轻,那里放牧过重等这种放牧草地表现出来的放牧轻重程度就是放牧强度。

放牧强度与放牧家畜的头数及放牧的时间有密切关系。家畜头数越多、放牧时间越长、频率越高,放牧强度就越大。在一块草地上,长时间放牧一种家畜,那么这种家畜喜食的牧草容易被淘汰,破坏植被结构,草地也易表现出放牧过重。放牧强度也与生草土的发育状况及牧草种类有关。

1. 放牧强度分级 在生产中可以从放牧一定时间段后草地所表现出来的外貌特征,了解某一放牧草地的放牧强度,通常把放牧强度分为 5 级(表 3-8)。

表 3-8 放牧强度分级

分 级	利用状况	草地特征
第一级	不放牧或长期过轻放牧	有大量枯草倒伏、腐烂,土壤变黑,在较湿处可能有灌丛生长,高大杂草等常有大量生长
第二级	放牧适当	植被成分正常,无畜蹄践踏的沟纹,植物生长旺盛
第三级	放牧稍重	高大优质禾本科草生长受阻,矮小密丛型禾草比重增大,在较湿润草原上早熟禾类受抑制,羊茅类增多,出现畜蹄践踏的沟纹,在山坡地尤其明显,植被成分与第二级无明显差异,但产量降低

续表 3-8

分级	利用状况	草地特征
第四级	放牧过重	优良牧草明显减少,杂草和毒草增多,畜蹄践踏的沟纹大量出现,中等雨量就可以造成水土冲刷,有些地方表土已全面流失,优良牧草已少见,毒草大量存在
第五级	放牧极重	畜蹄践踏的沟纹极密集,山坡坡度较大处更为甚,表土冲刷尽失或土质裸露,草地已到了完全破坏阶段

2. 控制放牧强度的措施

(1)适宜放牧留茬高度　保证草地在放牧后有较充足的牧草剩余草量是控制放牧强度的关键,而草地的留茬高度则相对容易监测。如使用可防家畜采食的草笼,反扣在草地上以便随时比较放牧与未放牧间草层的高度差。草地放牧以后,牧草的留茬高度或剩余草量的多少对草地植物的再生与恢复也有重要影响。采食牧草的剩余高度越低,牧草的采食率就越高,浪费越小。研究表明,在留茬高度为 4~5cm 时,采食率达 90%~98%(高产时)或为50%~70%(低产时);留茬高度为 7~8cm 时,采食率分别降低到85%~90%或 40%~65%。当采食过低时,牧草贮存的营养物质大量减少,必将影响牧草越冬和翌春萌发,在连续利用 3~4 年时,牧草产量显著降低。但留茬过高,如采食高度达 10~15cm 时,造成牧草大量浪费,降低了牧草的品质,也是没有必要的。

确定采食高度,应考虑牧草的种类、生态学特点,及当地气候条件等因素。一般常见草地的适宜放牧留茬高度见表 3-9。

表 3-9　放牧开始、结束时的牧草高度要求　（cm）

草地类型	开始放牧的草层高度	放牧结束时的留茬高度
森林草原	12～18	4～6
湿润草原	12～15	4～5
干旱草原	10～12	4～5
荒漠草原		3～4
半荒漠		3～4
高寒草地	5～10	2～3
多年生人工草地	15～18	4～6
灌溉的人工草地		5～7
一年生草地		无需留茬

　　（2）连续放牧的时间　为了提高草地植物的生产力,还要保证在较短的时间(少于 6～7d)内达到理想的留茬高度。尽管实际家畜的放牧数量并未超过载畜量,但由于家畜的选择性采食,如果连续在同一块草地放牧超过 10～14d,草食家畜则会采食再生草,导致适口性好的植物生活力减弱,同时也很难清除较成熟的草。不同类型草地牧草的再生速度各有差异,但在生产实践中在同一放牧小区中应在 3d 内将牧草采食至合理的留茬高度较为恰当,否则也可能导致放牧强度过大。

　　（3）适宜的放牧频率　即一块草地生长期的放牧次数,过多会使牧草来不及生长或无法贮存营养物质,而造成产量下降或草地迅速退化。放牧次数太少,又会使牧草粗老,形成大量枯枝落叶,影响采食,降低利用率。一般草地适宜的放牧次数见表 3-10。

表 3-10　不同类型草地适宜的放牧次数

草原类	放牧频率
森林带	3～4 次
水泛草地	4～5 次
森林草原	3 次
草　原	2～3 次
半荒漠与荒漠	1～2 次
山地草地因气候变化较大	2～4 次
栽培的放牧地	5～6 次

(三)科学安排放牧的开始与结束时期

牧场从适宜放牧开始到适宜放牧结束这一段时间叫放牧场的放牧时期或放牧季。在这段时间放牧,对牧场的损害最小,而益处多。放牧季是指草场适宜放牧利用的时间。实际上,牧区的牲畜多是全年放牧或 1 年大部分时间放牧的,这样就出现了供求矛盾。也就是说,实际的放牧并不严格遵守适当的放牧开始时间和适当的放牧结束时期。但放牧季的知识对合理利用和培育草原是不可缺少的,虽不能严格按照理想的时间来安排放牧日期,但应该知道通过其他措施避免或弥补这些损失。

1. 适宜于开始放牧的时间　开始放牧的时间不宜过早,也不宜过迟,过早放牧会给草地带来危害,而放牧开始过迟则牧草变老,适口性和营养价值均会降低。早春草地刚刚返青,刚萌发的牧草此时不能制造养料,只能依靠去年入冬前贮存于根部和越冬芽内的养料来维持生机,此时为牧草的第一个"忌牧时期"。如果这时期放牧,会使其所贮存的有限养料严重耗竭,丧失生机,影响放牧后牧草的再生,最终导致草地牧草产量降低。对许多萌发较早的优良牧草,首先为家畜所采食,导致优良牧草减少,使草地植被品质变坏。早春牧草刚返青,此时虽适口性好,但产量极低。这时家畜只采食为数很少的幼嫩草,奔走不停,只顾"跑青",吃不饱,能量消耗过多,易使家畜乏弱致死。如果早春在水分较多的放牧草地,极易形成土丘、蹄坑和水坑,成为寄生虫病传播的来源。在过分潮湿的草地放牧,家畜易患腐蹄病和寄生性蠕虫病;早春刚解冻时,土壤水分过多,开始放牧可以较迟,一般在潮湿草地上,人、畜过后不留足印时就可以开始放牧。土壤弹性大,可以较早开始放牧;土壤弹性小,可以稍迟开始放牧。

开始放牧的时间要根据当年牧草的返青生长情况而定,一般在牧草返青 15~20d 以后开始放牧较为适宜。禾本科草一般应达到 10~12cm,而对高寒草甸莎草科植物至少在 5cm 左右时开始放牧。也可从牧草的发育状况来确定开始放牧的适宜时期。一般以禾本科草为主的放牧草地,应在禾本科牧草开始抽茎时放牧;以豆科和杂类草为主的放牧草地,应在腋芽(或侧芽)发生时放牧;以莎草科为主的放牧草地,应在分蘖停止或叶片生长至成熟大小时放牧。

我国西北地区,多根据节气确定开始放牧的适宜时期,也可作为参考。例如,甘肃北部的牧民,认为适宜开始放牧的时间是:高山草原为夏至前后,亚高山草原为芒种前后,湿润草原和干旱草原为小满前后。

2. 适宜于结束放牧的时间 停止放牧不能过早或过迟。如果放牧停止过早,将造成牧草的浪费;如果停止放牧过迟,则多年生牧草没有足够的贮存营养物质的时间,以备越冬和明春萌发需要,因而会严重影响翌年牧草产量。试验和观察表明,在牧草生长季结束前 25~40d 停止放牧较为适宜。在牧草生长季结束后再行放牧,对草地的影响不甚显著。但冬季放牧过重对分蘖节在地表上面或地面上保存有绿色叶簇的牧草也有较大影响,会降低其翌年的牧草产量。

总之,放牧时期是家畜与放牧草地之间的重要联系形式,家畜的营养需要具有长年相对稳定性,而牧草生长有明显的季节性。要仔细研究并采用适当方法来调整牧草与家畜之间的供求关系。在生产中,放牧季开始以前和结束以后,或在草地生产力偏低的季节,则需另辟辅助牧地并结合补饲来解决草畜矛盾的问题。

三、放牧制度及应用

(一)放牧制度的类型及特点

放牧制度是放牧利用草地时的基本利用方法与技术体系,放牧制度是对家畜放牧草地的时间和空间上的通盘安排。每一个放牧制度通过一系列的技术措施,将放牧中的家畜、放牧草地和放牧时间有机地联系起来。关于放牧制度众说不一,但在各个生产阶段,都产生了与生产能力相适应的各种放牧技术、方式及组合,就其本质而言,可归纳为两类放牧制度,即自由放牧(无控制放牧)和计划放牧(控制放牧)。可根据放牧时的计划程度及对家畜有无控制或用何种方式控制,将它们归属为图3-3所列各种。

1. 自由放牧的类型及特点　自由放牧,也可称其为无系统或无计划放牧,放牧畜群可在较大范围内连续不断地或无一定次序地随意采食,没有任何限制,这是一种原始的草地利用方式,也是畜牧业发展史上的一个初期阶段。

这种放牧制度的主要缺点是:对于草地牧草利用十分粗放,无一定系统和计划,利用很不均匀,有的地方可能大量荒弃,有的地方却往往利用过度。非生长季或放牧后期常常饲草不足,使草畜供求的季节不平衡加剧。同时,由于接连不断地放牧,牧草没有休养生息的机会,特别是优良牧草由于反复被采食而衰退,有毒有害植物却大量增加,当现存载畜量过大时会使草地迅速退化,产草量明显下降。对于家畜,因奔走频繁,采食与休息时间减少,体力消耗过多,而使其生产能力下降;同时,因连续放牧,往往还会造成家畜寄生性蠕虫病的传染。

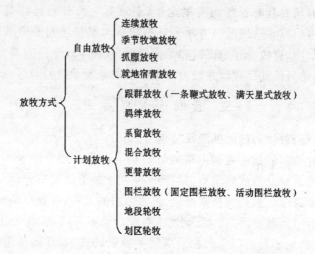

图 3-3　放牧制度的基本类型

自由放牧也有它的优点,主要是管理简单,不需花很多的劳力与成本,家畜也可任意选择最喜食的牧草。

自由放牧在放牧地上不做划区轮牧的规划,可以随意驱赶畜群,在较大范围内任意放牧。这种放牧制度还有不同的放牧方式。

(1)连续放牧　在整个放牧季节内,有时甚至是全年在一个草地上连续地放牧。连续放牧生产力低,这种放牧方式往往使草地遭受严重的破坏,还可能使家畜感染寄生虫病。

(2)季节轮牧　家畜在某个季节内在一个地带内放牧较长时间,到一定时期,再转移到新的牧地。我国牧区多分为冷季和暖季两个季节,或冬、夏、春秋三个季节,也有划分为春、夏、秋、冬四季的。季节轮牧在一个季节内,大面积的草地并没有有计划地利用。这里虽然也有放牧地轮换的含义,但如果在各季节牧场内再无进一步的小区划分,而是连续或不加轮换地放牧,这种方式严格说仍属于自由放牧,或者说只是自由放牧向划区轮牧过渡的一种形式。

(3)抓膘放牧　西北和内蒙古的牧民,在夏末秋初,较多进行抓膘放牧。就是携带饮具卧具,赶着畜群,天天拣最好的草地和最优良的牧草放牧,使家畜短期内肥硕健壮,准备淘汰或抵抗冬、春季节的艰苦条件。这种放牧方式对牧草的浪费太大,而且破坏草地。此外,牲畜移动频繁,容易疲劳,相对降低草地生产性能。

(4)就地宿营放牧　在自由放牧中是较为先进的一种,放牧地虽无严格的次序,但放到那里就住到那里,并不返回宿圈休息。因其经常更换宿营地,粪尿散布均匀,对草地有利,并可减少蠕虫病和腐蹄病的感染概率,有利于畜体健康,家畜热能消耗较少,可提高畜产品产量。本质上,是连续放牧方式的一种改进。

以上各种放牧方式都是比较原始的、不完善的放牧方式。其对草地的影响是:荒弃率很高(最少 30%～50%),过牧地段植被易被耗竭,产量降低。对家畜的影响是:消耗体力,易感蠕虫病。虽然如此,我国西部地区,特别是山区和少数民族居住区,至今多采用自由放牧方式。为了合理利用草地,自由放牧方式应被有控制放牧取代。

2. 计划放牧(控制放牧)的类型及特点

(1)跟群放牧　大群家畜在草地上人工控制放牧时,通常采用两种形式:一是"一条鞭式"使家畜排成一字形横队,牧工在畜群前8～10m 远处,用"领牧"的办法,或在畜群后面用"赶牧"的方式控制家畜,缓慢前进,使整个畜群都能得到均匀的饲草。二是"满天星"式放牧是让家畜均匀散布在一定范围内,令其自由采食,可以在较大空间内同时得到较多的饲料,整个畜群的移动很慢。

(2)羁绊放牧　一般是用绳子或链子,采用两脚绊或三脚绊将牲畜羁绊,有时也将2～3头牲畜用缰绳互相牵连,使它们不便远走,但仍可在放牧地上缓慢行进,自由觅食,这种方法多用于少量的役畜、种公畜或病畜。

（3）系留放牧　是用绳索将家畜系留在一个固定的地方,使它只能在以绳长为半径的圆内采食,当该处牧草利用后再挪动地方,可按一定的次序进行放牧。这种方法对家畜控制严格,能充分利用牧草,适用于在高产的草地上放牧较贵重的种畜、高产奶牛或患病不能随群放牧的家畜,也可放牧役畜、育肥畜或初产的母畜等。

（4）围栏放牧（日粮放牧）　有两种形式:一种是靠固定的永久式围栏控制家畜放牧,另一种就是采用可移动的活动式围栏控制放牧。日粮放牧或分条（分份）放牧属后一种形式,就是利用容易移动的电围栏或其他活动围栏,把家畜控制在一个较小范围内,使它们集中利用牧草,经几个小时或 1 昼夜,当草地牧草充分利用后,再转入下一条内,这是一种集约化程度很高的草地利用方式。围栏不仅是草地保护、划界的设施,更是日粮分配的一个有效根据。

（5）混合放牧　在家畜放牧时,不是采用单一的一种家畜组群,而是把两种或两种以上的家畜混在一起放牧,对草地的利用具有和更替放牧类似的特点,只是管理上有所不便,生产中多不采用。

（6）更替放牧　在划区轮牧中,往往采取不同种类的畜群,按先后次序利用,如某一牧地在划区轮牧时,牛群放牧以后仍有剩余牧草,羊还可以利用。或者不同的家畜有不同的选食习性,不同家畜交替放牧,可以更充分地利用各种牧草,提高草地的利用率。

（7）地段轮牧　在自然条件严酷、牧草产量低下、实行小区轮牧有困难的草地,当其生长季内的放牧频率只有 1 次时,可采用较为粗放、弹性较大的地段放牧制。地段放牧是在把草原划分为季带的基础上,把季带的草地划分为长条形的地段。每一地段可放牧 $10\sim20d$。每天家畜都在放牧过一半和未放牧过的草地上采食,这叫"压旧茬接新草"。如有一个长 4 000m、宽 800m 的草地,将畜群每天放牧区域设置为圆形,即从放牧半径为 400m 的平面上，一半是昨天放牧过的，另一半是未放牧过的新草。放牧第一段时，将放牧半径减半为200m，每天在同一地段放牧时，自左至右依次移动。各地段也依次由饮水点附近开始，逐渐向远处的地段推进。这样当家畜返回饮水处时，不至践踏未放牧过的草地。需要注意的是，每天放牧应当是从放牧一半的地区开始，然后再到未放牧的地区，或者上午压旧茬，下午放新草。对于带羔的母羊群，由于羔羊行动困难，羊圈放牧地可以自水井周围开始，逐渐远离。待羊羔年龄稍大以后，往返饮水距离可以稍远。

　　另外，还可采用与此相反的做法，"新草接旧茬"，即早晨先从昨天末放牧的地段开始，下午转到昨天已放牧过的旧茬地段。使家畜在早晨腹中饥饿时很快地吃饱，不致在寒冷的气候条件下大量消耗热量和体力。

　　(8)零牧　也叫刈青饲养，就是将新鲜牧草或饲料作物用机械刈割之后，就地饲喂牲畜，以代替放牧采食。这种放牧制度的特点是家畜易于控制，可避免大面积践踏与损坏土壤。特别是牧草能做到适时收获，剩余草还可以用于调制干草或青贮，有利于牧草的充分利用。这是一种比较集约的草地利用方式，因而能有效提高单位面积草地的生产能力。这一利用制度在欧美和澳大利亚等国已被推广，效果较轮牧为好。如在美国衣阿华州的实验，犊牛零牧饲养的每头每天增重1.54kg，放牧只能增重1.35kg。加利福尼亚州得维试验站，刈青苜蓿饲喂肉用犊牛，较分条放牧可多喂50％的肉牛，并可多增重50％的肉。故有人认为饲养效果零牧优于分条放牧，分条放牧优于一般轮牧。这种利用制度的缺点是，花费人力、物力、财力较多，成本较大，家畜对割倒牧草的喜食性下降，同时也应考虑草地类型。

　　(9)划区轮牧　这是一种科学利用草地的方式，它是根据草原生产力和放牧畜群的需要，将放牧场划分为若干分区，规定放牧顺序、放牧周期和分区放牧时间的放牧方式。划区轮牧一般以日或周为轮牧的时间单位(草原法)。划区轮牧是计划放牧中的一种主要形式,或者说控制放牧的各种方式都可以在划区轮牧中应用。

(二)划区轮牧的设计

1. 划区轮牧的优点　划区轮牧就是根据草地状况与畜群的需要,把放牧地划分成若干轮牧分区,按区根据一定次序有计划地轮流放牧。划区轮牧作为一种有计划有系统的放牧制度,它的主要优点在于:

第一,有利于草地的合理利用与管理,能够均匀地、有计划地利用牧草,减少牧草浪费。因而,可比自由放牧提高载畜量25%～30%。轮牧时,牧草有了轮休、恢复生长和结种的机会,有利于牧草的再生、复壮与更新,从而保护或改善草地植被,提高草地产量。如自由放牧时每头奶牛需草地 1.3hm² 以上,划区轮牧时为1.1hm² 以上。实现划区轮牧,还有利于草地的管护、培育和建设。

第二,有利于家畜健康和畜产品产量的提高。在轮牧分区中放牧时,由于家畜被控制在较小的范围之内,游走与奔跑时间减少,采食与休息时间增加,运动消耗减少,有利于家畜健康与畜产品产量增加。据俄罗斯有关资料报道,在围栏中实行轮牧时,乳牛产奶量比自由放牧提高 15%～25%,犊牛的活重增加 25%～30%。在美国,围栏放牧的绵羊产毛量增加 6%～8%。

第三,有利于防止家畜寄生蠕虫病的传染。家畜寄生蠕虫病是一种内寄生虫病,在家畜粪便中常常含有寄生虫卵。随粪便排出的虫卵经过约 6d 之后,即可成为可感染幼虫,在自由放牧时,家畜在草地上移动无一定次序,停留时间过长的地方,极易在采食牧草时食入可感染幼虫,因而得以传播。而轮牧时,可经适当安排,使同一地段放牧不超过 6d,就可防止或减少寄生蠕虫病的传染。

划区轮牧时需要花费较大的人力、物力,尤其在分区面积较小时,往往需要大量的围栏设备与器材。

2. 划区轮牧的实施　划区轮牧的实施过程概括来讲就是:首

先要根据气候、地形、植被或水源等条件,将放牧地划分为季节牧场;进而按放牧地的面积、产量及畜群大小、放牧时间长短,把季节牧场再划分为轮牧分区(或称小区);然后按照一定的次序和要求轮流放牧,合理利用。

(1)划分季节牧场 我国放牧利用的草地,目前多根据季节分为季节牧场(季节营地或季带),这是实施划区轮牧的第一步。其划分原则主要应考虑:

①地形和地势 这是影响放牧地水热条件的主要因素,也是划分季节牧场的主要依据。山地草地地形条件变化很大,地势、海拔不同,气候差异较大,植被的垂直分布也十分明显。在这种地方季节牧场基本上是按海拔高度划分的。每年从春节开始,随气温上升逐渐由平地向高山转移,到秋季又随气温下降由高山转向山麓和平滩。也可以按坡向划分,在冷季(冬春)利用阳坡,暖季(夏秋)利用阴坡。在比较平坦的地区,小地形对水热条件影响较大,夏秋牧场可划分在凉爽的岗地、台地,冬春牧场安排在温暖、背风的洼地、谷地和低地。

②植被特点 放牧地的植被成分在季节牧场划分上有重要意义。例如,芨芨草在夏季家畜几乎不采食,适口性非常低。蒿类或其他一些生长季有特殊气味的植物,往往不为家畜所采食,但秋天经霜之后适口性明显提高,以这类植物为主的草地尽可划为深秋利用。针茅在盛花期及结实期,由于颖果上具有坚硬的长芒,牲畜多不采食,甚至常常刺伤家畜,这类草地尽可在此之前利用。在荒漠、半荒漠地区,有些短命与类短命植物,在春季萌发较早,并在很短时间内完成其生命周期,以这类植物为主的牧场早春利用是最合适的。在干旱草原地区有些早熟的小禾草(如硬质早熟禾、冰草等),以及一些无茎豆科牧草(如乳白黄芪、米口袋等),春季萌发较早,而且在初夏即完成其生命周期,这类牧草也只适合于春季和夏初利用。

③水源条件 为了使家畜正常生长发育,必须满足其饮水需要。因此,放牧场的适宜利用期与其水源条件有密切关系。不同季节,因气候条件不同,牲畜生理需要有差异,其饮水次数和饮水量也不一样。暖季气温高,牲畜饮水较多,故要求水源充足,距离较近。冷季牲畜饮水量和次数较少,可以利用水源较差或离水源较远的牧场。有些草原夏季无水,冬天有雪时能靠雪解决饮水问题,可以利用这类缺水草原。

根据上述一些基本原则,可以将放牧地首先划分成两季(冷季、暖季)、三季(夏场、春秋场、冬场等)或四季牧场,然后在季节牧场内再划分轮牧分区。

(2)划分轮牧分区

①确定轮牧分区的数目 轮牧分区(小区)数目与轮牧周期(同一小区两次利用之间的间隔)、放牧频率(放牧次数)、放牧季的长短及每小区中放牧的天数等有关。而放牧周期的长短与牧草再生速度,即与牧草种类、水热条件等都有关系。而且在同一放牧单元内,各放牧周期的长短也不一样。据研究,一般第二放牧周期可在第一次之后 20~25d 开始,而以后各次可在前次之后 30~40d 后开始。根据以上各种因素适当确定第一个放牧周期之后,就可以确定小区数目。其计算公式如下:

$$小区数＝轮牧周期/每小区内放牧天数$$

小区内放牧天数,根据防止蠕虫病感染与草类再生的速度,一般不应超过 6~7d。在非生长季或干旱的荒漠地区,可不受 6d 的限制。荒漠地区土壤温度在强烈日照下,往往高于 45℃,可以有效地杀死或削弱寄生蠕虫的卵及可感染的幼虫。

另外,在第一个轮牧周期中,各小区产量不等,春天最早开始放牧的 1~2 个小区往往不能满足 6d 的放牧,其产量一般可按以后各区的 25%~40%,需要相应缩短放牧天数。

在生产实践中,考虑到气候条件等的变化对牧草产量的影响,并留有充分的余地,实际划分的小区数目,应比计算的数目要适当有所增加,以备调节、补充之用。

②轮牧分区的布局、形状及面积　在规划布局轮牧分区时主要应考虑以下几点:

第一,从各小区到饮水点和畜圈,不应超过一定的距离,大体的标准是:奶牛及妊娠后期母牛1~1.5km,犊牛0.5~1km,其他牛2~2.5km,绵羊及山羊2.5~3km,马群5~6km。

第二,如以河流作为饮水水源,可将放牧地沿河流划分为小区,利用时可自下游依次上溯,以防止先放牧上游而使下游污染。

第三,各轮牧分区间要留有适当的牧道。牧道长度应缩减到最小限度,但宽度必须足够,避免拥挤。如以100头的牛群计,适宜宽度为20~25m,600~700只的羊群30~35m,100匹的马群20m。家畜由一个围栏向另一围栏转移的牧道可适当窄一些,但应不少于15m。

轮牧分区的形状,以长方形为最好,长与宽之比可为2:1或3:1,这既适于家畜放牧,也有利于放牧地的机械作业与管理。如果有林带、壕沟、渠道、河流、湖泊或山岭等自然界限时,可以充分利用,以节省围栏花费,不一定强求形状统一。如分区面积较大时,为减少围栏材料,也可设置为正方形。

轮牧分区的大小,与草地产量、畜群的头数和牧草再生的快慢等都有关系。一般而言,对100头成年牛的畜群,较为适宜的分区面积为:人工草地为4~5hm²,放牧次数多时可到8hm²,但分区过大常常造成放牧不均。天然草地分区面积应更大一些。根据放牧地的不同类型,分区面积的大小可参照表3-11所列数据。

也可根据每头家畜的日食青草量、放牧持续时间及草地的产量加以计算。

表 3-11　不同类型放牧地上适宜的分区面积

放牧地类型	分区面积(hm^2)
非黑土带干谷地牧场	12～20
高产水泛地	6～8
低产水泛地	8～15
低　地	8～12
林　地	15～25
沼泽地	10～25
播种的多年生草地	4～6

当放牧地按照一定的要求划成轮牧分区之后，就可按轮牧分区顺序利用，并采用相应的牧场轮换及其他培育管理等措施，这样就能保持草地长期高产稳定。

3. 放牧地的轮牧　放牧地轮牧，是指每一放牧单元中的各轮牧分区，每年的利用时间、利用方式按一定规律顺序变动，周期轮换。这样就可防止每年在同一时间以同一方式利用同一草地，以避免草层过早退化，使其能保持长期高产稳产。因为当每年同一时期利用同一块草地时，会使有价值牧草正常的营养物质积累与消耗过程破坏，种子不能形成，使其产量下降，并从草层中衰退，而非理想植物与毒草却不断增加，所以不合理利用是造成草地迅速退化的一个重要原因。据测定，当连续 4 年不合理放牧时，草地上家畜不喜食的植物可增加 20%～30%，而饲用植物的产量下降40%～50%。为了防止这种情况，必须要有正确的放牧系统，实行放牧地轮牧。其主要环节是：

（1）更换利用次序　放牧小区的利用次序每年更换，如今年从第一小区开始放牧，明年从第二小区开始，后年从第三小区开始等，依次类推。

（2）**较迟放牧** 等牧草充分生长后再行放牧，以避开在春季忌牧时期的利用。

（3）**延迟放牧** 使主要的优良牧草结种之后再放牧，为种子成熟与更新创造一定的条件，或避开秋季忌牧时期。

（4）**刈牧交替** 退化比较严重的草地，在生长季内完全不加利用，使其充分休闲，或割草与放牧交替，以恢复生机。

在牧场轮换中，轮换周期的长短，可因放牧地的类型等具体情况而定，可 3～5 年轮 1 次，或时间更长些亦可。表 3-12 和表 3-13 是放牧地轮换的两个例子，可供参考。

表 3-12 两年两季四区放牧地轮换方案

年　份	冷　季		暖　季	
	1 区	2 区	3 区	4 区
第一年	春	冬	夏	秋
第二年	冬	春	秋	夏

表 3-13 干旱草原放牧地轮换设计

利用年份	轮牧分区与利用次序							
	一	二	三	四	五	六	七	八
第一年	1	2	3	4	5	6	△	×
第二年	2	3	4	5	6	△	×	1
第三年	3	4	5	6	△	×	1	2
第四年	4	5	6	△	×	1	2	3
第五年	5	6	△	×	1	2	3	4
第六年	6	△	×	1	2	3	4	5
第七年	△	×	1	2	3	4	5	6
第八年	×	1	2	3	4	5	6	△

注：1、2……为放牧季开始后的利用顺序；△为休闲；×为延迟放牧

173

(三)划区轮牧设计举例

某草地生产力 1 000kg/hm²(干草),放牧频率 3 次,各次产量分别为 350kg/hm²、340kg/hm²、310kg/hm²。如割草则能有 1 次再生草,再生草产量为 400kg/hm²。畜群为 100 头乳牛,日食量为 12kg,放牧季 138 天。可规划如下:

第一轮牧周期长 35d,所需放牧饲料 $35 \times 12 \times 100 = 42\,000$(kg),折合成面积为 $42000 \div 350 = 120$(hm²)。如果小区放牧 3.5 天,则需 $35/3.5 = 10$ 个小区。小区面积为 $120 \div 10 = 12$(hm²)。

在 120 hm² 的草地上,第二次放牧能获得放牧饲料 $120 \times 340 = 40\,800$(kg),可供全群放牧 $40\,800 \div 1200 = 34$(d)。

同样,第三次放牧能获得放牧饲料 $120 \times 310 = 37\,200$(kg),可供全群放牧 $37\,200 \div 1200 = 31$(d)。120hm² 放牧地先后 3 次共计可放牧 $35 + 34 + 31 = 100$d。尚差 $138 - 100 = 38$d,需放牧饲料 $38 \times 1\,200 = 45\,600$(kg),折成放牧地面积 $45\,600 \div 400 = 114$(hm²)。可划为 10 个小区,则每一小区 11.4hm² 计,与上共计 20 个小区。其中前 10 个小区放牧 3 次,后 10 个小区在割草后放牧再生草。为了再生草的均匀供应,割制干草可分两期进行。如此则每次可利用 5 个小区。现将规划列成表3-14。

表 3-14　草地划区轮牧规划

利用方式	放牧日期(日/月)	放牧天数(d)	饲料需要量(kg)	产草量(kg/hm²)	需要放牧场的面积(hm²)	小区数目	小区面积(hm²)
第一次放牧	16/Ⅴ～19/Ⅵ	35	42000	350	120.0	10	12.0
第二次放牧	20/Ⅵ～23/Ⅶ	34	40800	340	(120.0)	(10)	—
15～20/Ⅶ割草后的再生草	24/Ⅶ～11/Ⅷ	19	22800	400	57.0	5	11.4
第三次放牧	12/Ⅷ～11/Ⅸ	31	37200	310	(120.0)	(10)	

续表 3-14

利用方式	放牧日期 （日/月）	放牧 天数 （d）	饲料 需要量 （kg）	产草量 （kg/hm²）	需要放牧 场的面积 （hm²）	小区 数目	小区 面积 （hm²）
开花初期割草 后的再生草	12/Ⅸ～30/Ⅸ	19	22800	400	57.0	5	11.4
合　计	16/Ⅴ～30/Ⅸ	138	165 600	—	234.0	20	11.7

第四节　放牧家畜管理

　　草地放牧系统是由土壤、植物、家畜三个主要组分结合而成的有机整体。若草地上放牧的家畜适当，家畜状况良好，放牧管理合理，则可保持放牧草地畜牧业生产的稳定、优质、高产。因此，实行放牧家畜的科学管理，是维持草地畜牧业高效生产的最有效方法之一，而且家畜放牧饲养也是一种比较经济的饲养方式。在我国西北地区，一般羊群放牧饲养比舍饲干草可减少 2/3 的成本，群马放牧只有舍饲成本的 1/15 或 1/20。

一、放牧家畜的结构与组织

（一）家畜的结构

　　适宜的家畜结构是科学经营草地畜牧业、合理利用放牧草地资源的根本，是提高草地生产能力的重要手段。草地放牧家畜的结构包括畜种结构、品种结构和畜群结构三个方面。

　　1. 畜种结构　是指放牧畜牧业生产实体所牧养家畜的种类及其数量比例，确定与放牧草地相适应的畜种结构是合理利用草地资源的重要前提。

　　确定畜种结构时应该考虑草地资源的类型与现状来安排畜种结构，使草地与家畜完美结合。因为草地植物学组成，草地牧草株体的高低、营养含量、对家畜的适口性等方面各有所不同。通常高草适于采食高度较高的家畜放牧利用,多汁、富含蛋白质的草地则适于牧养经济价值高的产奶牛或肥育羔羊;植被稀疏、草质超硬、盐分含量高的草地只能放牧骆驼和山羊等低产家畜。草地在利用过程中,在不同的时期,所适宜放牧的家畜亦有所改变。初次放牧或再生草生长旺盛的草地,草地株体较高,叶量大,营养物质丰富,有利于高产家畜的放牧利用。高产家畜放牧利用后的草地,还有一定的可利用牧草贮量,但由于前面放牧的结果,牧草株体较低,草地受到一定程度污染。因此,只能以较为粗放的方式让低茬采食的家畜进行再次利用。这样,就出现同一草地,相近时段中不同家畜利用的可能。

但草地在长期高放牧压力之下,其植物组成常发生变化,最终导致草地类型的改变。过度的放牧利用,会使适口性高的优良牧草逐渐减少,取而代之的是适口性较差及家畜不采食的植物,从而导致其上适宜的放牧家畜的改变。例如,内蒙古中西部的畜种结构中,以前牛占有相当的比重,但后来由于草原退化,高大草类减少,使牛难于继续生存,导致牛的比重大大减少、绵羊比例增加的典型例子很多。

当然,各地区由于隐域性地形与植被的存在,除发展主要畜种外,还应配合饲养一定数量的其他家畜,便于草地放牧家畜的优势互补。

确定畜种结构还应该考虑放牧家畜经济效益的大小,经济效益显著而发展快的畜种在比重上应有所增加。同时,国家的政策导向及区域经济发展规划对畜种结构的演变也起着重要作用。

2. 品种结构 是指同一畜种中不同经济用途品种的数量比例。放牧家畜品种结构的改善,主要目的是通过改良家畜品种,提高饲料报酬,增加单位草地畜产品产量,保证草地畜牧业的高效、优质发展。

3. 畜群结构　是指同种家畜畜群中不同年龄、不同性别、不同用途的家畜或畜组在畜群中所占的比重。畜群是发展牧业生产和扩大再生产的基础，畜群结构不仅影响畜产品的数量与质量，还直接决定家畜发展更新的速度和生产的经济效益。在保证畜群再生产和扩大再生产的同时，能取得最大的经济效益的关键是正确确定基础母畜和种公畜的适宜比例，以此为中心，保证和调整幼畜、后备畜、育肥畜等的数量与比率。一般，羊群中基础母羊的比例保持在60％以上，出栏率才能达到40％；牛群中母牛的比重增加至50％以上，其出栏率才能保证30％左右。

畜群结构有两层含义：其一是畜群中公、母比例，其二是畜群中公、母畜各自的年龄结构比例。长期以来，牧民有惜售思想，造成畜群中老龄畜和非生产畜比例太大，一般适龄繁殖母畜仅占30％左右，形成饲养量大而总增率低。这一状况严重阻碍畜牧业商品生产，也造成草地超载过牧。根据研究，羊群中最优畜群结构为母羊占90.64％，其中1岁母羊23.71％、2岁母羊21.38％、3岁母羊19.6％、4岁母羊18.29％、5岁母羊17.09％，6岁以上出栏；公羊占3.36％，其中1岁公羊占1.2％、2岁公羊0.84％、3岁公羊0.72％、4岁公羊0.62％，5岁以上出栏。考虑到当地牧民的饮食习惯与市场需求，羯羊占6％，其中1岁3.34％、2岁2.66％，2岁后出栏。牦牛的最优畜群结构为：母牛占85.71％，其中1岁母牛11.77％、2岁母牛9.89％、3岁母牛8.9％，成年母牛55.15％。

（二）家畜的组群

为合理利用放牧草地，便于家畜的集中管理，更有效发挥各类家畜的生产性能，放牧时应该根据放牧地具体条件，依据不同家畜的年龄、性别、生产特性、采食习性进行合理组群，并配以相应的草地。牧民对同种家畜按"大小分群"、"公母分群"、"强弱分群"是有道理的。

1. 畜群的组织

(1)牛群的组织 牛可分为:产奶牛群(为正在产奶的母牛及产奶以前的犊牛);干奶牛群(指过了产奶期或正在妊娠期的母牛群);犊牛群(断奶以后,1岁以下的犊牛,性情活泼,可以引起严重干扰,应该单独放牧);育成牛群(1岁以上,繁殖年龄以下的牛群,年龄较小的小公牛从群内分离出来);淘汰牛群(不孕母牛、去势公牛等单独成群,作为育肥淘汰)。

(2)羊群的组织 羊可分为:繁殖母羊群(带羔或者妊娠的母羊);羯羊群(公羊去势以后,让它适当发育,然后再行肥育);种公羊群(优良品种公羊,群要小);羔羊群(断奶以后至1岁左右的羔羊,应单独成群,1岁以后,应该将公母分开,分别并入羯羊与母羊群)。

2. 畜群的规模 畜群规模应视草地类型、牧草产量、畜种及年龄、管理水平不同而异。一般平坦地上成年牛以100～200头/群、羊以500～1 000只/群为适宜畜群,幼畜畜群可适量减少。此外,山地、林地及农区草地,畜群规模应酌减。

(三)草地管理中的放牧畜种配置

各类家畜的采食特点各不相同,对草地的影响也不尽一致。在放牧中还可将不同种类的家畜在同一时期或不同时期内在一块草地上混合放牧,能够进一步扩大和深化合理放牧的效果。

各种家畜的选食性大概为:山羊＞骆驼＞绵羊＝牦牛＞牛＝马。此外,家畜采食后的留茬高度也各不相同。马采食牧草的留茬最低,如牧草不足,马可啃食牧草的根部。山羊和绵羊采食牧草时,下门齿和硬腭板夹住牧草,将牧草拔下吃,留茬2～3cm。牛吃草的留茬高度可达5～6cm。牦牛在草高时吃草的方法和牛一样,草低时和羊一样。当草非常稀少时,也会用舌头将齐地面的碎草扫成堆再吃进嘴里,使草根露出地表,往往会产生重牧的结果;只放牧牛的地段又容易形成吐残草造成的浪费。混合放牧是均衡利用草地、避免草地重牧或轻牧的有效措施。

如在划区轮牧时,牛群放牧以后仍有剩余牧草,显然不为牛群所采食,但羊群仍可利用,还能继续放牧羊群。可实行先放牧马群再放牧牛群的更替放牧,能有效地提高草地利用率。有时在不同年份间,也可以组织不同畜群的轮流放牧。如果一块放牧地以牧马为主,几年以后,马匹所喜食的牧草逐渐减少,出现植被变坏的现象,可以在牧马2～3年后,放牧1年羊群。

(四)放牧中的家畜控制技术

草原牧民经过长期的生产实践,已总结出许多行之有效的放牧方法,如领牧法、拦牧法,"一条鞭"队形、"满天星"队形等。

1. 一条鞭式　家畜放牧时成一字形横队前进。经过训练的牛群、羊群都可以用这种队形。它适用于植被均匀的中等草地。一条鞭放牧队形,应特别注意不使畜群前进过快,以免过分践踏牧草,消耗体力,纠正"放跑羊"或"羊吃走马草"的错误方法。

2. 满天星式　家畜在放牧时均匀散布在一个轮牧分区内自由采食,这种队形适用于植被良好的丰产牧地,或特别稀疏、生长不均匀的牧地(如荒漠、半荒漠及某些干旱草原)。

(五)放牧家畜的作息时间

制订放牧家畜的放牧、挤奶、饮水、补饲和休息的时间要全面考察当地的气候条件、牧场条件以及饲养管理水平等。我国牧区牲畜在作息时间上存在的主要问题,通常是放牧时间不足,不包括走路、休息,实际的放牧时间一般是8～9h,有时甚至只有4～5h。其次是放牧时间违背放牧家畜自身的规律,最常见的错误是按人的生活习惯来规定家畜的作息时间。

通常应注意下列几个原则:

第一,完全放牧不给补饲的畜群,放牧时间一般不少于10h,高产家畜应达到12～14h,如牧草特别丰美,也可缩短至6～8h;牧草特别低产时,则应延长到16h,如果仍不能吃饱,则应设法补饲,不能无限延长放牧时间,防止家畜体力过分消耗。

第二,家畜全天放牧时间应分 2～3 段,一般羊、马、乳牛为 3 段,段与段之间是休息、饮水或补饲时间。

第三,放牧时间还应避开酷暑与严寒。

第四,应重视夜间放牧,马匹必须有夜间放牧才能保持健康。牛与羊无夜间放牧习惯,但在夏季白天酷热或牧草过分稀疏不能吃饱时,加强天黑前后时段的放牧,或经过训练也可实行一定时间的夜间放牧。

二、放牧家畜的营养管理

(一)补 饲

在正常的放牧条件下,家畜不必补饲。但对基础母畜、改良畜和病弱畜,或在天寒草枯、牧草数量不足,质量下降时,应该补饲,其中最重要的是补饲干草。每年贮草备草。对于高产家畜还可以补饲少量精料、多汁饲料和矿物质饲料等。此外,在配种季节,对良种种公畜的补饲,根据具体情况还需特殊照顾。

(二)喂盐与草地管理

矿物质是各种牲畜维持正常生长发育所不可缺少的,虽然它的需要量不多,但不可缺少。尤其对幼畜、孕畜及高产畜,更应当重视矿物质的补给。喂盐则是补充矿物质的主要途径,通常在放牧期间有计划地将家畜所必需的食盐量及时、均衡供给家畜,一方面是满足家畜对矿物营养的需要,另一方面则可通过喂盐达到对放牧家畜放牧行为实行调控的目的。

牛的移动可通过适当的喂盐而有效地加以改变。通过喂盐地点的适当选择,可促使家畜离开过度放牧或践踏的草地,达到保护草地和改善部分草地利用过重而引起退化的问题。放盐地点应选择在家畜容易到达的地方,应是地势平坦、靠近阴凉处、易到达的岭脊地、坡地中的平地、轻度利用过的林间草地、适口性差的小片植被、家畜很少采食但能进行放牧的草地死角。

放牧的羊群,晚上应存放于远离放牧过度的近水的地方,应在宿营地或其附近喂盐。这样,有利于羊群夜间在宿营地平静地停留。早上喂盐则不利于羊群的及时出牧。在平坦的放牧地,通常每 30～40 头牛设 1 个喂盐点;在崎岖不平的放牧地,则每 25 头牛就应设 1 个喂盐地点。在每个喂盐点的食槽中应有足够的食盐,食盐的量应能维持到家畜对草地的适度利用或维持到家畜离开草地之前 10d 的量,以利于畜群向新草地的转移。在林区,放盐点还应能吸引牛群离开潮湿的草地而到干燥的坡地放牧。

通常喂盐点应在放牧地内均匀分布,放盐点间距应在 2.6km 以上。年复一年在同一地方喂盐、把盐放在距饮水点 400m 以内、不给家畜显示放盐新地点的做法都是错误的。

一般舍饲条件下,每月食盐喂量为:绵羊 0.25～0.5kg,山羊 0.15kg,马 2kg,牛 1～3kg。产奶量高的牲畜,需盐较多;牧草含盐量少时,需盐较多。食盐可溶于水或放于饲槽中与干草或饲料一起补饲,也可以单独在槽内让牲畜舔食。或以氯化钠为主,并添加铁、碘、锰、锌等微量元素,制成盐砖,让其定期舔食。山区草地,冬季每半月喂盐 1 次,其他季节每 10d 左右喂 1 次;草原区,每3～7d 喂盐 1 次。

(三)饮　水

水是家畜重要的生存条件。家畜身体组成及家畜对营养物质的消化、吸收、运输、利用,废物的排泄等全部生理过程都必须有充足的水分。充足的饮水还可增进食欲。饮水不合理,将严重影响营养物质在畜体内的转化效率。据报道,在不合理的饮水条件下,家畜产品收入将减少一半。因此,充分满足家畜的饮水需求是优质、高产、稳定发展畜牧业生产的重要条件。

家畜对水的需求取决于家畜种类、草料性质以及大气状况。如果饲草是青绿多汁的,则家畜需水量少;反之则多。不同季节饲草含水量有颇大差异。据测定,春季牧草含水量可在 80% 以上,而同类牧草在仲夏含水量则降至 42%～40%。夏季气温高、湿度低时,家畜的需水量增多,用以弥补畜体散失的水分。各种家畜的需水量很不相同,标准的饮水量是不存在的,因为家畜的饮水量随个体大小、牧草种类、草地类型和季节而变化。一般个体大的绵羊比个体小的要多喝水;草地好,家畜采食的牧草多,每次饮水量也多。一般牛、马等大畜每天需水 35～50L,1～2 岁的幼畜每天需水 25～30L;成年羊(绵羊或山羊)每天需水 4～5L,而羔羊则每天需水 1～2L。

家畜的饮水要求新鲜清洁,通常无污染源的河流、井水和能流动的池塘都是良好的水源,停滞的水池或含有致病微生物和寄生虫卵的污水不能饮用。

为保证家畜饮水方便和保护草地不受破坏,在草地上合理设置饮水点是很重要的。牧区水井布置适当与否直接关系到水量的多少和能否满足生产需要。牲畜饮水点过于集中,会使草场遭到强度践踏,利用过度,导致草场破坏。

饮水半径,是指由每个供水点的供水区域最远边界到中心点的距离。饮水半径的大小应符合牲畜往返不觉疲劳和不致使畜产品下降的最低要求。它与牲畜品种、习性、当地地形、牧草生长状况等有关。不同草地类型各类家畜饮水半径见表 3-15。

表 3-15　不同草地类型各类家畜饮水半径　(km)

草地类型	奶　牛	草原肉牛	成年母羊	羔　羊
草甸草原地区	1.5～2.0	2.0～2.5	1.5～2.0	1.0
干草原地区	2.0～2.5	3.3～4.0	4.0～5.0	1.0
荒漠草原地区	2.5～3.0	4.5～5.0	2.5～3.0	1.0

三、放牧家畜的日常卫生管理

家畜编号、去势、驱虫、药浴、剪毛及疫病防治等都是放牧管理的重要环节。一般绵羊应在早春(2～3月份)及时驱虫,初夏(5～6月份)和仲秋(9月份)剪毛,春、秋两次剪毛后各进行1次药浴。家畜疫病防治应成制度,定期检查、定期防治,防微杜渐,彻底根除。

(一)驱 虫

放牧家畜的寄生虫病是影响其生产性能的重大隐患,患内外寄生虫病的家畜重者会死亡,轻者也会使畜体消瘦、发育受阻、繁殖力低下、生产性能降低。从营养的角度来看,"驱虫如补饲",足见驱虫对保膘的重要性。

各类寄生虫都具有各自的生活史、生存条件和传播途径。因此,查明所患寄生虫的种类,破坏或打断其生活史,消灭和杜绝寄生虫存在和传播的条件是防治家畜寄生虫危害的基本方法。在生产实践中,加强放牧家畜的饲养管理,注意草地和畜体的卫生,供应清洁的饮水,不到易感染寄生虫的低湿草地放牧,是预防放牧家畜寄生虫病的有效措施。每年春、秋两季定时给家畜进行药物驱虫,是防治放牧家畜寄生虫感染的常规方法。例如,家畜的蠕虫病是一种常见寄生虫病,由被寄生家畜粪便中排出的蠕虫卵一般经过6d后转变为可感染健康家畜的幼虫。家畜在草地放牧时,无序的移动和在同一草地过长时间的滞留,极易采食到附着蠕虫幼虫的牧草而感染蠕虫病。因此,在划区轮牧时,只要不在同一草地连续放牧6d以上,就可大大减少家畜感染蠕虫病的机会。

(二)药 浴

药浴是防治家畜体外大寄生虫和皮肤病的主要措施,对绵羊、山羊类家畜的痒螨病(疥癣病)等皮肤寄生虫病的防治尤为重要。药浴可用药淋或药浴的方式进行,药浴时应使用国家允许使用的杀虫剂的水溶液。药浴应选择在晴朗无风天气的早晨进行。药浴的水温最好保持在20℃～30℃;剪毛后2～3周的羊,药浴浸泡1min左右。

药浴时应注意以下事项：

第一，药浴前 8h 应停止放牧，在入浴前的 2～3h 给家畜饮足水，以避免家畜进入药浴池或在喷淋的过程中吞饮药液。

第二，药浴前将健康畜与病畜分开，依健康畜先药浴、病畜后药浴的次序进行。病弱畜和有外伤的家畜暂不药浴。公、母畜和幼畜要分批药浴，以便按畜调节药液的浓度。

第三，药浴时工作人员应有意识将畜头压入药液内 1～2 次，以使头部同样接受药液处理。家畜经过药浴后，应在滴流台上停留 20min，以使多余药液流回药池。

第四，药液处理后的家畜首先应赶到阴凉处休息 1～2h，然后就近放牧。应注意天气的变化，防止感冒等疾病的发生。

第五，药浴结束后，要妥善处理药液，以防止家畜误食中毒和污染环境。

第五节　割草地利用

不论是天然草地、人工草地还是退耕后新建的草地，除发挥其生态、环保功能外，最主要的目的还在于利用。而草地的利用方式主要有两种：一是放牧，由家畜直接采食牧草；另一种是割草，即通过人力或机具将牧草刈割之后，再由家畜去利用。而后者往往更有利于提高草地利用效率，或者能补充放牧利用的某些缺陷。

一、割草地的经济意义

割草地多为优良的天然草地或人工栽培的草地，具有优质高产的特点，一般比良好的放牧地产量高 1～2 倍或更多。割草地占的比例越大，表明草地畜牧业生产的集约化程度越高。如畜牧业比较发达的国家，割草地都占有较大比例，在英国割草地与放牧地之比为 1∶2，在法国为 2∶3。割草地上收获的干草往往是家畜饲料的重要组成部分。我国每年大约有 0.1 亿 hm^2 的割草地,是家畜冬、春补饲或舍饲的重要饲料来源。在我国目前生产条件下,尤其在广大牧区,对现有的割草地进行合理利用,同时开发利用与培育新的割草地,是解决牧草供给季节不平衡的重要手段,也是冬、春期间抗灾保畜,减少春乏损失的主要措施。

刈割利用是有效利用牧草的一种重要方式。刈割利用的牧草可以做到适时收获,并加工成各种类型的饲料,能有效地保存营养物质。如适时收获调制的青干草,营养物质保存率可在 80% 以上。而长期在草地风吹日晒雨淋,营养物质保存率可降低到 30% 以下。牧草刈割之后,又能调制成干草、半干贮草、青贮料、草粉或各种压缩与配合饲料,更便于运输、饲喂和保存。

二、割草地的特点与要求

为了保证割草地优质高产,宜于收割、运输和管理,应在草群组成、地形条件等方面符合一定的要求。割草地应具备以下基本条件。

(一)立地条件

为了有利于牧草更好的生长发育,获得优质高产的饲料,同时便于机械割草、运输及草地的培育与管理,割草地应选择地形比较平坦开阔、坡度在 10°以下、无土壤冲刷、无石块或其他障碍物较少,土壤肥力较高,通气透水性良好,有利于优质高产牧草、尤其是豆科牧草生长,pH 在 6~7,水分状况较好,有一定灌溉和排水条件,可使土壤水分尽量保持在田间持水量的 70%~80% 的范围之内的地方。

(二)草群结构

刈割地牧草有一定的高度要求,应以上繁草为主,下繁草不能超过总质量的 10%,上繁草中最好以根茎型、疏丛型或根茎—疏丛型禾草和株丛高大的豆科牧草为主。豆科牧草富含蛋白质和矿物质营养,适口性和营养价值高,在刈割后加工干草块或颗粒饲料时,还具有黏接剂的作用,它本身又能固氮,是重要的生物肥源。禾本科牧草具有丰富的碳水化合物,是供给动物能量的主要来源,同时禾本科牧草茎秆有节,节间中空,不易断碎。其叶脉平行,叶片细长,不易脱落。无论是在刈割、喂饲,还是加工、贮藏过程中均不易造成营养损失,因而也是调制青干草饲料的理想原料。

在天然割草地草群中,杂类草的比重不应超过20%。因为高大阔叶杂类草的叶片易于破碎损失,茎秆易于粗老,饲用品质差,利用价值不高。另外,在天然割草地的草类中,对有毒植物要严格控制,进行清除,不然调制成干草后,家畜难以鉴别选食,容易中毒。一般说来,干草中有毒植物的总质量不应超过1%。

三、割草地的利用技术

刈割的作业质量不仅关系到当年草地收获量的高低与饲草品质,而且对以后年份草地的产量及利用年限都有重要的影响。

割草对草地的影响与放牧有类似的情况,但是又有不同之处。其不同点主要表现在刈割时不会有畜蹄践踏和排泄粪尿的作用。各种植物被刈割的机会、高度及时间都是均等的,而放牧时家畜对不同的植物和植物的不同部位具有选择性,采食有高低之分,时间有先后之差,放牧时家畜最喜食的植物常常因过牧而首先衰退。另外,刈割是靠机械刀片切断牧草,而放牧时由家畜啃食或撕拉,所以根系较小的新生牧草在放牧时容易被家畜连根拔出。刈割后的草地上剩留的枯枝落叶较少,地面覆盖减少,土壤蒸发量增加,有时容易造成土壤旱化或侵蚀。所以,现在有这样一种观点,连续割草会导致草地过早衰退,应适当加入放牧,即刈牧轮换,或割草地休闲。

割草对草地及对牧草产量与质量的影响,主要与割草强度(即割草时期、割草次数和割草高度)有关。

（一）割草时期

在确定牧草的适宜刈割时期时，主要应考虑对当年牧草产量和营养物质收获量的影响。根据许多研究结果表明，从牧草的产量动态看，一般而言，随着牧草的生长发育，产量逐渐增加，产量的最高时期一般都在开花期。如俄罗斯拉林教授综合了 80 个草地产量动态的平均资料，是以开花盛期的产量为最高。如以此时期产量作为 100％，则分蘖期为 24％，抽穗期为 76％，结实期为 94％，秋季枯黄状态为 74％。有些草地，如高山草原、河漫滩草甸及羊草草地，则以结实期产量为最高。

适时收获的牧草各种营养物质在植物体内的分布比较均匀，植物幼嫩，家畜喜食。开花之后，营养物质从叶和茎输送形成种子，茎叶营养减少。刈割过迟，叶片干枯、脱落，牧草变得粗老、质硬、适口性下降。刈割过迟之所以影响以后年份的产量，主要是因为植物来不及贮存必要的贮藏营养物质，会使翌年的产量明显下降。此外，刈割过迟的地方，往往出现许多非理想的植物或有毒有害杂草，这主要是因为它们的种子得以成熟与传播。所以，适时刈割也是防除杂草的一项有效措施。

从牧草的营养成分含量看，越在幼嫩期，其干物质中蛋白质、维生素、矿物质的含量越高，以后随着发育阶段而逐渐降低。同时随着植物的生长，叶面积逐渐增加，碳水化合物的合成能力逐渐增加，因而随植物变粗变老，碳水化合物（无氮浸出物和纤维素）的含量逐渐增多，饲用价值也下降（表 3-16、表 3-17）。从单位面积上的粗蛋白质产量来讲，对豆科牧草（红豆草、苜蓿）而言是以始花期刈割的为最高，禾本科牧草以抽穗期刈割为最高。维生素 A（胡萝卜素）在植物形成花序时为最高。

表 3-16   不同生长发育阶段牧草养分变化   （％）

牧　草	养　分	抽穗或现蕾期	初花期	盛花期	结实期
禾本科：鸭茅	粗蛋白质	15.7	13.6	11.7	9.1
	粗纤维	25.1	28.4	29.8	30.0
豆科：紫花苜蓿	粗蛋白质	22.0	20.2	18.1	14.1
	粗纤维	25.1	27.1	30.8	36.1

表 3-17   不同生长发育阶段牧草养分消化率   （％）

养　分	抽穗或现蕾期	初花期	盛花期	结实期
干物质	74	66	60	54
粗蛋白质	76	73	68	54
粗纤维	74	65	59	56
无氮浸出物	78	68	62	53

综上所述，草地刈割调制干草时，牧草的适宜刈割期，拟在始花期，最迟应不迟于主要牧草的盛花期；对播种的多年生人工草地，一般宜在禾草抽穗或豆科牧草孕蕾期刈割。这样，不仅营养物质收获量高，而且还有利于刈割后牧草很快地再生。

另外，牧草的刈割期除考虑对当年产量和品质以及对以后生长的影响外，在生产实践中往往还要考虑一些具体情况。如茎秆粗大的牧草，为了防止茎秆粗老、适口性下降，可适当早刈，像芦苇可在孕穗前刈割；生长期具有苦味或其他特殊气味的蒿类等，往往到结实经霜之后再刈割，干草的适口性反而可以提高；在多雨、无干燥设备的条件下，为了防止割后牧草发霉变质，可将刈割期适当提前或推后。收割干草应抓紧时间，最好在 20d 内完成，以保证干草质量。

(二)割草时的留茬高度

牧草的刈割高度与其产量、品质、牧草的再生及翌年生长等都有很大的关系。留茬高度每增高 1cm,相对产量降低 4％～5％。研究证明,当留茬高度达 12cm 时与留茬 4～6cm 相比,在干草原上干草收获量减少 45％,在河滩地上减少 20％,蛋白质相应多损失 46％和 19.5％。对许多禾草的化学分析表明,草层的下部具有很高的饲用价值。如冰草,留茬高度为 2～4cm 的含蛋白质 4.2％,4～8cm 为 3.4％,8～12cm 为 3.3％。其他禾草,特别是下繁草,蛋白质含量的变化都是这样,这是因为植株下部有大量富含蛋白质的根出叶。

但是,留茬过低却会使以后年份的产量明显降低,因为割去了富含贮藏可塑性物质的叶片和茎的下部,使由芽产生的新枝条的生长减弱。所以,刈割过低,特别是每茬或连年低刈,会引起草地很快衰退。据研究,在草原带的条件下刈割高度为 4cm 时便能保持高产与稳产。

据上所述,考虑到各方面的因素,建议以中茬(4～6cm)刈割为最好。如果草地上有大量的上年枯草或地面不平、有小土丘等障碍物时,留茬可适当高些(6～7cm),以便于刈割并保证所收牧草的质量。对于上年割了草的,或当年的再生草以及冬季需要积雪的草地,留茬也可以适当高些,有利于翌年生长或冬季减少风速,利于积雪。

(三)割草次数

割草次数的多少,与牧草的产量与品质,以及草地以后的产量都有密切关系。再生草,如二茬草,一般可占第一茬产量的25％～50％、有时会更高。二茬草幼嫩多汁,适口性和消化率都比较高,蛋白质含量比头茬高 50％～100％。用再生草调制的干草质地柔软,家畜十分喜食。为了加工草粉,常采用多次刈割再生草的办法,第一茬不迟于孕穗期刈割,以后都是幼嫩的再生草。为了使牧草有足够的时间形成贮藏的营养物质,最后1次再生草的刈割必须在停止生长的20～25d之前。

但是,为了保证草地长期高产稳产,必须要严格控制牧草的刈割次数。因为在多次频繁刈割的情况下,牧草来不及制造和贮存必要的营养物质,使生机耗竭,结果会使牧草变得稀疏、茎秆细弱、叶量减少、根系发育不良、根物质减少,割草次数过多往往是引起草地过早衰退的一个重要原因。

我国的天然刈割草地大都是1年定期刈割1次,而且刈割后也不能进行施肥和灌溉,培育管理措施赶不上,致使草地明显退化,产草量严重下降。如呼伦贝尔市的羊草割草地,在连年于同一时期割草的情况下,羊草等优良牧草的产量下降50％以上,单位面积的产草量下降30％以上。而白头翁等家畜不食杂草、毒草却明显增加。

我国大多数地区的天然割草地不宜多次刈割,如要刈割再生草,必须要辅之必要的施肥、浇水、割草地的轮换等措施。

对于人工栽培的高产草地,根据当地的水热条件及管理水平,可以采用多次刈割利用的方法,这是增加单位面积饲料收获量的一项重要措施。刈割次数可达2～4次。但是根据国内外的大量经验,在多刈割利用时,必须加强对草地的培育与管理,如适量施肥、浇水、采取轮刈制等等,否则草地的产量及利用年限会明显下降。

四、牧草的收割与调制方法

牧草的刈割在我国目前采用两种方法,人工割草和机械割草。在地面不平或草地面积小、不能使用机械割草的草地上采用人工割草。机械割草是草地干草生产的主要方式,只有充分实现机械化,才能收割及时、高效、质量好、成本低。主要的牧草收获机械有割草机、压扁机、铺条机、搂草机、捆草机、集草车以及草捆装运和草垛运输车等。牧草收割与调制的程序为：

　　牧草刈割—牧草摊晒—倒伏草的搂集和刈割草的耙集—干草的堆垛—把堆压实—把干草堆集成大堆—往养畜场运送干草—干草压缩—拣拾打捆—往堆垛处运草—制作草粉

　　牧草的干燥是收获牧草中的一项重要生产环节，为确保干草的质量必须掌握好牧草在干燥过程中水分的散失规律及营养物质损失的规律。鲜草含水量为 50％～85％，干草含水量约 15％、最高不能超过 20％。空气相对湿度小，有利于加速干燥。植物的各部结构散水速度也不一致，一般叶片比茎秆散失速度快。通常豆科牧草比禾本科牧草干燥速度慢。

　　根据牧草干燥过程中水分散失及营养物质变化损失规律总结出牧草干燥时应注意的事项：

　　第一，尽量缩短干燥时间，减少生理生化和氧化作用造成的损失；

　　第二，干燥末期力求植物整个株体干燥均匀；

　　第三，牧草各生产环节尽量减少机械损失；

　　第四，防止雨淋和暴晒，注意通风，防止发霉。在生产上牧草的干燥多采用地面干燥法。这种方法就是牧草刈割后就地干燥6～7h，将水分含量控制在 40％～50％，再搂成草垄继续干燥 4～5h，后集成草堆，再经 2d～5d 后就可调制成干草。为了加速牧草干燥，应注意翻晒草垄或压裂草茎。特别在湿润地区进行干草调制时，要在利于通风的草架上堆晒效果更好。

　　除了地面干燥方法以外，还有采用现代设备的鼓风干燥法和牧草烘干机高温干燥法。常温鼓风干燥法是在牧草含水量高、外界空气湿度大、不能短期干燥时采用，以缩短干燥时间；烘干机高温干燥法是在调制干草粉时采用，一般只需数秒钟到数十分钟，所以一定要掌握好，否则影响干草品质。调制的干草水分达到15％～18％时即可堆垛贮藏或压捆贮藏。草垛多为圆形或长方形,垛的上部是坡面或圆塔形,体积小,减少雨淋和日晒面积,垛的下部和空气、地面接触小,减少营养损失。垛址一定选在高处,避免水淹,垛周围挖好排水沟。垛底用木架架空,利于通风。

五、割草地的培育

(一)割草地轮刈

长期在草地上割草,每年从割草地的土壤中带走大量的植物所必需的营养元素,使土壤肥力逐年下降,牧草减产。特别是经常定期或多次刈割,造成割草地优良牧草衰退,产量下降,连年在抽穗、开花期刈割,牧草也没有结实机会。为了改善割草地的生产情况,保证割草地生产力水平的维持与不断提高,对割草地必须采用合理的利用和管理制度——割草地轮刈制。

割草地轮刈是一种采用轮换方式,按一定顺序逐年变更刈割时期、次数并培育草场的制度。它的中心内容在于变更草场逐年刈割的时期和利用次数,并进行休闲与培育,使草地植物积累足够的贮藏营养物质和形成种子,有利于草场植物既能种子繁殖,也能进行营养繁殖,同时也能改善植物的生长条件。在组织割草地轮刈时,可将草地划分为4~6块地段,然后采取一定的轮刈方案,对每块地段分别进行逐年轮换利用与培育。

(二)割草地灌溉与施肥

割草地应注意灌水和施肥,以保持较高而稳定的生产水平。割草地必须施肥,补充被消耗的土壤养分,提高土壤肥力,这是培育割草地的重要措施之一。其目的是为有价值的禾草和豆科草类的生长发育创造条件,增加优良牧草在草群中的比例和牧草中蛋白质及矿物质含量。同时,还可以加速牧草的生长和再生,有利于越冬和提早萌发。施肥时一定要根据牧草种类、土壤类型对割草地施以不同数量和不同性质的肥料。如水湿草地施磷肥好,禾草为主的草地应多施氮肥,豆科牧草为主的草地施磷、钾肥。割草地的施肥中应注意施好追肥,追肥最好在春、秋两季进行,春季在植物的发芽或分蘖拔节时进行,秋季追肥是在割草后进行,目的在于使牧草尽快恢复绿色叶片,促进秋季分蘖,让地下器官积累较多的可塑性营养物质,以利于越冬和翌年早春返青。

(三)割草地通气状况的改善

优良的割草地草群应使它处于根茎和疏丛植物发育阶段,这样的草群要求土壤通气良好,同时由于草群的旺盛生长,上层被根群和根茎充塞,使土壤紧密,微生物活动减弱,土壤有机质分解不充分,肥力不足,这样牧草的再生芽发育衰弱,草群优良成分衰退,产量和品质也就下降,因此一定要改善割草地的土壤通气状况。一般是采用早春和晚秋刈割后进行草地耕耙或每隔2~3年采用圆盘缺口耙进行耙切,使生境通气状况得到改善,维护割草地优良牧草处于良好的生长条件。

(四)割草地的放牧利用

割草地除割草外,在某些时期还可用于放牧,但必须注意不能在春季放牧,否则将造成割草地退化,促使杂类草的发育和降低产草量。只有割草后当再生草生长到15~20cm时,才能进行放牧利用。但采食量不应超过70%,而且应在牧草生长期结束前30天停牧,以保证牧草积累营养物质,准备越冬。

在土壤潮湿、生草土泥泞或土壤过于疏松的天然割草地,再生草最好不进行放牧,以免牲畜过分践踏牧草。冬季枯草期放牧利用则影响不大。

(五)割草地的利用率

割草地的利用率为实施割草的草地占割草地总面积的比例。草地生产实施割草地轮换割草。割草地的利用率规定为:连续割草年限占一个割草轮换周期年限的比例。如轮割周期为5年的割草地,连续割草4年,休割1年,其利用率为80%。各种类型割草地的利用率见表3-18。

表 3-18　不同类型割草地利用率

草地类型	低地草甸类 温性山地草甸类 温性草甸草原类	温性草原类 沼泽化高寒草甸 亚类沼泽类	暖性草丛、灌草丛类 热性草丛、灌草丛类
轮割周期/年	4	3	5
连续割草年限	3	2	4
割草地利用率(%)	75	67	80

第四章 退化草地治理与生态恢复重建

第一节 草地退化的概念

按土地利用类型划分,主要用于牧业生产的地区或自然界各类草原、草甸、稀树干草原等统称为草地。草地退化中所指的草地一般是指天然草原。草地多生长草本植物,可供放养或割草饲养牲畜。世界的草地主要分布在各大陆内部气候干燥、降水较少的地区。世界上的草地约占世界陆地面积的 20%,生产了人类食物量的 11.5%,以及大量的皮、毛等畜产品;草地上还生长许多药用植物、纤维植物和油料植物,栖息着大量的野生动物。我国各类天然草地面积达 $4 \times 10^8 hm^2$,约占全国总面积的 41.7%。

人类最初只利用天然草地,从游牧到定居放牧,逐渐发展形成畜牧经济。后来学会了开垦草地,发展种植业和畜牧业。在漫长的封建社会,由于人口增长和生产力的发展,不断扩大放牧和开垦的范围,以及由于战争和自然灾害的破坏,草地资源逐渐减少。许多国家在进入资本主义社会后,市场对畜产品的需求日益增长,促进了畜牧业经济的迅速发展;同时,由于掠夺性经营和滥垦,使草地资源受到严重破坏,很多地区出现了生态危机,灾害频繁。我国在 20 世纪 60~70 年代也发生过盲目大量开垦草地、过度放牧导致草地严重退化的现象。

世界草地资源按其地理分布和组成划分,有温带草原和热带草原两大类。温带草原分布在南北半球的中纬度地带,包括欧亚大陆草原、北美大陆草原等。它的特点是低温少雨,草群低矮,地上高度不超过 1m,以耐寒旱生禾本科草为主。热带草原分布在低纬度地区,包括非洲、大洋洲及南美洲的部分草原。它的特点是高温多雨,旱湿季明显,旱季长达 5～6 个月;植物以旱生草类为主,草丛高大,禾本科地上高度达 2～3m,并混杂生长耐旱灌木和非常稀疏的乔木,被称为"稀树草原"。

20 世纪 70 年代,全世界尚保留用于畜牧业的草地面积约为 $31.6 \times 10^8 hm^2$,非洲占 25%,亚洲占 19.4%,大洋洲占 14.9%,南美洲占 14.4%,北美洲和中美洲占 11.3%,欧洲占 2.9%。各洲草地面积占土地面积的比重:大洋洲是 55.3%,非洲是 26.4%,南美洲是 25.6%,亚洲是 22.6%,欧洲和北美洲各占 16%。平均每人占有草地面积最多的是澳大利亚为 $31hm^2$,其次是阿根廷 $5.3hm^2$,其他比较多的国家有新西兰 $4.5hm^2$,马里 $4.3hm^2$,南非 $2.8hm^2$,美国、墨西哥、智利等国 $1～2.7hm^2$。

我国 $4 \times 10^8 hm^2$ 草地中,可利用面积约 $2.8 \times 10^8 hm^2$,分为牧区草原和农区草山草滩两大部分。牧区草原 $3.13 \times 10^8 hm^2$,可利用面积 $2.2 \times 10^8 hm^2$,主要分布于西北、东北、西南 10 省、自治区、直辖市的 266 个牧区县和半牧业县;农区草山草滩 $0.87 \times 10^8 hm^2$,可利用面积 $0.6 \times 10^8 hm^2$,主要分布于南方各省和北方黄土高原地区。牧区草原有草甸、干旱、荒漠与半荒漠三种基本草地类型;农区草山草滩有温带、亚热带、热带灌草丛、落叶与常绿阔叶林草地等基本类型。如按质量分,优等占 20%,中等占 50%,劣等占 30%。分布于各类草地的牧草资源有 5 000 多种,其中豆科 139 属 1 130 种,禾本科 190 属 1 150 种。已用于人工栽培的牧草有 100 多种。

我国草地资源按自然条件、利用现状和发展方向可分为:①蒙新高原草原区,有可利用草地 $1.06 \times 10^8 hm^2$,是发展细毛羊、半细毛羊、羔皮羊、绒山羊、马、肉牛和双峰驼的基地。②东北草原区,有可利用草地 $0.13 \times 10^8 hm^2$,是发展奶牛、肉牛、细毛羊和半细毛羊和绒山羊的基地。③青藏高原草原区,有可利用草地 $1.06 \times 10^8 hm^2$,是发展牦牛、绵羊、马等高原型家畜的基地。④黄土高原草山区,有可利用草地 $0.13 \times 10^8 hm^2$,是发展奶山羊、滩羊、秦川牛、关中驴的基地。⑤西南山地草山区,有可利用草地 $0.27 \times 10^8 hm^2$,是发展奶牛、肉牛、半细毛羊的基地。⑥东南丘陵草山区,有可利用草地 $0.13 \times 10^8 hm^2$,是发展水牛、奶牛、肉牛、山羊的基地。⑦黄淮平原沿海草滩区,有可利用草地 333 万 hm^2,是发展肉牛、奶牛、细毛羊、半细毛羊的基地。

天然草地指植被自然生长未经改良的草地。天然草地植物群落、植物种类多,类型结构复杂,植被较稳定,饲料资源丰富,但生产力较低;多供作放牧家畜和刈草用,是草地畜牧业的生产基地;分布广泛且面积大,全世界 $30.5 \times 10^8 hm^2$ 草地中,绝大部分为天然草地。我国 $4 \times 10^8 hm^2$ 草地中,95% 为天然草地,包括北方大面积草原、南方草山草坡、农区边隙地、沿海滩涂草地。

永久草地即植被稳定可长期利用的草地,一般利用年限 10 年以上,包括天然草地、人工草地和改良草地。植被由可利用多年而生长不衰的多年生牧草或自繁自生的一年生牧草组成;结构较复杂,植物种类较多,牧草抗逆性强,耐刈、耐牧;土壤、气候等生境条件较优越;要保持草地持久、高产的生产力,须加强培育措施,采用合理的放牧或刈草制度。

次生草地是在森林砍伐后,自然演替形成草本植物群落为主的草地。在我国南方,草山草坡多为次生的灌草丛草地。采伐迹地土壤有一定厚度、较充足的水分和养分,草本植物和小灌木可迅速生长,形成次生植物群落。常绿阔叶林群落,在自然状态下,是稳定的地带性顶极群落,采伐后迹地先形成铁芒萁、蜈蚣草、白茅或扭黄茅为主的低草群落,而后逐步发展形成由芒、野古草、蕨为主的高草群落。高草中混生桢木、白檀、金樱子等灌木,自然形成乌药、檵木、杜鹃、乌饭树等灌木丛。次生草地产草量高,但品质较差,不耐牧,易发生演替退化,加强培育才能维持草地生产力并持久利用。

零星分布在郁闭度 0.3~0.6 的森林中或林缘的草地称为林

间草地(疏林草地)。林间草地植物种类繁多,植被类型复杂,以中生或中旱生草本植物为主;植株较高大,产量高,品质好,豆科牧草比例大(占 8%);具有蔽荫、防风、冬季和春季御寒的条件,适于放牧各种家畜,尤宜放牧牛和鹿。林缘草地亦宜作割草地,是发展草食家畜的重要基地。在中龄以上森林的林间草地上放牧家畜,对树木无伤害并可防火,但应严格控制放牧时间和载畜量。根据草丛分布状况林间草地分 3 种类型:草丛与树木相间生长,树木散生;林中呈片状分布的草地,多为次生草地;林中块状隙地草丛,亦是林中草食动物的栖息地,草地水热条件好,气候湿润,土壤肥沃。

在牧区和农区由人工种植的用于放牧牲畜或割草,植被覆盖率在 5% 以上的草原、草坡、草山等,即人工种植牧草的草地,称为人工草地,包括人工培植用于牧业的灌木。人工草地为中国土地利用现状分类系统中的二级类型地之一。中国的人工草地面积较小,1990年全国只有 608 万 hm^2,仅为全国天然草地面积的 1.5%,随后有所增长,到 20 世纪 90 年代中期人工草地占到全国草地面积的 2%,但是面积仍然偏小,草地畜牧业的发展仍然缺乏高产优质人工草地的支撑。草地畜牧业发达国家的经验是人工草地面积占天然草地面积的 10%,畜牧业生产力比完全依靠天然草地增加 1 倍以上。根据有关部门规划,到 2010 年,我国人工种植草地、改良草地面积将达到 6 000 万 hm^2,将占全国草地面积的 15%。

《草原法》第二条第二款规定的草原,是指天然草原和人工草地。天然草原是指一种土地类型,它是草本和木本饲用植物与其所着生的土地构成的具有多种功能的自然综合体。人工草地是指选择适宜的草种,通过人工措施而建植或改良的草地。

我国是世界第三大草原资源大国,草原面积接近 4×10^8 hm^2,与位居世界第一、第二的澳大利亚和俄罗斯的草原面积相近。由于我国版图辽阔,横跨了热带、亚热带、温带和高寒带等气候带,各地生态条件差异很大,因此我国具有种类繁多的草原类型。在我国面积广大、类型繁多的草原上,生长有大量品质优良的饲用植物。因此,我国广阔、富饶的草原,可作为畜牧业的生产基地,牧养我国家畜的 1/3(不包括猪)。除了家畜外,还有大量的野生动物、野生工业原料植物和野生药用植物生长、生活在广阔的草原上。另外,由于面积大、分布广,天然草原和森林一样,是我国重要的生态屏障,它不仅仅维护着我国北部和西部的生态环境,而且也维护着我国中部乃至东部的生态环境。草原作为生态屏障,它所起到的作用和产生的价值,与作为放牧使用的草原相比,是具有同等价值和同等重要性的。近年来肆虐大半个中国的沙尘暴,长江、松花江的洪水泛滥,黄河的断流,黄土高原的水土流失,北方地区和青藏高原大面积的土地沙漠化等,都是由于草原被破坏而引起的环境问题,从反面说明了草原生态屏障的重要性。

我国的天然草原已利用了几千年,在历史的长河中,随着人口的增加,人均草原面积越来越少,由于家畜的增多,草原的负载量不断上升,随之引发了许多生态和生产问题,造成了目前草原严重退化的现状。

草地退化是草地物理因子和生物因子的改变所导致的生产力、经济潜力、服务性能和健康状况下降或丧失的过程。国内外许多学者从生态学、草地经营、草地生态系统保护及建设等角度研究草地退化,给出不同的定义。

Sampson(1919)认为,草地退化是指一定生境条件下的草地植被与该生境的顶级或亚顶级植被状态的背离。

陈佐忠(1988)认为,草地退化既指草的退化,又指地的退化,其结果是生态系统的退化;破坏了草原生态系统物质循环的相对平衡,使生态系统逆向演替。

李博(1990)认为,草地退化是指在放牧、开垦、搂柴等人为活动影响下,草地生态系统远离顶极的状态。

黄文秀(1991)认为,草地退化是指草地承载牲畜的能力下降,进而引起畜产品生产力下降的过程。

HS Thind & MS Chillon(1994)认为,草地退化包括可见的与非可见的两类。前者如土壤侵蚀和盐渍化,后者如不利的化学、物理和生物因素的变化导致的生产力下降。

李永宏(1994)认为,由于人为活动或不利自然因素所引起的草地(包括植物及土壤)质量衰退,生产力、经济潜力及服务功能降低、环境变劣以及生物多样性或复杂程度降低、恢复功能减弱或失去恢复功能,即称之为草地退化。

立绍良(1995)认为,土壤硬度与沙粒含量增大、有机质含量减少,是草原土壤退化的主要指标。

张自和(2002)认为,草原退化是在不合理利用的情况下草地植被的产量和质量下降,土壤环境恶化,使草原生态系统的生产与生态功能衰退的现象。

将草原退化划分为:荒漠型退化、盐渍型退化、黑土滩型退化、毒杂草型退化、水土流失型退化(黄土高原区)、鼠害型退化(青藏高原区)、石漠型退化(南方多石山区)等类型。

中华人民共和国国家标准(GB 19377-2003)天然草地退化、沙化、盐渍化的分级指标的术语和定义第 3.1 条规定:草地退化是"天然草地在干旱、风沙、盐碱、内涝、地下水位变化等不利自然因素的影响下,或过度放牧与割草等不合理利用,或滥挖、滥割、樵采破坏植被,引起草地生态环境恶化,草地牧草生物产量降低,品质下降,草地利用性能降低,甚至失去利用价值的过程。"

实质上,草地退化是生态系统的退化,破坏了草原生态系统物质的相对平衡,使生态系统逆向演替的一种过程。在这一过程中,该系统的组成、结构与功能发生明显变化,原有的能流规模缩小,物质循环失调,熵值增加,打破了原有的稳态和有序性,系统向低能量级转化。亦即维持生态过程所必需的生态功能下降甚至丧失,或在低能量级水平上形成偏途顶极,建立新的亚稳态。

我国的天然草地面积占全国总面积的 41.7%，为耕地面积的 3.2 倍，森林面积的 2.5 倍。在耕地面积中又有 1/3 是开垦草原形成的。我国的草原主要分布在从大兴安岭起向西南到横断山脉的斜线以西部分。其中，大面积集中分布在西藏、内蒙古、新疆、青海、四川、甘肃、广西、黑龙江等省、自治区，湖南、湖北、贵州、吉林、陕西、山西、江西、河北、宁夏、辽宁等省、自治区也有 300 万～600 万 hm² 天然草原的分布。

我国各种类型的天然草地之中，90% 以上处于不同程度的退化状态。草地退化已成为限制我国草地生态功能发挥、生产力提高的重要因素。

第二节　退化草地的特征

在全国绝大多数草原均存在着程度不同的草地退化现象，表现为土壤碱化、土地沙化、气候恶化以及严重的鼠害等一系列生态问题。草原退化的标志之一是产草量的下降。据调查，全国各类草原的牧草产量普遍比 20 世纪 50～60 年代下降 30%～50%。例如，新疆乌鲁木齐县，1965 年每 667m² 草场平均产草量 85kg，到 1982 年已降至 53kg，平均每年减少 1.5kg。草原退化的标志之二是牧草质量上的变化，可食性牧草减少，毒草和杂草增加，使牧场的使用价值下降。例如，青海果洛地区，草原退化前，杂、毒草仅占全部草量的 19%～31%，退化后增加到 30%～50%，优质牧草则由 33%～51% 下降到 4%～19%。草原退化，植被疏落，导致气候恶化，许多地方的大风日数和沙暴次数逐渐增加。气候的恶化又促进了草原的退化和沙化过程。我国是世界上受沙漠化危害最重的国家之一。我国北方地区草地沙漠化面积已近 18 万 km²，从 20 世纪 50 年代末到 70 年代末的 20 年间，因沙漠化已丧失了 3.9 万 km² 的土地。

草地退化有多方面的表现，中度以上的退化明显的表现有下列几个主要特征。

一、草地土壤退化

土壤是草地生态系统的基础环境,土壤退化与草地退化关系十分密切,土壤的好坏直接影响草地植被的发展。

在评价草地退化程度及采取改良草地措施时,目前多着眼于植被群落的组合与演替。而对土壤的地位及作用没有给予应有的重视,这反映了对土壤退化与草地退化之间的关系了解的深度还不够。草地植物与土壤之间有着十分密切的关系,这是人们所熟知的。从宏观上讲草原上 3 个典型的土壤类型的形成、分布与生物气候带是相适应的。黑钙土是在温带半湿润草甸化草原植被条件下形成的,干旱的典型草原以栗钙土为主,而棕钙土则是荒漠草原环境的产物。与土壤类型相适应,草地在植物群落组成及生物产量以及饲养的家畜等方面均有所不同。从微观上看,土壤性状上的某些改变,都可以引起植被组成发生变化,如土壤钙积层出现的部位、厚度、硬结程度等对土壤水分状况有十分明显的影响。反之植被类型的不同,直接影响到土壤有机质积累的数量及分布的深度。因此二者之间是相互作用相互影响的,任何一方的改变都会引起另一方的变化。但与植被的变化相比,土壤的变化要缓慢得多,它的变化不易为人们直观所察觉,但退化以后恢复到原有水平又十分困难。所以,对土壤退化过程及影响因素、性状的变化,是我们应该关注的方向。

据研究,在内蒙古高原,草本植物早在第三纪渐新世即已出现,在晚第三纪后期就已形成了具有禾本科、菊科、百合科、豆科的草原植物群落景观,距今至少有 300 万年。但是典型的草原土壤,如黑钙土、栗钙土则是在第四纪全新世暖湿时期形成的,距今5 000~6 000 千年。由此可知,典型草原土壤的形成与植被发展有密切关系,但又落后于草原植被的演替。自全新世以来,随着自然环境变迁及人类生产活动的增强,使土壤朝着两个方向演化:向肥力水平提高方向演化称之为熟化过程,形成了高肥力的农业土壤;向肥力下降方向演化称之为土壤退化过程,表现为性状恶化、养分耗竭、沙化、盐渍化或受到污染等。虽然土壤的演化方向不同,但都是自然与人为因素叠加作用所造成的。一般说来,自然因素影响的范围广,过程比较缓慢,其中气候因素的作用是持续的。有研究表明,内蒙古地区自中更新世以来,气候在波动中向干旱化方向发展,全新世以来这种趋势更加明显,表现在气温增高、降水减少,直接影响到植物群落生长的高度、盖度及组成。研究表明,现在的植被盖度较中全新世减少近20%,对土壤的影响则是有机质来源减少而分解速度加快、土壤结构破坏、土壤含盐量增加、土壤蒸发加快,这样就使得土壤向干旱化、贫瘠化方向发展。气候推动了土壤的退化过程,但气候变化是波动性的,它的影响是持续交替进行的,作用是相对比较缓慢的。与自然因素相比,人类生产活动则是最直接、最强烈的作用因素,在合理的适度放牧条件下,草原生态系统的能流、物流基本处于平衡状态,生产水平比较稳定,如能进行施肥、灌水,土壤肥力还会提高,良好的土壤基础,保证了生产的持续发展。但在超载过牧情况下,植物生长受到抑制,会使土壤性状发生极大的改变,加剧土壤的退化进程。

二、草地植物的成分和结构变化

主要表现为植被的盖度减少,优良牧草的密度和高度降低,不可食牧草和毒草的个体数相对增加。例如,过去一些非常好的草地,由于过牧导致严重退化,盖度减少,优良牧草密度降低,高度降低,不可食草和毒草增加。

首先表现在优良牧草减少。根据20世纪80年代的调查,锡林郭勒盟天然草地与60年代相比,可食性饲草减少了33.9%,优良牧草下降了37.3%~90%。在内蒙古东部森林草原地带,贝加尔针茅(*Stipa baicalensis*)为地带性植被,因过度放牧而导致草场退化,由贝加尔针茅被冷蒿(*Artemisia frigida*)取代,后来冷蒿又为百里香(*Thymus mongolicus*)取代,禾本科植物所占比例减少,贝加尔针茅草原禾本科植物占地上生物量的69.33%,而冷蒿和百里香草原则上分别占18.06%和15%,草场质量下降。甘南地区草地退化导致优良牧草所占比例由1982年的70%下降到1996年的45%。

其次是不可食或有毒的植物增多。在鄂尔多斯高原,油蒿草场占据绝对优势,但长期的过度放牧,引起油蒿大片死亡,不可食的牛心朴子(*Cynanchum komarovii*)大面积成片出现,可食性牧草产草量降低。在内蒙古高原和鄂尔多斯高原,因草地退化,有毒植物——狼毒(*Stellera chamaejasme*)大面积出现。在一些地势较低的地方,有毒植物小花棘豆(*Oxytropis glabra*)也成片出现。甘南地区草地的杂毒草所占比例由1982年的30%上升到1996年的55%。

三、牧草生产能力下降

牧草生产能力是草地退化的最敏感的指标,轻度退化就可以明显感知,随着牧草产量下降程度的增加,草地退化的程度相应加深。

由于草地退化,牧草高度降低,昔日"风吹草低见牛羊",现在变成"老鼠跑过现脊梁",牧草产量急剧减少。目前,新疆天然草地的产草量比20世纪60年代下降了30%～60%。例如,天山山区著名的大小尤尔都斯盆地的草地,植被覆盖率由40年前的89.4%下降到目前的30%～50%,鲜草产量由1470kg/hm² 下降到600kg/hm²。青海省草原由于草地退化,20世纪90年代末同80年代相比,草地产草量下降了10%～40%,局部地区达到50%～90%。20世纪60年代中国科学院曾对内蒙古、宁夏进行综合考察,在内蒙古锡林郭勒盟做测产样地115个,草地产草量平均为2745kg/hm²。20年后国家科委、农委下达重点牧区资源调查,在锡林郭勒盟共做测产样方 19 701 个,牧草高度降低 40.3%～76.7%,盖度降低 35%～85%,草地平均产量下降到 1 700kg/hm²。内蒙古西苏尼特的赛汗塔拉一带的小针茅草地曾经是一片良好的放牧场,从 1959 年到 1976 年,不到 30 年的时间,覆盖度由 15%～20% 下降到 10% 以下,产草量下降了 40%～60%。

　　草地退化的范围很广,导致退化的原因也很不相同,因此制订统一的退化指标体系很困难。就天然草地放牧(割草)系统的退化,其退化指标是对草食家畜利用而言的。在这样的限定下,草地退化指标至少可从如下五个方面进行衡量。

　　第一,能量。草地放牧系统是一个太阳能固定与转化系统,太阳能利用率以及在系统内的转化效率应是衡量系统状态的最重要的指标。在不同的草地生态系统中,太阳能利用率是很不相同的,就我国天然草地而言,从林缘草甸到荒漠草原,其太阳能利用率为 1.3～0.07。因此,衡量其是否退化应与各类型的原生状态比较。一般情况下,草群生产力随退化程度的增强而递减,但有时不可食的杂草或毒草会随退化程度递增,所以从生产力角度衡量,应以可食牧草产量为标准来评估退化程度,并与同一类型的原始状态比较。

　　第二,质量。草地质量在这里指的是营养成分与适口性的高低,一般可由种类组成来衡量,因为大部分草地植物的营养成分是已知的。在我国北方草原中,绝大部分优势种具较高的营养价值与适口性,正因如此,在放牧利用时它们首先被采食,随着放牧强度的增加,优势种与适口性好的植物种逐渐减少,而适口性差、营养价值较低的一些杂类草则随放牧强度的增加而增加,甚至可代替原来的优势种。在此意义上,以现有群落的种类组成与顶极群落种类组成的距离来衡量草地退化程度,是一种简便易行的方法。

　　第三,环境。在强度放牧影响下,草原地被物消失,土壤表层裸露、反射率增高、潜热交换份额降低,土表硬度与土壤容重明显增加、毛细管持水量降低,风蚀与风积过程或水蚀过程增强,小环境变劣,进而土壤质地变粗、硬度加大、有机质减少、肥力下降,土壤向贫瘠化方向发展,草地在生物地球化学循环过程中的作用降低。

第四,草地生态系统的结构与食物链。一个顶极草地生态系统,其结构是较为复杂的,食物链也比较长,从生产者到草食动物、第一级肉食动物、第二级肉食动物齐全,但在退化草地上,其食物链缩短、结构简化。

第五,草地自我恢复功能。自我恢复功能是草地生态系统是否健康的重要标志。在过牧影响下,草地自我恢复功能逐渐降低,直至完全丧失。根据草地退化的程度,一般分为 4 级,即未退化、轻度退化、中度退化、重度退化,其划分标准如表 4-1 所示。

上述各级退化草地,常可采用指示植物鉴别。在我国北方草甸草原及典型草原上,原始类型的建群种有羊草(*Aneurolepidium chinense*)、贝加尔针茅(*Stipa baicalensis*)、大针茅(*Stipa grandis*)、长芒草(*Stipa bungeana*)等,并伴生一些较为中生的优良牧草如无芒雀麦(*Bromus inermis*)、野豌豆(*Vicia* spp.)、黄花苜蓿(*Medicago falcata*)等。当放牧强度增加、草地开始退化时,这些植物逐渐减少,至重度退化阶段,这些种大部分消失。与此同时,原生群落的一些伴生成分,如糙隐子草(*Cleistogenes squarrosa*)、冷蒿(*Artemisia frigida*)、百里香(*Thymus serpyllum*)、麻花头(*Serratula centauroides*)、狗娃花(*Heteropappus altaicus*)、星毛委陵菜(*Potentilla acaulis*)等则随放牧强度的增加而增加,甚至代替原来的优势植物而成为建群种。以小针茅(*Stipa gobica*,*S. klementz*,*S. breviflora*)为建群种的荒漠草原,当放牧强度增加、草原开始退化时,无芒隐子草(*Cleistogenes songorica*)、银灰旋花(*Convolvulus amanii*)、栉叶蒿(*Neopallasia pectinata*)、骆驼蓬(*Peganum harmala*)逐渐增加,最后取代小针茅而成为优势种。但在不同自然地带和不同群落类型中,退化指示植物是不同的,只有在充分了解各草地类型演替规律的基础上,才可利用指示种来断定草地退化程度。

表 4-1　草地退化程度分级与分级指标

监测项目		草地退化程度分级			
		未退化	轻度退化	中度退化	重度退化
必须监测项目	植物群落特征	总覆盖度相对百分数的减少率/(%)	0~10	11~20	21~30	>30
		草层高度相对百分数的降低率/(%)	0~10	11~20	21~50	>50
	植物群落组成结构	优势种牧草综合算术优势相对百分数的减少率/(%)	0~10	11~20	21~40	>40
		可食草种个体数相对百分数的减少率/(%)	0~10	11~20	21~40	>40
		不可食草与毒害草个体数相对百分数的增加率/(%)	0~10	11~20	21~40	>40
	指示植物	草地退化指示植物种个体数相对百分数的增加率/(%)	0~10	11~20	21~30	>30
		草地沙化指示植物种个体数相对百分数的增加率/(%)	0~10	11~20	21~30	>30
		草地盐渍化指标植物种个体数相对百分数的增加/(%)	0~10	11~20	21~30	>30
	地上部产草量	总产草量相对百分数的减少率/(%)	0~10	11~20	21~50	>50
		可食草产量相对百分数的减少率/(%)	0~10	11~20	21~50	>50
		不可食草与毒害草产量相对百分数的增加率/(%)	0~10	11~20	21~50	>50

续表 4-1

监测项目		草地退化程度分级			
		未退化	轻度退化	中度退化	重度退化
土壤养分	0~20cm 土层有机质含量相对百分数的减少率/(%)	0~10	11~20	21~50	>40
地表特征	浮沙堆积面积占草地面积相对百分数的增加率/(%)	0~10	11~20	21~30	>30
土壤理化性质	土壤侵蚀模数相对百分数的增加率/(%)	0~10	11~20	21~30	>30
	鼠洞面积占草地面积相对百分数的增加率/(%)	0~10	11~20	21~50	>50
	0cm~20cm 土层土壤容重相对百分数的增加率/(%)	0~10	11~20	21~30	>30
	0~20cm 土层全氮含量相对百分数的减少率/(%)	0~10	11~20	21~25	>25

注:监测已达到鼠害标准的草地,须将"鼠洞面积占草地面积相对百分数的增加率(%)"指标列入必须监测项目。引自中华人民共和国国家标准 GB 19733—2003

四、草地秃斑化

高寒草甸在遭受过度的放牧和鼠害后草皮被破坏,形成大面积的次生裸地或岛状裸地,使草地秃斑化。因暴露的土壤呈黑色,牧民称为"黑土滩"。"黑土滩"退化草地,牧草稀疏,毒草杂草滋生,鼠洞遍布,水土流失严重,这类退化草地发展速度快、危害深、治理难度大,是青藏高原面积最大和最具代表性的退化草地。

五、草地沙化、石漠化

过度放牧、草皮被破坏后,土壤基质较粗、含沙量较大的地方就会沙化。河漫滩和阶地,原本是极好的草地,由于放牧过度,草皮被毁,沙土裸露,出现沙化,暴雨过后,细沙被冲走,留下冲不动的砾石,导致石漠化。

六、草地鼠虫害加重

随着超载过牧、草地退化,牧草稀疏、低矮,给鼠虫造成了视野开阔、障碍物少、逃避天敌容易的条件,有助于鼠虫的种群扩大,造成草地鼠虫危害严重。啮齿动物(包括鼠类和兔类)对草地的危害表现为啮食优良牧草,挖洞抛土,破坏土壤和地面平整,促使土壤水分蒸发,改变植被成分,引起群落逆向演替。

七、水土流失严重

草地植被遭到严重破坏后,土壤的渗水和蓄水能力大大降低,地表径流加剧,土壤极易被侵蚀,造成大面积的水土流失。

八、水资源日渐枯竭

草地植被减少,水土流失严重,使草地涵养水分的能力大大降低,导致河流径流量减少,小溪断流,湖泊干涸,地下水位下降,干旱缺水草地增加。

九、生物多样性遭到严重破坏

草地严重退化使生物多样性破坏的主要表现是动植物物种的减少和区系的简单化。草地退化特别是中度退化后,就会造成大量植物种在群落中的消失。天然草地退化,植物减少,也使以草地为生的野生动物陷入危机,种群数量锐减,群系简单化,大多数种类濒临灭种的边缘。

草地退化还使生物多样性遭到严重破坏,濒危的野生动植物物种增多,优良植物种群数量减少。例如内蒙古克什克腾旗好鲁库冷蒿草原在轻微放牧的情况下,每平方米的植物 25 种,Shan-

non wiener 指数 1.2。而在过度放牧时,每平方米的植物少于 20
种,Shannon wiener 指数 1 左右。

十、沼泽面积锐减

由于天然草地的退化、沙化和干旱加剧,使湿地面积大幅度减
少,原先的大部分水草滩,已变成植被稀疏的半干滩,有的地方全
部干涸。

第三节　退化草地的成因

草地退化的主要原因是过牧,即过度放牧,过度放牧又叫超载
放牧。在一定自然条件下,单位面积的草场,只能供应一定数量牲
畜的活动,如果无限制过分频繁地放牧,牲畜的过度啃食,使牧草
来不及生长,来不及积累有机质,势必使草丛变得越来越矮,产量
越来越低。不仅如此,那些优良的牧草,即牲畜喜欢采食的牧草受
害最重,受影响最大。而那些有毒的或者牲畜不喜食的植物就得
以保存下来。这就是为什么退化的草地一方面表现植物小型化,
生物量低的特点;另一方面表现有毒植物相对增多的特点的原因。
退化严重的草地上,狼毒大量保存下来,就是这个道理。过牧不仅
对牧草会产生上述影响,而且长期的、大量的、过度的牲畜践踏,也
会使土壤变得紧实,导致透气透水能力降低,土壤性状恶化。许多
频繁的不合理的人为活动也都可能导致草地退化。

一、自然因素

气候变化是引起草地退化的重要自然原因,其中降水量的变
化尤其重要。我国广大温带草地大多位于半干旱、干旱区,降水的
年际和年内变化均很明显,这就从根本上决定了我国广大干旱、半
干旱地区草地生产力的波动变化。对我国北方近期降水变化的研

究表明,整体呈现干旱化的趋势,其中西北地区除新疆外,全部呈现出明显的干旱化趋势。以 1951 年至 1990 年年均降水量为基数,我国广大天然草地分布在内蒙古、新疆、青海、西藏等地,20 世纪 50 年代,除内蒙古、新疆外,降水量都减少;60 年代除西藏外,降水都减少;70 年代各地降水都减少;80 年代则均呈现增加趋势。正因为如此,从 60 年代末开始到 70 年代,我国北方地区出现大面积草场退化。从 20 世纪 50 年代到 80 年代,我国北方年均气温在波动中呈现增高的趋势,特别是从 80 年代开始以来,增温的趋势更为突出,这也从另一方面表明,由于气温变暖,使土壤水分损失增加,导致区域干旱化,进而加速草地退化的过程。

青藏高原是环境演变的发动机和敏感区之一,全球变化在该地区的"响应"极为明显。在影响草地生态环境形成和演化的诸多自然因素中,气候因素最为深刻,起着决定性的作用。进入 20 世纪 80 年代以来,由于厄尔尼诺现象、拉尼娜现象和温室效应的影响,作为全球变化中对气候变化最为敏感的地区之一,青藏高原表现出气候变化幅度大、超前性强等特点。近 40 年来,江河源区气候变化的总趋势是:气温升高,降水量增加,但降水量的增加主要体现在春、冬季降水明显增加,对植被生长起重要作用的夏季降水却呈明显减少的趋势。20 世纪 80 年代 10 年平均气温比 50 年代高 $0.12℃\sim0.9℃$。玛多一带自 70 年代后期气温开始波动上升,20 年平均增温 $0.55℃$。气候条件的这种变化对广泛分布于玛多、沱沱河一带的高寒沼泽草甸植被生长不利。气温升高,尤其是夏季气温升高将使蒸发强度增大,相同时期降水量没有增加甚至减少,将造成植被因干旱而退化,沼泽草甸因干旱而疏干,湿地草甸植被向中旱生植被演替。气候条件的变化还深刻地影响到冻土环境。根据康兴成、赵秀峰、程国栋、陈全功等学者的广泛研究,近 30 年来,随着气温升高及人类活动强度增加,青藏高原冻土上部(20 m)地温明显升高(平均

0.2℃～0.3℃),并已影响到深 40m 以上冻土层地温状况,造成冻土融区范围扩大,季节融化层增厚,甚至下伏多年的冻土层完全消失。因而使植被根系层土壤水分减少,表土干燥,植被因干旱而退化,区域草地生态系统趋于恶化。青藏高原特殊的自然环境,也给高原现代土地沙漠化的发生、发育和发展过程提供了多种营力。受冻缘、冻融、流水、风力和人为等多种营力的作用,致使沙丘活化,沙质草原沙化,沙砾质草原与荒漠质草原砾质化,农田土层粗化和土地不均匀风蚀切割。在青藏高原脆弱的生态环境中,上述沙漠化过程的正向反馈具有增强、加重的特点,而沙漠化过程的自我逆转能力则具有逐渐减弱或难以恢复的特点,因而青藏高原沙漠化土地具有更为脆弱的生态属性。

　　成灾鼠类的增加,加剧了草地退化。据统计,1978 年至 1999 年,我国北方 11 个省、自治区、直辖市平均每年鼠害成灾面积近 2 000 万 hm^2。一是鼠类与牲畜争食牧草,加剧草与畜的矛盾。二是挖洞和食草根,导致牧草成片死亡。害鼠挖的土被推出洞外,形成许多洞穴和土丘。土压草地植被,也引起牧草死亡,成为次生裸地。在青藏高原出现的黑土滩就是因鼠害形成的。据统计,黄河源头区因草地鼠害造成的黑土滩型草场退化面积已达 200 万 hm^2,部分草地已失去放牧利用价值。

二、人为因素

(一)过度开垦

　　新中国成立后,我国人口剧增,为解决粮食问题,从而大规模开垦草地。《全国已垦草原退耕还草工程规划(2001～2010 年)》中指出,全国约 1 930 万 hm^2 草地被开垦,占目前全国草地总面积的近 5%,即全国现有耕地的 18.2%源于草原。新疆在新中国成立后先后开垦草地 333.33 多万 hm^2,目前实际耕种的仅 180 万 hm^2,近一半土地因次生盐渍化而被弃耕。青海省草地开垦面积为 38 万 hm²，其中有 21.25 万 hm² 集中在青海湖环湖地区。目前，青海湖环湖地区可利用的耕地面积仅有 10 万 hm²，只相当于开垦面积的 50%。草地过度开垦是造成草地退化沙化的重要原因。

在"以粮为纲"、"牧民不吃亏心粮"等口号下，我国天然草地经历了几次大的开垦种粮高潮。一些土壤与植被条件优越的草地被当作荒地开垦，种粮食作物。这些草地大多在半干旱地区，自然条件比较恶劣。草地一旦开垦以后，多数是粗放耕作，不施肥、不灌溉、靠天吃饭，产量很低，有时是种一葫芦收一瓢。种不了几年，多年形成的土壤结构被破坏，有机质强烈分解，含量降低。在无覆盖条件下，冬、春风蚀加剧，很快变得粗粒化而且贫瘠。美国 20 世纪 30 年代发生的黑风暴主要是因为开垦草地造成了大量沙源。我国越来越严重的沙尘暴与草地开垦也有一定关系。2000 年以来，中央决定的退耕还草还林，才使得草地开垦得到遏制，草地退化有了彻底防治保证。

人为因素对草地生态系统的作用直接源于人口的不断增加和对生活资料需求的扩大，主要表现在两个方面：一是超强度放牧；二是滥垦、滥采和滥挖。靠天养畜、逐水草而居仍是目前开发利用草地资源的主要方式。传统的畜牧业一直把牲畜量的增加作为畜牧业生产发展的标准，牧民们把圈存牲畜的多寡作为贫富的象征，从而盲目发展牲畜数。由于交通不便、信息不灵、流通不畅，缺乏较强的商品和市场观念，牲畜的生产、加工、销售就只能停留在原始的初级生产上，牲畜卖不出去，卖出去的价格也是相当低廉，这样就阻碍了畜牧业向商品化方向发展的进程，因此牲畜逐年积累，数量骤增。根据甘南藏族自治州 20 世纪 80 年代初草地普查资料测算，全州天然草地理论载畜量为 619 万个羊单位（由于草地面积减少和草地退化等因素，目前要低于此数），而目前实际放牧的牲畜是 910 万个羊单位，超载高达 46.8%。牲畜数量的急剧增加加速了草地的退化、沙化,草地的退化、沙化又加剧了草地超载过牧。1980 年以来,甘南藏族自治州天然草场面积减少了 207.7 万 hm²,其中约 20% 被开垦为农田饲料地,25% 被辟为居民点、公路、矿区及城镇建设用地。大多数牧户限于资金,只好用草皮垒墙盖房、修畜棚。据统计,仅这两项,每户至少要用 1 500m² 草皮,致使定居点形成一个个"黑土滩",已成为破坏草原生态平衡、引起沙化的主要原因。天然草地上中草药众多,药用价值高,当地牧户受利益驱动,大肆挖掘草地,人为破坏了草地生态平衡。沙金多分布于河流转弯以下的平缓处,而这里正是水草良好的地方,"淘金潮"所到之处,草地环境普遍遭殃。值得一提的是从 20 世纪 80 年代以来,牧区开始逐步推行"草场公有,承包经营"制度,通过政府的合理引导,将牧民的"责、权、利"统一起来,使牧民能自觉地进行草场建设,推行"五配套"(围栏、种草、棚圈、人畜饮水、建房)工程,自愿根据市场条件和草场条件调节草畜平衡,有力地促进了牧区经济的发展和草场生态环境的建设。但应该注意的是:围栏后,畜群只能在限定的时间和区域内高强度、频繁的啃食、践踏,这与天然放牧行为大相径庭,从而极有可能破坏草地生态系统演替的内在机制。事实也证明,部分地区围栏放牧后,出现的退化问题更难修复,受草场和水系分布形势,尤其是水草匹配关系的限制,大多数地区在实行草场承包时,往往以水源地为中心划分草场。因此,水源区周围往往成为沙化、退化最严重的地区之一。

(二)滥伐采

在鄂尔多斯高原毛乌素沙地,由于滥砍柳湾林,使柳湾林面积锐减。在 20 世纪 50 年代,柳湾林面积接近 70 万 hm²,到了 80 年代已减少到 5.2 万 hm²。新疆原有的柽柳灌丛已消失大半。

(三)采 药

草地是天然的中草药园。在草地数千种的植物中,有大量的名贵中草药,如内蒙古黄芪、甘草、麻黄、柴胡、防风、知母等,这些中草药大部分是以其根入药,而挖根就要破坏草地,而且大部分采集者在挖根后都会留下一个深坑与一堆松土。挖的坑多,破坏的草地就大,这给风蚀提供了大量沙源。据估算,挖 1kg 甘草就要破坏 $5m^2$ 以上的草地。新疆巴楚县 1996 年调查有甘草 4 万 hm^2,现已有 2 万 hm^2 被挖掘一空。陕北甘草面积也越来越少。

(四)采集经济植物

草地有许多有特殊价值的经济植物,大量的频繁的采集,不仅会破坏这一资源本身,也会给其生存的草地带来不利影响。许多经济植物仅生长于荒漠草原地区,这一地区自然条件十分恶劣,破坏易而恢复难。采集经济植物不仅会使荒漠草原植被遭到破坏,而且影响土壤结构,以至整个生态系统。从 20 世纪 90 年代初开始,数以万计的人涌入内蒙古搂取发菜,使近 20% 的内蒙古大草原遭受到严重破坏。

(五)开　矿

我国草原区蕴藏着大量的地下矿产资源,如煤、石油、矿石等,开采这些地下资源的过程中,来往频繁的车辆、人群,以及废矿、废弃物等堆积于草原上,对草地也是一种破坏。

(六)交通车辆的碾压

我国草原辽阔,在一定意义上说可能有点荒凉。硬化的等级路面很少,汽车、摩托车在草原上行驶,无固定道路,这对局部地区的草原破坏很严重。

(七)车辆毁地

在平坦草场和缓坡草地,车辆可任意通行。这虽给行车带来了方便,但也使草场受到破坏。草原上除主干道外,小路、便道四通八达。随意形成的道路和多条并行道,毁坏了许多可利用的草场。

(八)旅　游

近几年,草原旅游兴起。旅游确实给当地居民带来了很高的收入,也推动了地方经济发展。但因管理粗放,造成一系列生态环境问题。骑马是草地旅游的主要活动,由于马匹在旅游点的集中,草场反复被践踏,常常引起退化。例如,在内蒙古克什克腾旗乌兰布统乡南部的吐力根河北岸,由于骑马活动使得河滩草甸遭受严重的破坏,草高不足 1cm,有些地方呈裸露状态。旅游刺激着对野生动植物资源的捕猎和采集,使资源枯竭。例如,内蒙古高原的干枝梅(*Limonium bicolor*)面临灭绝的危险。

导致西部草地退化的人为因素主要有超载过牧、开垦撂荒、滥采乱挖、滥用水资源、工矿道路建设和不合理的旅游开发。其中,超载过牧和开垦撂荒是西部 6 省、自治区普遍存在、且严重威胁草地可持续发展的首要因素。

草畜平衡是维持草地健康发展的基础。草地长期超载过牧,使牧草产量普遍下降,草层盖度变小,高度变低;生草土结构被破坏,土壤肥力下降;草地生态系统处于退化演替状态。目前,西部地区放牧家畜的数量已大大超过草地的承载能力,草地生态系统内部存在着严重的草畜失衡现象。据统计,西部 6 省、自治区的家畜数量由 20 世纪 50 年代的 $2\,181.3 \times 10^4$ 头,发展到 90 年代的 $14\,708.7 \times 10^4$ 头,增加了 5 倍多。其中,内蒙古和新疆 2 区的家畜数量增加了近 1 倍。而这 50 年间,草地面积不但没有增加,反而减少了 $1\,000 \times 10^4\,hm^2$,家畜占有的草地面积下降 4 倍。我国荒漠化地区草地超载率为 50%～120%,有些地区甚至高达 300%。超载过牧不仅会降低草地的生产力水平,长时间、高强度的放牧率还会严重破坏草地的健康状况,最终导致草地的退化演替。

草地垦荒是以牺牲生态环境为代价的一种短期行为,其结果必然是"一年开荒,二年打粮,三五年变沙梁"。这是由于耕作破坏了草地植被,松散了生草土层,裸露松散的沙质土地在干旱的风沙中极易受风蚀,每当风季来临,疏松的细沙土随风而起,成为沙丘的物质来源；同时，开垦缩小了草地面积，增加了草地的家畜负荷量，从而引起草地植被的退化。

樵采、挖药和搂发菜也会大面积地破坏草地，引发草地退化；滥用水资源造成水资源的浪费和土地干旱；采矿、道路建设会严重破坏植被，导致草地退化；旅游开发也对草地生态系统造成一定程度的干扰和破坏。

综上所述，生境脆弱的西部草地在气候变化和人为干扰两大因素的影响，均会发生退化演替，这两大因素无论哪一个占主导地位，都可以通过草地植物的演替情况来反映。从干旱、半干旱区植物地下部生长发育的情况来看，干旱年份植物地上部分生长受阻甚至枯死，但多年生牧草的地下部能在干旱的条件下保持生活状态，一旦满足它的水分要求，就能形成地上部。此外，目前尚未见到草地大范围的带状渐进式退化现象发生。可见，气候变化引起的草地退化充其量是暂时的和局部的。气候变化引起的草地退化是暂时的，可以简单理解为自然胁迫下草地的休眠现象；相对而言，人为因素引发的草地退化是长期的和较普遍的，需要经过阶段演替才能恢复原状。因此，草地退化的主导因子至少在许多地区不是气候变化，而是人为因素。

因此，对西部草地退化的成因作出如下推断：脆弱的生态环境是西部草地退化的自然内营力，人为干扰和不合理利用是西部草地退化的主要驱动力，气候变暖、变干是加速西部草地退化的辅助外营力。

第四节　退化草地治理原理与技术

退化草地恢复是一个庞大复杂的系统工程，不仅涉及草地学、牧草栽培学、土壤学、生态学等方面的实用技术，而且要求具有强大的科学理论作指导，如恢复生态学、草地资源学和草业生产系统理论。特别是 20 世纪 80 年代兴起的恢复生态学,它是研究生态系统退化的原因,退化生态系统恢复与重建的技术与方法,生态学过程与机制的科学。退化草地恢复的首要条件是排除施加给草地的超负荷利用压力,使之降低到草地生态系统恢复功能的阈限。这就是说,草地退化具有可逆性,一般情况下当消除过度利用的压力后,退化草地都具有恢复的潜在功能,但有些恢复过程是非常漫长的。

退化草地的实质是草地生态系统的退化,退化草地的治理是退化草地生态系统的恢复。这个过程涉及许多方面,如治理的目标、原则、方法、过程、机制等等。退化草地的最本质问题是恢复草地生态系统的必要功能并使之具系统自我维持能力。

一、退化草地治理原理

目前,在恢复生态学中有一种理论,即自我设计与人为设计理论。自我设计理论认为,只要有足够的时间,随着时间的进程、退化生态系统将根据环境条件合理地组织自己并会最终改变其组分。而人为设计理论认为,通过工程方法和植物重建可直接恢复退化生态系统。但恢复的类型可能是多样的。这一理论把物种的生活史作为植被恢复的重要因子,并认为通过调整物种生活史的方法就可加快植被的恢复。这两种理论不同点在于:自我设计理论把恢复放在生态系统层次考虑,未考虑到缺乏种子库的情况,其恢复的可能结果是环境决定的群落;而人为设计理论把恢复放在个体或种群层次上考虑,恢复的可能结果是多种多样的。

恢复生态学应用了许多学科的理论,但最主要的还是生态学理论。这些理论主要有:限制性因子原理(寻找生态系统恢复的关键因子)、热力学定律(确定生态系统能量流动特征)、种群密度制约及分布格局原理(确定物种的空间配置)、生态适应性理论(尽量采用乡土种进行生态恢复)、生态位原理(合理安排生态系统中物种及其位置)、演替理论(缩短恢复时间,极端退化的生态系统恢复时,演替理论不适用,但具指导作用)、植物入侵理论、生物多样性原理(引进物种时强调生物多样性,生物多样性可能导致恢复的生态系统稳定)、缀块→廊道→基底理论(从景观层次考虑生境破碎化和整体土地利用方式)等等。

(一)退化生态系统恢复的机制

通过排除干扰、加速生物组分的变化和启动演替过程使退化的生态系统恢复到某种理想的状态是恢复生态学中占主导地位的思想。在这一过程中,首先是建立生产者系统(主要指植被),由生产者固定能量,并通过能量驱动水分循环,水分带动营养物质循环。在生产者系统建立的同时或稍后再建立消费者、分解者系统和微生境。

需要指出的是,退化生态系统的可能发展方向包括:退化前状态、持续退化、保持原状、恢复到一定状态后退化、恢复到介于退化与人们可接受状态间的替代的状态或恢复到理想状态(Hobbs 和Moonev,1993)。然而,也有人指出退化生态系统并不总是沿着一个方向恢复,也可能是在几个方向间进行转换并达到复合稳定状态。Hobbst. Norton(1996)提出了一个临界阈值理论(图 4-1)。该理论假设生态系统有 4 种可选择的稳定状态,状态 1 是未退化的,状态 2 和 3 是部分退化的,状态 4 是严重退化的。在不同胁迫或同种胁迫不同强度压力下,生态系统可从状态 1 退化到 2 或 3;当去除胁迫时,生态系统又可从状态 2 和 3 恢复到状态 1。但从状态 2 或状态 3 退化到状态 4 要越过一个临界阈值,反过来,要从状态 4 恢复到状态 2 或 3 时非常难,通常需要大量的投入。例如,草地常常由于过度放牧而退化,若控制放牧则可很快恢复,但当草地已被野草入侵,且土壤成分已改变时,控制放牧已不能使草地恢复,而需要更多的恢复投入。同样在亚热带区域,顶极植被常绿阔叶林在干扰下会逐渐退化为落叶阔叶林、针阔叶混交林、针叶林和灌草丛，每一个阶段都是一个阈值，每过一个阈值，恢复投入就更大，尤其是从灌草丛开始恢复时投入就更大（彭少麟，1996）。

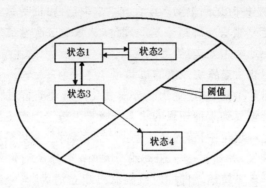

图 4-1　退化生态系统恢复的临界阈值理论

（根据 Hobbst. Norton，1996 改绘）

(二)退化草地治理的基本原则

退化草地生态系统的恢复应该是在遵循自然规律的基础上，根据技术上适当、经济上可行、社会能够接受的原则，使退化的草地生态系统得以恢复健康并有益于人类生存与生活的生态系统重构或再生过程。生态恢复与重建的原则一般包括自然法则、社会经济技术原则、美学原则三个方面。自然法则是生态恢复与重建的基本原则，也就是说，只有遵循自然规律的恢复重建才是真正意义上的恢复与重建，否则只能是背道而驰，事倍功半。社会经济技术条件是生态恢复重建的后盾和支柱，在一定尺度上制约着恢复重建的可能性、水平与深度。

二、退化草地治理技术

(一)退化草地治理的目标

退化草地生态系统治理的目标应该包括:植物种类在丰富度及多度方面构成合理、植被和土壤的垂直结构、草地生态系统成分的水平格局、组成草地生态系统各组分的异质性、水/能量/物质流动等基本生态过程的功能恢复。具体地说,治理目标一般有以下四个方面:①恢复退化的生境。②提高退化土地上的生产力。③在被治理的范围内去除干扰。④对现有草地生态系统进行合理利用和保护,维持其服务功能。

在退化草地生态系统治理的过程中,应根据不同的社会、经济、文化与生活需要,制订不同水平的恢复目标。一些基本的恢复目标或要求包括:①实现生态系统的地表基底稳定性,基底不稳定,难以保证草地生态系统的持续演替与发展。②恢复植被覆盖率和土壤肥力。③增加植物种类组成和生物多样性。④实现生物群落的恢复,提高生态系统的生产力和自我维持能力。⑤减少或控制干扰。

由于不同退化草地生态系统存在着地域差异性,加上外部干扰类型和强度的不同,结果导致生态系统所表现出的退化类型、阶段、过程及其响应机制也各不相同。因此,在不同类型退化草地生态系统的恢复治理过程中,其恢复目标、侧重点及其选用的配套关键技术往往会有所不同。尽管如此,对于一般退化生态系统而言,大致需要或涉及以下几类基本的恢复技术体系:①非生物或环境要素(包括土壤、水体、大气)的恢复技术。②生物因素(包括物种、种群和群落)的恢复技术。③生态系统(包括结构与功能)的总体规划、设计与组装技术。

不同类型、不同程度的退化草地生态系统,其恢复方法亦不同,从生态系统的组成成分角度看,主要包括非生物和生物系统的恢复。无机环境的恢复技术包括水体恢复技术(如控制污染、去除干扰、排涝和灌溉技术)、土壤恢复技术(如草地施肥、土壤改良、表土稳定、控制水土侵蚀、换土及分解污染物等)、空气恢复技术(如烟尘吸附、生物和化学吸附等)。生物系统的恢复技术包括植被(物种的引入、品种改良、植物快速繁殖、植物的搭配、植物的种植)、消费者(捕食者的引进、病虫害的控制)和分解者(微生物的引种及控制)的重建技术和生态规划技术等。

在退化草地生态系统的恢复治理实践中,同一项目可能会应用多种技术。治理中最重要的是对退化草地的实际状况进行调查和综合分析,充分利用各种技术,尽快地恢复退化草地生态系统的结构,进而恢复其功能,实现其生态效益、经济效益和社会效益。

(二)退化草地治理的程序

在治理退化草地的过程中,确定治理程序可以更好地指导生态恢复和生态系统管理。治理的程序应该包括:

第一,确定治理对象的时空范围;

第二,评价样点并鉴定导致生态系统退化的原因及过程(尤其是关键因子);

第三,找出控制和减缓退化的方法。根据生态、社会、经济和文化条件确定恢复与重建的生态系统的结构、功能目标;

第四,制订易于测量的成功标准;

第五,在大尺度范围内完善有关目标的实践技术并推广;

第六,进行恢复实践;

第七,与土地规划、管理部门交流有关理论和方法;

第八,监测恢复中的关键变量与过程,并根据出现的新情况做出适当的调整。

将上述程序可列成如下操作过程(图4-2)。

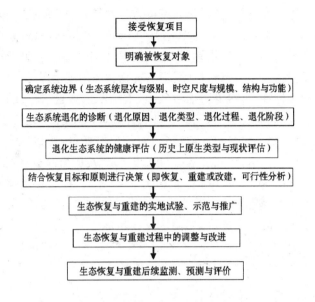

图 4-2　退化草地治理的操作过程

(三)退化草地治理成功的标准

政府管理机构、从事草业科学研究的专家学者和公众希望知道治理成功的标准是什么,由于退化草地生态系统的复杂性及动态性,使这一问题复杂化。通常认为,要将恢复后的草地生态系统与未受干扰的生态系统间进行比较,其内容包括关键种的多度及表现、重要生态过程的再建立等。

国际恢复生态学会建议,比较恢复系统与参照系统的生物多样性、群落结构、生态系统功能、干扰体系以及非生物的生态服务功能。退化生态系统的治理至少包括被公众社会感觉到的,并被确认的恢复到近于初始的结构和功能状态。Bradsaw(1987)提出可用如下五个标准判断生态恢复:一是可持续性(可自然更新)。二是不可入侵性(像自然群落一样能抵制入侵)。三是生产力(与自然群落一样高）。四是营养保持力。五是具生物间相互作用（植物、动物、微生物）（Jordan，1987）。Lamd（1994）认为，恢复与否的指标体系应包括产量指标（幼苗成活率、幼苗的高度、种植密度、病虫害受控情况）、生态指标（期望出现物种的出现情况，适当的植物和动物多样性，自然更新能否发生，目标种出现否，适当的植物覆盖率，土壤表面稳定性，土壤有机质含量高，地面水和地下水保持）和社会经济指标（当地人口稳定，商品价格稳定，食物和能源供应充足，从恢复中得到经济效益与支出平衡，对肥料和除草剂的需求降低）。Davis（1996）和 Margaret（1997）等认为，恢复是指系统的结构和功能恢复到接近其受干扰以前的结构与功能，结构恢复指标是乡土种的丰富度，而功能恢复的指标包括初级生产力和次级生产力、食物网结构、在物种组成与生态系统过程中存在反馈，即恢复所期望的物种丰富度，管理群落结构的发展，确认群落结构与功能间的联结已形成。

（四）退化草地恢复治理的时间

退化草地生态系统恢复时间的长短，与生态系统类型、退化程度、恢复方向、人为促进程度等密切相关。一般来说，退化程度轻的草地生态系统恢复时间要短些，湿热地带的恢复要快于干冷地带。

Daily（1995）通过计算退化生态系统潜在的直接实用价值（potential direct instrumental value）后认为，火山爆发后的土壤要恢复成具生产力的土地需要 3 000～12 000 年，湿热区土地耕作转换后其恢复要 20 年左右（5～40 年），弃耕农地的恢复要 40 年，弃牧的草地要 4～8 年，而改良退化的土地需要 5～100 年（根据人类影响的程度而定）。此外，他还提出轻度退化生态系统的恢复要 3～10 年，中度的 10～20 年，重度的 50～100 年，极度的 200 多年。余作岳（1996）、彭少麟（1996）、任海和彭少麟（1998）等通过试验和模拟认为，热带极度退化的生态系统（没有上层土壤，面积大，缺乏种源)不能自然恢复,而在一定的人工启动下,40年可恢复森林生态系统的结构,100年恢复生物量,140年恢复土壤肥力及大部分功能。

(五)生物多样性在退化草地治理中的作用

退化草地生态治理过程中的一个关键因素是植物种类组成,生物多样性在生态恢复计划、项目实施和评估过程中具有重要的作用。在治理前就要考虑恢复乡土种的生物多样性:在遗传层次上考虑那些温度适应型、土壤适应型和抗干扰适应型的品种;在物种层次上,根据退化程度和地域特点选择旱生、中生或湿生种类并合理搭配,同时考虑物种与生境的复杂关系,预测自然的变化,种群的遗传特性,影响种群存活、繁殖和更新的因素,种的生态生物学特性,足够大的生境;在生态系统水平层次上,尽可能恢复生态系统的结构和功能(如植物、动物和微生物及其之间的联系)。在恢复项目的管理过程中首先要考虑生物控制(对极度退化的生态系统,主要是抚育和管理),然后考虑建立共生关系及生态系统演替过程中物种替代问题。

在生态系统恢复中采用乡土种具有更大的优势,这主要体现在乡土种更适于当地的生境,其繁殖和传播潜力更大,也更易于与当地残存的天然群落结合成更大的景观单位,从而实现各类生物的协调发展。当然,外来种(外来种是人类有意或无意引入的、非当地原生的物种)在生态恢复中也具有一定的作用。合理地引进外来种可大大地缩短恢复时间,节约治理成本。恢复实践表明,外来种可能在一定时间内为当地带来了好的生态和经济效益,但也有许多外来种对当地陆地或水生生态系统产生了巨大的不利影响,这主要是由于外来种与当地的物种缺乏协同进化,若其大量发展,很容易造成当地生态系统的崩溃,很难再恢复或接近到历史状态。理想的恢复治理应全部采用乡土种,而且应在恢复、管理、评估和监测中注意外来种入侵问题,甚至有时候也应关注从外地再引入原来在当地生存的乡土种对当地群落的潜在影响。总之,外来种入侵会造成很多当地植物被取代、消失,从而改变原有生态系统。恢复生态学的目标是要用本地种,排除外来种,不能"引狼入室"。

在正确运用各种措施进行退化草地治理时,必须正确认识和处理草地治理与合理利用的辩证关系,以保证草地不断地稳产高产。

草地治理的任务,在于对草地现状有正确的认识,控制草地的演变趋向。一方面防止草地逆向演变,保持其良好的生产力;另一方面利用农业技术措施,改善草地植物的生活条件,改进草地现况,提高草地生产力。

(六)退化草地的恢复与重建

我国 $4 \times 10^8 \, \text{hm}^2$ 草地,其中 90% 以上处于不同程度的退化状态,如何改良、利用这 90% 的退化草地,是草地退化防治的根本与关键。对于退化草地,关键是使用和改良。合理使用本身是一种科学管理。另外,对于退化草地的合理利用与改良是一个复杂的问题,不可能只用一种办法,要贯彻综合治理的思想,采取多种措施实现退化草地的治理。

1. 采用科学的草地畜牧业生产指标 实践证明,仅以牲畜头数来衡量畜牧业的发展,虽然是一个容易理解和操作简单的考核指标,但往往造成片面追求牲畜头数,忽视牲畜个体生产性能和商品畜产品生产量,陷入草地退化和牲畜生产性能低下之间的恶性循环。据报道,某些地方制定短期或长期规划时,均要求在某年新增奶牛头数若干,绵羊存栏头数若干等等,造成牲畜头数连年翻番,从而加剧了草地的退化。简单的计算如下:一牧户饲养 1 头高产奶牛,年产奶量达 8 000kg,而另一牧户饲养 4 头低产奶牛,每头每年生产奶 2 000kg;才能抵得上前一户的奶产量。但两户消耗的饲草料、人力、物力等却非常悬殊。在种植业生产方面,衡量其生产能力往往有单产。而畜牧业生产方面,就没有将衡量牲畜个体生产性能的指标列入衡量体系。

2. 退化草地的封育禁牧　过度放牧是草场退化的主要因素。为了有效地控制因过度放牧引起的草场群落逆行演替防止草地退化,保护草场资源,采取围育措施是十分必要的。在目前的放牧压力下,只有经过封育,植物才能正常生长、发育,才能有机会贮存足够的营养物质供越冬和翌年返青的需要。围育对优质牧草尤为重要。这样,优质牧草才能免遭牲畜的啃食,才有机会与其他牧草竞争,特别是与不可食或适口性差的牧草竞争,从而使草场向正向演替方向发展。

解除放牧压力,作为一种低投入、经济的措施在退化草地恢复中得到广泛应用。例如,内蒙古典型草原,冷蒿、针茅、羊草为主的退化草地,经过 7 年封育后,地上生物量由 1 100kg/ hm² 提高到 1 900kg/hm²,羊草比例由 9％增加到 35.7％,冷蒿等为主的菊科比例由 31％下降到 9％。中度退化草地,可以通过封育措施实现草地植被生态恢复。封育试验研究表明,在典型草原地带适宜的封育措施有利于退化植被的恢复演替,改善植物群落的结构和功能,增加植物群落的多样性和稳定性,促进植物的生长发育,提高植物生物量和地表植被覆盖率,促进退化植被及生境土壤的恢复和发展。

3. 应用草地改良措施促进退化草地恢复　应用草地改良措施,促进退化草地恢复是较为普遍的,包括松土、轻耙、浅耕翻、补播等,均能取得很好的效果。在羊草退化草地进行的松土试验结果显示,羊草地上生物量增加了 49 ％,其他禾草比例由 43 ％上升到 57.2 ％,豆科比例由 6.2 ％上升到 12.3 ％,而菊科由 41.14 ％下降到 16.6 ％。在退化羊草草地上补播羊草能使其生产力在2～3 年达到与自然恢复的羊草草原一样,是实现快速恢复的有力措施。不少典型材料说明,我国草地的生产潜力是很大的,开发与治理结合成效明显,如毛乌素沙地搞家庭牧场,使牧民脱贫致富,沙化草场得到恢复就是成功的例子。我国草地类型多种多样,增产措施要因地制宜。在北方草原中,重点抓水土条件较好的草甸草原带,即沿大、小兴安岭、吕梁山、六盘山一线呈带状分布的区域,现为农牧交错地带,这一地带草地面积约 40 万 km^2,如集中投资,可望把这一地带建设成为北方牧区最大的牛、羊肉和毛皮生产基地,大幅度提高牧区畜产品的产量与质量。

4. 建植人工草地增加饲草供给 我国牧区、半农半牧区靠天然草地养畜已走到尽头,牲畜头数已超过了天然草地的承载力,只有增草才能增畜。因此,大力进行人工草地建设,是缓解草场压力的最重要措施。重度和极度退化草地(如黑土滩、裸斑地)恢复潜力较小,恢复速度较慢,必须通过人工植被建设,才能有效促进草地群落的生态恢复。据研究,在青藏高原高寒地区建植多年生禾草混播草地,2 年内就可使草地植被盖度达 95％以上,与封育天然草地相近;草群高度明显超过封育天然草地和未封育天然草地;可食牧草比例达 99％,比天然草地提高 23％;牧草产量为封育天然草地和未封育天然草地的 2.3 和 3.1 倍,初级生产力分别比二者提高 $5.21×10^3 kg/hm^2$ 和 $6.23×10^3 kg/hm^2$;粗蛋白质产量为二者的 2.6 倍和 3.5 倍,单位草地面积的粗蛋白质净增量分别为721.9 kg/hm^2 和 842kg/hm^2。可见,多年生禾草混播草地可以明显改善高寒草地饲用植物的产量和质量,人工植被对退化草地的生态恢复有积极的促进作用。

草地退化的一个重要原因是载畜量过大,问题的关键是草少畜多且严重失衡。通过人工草料生产能力的扩大,增强家畜生产的物质基础,才有可能提高牲畜个体生产性能,加快牲畜周转,实现"退牧还草",以休养生息,促进草原畜牧业从传统的粗放经营向集约、半集约化经营转变。特别是任继周院士提出的系统耦合与荒漠——绿洲草地农业系统的理论与试验成果,在我国草地生态治理实践中具有先导性。中国科学院植物研究所在内蒙古浑善达克沙地进行试验示范研究,提出"1/10 递减治理模式",即种植人工草地,可使天然草地得以合理利用,从而使沙化退化草地得以恢复重建;许鹏在新疆荒漠草地生态优化调控原则和总体模式研究中提出的"三带三季一改模式"与"生态置换"理念都具有创新性和指导性。这些理论和技术对于解决草地修复具有相当的科学性和前瞻性。

5. 改良牲畜品种,提高生产性能 通过牲畜改良,提高家畜个体生产能力与产品质量,从而可控制数量、减轻放牧压力,达到控制草地退化的目的。

6. 切实加强法制管理,认真贯彻《草原法》 坚决制止滥垦、过牧、滥采等非持续利用形式。对草甸草原重点防止无序开垦,对于干旱、半干旱的典型草原、荒漠草原与高寒草原,要严格以草定畜,不允许超载放牧;通过改良牲畜、改善饲养方式,实行季节放牧等措施,增加畜产品产量。对极端干旱的戈壁与沙漠,应以自然保护为主,留给野生动物利用;有些草地可建成国家公园或自然保护区,以满足生物多样性保护、生态旅游、教育和科研的需要。

总之,草地绝不仅仅是地球的放牧场,对于生物的进化、人类的起源、文明的发展、社会经济的繁荣、道德情操的陶冶,乃至国家民族的兴衰、地球环境的保育、人类的未来都是至关重要的。草地是地球母亲不可缺少的部分,我们只要善待她,她一定会给我们以更多的慈爱和赏赐;反之,我们将吞下自己造成的苦果,受到大自然无情的惩罚。我国北方草地目前处于非持续利用状态下,退化面积不断扩大,实堪忧虑。众所周知,在我国人口不断增多、生活质量逐步提高、耕地与粮食日益紧缺的情况下,发展草食家畜具有重要意义,这不但是解决我国食物与毛皮等工业原料的重要途径,而且对保护环境起重大作用。因此,在经济发展战略中大力加强草地畜牧业,组织实施草地生态工程,增草增畜,在建设中求发展。制止一切非持续利用形态,并逐渐建立与完善草地畜牧业市场体系、草地畜牧业技术服务体系以及草地畜牧业动态监测体系,把种草、养畜、畜产品加工、畜产品销售结合起来,促进社会经济的可持续发展。

第五节　草原沙漠化及其治理

当今全球陆地面积的 1/4、100 多个国家和地区、9 亿人口受到荒漠化危害,而且正以每年 50 000～70 000km² 的速度扩大,每年造成经济损失超过 423 亿美元。我国是世界上受荒漠化危害最严重的国家之一,目前荒漠化面积已达 262.2 万 km²,占国土总面积的 27.4%,每年还以 2 460km² 的速度继续扩展,有 4 亿人口深受荒漠化危害之苦,全国贫困人口的 60% 集中在荒漠化地区,因荒漠化每年蒙受的经济损失达 541 亿元之巨。由于荒漠化年复一年、日复一日,在广大的时空无休止地进行,致使林木枯死、草原退化、耕地减少、土地的生态生产力下降、沙尘暴频繁发生,环境日趋恶化。一些地方沙进人退,当地群众背井离乡,成为"生态难民",楼兰国的历史悲剧又在重演。荒漠化不仅发生在西北干旱地区,在东北平原和青藏高原亦有发展。如西藏的日喀则地区,沿一些河谷地带的荒漠化土地已达 33.29 万 km²,占本区土地总面积的 1.22%,为耕地的 25 倍。尤其雅鲁藏布江及其上游的沙化已严重危及当地群众的生产与生活。青海省的 36.72 万 km² 的草地中,每年还以 0.13 万 km² 的荒漠化速度迅速扩大。所以,荒漠化是危及国家安全和广大人民群众安身立命的最大的生态危机。荒漠化的成因是多方面的,但最根本的原因是干旱,而造成干旱的因素有自然的,也有人为的,或二者兼有,互为因果。如果说干旱(气候干旱、土壤干旱)是造成荒漠化的基础和背景,而荒漠化进程的快慢则主要决定于人为活动。纯自然因素造成的荒漠化过程一般非常缓慢,往往经过数万年或数千年的时间,而人为活动导致的荒漠化则在几十年甚至几年之内就造成严重后果。目前我国西北地区不断加剧的荒漠化,其主要原因则是人们不合理的各种活动所致,诸如原有林木植物被砍挖,无计划开垦,过度放牧,水资源过度利用等。广大草原地区的饮水点(井)及居民点附近的草地,如青藏高原、内蒙古高原中东部的草地,主要是因严重过牧而使植被破坏、草地荒漠化。而在广大的西北风沙地区,如甘肃河西走廊、内蒙古西部居延海一带、新疆塔里木等绿洲外围的草地,之所以荒漠化,除过度放牧等因素外,主要是上游来水减少,地下水长期超采,水位不断下降,使大片沙生植物因缺水而死亡,这是干旱风沙区流沙再起、沙尘暴频繁发生、荒漠化进程加剧、不断向绿洲逼进的一个十分重要原因,这种土地退化具有更大的危险性和不可逆转性,尤其应当引起更多的关注。

一、草地沙化的定义和草地沙化分级与分级指标

中华人民共和国国家标准(GB19733－2003)中,草地沙化(rangeland sandification)的定义是:不同气候带具沙质地表环境的草地受风蚀、水蚀、干旱、鼠虫害和人为不当经济活动,如长期的超载过牧、不合理的垦殖、滥伐与樵采、滥挖药材等因素影响,遭受不同程度破坏,土壤受到侵蚀,土质变粗沙化,土壤有机质含量下降,营养物质流失,草地生产力减退,致使原非沙漠地区的草地,出现以风沙活动为主要特征的类似沙漠景观的草地荒漠化过程。

草地沙化是草地退化的特殊类型。在此标准中明确了沙化的分级和分级标准(表4-2)。

表 4-2　草地沙化(风蚀)程度分级与分级指标

监测项目			草地沙化程度分级			
			未沙化	轻度沙化	中度沙化	重度沙化
植物群落特征		植被组成	沙生植物为一般伴生种或偶见种	沙生植物成为主要伴生种	沙生植物成为优势种	植被很稀疏,仅存少量沙生植物
必须监测项目	指标植物地上部产草量	草地总覆盖度相对百分数的减少率/(%)	0~5	6~20	21~50	>50
		草地沙漠化指示植物个体数相对百分数的增加率(%)	0~5	6~10	11~40	>40
		总产草量相对百分数的减少率/(%)	0~10	11~15	16~40	>40
		可食草产量占地上部总产草量相对百分数的减少率/(%)	0~10	11~20	21~60	>60
		地形特征	未见沙丘和风蚀坑	较平缓的沙地,固定沙丘	平缓沙地,小型风蚀坑,基本固定或半固定沙丘	中、大型沙丘,大型风蚀坑,半流动沙丘
		裸沙面积占草地地表面积相对百分数的增加率/(%)	0~10	11~15	16~40	>40
辅助监测项目	0~20cm土层的土壤理化特性	机械组成	>0.05mm粗沙粒含量相对百分数的增加率/(%)	0~10	11~20	21~40	>40
			<0.01mm物理性黏粒含量相对百分数的减少率/(%)	0~10	11~20	21~40	>40
		养分含量	有机质含量相对百分数的减少率/(%)	0~10	11~20	21~40	>40
			全氮含量相对百分数的减少率/(%)	0~10	11~20	21~40	>40

荒漠化发展的结果,使土地资源变为沙漠(沙质荒漠)、戈壁(沙质荒漠)、石漠(石质荒漠)、壤漠(壤土荒漠)、盐漠(盐土荒漠)等丧失生物生产力和生态功能的土地。荒漠并不等同于沙漠,沙漠只是荒漠化最为严重的后果之一。荒漠化是全世界土地退化中范围与危害最大的环境问题之一。

防治荒漠化首先要防止草原退化。从植物群落地理学,即大的地带性植被而言,草原是介于森林带与荒漠带之间的地带,草原与荒漠是毗连交错与共生的关系。正因为如此,受荒漠化危害首当其冲、最直接受害的就是草原,而草原在干旱与不当利用下退化的最终结果就是荒漠。在我国 $4 \times 10^8 \ hm^2$ 各类草原中,受荒漠化危害或已变为荒漠的达 8 764 万 hm^2(其中荒漠化草原类 2 111 万 hm^2,草原化荒漠类 960 万 hm^2,荒漠类 4 435 万 hm^2,高寒荒漠类 1 258 万 hm^2),占草地总面积的 22.3%,毗邻于这些类别的其他草地也是受潜在荒漠化威胁最大的土地类型。草原作为国土资源的重要部分,畜牧业生产的基地,各民族生存的家园,生态环境的屏障,与民族兴衰、国家安危、社会经济和环境可持续发展之间的关系重大,其作用不可替代,尤其是草原地处风沙前沿、江河源头、山区坡地,其生态功能更不容忽视。然而,地处我国环境条件严酷地区的各类草原,在人口压力、需求膨胀和某些政策误导下,由于长期过牧、过垦、过伐,建设速度远低于退化速度等原因,目前全国有 90% 的草地已经或正在退化,每年扩大的 2 460km² 荒漠化土地中受危害的主要是草原。因此,要防治沙漠化,首先应防止草原退化。

二、建立草原沙漠化防治体系

草原沙漠化防治应在防止沙化、盐碱化土地扩展的基础上,加大对固定、半固定沙丘的保护与开发力度,开展对流动沙丘、盐碱化土地、退化草原发生发展规律及治理方法和措施的科学研究并加大治理投入。可根据具体情况,建立预防区、保护开发区和治理区。

预防区在已经沙漠化土地的边缘,采取营造适应当地气候条件的灌木林带,保持和提高现有水资源,杜绝开采地下水,维持现有的生物多样性,防止土地荒漠化继续扩大。

保护区对于生态脆弱区和没有受到干扰及干扰较轻、轻微退化的区域,应采取禁止各种形式的开发和利用等保护措施,防止退化。

治理区对遭到严重破坏已经退化区域的流动沙丘、盐碱地、退化草原等,在充分调查研究沙化成因、发展机制的基础上,采取切实可行的治理对策进行治理。

草原沙漠化治理主要有以下两个方面的措施:

(一)行政措施

强化法制观念、加大执法力度。近年来,我国出台了《草原法》、《森林法》、《土地法》、《水土保持法》、《水利法》等不少法律、法规。但运用法制手段管理草地仍显薄弱,有法不依,破坏草原的现象仍然很普遍。因此要强化法制观念,加大执法力度,完善法律法规,对治理草地沙漠化必将起到重要推动作用。

提高农牧民生态意识。沙漠化扩展的趋势之所以难以遏制,原因之一是人们防治的意识不强,认识不足,没有把防治沙漠化和自身的生存环境联系起来,和当地的经济发展及脱贫致富联系起来,没有把利益驱动下的短视行为和子孙后代长远利益联系起来,没有树立以防为主的观念。因此,当前亟待解决的问题是大力开展宣传教育,使沙漠化防治真正成为全社会广泛关注的问题,让绝大多数人都明白,沙漠化正在逼近。

多部门多学科协同联合,建立防治草原沙漠化长效机制。草原沙漠化防治是一项多学科的综合系统工程。就目前治理现状看,还普遍处于较低水平。因此,要尽快联合多部门、组织多学科人才,建立沙漠化防治机构,监测和掌握沙漠化扩展和防治动态信息,为确定不同类型草地沙漠化防治提供可靠的科学依据。要改变以前种草只尽力种草、植树只用心种树、水土保护只专注水保措施的局面,尽快走出"贫困－破坏资源－更加贫困"的恶性循环。

(二)技术措施

以治理保开发,以开发促治理。在改善和保护沙地生态环境的前提下,根据土地沙化的程度确定合理的经济目标、生态目标,合理获取沙地生态效益和经济效益。鉴于沙地生态环境的脆弱性,必须把生态效益作为第一目标。

适度利用。开发利用的方式要适宜,使沙地生态系统保持完整的结构和功能,垦殖、放牧、采伐等各种活动都必须约束在适当的范围内,使再生资源得以保持自我复苏的潜力。

减轻沙地承载量。在现有沙地生态经济系统内,减少依附性强和破坏性大的生产要素,用其他有利要素予以弥补,如用林牧业弥补耕作业,以具有改良沙地效果的作物替换耗地作物等。

坚持综合治理。政府及有关部门应强化宣传教育、政策引导、技术服务、资金扶持,调动农民群众的治理积极性,推广适宜的治沙模式和成功经验,坚持综合治理。

第六节　水土流失型退化草地的治理

水土流失(water and soil loss)是指"在水力、重力、风力等外营力作用下,水土资源和土地生产力的破坏和损失,包括土地表层侵蚀和水的损失,亦称水土损失。"

1981年科学出版社《简明水利水电词典》提出,水土流失指"地表土壤及母质、岩石受到水力、风力、重力和冻融等外营力的作用,受到各种破坏和移动、堆积的过程以及水本身的损失现象",这是广义的水土流失。狭义的水土流失是特指水力侵蚀现象。这与前面讲的土壤侵蚀有点相似,所以人们常将"水土流失"与"土壤侵蚀"两词等同起来使用。

根据全国第二次水土流失遥感调查,20 世纪 90 年代末,我国水土流失面积 356 万 km^2,其中水蚀面积 165 万 km^2,风蚀面积 191 万 km^2。在水蚀、风蚀面积中,水蚀风蚀交错区水土流失面积 26 万 km^2。

在 165 万 km^2 的水蚀面积中,轻度水蚀面积 83 万 km^2,中度水蚀面积 55 万 km^2,强度水蚀面积 18 万 km^2,极强水蚀面积 6 万 km^2,剧烈水蚀面积 3 万 km^2。

在 191 万 km^2 风蚀面积中,轻度风蚀面积 79 万 km^2,中度风蚀面积 25 万 km^2,强度风蚀面积 25 万 km^2,极强风蚀面积 27 万 km^2,剧烈风蚀面积 35 万 km^2。

冻融侵蚀面积 125 万 km^2(是 1990 年的遥感调查数据),没有统计在我国公布的水土流失面积当中。

一、水土流失的形成与危害

地球上人类赖以生存的基本条件就是土壤和水分。在山区、丘陵区和风沙区,由于不利的自然因素和人类不合理的经济活动,造成地面的水和土离开原来的位置,流失到较低的地方,再经过坡面、沟壑,汇集到江河河道内去,这种现象称为水土流失。

水土流失是不利的自然条件与人类不合理的经济活动互相交织作用产生的。不利的自然条件主要是:地面坡度陡峭,土体的性质松软易蚀,高强度暴雨,地面没有林草等植被覆盖;人类不合理的经济活动是:毁林毁草,陡坡开荒,草原上过度放牧,开矿、修路等生产建设破坏地表植被后不及时恢复,随意倾倒废土弃石等。水土流失对当地和河流下游的生态环境、生产、生活和经济发展都造成极大的危害。水土流失破坏地面完整,降低土壤肥力,造成土地硬化、沙化,影响农业生产,威胁城镇安全,加剧干旱等自然灾害的发生、发展,导致群众生活贫困、生产条件恶化,阻碍经济、社会的可持续发展。

二、水土流失的类型

根据产生水土流失的"动力",分布最广泛的水土流失可分为水力侵蚀、重力侵蚀和风力侵蚀3种类型。

水力侵蚀分布最广泛,在山区、丘陵区和一切有坡度的地面,下暴雨时都会产生水力侵蚀。它的特点是以地面的水为动力冲走土壤。

重力侵蚀主要分布在山区、丘陵区的沟壑和陡坡上,在陡坡和沟的两岸沟壁,其中一部分下部被水流淘空,由于土壤及其成土母质自身的重力作用,不能继续保留在原来的位置,分散地或成片地塌落。

风力侵蚀是指由于风的作用使地表土壤物质脱离地表被搬运的现象及气流中颗粒对地表的磨蚀作用。

风力侵蚀主要分布在我国西北、华北和东北的沙漠、沙地和丘陵盖沙地区,其次是东南沿海沙地,再次是河南、安徽、江苏几省的"黄泛区"(历史上由于黄河决口改道带出泥沙形成)。在水土流失严重的区域中,首当其冲的是黄河流域。

三、水土流失的主要区域

黄河作为中华民族的摇篮和母亲河,不仅传承着几千年的历史文明,而且也养育着祖国8.7%的人口(据2000年资料统计)。然而,目前黄河的生态危机正在日益加剧,并面临着土地荒漠化、水资源短缺、水土流失面积增大、水污染严重、断流加剧、生存环境恶化等问题。

青海省作为长江、黄河和国际河流澜沧江三江源区的重要发源地,因其特殊的地理位置,备受世人关注。然而,近年来由于自然因素和人为破坏,致使我国三大江河源头地区的生态环境仍在持续恶化。近年来由于受全球气候变暖和人为活动的影响,黄河源区脆弱的生态环境退化趋势正在加重,生态问题十分突出。目前,黄河源区的土壤侵蚀最为严重,水土流失面积每年平均新增21万 hm²,水土流失面积达 750万 hm²,占整个黄河流域水土流失面积的 17.5%,每年输入黄河的泥沙超过数千万吨。土地荒漠化急剧发展,目前全省荒漠化扩展速率为 2.2%,高于全国 1.32%的平均速度。全省沙漠化面积已达 1 252万 hm²,潜在沙漠化土地面积 98万 hm²,主要集中在柴达木盆地、共和盆地和黄河源头。并且仍以每年 13万 hm²的速度在扩大。草地植被退化严重,全省约有 90%的草地出现不同程度退化,退化总面积达 833万多hm²,比 20世纪 70年代增加了两倍多。

日益恶化的生态环境,造成世界上海拔最高、江河湿地面积最大、生物多样性最为集中地区之一的黄河源区水源涵养功能退化、湿地萎缩、灾害频繁,生态系统极其脆弱。近几年来黄河上游来水量较多年平均减少 40%以上,湿地面积平均每年递减近 59km²,青海湖水位如果以现在每年 12.4cm 的速度下降,不出百年这个美丽的高原湖泊将不复存在。

河西走廊东起乌鞘岭,西接吐哈盆地,南依祁连山,北偎腾格里、巴丹吉林沙漠。东西长 1 000多 km,南北宽几十至上百 km。总面积 21.5万 km²,占甘肃省总面积的 50%。今天的河西走廊,因自然和人为的双重因素,成了中国沙漠化最严重的地区之一,成了"沙尘暴"的罪魁祸首。近年来,每到春天,一场场铺天盖地的黄沙自甘肃河西走廊腾空而起,从西北到东南,几乎席卷大半个中国。生态专家在考察河西走廊后认为,这里不仅是我国风沙东移南下的大通道,而且还是我国北方主要沙尘天气的策源地之一。

黄河流域面积近 80万 km²,大部分处于干旱地区,水资源条件先天不足。据统计,黄河拥有水资源只有 580亿 m³。而且,黄河水因泥沙太多,每年 16亿 t 泥沙至少需 200多亿 m³的水来冲刷,这样黄河实际拥有的可利用水量每年只有 300多亿 m³。

俗话说,天下黄河富宁夏,内蒙河套在其中。宁蒙河套灌区千百年来自流排灌,取水便利,生活耕作在这里的农民从未因农田缺水而犯愁。然而,随着上游河段生态的日益恶化、人口不断增加和经济的迅速发展,河套灌区的水资源供需矛盾开始日益显现。特别是宁夏地处西北内陆干旱地区,天上降水十分稀少,地表水严重不足,地下水更是缺乏,黄河过境水是全区最主要的可用水源。加之近年来,河套灌区冬灌引黄水量被压减至近十年来的最少量,农业灌溉用水严重短缺。而且黄河上中游持续干旱,出现历史上罕见的枯水形势,造成宁蒙两大引黄灌区严重的"水荒告急"。

由于过度放牧与农业种植过度开采地下水等人为因素和全球气候变暖引起降水减少而蒸发量加大造成的草地植被退化,加剧了水土流失的发生。作为世界上输沙量最大的河流,黄河每年向下游的输沙量达 16 亿 t,如果堆成宽、高各 1m 的土堆,可以绕地球 27 圈多。这些泥沙 80% 来自黄河中游的黄土高原。总面积约 64 万 km² 的黄土高原,是世界上面积最大的黄土覆盖区。由于该区气候干旱,暴雨集中,植被稀疏,土壤抗蚀性差,加之长期以来乱垦滥伐等人为的破坏,导致黄土高原成为我国水土流失最严重地区。据有关资料显示,黄土高原地区的水土流失面积达 45 万 km²,占总面积的 70.9%,是我国乃至全世界水土流失最严重的地区。

黄土高原水土流失严重、生态环境脆弱的特点在于:一是水土流失面积广,全区普遍存在水土流失现象。二是流失程度严重,有大小沟道 27 万多条。三是流失量大(黄河水的含沙量为多年平均 35km/m³,居世界之首)。四是水土流失类型复杂,治理难度大。

水土流失是具有一定动能的流水将风化物剥离原地,带到下游低洼处沉积的自然现象。它造成的后果是:

一是耕地资源减少,土地沙化,水土资源质量下降,旱涝等自然灾害频繁。

二是资源容量下降,生产条件艰苦,生产落后,人民生活贫困。

三是植被稀疏,生物种群稀少,生态环境严重恶化。

水土流失不但影响山区生态环境和工农业生产的发展,制约着广大山区农村脱贫致富,而且影响到下游的防洪及人民生命财产的安全,影响着城市建设与发展,已成为我国经济社会可持续发展的重要制约因素,是我国的头号生态环境问题。

四、水土流失型退化草地的治理措施

(一)政策措施

1. 提高人口素质,增强法制意识 草地资源是大自然的主体部分之一,是人类赖以生存和发展的物质基础,是生态平衡的重要环节。普及法治教育,提高人口素质,使人们认识到水土流失的危害,切实感受到实施水土保持的必要性和迫切性。要大力宣传《环境保护法》《土地法》《水利法》《森林法》《水土保持法》等法律。充分认识草地的重要生态地位,改变以往忽视草地在涵养水源、调节气候、保持水土等方面所具有的重要生态功能的错误认识,不断提高全民的生态意识和法制意识,逐步形成全社会自觉保护环境的良好风气。

2. 严格以草定畜,控制载畜量 超载过牧是草场退化的主要原因之一,牧民只知增加牲畜头数,不知养护建设草场,加剧了草与畜之间的矛盾,对草场的无限制掠夺利用已远远超过了其再生能力,导致草原生态环境日益恶化。因此,有多少草,养多少畜,严格以草定畜、控制载畜量,无疑是草地生态保护的一项重要措施。牲畜超载部分要限期出栏,加快周转,提高出栏率,减轻草场承载负荷;加强抗灾保畜基地建设,彻底改变靠天养畜的被动局面,缓解草畜矛盾,切实保护草原生态环境。

(二)工程措施

1. 实施草地综合生态治理工程 科学论证、因地制宜立项并尽早实施草地综合治理的生态建设工程,如草地水土保持防治工程、水源涵养草地工程、退化草场治理工程、沙化草场治理工程、草地鼠虫害控制工程、草地围栏封育工程等,以不断加大对草地生态的治理力度,从根本上遏制住草地生态环境持续恶化的趋势,并逐步恢复草地生态系统的良性循环。

2. 建立草地自然保护区 草原所处的特殊地理位置和气候条件,决定了草地生态系统的极端重要性及脆弱性。这些脆弱的草地生态系统一旦遭到破坏,便很难恢复,因此草地生态系统的保护是草地生态系统良性循环发展的基础。另一方面,已"三化"的草地生态系统的恢复与建设有利于草地生态系统的保护和可持续开发利用。因此,要以草地生态系统的保护为基础,以草地生态建设促保护,坚持草地生态保护与生态建设并重的指导思想,促进草地生态系统的良性循环和可持续利用。

在发展畜牧业的同时,对具有特殊生态价值的草地类型,实行划区保护。同时在保护的前提下,大力提倡自然景观特色旅游,为地方经济的发展开辟新的经济增长点。

3. 建立草地生态环境动态监测体系和数据库 为草地生态保护、草地生态建设以及草地畜牧业的发展提供动态的翔实数据,促进草地生态保护与建设和草地畜牧业发展的科学决策。

坚持草地资源的可持续利用,是走草地生态效益、经济效益和社会效益相统一的草地畜牧业可持续发展的必由之路。以建设草地生态农业为根本宗旨,切实加强草地保护、防止植被退化;以建设优质高产的人工、半人工草地为重点,科技兴草;大力调整畜牧业结构,应用高效畜牧养殖技术,科技兴牧,促进草地畜牧业经营向集约化、科学化方向发展,由数量型畜牧业向效益型畜牧业转变,促进畜牧业的产业化发展和推动草地生态环境的改善,建立草地生态系统演替与畜牧业发展之间的动态平衡,实现草地生态系统的良性循环。

第七节　盐渍型退化草地治理

草地荒漠化与盐渍型退化草地密切相关,盐渍型退化草地主要分布在内陆绿洲下游和边缘、河湖及滨海滩涂。目前我国受盐渍化危害的土地面积 8 180 万 hm²,其中 6 030 万 hm² 是因盐渍化而退化的草地。

我国西北地区 2.216×10^7 hm² 的盐渍化土地,约占全国盐渍化土地面积的 60%。而其中因灌溉方式不当而导致的次生盐渍化土地面积约为 1.4×10^6 hm²,占全国次生盐渍化土地的 70%;同时,排灌方式不当还导致了生态环境的恶化。因此,开发利用盐渍化土地以及将灌溉区土地从次生盐渍化的危机中解救出来、进而改善生态环境,是我们目前面临的紧迫任务,否则西北地区脆弱的生态环境将遭到不可逆转的破坏。

一、草地盐渍化的定义和草地盐渍化
分级与分级指标

草地盐渍化(rangeland salification)是指干旱、半干旱和半湿润半干旱区的河湖平原草地、内陆高原低湿地草地及沿海泥沙质海岸带草地,在受含盐(碱)地下水或海水浸渍,或受内涝,或受人为不合理的利用与灌溉影响,其土壤处于近代积盐,形成草地土壤次生盐渍化的过程。注 1:草地盐渍化是草地土壤的盐(碱)含量增加到足以阻碍牧草生长,导致耐盐(碱)力弱的优良牧草减少,盐生植物比例增加,牧草生物产量降低,草地利用性能降低,盐(碱)斑面积扩大的草地退化过程。注 2:土壤本底盐(碱)含量较高的盐化低地草甸草地、滩涂盐生草甸草地、盐生荒漠草地,其草地植被组成及生物产量变化不大,土壤盐(碱)含量与原本底盐(碱)含量相比增加不明显,不属于草地盐渍化。注 3:次生盐渍化草地是特殊的退化草地类型。草地盐渍化分级与分级指标见表 4-3。

表 4-3　草地盐渍化程度分级与分级指标

监测项目			草地盐渍化程度分级			
			未盐渍化	轻度盐渍化	中度盐渍化	重度盐渍化
必须监测项目	草地群落特征	耐盐碱指示植物	盐生植物少量出现	耐盐碱植物成为主要伴生种	耐盐碱植物占绝对优势	仅存少量稀疏耐盐碱植物,不耐盐碱的植物消失
	地上部产草量	草地总覆盖度相对百分数的减少率/(%)	0~5	6~20	21~50	>50
		总产草量相对百分数的减少率(%)	0~10	11~20	27~70	>70
		可食草产量占地上部总产量相对百分数的减少率/(%)	0~10	11~20	21~40	>40
	地表特征	盐碱斑面积占草地面积相对百分数的增加率/(%)	0~10	11~15	16~30	>30
	0~20cm土层理化性质	土壤含盐相对百分数的增加率/(%)	0~10	11~40	41~60	>60
		pH相对百分数的增加率/(%)	0~10	11~20	21~40	>40
辅助监测项目	地下水	潜水位/cm	200~300	150~200	100~150	100~150
		矿化度相对百分数的减少率/(%)	0~10	11~20	21~30	>30

二、盐渍化土地的形成机制

(一)自然因素

自然因素主要有中、小、微地形的变化及成土条件和气候、水文因素的影响。各种盐碱土的形成过程,主要是各种易溶性盐类重新分配和在土壤中不断积累的过程。在这个过程中,水起着十分重要的作用,它是盐分移动的携带者,盐分常以水的移动方向而相应变化。

西北地区普遍发育着不同程度盐化的草甸土,其成土母质是在干旱气候条件下的岩石经风化剥蚀并经河流不断搬运到平原沉积而成,这类沉积物未经充分的天然淋洗作用,普遍含盐。另外,西北地区大气降水中的含盐量高达每毫升几十毫克,甚至 0.2g/L,比沿海地区高出 3~4 倍;而且由于降水量很小,一般难以形成对地下水的有效补给,其水量大多滞留在包气带土壤中,强蒸发作用使土壤中水失盐留,日积月累,土壤表面形成了自然的盐分积累。上述两个条件为西北地区土地盐渍化提供了必要的物质来源。

西北地区由于地貌上构成诸多各自封闭的自然地理环境单元,在地质构造上多以断陷盆地和高原景观存在,其周边被高山、高地围限,而盆地内则是宏阔平坦的冲积平原。山区降水和冰雪融水以地下径流和地表径流的形式一起流入盆地内补给地下水,盆地的低洼地区则成为地下、地表径流的汇水区。

(二)人为因素

草地盐碱化的主要原因是人为因素。而人为因素中,主要有盲目开垦和超载放牧。

开垦草原会造成土壤风蚀、水蚀、盐碱化的发生,从而使草原变成荒漠。盐碱面积扩大的途径有两种:一是使用碱性浓度很高的地下水灌溉造成的;二是已经盐碱化了的土壤随着风蚀和水蚀扩散造成的。在开垦后的草原上种植,一般都要用地下水灌溉。我国北方大部分地区地下水都含有易溶性盐,越是降水稀少、蒸发强烈的地区,浅层地下水的盐碱浓度也越高。地下水随着强烈的蒸发由下向上运动,随着这种运动,地下的盐碱也向地表运动。用浅层地下水灌溉,土壤就会迅速盐碱化。

草地严重超载过牧,也会导致草地盐碱化。在我国大部分牧区,超载程度惊人,少则超载 30%,多则成倍。高强度放牧条件下,草地植物的生长受到极大的限制,降低了土壤有机质的积累,加大了土壤有机质的分解,加之家畜践踏十分严重,其结果是植被盖度持续下降,地表裸露,盐分增加,形成盐渍化草地。

三、盐渍型退化草地的治理措施

(一)禁牧封育、退牧还草

禁牧封育是对盐渍化严重区域草地实行封育,使自然植被得以休养生息进而得到有效的恢复。盐渍化草地的恢复速度取决于盐渍化的程度。退化草场经过一个时期的封育后效果非常明显。研究表明,在吉林省西部以次生盐碱化为主的退化草场通过围栏封育 5 年,光碱斑地便可自然恢复到羊草＋虎尾草群落或羊草＋碱茅群落或羊草＋獐毛群落,光碱斑完全消失,其中羊草盖度可达60%～80%,土壤理化性质有很大改善。如果封育 10 年,则基本可恢复到羊草群落。

禁牧需根据草地的不同情况,采取全年禁牧,季节休牧,早春、雨天限牧等不同措施。对采草场和碱斑面积超过 30%、已经开始沙化的放牧草场,实行全年禁牧;对碱斑面积少于 30%的草场,划为季节性休牧区;早春牧草返青期和雨天采取限牧的措施,严格控制载畜量,放牧强度控制在 50%以下。

(二)兴建水利工程、排灌结合降盐

在盐渍形成的机制中存在着由于地下水位高使下层盐分在土

壤水分蒸发的过程中积累于地表,当盐分达到一定程度时造成了盐渍化草地。当地下水位高、含盐量大时,可采取开沟排水和竖井排水的办法,降低地下水位,消除涝渍,减少地面盐分。如果盐渍化草地的地势较高,可采用灌溉的方式"压碱",即灌水时将积于地表的盐碱溶于水中,当水下渗时将盐淋溶。

(三)化学改良措施

对重度盐碱化草地土壤,可配合施用化学改良物质(如石膏、风化煤、磷石膏、亚硫酸钙、硫酸亚铁等),以降低土壤碱性。

1. 施用石膏 石膏对碱性土壤具有很好的改良效果(碱土中碳酸钠被石膏置换,形成石灰和中性盐,消除了土壤碱性),同时钙离子可以代换土壤胶体上的钠离子,从而改善土壤的物理性状。根据土壤情况石膏使用量可在 $100\sim400\mathrm{kg/hm^2}$,施用的石膏要充分磨细。石膏改良碱性土壤有一定效果,如与水利、施厩肥和其他措施相结合,作用更快更大。

2. 施用风化煤 风化煤含有相当多的腐殖酸,可以改良土壤的碱性,降低土壤盐碱的危害,特别是酸性的风化煤粉,对碱化土壤的改良很有成效。

(四)生物改良措施

在盐渍化草地种植抗盐和耐盐植物,可有效地恢复盐渍地生产利用性能,减少土壤蒸发,控制地表积盐,增加土壤根系数量,增加土壤有机质,增强土壤微生物区系和活性,改善土壤理化性质。我国在内陆盐渍地改良和利用方面展开了大量研究,其中甘肃草原生态研究所、内蒙古畜牧科学院等单位,以小花碱茅(*Puccinellia tenuiflora*)、湖南稷子(*Echinochloa frumentacea*)、长穗偃麦草(*Elytrigia elongata*)等耐盐牧草为主要研究对象,并通过研究盐碱胁迫对长穗偃麦草、无芒雀麦(*Bromus inermis*)、黑麦草(*Lolium perenne*)等牧草种子萌发及生长的影响,确定最佳建植种和最佳培育种植方案等方式,在改良和恢复盐渍地生产能力方面获得了显著的成效。

星星草是多年生禾本科牧草,分布广泛,具有很强的耐盐、耐碱、耐旱、耐寒、喜湿润和盐渍化土壤。主要生长在草甸草原的低洼地带和盐渍化碱斑周围。在年降水量350mm以上的盐渍化草地种植,具有较好的改良效果。

(五)加强法治建设、提高科学意识

改进草地畜牧业生产管理方式,逐步改变高投入、低产出、高消耗和低收益状况。改进生产技术,调整畜群结构,适时屠宰。有计划地更新和建设草场,提高草场生产力和抗御自然灾害的能力,科学划分轮牧草场,加强围栏封育,制订草场建设规划和措施。推行草地建设规范化,实现草地管理法制化。加大执法力度,严格限制人为破坏活动,实现以法治草。建立草原生态环境监测系统、草地资源信息系统,实现草地利用信息化管理。

第八节　"黑土型"退化草地治理

一、"黑土型"退化草地及其特点

所谓"黑土型"退化草地是指青藏高原海拔3 700m以上高寒环境条件下,以嵩草属(*Kobresia*)植物为建群种的高寒草甸草场严重退化后形成的一种大面积次生裸地或原生植被退化呈丘岛状的自然景观。因其裸露的土壤呈黑色,故名"黑土型"退化草地。它包括俗称的"黑土滩"、"黑土坡"、"黑土山"等。"黑土型"退化草地只是一种概括性的称谓,并没有发生学的意义。

退化类型与特征方面,何种退化程度的高寒草甸以及其秃斑地裸露的面积占草甸面积的多少,方能作为"黑土型"的判定标准?进行科学的分类将有助于"黑土型"恢复对策的提出。潘多峰(2007)根据实地调查,以秃斑地的面积大小初步提出3种类型的

"黑土型",分别是轻度、中度和重度(表 4-4)。退化特征首先表现在生草层的秃斑化,其次原生植被的杂毒草化,草地生境的干旱与盐碱化以及草地植物根量锐减。

表 4-4　"黑土型"退化草地的等级划分标准及类型

退化类型 (坡度)	退化等级	秃斑地盖度 (%)	可食牧草比例 (%)	草地退化 指数
滩地 0～7°	轻度Ⅰ	40～60	10～20	0.24～0.43
	中度Ⅱ	60～80	5～10	0.14～0.24
	重度Ⅲ	＞80	＜5	＜0.14
缓坡地 7°～25°	轻度Ⅰ	20～50	10～15	0.24～0.43
	中度Ⅱ	50～80	5～10	0.14～0.24
	重度Ⅲ	80～100	＜5	＜0.14
陡坡地 大于25°	轻度Ⅰ	20～50	10～15	0.24～0.43
	中度Ⅱ	50～80	5～10	0.14～0.24
	重度Ⅲ	80～100	＜5	＜0.14

其特征有以下几点:

一是植被盖度较低,一般为 20%～30%,有的甚至寸草不生;

二是植被组成中多为杂毒草;

三是生产力低下,仅为原生草场植被的 10%左右;

四是草地鼠害猖獗。

"黑土型"的形成是自然因素和人为因素综合作用的结果,主要集中分布在青藏高原的主体部分,多出现于青藏高原阳坡和半阳坡山麓和山前滩地,近些年来逐步发展到山坡和山顶。是在特定的地域范围内形成的,分布海拔范围在 3 600～4 500 m,地势自西向东南倾斜。西北部海拔平均 4 000 m 以上,地势起伏小;东部海拔大多在 3 500～4 000m,地势起伏大。超出该范围无"黑土型"

的形成条件。较高的海拔地区由于家畜和人类活动的减少,而不具有形成"黑土型"的人为因素;较低的海拔地区没有形成"黑土型"的特殊自然气候条件。

二、"黑土型"退化草地的形成机制

关于"黑土型"退化草地的形成机制,不少专家都提出了很有见解的论点,归纳起来有两种看法。

其一,综合因素说:其中最典型的是黄葆宁、李希来两位的观点。他们认为,高寒草甸"黑土型"草地成因的主导因素是人为超载过牧利用植被和鼠害破坏原生植被,造成土质疏松。此后在风力的作用下,首先在植被稀疏过牧地段或鼠害引起的土质疏松地段造成风蚀突破口,剥蚀的沙砾撞击、堆积生草层,嵩草植被受淹埋衰退死亡,逐渐形成风蚀、水蚀的秃斑块状,随后秃斑块状周围的生草层在冷缩暖胀作用下,出现不规则的多边形裂缝,裂缝处的植物根系与土层断离,在强大而持久的风力和雨季水蚀作用下,生草层坏死,冻融时发生滑塌剥离。概括地说,"黑土型"形成的起点是植被稀疏过牧地段或土质疏松鼠害地段,原动力是风蚀和水蚀,终点是融冻剥离。

其二,气候旱化说:持这种观点的学者认为,全球气温升高所引起的荒漠化,应是处于半干旱,半湿润干旱区的青海省果洛藏族自治州的达日县草地退化大片"黑土型"产生的主要原因。他们在1997年的实地调查和从 NOVA 资料分析中发现,与 1985 年相比,达日县荒漠化的一些主要表征,如气候变暖、植被群落退化、土壤退化、水文状况恶化等,在 12 年间的变化是非常明显的。达日县的植被明显的比其北部、东部、南部各县为差,在达日县境内,在较干、较高的西北部,出现有高寒荒漠草原类的异针茅——火绒草草地,绝大部分是高寒草甸,只在较低、较暖的东部和南部有少量的灌丛;"黑土型"的分布也呈现由西北向东南由多到少的分布规律。这些都说明,亚洲腹地极干的荒漠气候,对达日县草地的深刻影响。但有些学者认为,气候变化周期是漫长的,气候条件在一定阶段内不会发生大变动,对草、水、土的影响不会太大。就植物来说,原生嵩草经过长期演替,已处于顶极稳定状态,没有持续的外界特大压力,原生嵩草植被在短时期内不会发生大的衰退和死亡现象。

(一)"黑土型"形成原因的自然机制

年大风日数多。大风是指瞬时风速在 17.2 m/s 以上的风。青藏高原由于地势高且相对平旷,年大风日数均在 50 d 以上。西部多于 100d,这在全国也不多见。青海省"黑土型"分布的主要区域大风日数分别是:达日县 87.3d、甘德县 73.6d、玛沁县 75.2d、曲麻莱 108.8d、杂多 67.7d,平均在 80d 以上。大风日数是形成"黑土型"的主要气象要素,这种大风极易产生草地土壤的风蚀现象。

年降水量多。"黑土型"分布区域年降水量超过 400mm 以上,这给草地土壤产生水蚀现象创造了条件。青海省"黑土型"分布的主要区域年降水量分别是:达日县 542.8mm、甘德县 492.9mm、玛沁县 513.2mm、曲麻莱 397.7mm、杂多 521.3mm,平均在 490mm 以上。

(二)"黑土型"形成原因的生物学机制

1. 高寒草甸秃斑化过程的演替 高寒草甸生草层的秃斑化所引起的生境干旱化,促使处于稳定顶级状态的嵩草属植物为优势种的植物群落进行逆向退化演替,随秃斑地面积的加大,原生植被优势种嵩草属植物逐渐被禾本科植物、杂类草和毒草取代,高寒草甸逐渐被秃斑地景观——"黑土型"取代。秃斑地是害鼠挖洞,草地土壤下限 15cm 左右经风蚀和水蚀所产生。

2. "黑土型"形成的生物学机制 高寒草甸的秃斑化,是人为不合理的利用植被,在害鼠挖洞作穴导致土壤疏松并在风蚀、水蚀作用下发生和发展的。首先是嵩草属植物的衰退过程,害鼠挖洞造成风蚀、水蚀突破口,然后剥蚀的沙粒撞击、堆积生草层,嵩草植被根系生长受阻衰退死亡,逐渐形成风蚀、水蚀的秃斑地块,随后秃斑地块周围的生草层在自然冻融作用下,出现不规则的多边形裂缝,裂缝处的植物根系与土层断离。当生草层滑塌剥离形成秃斑之后,又依次成为风蚀、水蚀源地,继续向周围山坡或滩地处——植被稀疏地段蔓延。这样年复一年,周而复始的风蚀、水蚀和冻融剥离生草层,而呈现众多大小不一的秃斑地景观,即"黑土型"。整个过程的主导因素是人为过度放牧,导致秃斑地的形成;害鼠破坏、风蚀、水蚀和冻融剥离等自然因素起到加速"黑土型"的形成作用。

三、"黑土型"退化草地的治本策略

从"黑土型"的形成机制来看,要治理"黑土型"必须采取"防与治"相结合的治本策略。预防"黑土型"形成的对策是,从人类活动角度入手控制放牧家畜的头数,维持稳定的持续的高寒草甸生态系统;治理"黑土型"的对策应因地制宜,不同退化类型的"黑土型"将有着不同的治理措施,治理前必须先灭鼠,之后施用化肥和有机肥,种植一年生(燕麦等)和多年生牧草(披碱草等),最终补种密丛型嵩草属植物达到恢复高寒草甸生态系统的目的。

治理"黑土型"退化草地的目的在于恢复植被提高生产能力。由于"黑土型"草地成因复杂,面积大,自然条件恶劣,采取什么样的治理方法、技术措施、选用何种牧草,必须根据当地的气候、土壤、成因等综合因素考虑,先试验后推广,稳步进行。若草率从事,将会事倍功半或事与愿违,反而会造成破坏。

(一)天然草地改良

天然草地改良是治理"黑土型"草地的一项预防性措施,对于原生植被盖度在30%以上,不便于机械作业或土层较薄的"黑土型"轻度退化草地,在不破坏原有植被的前提下,采取禁牧封育、灭鼠及灭除毒杂草等改良措施,恢复植被和生产力。

1. 禁牧封育 对"黑土型"退化草地采取禁牧封育措施,从而减缓草地因超载过牧所带来的压力,使牧草得以休养生息,达到综合治理"黑土型"的目的。禁牧时间一般 2～3 年为宜。

2. 灭鼠 灭治时期应在每年冬、春两季进行,采用人工和机械灭治相结合、生物制剂毒饵灭治与招引天敌灭治相结合的方法。灭治后残留洞数:高原鼠兔每公顷有效洞口数低于 8 个,田鼠每公顷有效洞口数低于 80 个,鼢鼠每公顷低于 0.4 只。

3. 灭除毒杂草 应在 6 月中旬至 7 月上旬进行,用甲黄隆、阔叶净等除草剂进行毒杂草防除。改良 1～2 年后,优良牧草盖度达到 70% 以上,毒杂草盖度降到 20% 以下,牧草青干草产量达到 2 500kg/hm² 左右。

(二)建立人工草地

通过多年的筛选试验,适于"黑土型"种植的多年生牧草品种有短芒老芒麦、垂穗披碱草、中华羊茅、星星草、冷地早熟禾等。种植以混播为宜,地点应选在原生植被盖度低于 30%、土层较厚、且便于机械作业的"黑土型"退化草地上。播种前要灭鼠、灭除毒杂草。栽培措施采用翻耕＋耙糖＋条播或撒播＋施肥＋镇压。在生长季节每 2 年追施尿素 150kg/hm²。在"黑土型"上建植人工草地,不仅能建立新的植被,而且还能提高草地生产力,达到标本兼治的目的。青海省青南牧区达日、甘德、玛多等经过了多年试验,都取得了明显的经济和生态效益,在"黑土型"草地上建立人工草地是切实可行的。

(三)建植半人工草地

建植半人工草地主要采取补播方法,在不破坏原有植被的前提下,结合划破草皮、施肥、松耙等一系列技术措施,在"黑土型"退化草地上补播多年生牧草种子,使退化草地植被逐步恢复,达到标本兼治的目的。对于土层薄、砾石裸露、嵩草属植物和草皮几乎消失殆尽的砾石滩，在治理上要结合施有机肥料，实行轻耙，混播适合当地生长条件的优良耐旱禾本科牧草，如披碱草、羊茅、早熟禾、恰草等。封育2～3年待其定植后再播种密丛型牧草，以形成草皮，恢复草甸。针对"黑土型"在治理上不利于机械作业的困难，必须人工撒播多年生牧草种子，驱赶牛、羊群践踏，使牧草种子埋入土中，待出苗分蘖后施肥以促进生长，达到恢复植被的目的。而对草皮和嵩草植物尚存，风蚀、水蚀较严重，自然景观呈现鱼鳞坑状的"黑土型"，可实行松耙、播补披碱草、老芒麦等多年生耐寒牧草，封育2～3年，待根茎植物完全定植后，结合松耙补播嵩草、异针茅等野生密丛型植物以加速草皮的形成。

（四）治理后的保护及利用

1. 治理后的保护　　这是一个关系到治理成败的重要问题。青南地区种植多年生牧草，一般要2～3年才能成熟。利用过早，破坏极大。所以在治理"黑土滩"退化草地的同时，必须制定出切实可行的保护管理制度，把治理、保护管理、使用三个环节真正抓好，才能达到有效治理的目的，否则会造成极大的经济和人力的浪费。"治理数量不少，实际收效甚微"的状况是较普遍的，如不引起重视加以改变，就会造成"治理面积越大、经济损失越重"的后果。而群众看不到实际利益，就会丧失治理的积极性，给工作带来极大的困难。人工及半人工草地建成后，当年要严禁放牧。在利用3～4年后，土壤肥力逐渐下降，根系盘结，地表积累了大量未分解的有机质而逐年板结，应采取松耙、补播同时追施有机肥或化肥等措施。

2. 治理后的利用　　人工草地主要是以刈割为目的，适宜的刈割期为抽穗期。留茬高度上繁草一般为8～10cm，下繁草一般为7～8cm。在土壤、气候条件较好、管理水平较高的地区，留茬可低些；相反应高些。刈割次数依牧草生物学特性、栽培地区土壤、气候条件、管理水平等不同而异。在"黑土滩"退化草地上建植的人工草地以1年刈割1次为宜。半人工草地建成当年,根系和幼苗生长发育缓慢,不能形成草层,应禁止家畜践踏。适宜放牧时期在第二年秋季或第三年春开始,放牧时要划区轮牧,精确计算出分区的贮藏量、放牧时间的长短和放牧家畜头数;应特别注意适宜载畜量的确定,以免对治理后的"黑土型"草地造成破坏。

(五)"黑土型"退化草地治理的长期对策

第一,要提高对"黑土型"退化草地治理难度的认识,树立长期治理的思想准备。"黑土型"退化草地是青藏高原严酷的自然环境下的产物。众所周知,高寒草甸草地生态系统极为脆弱,一经破坏很难在短期内恢复,退化草地的治理工作难度是很大的;而且退化草地的治理涉及社会的各个方面,是一项复杂的系统工程。必须在政府部门的统筹安排下,协调各方面的力量才能有所作为。不能希冀在短期内很快取得成功,要有长期治理的思想和物质方面的准备。

第二,科技部门要把研究工作的重点放在综合治理上,力争短时间内在嵩草属植物的繁殖技术方面有所突破。研究适于当地条件的混播组合,拿出一定面积的治理示范区,在此基础上进行较大面积的推广应用。

第三,要考虑易地扶贫的路子。在一些草地退化严重的地区,可否将一部分牧民群众搬迁到条件比较好的地区安置,搬迁后的地区实行全封闭,以便尽快恢复植被。这需要政府作出决策。

第九节　毒杂草型退化草地治理

毒杂草凭借其对采食、践踏、过度放牧等不良环境条件所形成的较强适应性以及植物间对生存空间、水分养分的竞争能力,个体数量及其在群落中的作用加强,使优良牧草的生长发育受到抑制,加之家畜的过度啃食而不能恢复。毒杂草危害严重的天然草地上,植物群落建群种的优势地位发生了明显的变化,毒杂草由伴生种成为优势种,天然草地由禾本科牧草为优势种的顶级群落演替至以毒杂草为优势种的顶级群落,致使天然草地的生产能力下降,变成毒杂草型退化草地。由于长时期高强度的放牧压力,毒杂草型退化草地在我国东北、西北和西南地区的面积和程度呈逐年扩大的趋势。毒杂草大量滋生繁衍,使可食牧草获得营养和生存空间受阻,产量和品质下降,更加剧了草地的过度放牧,牲畜因误食毒草造成的中毒和死亡率正在逐年上升,严重制约着草地畜牧业生态环境建设的发展。

在 20 世纪 50～60 年代,国外就有一系列有毒植物专著问世,近年草地改良的新技术之一就是应用除草剂清除毒害草后再播种优良牧草。国内有关专家学者和基层工作人员都十分重视草地有毒植物的研究与防除,20 世纪 80 年代以来,在有毒植物危害机制和控制毒草方面取得了一定的成果。

一、草地毒杂草的分类

在草地上,除了生长有价值的饲用植物外,往往还混生一些家畜不食或不喜食的植物,有时甚至滋生对家畜有害或有毒的一些植物。这些饲用价值低,妨碍优良牧草生长、直接或间接伤害家畜的植物,统称为草地杂草。

杂草在整个地球上分布甚广,它与草地生态环境和草地管理等有关。目前,全世界由于草地退化,灌丛植被、有害和有毒植物的分布面积逐步扩大。仅美国灌丛植被面积已达 1.3 亿 hm^2,地中海地区、非洲、澳大利亚和亚洲及其他大陆,都有大面积的灌丛植被或有毒有害植物分布。前苏联有的地区天然草地上的有毒植物达到或超过 50%。吉尔吉斯共和国为了防除人工草地上的杂草,每年要耗用 350 万 t 除莠剂和大批劳力。美国和加拿大因飞燕草中毒而死亡的牛和绵羊占牲畜总数的 3%～5%。20 世纪 60 年代初,美国西部草地上每年用于防除杂草所增加的管理费用约为 2.5 亿美元。

所谓的毒草或有毒植物是指该种植物在自然状态下,以青饲或干草形式被家畜采食后,妨碍了家畜的正常生长发育或引起家畜的生理异常现象,甚而发生死亡,这类植物称为有毒植物。据现有资料统计,我国北方草原上有毒植物的数量占植物总数的5%～7%,其中有毒植物 238 种,分属 45 科、127 科,其中蕨类植物有 2 科 5 种,裸子植物 1 科 5 种,被子植物有 43 科、124 属、228 种。

根据有毒物质在生长期内所表现的毒害作用,有毒植物分为以下两大类。

(一)长年性有毒植物

这类有毒植物在天然草地上的种类最多,危害也最大。共计约 104 种,占有毒植物总种数的 44% 左右。在这些植物中,绝大多数的植物体内含有生物碱,个别种还含有光效能物质等。

生物碱种类很多,毒性极强。家畜采食了含生物碱的植物后,常可引起中枢神经系统和消化系统疾病。生物碱主要存在于大戟科、罂粟科、豆科、茄科、龙胆科、毛茛科等双子叶植物体内,在单子叶植物的百合科、禾本科等的一些品种中也含有生物碱。光效能物质或称光敏感物质主要存在于蓼科的一些植物品种内。它只对白色家畜或是皮肤具白斑的家畜有影响,使家畜出现中枢神经系统及消化系统疾病,并严重损伤家畜的皮肤。此外,在这类有毒植物中,还有一些种含有大量的硒或钼,对家畜也有毒害作用。

含有上述毒素的植物,经加工调制(晒干、青贮)后,其毒性也毫不减弱。因此,家畜在任何时候采食,都可能发生中毒。按照有毒物质含量的高低、毒性强弱,可将其分为两大类群。

1. 烈毒性长年有毒植物 凡毒性剧烈,不论在任何季节,即使家畜少量采食,也会发生中毒,甚至造成死亡的有毒植物均属于烈毒性长年有毒植物。由于这些植物大多数具有强烈的刺激性气味,一般为家畜所厌恶,因此很少有家畜中毒。属于这一类的植物在天然草地上约有 53 种,占长年性有毒植物总种数的一半以上,主要有乌头(*Aconitum carmichaeli*)、北乌头(*A. kusnezoffii*)、茴茴蒜(*Ranunculus chinesis*)、石龙芮(*R. sceleralus*)、白屈菜(*Chelidonium majus*),野罂粟(*Papavar nudicaule*)、沙冬青、变异黄芪(*Astragalus variabilis*)、毒芹、颠茄、洋金花(*Datura metel*)、天仙子、龙葵、醉马草(*Achnatherum inebrianus*)、铃兰(*Convallaria keiskei*)、藜芦(*Veratrum nigrum*)等。

2. 弱毒性长年有毒植物　属于这一类群的有毒植物有毒物质含量一般都比较低,或毒性较弱。但是,只要大量采食,也会出现中毒症状。在天然草地上经常造成家畜中毒的主要是这一类群有毒植物,在长年性有毒植物中占 50% 左右。常见的有:问荆(*Equisetum arvense*)、木贼(*E. hiemale*)、节节草(*E . ramosissimum*)、无叶假木贼(*Anabasis aphylla*)、大花飞燕草、毛茛(*R. acris*)、地锦(*Euphorbia humifusa*)、华丽龙胆(*Gentiana sino-ornnata*)、獐牙菜(*Swertia bimaculata*)等。

(二)季节性有毒植物

季节性有毒植物系指在一定的季节内对家畜有毒害作用,而在其他季节其毒性基本很小或减弱。即使在其有毒季节内,经加工调制,其毒性也会大大降低。这类有毒植物在天然草地上的比重较大,有 70 多种,占总有毒植物种数的 30% 以上。植物体内一般都含有糖苷、皂苷、植物毒蛋白或者有机酸、挥发油等。

糖苷(即配糖体),对家畜有强心等生理作用。毒蛋白也是一种毒性极大的毒素。家畜采食了含有这些毒素的植物以后,就会引起心脏、肠胃或发疹等疾病。挥发油是一类有特殊毒害作用的物质,对中枢神经系统有强烈的刺激性,常可引起家畜中枢神经系统、肾脏及消化道等疾病。对家畜有害的有机酸主要有氢氰酸、酸模酸等。氢氰酸在植物体内是借助于酶的作用,由糖苷分解而成的。它可以导致家畜窒息,并引起各种疾病。

这类有毒植物的毒性都比较弱,且他们在干燥的过程中,体内的糖苷、皂苷的毒性就会迅速下降,氢氰酸逐渐消失,挥发油也因油性散发而失去毒性。这类有毒植物也可以分为两大类群。

1. 烈毒性季节有毒植物 这类植物在其有毒季节内对家畜的毒害作用与烈毒性长年有毒植物基本相同。它们可导致家畜急性或慢性中毒,在这些有毒植物中含有毒蛋白的有:宽叶荨麻(*Urtica laetevirens*)、焮麻(*U. cannabina*)、蝎子草(*Girardinia cuspidata*)等,含有糖苷的有:烈香杜鹃(*Rhododendron anthopogonoides*)、兴安杜鹃(*R. dauricum*)、照山白(*R. micrantum*)、杠柳、射干(*Belamcanda chinensis*)、鸢尾(*Iris halophila*)、海韭菜(*Triglochin maritimum*)、水麦冬(*T. palustre*)等。此外,还有蕨(*Pteridium aqvilinum var. latiusculum*)、黑钩草(*Andrachne chinensis*)、一叶萩(*Securinega suffruticosa*)等 20 余种。

2. 弱毒性季节有毒植物 这类植物在其有毒季节内,植物体内有毒物质含量比较低或其有毒成分对家畜的毒害作用比较弱。家畜少量采食,一般不致引起中毒。已有中毒报道的主要有:含糖苷的草玉梅(*Anemone rivularia*)、二岐银莲花(*A. dichotoma*)、耧斗菜(*Aquilegia viridiflora*)、侧金盏(*Adonis amurensis*)、白头翁(*Pulsatilla chinensis*)等;含有氢氰酸的有唐松草(*Thalictrum aquilegifalium*)、箭头唐松草(*T. simplex var. brevipes*)、展枝唐松草(*T. squarrosum*)、酢浆草(*Oxolis corniculata*)等;含皂苷及挥发油的有益母草(*Leonurus sibiricus*)、黄帚橐吾(*Ligularia virgaurea*)、薄荷(*Mentha arvensis*)、泽兰(*Eupatorium japonicum*)等。此外还有酸模(*Rumex acetosa*)、盐角草(*Salicornia herbacea*)、木贼麻黄(*Ephedra equisetina*)、草麻黄(*E. sinica*)、芹叶铁线莲(*clematis aethusaefolia*)、黄花铁线莲(*C. intricata*)、苦

马豆（*Swainsonia salsula*）、苦参（*Sophora flavescens*）、马先蒿（*Pedicularis resupinata*）、天南星（*Arisaema consanguineum*）等50多种。

二、草地毒杂草的防除

（一）化学防除法

利用化学除草剂杀死杂草的方法，称为化学除草法。凡是能杀死杂草的化学药剂，在农业上统称为除莠剂（herbicide）。除莠剂不但在农业上广泛运用，在毒杂草退化草地上也大量运用。如美国在不同类型的草地上应用除莠剂，怀俄明州在 20 万 hm^2 草地上用除莠剂喷洒北美艾灌丛（主要是三齿蒿 *Artemisia tridentata*），效果明显，70％的面积上牧草产量提高 1～4 倍。新西兰应用飞机喷洒除莠剂清除毒杂草。利用除莠剂灭草改良草地，在一些国家也极为普遍。如美国西部地区，一直利用 2,4-D 和 2,4,5-T 消灭草地上的蒿属植物，改良低产草地，载畜量平均提高 30％。加拿大安大略省山区，春季用达拉朋（Dalapon）消灭原有的低产禾本科草植被，再播种多年生豆科牧草（百脉根），使大面积的低产草地变成了抗旱性强、生长期长的豆科草地。

我国在草原管理中也开始使用除莠剂，并取得了一定的成效。湖南省南山牧场 1981 年 6 月使用飞机喷洒化学除莠剂进行地面处理，每公顷喷洒 74％茅草枯 4.95kg，80％ 2,4-D 丁酯防除小花棘豆，灭草率达 80％以上，毒草消失后促进了禾本科草的生长，产量提高了 4 倍。

1. 化学除莠剂的种类　化学除莠剂按其在植物体内的传导情况和对植物的杀伤程度，可分为触杀灭生性除莠剂和内吸选择性除莠剂 2 种。

内吸选择性除莠剂通过植物的茎、叶或根吸入体内，在体内传导。在一定的剂量下，只对某一类植物有杀伤力，对另一类植物无害或危害很小。

触杀灭生性除莠剂不能在体内传导,接触什么部位什么部位就死亡。能杀死一切植物,无选择性。

除莠剂按其化学成分又可分为无机除莠剂和有机除莠剂两类。无机除莠剂对植物表现出杀伤能力必须有很大剂量,如绿矾每公顷用量为 15～187kg,并且无机除莠剂还具有腐蚀喷雾器及其他用具的作用,目前它们在生产上很少被采用。有机除莠剂的优点在于它们的用量极少,如 2,4-D 每公顷用量为 1.5～2.25kg,并且对植物的杀伤力很强。

有机除莠剂在溶液中多是中性的分子状态,不受植物组织所带电荷(正或负)的排斥,可以自由地进入植物体内;同时,它可溶解植物组织具有的蜡质、脂肪、类酯化合物等,所以它们能比较容易地进入植物体内。

草地上消灭杂草及毒草时,一般都采用内吸传导选择性有机除莠剂。这类除莠剂的种类,随着化学工业的发展、品种繁多,特别是近些年出现的除莠剂种类更多。但运用于草地上消灭杂草的除莠剂种类不多。

(1)2,4-D(2,4-二氧苯酚代乙酸)类 它是一种内吸选择性除莠剂,它也是一种生长激素,用量大时对多种一年生或多年生杂草杀伤作用强,而对单子叶植物效果差。除草效率以丁酯最大,铵盐次之,钠盐最差。2,4-D 钠盐含有有效成分 80%,为红色或淡红色粉剂,有气味,易溶于水。2,4-D 丁酯为棕褐色乳油状液体,含有有效成分 72%,加工成 55%的浓水剂,易挥发,有刺激性臭味,加水成乳白色液体后可直接使用。2,4-D 类除莠剂用量一般为每公顷 1.25～3.75kg,加水 600～750L 进行喷雾作业。

(2)2M-4X(2-甲氢-4 氯苯酚代乙酸) 这类除莠剂对双子叶植物具有较强的杀伤力。2M-4X 铵盐为含有有效成分 20%的浓水剂。2M-4X 钠盐为黑褐色粉剂,含有有效成分 70%,有气味,易溶于水,在 20℃ 时溶解度为 25%,实验用量为每公顷 3.75～15kg,加水 450～750L,使用比较安全。

(3)2,4,5-T(2,4,5-三氯苯氧乙酸) 它的作用与 2,4-D 相似,可以杀死双子叶植物。国外常将 2,4-D 酯类和 2,4,5-T 丁酯类混合后用来杀伤木本植物。

(4)茅草枯(2,2-二氯丙酸钠) 又名达拉朋(Dalapon)。也是内吸选择性除莠剂,对窄叶的单子叶植物有强烈的杀伤作用,对双子叶植物效果较差。工业品为白、黄色粉末、易溶于水,纯度87%。使用量为每公顷 7.5～22.5kg,加水 450～750L 进行喷雾。

(5)除草剂一号[N-(对氯苯基)N′,N′-二甲基硫脲] 对狗尾草、灰条、野苋菜等宽叶杂草灭效较好,用量为每公顷 3.75～6kg,加水 750～900L 进行喷雾。

(6)镇草宁(N-磷酸甲基甘氨酸) 对一、二年生和多年生的窄叶和阔叶杂草及毒害草都有良好灭效。用量为每公顷 0.75～3.75kg,加水 187.5～600L 进行喷雾。

2. 影响除莠剂作用强弱的因素 除莠剂对植物杀伤力的强弱、快慢与进入植物体内的药量以及进入和运输速度快慢有密切关系,又与外界条件(湿度、温度、光照等)和植物本身的结构有很大的关系。

在空气湿度高时喷洒,药剂可较长时间保持湿润,因而进入植物体内的量就多。如在干旱时喷洒,药剂很快干燥,大部分不能进入植物体。温度高时喷洒药剂,由于植物的新陈代谢旺盛,故药剂进入植物体的量也多。但温度过高时,药剂干得快,进入植物体的量就减少。通常 10℃ 以下药剂不明显,15℃ 时微弱,最适宜的温度为 20℃～25℃。

光对药效也有影响。一般来说,有光的条件下药效高,无光时药效低。这一方面因光与温度高低有直接关系;另一方面有光时植物的代谢、转化较强烈,从而加速了药剂在植物体内的运输。

风与雨水对喷洒效果也有很大影响。有风时药液容易干燥，而降水会把药液淋掉，这都会影响药效。故喷洒药剂时，应选择在无风晴朗的天气进行。喷洒若遇雨，则需重喷。

除上述外界条件对药效产生影响外，各种植物对药剂的敏感性也不同，一般来说，药剂对植物产生药害必须有足够的药量黏附在植物的茎叶上，并能突破表皮组织渗入到植物内部，随植物的组织及器官扩散。各种植物的形态结构不同，影响着药液进入植物体内的快慢和数量。一般植物的茎叶表皮组织覆有一层薄薄的蜡质膜，这种物质很难为溶液所溶，从而阻碍药剂进入植物体内，特别是禾本科植物叶窄而竖直，喷药时药液不易黏在上面。而双子叶植物叶面大而展开，所以喷药时容易黏住药液。因此，双子叶植物对 2,4-D 的敏感性就比单子叶植物要大得多。

十字花科的大部分植物对 2,4-D 或 2M-4X 都很敏感。如白芥、野萝卜、芥菜等，每公顷用 0.25-0.5kg 即可杀死。

许多一、二年生的高大杂草，如独行菜，苦苣菜等，喷药用量每公顷 1.5kg 即可。

除莠剂对一些根茎型和根蘖型杂草有显著效果，喷洒后植物的地下茎停止生长，变脆、肿大、加粗，甚至发生破裂，最后导致植株死亡。

除莠剂的灭草效果不仅因植物种类不同而异，而且也因同一植物的发育阶段不同而不同。一般来说，在植物有效时喷洒，灭效高。但有的植物，如水苦荬和大戟，在抽茎期喷药药效最强。这是因为在这个时期它们生长最快，新陈代谢最旺盛，因而中毒也就最厉害。所以，喷洒除莠剂应选择在最易杀伤植物的生长发育期。

3. 除莠剂的喷洒技术　喷洒除莠剂的方法，目前最常用的是喷雾，可分为航空喷雾及地面喷雾两种。

（1）航空喷雾　在草地上采用航空喷雾是最经济而适用的，许多航空事业发达的国家均采用飞机喷洒除莠剂，飞机喷雾的优点是效率高,节省劳力。此外,飞机喷雾的液滴及烟雾而积大,耗费的液量较少。飞机喷雾常利用安-2型飞机,机上安装有喷雾装置,有两组或四组喷管,每管上有8个喷头。

做好各项准备工作是保证飞机喷雾正常进行的重要一环。为此,首先要选定机场。平坦的草地均可作为机场,其条件是:平坦,无坑洼沟渠或小土丘及草丛;面积为长400m、宽200m;机场附近有水源,距喷洒地区不远。

飞机喷雾时要求距地面5～7m高度进行直线飞行,速度一般为每秒30m,飞行方向由两个信号手指明,信号手可用信号旗在草地上指挥飞机飞行方向。飞机在距第一信号手300m时,便降至工作高度,飞至信号手的位置时便打开喷雾开关,进行喷雾,至第二信号手上空关闭喷雾开关,然后升高,当飞机旋转时,第一信号手已移至飞机第二次飞行的下方位置,如此顺序进行。信号手为避免药液喷在自己身上,当飞机距自己50～70m时即可离开所站位置,因此时飞机已经定向。

飞机每一单程所喷宽度,如2组喷管时为10m,4组喷管为15m。因此,必须根据工作幅度,喷洒地段的长和宽,以及飞机的载液量,计算一次起飞需要旋回的次数。

(2)地面喷雾　若草地除莠面积不大,采用飞机喷雾有困难时,可采用地面喷雾方法。地面喷雾分机引、马拉和背负3种。

机引式喷雾器效率高,当喷液150～225L/hm² 时,每天可喷洒46hm²,工作幅度12m。

马拉式喷雾器用1匹马牵引,携带160L药液,装10个喷头,工作幅度5.5m,当喷液量150～240L/hm² 时,1d可喷8～10hm²。

背负式喷雾器比较容易驱使,当草地上毒草数量不多时采用比较方便。每天每人可喷洒0.5～0.6hm²。

总之,不管采用哪种喷雾方式,进行草地除莠工作应注意以下几个问题：

一是要选择气温高、阳光充足的晴朗天气进行喷洒。在干旱地区由于空气湿度低，可在清晨湿度较高的时候进行或加入浸润剂使水溶液干得慢些。当露水大时，应等露水干后再喷，以免冲淡药量。如喷后 6h 内遇雨，则应补喷。

二是进行喷洒的时期要合适，一般应选择在植物生长最快的时期进行，以增强药效。

三是草地喷洒除莠剂后，需经 10～15d 才能放牧家畜，以免造成家畜中毒事故。

四是草地喷洒除莠剂之前，最好先进行小区试验，以便确定各种植物对药液的敏感程度、用药量、药液浓度等。

（二）生物防除法

生物防除就是指以草治草，以虫治草，以畜治草。近年来，世界上许多国家已十分重视生物防除杂草的工作，并已取得一定的成绩。杂草的生物防除包括昆虫防除，但昆虫防除杂草并不是惟一的办法。食草动物、其他植物和真菌也可用于防除杂草。

1. 利用家畜　放牧家畜可导致草地植物群落的变化。因此，有时人们利用放牧家畜去防除某些毒、害草。例如，在金合欢（A-cacia harpaphylla）放牧地上，用羊过牧可控制其枝条的生长；在非洲，山羊被广泛用来防除灌木。有些植物对某种家畜无毒害作用，如飞燕草对山羊无毒害作用，因而可以在生长飞燕草的地区放牧山羊，以便消除飞燕草。

2. 引进保护或抗生植物　在放牧地上，有些牧草由于生长非常缓慢，播种当年无收获或收获很少，因而可播种伴生作物，这样不仅可以增加当年的收获量，也有利于防止土壤侵蚀，抑制杂草生长。在日本常利用燕麦、玉米等作为放牧地的伴生作物。研究表明，引进伴生作物对杂草的生长抑制作用比对牧草的影响明显。

另外，也可采用抗生植物抑制草地杂草的生长，特别是利用豆科牧草作为土壤覆盖植物已得到充分的证实。在澳大利亚常利用葛藤有效地抑制多年生香附草（*Cyperus rotundus*）。对草地中的不良杂草,特别是狗牙根（*Cynodon dactylon*）,利用播种大翼豆、蝴蝶豆、黄大豆、绿叶山麻黄抑制其生长效果也很明显。在毒草滋生的地方补播草木樨后,结果小花棘豆的数量减少 40%～60%。

3. 利用昆虫的择食性 引进昆虫进行生物防除也相当有效。澳大利亚最先在仙人掌的生物防除方面取得了较大的成功。劲直仙人掌（*O stricta*）和霸王树或霸王仙人掌是草地上的杂草,后来从外地引进了蛾,仙人掌很快就大大减少。

在国外,虽然利用昆虫进行防除杂草的研究未达到普遍的应用,但其前途是可喜的。特别是有些杂草如盐生杂草（*Cardunz*）、矢车菊属（*Centaurea*）、蓟属（*Cirsium*）、飞镰属（*Carduus*）、大鳍蓟属（*Onopordum*）、金雀花属（*Cytisus*）以及其他许多杂草,利用生物防除的可能性较大。

(三)机械防除法

利用人力和简单的工具以及各种机械防除杂草的方法称为机械防除法。国外利用机具清除灌木的做法极为普遍,如美国常用带有推土机推土铲的拖拉机,带有改良推土铲的拖拉机,圆盘耙以及链状钢索清除灌木。

人工铲除杂草和灌木要花费大量劳力,只能在小面积草地上进行。在大面积的草原上最好机械防除。采用机械防除杂草和灌木应注意以下几点:

1. 目标植物的密度和大小 人工铲除杂草或灌木的时间应选择它们侵入草地的早期。小型灌木(冠层直径约为 90cm)的密度较低时(低于 80 株/hm^2),可采用人工铲除的方法。对于具有芽生特性的植物,必须把能出芽的根挖掉。对于年龄相同的成年灌木,可用锁链拽的方法加以控制。用推土机铲除密度低而中等大小的树木也有较好的效果。

2. 芽生和非芽生灌木 清除植物时要考虑到植物的芽生特点，非芽生植物比较容易清除，而对于芽生的植物必须挖出其根才能防除。一般来说，用钢索拽或耙片都不能彻底杀死从地下根出芽的植物。

3. 土壤条件 采用什么办法清除植物，要根据土壤条件而定，在沙质土壤上用钢索拽非常有效，不能用推土机和圆盘耙，否则会翻动自然土层，毁坏理想植物，会引起土壤侵蚀，对于过湿的土壤也不宜使用机械作业。

4. 地形 若进行机械作业，为了提高效率，应选择岩石少和地面平坦的地形。

第十节　鼠害型退化草地治理

成灾鼠类的增加，加剧了草地退化。据统计，1978～1999 年，我国北方 11 个省、自治区平均每年鼠害成灾面积近 2 000 万 hm^2。一是鼠类与牲畜争食牧草，加剧草畜矛盾。鼠类的日食量相当于自身体重的 $1/3～1/2$。布氏田鼠日食鲜草平均为 14.5g/只，高原鼠兔日食鲜草 66.7g/只。据测算，我国青藏高原至少有高原鼠兔 $6×10^8$ 只，每年消耗鲜草 1 500 万 t，相当于 1 500 万只羊 1 年的食量，造成青藏高原牲畜严重缺草。二是破坏草场。挖洞、穴居是鼠类的习性，挖洞和食草根，破坏牧草根系，导致牧草成片死亡。害鼠挖的土被推出洞外，形成许多洞穴和土丘，土压草地植被，也引起牧草死亡，成为次生裸地，在青藏高原出现的黑土滩就是鼠害造成的。据统计，黄河源头区因草原鼠害造成的黑土滩型草场退化面积已达 200 万 hm^2，部分草原已失去放牧利用价值。当地牧民忧虑地说："人不灭鼠，鼠将灭人。"

鼠害是草地退化的重要因素之一。我国天然草地鼠类分布广、数量多。常见的啮齿类动物有高原鼠兔、喜马拉雅旱獭和草原田鼠等。其中高原鼠兔和喜马拉雅旱獭对草地危害最大。灭鼠方法很多,可分为物理学灭鼠法、化学灭鼠法、生物学灭鼠法和生态学灭鼠法四大类。它们各有特点,使用时互相搭配,充分发挥各自的长处,以期获得较好的效果。

一、严重鼠害草地、草原鼠害的定义及草地主要鼠害危害分级

根据农业部草原监理中心《严重鼠害草地治理技术规程》(2007,试行)规定"严重鼠害草地"(Rodent Damaged Grassland)是指主要因鼠类活动和超载过牧等原因引起草地严重退化的次生裸地。其植被覆盖度低于20%,地上植物生物量低于原生草原的20%。如鼠荒地、黑土型、沙化草地等严重退化草地。"草原鼠害"(Rodent Pests in Grassland)是指啮齿类动物在一定区域内过度繁殖,对草原、人、畜造成损失及危害的统称。草地主要鼠害危害分级见表4-5。

表4-5 草地主要鼠害危害分级

鼠种名称	危害等级及名称	判断标准
高原鼠兔 (Ochotona curzoniae)	Ⅰ级(轻度危害)	破坏植被面积小于15%,<30 只/hm²
	Ⅱ级(中度危害)	破坏植被面积15%~45%,31~55 只/hm²
	Ⅲ级(重度危害)	破坏植被面积45%~85%,56~69 只/hm²
	Ⅳ级(极度危害)	破坏植被面积达85%以上,≥70 只/hm²
高原鼢鼠 (Myospalax baileyi)	Ⅰ级(基本无危害)	破坏植被面积小于15%,<4 只/hm²
	Ⅱ级(中度危害)	破坏植被面积15%~45%,4~10 只/hm²
	Ⅲ级(重度危害)	破坏植被面积45%~85%,11~20 只/hm²
	Ⅳ级(严重危害)	破坏植被面积达85%以上,>20 只/hm²

续表 4-5

鼠种名称	危害等级及名称	判断标准
布氏田鼠 (*Microtus brandti*)	I级(基本无危害)	>500 个/hm² 有效洞口
	II级(轻度危害)	>1000 个/hm² 有效洞口
	III级(中度危害)	>1500 个/hm² 有效洞口
	IV级(重度危害)	>2000 个/hm² 有效洞口
	V级(极度危害)	>2500 个/hm² 有效洞口
长爪沙鼠 (*Meriones unguiculatus*)	I级(轻度危害)	>200 个/hm² 有效洞口(夹日捕获率<8%)
	II级(中度危害)	>400 个/hm² 有效洞口(夹日捕获率8%~15%)
	III级(重度危害)	>650 个/hm² 有效洞口(夹日捕获率15%~25%)
	IV级(极度危害)	>1000 个/hm² 有效洞口(夹日捕获率>25%)
大沙鼠 (*Rhombomys opimus*)	I级(轻度危害)	<400 个/hm² 有效洞口
	II级(中度危害)	400~650 个/hm² 有效洞口
	III级(重度危害)	650~800 个/hm² 有效洞口
	IV级(极度危害)	>800 个/hm² 有效洞口
鼹形田鼠 (*Ellobius talpinus*)	I级(轻度危害)	<200 个/hm² 土丘
	II级(中度危害)	200~300 个/hm² 土丘
	III级(重度危害)	300~500 个/hm² 土丘
	IV级(极度危害)	>500 个/hm² 土丘
黄兔尾鼠 (*Lagurus luteus*)	I级(轻度危害)	<600 个/hm² 有效洞口
	II级(中度危害)	600~800 个/hm² 有效洞口
	III级(重度危害)	800~1200 个/hm² 有效洞口
	IV级(极度危害)	>1200 个/hm² 有效洞口

续表 4-5

鼠种名称	危害等级及名称	判断标准
草原兔尾鼠	Ⅰ级(轻度危害)	<600 个/hm² 有效洞口
(*Laguru*	Ⅱ级(中度危害)	600~800 个/hm² 有效洞口
lagurus)	Ⅲ级(重度危害)	800~1200 个/hm² 有效洞口
	Ⅳ级(极度危害)	>1200 个/hm² 有效洞口

二、草地鼠害的治理与控制

(一)综合治理

从生物与环境的整体观念出发,本着安全、有效、经济、实用的原则,因地因时制宜,合理运用生物的、化学的、物理的、农业的方法,以及其他有效的生态学手段,把鼠害控制在不致危害的水平,达到维护生态安全和增加生产的目的。

(二)持续控制

在采取生物、化学、物理、农业等措施治理害鼠后,采取保护和利用天敌、改变害鼠适生环境等生态治理技术的综合配套措施,使鼠类密度长期控制在经济阈值允许水平以下。

三、草地鼠害的治理区域确定

(一)确定标准

鼠类破坏草原原生植被面积达 80% 以上;使植被稀疏,群落结构简单化,植被覆盖度低于 20%;地上植物生物量低于原生草原的 20%。

(二)治理区域确定

经害鼠密度、危害等级以及植被盖度、植物生物量调查,达到治理标准的区域,确定为治理区域。

四、草地鼠害的治理方法

以围栏封育为主,同时结合生物防治、化学防治、物理防治、补播、施肥、灌溉、管护和合理利用等措施进行综合治理。

(一)围栏建设

首先采取围栏保护措施,对严重鼠害草地进行禁牧、封育,以利于植被恢复。

(二)生物防治

运用对人、畜安全的各种天敌因子来控制害鼠种群数量的暴发,以减轻或消除鼠害。生物防治面积应达到当年度防治总面积的70%以上。主要方法有以下几种:

1. 天敌控制 近年来,草原鼠害防治工作日益趋向于采取综合治理措施,走保护鼠类天敌,进行生物灭鼠的路子。鸟类中的猛禽有鹰、猫头鹰等都是鼠类著名的天敌。据资料显示,在它们的食物中鼠类的遇见率高达75%。1只成年鹰1日内捕食20~30只野鼠,捕食范围可达600m以上,几个月内能把1km范围内的鼠捕尽。利用天敌来控制害鼠种群数量增长,方法主要有保护、招引、投放等方式。保护草原上捕食害鼠的鹰、雕、猫头鹰、猫、蛇类、沙狐、赤狐以及鼬科动物等益兽益鸟,禁止猎取和捕杀。在草原开阔处建设鹰墩、鹰架,开展招鹰灭鼠活动。

架设人工鹰架技术:

鹰架的设计。鹰架:采用钢筋混凝土结构,呈"丁"字式直立。架杆规格为0.15m×0.1m×3.5m,顶部横梁规格为0.8m×0.10m×0.05m。鹰墩:墩高5~6m,呈圆锥形,锥底直径为1.5m。采用石块泥砌3.0~4m后,上竖2m高的混凝土直杆,顶端固定一"十"字架,规格为0.5m×0.05m×0.05m。

地段选择。架设鹰架的地段应选择在地面平坦、开阔、离山及道路远、草地植被稀疏、植株低矮、草地退化、鼠害较严重的地段为佳,鹰架的设立应选在鼠类最适宜生存的地段,使其生活习性与生态要求一致,达到鹰鼠"相克",恢复和维持生态平衡,最终控制鼠害的目的。

架间有效距离。设立鹰架能有效控制草原害鼠的种群密度,减轻鼠类对草地的危害。天然草地防治鼠害,鹰架间距以 500m 为宜。距离过短,不能发挥最大的经济效益。若间距太大,防治效果会相对降低。但在地形复杂的地段,鹰架间距可以缩小到 250m 左右,地形极为开阔的地带可扩大到 600m。

2. 生物农药治理　　选择由害鼠的病原微生物,或由微生物、植物等产生的具有杀灭作用的天然活性物质研制成的杀鼠剂,制成毒饵灭鼠。

C 型肉毒梭菌杀鼠素是一种嗜神经性麻痹毒素。鼠类进食毒饵,毒素由胃肠道吸收进入血液循环,选择性作用于颅脑神经和外周神经肌肉麻痹。表现为精神委靡,食欲废绝,全身瘫痪,最后死于呼吸麻痹。死亡时间与毒素中含毒量有关,一般采食后的第三至六天死亡。是具有毒性强、适口性好、中毒作用缓慢、死亡速度适中,而对人、畜则较安全,不伤害鼠类的天敌和其他动物,无二次中毒,不污染环境,属于理想的高效、安全、无残留毒的生物灭鼠剂。

(1)毒饵的配制　　不同鼠种应配制不同含量的毒饵,如配制 100kg 含毒量为 0.1％的燕麦毒饵时,先将 100ml 毒素液倒入 8L 冷水中稀释,将稀释液再倒入 100kg 燕麦中反复搅拌均匀后,使每粒饵料都沾有毒素液,然后堆积并盖塑料布闷置 12h 即可投饵灭鼠,即毒素液、水、饵料的配比为 1∶80∶1 000。每 667m² 施毒饵约 750g。

(2)配制毒饵注意事项

配料用水:河水、自来水均可,但忌用碱性水,略偏酸性为好,必须用冷水。

水的用量：一般为饵料的 6%～8%，不同的饵料用水量也有差别，拌制成的毒饵不能太湿或太干。

冻结保存水剂 C 型肉毒梭菌杀鼠素的瓶子，宜放在冷水中使之慢慢溶化，不能用热水或加热溶化。

C 型肉毒梭菌杀鼠素宜与燕麦、青稞、小麦等谷物配制毒饵。

拌制、投饵及灭鼠人员要戴口罩、手套，切忌用手接触毒剂、毒饵。操作完后做好自身消毒。

配制毒饵要专人加工配制，要严格按规定的比例进行，不要在住房、畜圈、水渠、水井附近拌制，不许畜禽和无关人员靠近。

C 型肉毒梭菌杀鼠素毒饵残效期短，因此在投毒饵时一定要做到随拌随投放。拌制的毒饵最好在 3d 内用完。投饵方法及质量与灭鼠效果关系极大，投放毒饵方法与化学药物毒饵投放方法基本相同。

(三)化学防治

把化学杀鼠剂拌入或通过药液浸泡将有效成分吸入诱饵制成毒饵，然后把毒饵投放在洞口附近或洞内灭鼠。

杀鼠剂的选择和管理必须严格依照《中华人民共和国农药管理条例》(1997)和农业部《草原治虫灭鼠实施规定》(1988)有关条款执行。杀鼠剂必须具有"农药登记证"、"产品标准"、"生产许可证"（或"准产证"），应高效、低毒、低残留、经济、对人畜安全。杀鼠剂使用说明书须有人、畜误食或接触中毒后的急救措施与特效急救药等说明。严禁使用有二次中毒和可能造成严重环境污染的杀鼠剂。

毒饵投放方法中，各种地面投放毒饵的方法必须保证人、畜安全，并应在禁牧的前提下进行。主要投放方法有：①按洞投放法。在划定的区域内按鼠洞的多少依次将毒饵投放于洞口旁 10～20cm 处。②均匀撒投法。可用飞机、专用投饵机操作，也可人工抛撒。③条带投饵法。根据地面鼠的活动半径确定投饵条带的行距,可徒步或骑马进行条投。

投饵行距参考数据:布氏田鼠 20～30m,长爪沙鼠、高原鼠兔 30～40m。

常用配制毒饵的饵料有燕麦、青稞、小麦、蔬菜、青草、青干草等。常用的黏附剂为青油和面糊、糌粑等。

配制毒饵的方法:0.5%甘氟燕麦毒饵:其比例为甘氟 0.5kg,水 10L,燕麦 100kg,再加少许青油。

配制时,先将甘氟用水(冷季用温水)稀释,然后把燕麦投入盛甘氟水溶液的金属容器中,搅拌、浸泡,经 24h 后,浸至燕麦将药液全部吸干为止,再加青油搅拌均匀即可。

投放饵料的方法:在统一指挥下,沿规划线一字排队,每人间隔 3～4m,见鼠洞投放毒饵,每有效洞口投放毒饵 10～15 粒,要求不漏投、不重投,保质保量。

灭鼠季节:毒饵法消灭鼠类的最适宜时期是冬、春季节(11 月份至翌年 3 月份)。因这一时期植物全部枯死,根茎型植物的根芽还未萌发,随着气温的下降,土层冻结,食物减少,鼠类觅食困难,这时撒布人工毒饵,鼠类容易贪食而中毒死亡。此外,雪后灭鼠具有独特的效果。雪后,凡无鼠洞皆被雪封闭,而有鼠洞口则被鼠重新挖开;同时,地面上可食的食物皆被雪覆盖,增加了鼠类采食毒饵的机会,此时在鼠洞口投放毒饵,灭效很好。

(四)物理防治

利用器械灭鼠。根据不同鼠种的习性选择不同的方法。主要方法有以下几种:

1. 夹捕法

(1)地面鼠　在洞口前放置放有诱饵的木板夹、铁板夹或弓形踩夹捕杀。

(2)地下鼠　探找并切开洞道(暴露口越小越好),用小铁铲挖一略低于洞道底部且大小与踩夹相似的小坑,放置踩夹,并在踩板上撒上虚土,最后将暴露口用草皮或松土封盖,不致透风。

2. 鼠笼法 放置关闭式铁丝编制的捕鼠笼捕杀地面鼠。

3. 弓箭法和地箭法 利用鼢鼠封堵暴露洞口的习性,安置弓箭或地箭进行捕杀。具体放置方法是:探找并掘开洞道,在靠近洞口处将洞顶上部土层削薄,插入粗铁丝制成的利箭,设置触发机关,待鼢鼠封堵暴露洞口时触发机关,利箭射中鼢鼠身体而达到捕杀目的。

(五)不育控制

利用化学不育剂防治技术控制害鼠种群的繁殖率,减缓害鼠种群数量增加速率。

五、草地鼠害治理后的植被恢复与重建

在采取上述方法灭治害鼠的同时,通过播种、补播、施肥、灌溉、合理利用等综合技术,恢复草地植被,使害鼠密度长期维持在经济阈值允许水平以下。鼠害治理后的植被恢复与重建参考NY/T 1342—2007《人工草地建设技术规程》实施。

六、草地鼠害治理后的效果评价

(一)评价标准

第一,综合治理后鼠类密度低于防治指标。

第二,综合治理后植被覆盖度达到原有同类草地植被覆盖度的80%以上;产草量达到原有同类草原的80%以上;逐步恢复到稳定的草原植被。

(二)评价方法

1. 评价内容 鼠类密度,植被覆盖度,产草量,植被类型。

2. 调查统计的有关公式

鼠密度＝洞口系数×单位面积洞口数(或有效洞口数)

洞口系数＝单位面积捕鼠数÷单位面积洞口数(或有效洞口数)

有效洞口密度 = 堵洞 24 小时后掘开洞口数/hm²（地面鼠）

有效封洞密度 = 切开洞道 24 小时后封洞数/ hm²（地下鼠）

灭治效果以灭洞率或灭鼠率表示。其计算公式如下：

灭洞率（％）＝［灭前有效洞口数（或封洞数）－灭后有效洞口数（或封洞数）］÷灭前有效洞口数（或封洞数）×100

灭鼠率（％）＝（灭前鼠密度－灭后鼠密度）÷ 灭前鼠密度×100

草原主要害鼠需防治指标见表 4-6。

表 4-6 草原主要害鼠需防治指标

害 鼠	每公顷有效洞口（或只数）
鼢鼠（*Myospalax*）	150 个以上（新土丘）
高原鼠兔（*Ochotona curzoniae*）	150 个以上
布氏田鼠（*Microtus brandti Radde*）	1500 个以上
大沙鼠（*Rhombomys opimus*）	400 个以上（或 30 只以上）
黄兔尾鼠（*Lagurus luteus*）	160 个以上（或 40 只以上）
草原兔尾鼠（*Lagurus lagurus*）	160 个以上（或 40 只以上）
鼹形田鼠（*Lagurus luteus*）	150 个以上
长爪沙鼠（*Meriones unguiculatus*）	50 只以上

第五章 牧草种质资源利用

第一节 牧草种质资源搜集与鉴定

牧草种质资源是发展草业、实现草地畜牧业可持续发展的重要物质基础,是筛选、培育优良牧草品种和生态用草的基本材料和基因源,对促进畜牧业的可持续发展,加快农业产业结构调整和生态环境治理均有着十分重要的意义。牧草种质资源包括经过长期自然选择和人工选择而形成的两大类可更新的重要植物资源。

长期以来,由于我国天然草地过度利用,导致草原"三化"现象日趋严重,草地植被遭到严重破坏,生态环境不断恶化,使许多重要牧草品种或生态型正面临绝境或已经从自然界中消失。针对当前我国在生态环境建设、农村产业结构调整、草地畜牧业可持续发展和草地生物多样性保护等诸多领域实施的西部大开发战略,对各类牧草资源提出的迫切需要,必须加强牧草种质资源搜集、整理、鉴定、评价与入库保存等基础性工作。

一、概 述

(一)种质资源的概念

在遗传育种领域内,把一切具有一定种质或基因的生物类群统称为种质资源,包括各种品种、生态类型、近缘种、亲缘种和野生种的植株、种子、无性繁殖器官、花粉甚至单个细胞。因此,只要具有该物种或品种全套遗传物质,并能繁殖、传递给下一代的一切生物体,均可称为种质。

（二）牧草种质资源的类别

根据材料的来源不同,牧草种质资源通常可以分为野生种质资源、本地种质资源、外地种质资源和人工创造的种质资源。

1. 野生种质资源　野生种质资源是在某一地区自然条件下,由于长期自然选择形成的野生植物类群,因此它具有一般栽培品种所没有的抗逆性;而且,野生种质资源常常携带着抗虫、抗病、抗旱、抗寒、耐盐碱等优良基因,同时野生种质资源常带有一些不良的野生性状和特性,如落粒性强、种子休眠期长、硬实率高、裂荚、种子发芽率低、产量低,这些不良性状和特性常给牧草栽培和育种带来困难。野生种质资源的利用,一方面可驯化、筛选,转化为栽培牧草;另一方面以野生种质资源为亲本,与需要改良的栽培品种杂交,进行品种改良。

2. 本地种质资源　本地种质资源主要来源于当地的地方品种和适应当地推广的其他牧草品种。地方品种是指在当地条件下,当地农牧民在长期使用过程中,有意或无意地人工选择以及自然选择形成的类型和品种,对本地区的自然条件、环境以及栽培利用方式具有最大的适应性。地方品种必须是在当地栽培历史较长,时间一般在30年以上、具有较强适应性的类型。通常认为,地方品种是一个混杂的群体品种,一致性相对较差,群体内个体遗传类型丰富。地方品种虽然有很多优点,但在某些方面(产量低、混杂、易倒伏)不能适应现代农业技术水平的要求。在育种时,需要与外来的优良品种杂交,以得到既能适应本地区的自然条件,又具有外来品种优良性状的新品种。

3. 外地种质资源　外地种质资源是从国外和国内其他各地收集来的种、品种或类型。外地种质资源反映着气候和土壤等生态条件的多样性,具有多样化的生物学性状和优良的农艺性状,如丰产性、抗病虫性等。外地种质资源虽然有不少优点,但引入新环境后也表现出一些缺点,尤其对本地条件的适应性差。所以,可以将外地种质资源与当地品种进行杂交,取长补短,达到培育出更为理想品种的目的。

4. 人工创造的种质资源 人工创造的种质资源是指经过人工杂交获得的杂交组合、人工诱变获得的变异材料、植物组织培育、原生质体培育与融合及转基因的工程植株。人工创造的种质资源携带有较好的基因和遗传材料,这些材料还须经过一系列的育种过程,才能培育成新的品种。

(三)牧草种质资源的搜集

牧草种质资源的搜集是指搜集含有遗传功能单位的任何牧草株体遗传材料,如牧草种子、胚、枝条、DNA 等材料。通常搜集的主要是牧草种子,有时也采集枝条。

1. 确定搜集的具体方案 在搜集野生牧草种质资源时,应先根据搜集的目的和影响野生牧草发生变异的因素正确制订搜集的具体方案。在实际搜集过程中,应参照要搜集地区牧草分布特征、种子的成熟时间和重点搜集的对象正确制订搜集路线和适宜时期。

2. 搜集材料的样本数与搜集方法 每份材料搜集的样本数以能代表总体的样本数为准,即有效样本。自花授粉牧草群体内变异较小,其有效样本较小,一般少于 50 个单株。因此,应尽量在大范围内多点采集种子,然后混合在一起。也可以采取单株采种。异花授粉牧草个体间变异较大,要搜集足够数量的单株才能保证群体遗传组成的不变,因此有效样本应为 50~100 个单株。

地方品种往往携带有很重要的基因资源,因此地方品种的搜集和保护也很重要。由于新品种的推广和品种不断地更新,分散在农牧民手中的地方品种几乎濒于灭绝,或者已有很大程度的混杂,所以加速地方品种的搜集刻不容缓。对于地方品种的搜集,一般可在经济落后、地域偏远、交通不便以及引种活动少的地区进行。每一份种质材料均要做好基本内容的记录(表 5-1)。

表5-1 牧草种子采集原始记载表

种子编号		学　名		中文名		别　名	
保护等级		采集地点		省　县　乡　村			
海　拔		经纬度		物候期		结实状况	
地　形		土　壤		草地类型		小生境	
气候带		气候区		种质类型		野生种/栽培种	
特殊性状		其他需要说明的事项					

采集者、记录人：　　　　　　采集日期：

注:保护等级包括:一级、二级、三级、未列入和暂不保护;地形包括:平原、丘陵、低山、中山、高山、极高山、高原、盆地、宽谷和峡谷;种质类型包括:野生种、地方品种、选育品种、品系、遗传材料和其他;气候带包括:热带、亚热带、暖温带、中温带、寒温带和高寒区域;气候区包括:湿润区、半湿润区、半干旱区、干旱区和极端干旱区;小生境包括:田边、路旁、阴坡、阳坡、沟谷、湖边、溪边等;草地类型包括:温性草甸草原、温性草原、温性荒漠草原、高寒草甸草原、高寒草原、高寒荒漠草原、温性草原化荒漠、温性荒漠、高寒荒漠、暖性草丛、暖性灌草丛、热性草丛、热性灌草丛、干热稀树灌草丛、低地草甸、山地草甸、高寒草甸和沼泽

3. 搜集材料的整理　搜集到的种质资源,应及时整理,将样本对照现场记录,进行初步整理、归类,补漏未定名的种子。另外,对搜集的种子及时脱粒、清选。

二、牧草种质资源鉴定与保存

(一)牧草种质资源鉴定

鉴定与评价是种质保存与利用的重要纽带,有室内鉴定和田间鉴定。室内鉴定一般在温室、培养箱和实验室内进行,特点是节省种子、环境可控、周期快、可全年进行、结果较为准确。田间鉴定一般在原始材料圃中进行,其特点是更能真实地反映种质的特性、生物学特性和农艺性状方面的资料在经过田间鉴定后才能获得。

观察记载的内容如下：

1. 生育期　包括播种期、出苗期、分蘖或分枝期、拔节期、抽穗或现蕾期、开花期、成熟期、果后营养期和枯黄期等。对于一年生植物，可观察 1～2 年；对于多年生植物，至少要有第一年和第二年的数据。

2. 形态学观察　除进一步的植物分类鉴定之外，还包括对株型、株高、株丛大小、枝条数量、叶型、花色、种子结实情况、根茎等的观察。

3. 农艺性状　包括产量、叶量、再生性、品质等。

4. 抗逆性　包括抗旱性、抗寒性、抗热性、抗病虫性、耐盐碱性等。

5. 遗传学观察　繁殖方式、授粉方式、遗传多样性等。

(二)牧草种质资源保存

1. 种植保存　为保持牧草种质资源的种子或无性繁殖器官的生活力及其数量，种质资源必须每隔一定时间(如 1～5 年)繁殖 1 次，当种子发芽率降低到 50% 时必须及时繁殖，否则种子在丧失活力后不宜保持原物种的遗传特性。这种繁殖方式就是种植保存。种植保存一般可分为原生境种植保存和异地种植保存。前者是通过保护植物原来所处的自然生态系统来保存种质；后者是把种质材料的种子、块茎块根、无性繁殖材料迁出其自然生长地，保存于植物园或繁殖圃中。

2. 贮藏保存　贮藏保存主要是用控制种质库的空气相对湿度、温度和种子含水量以及用氮气密封贮藏、液氮超低温贮藏等方法贮藏种子、营养体或花粉，以期达到延长其寿命的目的。种质库可分为短期库、中期库和长期库。

(1)短期库　温度 20℃，相对湿度 45%，种子含水量%。种子装于纸袋内，可保持种子生活力 2～5 年。短期库是一个工作库，主要用于交换种质。

（2）中期库　中期库的标准是保证种质材料保存 10～25 年，发芽率不低于 85％。我国牧草种质中期库的保存条件是温度 4℃，相对湿度％，种子含水量 10％以下，密封。中期库的任务包括：不断向长期库提供种质资源，接受长期库的繁殖更新任务，直接为利用者服务。

（3）长期库　长期库温度为 −18℃～−10℃，相对湿度为 30％～35％，种子含水量为 5％。密封保存，可保存种子 75 年。在长期贮藏过程中，除监测样品、繁殖更新外，贮藏种质材料不作任何他用。

第二节　牧草种子繁殖和种子标准化

一、加速良种繁殖的方法

新育成或引进的优良品种或提纯生产的原种，种子数量通常是有限的，为了使品种迅速推广，尽早发挥作用，必须加快繁殖，提高繁殖系数。繁殖系数是指牧草种子繁殖自己的倍数，即单位面积的收获产量与播种量的比值。例如，多年生黑麦草种子产量为 600kg/hm²，播种量为 12kg/hm²，则繁殖系数为 50。采用普通栽培方法时，牧草的繁殖系数较低，但如果采取一些特殊的技术措施，则可明显提高繁殖系数。这些方法归纳起来有以下几种：

（一）精量稀播，高倍繁殖

精量稀播、高倍繁殖是加速良种生产的重要方法。即用较少的播种量，用繁殖倍数高、质量好的种子，最大限度地提高繁殖系数。为了迅速繁殖少量优良品种的种子，提高单位面积产量，可采用较大的营养面积，进行单粒穴播或宽行稀植，充分促进单株多分蘖多分枝，以提高繁殖系数，获得大量种子。

(二)异地、异季加代繁殖

利用我国幅员辽阔、地势复杂、气候多样的有利条件,进行异地加代繁殖。1年繁育多代,也是加速良种繁育的有效方法。例如,将北方当年收获的牧草种子在我国海南、广东、福建等地进行繁殖。异地加代繁殖,要注意病虫检疫,防止病虫害的传播和蔓延。还可栽培于温室中,1年繁殖多代。另外,利用牧草再生性好的特点,在1年内收获多次,也可加快繁殖速度。一些春性禾本科牧草在收获之后立即进行中耕、灌水和施肥,促进枝条再生,并开花结籽,这样1年可收获2次种子。加代措施成本较高,一般多用于繁育新育成品种的原原种和原种。

(三)无性繁殖

无论豆科还是禾本科牧草,都具有较强的无性繁殖能力。禾本科牧草可以采用分株繁殖的方法来加速良种繁殖速度。可在适当早播、宽行稀植、多施氮肥的基础上促进多分蘖,然后利用其大量分蘖进行分株繁殖,以增加单株数量,提高繁殖系数。豆科牧草可利用枝条进行扦插繁殖增加单株数量,提高繁殖系数。

(四)组织或细胞培养繁殖

利用植物细胞的全能性,即携带有生长发育所必需的全部遗传信息,进行组织或细胞培养,建立牧草组培快繁体系,获得大量无菌苗。或通过胚状体等制成人工种子,可使繁殖系数迅速提高。

二、不同授粉方式牧草的良种生产

(一)自花授粉牧草

自花授粉植物是指同一朵花内的雌雄配子结合产生的个体,花为两性花,雌雄同熟,花器保护严密,其他花粉不易进入,开花时间较短,能进行闭花授粉,雌、雄蕊的长度相仿或雄蕊较长,雌蕊较短,利于自交。自花授粉植物多在夜间或清晨开花,这类牧草主要有燕麦、老芒麦、天蓝苜蓿等。因为两性细胞来源于同一个体,产生同质结合(基因型)的结合子,群体内个体间外观上(表现型)比较相似,遗传特点趋于纯合系,并具有自交不退化或退化缓慢的特点,异交率一般不超过 4%。因此,自花授粉牧草的制种,通过人工选择清除异交的分离后代和变异株后就可获得保纯繁殖的种子。但自花授粉植物随着自交代数的增加,由隐性基因纯合化而产生的表型性状中,会出现不利的性状而降低牧草的经济价值。偶尔也会出现有用的性状,前者属淘汰的范围,后者经选择即成为改良系统。所以,制种本身就是人工选择,其结果是原种得以保纯甚至得到某些改良。

　　自花授粉牧草因其天然异交率很低,群体中个体的基因型基本是纯合的,在表现型和基因型上相对一致。因此,良种繁育不需要采取隔离措施,杂劣株在外观上较易区分,只要对当选的本品种单株(穗)进行 1 次比较,淘汰杂劣株后混合为原种,易于达到提纯的目的。对这类牧草的良种生产,多采用二圃制法,也可采用三圃制法。另外,片选法、穗选法对生产用种质量提高也是有效的。当品种混杂退化现象较重、用上述方法在短期内不易见效时,可采用二圃制的穗行提纯生产原种。具体做法如下:

　　1. 选择单株(穗)　在牧草抽穗或成熟期间,从确定所选品种的种子田或大田中,按原品种的主要特征特性(如株高、穗型、穗色、抗病虫害能力、成熟期等)选取一定数量的单株(穗),选择数量可根据人力物力以及选择水平等条件而定,一个品种可选几百株或上千株(穗),按株(穗)分别进行脱粒,室内进行复选,注意考查籽粒性状,如粒型、粒色、品质等是否与原品种相符合,不符合者一律淘汰,符合者按单株(穗)分别装入纸袋并编号,晒干后单藏,作为下一季株(穗)行或株系播种材料。

　　2. 株(穗)行鉴定　将上年入选的单株或单穗,按行分别播种,每单株可根据种子量多少,种植 1~3 行,这几行的植株属于同一株的后代,称为株系。每单穗播种 1 行,叫做穗行。为了便于观察比较,每隔几个株系或穗行,种一个本品种的原种作对照。各株系或穗行都要按顺序统一编号,以便田间观察记录。在不同生育阶段,按照对照行原种所表现的特点,对杂劣株系或穗行作标记,如发现个别突出优良的变异株(穗)行,可作为选育新品种的材料,另行处理。成熟时把淘汰的株(穗)行先收,余下的当选株(穗)行混收混脱,即成原种。株(穗)行比较鉴定是采用二圃制提纯良种的关键。自花授粉牧草良种生产程序见图 5-1。

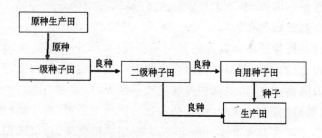

图 5-1 自花授粉牧草良种生产程序

(二)异花授粉牧草

异花授粉植物是由来源不同、遗传性不同的两性细胞结合而产生异质结合子所繁衍的后代,不仅同一群体内包含有许多不同基因型的个体,个体间的基因型和表现型均不一致,而且每个个体在遗传上是高度杂合的。绝大部分牧草都属于异花授粉植物。异交率在 50% 以上,借助风力或昆虫完成授粉,如苜蓿、多年生黑麦草、冰草、草地早熟禾、高羊茅、狗牙根、三叶草、百脉根等。异花授粉牧草制种时,首先要设置隔离区防止串粉。禾本科牧草制种隔离距离为 300～500m,豆科牧草制种隔离距离为 1 000～1 200m。制种田中进行人工选择时,要注意与品种特性有关的基因为纯合态外,其余大量基因应尽可能处于杂合状态,以免丧失杂种优势。当一个品种进行旨在防止串粉的隔离条件下制种时,会导致大量等位基因纯合化,要克服这一点,除注意特定性状外,应尽量防止个体群的均一化或同质化,适当增加异质性,对制种群体的亲本进行必要的挑选配置。

杂种种子生产是复杂的生产系统,这包括杂种组合亲本系的繁殖和杂交制种、隔离区设置、繁殖田和制种田的田间管理以及杂种种子的加工等多个生产环节,特别是杂交制种田,由于所用亲本基因型差异较大,对温度、光照和土地条件的反应各有特点,需要一整套的栽培管理技术。

(三)常异花授粉牧草

常异花授粉牧草异交率在 4%~50% ,强迫自交时,大多数不表现明显的自交不亲和现象,制种时应与异花授粉牧草相似,要设置隔离区,防止发生生物学混杂。

(四)杂交种种子生产

1. 选择强优势组合　所谓强优势组合就是杂交组合的 F_1 杂种具有较高的杂种优势,一般采用平均优势、超亲优势和超标优势法来表示。平均优势指杂种超过双亲平均水平的百分数,超亲优势指杂种超过较好的亲本的百分数,超标优势指杂种超过对照品种的百分数。杂交种必须有明显的增产作用,才能在生产上推广利用,才能补偿因杂交制种带来的麻烦和经济负担。

具有杂种优势的杂种,决不是在所有性状上都有优势,而常常是某些性状上表现出优势,而另一些性状没有优势。如粮谷作物的杂交种常常具有产量优势,但籽粒中的蛋白质含量、赖氨酸含量就没有优势,甚至表现出劣势来。在生产上具有推广价值的强优势组合,则必须综合性状良好,没有突出缺点,而在主要育种目标性状上具有明显的超标优势。

2. 母本去雄　牧草基本上都是雌雄同株,在利用杂种优势时必须解决杂交制种时母本的去雄问题。有了适当的母本去雄方法,才可以大规模配制杂交种子。所以,母本去雄向来是利用杂种优势的一大难关。至今还有许多牧草杂种优势未在生产上利用，其主要原因就是没有简单易行的母本去雄方法。因此，母本去雄方法是杂种优势利用的首要问题。目前母本去雄的方法主要有人工去雄法、化学去雄法和利用不育系等。

人工去雄法在玉米等的制种上应用非常广泛，但牧草几乎全是两性花，雄雌同花，花器细小（尤其是禾本科牧草），人工去雄费时费工，田间可操作性差，因此在牧草种子生产中很少采用。由于牧草的无性繁殖和多年生特性，一旦育种中获得杂种优势强的杂种，即可通过无性繁殖的方法扩大群体，直接应用于生产，而且杂种优势可保持多年，无需年年制种。

化学去雄法是选择对雌雄配子具有选择性杀伤作用的化学药剂，在孕穗期雄配子对药剂反应最敏感的时候喷施，就可以杀死或杀伤雄性配子，使花粉不育或失去对其他健康的父本花粉的竞争能力，有的药剂可以有效地阻止散粉而不伤及叶子，不影响穗粒发育。目前使用的杀雄剂有 30 多种，一般多用于农作物制种。如对小麦效果较好的青鲜素（又称 MH，顺丁烯二酸联氨）、FW450（又称二三二，即 2,3-二氯异丁酸钠盐）、DPX3778（一种铵盐），乙烯利（二氯乙基磷酸）；棉花上应用的杀雄剂有二氯丙酸；水稻上应用的杀雄剂有稻脚青（20％的甲基砷酸锌）；在玉米上应用的杀雄剂有 DPX3778 等；牧草上应用较少。据报道，美国 Monsato 公司生产的化学去雄剂 GENESIS 对早熟禾去雄效果显著。目前，实际应用上突出的问题是杀雄剂对雌蕊也有伤害作用，会导致制种产量的降低。制种的产量与纯度之间有较大的矛盾，喷施时间比较严格，有时因风雨天气而不能及时喷施，影响杀雄效果。喷施后遇雨还要补喷。药剂一般需喷施 2 次，增加制种成本。不同杂交组合对药剂施用的反应也有差异，更换杂交组合前必须做好预备试验。

雄性不育分为环境条件不适宜、生理失调引起的非遗传性不育和由细胞质及核内基因所控制的可遗传的雄性不育,表现为雄蕊不育、无花粉或花粉败育、功能不全、部位不育等。制种时经常利用的是细胞质或细胞核或核质互作等可遗传的雄性不育。通常把具有雄性不育特性的品种和自交系称为雄性不育系。不育系植株的雄性器官不能正常发育,没有花粉或花粉败育,但其雌蕊发育正常,能接受外来花粉并受精结实。因此不育系往往是杂交制种的母本材料。由于不育系本身花粉不育,需要一个正常可育的品种或自交系给它授粉,使其后代仍保持雄性不育的特性,这就是不育系的保持系。保持系是杂交制种不断繁殖获得不育系的前提。用一些正常可育的品种或自交系的花粉授给不育系后,F_1 代的育性恢复,结实正常,这样的品种或品系即为恢复系,是杂交制种的父本材料,它往往具有母本或某一栽培品种所不具备的一些特殊优异性状,如抗病性等。制种时,在雄性不育系繁殖田里间行种植雄性不育系和保持系,在杂交制种田里间行种植雄性不育系和恢复系。雄性不育系繁殖田里,不育系行上收获的种子除供翌年繁殖田用种外,都用于制种田播种雄性不育系。而保持系行上收获的种子,继续供下年种植保持系用。在杂交制种田里,从不育系行上收获的种子即为杂种种子,翌年供生产田应用;恢复系行上收获的种子,翌年杂交制种田播种恢复系用。如此三系两田配套,便可源源不断生产杂种种子(图 5-2)。

另外,还可利用自交不亲和系制种。自交不亲和是指雌雄蕊花器在形态、功能及发育上都完全正常,雄蕊也能正常授粉,但同一株系的花粉在本株系的柱头上不发育或发育很少。在生产杂种种子时,用自交不亲和系作母本,以另一个自交亲和的品种或品系作父本,即可省去人工去雄的麻烦。如果亲本均为自交不亲和系,就可以互为父母本,从两个亲本上采收杂种种子,从而提高制种效率。自交不亲和在禾本科和豆科牧草中是比较常见的,三叶草、黑麦草、冰草等均存在自交不亲和现象。

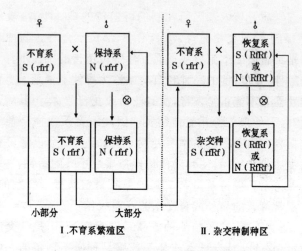

图 5-2　应用不育系、保持系、恢复系配套制种示意
（引自师尚礼主编《草坪草种子生产技术》）

3. 父本传粉　在杂交制种中，当母本开花时，父本应该供应数量充分而具有授粉能力的花粉。对于异花授粉和常异花授粉牧草来说，由于长期自然选择的作用，花器结构和开花习性都是适于向外散粉的，而且花粉量多，花粉寿命长。但自花授粉植物就不同了，不仅花粉量少，而且飞飘不远，有的甚至闭花受精，这样就很不利于杂交制种。因此，自花授粉牧草在利用杂种优势确定父本时，对其传粉特点要注意选择，因为父本散粉量少，势必会缩小制种田母本与父本行比，增加父本行，因而减少了杂交制种田的杂种种子产量，增加了制种成本。

4. 杂种种子生产技术　一般用制种田每公顷杂种种子产量与生产田每公顷种植杂种所需要的种子播种量之比来表示杂种种子生产成本的高低，比率越大，生产杂种种子的经济可行性越大。为确保杂种种子质量和确保降低杂种种子生产成本，必须有经济有效的杂种种子生产技术,这是生产上利用杂种优势的前提条件,主要包括隔离区的设置、父母本间行比、调节播期、田间去杂、母本去雄、父母本分别收获和种子加工等。为了源源不断满足供应生产上所需的杂种种子,必须制定合理的种子田系统,即要按比例安排亲本繁殖田和杂交种制种田面积,以免比例失调影响配套繁殖和造成浪费。根据生产上该草种的种植面积、单位面积的用种量、亲本单位面积产量和种子田父母本行比等制定适宜的种子田面积。

$$杂交制种田面积(hm^2)=$$

$$\frac{生产田计划播种面积 \times 每公顷用种量}{制种田单位面积计划产量 \times 母本所占比例 \times 种子选留合格率(\%)}$$

$$亲本繁殖田面积(hm^2)=$$

$$\frac{杂交制种田面积 \times 亲本行比 \times 每公顷用种量}{亲本单位面积计划产量 \times 种子选留合格率(\%)}$$

种子田不管是亲本繁殖田还是杂交种制种田,都要种植在隔离区内,以免其他品种或品系的花粉参与授精,造成生物学混杂。另外,雄性不育系繁殖田的两系(即不育系和保持系)和杂交种制种田的双亲,都要按一定比例行数相间种植,确定行比的原则是确保在母本开花时有足够的父本花粉供应,尽可能增加母本行。因为母本行比大小直接关系到种子田单位面积产量的高低和生产成本。当然,如果父本行比太小,花粉量不足,母本不能充分结实,单位面积产量也会下降。雄性不育系繁殖田里的不育系植株生长发育常较保持系落后,杂交制种田种植的父母本,为了确保杂种种子具有较高杂种优势,父母本相互间基因型差异较大,花期各不相同。因此,在雄性不育系繁殖田和杂交种制种田中,经常要对父母本采取不同的播种期,以便达到母本盛花、父本初花的最佳花期相遇。调节亲本播期有两条基本原则:第一条原则是"宁可母本等父本,不可父本等母本",就是在种子田里可以让母本先开花几天,等父本随后开花,不可父本先开花几天,以后母本再开花。这是因为雌蕊寿命长而固定着生于一处,花粉寿命短而随开花随飘散的缘故。禾本科牧草如草地早熟禾等的雌蕊在开花后雌蕊接受花粉的能力可维持1周左右,而它们开花后飞散在田间的花粉只在几个小时内具有受精能力。因此,制种田里母本开花早几天,雌蕊仍然具有受精能力,随后几天遇到父本花粉可正常受粉结实。如果父本早几天开花散粉,虽然开花期为一段时间,但最后开花的母本就遇不到花粉而不能结实。第二条原则是将母本安排最适宜的播期,然后调节父本播期。确保母本正常生长发育,使制种田有较高的产量,因为制种田的种子产量是由母本产量决定的。

雄性不育亲本繁殖田通过调节播期,一般能达到花期相遇,但在杂交制种田里情形则不同。虽然根据亲本花期调节了播期,但在气候比较异常的年份,如干旱或低温年份,因亲本生物学特性差异比较大,对变化的环境条件反应不一,仍然可能出现父母本花期不遇问题。在这种情况下,就应该进行花期预测,发现父母本花期相遇有问题时,及早采取花期调节措施。如果制种田花期不遇已成定局,可采用人工辅助授粉。另外,还需要及时拔杂去劣。从雄性不育系繁殖田中的不育系行中除去保持系植株应视为除杂的重点和难点。这是因为不育系行中存在保持系植株,如不除去,自交结实后被收获到不育系的种子中,翌年随不育系种子种植到杂交制种田里,在不育系行里就增加了保持系植株,它不仅自交结实,而且花粉还给其周围的不育株授粉,接受了它的花粉就不能与杂交制种田的父本产生杂种种子,于是在翌年生产田中除了杂种植株外,还有相当多的不育系和保持系植株,这些植株没有杂种优势,会降低生产田的产量。种子收获以后也要严防混杂,特别是雄性不育系繁殖田的不育系种子、保持系种子和杂交制种田生产的杂种种子,从表面看是完全一样的,如果不注意,很容易造成混淆。所以,无论是收获、脱粒、贮藏、运输过程中,都要做好标记,严格分开。

杂种种子因包括的亲本数目和杂交的次数不同,可以分为单交种、双交种、三交种、综合品种等。2个基因型不同的亲本系或品种之间杂交组成单交种,其基因型一致且有强大的杂种优势,加之单交所涉及的亲本少,亲本繁殖和杂交制种都比较方便。2个单交种之间杂交产生双交种,包括4个亲本自交系。三交种是指1个母本单交种和1个自交系间杂交,包括3个亲本自交系,生产上至少需要3块隔离区,一块繁殖母本自交系,一块用于配制单交种,一块用于配制三交种。综合品种是指由两个以上的自交系或无性系杂交、混合或混植育成的品种,一个综合品种就是一个小范围内随机授粉的杂合体。其中亲本材料的选择与应用对品种的表现具有重要意义。一般应根据农艺性状的表现及配合力的高低对参与品种综合的亲本材料进行严格选择,这也是利用杂种优势的一种方法,通过天然授粉保持其典型性和一定程度的杂种优势,它的特点是亲本数多,少则2个,多则可达几十个,一般使用的亲本数为2~10个,而且繁殖世代有限,一般只能繁殖2~5代。对于那些控制杂交难以培育杂种品种的物种,如自交不亲和、自交不育等,纯系培育比较困难,只能借助于兄妹交或其他有限的近交方式,所需时间较长。若为多倍体(如三叶草、早熟禾等),即使它们可以自交,且自交可育,但配子纯合速度很慢,杂种品种的培育仍需时间较长。在此情况下,以这些物种的亲本材料培育综合品种便成为合理的选择。另外,拟培育品种的纯合性不属主要育种目标,又要利用物种中的杂种优势,或商用品种种子售价较低,杂种品种的培育得不偿失,或在某一物种最初的改良阶段,需将所改良的品种尽快应用于生产。

三、品种混杂退化及其防治方法

(一)混杂退化的含义

品种是一个人工生物群,经过强烈的人工选择后许多性状已不符合植物自身的利益。所以,区分品种的进化和退化要看经济性状的变化发展是否有利于人类的经济目的。一个优良的牧草品种在生产上种植几年之后,往往由于种种原因发生混杂退化,丧失了其典型性,种性变劣,以至产量下降,品质变劣。

品种混杂是指品种内掺有非本品种的个体,或指同一牧草种的不同品种种子混杂在一起,甚至不同牧草种的种子混杂在一起,这些个体如果有选择上的优势,就会在本品种内快速繁殖蔓延,降低品种的使用价值。

品种退化是指品种内的某些经济性状变劣,生活力下降,抗病抗逆能力减退,并产生不利于人类的变异类型,这些个体与品种原有的典型个体不一样了。品种退化始于品种内个别植株,但由于这些植株适应生物本身的生存发展,对自然选择有利,从而发展到整个品种中,使其经济性状变劣,生产利用价值降低。

混杂和退化虽有区别,但又互相联系。若一个牧草良种混杂了,就有可能引起天然杂交,后代出现分离,经济性状下降,这就是退化。由于分离出现的多种类型,导致良种不纯,即为混杂。品种纯度主要是用田间杂株率来计算的。品种混杂退化是品种纯度下降的主要原因。从理论上讲,品种发生不利于人类的变异统称"品种退化"。但在具体生产实践中有些问题很难处理。一是由于品种的大部分经济性状是受多基因控制的数量性状,易受环境影响,表现出连续的变异,由遗传和环境两方面决定,难以区分;二是大多数牧草品种本身就是一个异质的群体,个体间差异本来就比较大;三是牧草品种多用综合品种,由优良单株及其无性系、品种或自交系综合而成,亲本数较多,因此对基因型的优劣作出准确的鉴别和选择是比较困难的,要经过严格的科学研究,不能单凭经验。

(二)牧草种子田杂株率的调查

杂株率描述的是牧草种子田中其他杂株的具体情况和混杂程度。正确选择田间杂株率测定的时期,就能正确反映田间的混杂状况。确定测定时期的主要原则是选择能够表现该种子田内杂株出现的时期。一般在生长季内不应少于 2 次,即春、秋季各 1 次。测定方法主要有目测法和分析法。

1. **目测法** 多用于大田生产中,是比较简便而迅速获得结果的一种调查方法。共分 4 级:一级(个别感染),田间只发现个别的杂株;二级(轻度感染),杂株的数量显著少于本品种牧草的数量,牧草生长占优势;三级(重度感染),杂株数量多,但不超过本品种牧草的数量,牧草生长仍然占优势;四级(严重感染),杂株数量多于本品种牧草的数量或相等。在田间着手调查时,先将要测定的种子田根据面积大小划分为几个调查区,分区进行调查。测定时沿测区对角线进行,将所见的各种杂株记入表 5-2、表 5-3 内,并根据杂株率等级标准给予评定。由于在同一测区内,各类杂株混杂程度不一致,应在全面了解测区内杂株分布和危害程度的基础上评定总的等级,总等级不应低于测区内任何杂株的最大等级。

2. **分析法** 分析法包括计数法、计数计量法和覆盖度法。

(1)计数法 首先测定单位面积上杂株的株数和牧草的株数,调查总株数为杂株的株数和牧草株数之和,然后计算出杂株率。公式如下:

$$杂株率(\%) = \frac{杂株数}{调查总株数} \times 100$$

分布于牧草种子田的杂株分级如下:

Ⅰ级(轻度感染),混杂度小于 5%;

Ⅱ级(二级轻感染),混杂度为 5%～20%;

Ⅲ级(一级重感染),混杂度为 25%～40%;

Ⅳ级(二级重感染),混杂度为 40%～50%;

Ⅴ级(极重感染),混杂度大于 50%。

2. 计数计量法 是以杂株数及干重来表明混杂度的。在正确选点的情况下,此法所得结果较为客观,并有具体数据说明混杂度,但工作量较大。用此法测定杂株率时,也要将种子田分成若干区,各区配记录表一份,测定之前概括了解测区杂株分布和组成情况,然后再选测点。测点要有代表性,在生产条件下一般每公顷最少选 2 个点。实验地每 300m² 应选 1~2 个点,重复 6 次。测点的多少视田间具体情况而定,如杂株分布均匀,土地平整,可少选点;反之应多选。测点选好后开始测定,将 0.25~1m² 的样方框放在测点上,然后数出样方框内牧草株数,计入表内,再将杂株连根拔起,在根颈处切断,按类型分别计算株数,填入表 5-4 内。将同类型的植株捆成一束,挂上标签,注明测区、测点号和测定日期。最后将全部样品带回室内进行风干或烘干称重,将各类杂株的重量及总重量一并记入表 5-5 内。

（3）覆盖度法　覆盖度法是以杂株茎叶覆盖土地面积的百分率表示。计算公式如下:

$$杂株覆盖度(\%)=\frac{杂株覆盖的土地面积}{调查点的面积}\times100$$

在测定地块选好点后,将 1m² 面积内分布稀疏处的杂株切断根颈,移于较稠密的地方,补放在没有杂株的空隙处,使全部杂株集中后能遮严地面,量出杂株覆盖面积,即可得出覆盖度。一般一块地取点应不少于 5 个。在测定覆盖度时,可记载杂株的名称和株数,以便计算每种杂株出现的频率和密度。计算公式如下:

$$频率(\%)=\frac{某种杂株出现的次数}{测点面积}\times100$$

$$密度(株/m^2)=\frac{杂株株数}{测点面积}$$

表 5-2 目测法杂株混杂度汇总表

测区号	混杂度或总等级	检疫性杂草等级	各类型杂株混杂度等级			
			类型 1	类型 2	类型 3	类型 4

表 5-3 目测法杂株混杂度记载表

杂株名称	生物学类型	生育阶段	株　高	混杂等级

表 5-4 计数计量法杂株混杂度记载表

牧草名称	测点号	0.25～1m² 草株数	0.25～1m² 杂株数及重量	各类杂株的株数、重量			
				合　计	类型 1	类型 2	类型 3
			株数(株)				
			重量(g)				
			株数(株)				
			重量(g)				
			株数(株)				
			重量(g)				
总　计			株数(株)				
			重量(g)				
平　均			株数(株)				
			重量(g)				

表 5-5 计数计量法杂株混杂度汇总表

测区号	667m² 株数		混杂度(%)	杂株风干重(kg/667m²)	各类杂株混杂度			
	牧草	杂株			混杂度	类型1	类型2	类型3
					重量(g)			
					混杂度(%)			
					重量(g)			
					混杂度(%)			
					重量(g)			
					混杂度(%)			

（三）混杂退化的表现

品种混杂和退化,总是表现为植株生长不整齐,成熟不一致,抗逆性减弱,经济性状变劣,失去品种原有的优良特性。例如,禾本科牧草的品种混杂退化表现为植株变矮、种子变小、每穗结实粒数减少、不结实率增加、千粒重降低;豆科牧草表现为落花、落荚率高、结荚率低、荚粒数少、籽实瘦小、越冬率低等。

（四）混杂退化的危害

品种混杂退化的危害主要表现为典型性降低,原品种的特有性状发生变化,甚至面目全非,生长发育不一致,整齐度差,导致牧草和种子产量降低或不稳,牧草品质降低。

牧草品种繁多,有抗旱品种、抗寒品种、抗病品种等,如果不同抗性的品种混杂在一起就有可能诱发病害。抗病品种中混入感病植株会诱发病害蔓延,加重病害,降低抗性。

（五）品种混杂退化的原因

1. 机械混杂 机械混杂是指由于人为因素引起的不同品种乃至不同种之间发生的一种混杂。这种情况是在种子处理(浸种,拌种)、播种、移苗、补种、收获、脱粒、晒藏、运输等过程中人为的疏忽造成的,有时因前茬在田间自然落粒以及施用未腐熟有机肥料夹带异品种种子长出植株与当年植株混杂在一起造成机械混杂。机械混杂是品种混杂的主要原因,它改变了品种的群体组成,使品种纯度直接下降,在良种繁育中应特别注意。对于已发生混杂的群体,若不严格进行去杂去劣,就会增大混杂程度,还会增加天然杂交机会,尤其是异花授粉牧草,从而引起生物学混杂。

2. 生物学混杂　生物学混杂是指一个品种的植株,接受了其他品种的花粉,发生了天然杂交,使这一品种中混杂了杂种。生物学混杂使后代产生各种性状分离,导致品种出现变异个体,从而破坏了品种的一致性和丰产性。例如,植株的高矮不齐、成熟不一、籽粒形状颜色多样等。大多数禾本科牧草属异花授粉植物,天然杂交率较高,在种子生产田中某些植株与异品种的混杂株、本品种的退化株与邻近种植的其他品种"串粉"后,其后代性状发生分离重组,产生性状各异的变异株,导致品种混杂。这类变异株与突变株不同之处在于频率较高,适应性强。自然杂交造成的混杂与各草种的异交率有关。一般自花授粉的牧草异交率在4%以下,常异花授粉牧草的异交率为4%～50%,异花授粉牧草的异交率一般大于50%,因此种子田如果不做好隔离,最容易发生生物学混杂。自花授粉植物发生天然杂交的可能性较小,但绝对的自花授粉是不存在的,已经发生机械混杂的自花授粉植物或两个品种种在一起,由于串粉方便,也容易发生生物学混杂。白三叶等豆科牧草均为异花授粉植物。白三叶的花大、色泽鲜艳、开花期长,容易招诱昆虫,因而常常发生天然杂交。在品种布局杂乱的情况下,通过天然杂交不可避免地会引起品种间杂交,从而发生生物学混杂。由天然杂交所产生的杂交种,一般具有杂种优势,通常表现为种子生活力强,出苗较早,幼苗生长势较强,植株健壮。天然杂交种植株在品种群体中很容易被保留下来,使品种纯度下降。被保留下来的天然杂交种植株,如不加以剔除,与品种典型株所产生的种子进行混收留种,必然使品种群体中杂种植株逐年增加,愈来愈多,品种混杂就愈来愈严重。通过天然杂交所产生的杂交种,后代会发生性状分离,又将产生更多更复杂的类型,这样年复一年,恶性循环,其结果必然导致品种混杂退化。机械混杂是造成品种混杂退化的外在因素,而由天然杂交引起的生物学混杂,则是造成品种混杂退化的内因。

3. 自然变异 绝大多数牧草都是多倍体植物,在遗传组成上较为复杂,而且许多主要经济性状都为数量性状,受多基因控制,自然变异出现的频率较高、变异性较大,其后代常出现一定的性状分离。此外,由于某些自然条件的诱变作用,如射线(宇宙射线或天然放射性物质)、高温、低温以及某些化学物质、代谢产物等,都可能引起基因的突变或染色体的畸变,从而使该基因所控制的性状随之发生变异,产生前所未有的新性状,在品种群体中产生异型株,导致品种混杂退化。基因发生突变后,突变的性质不同,其表现时间也不同。如果是正突变,当代不能表现出来,必须经过自交获得了隐性纯合体的基因型才能表现出来。如果是反突变,则由隐性基因突变为显性基因,当代即可表现出来。基因突变虽然发生得很普遍,但频率很低,一般为 $1 \times 10^{-5} \sim 1 \times 10^{-8}$,大多数情况属于单基因性状的突变。突变对群体遗传性质的效应,要看是属于非频发突变还是频发突变。前者不产生永久性的变化,由于频率太低对种子生产无关紧要;后者会发生永久性的变化,特别是隐性突变一旦混入就很难消除。非频发突变的产生在大群体里成活的机会极小,除非它在选择上的优势极大。由于其频率太低,抽样变差即使很小,也会因抽样而消失。但如有选择优势则另当别论。频发突变以特有频率频频发生,并在大群体中不因抽样变差而消失,故对群体基因型频率改变有影响。如无性繁殖牧草中的芽变,如不及时去杂去劣,则杂株、劣株会越来越多,同时也会加剧生物学混杂,从而使优良品种失去典型性,造成品种退化。

4. 不正确的人工选择　人工选择与自然选择有共同点,也有诸多不同点。例如自然选择比较单调,而人工选择比较多样化;自然选择只顾当时效应,而人工选择能顾及长远效应;自然选择作用于决定适应的所有性状,而人工选择着重于某些单独性状;自然选择效果较慢,人工选择效果快捷;自然选择可涉及种间关系,人工选择大多只涉及种内关系。对种子生产有重要意义的是:自然选择的结果适应生物本身的利益,而人工选择的结果使生物适应人类的利益。所以,如果某一经济性状不利于生物的利益,则自然选择会抵消人工选择的效果。

人工选择是种子生产中防杂保纯的重要手段。正确的人工选择可以保持品种原有的特性,但往往由于事物的复杂性和人们认识的局限性而采用了不正确不合理的人工选择,没有按照优良品种的各种特征特性进行选择,又没有把非典型的和活力弱的个体加以淘汰,而只是从保持品种的纯度和典型性的角度进行选择,年复一年,杂株、劣株会越来越多,品种的抗逆性和丰产性就会逐渐降低,人为地引起品种的混杂退化。种子生产中,由于采取的措施不当,无意中也会促进品种的退化。在进行混合选择时,由于掌握品种的特征特性不完全、不准确,只选择大穗的种子混合起来作种用,以后往往会形成高矮、熟期、穗型、叶片大小等性状不齐的品种混系。在进行单株选择时,如果选择了一个优势单株,而这个单株是串了粉的杂种,则其后代产生性状分离而导致品种混杂退化。

5. 不良的栽培管理条件　品种的优良性状都是在一定的自然条件下经过人工选择形成的。各个优良性状的表现,都要求一定的环境条件,如果这些条件得不到满足,品种的优良性状不能得到充分的发挥,使品种种性变劣,生活力下降,也会导致退化。另外,品种在同一地区相对一致的栽培条件下长期栽培时,削弱了品种对变化着的环境条件的适应性,也会造成退化。

6. 育成品种的分离重组 自然界的任何种群都具有高度的杂合性，对于以异花授粉为主的牧草而言，尤其如此。蛋白质的电泳分析结果证明，许多植物的杂合位点约占 17%。高等植物若以不低于 1 000 个基因位点计，则杂合位点为 170 个，可产生 2^{170} 种配子，这样所产生的后代，除了一卵双生、无性繁殖外，所有个体在基因型上不可能彼此一样。表型的大体一致并不意味着基因型的相同。这也就是为什么纯系学说强调纯系内选择无效，而许多人常在"纯系"内选择有效，从而怀疑纯系学说的原因。

与自花授粉植物相比，异花和常异花授粉植物品种往往保留着更多的剩余变异。所谓剩余变异，统指杂合体在自交后代群体中所占的比例。牧草 90% 以上都是综合品种，许多性状较多地受非加性基因作用的影响，遗传上杂合性高的材料常在选择上有优势，同时牧草异交和常异交的特性，不但使选择个体保留相当的杂合性，而且随着世代的增加群体中新的基因型增加，因此一般情况下品种的退化几乎是不可避免的，尤其综合品种退化非常迅速。一般一个牧草的综合品种在生产上使用 3～5 年就必须为新的品种所替代。

在一些常异花授粉的牧草杂交育种过程中，从 F_1 代开始直至新品种的育成，自交纯化过程贯彻始终。由于这类牧草遗传基础复杂，品种的许多经济性状是受多基因控制的，在遗传组成上不可能是完全纯合的，或多或少会继续分离。品种群体内既有分离，也有重组，因此对一个杂交育成的品种，不管在品种育成过程中自交纯化若干代，也不管在品种育成过程中选择培育若干代，它仍存在相当部分的剩余变异，它总是有一定比例的杂合基因型，这些杂合型个体，在育种过程中因受育种地点生态条件的限制未能表现出来，而以潜伏状态存在。随着其栽培面积的增加和范围的扩大，品种所处的生态条件变得越来越复杂。这可能使有的生态条件同剩余变异杂合基因型相适应而使其表现，在品种群体中出现杂合体异型株。同理,在育种过程中,有些纯合基因型处于潜伏状态,当具有与该基因型相适应的条件时即表现,在品种群体中出现纯合体异型株。这样就使品种群体发生不同程度的混杂,导致品种退化。剩余变异及潜伏纯合基因在不同生态条件下的显现是一种自然现象,即使是一个很稳定品种,在不同地区或在同一地区的不同年份,也常常表现性状上的差异,其原因是生物体的任何性状都是生物体的基因型与一定环境条件相互作用的结果。两者密切联系,缺一不可,但基因型是内因、是根本,环境条件是外因、是条件。如果只有内因,没有相适应的环境条件,就不能表现出某种性状;如果只有环境条件,没有内因,同样不能表现出某种性状。

7. 环境条件的影响　牧草品种都是在一定的环境条件下经过长期选择、培育而成的,品种每一个性状的发育都需要与品种遗传性相适应的环境条件。如果环境条件与品种的遗传性相适应,则品种的优良性状和特性不仅能保持相对稳定性,而且能充分表现出来。如果环境条件与品种的遗传性不相适应,则品种的某些性状和特性就可能不表现或表现得不充分。在异常环境条件影响下,甚至引起品种某些性状发生变异,来适应新的生活条件以保留后代,因而在品种群体中产生变异株,使品种混杂。在牧草种子生产上,每当一个育成品种被审定推广以后,随着其推广面积的扩大,品种所处的环境条件比育种单位所处的环境条件要复杂得多,因而品种的遗传性在一定程度上难以保持其稳定性,容易发生变异。在自然状态下,植株易朝着有利于本身生存的生物学性状方面发展,而使人们所需的经济性状下降,导致品种混杂退化。这就是为什么从异地调入的品种在本地比较容易发生混杂退化的原因。在同样自然条件或同一生产条件下,重视良种配良法,栽培管理好的,品种混杂退化较慢、较轻;而忽视良种配良法,栽培管理差的,品种混杂退化较快、较重。其原因就在于此。

另外,有时品种退化并不是由于个体基因或基因型、群体基因频率或基因型频率发生了变化所致,而是由于外界环境条件变化而引发表型发生了变化,尤其是抗病品种。如果外界生理小种发生了变化,抗病品种会失去抗性而发生退化;反之,对某些感病品种,外界生理小种变化可能使这些品种不感病而呈现出抗性。这些并不是因为品种本身发生了遗传物质的变化,而是外界环境条件变化引起的。

8. 遗传基础贫乏　遗传基础贫乏是指品种群体内个体之间的遗传异质性以及在生理上的差异变小。因遗传基础贫乏造成的品种退化,主要是品种群体适应性下降,导致产量降低。造成遗传基础贫乏的原因主要有两个方面:一是自交纯化导致生活力降低,适应性下降。常异花授粉的牧草,虽然有一定的杂交率,但自交仍然是主要的生殖方式,即使像草地早熟禾这样的异花授粉牧草,有的品种自交率可达 40% 以上。二是连续单株选择造成遗传基础贫乏。在品种的提纯复壮工作中,不适当的单株选择,如对单株选择一贯采取优中选优,会造成两性细胞间异质性相对减少,或在品种提纯复壮中产生原种的原始群体太小,以致使原种群体遗传异质性变小,其结果都使品种的适应性和生活力降低,产量下降。

四、防止品种混杂退化的方法

一个优良品种在生产上要持续发挥增产作用,必须保持其优良的种性和较高的品种纯度,所以品种纯度是衡量种子质量最重要的标志。品种一旦发生混杂退化以后,混杂退化的速度会越来越快,混杂率会逐年提高,同时机械混杂引起的天然杂交会使品种纯度迅速下降,严重影响产量和品质。品种的混杂退化会降低品种性状的一致性,给栽培管理带来困难。

要防止品种混杂退化,在技术措施上应做好以下几个方面。

(一)因地制宜做好品种的合理布局和搭配

简化品种是保纯的重要条件之一。目前,生产上种植的品种过多,极易引起混杂,良种保纯极为困难。各地应通过试验确定最适合于当地推广的主要品种,合理搭配 2～3 个不同特点的品种,克服"多、乱、杂"现象。在一定时期内应保持品种的相对稳定,品种更换不要过于频繁。

(二)建立健全品种的保纯制度

在品种的生产、管理和使用过程中,应制订一套必要的防杂保纯制度和措施,切实按照良种繁育的操作规程,从各个环节上杜绝混杂的发生。特别是容易造成种子混杂的几个环节,如浸种、催芽、硬实处理、打破休眠处理、药剂处理等。必须做到不同品种、不同等级的种子分别处理,使用的工具必须清理干净,播种时做到品种无误,盛种工具和播种工具不存留其他异品种种子,收获时要实行单收、单运、单打、单晒、单藏,不同品种的相邻晒场应有隔离设备,晒干和清选的种子,在装袋时内外均要有标签注明品种名称、等级、数量、收种年限,然后登记入库存放。种子仓库的管理人员要严格认真做好管理工作。合理安排品种的田间布局,同一品种实行集中连片种植,避免品种混杂。

(三)采用适宜的隔离措施

对于异花授粉牧草以及常异花授扮牧草,在繁殖和制种过程中,特别要做好隔离工作,防止相互串粉。隔离可采用空间隔离、时间隔离、自然屏障隔离和高秆作物隔离。

空间隔离是指隔离区四周一定距离内不能播种同一种牧草。空间隔离的距离,要根据牧草花粉传播的远近和对纯度要求的条件来确定。禾本科牧草依靠风力传播花粉,花粉传送的距离较近,隔离距离为 300～500m;豆科牧草由昆虫传播花粉,传播距离较远,至少应隔离 1 000～1 200m。空间隔离的距离还要考虑种子田的周围环境和自然条件。附近有大面积播种同一品种的,因为产生花粉的数量较多,隔离距离应该远一些。地势高的种子田,花粉不容易传播上去,距离可适当短一些。种子田繁殖出来的种子,如作繁殖种子用时,其隔离距离应大一些;如作生产用种,距离可适当缩小。

时间隔离是指种植的牧草成熟期不一致,一个品种开花时另一个还未开花或已经成熟,从时间上避免天然杂交,或者将种子田四周一定范围内的同一种类不同品种的牧草刈割,推迟或者不让其开花,从而达到隔离的目的。

自然屏障隔离是指不同品种牧草种植在同一地区,但其间有树林、房舍、其他种的牧草或农作物、河流、丘陵等隔开,防止天然杂交。

高秆作物隔离是指在牧草种子田的周围种植高秆作物 150～200m,也可种植与种子田相同的品种或品系,但种子的品种纯度不得低于种子田的种子。如果种子田的面积比较小,可设置在高秆作物的大田中。品种之间密植高秆作物,如高粱、玉米、苏丹草等,防止串粉。

(四)去杂去劣

去杂主要是去掉非本品种的植株和穗、粒,其中包括其他品种和一般栽培技术措施不易消除的其他植物和杂草,以及天然杂交的杂种后代。去劣是去掉感染病虫害、发育不良、显著退化的植株和穗(粒)。去杂去劣是种子田提高品种纯度和性状整齐度不可缺少的有效措施。去杂去劣工作要年年搞,在植物生育的不同时期分次进行,特别要在品种性状表现明显的时期进行。禾本科牧草一般在成熟期进行。对种子田应进行田间调查并认真做好去杂去劣工作,消除病株和杂草。种子田收获时期遇有混杂特别严重、难以去除的地段,可先行收获不作种用。对于自花授粉的牧草如天蓝苜蓿、波斯三叶、地三叶等,也要重视去杂去劣。不同牧草用来鉴别品种的性状并不相同。如禾本科牧草一般根据成熟早晚、株高、穗型、小穗紧密度、颖色、芒的有无和长短等性状进行去杂。豆科牧草如白三叶,最好分 3 次进行。第一次在幼苗期,可结合间苗,根据幼苗的表现、叶面"V"形、白斑的有无进行去杂;第二次在开花期,根据花色、叶形等鉴别;第三次在成熟期,根据成熟早晚、株高、株型、结荚习性、荚的形态和成熟色等性状鉴别。

(五)改变生活条件,提高种性

品种长期在同一地区相对一致的条件下生长,某些不利因素对种性经常发生影响时,品种也可能发生劣变,这时用改变生活条件的办法有可能使种性获得复壮,保持良好的生活力。改变生活条件可通过改变植物播种期和易地换种两种办法来实现。改变播种期,使牧草在不同的季节生长发育,是改变生活条件的方法之一。实践证明,定期从生态条件略有差异的地区交换同品种的种子,有一定的增产效果,也是改变生活条件复壮品种的一种方法。

(六)加强人工选择

品种应用于生产之后,由于各种原因容易发生变异与混杂,特别是以异花授粉为主的牧草,由于天然异交率很高,变异更加迅速。所以,在良种繁育过程中必须加强人工选择,留好淘劣。在选择时既要注意品种的典型性,也要考虑植株的生活力和产量。加强人工选择不仅可以起到去杂去劣的作用,并且有巩固和积累优良性状的效果,对良种提纯有显著的作用。在良种繁育上,经常采用的有片选、株(穗)选和分系比较等方法。

1. 片选法 是在田间选择生长良好、纯度较高的地块,严格进行去杂去劣,这一工作至少要进行2次:在抽穗期根据原品种的株高、抽穗迟早、穗部性状选除杂株(全株除去);在成熟期,即收获前七八成黄熟时,根据品种的株高、成熟迟早、颖壳颜色、芒的有无及长短等性状进行第二次去杂去劣工作,因为品种的一些主要性状,如株型、株高、穗型、成熟早晚、抗性强弱等,容易在这一时期明显地表现出来,易于鉴别。此外,在收获时要防止混杂,严格执行单收、单运、单打、单晒,单藏的制度。

2. 株(穗)选择法 是选择具有原品种典型特征特性的单

株,进行混合脱粒,作为生产用种,也叫混合选种。进行株(穗)选时,应熟知原品种性状,进行严格的选择。此法简单易行,若能连续采用,亦能收到较好的效果。因为当选的都是表现优良的本品种的植株,如果对现有品种连年进行混合选种,不断从纯群体中选优,就能起到提高品种纯度和改良品种种性的作用。混合选种应在牧草成熟时在田间进行,因为这时牧草的很多性状,如品种特征、植株的生育状况、抗病性、抗倒伏性以及有关产量的性状表现比较明显,能够把本品种的优良植株选拔出来。同时,在收获前选种,选出的种子还有较长的时间进行晾晒,容易使种子达到充分干燥的程度。禾本科牧草一般的选种标准:一是具有本品种的典型性状;二是穗大粒多,籽粒饱满;三是霜前能充分成熟,全穗成熟比较一致;四是植株生育健壮,不倒伏,没有病害。混合选种时,应注意两个问题:一是田间选种应根据综合优良性状和同一选种标准进行选择,避免只选大穗。大穗固然是优良植株的重要标志,但不注意品种的典型性和其他性状,则品种纯度和性状的整齐性就有可能下降。混合选种的目的是提纯复壮,一定要在选纯的基础上选优。二是要避免在粪堆底子、边行或植株密度过稀的地方选种,这些地方的植株由于边际效应,生育较好,容易选入一些种性并不好但暂时表现好的植株。

3. 分系比较法 这种方法是选择优良单株(穗),翌年建立株(穗)行圃,选出优行,分别脱粒,种成株(穗)系圃(小区),再次比较,选出优系,混合脱粒,种成原种圃生产原种,经繁殖后作为大田生产用种。此法由于选出单株(穗)及其后代经过系统比较鉴定,多次进行田间选择和室内考种,所以获得的种子质量好、纯度高。

室内考种是分析牧草的经济性状、测定单株的生产力,为选育良种提供基本数据。它是继田间选择之后必须进行的重要工作,可对田间选出的优良单株进行系统考察。室内考种首先要在田间取样,样本必须具有充分的代表性。样本应在牧草成熟后在田间连根挖取。样本数目视实验研究的性质、面积大小和植株生长的整齐度而定，一般不少于 20 株，多可至 30～50 株。样本挖取后抖去泥土，捆成样束，挂上标签，写明品种名称、重复小区及样点号等，带回室内风干，逐一进行考种。顺序是先量株高、全株称重，然后根据考种项目分段剪下植株各部分，按顺序排在考种台上，进行测定并列表记载（表 5-6）。禾本科牧草的株高一般由基部（分蘖节下）量至穗顶部（不包括芒）；间节长和茎粗以茎的基部 2～3 节的节间长和直径为准。分蘖数包括主茎在内的全部茎秆数目，其中又可分为有效分蘖和无效分蘖，有效分蘖指能够结实的分蘖，无效分蘖指未抽穗或抽穗不结实的分蘖。禾本科牧草的穗型大多为圆锥花序，一般有收缩型、半收缩型、周散型、疏型、下垂型等。穗长以主穗长为准，从穗节（颈）量至穗顶部（不包括芒）。每穗轮数指花序每节轮生（或侧生）的穗枝梗个数。全穗侧枝数是计算全穗着生小穗的侧枝数。小穗数指主穗的全部小穗数量。每穗粒数指主穗的全部籽粒数。芒的颜色、芒长、芒尖形状都要记载。测定千粒重时，将脱粒的种子全部混匀，随机数出 1 000 粒称重，重复 3 次，再剥去颖壳，测出去壳籽粒的千粒重，然后求出谷壳率。计算公式如下：

$$谷壳率（\%）=\frac{带壳千粒重-去壳千粒重}{带壳千粒重}\times100$$

计算单株生产率时，风干后的整个单株，包括主茎和分蘖，也包括根、茎、叶和穗的总重量为单株干重。主茎及有效分蘖枝所有穗子的全部籽粒重量为单株籽粒重，单株籽粒重以外的全部地上部分重量为单株茎叶重。用单株籽粒重除以单株干重，即为单株生产率。籽粒生产率为单株籽粒重占全株地上部分干物质重量的百分率。计算公式如下：

$$籽粒生产率(\%)=\frac{单株籽粒重}{不带根的全株干重}\times100$$

茎叶生产率是单株茎叶重占全株地上部分干物质重的百分率。计算公式如下：

$$茎叶生产率(\%)=\frac{单株茎叶重}{不带根的全株干重}\times100$$

表 5-6　禾本科牧草室内考种项目记载表　（单位：cm,个,%,g）

株号	植株		分蘖		穗部						芒				籽粒					生产率			
	株高	茎粗	节间长	总分蘖数	有效分蘖数	穗长	全穗轮数	全穗侧枝数	全穗小穗数	全穗籽粒数	穗型	芒长	芒颜色	芒尖形状	颖颜色	千粒重（带壳）	千粒重（去壳）	谷壳率	整齐度	饱满度	单株干重	单株地上部分重	单株籽粒重	籽粒生产率	茎叶生产率
1																							
2																							
3																							
总计																							
平均																							

第三节　牧草种子加工与贮藏

新收获的种子常含有一些杂质和不能作播种材料的废种子，这些杂物的存在，严重影响牧草种子的质量。为了提高种子的种用价值，延长种子寿命，种子收获后应及时干燥、清选和合理贮藏。

一、牧草种子的干燥

牧草种子含水量的高低对种子寿命、品质及安全贮藏都有很大影响。种子含水量高，呼吸强度大，放出的热量和水分多，高强度的呼吸会很快消耗种子中的氧气而进行厌氧呼吸产生酒精，使种子受到毒害。同时，种子水分高，有利于仓虫活动，危害种子。牧草种子刚收获后含水量较高、达 25％～45％，如不及时干燥，种子会很快发热霉变、发芽率降低，在短期内失去种用价值。因此，种子收获后必须立即进行干燥处理，使其含水量降到安全包装和安全贮藏的标准，以加速种子后熟，杀死有害微生物和害虫，保持种子旺盛的生命力和活力，提高种子质量，利于贮藏。

（一）牧草种子干燥的原理

牧草种子干燥是通过干燥介质（空气）给种子加热，使种子内部水分不断向表面扩散和表面水分不断蒸发的过程。种子是活的有机体，又是一个具有吸湿性和散湿性的凝胶，在潮湿环境中能吸收水汽，在高温干燥的环境中能散出水汽。但种子的这种吸湿和散湿是在一定的空气条件下进行的，当空气中相对湿度较高、且其水蒸气（压）力超过种子内部含水量的蒸汽（压）时，种子中的水分不但不易转化为水汽排出，甚至还从空气中吸收水分，直到种子所含水分的蒸汽（压）与该条件下空气相对湿度所产生的蒸汽（压）达到平衡时，种子水分才不再增加。反之，当空气中的相对湿度较低时，其产生的蒸汽（压）低于种子内水分所产生的蒸汽（压），种子就开始向空气中蒸发散失水分,直到种子内水分产生的蒸汽(压)与该条件下空气相对湿度所产生的蒸汽(压)达到平衡时,种子水分才不再降低。处在空气中的种子,其水分与空气相对湿度所产生的蒸汽(压)相等时,种子水分不发生增减,不能起到干燥的作用。因此,不管用何种干燥方法,只有种子水汽(压)超过空气中的水汽压,种子才能失水,才能达到干燥的目的。而且这种水分蒸汽(压)的差异愈大,种子干燥的速度愈快。

(二)影响牧草种子干燥的因素

影响牧草种子干燥速度的因素取决于空气温度、相对湿度、空气流速和种子本身的生理状态和化学成分。

1. 温度 空气温度是影响牧草种子干燥的主要因素之一,温度高,首先能降低空气相对湿度、增加空气接受水分的能力,其次种子水分很容易由液态水转化为气态水散失到空气当中。相对湿度相同时,温度越高,种子干燥的潜力越大,干燥速度越快。反之,温度越低,干燥的潜力越小,干燥速度越慢。因此,应避免在气温较低的情况下对种子进行干燥。

2. 相对湿度 在温度保持不变的情况下,环境的空气相对湿度决定了种子的干燥速度和失水量。对含水量一定的种子,若空气的相对湿度越低,其产生的蒸汽(压)与种子内水分所产生的蒸汽(压)的压差越大,种子的干燥速度和失水量就越大;反之,种子的干燥速度和失水量则越小。同时,空气的相对湿度还决定了种子干燥后的最终含水量。

3. 空气流速 种子干燥过程中,在种子表面吸附着浮游状水汽膜层,阻止了种子表面水分的蒸发。所以,必须用流动的空气将这些水汽带走,促使种子表面水分的继续蒸发。空气流通速度越快,从种子中散出的水汽越容易被带走,种子内外的蒸汽(压)差增大,可加速种子的干燥。

4. 种子本身的生理状态和化学成分 牧草种子的生理状态、

化学成分对种子的干燥有很大影响。刚收获的种子含水量高,新陈代谢旺盛,宜缓慢干燥,或先低温后高温分 2 次干燥,若采用高温快速一次干燥,会使种子丧失活力。

牧草种子的化学成分不同,其结构差异很大,所以干燥时要区别对待。粉质类种子的胚乳主要由淀粉组成,组织结构疏松,传湿力较强,容易干燥。蛋白质类种子的肥厚子叶中含有大量的蛋白质,组织结构紧密,传湿力较弱,但这类种子在高温下干燥蛋白质易变性,影响种子活力,因此必须在低温慢速条件下进行干燥。油质类种子的水分比上述两类种子容易散发,具有良好的生理耐热性,因此可以在高温快速条件下进行干燥。另外,种子大小不同,吸热量也不一样。大粒种子需热量多,小粒种子则少。

总之,种子干燥时,温度越高,空气相对湿度越低,空气流动速度越快,种子传湿力越强时,干燥效果越好;反之,干燥效果越差。但是,种子干燥必须在确保不影响种子活力的前提下进行。否则,即使种子达到极度干燥也没有意义。

二、牧草种子干燥的方法

牧草种子干燥的方法有自然干燥法和人工干燥法。

(一)自然干燥

牧草种子的自然干燥是利用日光暴晒、阴干、通风等方法来降低种子的含水量,使其达到或接近种子安全贮藏水分标准。它是目前普遍采用的节约能源、廉价安全的种子干燥方法。但这种方法的干燥时间较长,且受外界温度、大气湿度和空气流速等因素的影响较大。在我国北方夏、秋高温干燥季节经常采用,在南方潮湿地区则难以应用。自然干燥又分脱粒前自然干燥和脱粒后自然干燥。

1. 脱粒前自然干燥　脱粒前的种子干燥既可以在田间进行,也可以在晒场上进行。用收割机或人工刈割收获种子时,常常将牧草刈割后捆成草束,种子留在植株上在田间自然干燥。但是,为了减少种子脱落损失,加快干燥速度和不致产生霉烂,一般将草束运至晒场,垛成人字形或架在晒架上,进行暴晒或自然风干。也可将其均匀打开摊晒在晒场上,在阳光下暴晒。晾晒时,草层厚度为5~10cm,每日翻动数次,以加速其干燥过程。干燥一段时间后即可进行脱粒。

2. 脱粒后自然干燥 刚脱粒收获的牧草种子含水量一般都较高,应进行暴晒或摊晾,以达到贮藏所要求的含水量。特别是用机械收获时,种子的湿度往往较高,应立即进行晾晒。

晒种的晾晒场地有土晒场和水泥晒场,由于水泥晒场的场面干燥、温度容易升高,种子的干燥速度快,且容易清理,因此一般以水泥晒场为好。水泥晒场晒种数量的经验值为 $1t/15m^2$,晒场面积应根据单位面积上的晒种数量和种子生产量来确定。晒场中间要建成中间高两边低的鱼脊形,四周设排水沟,以利于排除雨水。

晒种时,为了使上下层暴晒均匀,种子要薄摊勤翻,且厚度不宜过厚。一般小粒种子厚度不超过5cm,中粒种子不超过10cm,大粒种子不超过15cm。为了增加水分蒸发面积,种子在晒场上应摊成波浪形,每小时翻动1次,中午高温期间,应增加翻动次数,干燥效果更好。

(二)人工干燥

现代牧草生产中,为了提高工作效率,使收获的种子尽快干燥入库、减少损失,常采用人工干燥的方法,主要包括通风干燥、干燥剂干燥和加热干燥等。

1. 通风干燥 用鼓风机将外界冷凉干燥空气吹入种子堆,加速空气流动,把扩散在种子堆间隙和空气中的水分、热量带走来干燥种子(图5-3)。这种方法比较简单,是一种暂时防止潮湿种子发热霉变的干燥方法。

由于通风干燥是以空气为干燥介质,所以种子干燥效果受外界空气相对湿度的影响,一般只有当外界空气相对湿度低于 70% 时,采用通风干燥才是经济有效的。这是因为牧草种子具有一定限度的持水能力,当种子的持水力与空气的吸水力达到平衡时,种子既不向空气中散发水分,也不从空气中吸收水分。通风干燥的效果除与空气的相对湿度有关外,还与种子堆厚度和进入种子堆的风量有关。种子

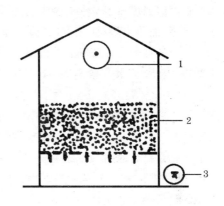

图 5-3　通风干燥法

1. 排风口　2. 种子　3. 鼓风机

(引自胡晋主编《种子加工贮藏》)

堆厚度小,进风量越大,干燥的速度越快;反之则慢。

从种子水分与空气相对湿度的平衡关系可以看出,通风干燥的干燥性能有一定限度,当种子水分降到一定限度时,就不能再继续降低,要达到种子安全贮藏水分标准必须辅之以人工加热。因此,这种方法只能用于刚收获潮湿种子的暂时安全保存时的干燥。

2. 加热干燥　是把加热空气直接通过种子层,由热空气把热量传递给种子,使种子内部的水分气化,通过种皮蒸发出去以达到种子干燥的目的。该法干燥速度快,工作效率高,不受自然气候条件的限制,适用于温暖潮湿地区,特别是大规模牧草种子生产单位。

加热干燥根据传热方式的不同,又分为对流干燥法、辐射干燥法、传导干燥法、微波干燥法等。常用的干燥设备有分层干燥设备、分批干燥设备和连续流动式干燥设备,另外还有太阳能干燥装置、高频电场干燥装置等。

加热干燥时,空气温度越高、相对湿度越低,种子干燥效果越

明显。但温度过高,种子会失去生活力,尤其是高水分种子。因此,采用加热干燥,应注意以下事项。

一是种子在干燥机内所受的温度,应根据种子水分进行适当调节。当种子水分较高时,干燥机内温度应低一些;反之则可高些。

二是为了确保种子干燥后具有旺盛的生活力,安全干燥的上限温度一般为45℃,种子的出机温度应保持在30℃~40℃。

三是对含水量较高的种子,特别是刚收获的种子,新陈代谢旺盛,最好进行2次干燥,并采取先低温后高温的原则,以免种子直接高温干燥而丧失生命力。

四是对于带有芒、髯毛等流动性差的种子,应在干燥前进行去芒处理。

3. 干燥剂干燥　就是在密封条件下把干燥剂和种子按一定比例放在一起,利用干燥剂的吸湿能力,不断吸收种子扩散出来的水分而干燥种子的一种方法。该法不需要加热,更不需要通风,非常安全,而且能人为控制干燥水平,把种子的含水率降到很低的水平。

干燥剂是一种化学物质,具有吸湿能力,可以将空气中的水分吸收掉。目前使用的干燥剂有氯化锂、氧化硅胶、生石灰、氯化钙和五氧化二磷等。干燥剂的用量因干燥剂的种类、保存时间、密封时种子的水分不同而不同。一般种子与干燥剂以质量比1:2进行混合,以免造成浪费。这种干燥方法主要适用少量种质资源和科研种子的保存。

4. 冷冻干燥　是使牧草种子在冰点以下的温度产生冻结,通过升华作用除去种子内部的水分,从而达到干燥的目的。冷冻干燥的方法通常有两种:一种是常规冷冻干燥法。干燥时,先将种子放在涂有聚四氟乙烯的铝盒内,铝盒体积为254mm×38mm×25mm。然后将铝盒放在预冷到-20℃~-10℃的冷冻架上。另一种是快速冷冻干燥法。首先将种子放在液态氮中冷冻,再放在盘中,置于－10℃～－20℃ 的架上,再将箱内压力降至 39.9966pa(0.3mmHg),然后将架子温度升高到 25℃～30℃ 给种子微微加热,种子内部的冰通过升华作用慢慢变少。

冷冻干燥装置因干燥规模和要求不同有大型和小型之分,小型冷冻干燥装置由干燥室、真空排气系统、低温集水密封装置、附属机器等几部分构成。

冷冻干燥法可以使种子不通过加热将自由水和多层束缚水选择性地除去,留下单层束缚水,将种子水分降低到空气干燥方法不可能获得的含水率以下,而使种子保持良好的品质,增加了种子的耐藏性。因此,这种方法不仅适用于牧草种质资源的保存,也可应用于大规模种子的干燥。

三、牧草种子的清选与分级

(一)牧草种子清选的意义

新收获的牧草种子,常混杂一些植株碎片、稃壳、土块、砂石、虫尸、鼠虫粪便、杂草种子、作物种子、其他牧草种子等杂质以及一些不能作播种材料的废种子(如无种胚的种子、压碎压扁的种子、发了芽的种子、病害种子等)。这些混杂物的存在,严重影响牧草种子的质量。因此,牧草种子在入库之前必须进行仔细的清选。通过清选,可以大大提高种子的纯净度和种用价值,有利于种子分级、包装、安全贮藏。

(二)清选方法和清选机械

牧草种子清选常用的方法有以下几种。

1. 风筛清选　是根据种子与混杂物在大小、外形和密度上的不同,借助气流、筛孔除去和分离杂质,进行种子清选分级的方法。常用的清选机械有气流筛选机(图 5-4)。气流筛选机是利用种子的空气动力学原理和种子尺寸大小,将空气流和筛子组合在一起的种子清选装置,是目前使用最广泛的清选机。清选过程:种子从进料口加入,靠重力流入送料器,送料器定量地把种子送入气流中,气流首先吹去植株茎叶碎片、颖片等轻杂物,其余种子下落在最上面的振动筛面上,通过此筛,大型混杂物除去,落下的种子进入第二筛面,按种子大小进行粗清选,秕粒、轻型杂质被清除。通过第二筛面的种子接着转到第三筛面进行精筛选,种子落到第四筛面进行最后 1 次清选。当种子流出第四筛面时,受气流作用,轻的种子和杂物除去,获得清选的种子。

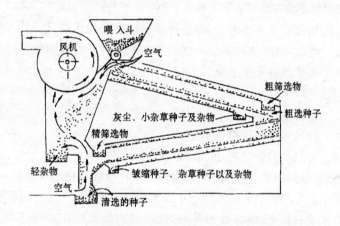

图 5-4　气流筛选机剖面

(引自韩建国著《实用牧草种子学》)

风筛清选只有在混杂物的大小与牧草种子的体积相差较大时,才能取得良好的效果。如果差异很小,种子与杂物不易用筛子分离。同时,筛孔的形状、大小不同,清选效果也不同。因此,应根据所清选牧草种子的大小选择不同形状、不同大小的筛面。

常用的气流筛选机有振动筛吸风装置、XXF2-100 型吸风分离器、FL-14 型谷壳分离器、SG 高速振动筛、SM 平面回抖筛、圆筒初清筛和 GCP63×3－1 型、GCPΦ85106×4 型、GCP100×3 (R80)型选糙平转筛等。

2. 窝眼清选　窝眼清选是根据种子及混杂物的长度不同进行种子清选。常用的清选设备有窝眼筒。窝眼筒分离器是一个水平安装的圆柱形滚筒,筒内壁有许多窝眼,筒内装有固定的 U 形种槽(图 5-5)。清选种子时,窝眼筒作低速旋转运动,处在筒底较短的种子及混杂物等成分落入窝眼中被滚筒带到较高位置,靠重力作用落入种槽内,然后被螺旋推进器推送到出口处。较长的成分不能进入窝眼,在筒底部滑动,落不到种槽内,由螺旋推进器推送到另一出口处,因而与较短的成分分离。这样就将长短不同的种子、混杂物分离开来。为了取得良好的清选效果,窝眼筒可根据种子和混杂物大小选择不同规格窝眼筒连接成多段式进行清选(图 5-6)。

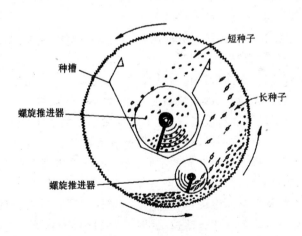

图 5-5　窝眼筒横切面

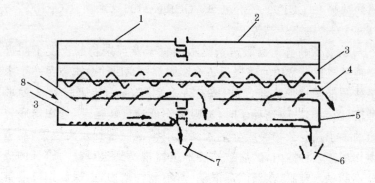

图 5-6　多段式窝眼清选装置
1. 大眼窝　2. 小眼窝　3. 螺旋推进器　4. 种槽
5. 短混杂物　6. 清洁种子　7. 长混杂物　8. 种子混合物

窝眼清选必须选用大小适当的窝眼和一定的旋转速度,这样才能分离正确,达到良好的清选效果。

3. 比重清选　该方法是依据种子与混杂物的密度和比重差异以及它们之间摩擦系数和悬浮速度等物理特性的不同来清选种子。大小、形状、表面特征相似的种子,其重量不同可用比重清选法分离。破损、发霉、虫蛀、皱缩的种子,大小与优质种子相似但比重较小,利用比重清选设备清选,效果特别好。大小与种子相同的沙粒、土块由于比重不同也同样可以被清选除去。

比重清选根据所用介质的不同,可分为干式和湿式两类。

(1)干式清选　干式是以空气为介质,利用种子间的比重、表面摩擦系数及悬浮速度的不同,借助一定运动形式的工作面进行清选。常用的设备有比重清选机(图 5-7)、比重分离器。工作时,种子从进料口喂入,进入纵向振动的倾斜网状分级台面,风机的气流由台面底部气流室穿过网状台面吹向种子层,使种子处于悬浮状态。由于密度不同,种子与混杂物形成若干密度不同的水平层。低密度成分浮起在顶层,高密度成分在底层,中等密度的处于中间位置。台面的振动使高密度成分顺着台面斜面向上作侧向移动，悬浮着的轻质成分在本身重力的作用下向下作侧向运动，这样低密度的成分在平板较低的一侧分离，高密度的成分在平板较高的一侧分离，最后石块、优质种子、次级种子和碎屑杂物依次按顺序分开，分别从排料口排出，清选、分级完成。这种设备多用于牧草种子的分级，可根据要求分选出许多不同密度级的种子。

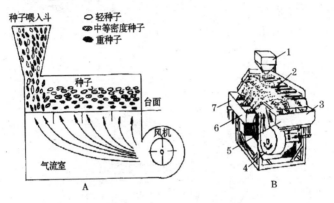

图 5-7　比重清选机外观及剖面

A. 剖面图　B. 外观　1. 喂入斗　2. 台面　3. 轻杂物出口

4. 风机　5. 轻种子出口　6. 中等种子出口　7. 重种子出口

　　(2)湿式清选　它是以液体为介质，利用种子的比重差异和在液体中浮力的不同进行清选。清选时，将种子置于比重大的溶液中，种子就漂浮在液体表面，比重大的土粒、石块沉淀在溶液底层，种子与土粒、石块分离。也可根据清选种子的比重，选择比重小的液体(如水)，将待清选种子置于水中，由于种子比重大于水而沉淀在水的底层，轻的颖、秕、茎秆、叶、根等杂物漂浮在水面，然后捞去这些漂浮物，使种子与杂质分离。湿式清选一般用的液体是水、盐水等。目前，我国种子加工广泛使用的比重清选机有 QSZ 型比重去石机、鄂 GCI100×3 型重力谷糙分离机、PS-120 型袋孔振动谷糙分离机。

4. 表面特征清选　表面特征清选是依种子和混杂物表面形状、粗糙程度和摩擦系数的差异进行种子清选的一种方法。常用的设备有螺旋分离机、倾斜布面清选机和磁性分离机。

螺旋分离机(图 5-8)的工作原理是：种子由固定在垂直轴上的螺旋槽上部加入，沿螺旋槽滚滑下落，并绕轴回转，球形光滑种子滚落的速度较快，形成较大离心力而飞出螺旋槽，落入档槽排出。非球形或粗糙种子及杂质，由于滑落速度较慢，离心力小，顺着螺旋槽下落，从另一出口排出。

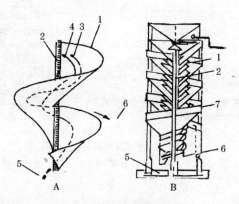

图 5-8　螺旋分离机

A. 摩擦作用原理　B. 外貌　1. 螺旋槽　2. 轴　3. 球形种子
4. 非球形种子　5. 非球形种子出口　6. 球形种子出口　7. 档槽

倾斜布面清选机是靠一倾斜布面的向上运动将种子和杂质分离(图 5-9)。待清选的种子及混杂物从倾斜布面中央的进料斗喂入，圆形或表面光滑的种子因摩擦阻力小，从倾斜布面向下滑落，由种子出口排出。表面粗糙或外形不规则的种子及杂物，因摩擦阻力大，所以随布面转动向上移动，从另一出口排出，从而达到分离的目的。布面清选机的布面常用粗帆布、亚麻布、绒布或橡胶塑料等制成。分离强度可根据清选种子的不同,通过喂入量、布面转动速度和倾斜角来调节。

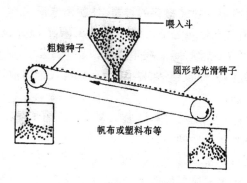

图 5-9 倾斜布面清选机剖面

磁性分离机清选种子时,将水、磁粉和种子混合物一起通过磁性滚筒,表面光滑的种子不粘或少粘磁粉,可自由落下,而杂质或表面粗糙的种子粘有较多磁粉而被吸附在滚筒表面,随滚筒转到下方时被刷子刷落(图 5-10),从而达到分离目的。这种清选机一般装有 2~3 个磁性滚筒,以提高清选效果。

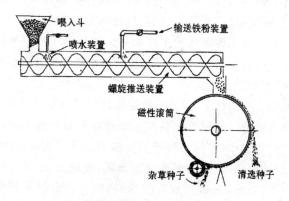

图 5-10 磁性分离机

四、牧草种子的包装

(一)包装容器和包装材料的种类、性质及选择

经干燥、清选和质量分级后的种子,为了便于检查、贮藏、运输和销售,防止混杂、受潮、感染病虫害,减缓种子劣变,必须进行包装。包装可用麻袋、棉布袋、纸袋或薄膜(塑料或金属箔)袋或各种材料制成的容器。

麻袋强度好,可重复使用,适宜大量牧草种子的包装,但易透湿,防湿、防虫和防鼠性能差。

金属罐封口严密,可以绝对防止牧草种子受潮,其隔绝气体,防光、防水淹、防虫和防鼠性能好,并适于高速自动包装和封口,是较适合少量种子包装的容器。

聚乙烯和聚氯乙烯为多孔型塑料,不能完全防潮,干燥种子装入这种材料制成的包装袋和容器中,会慢慢吸湿。

聚酯薄膜为透明、柔韧、可热塑的材料,透气性很差,具有很大的抗张强度,不会随时间的延长而老化变脆,其叠层制品适用于大多数软性包装材料。

包装容器和包装材料,因包装种子的种类和数量、等级、包装的形式、贮藏年限、贮藏温度、贮藏场所的相对湿度以及所包装的种子运输方式或销售地区的不同而异。牧草种子的包装容器,应该由具有足够抗张力、抗破力和抗撕力的材料制成,能耐受正常的装卸操作,且干燥、清洁。

在低温干燥条件下,用多孔纸袋或针织袋贮藏牧草种子,可保持种子的生活力。长期贮藏或在潮湿地区贮藏的种子,应包装在防潮密闭的容器中,以保持种子的生活力。常用的抗湿材料有聚乙烯薄膜、聚酯薄膜、聚乙烯化合物薄膜、玻璃纸、铝箔等,这些材料可与麻布、棉布、纸等制成叠层材料,防止水分进入包装容器。但高水分牧草种子在密闭容器里,由于呼吸作用很快耗尽氧气而

累积二氧化碳,导致无氧呼吸而中毒死亡。因此,防湿密闭包装的种子必须干燥到安全贮藏的含水量,才能达到保持种子较高活力的目的。早熟禾、羊茅、剪股颖等牧草种子封入密闭容器的上限含水量为9%,黑麦草、紫羊茅、三叶草为8%。

(二)包装方法和定量

牧草种子包装主要包括种子从散装仓库运送到加料箱、称量、装袋(或装入容器)、封口(或缝口)、挂(贴)标签等一系列过程。

1. 种子装入容器　种子包装可用手工装入容器。装入一定数量的种子后,最后封口和粘贴标签。牧草种子也可以使用标准袋,进行定量包装(表5-7)。

表 5-7　几种牧草种子包装定量

牧草种名称	包装重量(kg/袋)	标准袋规格(cm)
白三叶、小冠花、紫花苜蓿	50	60×90 双层
草地早熟禾、小糠草、猫尾草	25	70×98 双层
羊茅、结缕草、无芒雀麦、冰草	25	70×98 单层

进行定量包装时,一般每袋重25kg或50kg。禾本科牧草种子每袋重量以25kg为宜,其他牧草种子依种子容量大小而定,每袋种子的重量允许误差为±0.5%。对于一些特别细小的牧草种,如猫尾草、小糠草、白三叶等以及特别珍贵的牧草种,要在标准袋内加一层布袋,以防散漏。

2. 包装容器的封口和贴签　棉袋或麻袋常用手缚法或缝合法封口。如用聚乙烯和其他热塑包装塑料,通常将薄膜加压并加热至93.2℃～204.4℃,经一定时间即可封固。非金属或玻璃的半硬质或硬质容器,常用冷胶或热胶通过手工和机器进行封口。金属罐封口可用人工操作密封。牧草种子在包装袋上都要贴上种子标签(表5-8)。

表 5-8　牧草种子袋标签

牧　草　种：_____

产　　　地：_____

收　获　日　期：_____

种子发芽率：_____

种子净度：_____

水　　　分：_____

种子净重：_____

种子批号：_____

经　手　人：_____

　　种子标签是指固定在牧草种子包装容器表面或内外的特定图案及文字说明,标签上应注明下列内容:牧草种子的名称(中文名、拉丁文名)、种子批号、采种地、种子发芽率、净度、净重、收获日期等。标签用耐磨的卡片纸或尼龙布印制,长 10cm、宽 5cm,分正反两面。袋内标签在缝口前放入,袋外标签拴在或缝在布袋或纤维袋上,或粘贴在罐、纸板盒、纸板筒或金属筒上,也可将标签内容直接打印在容器上。

五、牧草种子的贮藏

　　种子贮藏是种子生产的一个重要环节,牧草种子收获后一般都要经过一定的贮藏时期。经过充分干燥、清选的种子在贮藏期间,由于受种子本身各种因素以及贮藏环境条件的影响,种子内部会发生一系列生理生化反应,结果导致种子发生劣变,生活力下降。种子劣变的速度取决种子收获、加工和贮藏条件。种子如果处在干燥、低温、密闭条件下,生命活动非常微弱,营养物质消耗极少,其潜在生活力较强,劣变速度较慢;反之,生命活动旺盛,营养物质消耗多,其潜在生活力就弱,劣变的速度也快。因此,牧草种子在符合入库质量的基础上,人为地创造干燥、低温、密闭的良好贮藏条件,对降低种子劣变速度、延长种子寿命、保持种子较高的发芽力和活力起着重要的作用。

牧草种子贮藏期间,由于受温度、湿度和通气状况等周围环境条件以及种子上携带的大量微生物,种子中混杂的杂草种子、昆虫和稃壳碎片等混杂物直接或间接的影响,不停地进行着新陈代谢作用,最终导致种子质量的降低。

牧草种子在贮藏期间,随着种子劣变的发生,发芽力逐渐降低,代谢活性下降,生命力趋于衰老,以至最终死亡。

(一)影响种子贮藏的微生物和虫害

1. 微生物对贮藏种子的影响及控制策略

(1)微生物对贮藏种子的影响　牧草种子上聚集着大量的微生物,主要有细菌类、霉菌类、酵母菌类和放线菌类,其中对种子影响较大的有细菌和霉菌。野生牧草种子中的微生物依据其来源可分为两类:一类是种子收获前在田间感染和寄附的微生物类群,包括附生、寄生、半寄生和腐生微生物(真菌),即田间(原生)微生物。另一类是种子收获后在脱粒、加工、运输及贮藏过程中,传播到种子上的一些霉腐微生物群(真菌),即贮藏(次生)微生物。在干燥的条件下田间微生物不能正常生长,而贮藏微生物生长良好,并能侵入种子,危害贮藏的种子。

牧草种子霉变过程中,常出现变色、变味、发热、生霉、霉烂等各种症状,其中某些症状的出现与否,取决于种子霉变程度和当时的贮藏条件。如种子含水量高时,常伴随出现发热现象,但若种子堆通风良好,热量能及时散发而不大量积累,种子虽严重霉变,也不一定出现发热现象。种子霉变一般分初期变质、中期生霉、后期霉烂三个阶段。种子生霉后其生活力大大减弱或完全丧失,所以通常以达到生霉阶段作为种子霉变事故发生的标志。

（2）牧草种子霉变的控制　微生物在贮藏种子上的活动主要受种子贮藏时的水分、温度、通气状况及种子本身的健全程度、理化性质等的影响和制约。此外，与种子中的杂质含量、害虫和贮藏环境的卫生也有一定关系。所以，为了控制微生物对贮藏种子的影响，防止种子霉变，种子在收获后应尽快进行干燥，将其水分降低到安全含水量以下。并彻底清选，清除成熟度差、破损的种子，再在低温干燥密闭的环境中贮藏，抑制种子和微生物的生命活动。贮藏期间，定期测定种子的温度、含水量、空气湿度的变化，以控制微生物的频繁活动。

2. 虫害对贮藏种子的影响及防治

（1）虫害对贮藏种子的危害　贮藏的牧草种子被仓虫为害后除造成数量上的损失外，还降低了种子的生活力和发芽力，甚至失去种用价值。种子堆受仓虫感染后微生物大量繁殖，易引起种子发热霉变。仓虫为害种子的状况与虫种及其生活习性有关，有的害虫能将整粒种子蛀空，如麦蛾、米象；有的仅能蛀食破碎子粒，如锯谷盗；有的害虫能吐丝结网把种子连接成网状，然后躲藏在其中蛀食种子；还有些害虫能使种子堆发热，使种子的发芽潜力降低或全部丧失。另外，害虫的活动及其尸体、排泄物、皮肤以及丝网等也会影响种子的新陈代谢，进而影响种子的质量。

（2）仓虫的防治

①清洁贮藏环境卫生　仓虫喜欢潮湿、温暖、肮脏的生活环境，特别喜欢在孔、洞、缝隙、角落和不通风透光的地方栖息活动。野生牧草种子贮藏时，应对仓内及四周垃圾进行清除，对贮藏种子的设备、容器进行清理、消毒，仓内的裂缝、孔隙和洞穴等残破地方要及时修补，创造有利于种子安全贮藏而不利于仓虫生存的环境条件，以抑制仓虫的活动，使其无法生存、繁殖以至死亡。

②机械和物理防治　机械防治就是利用人力或动力机械设

备,如通过过风和过筛对野生牧草种子进行严格清选,将害虫和侵染了害虫的种子清除掉。清选后的剩余物彻底销毁,以防这些种子产生自生植株给害虫提供寄主。物理防治目前应用最广的是高温杀虫法和低温杀虫法。高温杀虫法一般采用日光暴晒和加热干燥法使仓虫在高温下致死。因为通常情况下,仓虫生命活动的最高温度界限是 40℃～45℃。超过这个温度界限达到 45℃～48℃时,大多数仓虫处于热昏迷状态;当温度升至 48℃～52℃时,所有的仓虫在短时间内就会死亡。低温杀虫法是利用冬季冷空气杀死害虫的方法。一般仓虫在 8℃～15℃温度下就停止活动,温度降至－4℃～8℃时,仓虫发生冷麻痹,长期处在这种状态下就会发生脱水死亡。

(二)牧草种子的贮藏方法

1. 普通贮藏法　也叫开放贮藏法。是将充分干燥的牧草种子用麻袋、布袋、无毒塑料编织袋、木箱等盛装种子,贮存于仓库里,或将种子散堆在仓库中,种子未被密封,种子的温度、湿度(含水量)随仓库内的温、湿度而变化。仓库内没有安装特殊的降温除湿设备,如果库内温度或湿度高于库外时,可用排风换气设施进行调节。

这种贮藏方法简单、经济,适于贮藏大批量的牧草种子,贮藏年限以 1～2 年为好,长时间贮藏种子,生活力会显著下降。普通贮藏法多用于气候干燥的地区。

2. 密封贮藏法　是指把种子干燥至符合密封贮藏要求的含水量标准,用玻璃瓶、干燥箱、罐、铝箔袋、聚乙烯薄膜等不透气的容器或包装材料密封起来,进行贮藏。用此法贮藏,种子的温、湿度变化幅度小,不仅能较长时间保持种子的生活力,延长种子的寿命,而且便于贮藏、交换和运输。在雨量较多、湿度变化大的地区,此法效果更好。

密封贮藏法适合于小批量、珍贵牧草种子的贮藏和野生牧草种质资源的保存,种子贮藏时间长,贮藏效果好。

3. 低温除湿贮藏法 就是将种子贮藏在一定的低温条件下,如种子冷藏库,以加强种子贮藏的安全性,延长种子的寿命。

牧草种子在一定的低温条件下贮藏,新陈代谢作用明显减弱,病虫、微生物的生长繁殖受到抑制。温度在 15℃ 以下时,种子自身的呼吸强度比常温下小得多,甚至非常微弱,种子营养物质的分解损失显著减少,害虫和微生物不能发育繁殖,为种子安全贮藏创造了良好条件。

冷藏库中的温度愈低,种子保存寿命的时间愈长;在一定的温度条件下,原始含水量愈低,种子保存寿命的时间愈长。

(三)牧草种子贮藏期间的管理

牧草种子收获后,一般都贮藏在干燥、低温、密闭条件下。但是,由于受种子本身代谢作用、种子堆内害虫和微生物生命活动以及温度、湿度等外界环境条件的影响,贮藏的种子易吸湿回潮、发热甚至霉变,使其生活力下降,失去种用价值。因此,为了保持牧草种子生活力,延缓贮藏种子的衰老,贮藏期间的管理是至关重要的。

1. 入库前的准备及入库

(1)仓库的清理 做好仓库的清理和消毒工作,是防止品种混杂和病虫滋生的基础。清理仓库不但要清除仓内散落的异种、异品种的种子、杂质、垃圾和害虫等,而且对盛装种子的容器、木箱和麻袋等要进行彻底清理消毒。同时,还要清除虫窝和修补粉刷墙面,检查贮藏库的防鸟、防鼠设施,铲除仓库周围的杂草,排除污水、杂物等。

(2)种子准备 牧草种子入库前要进行干燥、清选和质量分级。同时,在进仓前,还应根据品种、产地、收获季节、含水量、净度等分批包装和堆放,注明种子的产地、收获期、种类、审定级别、质量指标、种子批号等。

（3）种子入库堆放 牧草种子的堆放应根据贮藏目的、仓库条件、种子种类及种子数量等情况而定，一般的堆放形式有围包散堆和围屯散堆两种。

①围包散堆 堆放前按仓库大小，将同批同品种种子用麻袋包装，沿墙壁四周离墙 0.5m 堆成围墙，在围包内散放种子。此法适于仓壁坚固性能差或没有防潮层的仓库，或堆放散落性较大的牧草种子。

②围屯散堆 此法适合在品种多而数量又不多的情况下采用，或当品种级别不同或种子水分还不符合入库标准而又来不及处理时临时堆放。

2. 贮藏期间种子的检测 牧草种子贮藏期间的生命活动影响着仓内环境的变化，同时外界环境的变化和仓内害虫、鼠雀、微生物的活动也影响着种子温度和湿度的变化。因此，在种子贮藏期间要对种子质量的变化和贮藏条件进行定期检测，温度、水分、发芽率和病害虫的变化及鼠雀危害状况是种子安全贮藏的重要指标，也是检测的主要内容。

（1）种温的检测 种温的变化能反映出贮藏种子的安全状况，所以生产上采用检测种温的方法来指导牧草种子的贮藏工作。种温的检测要根据种子含水量和季节，定期、定时测定。此外，对有怀疑的区域，如墙壁、屋角、靠近窗户处以及有漏水渗水部位，应增加辅助检测点。检测温度可用手触等方法。

（2）种子水分的检测 检测牧草种子水分时，一般散装种子以 $25m^2$ 为一小区，分 3 层，每层 5 点，设 15 个检测点取样。袋装种子则以堆垛大小，取样点均匀地分布在堆垛的上、中、下各部，并呈波浪形设点取样。各点取出的种子混合后进行分析，对有怀疑的检测点，所取出的样品应单独分开。种子水分的检测周期以种温而定，种温在 0℃ 以下时，每月检测 1 次；0℃ 以上时每月检测 2 次；20℃ 以上时，每隔 10d 检测 1 次。种温在 25℃ 以上，应每天检测。

(3)发芽率检测　牧草种子在贮藏期间,随贮藏条件的变化和贮藏时间的延长,其发芽率也在发生变化。因此,应对种子发芽率进行定期检测。

一般情况下,种子发芽率应每个季度检测 1 次。在夏季高温或冬季低温以及药剂熏蒸之后,都应检测 1 次。最后 1 次检测不得迟于种子出库前 10d。种子温度和湿度不稳定时,应根据情况增加发芽率检测次数。

(4)仓库害虫、鼠雀及种子霉变的检测　仓库害虫的数量和危害随环境温度而变化。冬季温度低,害虫危害小;春季气温回升,危害逐渐增大;秋季气温下降,危害又逐渐减少。

仓虫检测一般采用筛检法,在一个检测点取 1kg 种子,用筛子把虫子筛拣出来,分析害虫的种类及活虫头数。在缺少筛子的情况下,也可将检测种子样摊在白纸上,仔细拣出虫子,统计虫种和每千克种子的感染率。检测蛾类害虫,一般用撒种统计,即用手将种子抛撒,蛾类害虫就会飞起,然后观察虫口密度并计数。除种子堆外,对墙壁、梁、柱、仓具等均须进行检测。

鼠雀检测,主要查看粪便、脚印(在过道、墙角等处地面撒石灰粉查脚印)和鼠洞。

霉变检测,主要查看仓库墙角和种子堆角,表层 50cm 以下及柱角等易返潮和不通风的地方。检测方法是看种子色泽、闻气味、用手扇动检测种子的散落性和有无结块现象。

以上各检测周期根据气温、种温而定。一般冬季温度在 15℃ 以下,每 2 个月检测 1 次;春、秋温度在 15℃～20℃ 时每月检测 1 次;温度超过 20℃ 时每半个月检测 1 次;夏季高温期,应每周检测 1 次。

上述各项在每次检测时,都要将检测结果详细记录在种子检测情况记录表中,以备前后对比分析,有利于发现问题,及时改善种子贮藏环境条件。

3. 贮藏种子的通风　普通贮藏库贮藏的牧草种子,无论是长期贮藏还是短期贮藏都要适时进行通风。通风是种子在贮藏期间一项重要的管理措施。

通风可以降低温度和水分,抑制种子生理活动和害虫、霉菌的繁殖活动,维持种子堆内温度的均衡性,防止因温差而发生水分转移,排除种子本身代谢作用产生的有毒物质和药剂熏蒸后的有毒气体,使种子处在干燥、低温和安全的贮藏条件下,有利于提高种子贮藏的稳定性。另外,对有发热症状的牧草种子,则更需要通风散热。

(1)通风原则　种子贮藏库能否通风,要根据库外与库内的温度、湿度和天气状况进行判定。库外大气温度和湿度均低于库内温、湿度或有一项与库内相同而另一项低于库内时,可以通风;库外大气温度和湿度有一项高于库内、另一项小于库内时,应在计算仓内外绝对湿度进行比较后才能确定能否通风。如果仓内绝对湿度高于仓外时,可以通风;反之,则不能通风。

当遇寒潮、降水、刮大风、浓雾等天气时不能通风;种子堆发热时要通风;一天当中早晨或傍晚低温时间可以通风;一年当中在气温上升季节(3～8月份),气温高于种温,通常不宜通风,以密闭贮藏为主;在气温下降季节(9月份至翌年2月份),气温低于种温,以通风贮藏为主。

(2)通风方式　贮藏种子的通风方式有自然通风和机械通风两种。

自然通风指打开仓库门窗,使空气自然对流,达到降温散热的目的。当仓外温度比仓内低时,便产生仓房内外的压力差,空气就自然对流,冷空气进入仓内,热空气被排出仓外。自然通风效果与温差、风速和种子包装、堆放方式有关。温差越大,内外空气交流量越多,通风效果越好。风速越大,则风压增大,空气流量也越多,通风效果好。仓内种子包装堆放比散装堆放的通风效果好,包装小堆和留通风道堆放比大堆或实堆的通风效果好。

机械通风是利用鼓风或吹风机等机械设备将仓内的热湿空气强行排出,进行空气交流,使种子堆达到降温、降湿的目的。这种通风方式具有通风时间短、降温速度快、降温均匀等优点,多用于散装种子。

机械通风的效果与外界环境的温、湿度有关,温、湿度低,通风效果好。反之,除特殊情况外,一般不能通风。通风时,为了通风均匀,通风前应耙平种子堆表面,使薄厚均匀。

第四节　牧草选育方法

培育牧草良种是草原建设中的一项十分重要的工作,它对于建立巩固的饲草饲料基地和提高天然草原生产力,无疑有着巨大的作用。牧草和饲料作物的育种工作,就是在现有丰富的牧草资源的基础上,利用自然突变和人工诱变及基因重组等,通过有目的的选择工作,培育出新的牧草种和品种,为人工草地建设提供优良的材料,并为天然草原提供优良的补播材料。鉴于本书为草地工作技术指南,所以牧草选育方法仅介绍野生牧草栽培驯化、选择育种、有性杂交育种等方法,其他方法不再赘述。

一、野生牧草栽培驯化

野生牧草栽培驯化就是采集天然草地上的优良野生牧草种子,进行人工栽培,经过连续几年的栽培与选择之后,就可以驯化为栽培牧草,供大面积推广栽培。野生牧草栽培驯化,一般选用当地野生优良牧草在当地栽培,也可以从外地引入野生优势种,在当地栽培驯化。野生牧草最大的优点是能够抵抗当地不良的气候与土壤条件,具有很强的适应性。

但野生牧草具有许多野生的性状,如开花期与成熟期拉得很长、种子落粒性强、豆科牧草豆荚易开裂、硬实种子多、出苗不整齐、植株匍匐、茎叶粗硬或具绒毛、植株多刺等。所有这些野生性状在其野生情况下是具有适应意义的,但不符合栽培利用的要求。因此,野生牧草的驯化是通过栽培和人工选择过程改变其野生性状,使其符合栽培利用的要求。

（一）野生牧草种子的采集

不是所有野生牧草都具有栽培价值,而是在调查天然植物资源的基础上,充分征集当地农牧民的意见之后,从中选出产量高、再生速度快、适应性强、适口性好、营养价值丰富、野生性状较少的优良牧草作为采集和栽培驯化对象。

在采集优良牧草种子时,应该尽量在不破坏其自然群体的基础上采集其种子。在采集种子时,应该尽量将自然群体中各种生物型植株的种子都采集到,采集种子数量应尽可能多些。采集种子时应用标签,标签上写明植物种的名称、原产地、采集日期。

野生牧草种子成熟,无论在群体内、还是在一个植株上都是很不一致的,而且种子成熟后容易落粒,因此应该选择适宜收获期采集种子,一般在 $50\%\sim60\%$ 成熟时即可收获。对一些结实率很低的无性繁殖的禾本科多年生牧草可掘取其根茎进行无性繁殖。

（二）野生牧草的栽培与选择

野生牧草虽然在天然草场上很容易繁殖,但利用其种子进行人工播种栽培时却很不容易种植。栽培主要环节包括以下几个：

1. 选地与整地　为充分发挥野生牧草的生产力,应为其创造最好的栽培条件,尽量选择地势平坦、土层深厚、土质疏松、肥沃的耕作地,前作最好是中耕作物地或休闲地。

野生牧草特别是多年生的牧草幼苗生长缓慢,一些旱生和沙生牧草在幼苗期有先长根后长茎叶的习性,苗期地上部分生长更加缓慢,易受田间杂草危害。先清除地面杂草,耙碎土块,播前及时耙平。

2. 种子处理　为使野生牧草种子达到后熟，采收的种子不宜当年播种，翌年播种前必须对种子进行检测鉴定。野生牧草一般发芽不整齐、发芽率低，特别利用根茎繁殖的禾本科牧草结实率不高，且有空瘪子现象。一些野生豆科牧草种子硬实率高，因此必须测定种子发芽率、发芽势，并检测种子纯净度。对豆科硬实种子擦破种皮、播前日光晒种均可提高发芽率。

3. 播种　根据当地条件，多年生野生牧草，可在春、夏、秋三季播种。为使野生牧草充分生长发育，采用宽行距（30～60cm）播种。根据种子发芽率情况，一般宜加大播种量，甚至比同等大小栽培种的种子播量大1倍以上。小粒种不能超过1cm的深度，可采用撒播，播后要遮阴，地表应经常保持湿润。

4. 田间管理　做好松耕和适时灌溉。野生牧草经人工精细栽培以后，改变了其野生的自然条件，优越的营养条件消灭或削弱了野生情况下天然植物群落间竞争的关系，可能会发生变异，而且可能多数都是按人们所期望的方向改变。变异总的趋势是提高了牧草生产力并改善品质。同时，逐步削弱或改变不良的野生性状，有利于栽培利用。

5. 选择　野生牧草经人工栽培后发生的变异，在不同个体之间变异的方向和变异的速度是不一样的，可以采用人工选择的方法把那些符合需要的变异，及其变异速度较快的个体选择出来，经过连续不断的选择，就可以缩短野生牧草驯化的过程，提高驯化的效果。一般可采用多次混合选择法和集团选择法。对一些特殊宝贵变异的植株，也可采用单株选择法。

二、选择育种

选择育种就是在自然和人工创造的变异群体中，根据个体和群体的表现型选优去劣，挑选符合人类需求的基因型，使优良或有益基因不断积累及所选性状稳定遗传下去的过程。选择育种可作为独立的育种途径创造新品种。而且,任何一种育种方法,如引种、杂交育种等都离不开选择,都必须通过相应的选择方法,才能选育出优良的牧草新品种。因此,选择育种是整个育种过程中不可缺少的环节,在创造新品种和改良现有品种的工作中具有极为重要的意义。选择可分为自然选择和人工选择。

自然选择是指在自然环境条件下,植物群体内能够适应自然界环境变化的变异个体,得到生存并繁衍下去,不适应自然界的个体则死亡而被淘汰的过程。目前,已形成的物种分布就是长期自然选择和物种主动适应的结果。

人工选择是指在人为的作用下,选择具有符合人类需要的有利性状或变异类型,淘汰那些不利的变异类型。人工选择又可分为无意识选择和有意识选择两类。在生产上所用的一些地方品种、驯化的栽培植物均是由劳动人民无意识选择而来。有意识选择是根据遗传原理,有计划、有明确目标的选择,现代育种技术均属于有意识选择。

(一)单株选择法

单株选择法是将当选的优良个体分别脱粒、保存,翌年分别各种植1区(或1行),然后根据小区植株的表现来鉴定上年当选的个体的优劣,并据此将不良个体的后代全部淘汰。单株选择法适用于自花授粉牧草和常异花授粉牧草。单株选择法一般又可以分为一次单株选择法和多次单株选择法。

1.一次单株选择法 在大田或试验小区或原始材料圃里,从原始的群体中选择符合育种目标的优良变异个体(单株或单穗),每株或每穗分别收获、脱粒和贮藏。第一年把每株或每穗的种子分别单种1行或几行进行播种,称为株行或穗行,每一株行或穗行的后代叫1个株系。用本地优良品种做对照,把表现差的株行或穗行淘汰掉,留下好的株行或穗行,每一株行或穗行单收单藏。翌年把上年入选的每一株行或穗行的种子分别种1个小区,再和本地优良品种对照比较,这称为品系鉴定试验。品系就是同一单株的后代中遗传性状比较稳定一致的一个群体,或者是育种过程中已初步选择出的优良、稳定的系统或群体。第三年进行产量比较和多点示范试验及生产试验,同时繁殖种子。如果比对照品种明显表现优良,而且经济性状已经稳定,就可以申报新品种。这种只进行了一次单株选择的育种方法,称为一次单株选择法(图 5-11)。

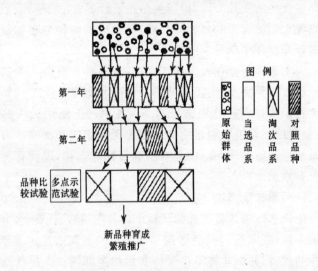

图 5-11　一次单株选择法示意

2. 多次单株选择法　在一次单株选择的后代中,有的植株性状还不一致,继续出现分离。因此,必须再从其中选择优良的或变异的单株、单穗分别收获、脱粒、种植,进行比较鉴定、选优去劣,这样重复几次,直到性状一致时再与对照品种加以比较,以选出优良新品种。这种进行多次选择的方法,称为多次单株选择法(图 5-12)。

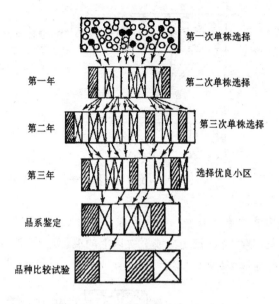

第一次单株选择

第一年　　　第二次单株选择

第二年　　　第三次单株选择

第三年　　　选择优良小区

品系鉴定

品种比较试验

图 5-12　多次单株选择法示意

(二)混合选择法

混合选择法是按照育种目标选择具有所希望特性的相当数量的单株或单穗,将种子混合收获、脱粒、种植形成下一代的方法。混合选择法适合于异花授粉牧草和品种提纯复壮。混合选择法属表型选择,不能确定其基因型的好坏。同时,混合选择仅以母本为选择对象,父本基因也会无选择地传给下一代。混合选择法可分为一次混合选择法和多次混合选择法。

1. 一次混合选择法　首先从原始品种或育种原始材料圃或鉴定圃中选出优良的单株或单穗,混合收种。翌年一起播到一个小区内,和本地优良品种对比。如果经过比较鉴定,性状表现好,稳定一致,产量高,就可以作为新品种繁殖推广。这种选择的方法称为一次混合选择法(图 5-13)。

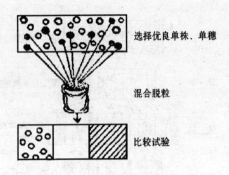

图 5-13　一次混合选择法示意

2. 多次混合选择法　在一次混合选择后,选择的材料其性状还不完全一致,再进行 1 次或 2 次以上的混合选择,这种方法称为多次混合选择法(图 5-14)。

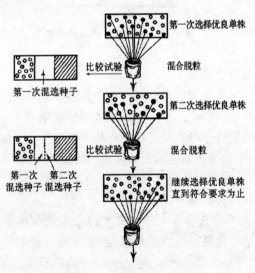

图 5-14　多次混合选择法示意

单株选择法和混合选择法优缺点各不相同。

一是单株选择效果比混合选择效果好。从选择的依据看,混合选择只注重所选个体当年的表现,而当个体混合繁殖后就无从识别哪些植株是哪些个体的后代。因此,不可能根据后代来鉴别原当选个体的优劣程度,不能将那些偶然表现好,但遗传性并非优良的单株后代全部淘汰。这些不良的单株后代由于分散在全田中,很难识别出来并清除出去,这些植株就会影响整个群体的优良基因频率。虽然多次混合选择可以不断积累优良基因,但却不能追溯个体的历史系统,而均以当代的表现型为选择依据。

单株选择在选择当年也是以个体表现为依据进行选择,但是由于每个单株的种子分别种植,因此在翌年可以根据小区植株表现来鉴定前一年当选个体的优劣程度,并据此将不良个体的后代全部清除出去。如果进行多次单株选择,则可以追溯其系谱记载,决定某一小区的选择和淘汰。因此,单株选择比混合选择效率高。

二是单株选择法,尤其是多次单株选择法,容易造成近亲繁殖。虽然经过单株选择后某些性状得到改良,但往往出现遗传性单纯、生活力下降、产量降低等现象,特别是对异花授粉牧草更加突出。而混合选择法,一般不易造成近亲繁殖和生活力下降现象。

三是混合选择法简单易行,花费人力较少,容易被农牧民群众所掌握。单株选择法手续烦琐,花费人力、物力较多。

四是单株选择法与混合选择法都应用于良种繁育、地方品种提纯复壮和选育新品种上,但混合选择法主要应用于良种繁育、提高品种种子质量方面,单株选择法主要应用于创造新品种方面。

(三)集团选择法

为了避免遗传基础贫乏和免受不良家系传粉变劣的情况发生,可以采用集团选择法。集团选择法就是将一个混杂群体,根据不同的性状(比如早熟类、晚熟类、有芒类、无芒类等)分别选择属于各种类型的单株,最后将同一类的植株混合脱粒,组成几个集团进行鉴定和比较(图 5-15),也可以将选择到的属于各种类型的单株分别种植(图 5-16)。一个集团种在一个隔离区内,使特性相近的家系间自由传粉,并从中选择优良家系或单株,这样既可在一定程度内增加家系的遗传异质性、提高生产力,又可在一定程度上限制经济性状和生物学性状上截然不同的家系间异交。

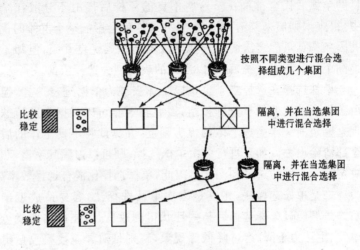

图 5-15 集团混合选择法示意

(四)不同授粉和繁殖方式牧草的选择法

牧草的授粉方式、繁殖方式不同,所采用的选择方法亦不相同。

1. 自花授粉牧草的选择法 自花授粉牧草的遗传特点是同质基因结合,即趋于纯合系,其遗传变异主要来自于基因重组和基因突变。自花授粉牧草常用的选择法有单株选择法(一般采用一次单株选择法)、集团选择法,有时也用混合选择法。

2. 异花授粉牧草的选择法 异花授粉牧草的遗传特点是群体中的个体间表现为杂合型,每个个体内所产生的配子是不同的,其后代也是多样性的,因此自交会造成近亲衰退。异花授粉牧草常用的选择方法有混合选择法(一般采用多次混合选择法)、集团选择法,集团选择要注意淘汰不良个体和隔离种子两个基本环节。

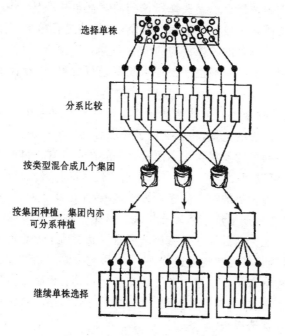

选择单株

分系比较

按类型混合成几个集团

按集团种植,集团内亦可分系种植

继续单株选择

图 5-16　集团单株选择法示意图

3. 常异花授粉牧草的选择法　常异花授粉牧草选择法介于自花授粉牧草和异花授粉牧草之间。因此,单株选择、混合选择、集团选择等均适用。具体方法可依据是自花授粉育种方案还是异花授粉育种方案而定。

4. 无性繁殖牧草的选择法

(1)无性繁殖系的选择　无性繁殖经常可以发生芽变,选择变异了的块根或块茎,可以获得新的类型或品种。选种时,如果选到的优良块根、块茎在翌年混合种植,称为混合选择。混合选择常用于留种用的选择。如果所选到的块根、块茎在翌年分别种成小区,则称为单株选择。由于选择的对象不同,单株选择又可分为块系选择与穴系选择。块系选择所选到的优良单株块根或块茎,翌年切成几块或几段或由它们根、茎部育成的苗进行单区繁殖。穴系选择则是将选到的一株植物的全部块茎块根,翌年进行单区种植。块茎块根的选择一般也需要在生长期进行观察,将符合要求的单株作出标记,在收获期进行块根块茎的进一步选择。

(2)有性繁殖与无性繁殖相结合的选择 可以用杂交种子进行一次或多次的选择,将杂交种子种植后进行单株选择,选择的年限依育种的目的及材料优劣而定。一般在符合育种目标的后代出现后,就可以用无性繁殖的方法将这个优良品种繁殖推广,有时也将具有杂种优势的第一代进行无性繁殖,保持其杂种优势。

(3)无融合生殖牧草的选择法 这是一种特殊形式的无性繁殖方式。无论它是受显性基因或隐性基因控制,还是受单基因或多基因控制,其性状均可遗传,故可以用它来固定杂种优势。无融合生殖牧草育种就是希望通过杂交选择到具有无融合生殖特性的优良杂交组合,利用杂种优势。因此,无融合生殖牧草常用的选择方法是单株选择法。

三、有性杂交育种

有性杂交育种是国内外应用最广泛而且卓有成效的育种方法之一,是通过两个遗传性不同的个体之间进行有性杂交获得杂种,进而选择培育、创造新品种的方法。根据进行杂交亲本间亲缘关系的远近,有性杂交又分为品种间杂交及远缘杂交两大类。前者指在同一植物种内的不同品种间进行的杂交,后者指在不同植物种或属甚至科间进行的杂交。

（一）杂交亲本选配的原则

1. 亲本应具有较多的优点，较少的缺点，亲本间优缺点应尽量得到互补　如果双亲都是优点多而缺点少，又能互相取长补短，则杂种后代通过基因重组，出现综合性状较好的个体的概率就大，就可能选出优良品种来。亲本的优点多，则其后代的性状表现总体趋势较好；反之则较差。要求亲本间优缺点尽可能做到互补，是指亲本之间若干优良性状综合起来，应基本上能满足育种目标的要求。一个亲本的优点应在很大程度上克服另一亲本的缺点，亲本双方可以有共同的优点，但不应有相互助长的缺点。

杂种后代的表现并不是亲本优缺点的机械拼凑，更不是简单的加成关系。有的性状表现可能倾向于亲本一方，有的性状可以超越双亲，亲本优缺点互补是有一定限度的，因此双亲之一不能有太严重的缺点，尤其在重要性状上，更不能有难以克服的缺点。

双亲彼此性状间以及同一亲本各性状间存在着相互影响、相互制约的关系。对于一个亲本，如能分析出制约其产量因素形成的主要缺点，针对其缺点选择另一个能克服其缺点的亲本，经过杂交以后杂种表现将会比用双亲平均值所估计的预期效果要好。相反，如果另一亲本不能克服甚至还助长其缺点时，则后代将比预期结果差。因此在选配亲本时，需要对亲本进行分析研究，适当配置。

2. 亲本中最好有一个是能够对当地条件适应的品种　品种具有区域性，当一个品种育成之后，能否推广的首要条件是对当地自然条件、栽培条件有很大的适应性。杂种的适应性虽然通过当地环境条件的影响会进一步加强，但是它的遗传基础还在于亲本本身的适应能力。如果该亲本品种不但适应性强，又有一定的丰产性，则成功的希望将更大。

3. 亲本之一主要目标性状上应突出，亲本性状中应没有难于克服的不良性状　一般为了改良某品种的某一缺点，选用另一亲本时,要求在这个性状上最好是十分突出的,并且遗传传递力强。如为了获得抗病品种,抗病亲本应该是高度抵抗或免疫且遗传传递力强的。为了克服某一亲本过于晚熟的缺点,另一亲本最好是特别早熟的。在特殊情况下,为了选择具有突出性状的亲本,不得不放宽对该亲本其他性状的要求,而使杂交组合中的优良性状不够全面或出现个别缺点。但无论怎样放宽标准,也应极力避免选择具有难以克服的不良性状的品种作亲本,如果用这样的亲本杂交后,其杂种后代大多数或多或少带有该品种的不良性状,则不易选出符合要求的优良品种。

4. 亲本之间生态型差异应较大,亲缘关系应较远 不同生态条件、不同地区、不同亲缘关系的品种,具有不同的遗传基础。它们之间杂交,其杂种后代的遗传基础丰富,杂种优势强,分离现象强,有类似远缘杂交的优点,可能获得分离较大的群体及超越双亲的类型。

5. 亲本一般配合力要好 一般配合力指某一亲本品种在与其他品种杂交以后对杂种后代杂种优势平均表现的能力。一般配合力好的品种在杂交以后往往能得到好的结果。在选择其他性状的时候,也应该注意配合力的选择。但配合力的好坏需要在杂交以后才能测知,因此选配亲本时,除对亲本本身的优点、缺点加以注意之外,还应通过杂交实践积累这方面的经验,进行一些必要的研究以便选出一般配合力好的原始材料作亲本。

(二)杂交组合方式

亲本确定之后,根据育种目标的要求采用什么组合方式对于育成品种也有很大关系。杂交组合的主要方式有成对杂交、回交、复合杂交、多父本杂交(多父本混合授粉)4 种。在育种工作中,可根据具体情况灵活运用不同的杂交组合方式。

1. 成对杂交(单杂交) 两个亲本间(如甲×乙)进行杂交称为成对杂交。当甲乙两亲本优缺点能互补,性状总体上能符合育种目标时,应尽可能采用单交而不用复交方式。用单交只需要杂交 1 次即可完成,杂交及后代选择的规模都不需要很大。

单杂交中,应用正交(甲×乙)或者反交(乙×甲),在一般品种间杂交的大多数杂交组合中,对一些性状来说,正交和反交后代性状差别往往不大。但有时候,正交和反交杂种后代有较大的差异,杂种后代可能倾向于母本的性状。应用对当地适应的农艺亲本为母本可能会使杂种后代群体对当地的适应性更好些。

2. 复合杂交(复交)　这种方式是在两个以上亲本之间进行杂交,要通过 1 次以上杂交才能完成。一般做法是先将一些亲本配成单交组合,再将这些组合相互间或与其他亲本配合,配合时可针对单交组合缺点选择另一组合或亲本以使两者优缺点相互弥补。复合杂交因亲本数目及杂交方式不同有三交(甲×乙)×丙,双交(甲×乙)×(丙×丁),四交[(甲×乙)×丙]×丁,五交[(甲×乙)×丙×丁]×戊或[(甲×乙)×(丙×丁)]×戊 或 [(甲×乙)×丙]×(丁×戊)等。复合杂交是育种目标要求的方面广,必须多个亲本性状综合起来才能达到目的。与单交相比,杂交亲本多,工作量大,育种年限较长,所需人力物力及试验地面积多。

根据以往的经验,配合的方式有以下 2 种:①将农艺亲本放在最后一次杂交,以增强杂种后代的适应性与丰产性。②以具有主要目标性状的亲本放在最后一次杂交,则后代出现具有主要育种目标的性状的个体可能性大。此种情况常在其他亲本育种目标性状均较差,而该亲本又无较多不良性状并基本适应时采用。

3. 回交　在两亲本杂交后,将亲本之一与子一代回交,再以该亲本与回交后代中所选单株回交,如此进行若干代。然后将所选单株经数代自交选育出新品种。此方式称回交育种,简称回交。如[(甲×乙)×甲]×甲……甲亲本称为轮回亲本,乙亲本称为非轮回亲本。

回交育种法常用于改良某一推广良种的一个或两个缺点,选择另一个可以弥补其缺点的亲本与之进行杂交,然后以其具有一两个缺点的优良品种作轮回亲本,经过几次回交和选择,即可选育出与该优良品种相近但不具有原有品种缺点的新品种。

在应用回交时,首先应该注意选择轮回亲本,因为轮回亲本是杂种后代适应性、丰产性的主要来源,通过数次回交使杂种后代的遗传性逐步与它相似,这样才能在改良个别性状以后很快应用于生产。因此轮回亲本必须是适应性强、丰产性能良好,经改良后有继续推广前途的品种。其次非轮回亲本的选择也是十分重要的,要求非轮回亲本遗传传递能力很强,这样才不致在数次回交过程中被削弱。被改良的性状最好是显性的,这样在回交后代中便于选择单株。但在实际工作中,却有时会遇到导入性状为隐性或表现为数量性状的情况,这时需要采取相应的自交措施。

应在杂种中选择具有被改良性状的个体回交才有意义。当选个体的农艺性状可放在次要地位或不考虑,因为当选个体的农艺性状可以在数次回交过程中逐步加以完善。

当导入性状为隐性时,在杂交及每次回交后都需要进行 1 次自交,使隐性性状表现出来,才能从中选择出具有该隐性性状的个体继续进行回交。这样就会使育种年限延长 1 倍,因此最好避免使用隐性性状的非轮回亲本。

如果导入的性状为数量性状遗传时,回交后代性状分离不够明显,会给选择工作带来困难。一般在此情况下可不使用回交法。

理论上讲,回交 4 次以后,后代的农艺性状将与轮回亲本极为相似,但在实际工作中,回交次数应视具体情况而定。当非轮回亲本除育种目标外尚具有一些轮回亲本所缺乏的良好性状时,回交两次就可能得到良好植株,这类植株经自交选育后虽然与轮回亲本有一定差异,但却有可能结合了非轮回亲本的良好性状,丰富了遗传基础。回交次数过多有可能会削弱育种目标的强度并使遗传基础单一化，并不一定能有好结果，尤其当育种目标多少表现为数量性状遗传时，更应适当减少回交次数。在回交过程中，应注意选择保留回交次数不同的材料（以上指自花授粉者）。育种时可以分别加以比较选拔，在不同回交次数的材料内均有可能育成品种，不必拘泥于一个预定的格式。

（三）有性杂交育种程序

在杂交育种工作中，从搜集观察原始材料，选配亲本，进行杂交和选育，直到育成新品种，需要经过一系列工作环节才能完成。这些环节组成了杂交育种程序（图5-17）。

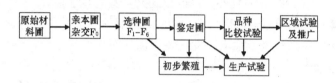

图 5-17　有性杂交育种程序

1. 原始材料圃和亲本圃　原始材料圃种植国内外搜集来的原始材料，按类型归类种植。要防止机械混杂和天然杂交，保持其纯度和典型性。从原始材料圃中选出若干材料作杂交亲本，种植于亲本圃。种植时注意加大株行距以便于杂交操作。杂交后，对杂交植株精心管理，成熟时按组合收获，注明组合名称，然后脱粒、保存并予以编号，翌年种植于选种圃。

2. 选种圃　种植杂种后代的地段称为选种圃，其主要任务是选择所需要的个体或类型，直到杂种材料性状稳定为止。

3. 鉴定圃　主要种植由选种圃升级和上年鉴定圃留级的材料。采用条播，株行距及密度接近大田生产。其任务是对这些材料进行产量比较，鉴定其一致性及进一步对各种性状进行观察比较，从中选出优良品系。由于品系数目多，种子数量较少，所以鉴定圃试验区面积较小,重复2~3次。多采用顺序排列法。一般进行1~2年。

4. 品种比较试验 由鉴定圃升级的优良品系,在较大的小区面积上进行更精确、更有代表性的比较试验,称为品种比较试验(简称品比试验)。在此试验中要求对品系的生物学特性、抗逆性、丰产稳定性、栽培要求等做更为详尽和全面的研究,选出符合育种目标的新品系。在选种圃阶段,表现特别优良的品系可以不经过鉴定圃阶段直接升入品种比较试验。

品种比较试验阶段品种数目相对较少,小区面积较大,重复4~5次,多采用随机区组设计,以提高试验的精确性,试验一般进行2~3年。试验期间表现优良的品系,应在试验的同时加速种子繁殖。在选种圃或鉴定圃发现特别优异的品系或品种,就可加速繁殖种子。

5. 区域试验 当新育成的品系经过品种比较试验,初步证明它们具有一定的适应性及丰产性,且在产量上或某个特性上确能超过现有栽培品种,确有推广价值时,还需要分别在各个不同的自然区域或有代表性的地点,按照统一试验设计要求,进行多点品种比较试验,这种试验称为区域试验。区域试验的主要任务是确定新品种的利用价值、适应性、最适栽培条件和最适宜的推广地区。区域试验一般进行3~4年。对于表现不好的品种可以淘汰,对有希望的品种可以提前进行示范繁殖,使生产试验、示范、繁殖工作同时进行。这样,在品种审定合格确定推广时,就可以迅速推广。

6. 种子区及繁殖田 为了提供各种试验用的种子,需及早设立种子区以生产各个品种的纯良种子。此外,还要对有苗头的新品种建立较大面积的繁殖田以供生产试验和示范推广之用。如果种子繁殖这个环节没有抓紧,就不能提供相当数量的纯良种子,无法进行生产试验或示范推广。

7. 生产试验 将有希望的品种在生产条件下进行大区对比

试验称为生产试验。生产试验的目的是鉴定新选育的品种能否满足生产条件的要求,同时起示范和繁殖种子的作用,为以后迅速大面积推广打下基础。生产试验与区域试验可同时进行。为争取时间,在加速繁殖的基础上,还可以提前和品种比较试验同时进行。在品系鉴定中认为有希望的品系除进行品种比较试验外,还可以把部分种子送到生产单位中进行生产试验。

经过区域试验、生产试验,对表现优异、产量、品质和抗性等符合推广条件的新品种,按照品种审定程序,可报请品种审定委员会审定,审定合格正式命名后即成为新品种。

第六章　草地有害生物防除

第一节　草地病害

一、草地植物病害的分类与症状

(一)草地植物病害的分类

牧草病害的种类很多。目前,牧草病害尚无统一规定的分类。通常分为以下几类:

1. 传染性病害　由各类病原生物引起的植物病害称为传染性病害,具有传染性,通常先有发病中心然后向四周蔓延。传染性病害按病原生物种类不同,又可分为真菌病害、细菌病害、病毒病害、植原体病害和线虫病害、寄生性种子植物等。其中属于菌类的病原(如真菌和细菌)称为病原菌。病原菌一般都是寄生物。被寄生的植物称为寄主。传染性病害是植物病理学的主要研究内容。

2. 非传染性病害　由不适宜的环境因素引起的植物病害称为非传染性病害。这类病害是由不良的物理或化学等非生物因素引起的生理病害,不能互相传染,它的发生取决于寄主植物和环境因素之间的关系。

植物生长发育需要良好的环境条件,如条件不适宜甚至有害。例如营养的缺乏或不均衡、水分供应失调、温度过高或过低、日照不足或过强、土壤酸碱度不当或盐渍化、环境污染、农药引起的药害等,都会影响植物的正常生长发育,诱发病害发生。

非传染性病害和传染性病害有时症状是相似的,特别是与病毒病害、植原体病害更易混淆,给诊断带来一定的困难。诊断时必须到现场做细致的观察和调查。常见的非传染性病害的症状有：变色、坏死、萎蔫、畸形等，其特点是没有病症出现，通常是全株性的；而且非传染性病害的发生一般与特殊的土壤条件、气候条件、栽培措施及环境污染源等有关，在田间往往成片发生，不像传染性病害常先有发病中心然后向四周蔓延。因此，在深入研究时应通过接种试验来鉴别。此外，化学诊断是缺素症有效的诊断方法。

(二)植物病害的症状

植物感病后在外部形态上表现出的不正常特征称为病害的症状，其中把植物本身的不正常表现称为病状，把有些病害在病部可见的一些病原物结构(营养体和繁殖体)称为病征。

凡是植物病害都有病状，但并非都有病征。细菌和真菌引起的病害病征比较明显，病毒和植原体等由于寄生在植物细胞和组织内，在植物体外无表现，因而它们引起的病害无病征。非侵染性病害也无病征。多数线虫引起的病害无病征。

植物病害的症状既有一定的特异性又有相对稳定性，因此它是诊断病害的重要依据之一。同时，症状反映了病害的主要外观特征，许多植物病害是以症状来命名的。人们认识和研究病害一般从观察症状开始。

1. 病状类型 常见的病害症状有多种，变化很多，但归纳起来有 5 类，即变色、坏死、萎蔫、腐烂和畸形。

(1)变色 发病部位失去正常的绿色或表现异常的色泽称为变色，变色主要表现在叶片上。全叶变为淡绿色或黄绿色的称为褪绿，全叶发黄的称为黄化，叶片变为黄绿相间的杂色称为花叶或斑驳。如羊茅、冰草、黑麦草等的黄矮病，翦股颖、早熟禾、羊茅的花叶病。

(2)坏死 受害部位的细胞和组织死亡称为坏死。坏死在叶片上常表现为叶斑和叶枯。叶斑根据其形状不同，有圆斑、角斑、条斑、轮纹斑、网斑等，如黑麦草网斑病、狗牙根环斑病。叶斑还可以有红褐色、灰色、铜色等不同的颜色,如翦股颖赤斑病、铜斑病。叶枯是指叶片较大面积的枯死,如黑麦草黑孢霉叶枯病、禾草雪霉叶枯病。

(3)腐烂　发病部位较大面积的死亡和解体称为腐烂。根、茎、叶等植株的各个部位都可发生腐烂,幼苗或多肉的组织更易发生。腐烂可分为干腐、湿腐和软腐。如组织的解体很快,腐烂组织不能及时失水则形成湿腐;腐烂组织中的水分能及时蒸发而消失则形成干腐。根据腐烂发生的部位,可分别称为芽腐、根腐、茎腐、叶腐等。如禾草的雪腐病、翦股颖全蚀病引起的根系腐烂等。

(4)萎蔫　牧草因病而表现失水状态称为萎蔫。萎蔫可由各种原因引起,比如根部腐烂、茎基坏死或根的生理功能失调都可引起植株萎蔫。但典型的萎蔫是指植株根和茎部维管束组织受病原物侵害造成导管阻塞,影响水分运输而出现的萎蔫,这种萎蔫一般是不可逆的。萎蔫可以是全株的或是局部的,如匍匐翦股颖的细菌性萎蔫病。

(5)畸形　由植株或部分细胞组织的生长过度或不足引起,可表现为全株或部分器官的畸形。有的植株生长得特别快而发生徒长,有的植株生长受抑制而矮化,如病毒引起的多种禾本科牧草的黄矮病。

2. 病征类型

(1)霉状物　病部产生各种霉层,主要由真菌的菌丝体、孢子梗和孢子组成。其颜色、形状、结构、疏密程度因真菌类群不同变化很大,可分为黑霉、灰霉、霜霉、青霉、赤霉等,如牧草的霜霉病。

(2)粉状物　由某些真菌相当数量的孢子密集在一起形成的,颜色有黑粉、白粉等,如翦股颖、早熟禾、狗牙根等多种草坪禾草的白粉病,早熟禾、梯牧草的黑粉病。

(3)铁锈状物　由病原真菌中的锈菌的孢子在病部密集形成的黄褐色铁锈状物,如翦股颖的叶锈病,多种禾本科牧草的锈病,豆科牧草的锈病。

（4）点（粒）状物　某些病原真菌在病部产生的黑色、褐色小点，如子囊壳、分生孢子器、分生孢子盘和子座、菌核等，多为真菌的繁殖体，如一年生早熟禾、匍匐翦股颖的炭疽病、紫云英菌核病。

（5）线（丝）状物　病原真菌的菌丝体互相纠结在一起，或菌丝体和繁殖体的混合物在病部产生的线状结构，如羊茅、早熟禾等草的白绢病。

二、常见草地牧草的病害及其防治

（一）苜蓿锈病

苜蓿锈病广泛分布于世界各苜蓿种植区，是苜蓿重要的茎叶病害之一。我国甘肃、新疆、陕西、宁夏、山西、内蒙古、河北、河南、北京、辽宁、吉林、江苏、贵州、"台湾"、湖北、四川、山东、云南、西藏等省、自治区、直辖市均有发生。在一些地区（如甘肃东部、江苏南京、新疆昌吉、宁夏中部和南部和内蒙古的中部和东南部等）该病严重发生，造成很大损失。

苜蓿感染锈病后，光合作用下降，呼吸强度上升，蒸腾强度显著增强，干热时容易萎蔫，叶片皱缩并提前干枯脱落。据报道，该病害严重时，苜蓿干草减产 60%，种子减产 50%，瘪籽率高达 50%～70%，病株可溶性糖类含量下降，总含氮量减少 30%，粗蛋白质和粗灰分分别减少 18.2% 和 9.26%，粗纤维增加 14.6%，感病牧草适口性下降。此外，感病牧草含有毒素，家畜食后会慢性中毒。

【症　状】　叶片、叶柄、茎秆及荚果均可被侵染，以叶片受害最重且常常皱缩并提前脱落。受害叶片两面出现褪绿色小斑点，并逐渐隆起呈疱状，叶背疱状病斑近圆形，初期灰绿色，后期表皮破裂，露出棕红色或铁锈色粉末。这些疱状斑即是锈病的夏孢子堆和冬孢子堆，夏孢子堆为肉桂色，冬孢子堆黑褐色。孢子堆的直径多数小于 1mm。疱状斑内的粉状物是夏孢子和冬孢子。

【病原菌】 条纹单胞锈菌(*Uromyces striatus* Schroet.)或称条纹单胞锈菌苜蓿变种[*U. striatus* var. medicaginis(Pass.) Arth.],属担子菌亚门,单胞锈菌属。

夏孢子单胞,球形至宽椭圆形,表面有小刺,黄褐色,17～27μm×16～23μm,壁厚 1～2μm,芽孔 2～5 个,赤道生;冬孢子单胞,球形、卵形、宽椭圆形,浅褐色至褐色,17～29μm×13～24μm,壁厚 1.5～2μm,壁表面有长短不一的纵向条纹,遇湿吸水膨胀后条纹不明显,芽孔顶生,上有无色乳头状突起,柄短、无色、易脱落(图 6-1)。

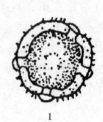

图 6-1 条纹单胞锈菌
(*Uromyces striatus*)
1. 夏孢子 2. 冬孢子

该锈菌是转主寄生菌。转主寄主为大戟属(*Euphorbia*)植物。欧洲及我国北方地区为乳浆大戟(*E. esula*),北美为柏大戟(*E. cyparissias*)。该锈病的冬孢子萌发产生担孢子侵染乳浆大戟或柏大戟等,使之产生系统性症状,植株变黄、矮化,叶形变短宽,有时枝条畸形或偶见徒长,病株呈帚状。叶片上初生蜜黄色小点,随后叶片下面密布杯状突起锈孢子器,由此散发出的黄色粉末即是将侵染苜蓿的锈孢子。大戟属植物上的性孢子器生于叶背。性孢子单胞,无色,椭圆形,2～3μm×1～2μm。锈孢子器也生于叶背。锈孢子球形至宽椭圆形,14～28μm×11～21μm。除乳浆大戟、柏大戟外,还侵染 *Euphorbia gerardiana* 和 *E. virgata*。至于大戟属其他种植物是否为该病原菌的转主寄主目前尚未证实。

【寄主范围】 寄主范围较广。主要寄主除苜蓿属外,还侵染扁蓿豆、白三叶、兔足三叶、田三叶、奇源三叶、田野三叶及鹰嘴豆等。

【发生规律】　病原菌以菌丝体在大戟属植物地下部分越冬，也可以冬孢了或休眠菌丝在感病的苜蓿残体上越冬。冬季比较温暖的地区或年份甚至可以以夏孢子越冬。越冬后冬孢子萌发产生担孢子并侵染大戟属植物，在其上产生性孢子器和锈孢子器，锈孢子器阶段对此病流行并不是必要的。苜蓿上产生的夏孢子可以借风力传播，在田间进行多次再侵染。该病多于春末至夏初发生，仲夏之后进入盛期。在灌溉频繁或降水多、结露、有雾、植物表面经常有液态水膜、气温在 $15℃\sim25℃$（低于 $2℃$ 高于 $35℃$ 夏孢子不能萌发）条件时，发病较重。另外，草层稠密、倒伏、刈割过迟及过量施肥等均有利于病害的发生和流行。

【防　治】　该病害可采用如下方法进行防治：

1. 选育和使用抗病品种　锈菌是严格寄生菌，对寄主有高度专化性，所以利用抗病品种防治此病是最有效的方法。据报道，堪利浦、莫伯、切罗克、阳高、咸阳、富平、武功、石家庄、草原 2 号、兰花、爬蔓等苜蓿品种具有较强的抗锈病性；银川苜蓿、临洮苜蓿、和田苜蓿等品种易感锈病。其中和田苜蓿感病最严重。

2. 栽培管理措施　①合理利用。可减少田间病原物数量及增强植物自身的活力。当苜蓿普遍发生锈病时，应提早刈割或放牧，以减少田间侵染源的积累，降低再生牧草的发病率。②焚烧残茬。冬季焚烧苜蓿残茬，减少生长季中的初侵染源（即病原物）数量以减轻病害的危害。③铲除苜蓿附近的大戟属植物以打断该病的侵染循环。④合理排灌，改善苜蓿通风透光条件，降低田间湿度，勿使田间草层湿度过高以减轻病害。⑤科学施肥。增施磷、钾肥可以提高苜蓿抗病性。此外，发病苜蓿不宜收种。

3. 药剂防治　试验地或种子田可选用以下药物防治：氧化萎锈灵与百菌清混合剂（$0.4kg/hm^2 + 0.8kg/hm^2$）、代森锰锌（$0.2kg/hm^2$）；或试用萎锈灵、氧化萎锈灵、粉锈宁、力克秀、福美双、福星、代森锌、百菌清、甲基托布津、速保利(特普唑)等喷雾,喷施浓度及间隔期依药剂种类和病情而定。

(二)苜蓿褐斑病

苜蓿褐斑病又称普通叶斑病,是苜蓿最常见的、破坏性最大的叶部病害之一,广布于世界各苜蓿种植区。我国甘肃、宁夏、内蒙古、新疆、陕西、青海、黑龙江、吉林、辽宁、山西、山东、河北、北京、云南、贵州、江苏、湖北等省、自治区、直辖市均有发生。

该病害虽不会使植株迅速死亡,但能严重影响苜蓿的产量、质量和抗逆性及越冬能力。据报道,条件适宜时,叶片发病率达80%,叶片从下部大量脱落,一般落叶率达50%,叶片光合速率降低,光合作用物质积累减少,产量减少40%～60%,种子减产50%,粗蛋白质含量下降25%,单宁含量增加,适口性变劣。尤其是患病后,苜蓿体内香豆醇类毒物含量剧增,食后影响母畜的排卵和妊娠,引起流产、不育等疾病,降低繁殖力。

【症　状】　该病主要发生于叶片,初期感病叶片上出现小而圆形或近圆形的褐色病斑,直径 $0.5 \sim 2.5mm$,边缘不整齐,呈细齿状,后期逐渐在叶片正面病斑中部出现浅褐色或黑色突起物(病原菌的子座和子囊盘)。潮湿多雨条件下,突起物有光泽。病斑自植株下部叶片向上蔓延,且极易变黄脱落。有时病斑也出现于茎部,茎部病斑颜色较深,呈黑褐色,边缘整齐。严重时茎、荚果、花梗、叶柄上均可出现病斑,病株矮小衰弱。

【病原菌】　苜蓿假盘菌[*pseudopeziza medicaginis*(Lib.)Sacc.],属子囊菌亚门,假盘菌属。

病原菌的子座和子囊盘生于叶片上面的病斑中央,一般单生,也有少数聚生,初期子囊盘埋生于表皮下,成熟后突破表皮,露出子囊盘和子囊,子囊盘直径 $500 \sim 1\,000\mu m$;子囊棒状,无色,$55 \sim 78\mu m \times 8 \sim 10\mu m$,子囊间夹生比子囊细而略长的侧丝,侧丝无色、无隔,顶端通常略膨大;子囊内有 8 个子囊孢子,排成 $1 \sim 2$ 列;子囊孢子单胞,无色,卵形或椭圆形,有时内含 2 个油滴状物,8～12μm×4～6μm(图 6-2)。此菌的无性阶段尚未发现。

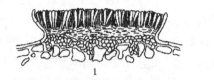
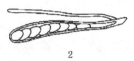

1　　　　　　　　　　　　　　2

图 6-2　苜蓿假盘菌(*Pseudopeziza medicaginis*)
1. 子囊盘　2. 子囊、侧丝和子囊孢子

【寄主范围】　主要寄主除苜蓿属外,病原菌还侵染白花草木樨、冬箭筈豌豆、红豆草和胡芦巴属等。

【发生规律】　病原菌以子囊孢子在田间未腐烂叶片的子囊盘上越冬,也可在病残组织上越冬。翌年春季,条件适宜时,子囊孢子充分发育后从子囊盘中弹射出,随风传到新叶上,作为初侵染源入侵苜蓿下部叶片,引起发病。

病原菌在田间最适侵染温度为 10℃～20℃,25℃～28℃时侵染减退,28℃以上停止侵染。当田间相对湿度达 58%～75%、日均温在 15℃～30℃、旬均温为 10.2℃～15.2℃时,褐斑病开始流行;当温度上升至 16℃～17℃,相对湿度为 79%～97%时,流行加快。侯天爵等报道,在内蒙古锡林浩特,生长季内,旬平均气温在 14.5℃～24.1℃时,影响流行的主导因素是湿度;当旬平均相对湿度在 58%以上时,褐斑病发生加快,并迅速达到高峰。湿度在 58%以下时,病害发展受到抑制。褐斑病潜育期的长短,主要取决于温度。15℃～25℃时只需 6～7d,25℃时延长至 25d。在室内盆栽条件下,潜育期为 12d。

降水结露促进此病发生。大量灌水使病情严重,宽行播种时发病较轻。此病在生长季中、后期较为严重,对第二、第三茬苜蓿危害较大。

【防　治】　该病害可采用如下方法进行防治：

1. 选育和使用抗病品种　苜蓿不同品种对褐斑病的反应有显著差异。据报道，润布勒苜蓿、三得利、得宝、费纳尔、竞争者、CW300、CW 400、CW 1351、4RR753、WL323、WL 324、农宝、德雄2号、公农 1 号、苏普斯坦、美国 2 号、猎人河、普列洛夫卡、WPS3P1 苜蓿、TW69 苜蓿、英国苜蓿、斑纳苜蓿、普劳勒苜蓿、巴瑞尔、阿毕卡、威斯康星、兴平、武功、肇东、澳洲苜蓿、沂阳苜蓿、渭南苜蓿、大有山苜蓿、北高加索苜蓿、荷兰向阳二号苜蓿、霉西斯、呼盟苜蓿、杂花苜蓿、直立黄花苜蓿、西 0650 苜蓿、西 656 苜蓿、富平苜蓿、西 0652 苜蓿、蔚县苜蓿、奇台苜蓿、伊鲁瑰斯苜蓿等品种抗病性较强；美国 78-15、韦林利亚苜蓿、瓦哈加思那、A8600213苜蓿、道逊苜蓿和我国的和田苜蓿、咸阳苜蓿、佳木斯苜蓿、宝鸡苜蓿、天津苜蓿、中山一号、青海苜蓿、永济苜蓿、晋南苜蓿和公农二号苜蓿等品种易感病。

2. 加强管理措施　①做好种子的去杂清洁工作。②合理利用。当该病在田间流行加快时，应尽早刈割。重病田在发病盛期之前刈割，可阻止病情高峰期的出现，减少病原传播，起到减轻下一茬苜蓿发病和减少落叶损失的作用。据报道，在北疆，刈割后的第二、第三茬苜蓿上再生的新叶初期无病斑，17～22d 后田间才开始零星发病。③苜蓿越冬前或返青后清除田间病残组织、枯枝落叶及杂草，以减少初侵染源。④苜蓿与禾本科牧草混播，如苜蓿与无芒雀麦（*Bromus inermis*）混播，可显著地降低该病的发生率。⑤合理排灌，及时排涝，防止田间积水或过湿，并改善草层通风透光条件，勿使草层中空气相对湿度过高。尤其是发病较重的地区，苜蓿种植密度要适度，生长中后期应防止大水漫灌浸泡以降低田间湿度，减轻病害的发生和发展。⑥重病苜蓿不宜收种。

3. 药剂防治　试验地或种子田可选用以下药剂保护：75％百

菌清可湿性粉剂 500～600 倍液、50％苯来特可湿性粉剂 1 500～2 000倍液、70％代森锰锌可湿性粉剂 600 倍液、70％甲基托布津可湿性粉剂 1 000 倍液、25％多菌灵可湿性粉剂 800 倍液喷雾防治,以上药剂在发病初期应 7～10d 施用 1 次。同时,要注意种子的去杂清洁工作,或用福美双等拌种。另有报道,利用克菌丹喷雾防治,效果也较好。

(三)苜蓿霜霉病

苜蓿霜霉病广泛发生于温带地区及热带和亚热带高海拔冷凉地区,是一种世界性病害。我国内蒙古、青海、甘肃、宁夏、新疆、陕西、黑龙江、吉林、辽宁、河北、山西、四川、浙江、广东、江苏、云南等省、自治区、直辖市均有发生。该病害可使苜蓿产草量和种子产量大幅度下降。同时,该病害也可使植株叶绿素含量显著下降,光合作用大幅降低,有机物(特别是蛋白质和可溶性碳水化合物及淀粉)贮量减少,植株越冬不良,苜蓿提早衰败退化,目前已成为我国苜蓿生产的主要限制性病害之一。

【症　状】　典型的苜蓿生育前期病害,主要危害叶片和嫩茎,也可危害全株,造成系统性侵染。苜蓿小叶染病后出现形状不规则、边缘不清楚的褪绿色小斑,后渐变黄绿色至灰黄色。随病情发展,病斑可达整个叶片,严重时叶片向叶背卷缩,节间缩短,扭曲。潮湿时叶片背面出现浅紫褐色或灰白色霉层。有些品种上还可以表现出系统侵染的症状:病株呈黄白色或淡绿色,叶片全部褪绿甚至枯死,茎短粗、扭曲畸形,全株矮化,株高仅为健康植株的 1/2～1/3。发病株多不能开花结实或落花落荚,生产能力降低,严重时枝叶坏死腐烂,甚至全株死亡。

【病原菌】　苜蓿霜霉菌(*Peronospora aestivalis* Syd.),属鞭毛菌亚门,霜霉属。菌丝体无隔,多核,寄生于寄主细胞间,产生或不产生吸器;孢囊梗自寄主气孔中伸出,单支生或束状生,上部二叉状分枝 4～7 次,呈树状,无色透明,192～432μm×8～10μm,最末分枝短小、尖锐，多呈直角状伸出；分枝末端着生孢子囊，孢子囊椭圆形或近球形，无色至淡黄褐色，单胞，壁薄而光滑，孢子囊顶部无乳头状突起，15～37μm×9～27μm（图 6-3）；孢子囊内含有大量孢子，孢子萌发时自侧方生出芽管。生长季后期，卵孢子在坏死的寄主组织内大量产生，球形，直径 20～37μm，壁厚、淡黄色，表面光滑或有疣突。藏卵器球形、黄褐色、光滑或皱褶、直径 30～54μm，内含卵孢子。

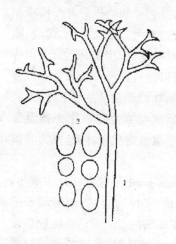

图 6-3 苜蓿霜霉菌
(*Peronospora aestivalis*)
1. 孢囊梗 2. 孢子囊

【寄主范围】 苜蓿霜霉菌可侵染紫花苜蓿、镰荚苜蓿、天蓝苜蓿、小苜蓿、南苜蓿、杂种苜蓿（*M. falcata* × *M. sativa*）、奇源苜蓿等。

【发病规律】 病原菌以菌丝体在系统侵染的苜蓿病株地下器官中越冬，也可以卵孢子在感病组织内越冬。翌年春季随寄主植株的生长而在地上部表现症状，产生游动孢子并在田间引起多次再侵染。另外，夹杂在种子中的卵孢子也是翌年的初侵染源之一。

孢子囊的产生必须在黑暗中进行，空气相对湿度在 97% 以上，最适温度为 18℃（范围 4℃～29℃）。在上述最适条件下，孢子囊在 8～10h 达到形态成熟，至 12h 达到生理成熟，此时游动孢子开始萌发。光照能使孢子囊发育中断，直射光可使孢子囊从孢囊梗上脱落，使成熟孢子很快丧失萌发力。较弱的光照（5 400 勒）对孢子萌发有促进作用。萌发必须在液态水中。在田间，孢子借风及飞溅水滴传播。芽管由寄主的气孔侵入或产生吸器直接侵入表皮。幼嫩组织最易被侵染。此病在适宜的环境条件下蔓延发展很快，每隔 5d 可完成 1 次侵染循环。

温凉潮湿、多雨季节或地面积水，可促使此病发生。一般病害在炎热或干燥的夏季停止发生，春季和秋季可能会在适宜环境下形成两个发病高峰，头茬苜蓿受害最重。

【防　治】　该病害可采用如下方法进行防治：

1. 选育和利用抗病品种　这是大面积防治苜蓿霜霉病最有效和可行的方法。不同种质的苜蓿对霜霉病的反应有显著差异。据报道，阿尔古奎斯、巴瑞尔、阿毕卡、安古斯、伊鲁瑰斯、布来兹、托尔、81-69 美国、贝维、润布勒、兰热来恩德、威斯康星、格林苜蓿等品种属免疫类群；普劳勒、斑纳、兴平、美国 1 号、草原 2 号、R1017 吉林苜蓿、宁县苜蓿、新牧 2 号等品种属高抗类群；肇东、陇中和陇东等品种属高感类群；78-27 捷克、阿波罗、准格尔、陕北、河西、和田、沙湾等品种属极感类群。目前，我国已育成中兰一号抗霜霉病的苜蓿品种。

2. 栽培管理措施　①使用无病种子建植苜蓿草地。②早春及时铲除系统发病的苜蓿植株，以减少初侵染源。③及时利用。在条件有利于发病时，应尽量提早刈割第一茬草，以减少发病，降低损失，同时可以减轻下茬草的发病。④合理排灌，及时排涝，防止田间积水或过湿，并改善草层通风透光条件，勿使草层中空气相对湿度过高。⑤合理施肥，适量增施磷、钾肥，以提高植株抗病性。此外，染病苜蓿不宜收种。

3. 药剂防治　试验地或种子田可选用以下药物防治：

(1)种子处理　播种前用 95％敌克松可溶性粉剂或 20％萎锈灵乳油拌种，或用 25％瑞毒霉可湿性粉剂(按种子重量的 0.2％～0.3％)拌种，或用 50％多菌灵可湿性粉剂(按种子重量 0.4％～0.5％)拌种。

(2)喷雾　早春发病初期可对发病中心病株喷施杀菌剂，如

65%代森锌可湿性粉剂 400～600 倍液、50%福美双可湿性粉剂 500～800 倍液、70%代森锰锌可湿性粉剂 600～800 倍液、25%瑞毒霉可湿性粉剂 600～800 倍液、锌可湿性粉剂 40%、乙磷铝可湿性粉剂 300～400 倍液等,以上药剂在发病期间应 7～10d 喷施 1 次。用时应先在小块苜蓿上以常规浓度和方法施用,观察药害反应及防效后再大面积施用。

(四)苜蓿白粉病

苜蓿白粉病是干旱地区苜蓿常见的叶部病害,广泛分布于世界各苜蓿种植区。我国甘肃、新疆、陕西、贵州、云南、吉林、辽宁、内蒙古、江苏、北京、河北、四川、山西、安徽、西藏、台湾等省、自治区、直辖市均有发生。该病害可导致苜蓿光合效率下降,呼吸强度增强,生长不良,并造成大量死亡。该病严重发生时,可使干草产量减少 50%左右,种子产量降低 40%～50%,粗蛋白质含量下降 16%,消化率减少 14%。病株叶片及花器脱落,草产品质量低劣,适口性变差,种子生活力降低。此外,有病草还有毒,影响家畜采食、消化及健康。

【症　状】　主要危害叶片、叶柄、茎秆和荚果等,病部出现白色粉霉状斑,初期病斑小,圆形或长椭圆形,后期逐渐扩大,并相互融合,覆盖叶片大部以至于整片小叶。由豆科内丝白粉菌引起的白粉病,其霉层主要发生于叶背,病斑扩展后,逐渐在叶上形成一层绒毡状霉层,后期在霉层中出现淡黄色、金黄色、橙色至黑褐色或黑色小点(闭囊壳),而且埋生于绒毡层内。由豌豆白粉菌引起的白粉病,其病斑主要生于叶片正面,呈稀薄的粉霉层,表现典型的白粉症状,生长后期在霉层中散生(有时聚生)淡黄色或黑色的小点(闭囊壳)。有时同一株苜蓿上同时被两种白粉菌侵染,表现出混生症状。

【病原菌】　引起该病的病原菌有两种,即:

1. 豆科内丝白粉菌(*Leveillula leguminosarum* Golov.) 属子囊菌亚门,内丝白粉菌属。菌丝体初期寄生于寄主组织内,后由气孔伸出,形成大量气生菌丝和分生孢子梗,产生分生孢子;分生孢子多为单个而且顶生于分生孢子梗,极少数串生;初生分生孢子单胞,明显;附属丝丝状,无色,较短,弯曲并有分支,粗细不均匀;闭囊壳内有子囊多个,子囊多为长椭圆形,少数椭圆形,有柄,直或微弯,半透明,69~116μm×24~40μm,内含 2~3 个子囊孢子;子囊孢子椭圆形、卵圆形,略带黄色,单胞,大小为 21~51μm×12~22μm(图 6-4)。

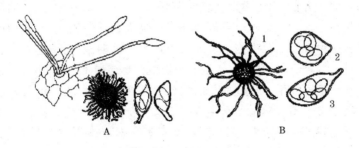

图 6-4 苜蓿白粉病病原菌

A. 豆科内丝白粉菌(*Leveillula leguminosarum*) B. 豌豆白粉菌(*Erysiphe pisi*)

1. 闭囊壳及附属丝 2. 子囊及子囊孢子 3. 分生孢子梗和分生孢子

2. 豌豆白粉菌(*Erysiphe pisi* DC) 属子囊菌亚门,白粉菌属。菌丝体气生于寄主表面,永存性,只以吸器插入寄主表皮细胞吸取养分。分生孢子单胞,无色,筒形至圆柱形,25~38μm×13~18μm。

闭囊壳散生或聚生,球形或扁球形,黑褐色,直径 72~130μm,壳壁细胞较小,为不规则的多角形;附属丝线状,12~43根,基部淡褐色,上部近于无色,多不分枝,长度为闭囊壳直径的1~5 倍,隔膜 0~3 个;闭囊壳内含 3~10 个子囊,子囊椭圆形、卵圆形,无色,柄明显,大小为 $43\sim86\mu m\times31\sim48\mu m$;子囊内含 $3\sim6$ 个子囊孢子,子囊孢子矩圆形,椭圆形,无色至浅黄色,$14\sim24\mu m\times9\sim16\mu m$(图 6-4)。

【寄主范围】 豆科内丝白粉菌除侵染苜蓿属外,还侵染鹰嘴豆属(Cicer)、黄芪属(Astragalus)、岩黄芪属(Hedysarum)、红豆草属(Onobrychis)和骆驼刺属(Alhagi)等。豌豆白粉菌寄生在几十科植物上,许多豆科牧草如苜蓿属、草木樨属(Melilotus)、三叶草属、黄芪属、野豌豆属等均可被侵染。

【发生规律】 病原菌以闭囊壳或休眠菌丝体在病残组织内越冬。翌年春季,由子囊孢子或分生孢子进行初侵染,条件适宜时蔓延相当迅速。生长季内发病植株上产生大量的分生孢子,在田间可多次再侵染。分生孢子可随风力传播很远的距离,引起发病和流行。气候干旱、高温适于该病的发生。草层稠密、刈割不及时也有利于病害发生。分生孢子萌发虽然需要高湿($90\%\sim97\%$),但在液态水中不能萌发。分生孢子萌发后产生附着胞直接侵入寄主。此病发生适温为 $20\,℃\sim28\,℃$,最适相对湿度为 $52\%\sim75\%$。海拔较高,昼夜温差大,多风条件有利于此病的发生。

苜蓿连年用于收种,刈割较迟,病株残体累积得多,可使白粉病发生加重。

【防 治】 该病害可采用如下方法进行防治:

1. 选育和使用抗病品种 由于白粉菌是严格寄生菌,对寄主专化性强,抗病品种防治是十分有效的。目前,我国尚未育成抗白粉病品种,但一些品种,如巨人 201(Ameristand 201)、阿尔冈金(Algongum)、金皇后、公农一号、图牧一号、天水苜蓿、庆阳苜蓿及前苏联的 C-925、C-934 等对该病有一定的抗性,而三得利、牧歌 401 中等感病,塞特(Sitel)、德福(Derful)、德宝等高度感病。

2. 栽培管理措施 ①合理利用。发病普遍的苜蓿草地应提早刈割以减少菌源,减轻下茬的发病。②重病苜蓿不宜用于收种。

同一块苜蓿应轮流用于刈草和收种,不应连续作收种用。③冬季可焚烧残茬,以减少田间残体和生长季中的初侵染源,减轻病害。④科学施肥。尤其不能过量施用氮肥,增施磷、钾肥可以提高苜蓿抗病性。

3. 药剂防治　试验地或种子田可选用(试用)以下药物防治:

(1)药物拌种　可选用粉锈宁、羟锈宁、力克秀、速保利(特普唑)等拌种。

(2)喷雾　可试用40%灭菌丹800~1 000倍液,或15%粉锈宁可湿性粉剂1 000倍液,或70%甲基托布津可湿性粉剂1 000~1 500倍液,或12.5%速保利可湿性粉剂2 000倍液,或50%苯来特2 000倍液,或25%多菌灵可湿性粉剂500倍液及50%退菌特可湿性粉剂1 000倍液喷雾防治。

(五)苜蓿春季黑茎病

苜蓿春季黑茎病和叶斑病是苜蓿的毁灭性病害之一,又称轮纹病,广泛分布于欧洲和美洲及其他苜蓿种植区。我国吉林、甘肃、新疆、宁夏、贵州、云南、内蒙古、河北等省、自治区有发生。该病严重发生时可使干草减产40%~50%,种子减产32%,病株种子千粒重仅为健康植株的33.8%。此外,该病易使寄主叶片中积累较多的类黄酮类雌性激素物质,影响家畜的健康和繁殖,被一些国家列为外检对象。

【症　状】　危害苜蓿植株的叶、茎、荚果以及根颈和根上部等。感病初期,植株的下部叶片和茎秆出现许多圆形或不规则形的暗褐色小病斑,小病斑通常呈黑痣状。随病斑扩大,常相互融合,叶片变黄、枯萎脱落。当病斑发生于叶尖或叶缘时,常呈近圆形、椭圆形、近三角形或不规则形的大斑,淡褐色至黑色,有不太明显的轮纹并有无数小黑点,病斑周围的叶组织往往坏死。因叶部病斑具有轮纹,又称轮纹病。

茎部病斑边缘初呈水渍状,后期病斑扩大融合呈长形或不规则形,深褐色至黑色,稍凹陷,表皮开裂,严重时,病茎大部分变为黑色。根颈和主根染病后易腐烂。荚果患病后皱缩干枯,变为褐色。病株的种子发育不良。感病籽粒在保湿时种皮上出现褐色斑点,产生大量小黑点(分生孢子器),溢出粉红色糊状物(分生孢子堆积物)。幼苗受侵染后,子叶和幼茎上出现深褐色斑点。幼苗生长点染病后停止生长,严重时腐烂和死亡。因该病多发生于春季,引起黑茎症状,得名春季黑茎病。

【病原菌】 苜蓿茎点霉(*Phoma medicaginis* Malbr. & Roum. var. *medicaginis* Boerema),属半知菌亚门,茎点霉属。分生孢子器球形或扁球形,散生或聚生于越冬的茎斑或叶斑上,突破寄主表皮,器壁浅褐色、褐色或黑色,膜质,直径 93~234μm。分生孢子遇湿后大量由孔口溢出。分生孢子无色,卵圆形或短柱形,直或弯,末端圆,单胞或少数双胞,分隔处缢缩或不缢缩,4~15μm×2.5μm(图6-5)。据报道,其有性阶段为 *Pleospora rehiana* (Stariz) Sacc,但未被证实。

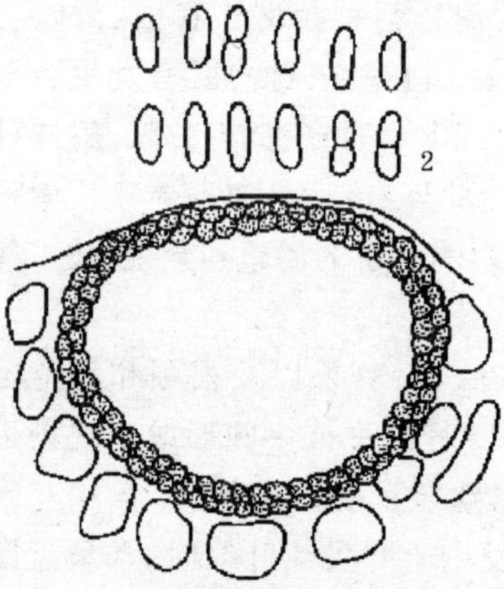

在 PDA 培养基上,菌落呈橄榄绿色至近黑色,有絮状边缘。在温度 18℃~24℃时产生大量分生孢子器和分生孢子。感病的叶片和茎秆放入室内保湿培养也容易产生分生孢子器和分生孢子。

【寄主范围】 此菌可侵染苜蓿属、草木樨属等。

【发生规律】 病原菌

图6-5 苜蓿茎点霉
(*Phoma medicagini*)
1. 分生孢子器 2. 分生孢子

以分生孢子器在病株残体内或在根颈部越冬。种子带菌率高达80％～93％，病原菌可在种子上以菌丝越冬。生长季内病斑上极少产生分生孢子器，但在越冬的茎和落叶的病斑上可大量产生。翌年春季，降水结露时，大量分生孢子由孢子器内溢出，随风、雨、灌溉水和昆虫传播而侵染新生植株。菌丝生长适温为20℃～23℃，孢子形成适温为18℃～24℃，30℃以上显著受抑制。空气相对湿度在80％～100％时最适宜产孢。分生孢子器内的分生孢子在茎上可以存活4年。故在田间病原菌数量积累很快，病情逐年明显加重。冷凉潮湿有利于病害发生，而结露和降水又是孢子释放的必要条件。因此，春、秋高湿地区该病发生严重。一般第一年的苜蓿发病少，2年以后的苜蓿发病量增加。

在温暖地区该病发生与蚜虫关系较密切，早春萌芽较早的暖地型品种，蚜虫寄生较多，除了直接被害外，蚜虫分泌的甘露是该病原菌很好的培养基。

【防　治】　该病害可采用如下方法进行防治：

1. 培育和选用抗病品种　目前，对此病尚无高抗品种，但具中等抗性的品种不少，如美国的 A-169、A-155、128、阿利桑那、智利、格林、达科他普通苜蓿和蒂坦等是比较抗病的。此外，多叶苜蓿、察北苜蓿、奇台苜蓿、雷西斯、庆阳苜蓿、沙湾苜蓿、公农1号等品种在一些地区也表现出中等抗性。

2. 栽培管理措施　①加强种子管理。不从重病区调运种子；提倡使用干燥温暖地区生产的苜蓿种子，这类种子带菌率低，比较健康和饱满。②清除田间病残组织，减少翌年春季的初侵染源，减轻发病。③合理利用。病害发生普遍的苜蓿应尽早刈割发病的头茬苜蓿，以减少损失和控制后茬苜蓿的病情。④苜蓿与禾本科牧草混播。⑤夏、秋季播种。⑥适量增施磷、钾肥。⑦冬季焚烧苜蓿残茬，减少生长季中的初侵染源。在加拿大，曾用焚烧成功地控制了黑茎病以及蚜虫的危害。

3. 药剂防治　试验地或种子田可选用氯苯嗪、代森锰和福美双等喷雾防治，或用福美双、苯来特、托布津等进行种子处理。

(六)苜蓿炭疽病

苜蓿炭疽病是世界各苜蓿种植区分布较广的一种毁灭性病害，我国甘肃、宁夏、新疆、云南、贵州、吉林、江苏、北京、浙江等省自治区、直辖市有发生。该病严重时可导致苜蓿草地很快稀疏衰败，已引起许多国家的重视。

【症　状】　主要危害苜蓿植株的茎部，对叶部、荚果和根部也有危害。

叶部：病斑初期为黄褐色微凸小点，后扩展为长圆形、近圆形或不规则形病斑。病斑中部颜色稍浅、为灰白色或浅褐色，微凹陷，边缘深褐色。病斑上产生许多黑点，为病原菌的分生孢子盘。叶柄受害后变黑枯死。

茎部：抗病植株的茎部有少数小而不规则的黑色斑，感病植株的茎部出现较大的卵圆形至菱形病斑，病斑稻草黄色，具褐色边缘。后期病斑变成灰白色，其上出现黑色小点，即病原菌的分生孢子盘，用手持放大镜很容易看到。当病斑扩大时，相互融合，环茎一周。同一病株内常有一枝至几个枝条受害枯死。苜蓿草地的明显症状是夏、秋季节有稻草黄色至珍珠白色的枯死枝条分散在整个田间，这些死亡的枝条如果是被大的病斑环绕并突然枯萎，可呈牧羊杖形状。

根部：受侵染后产生黑色或褐色病斑。

炭疽病最严重的症状是青黑色的根颈腐烂，这是炭疽病的特征。如果茎基部是淡褐色，则是镰刀菌枯萎或丝核菌冠腐病。这几种病害可同时发生在同一田块内。

【病原菌】　引起苜蓿炭疽病的病原菌主要有以下3种。

1. 三叶草刺盘孢(*Colletotrichum trifolii* Bain& Essary)分生孢子盘散生或聚生在稻草黄色的病斑上，坐垫状，突破寄主表皮,内有刚毛;刚毛暗褐色至黑色,1 个隔膜或无隔膜,50～80μm×5～7μm(长短与数目随湿度和其他因素变化而异);分生孢子梗无色,柱状或纺锤状,与分生孢子等长,其顶端着生分生孢子;分生孢子单胞,无色,直,短柱状,两端圆,大小 11～15μm×3～5μm,其宽长比为 0.36～0.6(图 6-6)。

2. 毁灭刺盘孢(*C. destructirum* O'Gara)　　分生孢子盘散生或聚生,突破寄主表皮,黑色,直径 29～96μm;刚毛散生于分生孢子盘中,暗褐色,顶端色淡,直或微弯,基部稍大,顶端较尖,0～2个隔膜,40～96μm×4～7μm;分生孢子梗无色,圆柱形,13～16μm×3～4.5μm;分生孢子单胞,无色,直,圆柱形,两端圆,内含物颗粒状,大小为 14～22μm×3～5μm(图 6- 6)。该菌对苜蓿致病力比三叶草刺盘孢弱。

3. 平头刺盘孢[*C. truncatum* (Schw.) Arx.]　　分生孢子盘半球形或平顶圆锥形,刚毛多,60～300μm ×3～8μm。分生孢子单胞,无色,两端钝,内有液滴状物,15.5～24μm×3.5～4μm(图 6-6)。

图 6-6　苜蓿炭疽病病原菌(*Colletotrichum* spp.)

1. 三叶草刺盘孢(*C. trifolii*)　2. 平头刺盘孢(*C. truncatum*)

3. 毁灭刺盘孢(*C. destucirum*)(2. 仿马奇祥　3. 仿戚佩坤等)

该菌可侵染苜蓿,但对苜蓿致病力不强。此外,该菌也侵染多种豆科植物。

【发生规律】 病原菌在病株残体(尤其是残茬)上越冬。刈割机具上的残留病草碎片也是翌年的主要侵染来源。病原菌孢子也可通过脱粒时被污染的种子传播。病原菌可在茎、茎与根颈接合部及根颈等部位度过逆境。

该病在高温、高湿条件下发生较重,降水和结露有助于病害迅速蔓延。在整个生长季节,病原菌可进行重复侵染,但幼苗期感病性高于成株。多汁的叶柄和嫩茎也容易受侵染。常在夏末至秋初的两次刈割之间病害发生最为严重。据韦尔蒂报道,此病在 24℃时比 16℃时发病严重,光照对病害严重程度影响不大。

【防 治】 该病害可采用如下方法进行防治:

1. 选育和使用抗病品种 不同品种苜蓿对该病的抗性存在着差异。据报道,肇东苜蓿对炭疽病高抗,赛特、得富、皇后、三得利、艾菲尼特、竞争者、CW300、CW400、CW1351、4RR753、WL324、农宝、费纳尔、敖汉、陇东、德宝、中苜 1 号、公农 1 号、德雄 2 号、莫合克、萨兰纳斯等具中等抗性,WL232 和 WL323 较易感病。

2. 栽培管理措施 ①利用健康无病种子建植苜蓿草地。②注意清除刈割机具上的残留感病苜蓿碎片,以减少传播。③清除田间病残组织,减少翌年春季病害的初侵染源,减轻发病。④及时利用,过晚刈割会使下茬发病加重,刈割时尽可能降低留茬高度,减少田间菌源。⑤合理排灌,及时排涝,防止田间积水或过湿,并改善草层通风透光条件,勿使草层中空气相对湿度过高。

3. 药剂防治 试验地或种子田可选用以下药剂保护:50%退菌特可湿性粉剂 600～800 倍液、40%多福混剂 600～1 000 倍液、65%代森锌可湿性粉剂 500～700 倍液、50%多菌灵可湿性粉剂 400～600 倍液、50%敌菌灵可湿性粉剂 500～600 倍液、75%百菌清可湿性粉剂 400～600 倍液等。

4. 生物防治 格雷厄姆等(1976)发现,如先用致病力弱的病原菌(毁灭刺盘孢或平头刺盘孢)接种,可减轻随后由三叶草炭疽菌引起的病情,但这种交互保护作用尚未用于生产实践。

(七)苜蓿镰刀菌复合根腐病

苜蓿镰刀菌复合根腐病是苜蓿最重要的根部病害之一,广泛发生于世界各苜蓿种植区。我国甘肃、青海、新疆、内蒙古、黑龙江、吉林等省、自治区有发生。该病对苜蓿生长的各个时期均可造成严重危害,导致根的中柱腐烂,根茎和根中部变空,分枝减少,侧根大量腐烂死亡,固氮能力降低,苜蓿寿命和利用年限缩短,草产量和质量下降,是苜蓿草地提早衰败(2～3 年内大面积死亡)的主要原因之一。

【症　状】　植株感病后枝条萎蔫下垂,生长缓慢。叶片变黄枯萎,常有红紫色变色。一般病害先发生在个别枝条或植株的一侧,一般 1 周后先发病枝条死亡。全株死亡需经 30d 左右。发病苜蓿常在越冬时死亡,且很容易从土中拔出。病害主要发生在根部,主根导管呈红褐色至暗褐色条状变色,横切面上出现小的部分或完整的变色环,维管束变为深褐色(与细菌引起的萎蔫变成淡褐色至黄褐色相区别)。变色的组织也更清晰,通常皮层不受侵染。

【病原菌】　由半知菌亚门,镰刀菌属的多种镰刀菌侵染引起,主要病原菌有以下 3 种。

1. 苜蓿尖镰刀菌 [*Fusarium oxysporium* Schlecht. ex. Fr. f. sp. medicaginis (Weimer) Snydler & Hans]　在大多数培养基上能迅速生长,培养物毛毡状或絮状,菌丝无色,菌落从无色至淡橙红色或玫瑰红色或蓝紫色或灰蓝色(依培养基和温度而异),生长适温 25℃左右。小分生孢子无色,一般无隔,卵形至椭圆形或柱形,5～12μm×2.2～2.5μm。大分生孢子无色,镰刀形,25～50μm×4～5.5μm,两端稍尖,一般有 3 个隔膜。分生孢子着生于侧生的瓶梗上或分生孢子座中。厚垣孢子间生或端生,一般单生或双生,大小为 7～11 μm(图 6-7)。主要侵染紫花苜蓿,人工接种时可侵染豌豆等。

2. 腐皮镰刀菌[F. solani (Mart.)App. et Wollenw.] 分生孢子着生于子座上,近纺锤形,稍弯曲,两端圆形或钝锥形,足细胞不明显,有 3～5 个隔膜,大量存在时呈淡褐色至土黄色;3 隔分生孢子 19～50μm×3.5～7μm,5 隔分生孢子 32～68μm×4～7μm;厚垣孢子顶生或间生,褐色,单生,球形或洋梨形,单胞 8μm×8μm,双胞 9～16μm×6～10μm,平滑或有小瘤(图 6-7)。侵染苜蓿、三叶草、羽扇豆、草木樨、菜豆。人工接种也侵染豌豆。

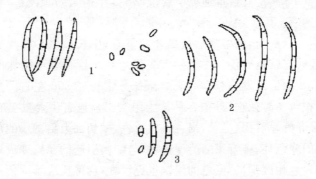

图 6-7 苜蓿镰刀菌(*Fusarium spp.*)的分生孢子
1. 苜蓿尖镰刀菌(*Fusarium oxyxporium*) 2. 燕麦镰刀菌(*F. averceum*)
3. 腐皮镰刀菌(*F. solani*)

由腐皮镰刀菌引起的根颈腐烂常常限制在皮层。一般情况,髓部腐烂、变空。后期病原菌也侵染维管束组织,使植株矮化,最终萎蔫死亡。根颈腐烂常因根颈感染部位的芽死掉,引起植株不对称发育。主根死掉之后,靠近根颈部新发出的侧根还能短期维持植株的生存。死亡植株很容易从土中拔出,并不由根颈处断裂,根部皮层容易开裂和剥脱,主根剖面上有时可观察到絮状的菌丝体。

3. 燕麦镰刀菌[F. averceum (Fr.) Sacc.] 菌丝体白色(带洋红色),棉絮状,基质红色至深琥珀色;分生孢子着生于子座和孢子梗束上,孢子细长,镰形至近线状,弯曲较大,顶细胞窄、稍尖,足细胞明显,0～7个隔膜,多数为3～5个(5隔多见),大小22～74μm×2.3～4.4μm;孢子大量存在时呈橙黄色,干后暗橙色(图6-7)。

燕麦镰刀菌寄生于麦类、玉米、高粱、谷子等禾本科作物,引起根腐;也寄生于蚕豆、苜蓿、三叶草等豆科植物引起根腐。人工接种豌豆、羽扇豆、菜豆、紫云英等均能引起基部腐烂或根腐。

【发生规律】　病原菌为土壤习居菌,以菌丝或厚垣孢子在土壤或病残组织中越冬。厚垣孢子在土壤中可存活5～10年。此外,种子、灌溉水和粪肥也可带菌传播。根的含氮渗出物刺激厚垣孢子萌发和菌丝生长。病原菌可以直接侵入小根或通过伤口侵入主根或茎基部,并在其根部组织内定殖,小根很快腐烂,主根或根颈部位病害发展慢,腐烂常需数月至几年。

各种不利于苜蓿植株生长的因素(如叶病、害虫、频繁刈割、干旱、早霜、严冬、缺肥、缺光照、土壤pH偏低等)会促进根腐病的发展及加重病害程度。此外,根结线虫、丝核菌和茎点霉等病原物常伴随发生,使病情复杂和严重化,有时难以分清哪个是真正的或主要的病原物。因此,只好笼统称之苜蓿复合性根部腐烂病或颈腐病。

土壤温度和含水量是影响紫花苜蓿根腐病的两个最主要的环境因素,不但影响病原菌的生长发育,亦可显著改变寄主与病原物之间的相互作用。大多数研究结果表明,在培养条件下导致根腐病的真菌的最适生长温度为25℃～30℃。春旱秋涝,发病较严重。

【防　治】　该病害可采用如下方法进行防治:

1. 选育和使用抗病品种　该病害为土传病害,在植株发育的各个时期只要条件适合,土壤中有病原菌存在,均可侵染寄主而发病,因此对该病最有效、实际可行的防治措施是利用抗病品种。尽管目前还没有抗苜蓿根腐病的高抗品种,但品种间具有明显的抗性差异。据报道,对该病具有较强抗性的品种有维拉(Verla)、德福(Derful)、巨人201(Ameristand 201)、草原2号(Caoyuan 2)、塞特(Sitel)、阿尔冈金(Algongum)、图牧2号(Tumu 2)、甘农2号(Gannong 2)等。此外,一些研究认为,苜蓿品种中,根系生长迅速、健壮,侧根发达、能有效地制造和贮存糖类及其他养分、忍耐逆境能力强的苜蓿品种可有效地减轻和控制根腐病的发生。抗寒能力强的品种也具有较好的抗病表现,所以可以通过根系发达程度、抗寒能力等指标筛选抗病品种。另据报道,β-1,3 葡聚糖酶和几丁质酶可以消解真菌细胞壁中的葡聚糖和几丁质,现代的生物技术已克隆到 β-1,3 葡聚糖酶基因和几丁质酶基因,因此可以通过转基因方法获得抗病优质品种资源。目前,利用现代生物技术培育多个抗性单基因系品系,或将抗病基因转入耐病品种中,是苜蓿抗根腐病育种的发展方向。

2. 管理措施 ①适当刈割。刈割不宜频繁,因为增加刈割次数,会相应的增加病害的严重度与植株的死亡率。②栽培措施。增加土壤中的 C:N 比,可有效地控制根腐病。在苜蓿草地建植中,改变单一品种大面积种植方法,根据当地气候和土壤条件恰当地选择一些禾谷类等非寄主植物进行轮作或混播。③合理施肥,特别是增施磷、钾肥。④改善土壤排水状况及清除杂草和及时防止、减轻由于机械操作造成的根部损伤等可有效地减轻根腐病。

3. 药剂防治 种子处理以 50%甲基托布津可湿性粉剂 1 000 倍液浸种4~5h 或以福美双等处理种子。喷雾防治时,枯腐宁、枯萎绝、多菌灵和甲基托布津等对该病有抑制作用。

(八)禾本科牧草锈病

锈病是禾草最常见、最重要的茎叶病害之一,几乎每一种禾本科草或作物都受一种或几种锈病侵染。其中最主要的有秆锈病、条锈病、叶锈病和冠锈病。锈菌是专性寄生物,不引致寄主植物急性死亡,但却使之衰弱减产,抗逆性降低,草地提前失去使用价值。国外曾有报道,认为锈病发生严重的禾草,牲畜如食入一定量后会产生呕吐等中毒现象。这种病草的适口性差,利用率低。本节将介绍一些主要的禾本科锈病。

1. 秆锈病　是禾草常见病,遍及世界各地,我国以北方受害严重。危害几十属禾本科作物和牧草。受害较重的有若干种冰草(*Agropyron* spp.)、早熟禾(*Poa* spp.)、多年生黑麦草(*Lolium perenne*)、猫尾草(*Phleum pratense*)和狗牙根(*Cynodon dactylon*)等。

【症　状】　植株地上部分均可受侵染,而以茎秆和叶鞘发生最重。病部出现较大的、长圆形疱斑,以后此处的寄主表皮破裂,露出粉末状孢子堆,初为黄褐色,即夏孢子堆。后期出现黑褐色、近黑色,粉末状冬孢子堆。

【病原菌】　禾柄锈菌(*Puccinia graminis* Pers.)。属于担子菌亚门,锈菌目,柄锈科,柄锈属。

夏孢子单胞,长圆形,黄褐色,表面有小刺,大小为 $21\sim43\ \mu m \times 13\sim24\mu m$,有 4 个芽孔排列在赤道上,有柄,但柄易脱落;冬孢子棒状,双胞,分隔处缢缩,棕褐色,下部颜色较淡,壁光滑,顶壁厚($5\sim11\mu m$)而侧壁薄($1.5\mu m$),顶端圆锥形或圆形,大小为 $35\sim65\mu m \times 13\sim25\mu m$,柄与冬孢子长度相近或更长(图 6-8)。

禾柄锈菌因其寄主范围的差异而划分为若干个变种。国内对禾草的秆锈菌变种还有待研究。

【寄主范围】　禾柄锈菌的主寄范围极为广泛,可寄生在 60 多属的禾本科植物上。

【发生规律】　禾柄锈菌是转主寄生真菌。夏孢子和冬孢子阶段寄生在禾本科植物上。生长季内,夏孢子堆不断产生夏孢子,随气流传播到其他植株上发生侵染。生长季后期产生冬孢子越冬。翌年萌发产生担子孢子(担孢子)侵染转主寄主小檗属(*Berberis*)

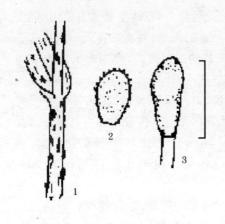

图 6-8 禾草秆锈病菌
(*Puccinia graminis*)

1. 症状　2. 夏孢子　3. 冬孢子

和十大功劳属(*Mahonia*)植物,在转主寄主上产生性孢子和锈孢子,锈孢子返回侵染禾本科而完成整个生活史。但是,对于禾本科秆锈病的流行来说,不一定要有转主寄主的存在和参与。春季,由季风从冬季温暖的地区传来夏孢子,就可以发生侵染并造成流行。但是在转主寄主上发生的有性过程,无疑地也产生许多新的病原菌变种或小种,使抗病的寄主类型丧失抗性,从而增加了抗病育种和防治工作的难度。

秆锈病的流行需要较高的温度和湿度,发病适温为 19℃～25℃。夜间气温 15.6℃～21.1℃,植株表面有液态水膜时,最适宜夏孢子萌发和侵染。秆锈菌在潜育期内最适日间温度为23.9℃～29.4℃。故多在气温较高的地区和季节流行。降水结露频繁时,或灌溉的草地上,秆锈病常发生较重。

2. 冠锈病　也是禾本科最重要的锈病之一。至少以不同生理专化型侵染 23 属禾本科作物或草。对黑麦草、剪股颖、早熟禾、羊茅、碱茅、狗牙根等属种危害尤大。使产量和质量下降。

【病　症】　病菌主要危害叶片,也侵染其他地上器官。夏孢子堆叶两面生,初为黄色、橙褐色疱斑,而后寄主表皮破裂露出橘黄色粉末状夏孢子堆。严重时,病斑融合至病叶枯死。生长后期,衰老叶片背面出现黑褐色稍隆起的丘斑,即病菌的冬孢子堆。

【病原菌】　病菌为担子菌亚门,柄锈菌属的禾冠柄锈菌

（*Puccinia coronata* Corda）。国外文献报道,至少发现 12 个不同的生理专化型危害不同种属的禾本科植物。分布遍及各大洲。

夏孢子堆叶两面生、椭圆形、长条形,大小为 1.2～2mm×0.8～1.2mm,夏孢子球形、宽椭圆形、卵圆形,淡黄色,大小为 16～21.3μm×18～25μm,壁厚 1～1.5μm,有细刺,有芽孔 6～8 个,散生;冬孢子堆多生于叶背,寄主表皮不破裂。冬孢子棒形,双胞,栗褐色,顶端有 3～10 个指状突起,上宽,下较细,分隔处缢缩不明显,大小为 13～24μm×30～67μm,柄短而色淡(图 6-9)。

病菌的转主寄主为鼠李属（*Rhamnus*）植物,冠锈病的发生和流行不必有转主寄主存在。

【寄主范围】　冰草属、䴙股颖属、看麦娘属、燕麦草属、燕麦属、雀麦属、拂子茅属、单蕊草属（Cinna）、发草属、披碱草属、羊茅属、甜茅属、赖草属、绒毛草属、黑麦草属、䅟草属、早熟禾属、雀稗属、三毛草属（*Trise-tum*）等的若干种均可被冠锈病侵染。

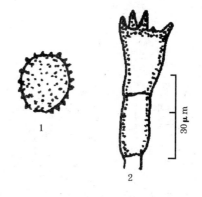

图 6-9　冠锈病菌（*Puccinia coronata*）
1. 夏孢子　2. 冬孢子

【发生规律】　病菌以夏孢子在病残组织上越冬,或在温暖地区以菌丝体和夏孢子在生长中的植株上越冬。翌年,夏孢子重复发生和侵染新株。冬孢子不易萌发,在侵染循环中作用不大。各种逆境条件有利于此病发生。

3. 条锈病　条锈病为一种分布广泛的锈病,我国南北许多省、自治区均有报道,是小麦等粮食作物的主要病害,也严重危害多种禾本科草。

【症　状】　地上部分均可受害,但主要发生于叶片。夏孢子堆小型,鲜黄色,不穿透叶片,沿叶脉排列成虚线状("针脚"状),初为小丘斑状,后寄主表皮破裂露出粉末状夏孢子堆。冬孢子堆主要生于叶背面,近黑色,表皮不破裂,形状与排列形式类似夏孢子堆。

【病原菌】　病菌为担子菌亚门,条形柄锈菌(*Puccinia striiformis* West.)。夏孢子单胞,球形、卵形、淡黄色,壁有细刺,有芽孔 3～5 个,直径大小为 18～30μm,随寄主而略有不同;冬孢子双胞,棒状,深褐色,下部较淡,分隔处稍缢缩,顶壁平截、斜切或钝圆形,大小为 30～57μm×15～25μm,未发现有锈子器阶段(图 6-10)。

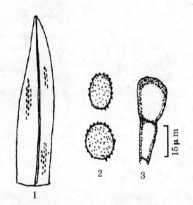

图 6-10　禾草条锈病菌

(*Pucciniastriiforrmis*)

1. 症状　2. 夏孢子　3. 冬孢子

【寄主范围】　冰草属、翦股颖属、燕麦属、拂子茅属、赖草属、披碱草属、羊茅属、大麦属、小麦属、鸭茅属、鹅观草属的若干种植物均有发现。病菌有寄主专化现象,分化为若干个变种或小种。

【发生规律】　病菌主要以夏孢子阶段对寄主反复侵染。小麦上的条锈菌侵入适温为 9℃～13℃,潜育适温 13℃～16℃。此病由于发生适温较低,故多于生育中前期就开始流行。在高寒地区及我国北方分布较广。夏孢子在北纬 50°以南均可越冬。

4. 叶锈病　叶锈病分布遍及各国。国内各省、自治区常见的叶锈病侵染多种禾本科种属,而以翦股颖、早熟禾、羊茅、多年生黑麦草、冰草和披碱草最常发生。

【症　状】　主要发生于叶部,其他地上部分受害较少。夏孢子堆较小,近圆形,赤褐色,粉末状,排列不整齐,通常不穿透叶背;冬孢子堆多生于叶背或叶鞘上,黑色,近圆形,不突破表皮,扁平。

【病原菌】 为担子菌亚门,柄锈属的隐匿柄锈菌(*Puccinia recondita* Rob. Et Desm.)。

夏孢子单胞,球形、宽椭圆形,淡黄色,壁有细刺,有 4～8 个分散的芽孔,大小为 $13～34\mu m \times 16～32\mu m$;冬孢子棒状,顶部圆形或平直,隔处稍缢缩,孢壁栗褐色,下部色较淡,大小为 $10～24\mu m \times 26～65\mu m$,柄短,无色(图 6-11)。

转主寄主为唐松草属(*Thalictrum*)、小乌头(*Isopyrum fumaxioides*)。国外报道,飞燕草属(*Dephinium*)、银莲花属(*Anemone*)、类叶升麻属(*Acteae*)和毒毛莨(*Rannunculus virosa*)也是其转主寄主。

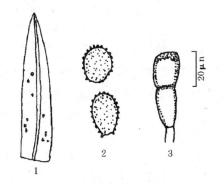

图 6-11　禾草叶锈病菌
(Puccinia recondita)
1. 症状　2. 夏孢子　3. 冬孢子

【寄主范围】 鹅观草属、翦股颖属、披碱草属、早熟禾属、羊茅属、看麦娘属、雀麦属、甜茅属、黑麦属、山羊草属(*Aegilops*)、赖草属 燕麦属、单蕊草属、鸭茅属、偃麦草属、绒毛草属、细坦麦属、小麦属等多种禾本科属作物与禾草均受此病危害。

【发生规律】 夏孢子萌发和侵入适温为 15℃～25℃。萌发时相对湿度为 100%液态水膜。同时也必须有充足的光照,才能正常生长和发育。

5. 禾草锈病的防治

(1)选育或引种抗病或耐病的草种或品种　不同基因型的禾草,往往对某些锈病的抗性有显著差异。由外地或国外引入的抗病材料,应先试种,视其在当地表现,再决定是否大面积种植。以建植草坪用禾草为例,下列草种或品种对一种或多种锈病有一定的抗性。草地早熟禾品种:Adelphi、Admiral、America、Apart、Bensun-34、Bayside、Banff 、Bristol、Challenger、Classic、Columbia、Enoble、Georgetown、Haga、Holiday、Harmony、Majestic、Merion、Merit、Midnight、Mesa、Park、Princeton-104、Rugby、Victa、Wabash 和 Welcome 等;细羊茅品种:Ensylve、Flyer、Shadow、Adventure 和 Olympic 等;结缕草品种:Emerald 和 Meyer 等;多年生黑麦草品种 Manhattan 等;普通狗牙根和杂种狗牙根是较为耐病的品种。由于锈菌生理小种的大量出现,使得禾草对锈病的抗性很有限。一个草种或品种在当地可能是抗病的,但在另一个地区可能是不抗病的。

(2)科学施肥和合理排灌　根据当地土壤分析结果,进行配方施肥。务求土壤中磷、钾元素有足够水平,不宜过量施用速效氮肥。播前细致平整土地;不在低洼易涝处建立草地和草坪;及时排涝,防止植株表面经常存在液态水。不在傍晚灌溉,尽可能在清早及上午浇水,以便入夜时禾草地上部分已干燥。这些措施目的是减少孢子在液态水膜中萌发和侵染的概率。

(3)改善草地卫生和通风透光条件　发病较重草地应适当及时剪草或提早刈割,以减少菌源,并且不宜留种。刈草时尽可能降低刈茬高度,减少病原菌残留量。

(4)药剂防治　针对草坪及科研等地块,可适时喷药防治。可试用下列药剂:萎锈灵、氧化萎锈灵、粉锈宁、羟锈宁、立克秀、放线酮、福美双、福星、硫酸锌、代森锰锌、代森锌、百菌清、吡锈灵、叶锈敌、麦锈灵、甲基托布津、速保利(特普唑)等拌种或喷雾。喷施间隔时间依药剂种类而定,一般每7~14d施药1次。

(5)选用多草种或多品种建植混播草地

(九)禾草黑粉病

黑粉病是由担子菌亚门、冬孢菌纲,黑粉菌目真菌寄生而引起的病害。寄生禾本科植物的黑粉菌有14属600余种。黑粉菌多侵染植株的特定器官或部位,引致发生叶黑粉病、秆黑粉病、穗黑粉病等。禾草的多数黑粉菌主要危害花序,亦称"黑穗病"。该病发生普遍,国内外均有分布,在我国北方地区危害较重。黑粉菌不仅引起作物及禾草减产,其黑粉孢子吸入呼吸道后可引起动物哮喘、呼吸道发炎,食入一定量后能使人、畜呕吐或发生神经系统症状。本节将介绍禾草的一些主要的黑粉病。

1.条黑粉病

【症　状】　植株被侵染后生长缓慢,矮小,不形成花序或花序短小,叶片和叶鞘上产生长短不一的黄绿色条斑,条斑后期变为暗灰色或银灰色,表皮破裂后释放出黑褐色粉末状冬孢子,而后病叶丝裂、卷曲并死亡,呈浅褐色或褐色。病株始终直立。病株分蘖很少,根系也不发达。症状在春末和秋季较易发现。夏季干热条件下病株多半枯死而不易看到。

【病原菌】　香草黑粉菌(条黑粉菌)[*Ustilago striiformis* (Westend.) Niessl.]。冬孢子球形、近球形、偶有形状不规则的,暗榄褐色,壁有细刺,直径9~11μm。此菌在燕麦粉琼脂培养基上,室温下生长良好,并可产生大量有生活力的孢子(图6-12)。

【寄主范围】　香草黑粉菌侵染冰草属、剪股颖属、须芒草属(*Andropogon*)、雀麦属、拂子茅属、鸭茅属、发草属、画眉草属、披碱草属、羊茅属、大麦属、猬草属、䅟草属、黑麦草属、臭草属、藕草属、猫尾草属、早熟禾属、碱茅属、细坦麦属、三毛草属的若干个种。有文献报道,此菌有生理专化性。例如,侵染草地早熟禾的病菌对匍匐剪股颖不能侵染。

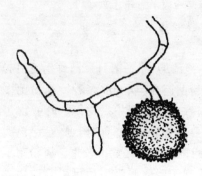

图 6-12　禾草香草黑粉菌
(*Ustilago striiformis*)
的冬孢子及萌发的菌丝

【发生规律】　病原菌冬季以休眠菌丝体在多年生寄主的分生组织内越冬，或以冬孢子在种子间、残体上和土壤中越冬。冬孢子随种子、风雨、刈割、践踏、耕耙等过程而传播。浇水也可以传送孢子及病残组织。冬孢子可以长期休眠(265d)而仍有生活力。

春季或秋季，条件适宜时冬孢子萌发产生担子，担子可以产生担孢子，担孢子萌发出单核菌丝，遇性别相反的芽管可发生融合，产生有侵染力的双核菌丝。也有时担子直接萌发成芽管，与性别相反的芽管融合产生侵染菌丝。侵染菌丝侵入幼苗的胚芽鞘，或侵入成株的侧芽或腋芽部的分生组织。一旦侵入植株后，菌丝体就系统地生长到所有分蘖、根茎、新叶中去。并随器官和组织的生长而蔓延。发育到一定阶段后，菌丝体就产生大量冬孢子，并随寄主组织碎裂而散出黑粉状的冬孢子。

新建草地的发病率较低，随草地年限而逐年加重。3 年以上草地发病率多较高。

降水或灌溉频繁的草地或草地地势低洼时，黑粉病发生较重。

【防　治】

(1)选育和使用抗病草种和品种　草地早熟禾品种：Able 1、Adelphi、America、Apquila、Bensun-34、Banff、Bristol、Challenger、Classic、Columbia、Eclipse、Enmundi、Georgetown、Mystic、Merit、Midnight、Parade、Princeton-104、Nugget、Victa 和 Wabas 等对一

种或多种黑粉病有一定的抗性。

（2）使用无病播种材料　选用无病草种或草皮、植生带等。种子播种前应用福美双、克菌丹等杀菌剂处理。

（3）种子处理

①温水浸种　种子浸于53℃～54℃温水中5min，水量为种子量的20倍，浸种后，摊开晾干。

②药物拌种　种子播种前可选用萎锈灵（有效成分3g/kg种子）、福美双（12g/kg种子）、25％羟锈宁（三唑醇）拌种剂、50％甲基托布津或多菌灵可湿性粉剂、40％拌种双可湿性粉剂等拌种，拌种药量可按种子重量的0.1％～0.2％，可有效地防治此病。此外，克菌丹、氧化萎锈灵也很有效。

（4）减少传染源　加强草地和草坪卫生，铲除草坪田间地边野生寄主，如毛雀麦（*Bromus mollis*），可以减少田间发病。

（5）加强建植管理　做好平床整地工作，适期播种，避免深播，以利于迅速出苗，减少病原菌侵染。

（6）药剂喷雾防治　发病初期可喷施：25％粉锈宁、25％多菌灵、甲基托布津、乙基托布津可湿性粉剂等杀菌剂。

2. 秆黑粉病　此病也是禾本科最常见的黑粉病。常与条黑粉病同时发生于一株植物上。危害多大于条黑粉病。其症状与条黑粉病相似。

【病原菌】　为担子菌亚门的冰草茎黑粉菌［*Urocystis agropyri*（Preuss）Schrot.］，异名：羊茅茎黑粉菌（*U. festucae* UI.）、早熟禾茎黑粉菌［*U. poae*（Liro）*Paddw.*］；小麦茎黑粉菌（*U. tritici Korn*）。

冬孢子团球形，椭圆形，多由1～3个冬孢子组成，偶见4个者，外有一层无色的不孕细胞包被，大小为18～35μm×35～40μm。冬孢子、单胞，圆形、光滑，直径10～18μm，橄榄褐色（图6-13）。

此病的发生规律参看条黑粉病。

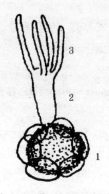

图 6-13　冰草茎黑粉菌
(*Urocystis agropyri*)
的冬孢子团及其萌发

1. 冬孢子　2. 担子　3. 担孢子

【防　治】

(1)种子处理

①温水浸种　种子浸于 53℃～54℃温水中 5min,水量为种子量的 20 倍,浸后,摊开晾干。

②药物拌种　萎锈灵(有效成分 3g/kg 种子)、福美双(12g/kg)拌种可有效地防治此病。克菌丹、杀菌灵、氧化萎锈灵也很有效。

(2)减少传染源　消灭田间地边野生寄主、如毛雀麦(*Bromus mollis*),可以减少田间种植的雀麦发病。

(3)选育及使用抗病品种　国外已有抗此病的冰草、雀麦和加拿大披碱草的品种育成。国内尚待开展此类工作。

(十)禾草白粉病

白粉病是禾本科牧草和草坪草最常见的茎叶病害之一,广泛分布于世界各地。该病虽不引起寄主植物的急性死亡,但严重影响禾本科牧草和草坪草的生长发育和抗逆性,导致禾本科牧草和草坪早衰,利用年限缩短,景观被破坏,尤其是当感病草种或品种种植在荫蔽或空气流通不畅的地段,遇到长期低光照,发病会很严重。草坪草以早熟禾、细羊茅、狗牙根、翦股颖和结缕草等发病较重。

【症　状】　主要危害叶片和叶鞘,也危害穗部和茎秆。受害叶片上先出现 1～2mm 近圆形或椭圆形的褪绿斑点,以叶面较多,后逐渐扩大成近圆形、椭圆形的绒絮状霉斑,初白色,后成污白色、灰褐色。霉层表面有白色粉状物,即病原菌的分生孢子,后期霉层中出现黄色、橙色或褐色颗粒,即病原菌的闭囊壳。随病情发展,叶片变黄,早枯死亡。一般老叶较新叶发病严重。发病严重时,草地呈灰白色,像撒了一层白粉。该病通常春、秋季发生严重。草地受到极度干旱胁迫时,白粉病危害加重。

【病原菌】　禾白粉菌（*Erysiphe graminis* DC. ex Merat）,属子囊菌亚门白粉菌目,白粉菌属。菌丝体叶表生,以叶正面为主,只以吸器伸入寄主表皮细胞吸取养分,菌丝体无色,分生孢子梗直立,基部细胞膨大至球形,分生孢子串生于梗上,孢子圆柱形或长椭圆形,无色或淡黄色,大小为 $25\sim36\mu m\times8\sim10\mu m$;闭囊壳聚生或散生,球形、扁球形,褐色或黑褐色,无孔口,埋生于菌丝层内,直径 $135\sim180\mu m$;附属丝菌丝状,一般不分枝个别 1 次分枝,$11\sim37$ 根,长 $11\sim192\mu m$,壁薄,平滑,无隔;子囊 $8\sim30$ 个,长椭圆形、椭圆形,无色或浅黄色,有柄或无柄,大小为 $57.2\sim96.9\mu m\times23.6\sim37.3\mu m$;子囊内含 $4\sim8$ 个子囊孢子,子囊孢子卵形、椭圆形,无色或浅黄色,大小为 $20\sim33\mu m\times10\sim12.9\mu m$（图 6-14）。

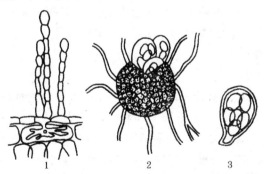

图 6-14　禾白粉菌（*Erysiphe gramini*）
1. 吸器和分生孢子　2. 闭囊壳　3. 子囊及子囊孢子

【寄主范围】　寄主范围广泛。主要禾本科牧草和草坪寄主有早熟禾属、羊茅属、狗牙根属、翦股颖属、结缕草属、冰草属、黑麦草属、雀麦属、野牛草属、披碱草属等属的若干种植物。该菌是典型的专性寄生菌,具有高度的寄主专化性,从不同寄主分离的菌株通常不能交互侵染。

【发生规律】 病原菌以菌丝体或闭囊壳中的子囊在病株上越冬,也能以闭囊壳在病残体上越冬。翌年春季,闭囊壳成熟,散射出子囊孢子,越冬菌丝体也产生分生孢子,并随气流远距离传播,在牧草和草坪田间多次再侵染。夏季气温较高,冷季型禾草生长停滞,病原菌繁殖和侵染趋于减少,病情停止发展。病原菌以菌丝体在病株上越夏。秋季随气温下降,牧草和草坪白粉病病叶又复增多,形成又一发病高峰。

病原菌的分生孢子寿命短,只能存活 3～6d,但很容易萌发。孢子萌发时对温度要求较严格,适温为 17℃～20℃(1℃～30℃均可萌发),对湿度要求不严格,在相对湿度 0～100% 范围内都能萌发(湿度越高越好,但在水滴内不能萌发)。该病发病适温为15℃～20℃,25℃ 以上病害发生发展受到抑制。北方地区因气温较低、降水偏少,因而发病的程度和频率相对南方较重。另外,草地管理不善,氮肥施用过多,遮阴,植株密度过大和灌水不当均为发病的重要诱因。

【防 治】

1. 利用抗病草种和品种 尤其在发病较重的地区应考虑更换草种和品种;若抗病草种和品种不易获得,可根据各地具体情况,选用相对耐病或耐阴草种或品种。据报道,下列草种或品种对白粉病有一定的抗性或耐性。粗茎早熟禾、多年生黑麦草、早熟禾,草地早熟禾品种:America、Bensun - 34、Bristol、Dormie、E-clipse、Enmundi、Glade、Mystic、Nugget、Sydsport 等及细羊茅品种 Houndog、高羊茅品种 Rebel 等。

2. 选用多草种或多品种建植混播草地和草坪

3. 加强草地和草坪的科学养护管理 主要包括均衡施肥和

科学灌水及修剪等。在出现有利于病害发生的天气来临之前或期间要减少施肥,最好不施氮肥。但适量增施磷、钾肥,有利于控制病情;灌水时应尽量避免串灌和漫灌,特别强调避免傍晚灌水;及时刈割和修剪,夏季剪草不要过低。此外,改善草地和草坪通风透光条件,降低田间湿度,过密草地和草坪要适当打孔或疏草,以保持通风透光。

4. 清除枯草层和病残体,减少菌源量　枯草和修剪后的残体要及时清除,保持草地和草坪清洁卫生。冬季可在适当地区,在条件许可时可轻度焚烧草地,减少越冬菌量。

5. 药剂防治

(1)药物拌种　可用粉锈宁、羟锈宁、立克秀、速保利等药剂拌种。

(2)喷雾　在历年发病较重的地区应在春季发病初期喷施药剂。药剂可选用:25%粉锈宁可湿性粉剂 2 000～3 000 倍液、12.5%速保利(特普唑)可湿性粉剂 2 000 倍液、70%甲基托布津可湿性粉剂 1 000～1 500 倍液、25%多菌灵可湿性粉剂 500 倍液及 50%退菌特可湿性粉剂 1 000 倍液等喷雾防治。据报道,在该病严重危害地区,以 $B0_{10}$ 生物制剂 100 倍液或 30%特富灵可湿性粉剂 2 000 倍液喷雾,防效良好。

(十一)禾草麦角病

禾草麦角病是草坪草和牧草上的主要种子病害和种传病害之一,严重制约种子生产,导致种子减产,质量降低,而且所产生的菌核(麦角)含有多种生物碱,对人、畜危害很大。但麦角中所含的有效成分在医学上有相当的药用价值。该病遍及世界各大洲,我国分布也很广泛,东北、华北和西北地区屡有报道。

【症　状】　此病只侵染花器,患病小花初期分泌淡黄色蜂蜜状甜味液体,称为"蜜露",内含大量麦角菌的分生孢子。感病籽粒内的菌丝体常发育成坚硬的紫黑色菌核,呈角状突出于颖片之外,故称"麦角"。有些禾草花期短,种子成熟早,常不产生麦角,只有"蜜露"阶段。田间常出现成片发生的病穗,诊断时应选择潮湿的清晨或阴霾天气进行,此时"蜜露"明显易见。干燥后只呈蜂蜜状黄色薄膜黏附于穗子表面,不易识别。

【病原菌】 麦角菌(*Ciavieps purpurea*(Fr.)Tul.)属子囊菌亚门、麦角菌科、麦角菌属。菌核表面紫黑色,内部白色,香蕉状、柱状,质地坚硬,大小常因寄主而异,大小为 2~30mm×3 mm(一般小于 10mm×3 mm)。一个有病穗子可以产生几个或几十个麦角。菌核在适宜条件下萌发产生肉色有柄子座。子座柄细长,头部扁球形,直径 1~2 mm,红褐色,外缘生子囊壳;子囊壳埋生于子座内,烧瓶状,内有若干细长棒状的子囊,子囊壳大小为 150~175μm×200~250μm。子囊无色透明,微弯,大小 4μm×100~125μm,有侧丝;子囊内含 8 个子囊孢子,子囊孢子丝状,无色,大小为 0.6~0.7μm×50~76μm。后期有分隔。无性世代为麦角蜜孢霉(*Sphacelia segetum* Lev.),在寄主子房内的菌丝垫中形成不规则的腔室,产生孢子;分生孢子单胞,无色,卵形,大小为 3.5~6μm×2.5~3μm(图 6-15)。

【寄主范围】 可寄生 70 多属 400 余种禾本科植物。主要寄主有:翦股颖属、黑麦草属、早熟禾属、羊茅属、狗牙根属、冰草属、雀麦属、鸭茅属、碱茅属、披碱草属、恰草属、野牛草属、结缕草属等属的若干种植物。

【发生规律】 菌核在土壤或混杂的种子间越冬。翌年空气相对湿度达到 80%~93%,土壤含水量在 35% 以上,土温 10℃ 以上,菌核开始萌发长出子座,5~7d 后子囊壳成熟。雨后晴暖有风有利于子囊孢子弹射。

昆虫采食"蜜露"后体表携带病原菌分生孢子传播,雨点飞溅也可传播。子囊孢子可借助气流传播。冷凉潮湿有利于麦角病发生。气候干旱但有灌溉条件并有树木荫蔽的草地,麦角病发生也很严重。花期长或花期多值雨季的禾本科牧草,此病发生较重。小花一旦受精,病原菌就不能侵染。

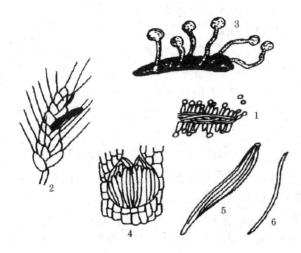

图 6-15　麦角菌(*Claviceps purpurea*)病原菌
1. 分生孢子　2. 病穗上的麦角　3. 麦角萌发出头状子实体
4. 子囊壳　5. 子囊　6. 子囊孢子

该病田间蔓延流行主要借助于分生孢子,而菌核(麦角)混杂在种子之间是造成远距离传播的主要因素。

【防　治】

1. 清洁播种材料　播前对种子进行产地检疫及实验室检验,杜绝播种夹杂麦角的种子。

2. 选择适宜种植地　一般低洼、易涝、土壤酸性,阴坡及林木荫蔽处,麦角病容易流行。

3. 利用抗病或避病的草种或品种　不同种属禾本科牧草对该病的敏感性不同,因此可以选择当地发病轻的草种和品种。

4. 增施磷、钾肥　可以增强寄主抗病力。

5. 药物防治 据报道,叠氮化钠、粉锈宁、尿素可以抑制麦角萌发。

6. 焚除枯草,减少侵染来源

(十二)禾草香柱病

禾草香柱病是禾本科草坪草和牧草常见病害,严重影响种子生产。此外,病草体内产生某些生物碱,易使家畜食后中毒。该病广泛分布于世界各地,美国发生较多。有些黑麦草品种发病率高达90%~100%。据考证,该病于1942年随紫羊茅种子由匈牙利传入美国。我国亦有分布。

【症　状】 该病为系统侵染性病害,早期无明显症状。菌丝体寄生在植株各个器官和部位。发育到一定阶段后,内生的菌丝体穿透寄主组织在体表形成白色蛛网状霉层,并逐渐增多形成绒毡状的"鞘",包围在茎秆、花序、叶和叶鞘之外,形状似一截"香",即病原菌的子座。子座初为白色、灰白色,后变为黄色、黄橙色。病株多矮小,发育不良。

【病原菌】 香柱菌[*Epichlo typhina*(Pers.）Tul.]属子囊菌亚门,麦角菌科,香柱菌属。子座初为白色、灰白色,后变为黄色、黄橙色,长2~5cm;子囊壳埋生于子座内,孔口开于表面,梨形、黄色,大小为300~600μm×200~250μm。子囊长圆筒形,单膜,顶壁加厚,有折旋光性的顶帽,无色透明,大小为130~200μm×7~10μm。子囊孢子线状,无色,直径1.5~2μm,几乎与子囊等长。无性世代为禾香柱蜜孢霉[*Sphacelia typhina*(Pers.）Sacc.],分生孢子单胞,无色,椭圆形,大小为4~9μm×2~3μm(图6-16)。

【寄主范围】 可寄生50多种禾本科植物。主要寄主有:早熟禾属、羊茅属、冰草属、恰草属、鸭茅属、披碱草属、雀麦属、黑麦草属和翦股颖属等属的若干种植物。

【发生规律】 病原菌侵入寄主后可年复一年地寄生在寄主全

株内,只有繁殖枝发育后才在其上产生子座。体内菌丝体只有通过切片和染色后才可在显微镜下观察到。

种子带菌是主要传播途径,菌丝体潜藏在种皮内、种皮与胚乳间或胚内。种子萌发后,菌丝侵入幼苗。过量漫灌、地势低洼有利于此病发生。

【防　治】

该病害防治研究报道很少。可从以下途径进行控制:

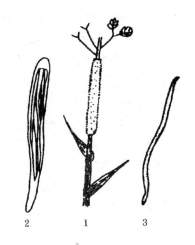

图 6-16　禾草香柱病

[*Epichlië typhi* (pers.) Tul.]

1. 生于禾草茎上的子座　2. 子囊

3. 子囊孢子

第一,清洁播种材料以杜绝病原菌来源。

第二,合理排灌。高湿时,香柱病发生严重,故应合理排灌。

第三,避免偏施和过量施用速效氮肥。

第四,重病地宜及早翻耕,改种非寄主植物。

此病不易用杀菌剂根治。

(十三)禾草霜霉病

禾草霜霉病(在草坪上亦称黄色草坪病)是草地上较为常见的一种系统侵染性病害,可危害多种禾本科牧草和多种禾本科作物,以黑麦草、早熟禾、翦股颖和羊茅等受害严重,造成较大损失。我国各省、自治区及世界其他国家多有报道。受害牧草黄化矮缩,抗逆性显著降低,草坪景观被破坏,利用年限缩短。

【症　状】　春、秋季症状比较明显。病株黄化矮缩,剑叶和穗部扭曲畸形,颖片叶化,病叶增厚变宽,叶色淡绿,有黄白色条纹。

草坪由于经常修剪，很少或不出现上述典型症状。发病严重的草地常出现小型黄色枯草斑（故该病又称"黄色草坪病"），直径 1～10cm。翦股颖和羊茅上枯草斑较小，一般在 1～3 cm。而黑麦草、早熟禾上的枯草斑较大。每个枯草斑实际上由一丛密生的分蘖构成，分蘖茎黄色。根短小，很容易拔起。在凉爽、潮湿条件下，病株叶片背面沿叶脉两侧出现白色点状霉层，即病原菌的孢囊梗和孢子囊。钝叶草染病后症状与病毒病症状相似，在病叶上出现与叶脉平行的点线状条斑，病斑部分叶表皮略隆起。在炎热、干旱的夏季感病牧草大量死亡，致使草地提前丧失使用价值。

【病原菌】 病原菌为大孢指疫霉［*Sclerophthora macrospora* (Sacc.) Thirum., Shaw et Naras］。属鞭毛菌亚门卵菌纲，霜霉目指疫霉属。

菌丝体无色，无隔，多核，多存在于维管束内；孢囊梗自寄主气孔中伸出，很短，有 9.8～11.2μm，无色，有少数分枝，其上着生孢子囊；孢子囊单胞，柠檬形，淡黄色大小为 32～84μm×19.2～56μm,；顶端有乳头状突起 4μm 左右；成熟脱落的孢子囊基部多带有短梗。孢子囊萌发产生 30～90 个椭圆形双鞭毛的游动孢子；藏卵器球形，褐色；卵孢子生于叶、叶鞘、颖片组织内，卵孢子外有永久性藏卵器外壁，卵孢子近球形，直径 6.4～27.2μm，壁厚 2～4.8μm，光滑，与藏卵器壁厚度相近，二者间有 1.6μm 左右的空腔（图 6-17）。镜检卵孢子时，须以加热的乳酚油或 10％KOH 溶液透明寄主组织。

【寄主范围】 该菌是专性寄生菌，主要寄生的草地植物有：翦股颖属、黑麦草属、早熟禾属、画眉草属、冰草属、雀麦属、鸭茅属、披碱草属、雀稗属、狼尾草属、羊茅属等属的若干种牧草和多种禾本科作物。

【发生规律】 病原菌以土壤和病残组织内的卵孢子越冬或越夏，或以系统性寄生的菌丝体在多年生禾本科牧草体内越冬或越夏。卵孢子于 10℃～26℃（最适 19℃～20℃）在水中萌发后产生孢子囊,孢子囊萌发产生数十个游动孢子随流水传播,接触寄主后静止,产生菌丝并侵入寄主。在寄主体内休眠的菌丝体一旦条件适宜,便产生大量孢囊梗和孢子囊。孢子囊借风、雨传至新的侵染点,萌发后侵入。修剪机具、践踏、灌溉水均可以传播此病。远距离传播是借助于草皮移植和引入夹杂病残体的种子。此病在 10℃～25℃均可发生,发病适温为 15℃～20℃。近地表空气相对湿度高,降水结露频繁,或大量灌溉有利于此病发生和流行。

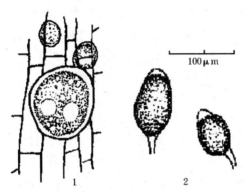

100μm

图 6-17　大孢指疫霉(*Sclerophthora macrospora*)

1. 寄主组织中的卵孢子　2. 孢子囊

【防　治】

第一,用健康无病的种子或其他繁殖材料。建植所用的种子应进行检验以确定不夹杂带卵孢子的病株残体,对草皮或植生带的植株也应抽检,以确保无系统侵染性菌丝体存在。

第二,选用多草种或多品种,建植混播草地和草坪。

第三,合理排灌,适量浇水,及时排涝,避免积水或过湿。

第四,减少菌源,及时铲除田间病株及田边野生禾本科寄主以减少菌源。

第五,科学灌水,避免串灌和漫灌,特别强调避免傍晚浇水。

第六,药剂防治:种子处理方法为,播种前用95%敌克松可湿性粉剂或20%萎锈灵乳油,按种子重量的0.7%拌种;或用35%瑞毒霉拌种剂,按种子重量的0.2%~0.3%拌种;或50%多菌灵可湿性粉剂,按种子重量0.4%~0.5%拌种。

茎叶处理方法:对于感病的草地和成坪草坪,可试用瑞毒霉、瑞毒霉锰锌、乙磷铝和杀毒矾等药剂喷雾防治。

(十四)禾草镰刀菌病

镰刀菌病是危害禾草根和根颈部位的一类重要病害。该病发生较为普遍,在全球和国内分布很广。很多种镰刀菌都能侵染禾草,产生一系列复杂的症状,其中包括苗腐、根腐、茎基腐、叶腐等。统称为"镰刀菌综合征"。主要症状因禾草种类、镰刀菌种类以及环境条件的组合不同而有差异。禾草中早熟禾与细叶羊茅发病较重。

【症　状】　幼苗出土前后发病,种子根腐烂变褐色,严重时造成烂芽,苗枯。发病较轻的,幼苗黄瘦,发育不良。成株根、根颈、根状茎、匍匐茎和茎基部干腐,变褐色或红褐色。叶片有不同程度的枯萎。潮湿时,根颈和茎基部叶鞘与茎秆间出现白色、粉红色、赭石色等霉状物,即病菌的分生孢子座和分生孢子。

病株下部的老叶和叶鞘上还可出现叶斑。叶斑形状不规则,初期水浸状墨绿色,以后变为枯黄色或褐色,有红褐色边缘。病株上叶斑形状不规则。红褐色,而后为淡黄褐色。

草地早熟禾3年以上的植株受多种镰刀菌侵染,枯草斑直径可达1m,呈条形、新月形、近圆形。枯草斑边缘多为红褐色。通常枯草斑中央为正常草株,受病害影响较少。四周为已枯死草植株构成呈"蛙眼状"的环带。这一症状通称"镰刀菌枯萎综合征",多发生在夏季湿度过高或过低时。在冷凉多湿季节,镰刀菌还常与雪腐捷氏霉并发,引起雪腐病或叶枯病。

此病的症状在草地上出现圆形、水浸状病区，直径 2.5～5cm，呈黄色、橙褐色或红褐色，其上生有疏密不一的霉层。之后病区可扩至直径 30cm 以上、呈环状，浅灰色至浅黄褐色或具褐边，照光时带粉红色。故称为"粉红雪霉病"。病区禾本科草死亡。

【病原菌】　主要种类为黄色镰刀菌，其次为禾谷镰刀菌、燕麦镰刀菌、异孢镰刀菌、梨孢镰刀菌和木贼镰刀菌等。黄色镰刀菌、禾谷镰刀菌和异孢镰刀菌等还可引起禾草叶斑，禾谷镰刀菌、黄色镰刀菌、燕麦镰刀菌、梨孢镰刀菌和异孢镰刀菌等还引起穗腐（赤霉病）。镰刀菌也是引起麦类、玉米等禾谷类作物的重要病害，其寄主范围很广。例如，黄色镰刀菌除禾本科外，还可寄生 20 余科植物。

镰刀菌属半知菌亚门，丝孢纲瘤座孢目，镰刀菌属。此属真菌的菌丝体初为白色絮状，后多产生粉红色、胭脂红色、赭石色等色素。

分生孢子有大小两种：大分生孢子为镰刀状、梭状，多胞，无色，基部细胞常有一明显突起，称为脚胞；小分生孢子多为卵形、柠檬形、椭圆形，孢子单胞或双胞，有 0～1 个隔膜。有些种还可在菌丝或大分生孢子上形成厚垣孢子，该种孢子厚壁，球形或近球形，单生或串生，顶生或间生，单胞或双胞。

分生孢子梗无色，分隔或不分隔，常下端结合形成分生孢子座，有时直接从菌丝生出。分生孢子梗不分枝至多次分枝，最上端为瓶状产孢细胞（又称瓶状小梗，瓶体），内壁芽生瓶体式产孢，有时还产生分生孢子座和黏成分生孢子团（图 6-18）。

【发生规律】　镰刀菌侵染来源较多，包括土壤带菌，病残体带菌和种子带菌等重要途径，但依种类不同而有所差异。黄色镰刀菌主要以厚垣孢子在土壤中和枯草层中，以菌丝体和厚垣孢子在植物病残体中越年存活。该菌是土壤习居菌，可随病残体在土壤中存活 2 年以上，风干土壤中的厚垣孢子在 9℃ 条件下存活 8 年。

种子带菌率相当高,也是重要的初侵染来源。在种子萌发出苗过程中,土壤和种子中的病原菌侵染胚轴、种子根等幼嫩组织,造成烂芽和苗枯。对较大的植株,则主要由根颈上发根造成的伤口侵入,也有的先侵入 1～2mm 长的细根,使之褐变死亡,变色部分进一步扩展到根颈。冬季低温,菌丝体潜藏在基部组织中越冬,春季随气温上升,病菌迅速扩展,导致植株基部和根系腐烂,引起植株死亡。在死亡病株的腐烂组织中形成大量厚垣孢子越夏。腐烂组织破碎后厚垣孢子散入土壤,可随土壤扩散传播。病株地上部分或地面带菌残体产生的分生孢子随气流传播分散并侵入叶鞘和叶面产生叶斑。

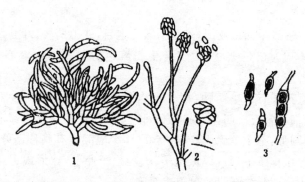

图 6-18 气镰刀菌

1. 分生孢子梗及大分生孢子 2. 小分生孢子及分生孢子梗

3. 厚垣孢子(仿赵美琦,1999)

高温和土壤干旱有利于镰刀菌根腐和基腐的发生。土壤含水量过低或过高都有利于镰刀菌枯萎综合征严重发生,干旱后长期高温或枯草层温度过高时发病尤重。草坪坡面南向,夏季日照时间长、光照强,镰刀菌根腐易于发生。春、夏季施用氮肥过量,氮磷比例失调,剪草高度过低,枯草层太厚,其 pH 高于 7 或低于 5 等都有利于镰刀菌根腐病和基腐病发生。镰刀菌叶斑病在长期高湿条件下发生,其发病条件与离蠕孢叶枯病相似。

　　雪腐镰刀菌引起"粉红雪霉病"的病害,常见于冷凉潮湿的地区和季节中,从深秋至夏季初均可发生,而不限于冬季。只要具备冷湿条件,有无积雪都可流行,但在有雪被而土地不封冻的情况下最为猖獗。大多数禾本科作物和冷季禾草均被侵染,尤以狗牙根、结缕草最为敏感。一年生早熟禾、翦股颖、小糠草、草地早熟禾和黑麦草也易受害。苇状羊茅和细叶型羊茅较抗病。

　　草地早熟禾4年生植株易患"枯萎综合征",叶斑、根腐、根颈腐烂等症状表现不受植株年龄影响。

　　【防　　治】

　　1. 合理施肥　增施磷、钾肥。春、夏季控制氮肥用量,以避免禾草旺而不壮。多次少量施用石灰,保持枯草层和土壤 pH 值在6～7。增施有机肥,不宜偏施速效化肥。

　　2. 合理灌溉及修剪　减少灌溉次数,控制灌水量以保证草坪既不遭受干旱亦不过湿。斜坡地易遭干旱,需补充灌溉。夏季天气炎热时,草坪应在中午喷水降温。避免出现草地干旱,土质坚实,覆草过厚,施除莠剂过多,线虫及地下害虫猖獗等不良条件。草坪枯草层厚度超过2cm时,应予清理。病草坪剪草高度应不低于4cm。

　　3. 选用抗病品种及混播　种植抗病、耐病草种或品种。草地早熟禾易感枯萎综合征,提倡草地早熟禾与羊茅、黑麦草等混播。病草坪补种黑麦草或草地早熟禾抗病品种,高尔夫球场可改种翦股颖。某些草种或品种抗镰孢病害(如某些品种的多年生黑麦草),应加强抗病育种工作。

　　4. 药剂防治　在根颈腐症状尚未明显之前施用多菌灵、甲基托布津等内吸性杀菌剂。

　　(十五)禾草梨孢灰斑病

　　此病在气候湿热的南方发生严重。

　　【症　　状】　叶斑起初为小褐点,后迅速扩大成卵形、长形,长度可达 20 余 cm。病斑稍下陷,中心灰色,边缘褐色。常可使全叶干枯卷曲,严重时草地的大量叶片枯死。一张叶片上往往可发生数十个病斑,但很少有全株枯死症状。

【病原菌】 为半知菌亚门的灰梨孢[*Pyricularia grisea* (Cke.)Sacc.]。分生孢子梗灰色,有隔,基细胞稍膨大,分支稀少或不分支,2～5 根成束地由寄主气孔中伸出,有膝状弯曲,大小为 $60～120\mu m \times 4～5\mu m$。分生孢子卵形,有 2 隔,顶细胞锥形或呈喙状,孢子在分隔处最宽,基细胞有脐点,大小为 $18～22\mu m \times 9～12\mu m$(图 6-19)。

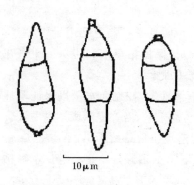

10μm

图 6-19 灰梨孢(*Pyricularia grisea*)的分生孢子

【寄主范围】 翦股颖属、须芒草属、狗牙根属、马唐属、稗属、画眉草属、猬草属、李氏禾属、乱子草属、黍属、雀稗属、早熟禾属、狗尾草属及高粱属的某些种可发生此病。

【发生规律】 病菌以休眠菌丝体或分生孢子在病叶等残体上越冬,也可能在种子上越冬。春季在适宜条件下产孢。孢子借风、雨、农具、畜蹄及人的活动等携带传播。孢子必须在饱和大气湿度下 4～8h 才可萌发。芽管由气孔侵入,也可直接穿透表皮侵入。侵入后 5～6d 出现病斑。长期降水或有雾,气温在 21℃～26.5℃时最适合此病流行。过量施用氮肥使病情加重。此菌在 2% 大米粉琼脂培养基或 V-8 液培养基上生长和产孢良好。

【防 治】 使用放线酮、福美双、多菌灵可以有效地防治灰斑病。

(十六)禾草种子线虫病

1. 翦股颖粒线虫病 主要危害寄主植物的花序,导致病株的种子和地上部产量下降。在广泛种植翦股颖地区可对生产构成严重威胁。据记载,该病曾在俄罗斯、美国和新西兰等一些地区严重发生。如俄罗斯彼得格勒的细弱翦股颖发病率达 44%～98%,病株的生长量仅为健康植株的 14%～33%。在美国俄勒冈州,因该病翦股颖种子产量下降 50%～75%。我国东北地区因该病原线虫侵染羊草,使羊草的病株率达 19.7%,小花发病率 10.8%、重者达 93%。在紫羊茅和黑麦草上形成的虫瘿还对牛、马、羊等有毒。该病分布于美国、加拿大、澳大利亚、新西兰、俄罗斯、乌克兰、法国、英国、德国、荷兰等国家,为我国的检疫对象。

【症 状】 受侵植株在幼苗期无明显症状。在花期表现出典型症状,被害寄主小花的颖片、外稃和内稃显著增长,子房转变为雪茄状的虫瘿。虫瘿初期为绿色,后期呈紫褐色,长 4～5mm。而正常颖果的长度仅为 1mm。

【病 原】 翦股颖粒线虫[*Anguina agrostis*(Steinbuch,1799)Filipjev,1936]。异名:*Vibrio agrostis* Steinbuch,1799;*A. agropyronifloris* Norton,1965;*A. funesta Price*,Fisher & Kerr,1979;*Afrina wevelli* Van den Berg,1985。

雌虫体粗,热杀死后向腹面卷成螺旋形或"C"形。角质层有细环纹。头部低平、缢缩。垫刃形食道。单卵巢、前伸、发达。卵巢折叠 2～3 次。卵母细胞呈轴状,多行排列。尾圆锥形,尾端锐尖。雄虫较雌虫细短,热杀死后腹面弯成弓状或近直伸。精巢转折 1～2 次,精母细胞多列。引带细线形,交合伞向后延伸至近端部,尾端锐尖。

【寄主范围】 各种翦股颖草、其他禾本科牧草和杂草。

【发生规律】 种子中混杂的虫瘿是重要的初侵染来源。翦股颖粒线虫以 2 龄幼虫在虫瘿中呈休眠状态度过干旱季节,在干燥虫瘿中的 2 龄幼虫可存活 10 年。虫瘿在有足够水分的田间吸水后破裂,幼虫逸出侵染寄主植物幼苗,在秋、冬季以外寄生方式在生长点附近取食,翌年春季,寄主植物进入生殖期后,2 龄幼虫就侵入正在发育的花序的花芽,并很快发育为成虫,这时受侵染小花的子房已转变成虫瘿。虫瘿中雌虫受精后产卵,卵孵化出 2 龄幼虫,2 龄幼虫在虫瘿内进入休眠状态。2 龄幼虫只有在侵入寄主的花芽后才能发育成成虫完成其生活史。

病种子的调运是远距离传播的重要途径。在病区,风、流水、农事操作等是病害扩散的重要途径。

【防　治】　参见羊草粒线虫病的防治方法。

2. 羊草粒线虫病　羊草粒线虫病在我国黑龙江、内蒙古和河北坝上地区均有发生。发病严重地块,发病率达 30% 以上。国外也有分布。

【症　状】　感染粒线虫的植株在苗期或返青期无明显症状。随植株的生长发育,逐渐看出病株比正常植株低矮,生育期也延迟,开花晚 15～20d。穗形短,穗码较密,浓绿色,部分小穗不能结实而变成虫瘿。包被护颖的虫瘿较正常种子略大,色青绿。若剥去护颖,则为一瘦长的黑褐色虫瘿。

【病　原】　同鞘股颖粒线虫。

虫瘿内的幼虫极耐高温和低温,105℃处理 1h,瘿内幼虫不能全部死亡,－5℃～－10℃低温处理 4d 对瘿内幼虫毫无影响;但幼虫离开虫瘿,耐高温和低温的能力明显减弱。如在 45℃下处理 15～30min 则全部死亡。

【寄主范围】　同鞘股颖粒线虫病。

【发生规律】　收获时,虫瘿混入羊草种子间,或遗落于土壤中。随种子播入土中的虫瘿,吸水膨胀,幼虫复苏,破瘿而出,遇羊草幼苗或幼芽侵入。侵入幼苗或幼芽后的幼虫,在包被生长点的芽鞘之内营外寄生生活;当穗子分化后,幼虫侵入花器,营内寄生生活,破坏雌雄蕊原基,使子房变成虫瘿。羊草抽穗后,幼虫发育为成虫,交尾产卵。卵不久即孵化为初龄幼虫。幼虫在成熟的虫瘿内休眠,1年发生1代。

【防　治】

(1)严格检疫　从外地调种时,一定要严格进行检疫,防止病区进一步扩大。羊草粒线虫的检验包括种子检验和田间检验。①种子检验,用肉眼直接观察。凡有虫瘿的外部护颖比正常种子的护颖都稍大,颜色青绿。护颖内含一黑紫色、细长的虫瘿。正常种子的护颖近黄色,内含种子,坚硬、较短粗。若发现可疑虫瘿,用直接解剖法分离线虫镜检。②田间检验,应在羊草开花期的中后期进行。凡感染粒线虫的植株,特别是植株的穗部为深绿色,生育期比正常植株晚。病株在田间分布为斑块状,极易鉴别。

(2)建立无病留种田　①留种田新用的种子要经过严格选种,保证不带线虫。②不要施用可能有粒线虫的有机肥料。③注意田间管理,发现病株,及时拔除,并要深埋或烧毁。

(3)发病后及时改种　发现有粒线虫感染的地块,及时改种其他不感粒线虫的草种。

第二节　草地害虫

在天然草地上,虽然害虫种类很多,但由于天然草地植物种类的多样性并在自然界的自我调节下,天然草地害虫除蝗虫等一些种类为害较大外,其他一些害虫为害相对较轻,一般没有防治的必要。但是,在人工草地害虫发生相对较多,为害亦较为严重。

一、害虫防治的方法

害虫的防治方法,按所采用的技术措施可归纳为植物检疫、选育和利用抗病品种、农业技术措施防治、生物防治、物理及机械防治、化学防治等六类。

(一)植物检疫

又称法规防治,是由国家颁布法令,对动植物及其产品的运输、贸易进行管理和控制。目的是防止危险性病虫杂草在地区间或国家间传播蔓延,以保护草地生产。

(二)选育和利用抗病品种

是防治草地有害生物最经济最有效的方法。不同种和不同的牧草品种对病害、虫害的抗性往往不同,因此在牧草有害生物的综合治理中,要充分选育和利用抗病虫品种,发挥牧草自身对病虫害的调控作用。

(三)农业技术措施防治

就是在草地的建植和管理过程中,在有害生物、牧草植物、环境条件的复杂关系中抓住关键,有目的地通过改进栽培管理措施,创造对有害生物发生发展不利而对牧草生长发育有利的条件,直接或间接地消灭或抑制有害生物发生危害的方法。

(四)生物防治

就是利用有益生物或生物代谢产物来防治草地有害生物的方法。其优点是对人、畜和植物安全,对环境污染小。但生物防治也有明显的局限性,如作用较缓慢、使用时受环境影响大、效果不稳定;多数天敌的选择性或专化性强,作用范围窄;人工开发技术要求高、周期长等。

害虫的生物防治主要包括以虫治虫、以菌治虫及其他有益动物的利用,也有人将利用昆虫激素和利用害虫不育性防治害虫归入生物防治内容中。

(五)物理及机械防治

就是利用各种物理因子、机械设备来防治害虫,这类方法主要是利用温度、湿度、光、电、气、热、色、声、放射线和遥感技术等进行害虫防治。

(六)化学防治

就是利用化学物质杀死或抑制害虫等,防止或减轻害虫造成损失的方法。化学防治具有适用范围广、作用迅速、效果显著、使用方便、经济效益高等一些其他防治措施所无法替代的优点,是当前害虫防治的重要手段之一,是害虫综合治理中不可缺少的环节。尤其是当害虫大发生后,化学防治往往是唯一有效的办法。但化学防治存在的问题也很多,其中最突出的有:由于农药使用不当导致害虫产生耐药性;对天敌及其他有益生物的杀伤,破坏了生态平衡,使害虫更加猖獗;农药的高残留污染环境,形成公害;使用不当往往还对牧草产生药害。

1. 农药的作用方式　农药的作用方式,因药剂的种类而异,一般具有以下几种作用:

(1)胃毒　药剂通过消化系统进入昆虫体内而使中毒或死亡,如敌百虫。

(2)触杀　药剂与虫体接触,透过昆虫的体壁或气门,进入体内使之中毒而死亡,这类药剂目前应用最多,如辛硫磷、马拉硫磷等。有很多有机杀虫剂都是兼有胃毒和触杀作用,有的还兼有其他杀虫作用。

(3)内吸　具有内吸性的农药施到植物上或施入土壤中,被茎叶或根部吸收,而输导至植物的各部分,害虫吸食有毒的植物汁液而引起中毒或死亡。有机磷和有机氮化合物中,很多都兼有内吸作用,如乐果。

(4)熏蒸　药剂由液体或固体转化为气体,以气体状态通过害虫呼吸系统进入虫体,使之中毒死亡。常用的熏蒸剂环氧乙烷等。

2. 农药的加工剂型和使用方法　工厂生产未经加工的农药一般固体的叫原粉,液体的叫原油。在加工过程中加入填充剂或其他辅助剂,制成含有一定有效成分和一定规格的各种不同剂型。

在加工剂型时,凡与农药混合,能改善农药的理化性状、提高药效、扩大使用范围的物质叫辅助剂。常用的辅助剂有以下几种：

（1）溶剂　凡能溶解农药原粉或原油的液体物质称溶剂，如苯、二甲苯、甲苯等。

（2）乳化剂　是一种能把与水不混合的油状液体分散成很小的油球状悬浮到水中，成为乳状液体的化学物质。乳化剂是一种表面活性剂。加工农药乳油或乳剂时，必须根据农药的种类，选用不同类型的乳化剂。常用的乳化剂如肥皂、亚硫酸纸浆废液、环氧乙烷蓖麻油醚、磷辛 10 号乳化剂等。

（3）润湿剂　有降低水表面张力的作用，使农药很快被水润湿，并易于润湿固体表面。茶籽饼（油茶树果实榨油后的残渣）、皂荚、纸浆废液、洗衣粉均可作润湿剂。

（4）黏着剂　为了增加农药对植物、昆虫的黏着性能，在一些农药中加入少量的有黏结性的物质叫黏着剂，如动物胶、淀粉、聚乙烯醇等。

（5）填料　农药在加工配制过程中，加进一定量的不会使农药分解失效的矿物质，如陶土、滑石粉等，同原药混合说明其磨制成细粉，或使之稀释成符合规格的商品农药。

3. 农药的加工剂型

（1）粉剂　是用原药加入一定量的填料（黏土、高岭土、滑石粉等），经机械磨碎成粉状的混合物，其粉粒直径在 74μm 以下。如 2% 杀螟松粉剂。粉剂专供喷粉、撒粉用。

（2）可湿性粉剂　用原药加入润湿剂和填料，经过机械碾磨或气流粉碎而制成，其粉粒细度为 74μm。

（3）可溶性粉剂（水溶剂）　水溶性农药原药加水溶性填料及少量吸附剂制成的水溶性粉状物，如乐果可溶性粉剂、敌百虫可溶性粉剂。

（4）乳油　原油加入一定量的溶剂或助溶剂和乳化剂，混合均匀制成的单相液体即乳油。如 40% 乐果乳油。乳油在未加水之前是单相透明的,性质稳定,耐贮藏。但在贮藏期间溶剂挥发或受冻,乳化剂破坏,乳油即变质浑浊、不透明,或底部出现结晶沉淀,调水后不能均匀地分散成乳浊液,甚至油水分离。这种变质的乳剂不仅降低药效,而且容易产生药害。

(5)水剂　有一部分农药可溶于水,不需要加入助溶剂,使用时按比例对水稀释即可,如25%杀虫脒水剂。水剂农药成本低,但不耐贮藏,长期贮存易于水解失效,且润湿性差,喷在植物表面不易附着。

(6)颗粒剂　粒径为 $0.25\sim0.6mm$,如果加工颗粒直径在 5mm 以上的则称为大颗粒剂,粒径在 $100\sim300\mu m$ 的叫微粒剂。它兼有粉剂和颗粒剂的优点,也可在植物叶部使用。如 1.5% 辛硫磷微粒剂。

使用颗粒剂杀虫的优点是:药效高,残效期长,使用方便,节省药量,不污染环境,以及对天敌影响小等。

(7)微量喷雾剂(超低容量剂)　用低毒农药原液或用农药原药加适当溶剂制成的高浓度油剂,一般含有效成分 25%～50%。用时不需稀释可直接喷洒。如 25% 敌百虫油剂、25% 杀螟松油剂、25% 辛硫磷油剂等。

4. 农药的使用方法　使用农药防治害虫的效果,是由使用技术、药械、防治对象、环境条件 4 方面的因素综合作用的结果。为了得到满意的防治效果,必须因地制宜采用不同的施药方法。常用的施药方法有下列几种:

(1)喷粉法　可利用各种喷粉器喷药。此法的优点是工效高,适于缺水地区使用。缺点是药剂的黏着力差,散布不均匀,易受气流的影响,风大时不能使用,一般要求在无风或小风时施药。

(2)喷雾法　喷雾就是使用喷雾器械,在一定压力下,将药液分散成细小雾点均匀覆盖在害虫及其寄主的表面上。近年来随着喷雾器械的发展,喷雾方法也有很大改进,主要有以下几种:

①常量喷雾法 利用人工喷雾器械或机动喷雾器的喷雾方法。喷出药液雾点的直径约为 $250\mu m$。空中喷雾用药液 $30\sim60L/hm^2$,地面喷雾用药液 $750\sim1\,500L/hm^2$。缺水地区应用较为困难。

②少量及极少量喷雾 利用机动背负式喷雾机或飞机喷药,雾粒直径为 $150\mu m$。地面少量喷雾用药液 $75\sim150L/hm^2$,空中喷雾为 $15L/hm^2$,极少量地面和空中喷雾用药液均为 $7.5L/hm^2$。近年来由于机动背负式喷雾机的大批生产,促进了常量喷雾转向少量喷雾,而且少量喷雾的技术要求比微量喷雾低,因此使地面少量喷雾得到了很大发展。

③微量喷雾(超低容量喷雾) 是通过高效能的雾化装置,使药液雾化成直径为 $50\sim100\mu m$ 的雾点,经飘移而沉淀。地面和空中喷雾用药液量均为 $0.7\sim5.2L/hm^2$,必须使用低毒性农药和特殊的剂型。此法的优点是用水少或不用水,节省药,功效高,防治效果好。缺点是受风力影响很大,风速超过 $1\sim3m/s$ 不能作业,植物下部着药少。

(3)拌种法 拌种是用一定量的农药拌在种子上,再进行播种,可防治地下害虫和苗期害虫。可用粉剂、乳油拌种,用药量一般为种子重量的 $0.2\%\sim1\%$;用药液闷种或浸种,浸种可用乳剂、可湿性粉剂或水剂等,浸种药液量一般约为种子的 2 倍。

(4)土壤处理 将药剂和细土按一定比例配成毒土,撒在播种沟里或撒在地面上并翻入土壤中,用来防治地下害虫和苗期害虫。

(5)毒饵法 将药剂与害虫喜欢取食的饲料混合拌匀,撒在田间,引诱害虫取食,起到杀虫作用,主要用于防治地下害虫或活动性较强的害虫。

(6)熏蒸法 利用在常温下能够产生毒气的药剂、如敌敌畏等,在密闭条件下熏杀害虫。这一方法主要用来防治仓库害虫和贮粮害虫,也用来处理农副产品、苗木、种子上的检疫物件。

二、主要害虫的识别及其防治

(一)蝗虫类

蝗虫类属直翅目,蝗总科,我国北方分布较广。为害牧草和草坪的蝗虫主要有中华蚱蜢(*Acrida cinerea* Thunberg)、笨蝗(*Haplotropis brunneriana* Saussure)、黄胫小车蝗(*Oedaleus infernalis* Saussure)、中华稻蝗[*Oxyza chinensis* (Thunberg)]和东亚飞蝗[*Locusta migratoria manilensis* (Meyen)]等。

蝗虫食性很广,可取食多种植物,但主要以禾本科和莎草科植物为食,也喜食玉米、大麦、小麦等作物。成虫和若虫(蝗蝻)蚕食叶片和嫩茎,大发生时可将寄主全部吃光。

1. 形态特征

(1)中华蚱蜢　成虫雄虫体长 30～47mm,体细长。头圆锥形,明显长于前胸背板。头顶突出,中央纵隆线明显,颜面极向后倾斜,隆起处极狭,全长具纵沟。复眼长卵形,着生于头部近前端。触角剑状,较短,基部数节较宽。前胸背板宽平,具有小颗粒,侧片后下角呈锐角,向后突出。前翅发达,长 25～36mm,狭长,超过后足腿节顶端,顶角尖锐;后翅略短于前翅,长三角形。后足腿节细长,跗节爪间中垫超过爪端。雌虫体长 58～81mm。前翅狭长,25～65mm。产卵瓣短粗,下生殖板后缘具 3 个突起(图 6-20)。若虫(蝗蝻)有 6 个龄期。

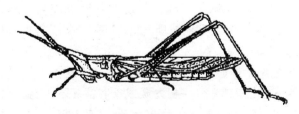

图 6-20　中华蚱蜢(仿农业昆虫学)

（2）笨蝗　成虫雄性体中大型,体长 28～37mm,黄褐色、褐色或暗褐色,表面具粗密的颗粒和隆线。头短于前胸背板,颜面稍倾斜。头顶短,三角形,中部低凹,中隆线和侧隆线明显,后头部具有不规则的网状纹。触角丝状。前胸背板中隆线是片状隆起,上缘呈弧形,横沟不切断中隆线,仅在侧面可见,前后缘均角状突出。前胸腹板的前缘略隆起,中胸腹板侧叶中隔呈梯形,宽大于长。前翅长 6～7.5mm,前缘暗褐色,后缘颜色较淡。后足腿节粗短,上侧具 3 个暗色横斑。后足胫节上侧青蓝色,底侧黄褐色或淡黄色。下生殖板锥形,顶尖。雌性体长 34～49mm。前翅鳞片状,前翅长5.5～8mm,侧置,在背部较宽地分开,顶端到达或不到达第一腹节背板后缘。下生殖板长方形,后缘中央略突出,产卵瓣短(图 6-21)。若虫(蝗蝻)有 5 个龄期。

（3）东亚飞蝗成虫　雄性体长 33.5～41.5mm,通常为绿色或黄绿色,常因类型和环境不同而有所变异。颜面垂直,与头顶形成圆弧状,无头侧窝。触角丝状,淡黄色,上腭青蓝色。前胸

图 6-21　笨　蝗(仿农业昆虫学)

背板中隆线发达,略呈弧状隆起或较平直,两侧常具棕色纵条纹。前翅褐色,翅长 32.3～46.8mm,具多个暗色斑纹。后足腿节淡黄色略带红色,外缘具刺 10～11 个。雌性体长 39.5～51.2mm,前翅长 39.2～51.2mm。其他与雄虫相似(图 6-22)。若虫(蝗蝻)有5 个龄期。

2. 发生规律和生活习性　蝗虫一般每年发生 1～2 代,绝大多数以卵块在土中越冬。一般冬暖或雪多情况下,地温较高利于蝗虫卵越冬。若 4～5 月份温度偏高,卵发育速度快,孵化早。秋季气温高,利于成虫繁殖、为害。多雨年份,土壤湿度过大,蝗虫卵

和蝗蝻死亡率高。干旱年份,在管理粗放的草坪上,笨蝗、飞蝗则混合发生为害和产卵。

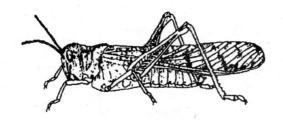

图 6-22　东亚飞蝗

3. 防治方法

(1)**药剂防治**　发生量较多时可选用 2.5% 敌百虫粉剂、3.5% 甲敌粉剂、4% 敌马粉剂喷粉,用药量为 30kg/hm²;也可用 50% 马拉硫磷乳剂、40% 乐果乳剂、80% 敌敌畏乳油等进行超低量喷雾。

(2)**毒饵防治**　用麦麸(米糠)100 份、水 100 份、1.5% 敌百虫粉剂 2 份(或 40% 乐果乳油等 0.15 份)混合拌匀,施药量为 22.5kg/hm²;也可用鲜草 100 份切碎加水 30 份拌入上述药剂中,施药量为 112.5kg/hm²。随配随用,不要放置过夜。阴雨、大风和温度过高或过低时不宜使用。

(3)**人工捕捉**　可以结合栽培管理进行人工捕捉。少量发生时,可用捕虫网捕捉,以减轻为害并减少虫源基数。

(二)夜 蛾 类

夜蛾类属鳞翅目,夜蛾科。为害草地的夜蛾类很多,主要有黏虫[*Mythimna separata*(Walker)]、劳氏黏虫[*Leucania loreyi*(Duponchel)]、斜纹夜蛾[*Spodoptera litura*(Fabricus)]、贪夜蛾(*Laphygma exigua* Hübner)等,其中黏虫和劳氏黏虫比较常见。

黏虫是世界性的禾本科植物的大害虫,在我国分布较广,是一种暴食性害虫,大发生时幼虫常把植物叶片吃光,甚至整片地都吃光。黏虫主要为害狗牙根、早熟禾、翦股颖、高羊茅等禾草。

1. 形态特征

(1)黏虫　成虫 体长 17～20mm,翅展 35～40mm,体色淡灰色或黑褐色,雄蛾颜色较深。触角丝状。前翅灰褐色,有时黄色至橙色,中央近外端有 2 个淡黄色圆斑,外侧圆斑较大,其下方有一白点,白点两侧各有一黑点。由翅顶角至后缘的 1/3 处有一斜行黑褐纹,上缘有 7～9 个小黑点排列成弧形。后翅基部淡褐色,向端部色渐暗 。雌虫腹部末端有一尖形产卵器(图 6-23)。

图 6-23　黏　虫（仿宁夏农业昆虫图志）

1. 成虫　2. 幼虫

　　卵 半球形,表面具有网状脊纹,初产时白色,孵化前呈黄褐色至黑褐色。老熟幼虫体长 38mm,圆筒形。

(2)斜纹夜蛾　成虫体长 14～20mm,翅展 35～40mm,全体褐色,胸背部有白色丛毛,腹部前部数节背面中央有暗褐色丛毛。前翅灰褐色,斑纹复杂,内横线与外横线灰白色、呈波浪形,中间有白色条纹,环状纹不明显,肾状纹前部白色,后部黑色,在环状纹、肾状纹间由前缘向后缘外有 3 条白色斜线。后翅白色半透明,翅脉及缘线褐色(图 6-24)。

2. 发生规律和生活习性

(1)黏虫　发生规律因地区而异,东北、内蒙古和华北北部地

区每年发生 2～3 代,华
北、西北南部、长江以北
地区每年 4～5 代,长江以
南每年 5～6 代,福建每年
6～7 代,广东、广西每年
7～8 代。对黏虫越冬的
研究表明,北纬 27°以南
无越冬现象,此线以北至
北纬 33°可以越冬,北纬

图 6-24　斜纹夜蛾

(仿宁夏农业昆虫图志)

33°以北不能越冬。北方的虫源是由南方迁飞而来,而秋天南方
(无越冬现象地区)的虫源又是由北方飞去的。目前对越冬、越夏
和迁飞的问题还有待进一步深入研究。

黏虫成虫昼伏夜出,白天隐藏,夜晚活动、取食、交尾、产卵,一
般晚 8～9 时和黎明前活动最盛。成虫羽化后对糖、酒、醋混合液
及腐烂的果实、酒糟、发酵液均有趋性,产卵后趋化性减弱而趋旋
光性加强,有假死性。幼虫还具有潜土习性,4 龄后常潜伏于寄主
根旁的松土中,深度一般 1～2cm。4 龄以上的幼虫在食物缺乏或
环境不适宜时,可群集迁移,在迁移过程中所遇到的植物多被掠食
一空。幼虫老熟后钻到根际附近的松土中深 1～2cm 处结茧
化蛹。

黏虫成虫产卵适宜温度为 15℃～30℃,最适温度为 19℃～
25℃。降水一般对黏虫的发育有利,但暴雨或冷空气入侵对其发
生不利。一般相对湿度在 75%以上时,对成虫产卵有利;低于
40%时,即使在适温条件下产卵量也极少。黏虫对栖息的寄主环
境有一定的选择性,一般在高而密的禾草牧草中,由于小气候以及
生态条件极适于黏虫的生长和发育,一旦有充足的虫源很易造成
大发生。

(2)斜纹夜蛾　在长江中下游地区每年发生 5～6 代,在华北

和西北东部每年4～5代。是一种喜温性害虫,其生长发育适温为28℃～30℃,在40℃高温下也可正常生长。每年的7～10月份是该虫的盛发期。

成虫白天隐伏,黄昏后开始活动,交尾产卵多在黎明进行,成虫以取食花蜜补充营养。其对黑光灯、糖醋液趋性较强。初龄幼虫群集在卵块附近取食,2龄后开始分散。低龄幼虫食叶后叶片表皮和叶脉呈窗纱状。3～4龄后进入暴食期,叶片仅剩叶脉,严重时叶片被吃光成光秆,以晚上9～12时取食最盛。有迁移为害习性。幼虫期12～27d。幼虫老熟后人表土或枯草层化蛹,蛹期9～13d。

3. 防治方法

(1)农业方法 ①对已被为害的草地应尽快施肥和浇水。②减少草地和草坪枯层,防止草地长时间积水。③对草地秃斑及时补播,防止杂草侵入而为黏虫的产卵活动提供适宜的环境。

(2)诱杀成虫 利用成虫具趋光性和趋化性的习性,在成虫数量开始上升时,用黑光灯或每公顷设置120～150个谷草把诱杀。还可用红糖6份、白酒1份、米醋3份加少量敌百虫混合液或用胡萝卜、红薯、豆饼等发酵液放在大碗或小盆里,放入田间,黄昏时开盖,黎明后取完再盖上,可诱到大量成虫。每隔5～7d换剂1次。

(3)药剂防治 药物杀幼虫对1～2龄幼虫(此时幼虫群集)杀灭效果最佳。

① 喷粉 选用2.5%敌百虫粉剂、3%乙基稻丰散粉剂、3.5%甲敌粉、5%杀螟松粉,用药量为22.5～30kg/hm²。

② 喷雾 90%敌百虫与马拉硫磷乳油800～1000倍液混合喷洒,也可用50%敌敌畏乳油与50%辛硫磷乳油1000～2000倍混合液以及50%西维因可湿性粉剂200～300倍液、2.5%溴氰菊酯乳油2000～3000倍液喷洒,均可获得良好效果。

(4)生物防治 使用含菌量在60亿～100亿个/g的77～21

苏云金杆菌粉 30～50 倍稀释液、20％灭幼脲 3 号 4 000～6 000 倍液，杀灭幼虫率在 90％以上。

(三)螟蛾类

螟蛾类属鳞翅目，螟蛾科。为害牧草的螟蛾主要有草地螟[*Loxostege sticticalis* (L.)]、庭园网螟[*L. rantalis* (G.)]、稻纵卷叶螟(*Cnaphalocrocis merdinalis* Guen.)、二化螟[*Chilo suppressalis* (Walk.)]、大草螟(*Pediasia trisectus*)及麦牧野螟(*Nomophila noctuella* Shhif. et Dentis)等。其中在我国北方普遍发生的是草地螟，其食性广，可取食 35 科 200 多种植物。主要取食为害的牧草有早熟禾、细羊茅、剪股颖、黑麦草等。初孵幼虫取食幼叶的叶肉，残留表皮，并常在植物上结网躲藏。3 龄后食量大增，可将叶片吃成缺刻、孔洞，仅残留网状的叶脉。

1．形态特征　草地螟成虫体长 9～12mm，翅展 24～26mm，全体灰褐色。头部颜面突起呈圆锥形，下唇须上翘，触角丝状。前翅灰褐色至暗褐色，翅中央稍近前缘有一近似长方形的淡黄色或淡褐色斑；翅外缘黄白色，并有一串淡黄色小点连成的条纹；后翅黄褐色或灰色，翅基部颜色较淡，沿外缘有两条平行的黑色波状条纹。静止时，双翅折合成三角形(图 6-25)。

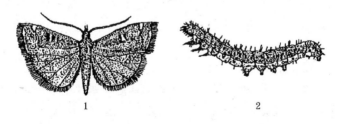

1　　　　　　　　　　2

图 6-25　草 地 螟(仿宁夏农业昆虫图志)

1. 成虫　2. 幼虫

卵长 0.8～1mm、宽 0.4～0.5mm，椭圆形，乳白色，有光泽。

幼虫有 5 龄。老熟幼虫体长 16～25mm，头宽 1.25～1.5mm，灰黑色或淡绿色。头黑色，有明显的白斑。前胸盾片黑色，有 3 条黄色纵纹，背部有 2 条黄色的断线，两侧有鲜黄色纵条，体上疏生较显著的毛瘤，毛瘤上刚毛基部黑色，外围有 2 个同心的黄白色环。

蛹长 8～15mm，黄色至黄褐色。腹部末端由 8 根刚毛构成锹形。蛹外有口袋形的茧，茧长 20～40mm，在土表下直立，上端开口用丝质物封盖。

2. 发生规律和生活习性 草地螟在我国北方每年发生 2～4 代，陕西关中地区每年可发生 3～4 代。以老熟幼虫在土壤表层内结茧越冬。一般越冬代成虫发生量大，其他各代成虫数量不多，为害亦不明显。成虫昼伏夜出，低温、阴雨或有风天多潜伏，遇惊只做短暂低飞，夜间 21～23 时为交尾、产卵盛期。趋旋光性很强。在光滑的叶表面产卵，以离地面 2～8cm 的茎叶上较多。卵块呈覆瓦状，每块 2～12 粒。具群集性，通常在黄昏后微风或地表温度出现逆增现象时，可大量迁飞。初孵幼虫营群居生活，受惊后可吐丝下垂。老熟后停止取食，筑土室吐丝做茧化蛹。成虫产孵前期 4～8d，卵期 4～6d；幼虫期 13～25d，蛹期 13～14d。

一定时期（月或季）内的降水量和≥10℃的积温比值（水热系数）大小对草地螟的发生有重要意义，一般在 0.9 以上对其发育有利，在 0.4～0.5 以下时则对其发育不利。

3. 防治方法

（1）农业方法 ①打孔通气、减少草地和草坪枯草层，促进肥料、水分下渗，使草地和草坪草保持旺盛健康的生长状态。②及时浇水和施肥可刺激受害草地和草坪的恢复。③及时清除杂草，减少虫源。

（2）人工防治 利用成虫白天不远飞的习性，采用拉网法捕捉。网是用纱网做成的网口宽 3m、高 1m、深 4～5m 的虫网，底纹和网口用白布制成。网的左右两边穿上竹竿,将网贴地迎风拉网,成虫即可被捕入网内。一般在羽化后 5～7d 第一次拉网,以后每隔 5d 拉网 1 次。

(3)药剂防治　幼虫为害期,用 90％敌百虫晶体 1 000 倍液、50％辛硫磷乳油 1 000 倍液、25％鱼藤精乳油 800 倍液喷雾。也可用 2.5％敌百虫粉剂喷粉,用药量为 22.5～30kg/hm²。还可喷施含 100 亿个/g 活孢子的杀螟杆菌菌粉或青虫菌菌粉 2 000～3 000倍液。

(四)叶甲类

叶甲类害虫属鞘翅目,叶甲科。其成虫和幼虫都可不同程度地为害草地植物,但以成虫食叶为主,常造成牧草叶片出现孔洞、缺刻和白色条斑,严重时可将叶片全部吃光。幼虫为害根部,剥食根部表皮,在根表面蛀成许多环状虫道。

为害草地禾草的叶甲有粟茎跳甲[*Chaetocnema ingenus*(Baly)]、麦茎跳甲[*aApophylia thalassin*(Faldm.)]、黄曲条跳甲[*Phyllotreta striolata*(Fabr.)等,在我国北方分布非常普遍。

1. 形态特征

(1)粟茎跳甲　成虫体长 2～6mm,略呈卵圆形,全体青蓝色,有光泽。触角 11 节,基部 4 节黄褐色,5～11 节黑褐色。前胸背板梯形,两侧缘微向外拱突,宽度稍大于长度。鞘翅上有由刻点排列而成的纵线。足黄褐色,各足部基节及后腿节黄褐色;后足腿节肥大发达,善于跳跃,其胫节外侧具有凹刻,并生有整齐的毛列。腹部腹面金褐色,散生粗刻点(图 6-26)。

卵长 0.75mm,长椭圆形,米黄色至深黄色。

幼虫为老熟幼虫,体长 4～6.5mm,长筒形,头、尾两端渐细。头部黑色,前胸盾板和臀板褐色,其余各节污白色,各节背面及侧面散生大小不等、排列不整齐的暗褐色斑。胸足褐色(图 6-26)。

蛹为褐蛹,长约 3mm,乳白色略带灰黄色,腹部末有 2 刺。

图 6-26　粟茎跳甲（仿宁夏农业昆虫图志）

1. 成虫　2. 幼虫

（2）黄曲条跳甲　成虫体长 1.8～2.4mm，黑色。每个鞘翅上各有 1 条黄色纵斑，中部狭而弯曲。后足腿节膨大，因此善跳，胫节、跗节黄褐色（图 6-27）。

卵长约 0.3mm，椭圆形，淡黄色，半透明。

幼虫为老熟幼虫，体长约 4mm，圆筒形，黄白色，头部和前胸背板淡褐色。胸、腹各节有不显著肉瘤，其上生有细毛。

蛹长约 2mm，椭圆形，乳白色。头部隐于前胸下面，翅芽和足达第五腹节，胸部背面有稀疏的褐色刚毛。腹末有 1 对叉状突起，叉端褐色。

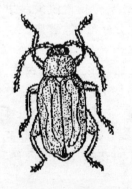

图 6-27　黄曲条跳甲

（仿宁夏农业昆虫图志）

2. 发生规律与生活习性

（1）粟茎跳甲　在北方每年发生 1～3 代，以成虫在土中越冬。越冬成虫于翌年土温达 17℃ 左右时开始活动，20℃ 时活动最盛。当苗高 3～4cm 时多潜入心叶中部取食,引起心叶枯萎或折断。成虫善飞且有假死性。温暖干燥时最为活跃,但中午强光照射时会潜伏在土块下。成虫产卵于寄主根际。幼虫孵化后即钻入近地面的茎部,向上蛀食,造成幼苗枯心,株高4～9cm的幼苗受害最多,每头幼虫可为害3～4株苗。幼虫老熟后入土化蛹,第一代成虫一般发生于6月份至7月上旬,6月下旬至7月上旬为幼虫为害期,8月份成虫羽化。各虫态平均历期为:卵期11d、幼虫期14～15d、蛹期4～11d。

(2)黄曲条跳甲　黑龙江每年发生2代,青海每年3～5代,宁夏、华北地区每年4～5代、华东地区每年4～6代,华中地区每年6～7代,华南地区每年7～8代。以成虫在落叶、土缝、草丛中潜伏越冬,翌年春气温达到10℃以上开始取食,20℃时食量大增。成虫善跳跃,高温时还能飞翔,以中午前后活动最盛,阴雨天不太活动,有趋旋光性。成虫寿命30～80d,最长可达1年。产卵期可延续1个月以上,因此世代重叠,发生不整齐。虫卵散产在植株周围湿润的土块间隙中或细根上,平均每个雌虫产卵200粒左右,卵期3～9d。卵需在高湿情况下才能孵化,幼虫孵化后在3～5cm的表土层中啃食根皮,幼虫期12～20d,共3龄。老熟后在3～7cm深的土壤中化蛹,蛹期20d。全年以春、秋两季发生较重,并且秋季重于春季,湿度高的草地和草坪重于湿度低的草地和草坪。

3. 防治方法

(1)农业方法　①及时清除残体和枯草,防止害虫在此越冬。②春、秋季防止草地积水。③幼虫为害严重期,可连续几天多浇水,以防止根部疏导组织的破坏,加速牧草的生长。

(2)药剂防治　成虫盛发期还可喷施90%敌百虫晶体1 000倍液、50%马拉硫磷乳剂或50%辛硫磷乳剂1 000倍液等,幼虫为害时结合浇水还可用90%敌百虫晶体1 000倍液灌根。

(五)蚜虫类

蚜虫属同翅目,蚜科。为害牧草的蚜虫发生普遍且严重的有:麦长管蚜[*Macrosiphum avenae* (Fitch)]、麦二叉蚜[*Schizaphis graminum* (Rondani)]、禾谷缢管蚜[*Phopalosiphum padi*(L.)]和无网长管蚜[*Metopolophium dirhodum* (Walker)]等。以上蚜虫除无网长管蚜分布在北方地区外,其他3种蚜虫各地区普遍发生。一般麦长管蚜在我国南北是常发性害虫;麦二叉蚜在我国西北、华北北部较干旱地区,特别是西北地区发生较多;禾谷缢管蚜在南方发生普遍,也常与上述两种蚜虫混合发生。蚜虫以成虫、若虫刺吸禾本科牧草和杂草等植物的叶片汁液,吸取寄主的营养和水分,影响寄主的正常生长和发育,严重时导致寄主生长停滞,最后枯萎,同时还可传播病毒病。

1. 形态特征

(1)麦长管蚜 有翅孤雌蚜,体长 2.4~2.8mm,长卵形,体色淡绿或深绿色。额瘤显著外倾,触角长于体长,第三节有圆形感觉圈 8~12 个。前翅中脉分 3 叉。腹管长圆筒形、黑色,长度为尾片长的 2 倍,端部有网纹,尾片长 0.22mm、管状,有毛 6 根。

无翅孤雌蚜,体长 2.3~2.9mm,淡绿色至绿色,腹背常有褐斑。复眼赤褐色,触角与身体等长或稍长于身体、黑色,第三节有 0~4 个感觉圈,第六节长为基部 5 节总长的 5 倍。其他同有翅孤雌蚜(图 6-28)。

(2)麦二叉蚜 有翅孤雌蚜,体长 1.8~2.3mm,椭圆形或卵圆形。头胸黑色,腹部色淡,有灰褐色淡斑纹。触角黑色,比体长稍短,第三节有小圆形感觉圈 5~8 个。腹管绿色,端部稍暗。前翅中脉分 2 叉。尾片长圆锥形,有微弱小刺瓦纹,长毛 2 对。

无翅孤雌蚜,体长 2mm,卵圆形,淡绿色。背中线深绿色,触角黑色,足淡色至灰色。腹管色淡,但顶端色深,尾片灰褐色。其他与有翅型相似(图 6-29)。

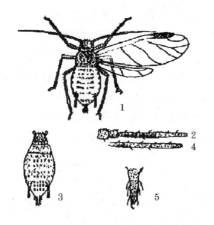

图 6-28　麦长管蚜

1. 有翅雌蚜成虫　2. 有翅雌蚜触角第一至三节

3. 无翅雌蚜成虫(除去触角及足)　4. 无翅雌蚜触角第三节

5. 无翅雌蚜尾片

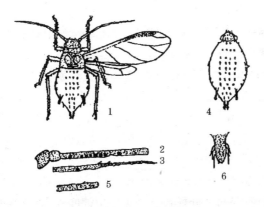

图 6-29　麦二叉蚜

1. 有翅雌蚜成虫　2. 有翅雌蚜触角第一至四节

3. 无翅雌蚜触角第五至六节　4. 无翅雌蚜成虫(除去触角及足)

5. 无翅雌蚜触角第三节　6. 无翅雌蚜尾片

2. 发生规律与生活习性 蚜虫类具有以下特性：

(1)生殖方式 有两性生殖、孤雌生殖,且在一个生活周期内以孤雌生殖为主要繁殖方式。以上 4 种蚜虫,前 2 种在我国各地每年发生 20～30 代,后 2 种在我国大部分地区每年发生 10～20代,繁殖力强,且多以卵在牧草根际等处越冬。

(2)多数种类寄主范围较广

(3)多数蚜虫能够传播植物病毒

3. 防治方法

(1)农业防治 冬灌可降低地面温度,杀死大量蚜虫。及时灌返青水或有翅蚜大量出现时及时喷灌既可抑制蚜虫发生、繁殖和迁飞扩散,又可保墒防旱。

(2)药剂防治 蚜虫量大时,可选用 50%灭蚜松或 40%乐果乳剂 1 000 倍液、40%乐果乳剂 1 500～2 000 倍液、50%辛硫磷或 50%马拉硫磷乳剂 1 000 倍液、50%杀螟松或 50%敌敌畏乳剂 1 000～1 500倍液进行喷雾。在烟草种植区,还可用烟草石灰水(1∶1∶50)喷雾。

(3)生物防治 蚜虫的天敌较多,捕食性天敌有瓢虫类、草蛉类、食蚜蝇类、食蚜蜘蛛和食蚜螨类等;寄生性天敌有蚜茧蜂类和蚜霉菌等。其中以瓢虫类和蚜茧蜂类最为重要,1 头七星瓢虫的成虫,平均每天可食蚜虫 120 头,1～4 龄幼虫平均每天可食蚜 80头。蚜茧蜂每头雌虫可寄生蚜虫卵 77～448 粒,个别可多达 500粒。在南方,因空气较潮湿,对蚜霉菌繁殖有利。蚜霉菌对蚜虫的控制作用较大。

(六)叶 蝉 类

叶蝉类属同翅目,叶蝉科。为害草地的叶蝉主要有:大青叶蝉〔*Tettigoniella viridis* (L.)〕、二点叶蝉〔*Cicadula fasciifrons* (Stal.)〕、四点叶蝉(*C. masatonis* Mats.)、六点叶蝉(*C. sexnotata* Fall.)、黑尾叶蝉〔*Nephotettix cincticeps* (Uhler)〕、小绿叶蝉

[*Empoasca flavescons* (Fabr.)]、白翅叶蝉[*Frythroneura subru-fa* (Mots.)]等。大青叶蝉除西藏尚未记载外,其他省、自治区较普遍,其中以西北和华北发生较多。主要取食禾本科牧草,还可为害豆科植物、十字花科植物、果树及林木等。二点叶蝉分布于东北、华北、内蒙古、宁夏及南方各省、自治区,为害小麦、水稻、禾本科牧草及棉花、大豆等。黑尾叶蝉分布于全国各地,但以南方各省发生较多,除为害结缕草等禾草和其他牧草外,还可为害麦类、水稻、稗草等。各种叶蝉均以成虫、若虫群集于叶背及茎秆上刺吸汁液,使寄主生长发育不良,叶片受害后褪绿、变黄、变褐,有的出现畸形蜷缩甚至全叶枯死。此外,叶蝉还能传播植物病毒。

1. 形态特征

(1)**大青叶蝉**　成虫体长 7～10mm,青绿色。头部颜面淡褐色,颊区在近唇基缝处有 1 个黑斑,触角窝上方有 1 块黑斑。复眼黑褐色、有光泽,两单眼间有 2 个多边形黑斑点。前胸背板前缘黄色,其余为深绿色。前翅蓝绿色,末端灰白色,半透明;后翅及腹部背面烟熏色,腹部两侧、腹面及胸足均为橙黄色(图 6-30)。

(2)**二点叶蝉**　成虫体长 3.5～4mm,淡黄绿色略带灰色。头顶有明显小黑圆点 2 个,其前方有两对显著的黑横纹,复眼内侧各有 1 个较短的黑色纵纹。单眼橙黄色,位于复眼与黑纹之前。前胸背板淡黄色,小盾片鲜黄绿色,基部有 2 个黑斑,中央有一细刻痕。足淡黄色,后足胫节及各足跗节均具有小黑点。腹部背面黑色,腹面中央及雌性产卵管黑色(图 6-31)。

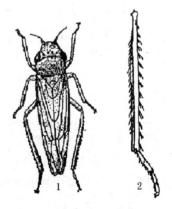

图 6-30　大青叶蝉

1. 成虫　2. 后足

图6-31 二点叶蝉

卵 长约0.6mm,长椭圆形。

若虫 初孵时灰黄色,成长后头部后头顶有2个明显的黑褐色小点。

2. 防治方法

(1)物理防治 利用叶蝉的趋旋光性,设置黑光灯诱杀或用普通灯火诱杀。

(2)化学防治 在若虫盛发期及为害严重时,可进行药剂防治。常用的药剂有40%乐果乳剂1000倍液、20%叶蝉散乳油或50%稻丰散乳油或50%马拉硫磷乳油1000倍液、2.5%敌杀死乳油或20%杀灭菊酯乳油3000倍液。

(七)飞虱类

飞虱类属同翅目,飞虱科。在我国为害牧草和草坪的飞虱主要有3种:白背飞虱[*Sogatella furcifera* (Horvath)]、灰飞虱[*Laodelphax striatellus* (Fall.)]和褐飞虱[*Nilaparvata lugens* (Stal)]。白背飞虱在我国各地普遍发生,灰飞虱主要发生在我国北方地区和四川盆地,褐飞虱在长江和淮河流域以南地区发生较重。主要以成虫、若虫群集于寄主下部刺吸汁液为害,被害叶表面呈现不规则的长条形棕褐色斑点;产卵时刺破茎秆组织,影响植株生长发育。叶片自下而上逐渐变黄,植株萎缩,严重时植株下部变黑枯死。飞虱还可传播多种病毒病,如白背飞虱可传播黑条矮缩病、灰飞虱能传播条纹叶枯病、褐飞虱能传播齿叶矮缩病等。另外,刺吸造成的伤口常是小球菌核病菌直接侵入的途径。

1. 形态特征

(1)白背飞虱 成虫雄虫只有长翅型。雌虫有长翅型、短翅型之分,长翅型连翅体长3.8~4.5mm。雄虫体色淡黄色具黑褐斑,雌虫大多黄白色到灰黄色。头顶前突显着,其长大于复眼间距。前胸背板两侧的纵脊不达后缘,中胸背板侧区黑褐色。前翅半透明、有翅斑,翅长超过腹部。腹背黑色,中央黄白色,两侧浅黑褐色,腹部腹面淡黄褐色。短翅型体长 2.5~3.5mm,翅长不及腹部一半。其余同长翅型(图 6-32)。

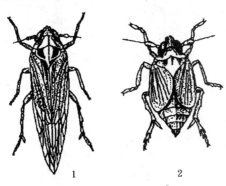

图 6-32 白背飞虱
1. 长翅型雌虫　2. 短翅型雌虫

卵长 0.8~10mm,长椭圆形,微弯曲。初产时黄白色,后变为黄色。卵块由卵粒单行松散排列。

若虫 5~6 龄,体淡灰褐色,背部有灰白色云纹斑。

(2)灰飞虱　成虫,长翅型连翅体长雄虫 3.5mm、雌虫 4mm,短翅型体长雄虫 2.3mm、雌虫 2.5mm。头顶与前胸背板黄色,头顶略突出,额颊区黑色。雌虫小盾片中央淡黄色,两侧暗褐色,胸、腹部腹面黄褐色。雄虫小盾片及胸、腹部腹面皆黑褐色。前翅近乎透明,具有翅斑(图 6-33)。

卵长 0.7mm 左右,长卵圆形、弯曲,前端细于后端。初产时乳白色,后期淡黄色。

若虫共 5 龄。幼龄若虫体白色至淡黄色,老熟若虫体灰黄色

至黄褐色,腹部两侧色深,中央色浅,第三节、第四节各有 3 对淡色
"八"字形斑纹。

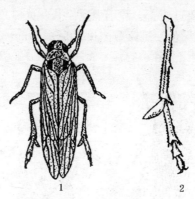

图 6-33 灰 飞 虱
1. 长翅型雌虫　2. 后足

(3)褐飞虱　成虫,长翅型连翅体长 3.6～4.8mm,虫体淡褐
色至深褐色,有光泽。颜面中央不凹陷,中脊连续,额、颊区均为黄
褐色。小盾片褐色至深褐色,6 条隆线明显。前翅半透明带有褐
色色斑,翅斑明显。胸、腹部腹面暗黑色,后足第一跗节内侧有2～
3 个小刺。短翅型雌虫体长约 4mm,雄虫约 2.5mm。

体型短,腹部肥大,腹末圆钝,前翅端不超过腹部,后翅短小。
雄虫翅较雌虫更短。其余特征与长翅型相同(图 6-34)。

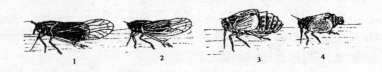

图 6-34 褐 飞 虱
1. 长翅型雌虫　2. 长翅型雄虫　3. 短翅型雌虫　4. 短翅型雄虫

卵长 0.8mm 左右,长卵圆形、微弯。初产时乳白色,后期变为淡黄色并出现红色眼点。卵通常产于叶鞘的中肋组织内,卵块由 14～22 粒卵紧密排列形成。

若虫共 5 龄。老熟若虫体灰白色至黄褐色,腹部第四、第五节背面有 2 对清晰的三角白色斑纹。

2. 发生规律与生活习性

(1)白背飞虱　每年发生 3～8 代,自北向南发生代数递增。在广东南部无越冬现象,在北纬 26°以北地区尚未发现越冬虫体。为远距离迁飞性害虫,现已证实我国北方地区发生的白背飞虱是由南方地区迁飞而来。据研究,长翅型羽化后 2～6d 达到迁飞高峰,可群集于 1 000～2 000m 高空飞行,飞行距离达数百千米。长翅型、短翅型成虫雌雄可互相交尾,卵多产在叶鞘肥厚组织内,少数产于叶片基部中脉内,以下部叶鞘最多。成虫有趋嫩绿习性,也具趋旋光性。若虫多群集草丛下部取食,受惊后有横走习性。在适温(20℃～30℃)范围,成虫寿命 12～17d。产卵前期 4～6d,卵期 5.5～12d,若虫期为 11～28d。

(2)灰飞虱　每年发生 4～8 代,由北向南发生代数逐渐递增,以成虫、若虫在寄主枯叶上及草丛间越冬。有世代重叠现象。灰飞虱属温带昆虫,耐低温能力较强,不耐高温,也是迁飞性害虫。翅型变化较稳定,越冬代以短翅型为多,其余各代的翅型较多。雄成虫仅越冬代有短翅型,其余各代均为长翅型。该虫在寄主上栖息部位较高,且有向田边集中的习性。若虫期 20～25d。长翅型雄虫寿命为 7～10d,雌虫为 4～12d。

(3)褐飞虱　每年发生 2～11 代,发生代数由北向南逐渐递增,在北纬 23°以北不能越冬,在此线以南以成虫、若虫或卵在寄主草丛间越冬。该虫也为远距离迁飞性害虫,但迁飞能力不及白背飞虱。性喜阴湿,喜在寄主基部栖息取食,在田块中间发生严重,亦有趋嫩绿习性。长翅型成虫具趋旋光性。卵多产于寄主基部第二、第三叶鞘和叶片正面的组织内,卵呈条状,产卵痕迹呈褐色条斑。卵期 5～12d,若虫期 13～30d。雌成虫寿命 14～30d。

3. 防治方法

(1)种植抗虫耐虫品种　利用飞虱对某些品种的选择性、抗生性及耐害性的不同,选育对飞虱具有抗性和耐性的品种种植。

(2)加强草地管护,提高抗(耐)虫能力

(3)药剂防治

① 喷粉　选用 2%叶蝉散粉剂、2%速灭威粉剂、2%混灭威粉剂喷撒,用量为 30～37.5kg/ hm²;或用以上药物各 1kg 加 2.5%敌百虫粉剂 1.5kg 喷撒 。

② 喷雾　选用 50%混灭威乳油、20%叶蝉散乳油,用量 1.125～1.5kg/ hm²;或 50%马拉硫磷乳油,用量 0.75～1.5kg/ hm²。均加水 60～75L 喷洒。

(八)金龟甲类

金龟甲类属鞘翅目,金龟甲总科,是各类草地最重要的地下害虫之一。为害草地的金龟甲很多,主要有:东北大黑鳃金龟(*Holotrichia diomphalia* Bates)、棕色鳃金龟〔*Holotrichia titanus* Reit.〕、暗黑鳃金龟(*Holotrichia parallela* Mots.)、黑绒鳃金龟(*Serica orientalis* Mots)、黄褐丽金龟(*Anomala exoleta* Fald.)、铜绿丽金龟(*Anomala corpulenta* Nots.)、四斑丽金龟(中华弧丽金龟)(*Popillia quadriguttata* Fabr.)、墨绿丽金龟(亮绿彩丽金龟)(*Mimela splendens* Gyll.)等。由于各地气候、土壤、环境条件的不同,主要为害的种类也有差异,而同一地区甚至同一地块往往也是多种为害混合发生。东北大黑鳃金龟、暗黑鳃金龟、黑绒鳃金龟、黄褐丽金龟等在北方发生较普遍,其余的种类在南方、北方均不同程度地发生。

金龟甲成虫、幼虫均可为害植物,幼虫称为蛴螬。在草地上以蛴螬为害为主。蛴螬栖息在土壤中,取食萌发的种子,造成缺苗。

还可咬断幼苗的根、根茎部,造成地上部成片死亡。被为害的草地上部分并无明显的被害症状,但土壤下 1～2cm 深处的根系却由于蛴螬的取食而大面积被损害。在草地上表现的被害状为:草地上出现萎蔫斑块,提供以充足的灌溉后仍不能恢复生长,不久草地颜色发褐,呈不规则状死亡,死亡的草皮如地毯一般,很容易被提起。

　　由于草地不能翻耕,有利于金龟甲的繁殖,同时多年形成的致密草皮又不利于杀虫剂直接作用于虫体或杀虫剂难以下渗到土壤中,从而使草地金龟甲的防治非常困难。

1. 形态特征

　　(1)东北大黑鳃金龟　成虫体长椭圆形,长 16～21mm、宽 8～11mm,初羽化时红褐色,逐渐变为黑褐色至黑色、有光泽。唇基近似半月形,前缘、侧缘上卷,前缘中间凹入,触角 10 节,鳃状部 3 节,黄色或赤褐色。胸部腹面被有黄色长毛,背板密布粗大刻点,侧缘向外弯,有褐色细毛。前翅表面微皱,肩凸明显,密布刻点,缝肋宽而隆起,另有 3 条纵肋可见(图 6-35)。

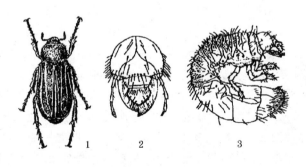

图 6-35　东北大黑鳃金龟

1. 成虫　2. 幼虫头部　3. 幼虫

(仿中国地下害虫图)

卵初产时长 2.5mm、宽 1.5mm,长椭圆形,白色稍带黄绿色、有光泽。以后逐渐变圆。孵化前长 2.7mm、宽 2.2～2.5mm,圆球形,洁白有光泽,可清楚看见一端有一对三角形的棕色上腭。

幼虫 3 龄幼虫体长 35～45mm,头部红褐色、坚硬,前顶每侧有 3 根刚毛纵列一排。肛门孔呈三射裂缝状,肛腹板刚毛散生,无刺毛列。

蛹为裸蛹,长 21～23mm、宽 11～12mm,化蛹初期为白色,以后颜色逐渐变深,从黄色到红褐色。复眼也由白色变深色,最后为黑色。腹部末具有 1 对叉状突起。

(2)棕色鳃金龟 成虫体长 17.5～24.5mm、宽 9.5～12.4mm,长卵形,全体棕色,微有丝绒状闪光,触角 10 节,鳃状部 3 节、赤褐色。前胸背板与前翅基部等宽,前角钝,后角近似直角。前胸背板侧缘中段呈明显的弧状外扩,侧缘边不完整,前半部生有褐色细毛。每个鞘翅背面具纵肋 4 条,第一、第二条明显,第三条、第四条微弱,肩凸显著。腹部圆而大、有光泽,臀板呈扇面状,雄性顶端较钝,末端中间隆起,刻点稀;雌性呈扁平三角形,一顶端稍长,刻点密(图 6-36)。

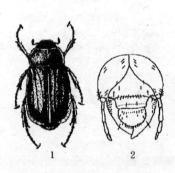

卵与东北大黑鳃金龟相似。

幼虫 3 龄幼虫体长 45～55mm,头部前顶部每侧 3～5根刚毛成一纵列。肛腹板中间的刺毛 2 列,每列由 16～24 根很短的锥状毛组成,其前端超出刚毛区前缘。

蛹长 28～30mm、宽 9～13mm,棕红色,腹部第二至四节气门圆形、深褐色、隆起。腹部第一至六节背中央具横脊,

图 6-36 棕色鳃金龟
1. 成虫 2. 幼虫头部
(仿中国地下害虫)

尾节近方形,两尾角呈锐角叉开。

(3)暗黑鳃金龟　成虫长 17～22mm、宽 9～11.5mm,长椭圆形。初羽化时为红棕色,逐渐变为红褐色,黑褐色或黑色。体无光泽,被黑色或黑褐色绒毛。前胸背板侧缘中间最宽,前缘沿并且具有成列的褐色缘毛,前角钝弧形,后角直、具尖。鞘翅两侧缘近平行,尾端稍膨大,每侧 4 条纵肋不明显。腹部腹面具青蓝色丝绒状光泽(图 6-37)。

卵同东北大黑鳃金龟卵。

3 龄幼虫体长35～45mm。头部前顶每侧刚毛多为 1 根,肛腹板钩状刚毛分布不均,上端中间具裸区,中间无刺毛列。

蛹长 20～25mm,宽 10～12mm,尾节三角形,两尾角呈锐角叉开。

(4)铜绿丽金龟　成虫体长 19～21mm、宽 10～11.3mm,背面铜绿色,有金属光泽。头、前胸背板、小盾片色稍浓、呈红褐色,

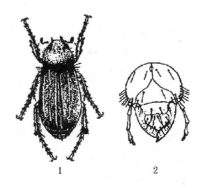

图 6-37　暗黑鳃金龟
1. 成虫　2. 幼虫头部
(仿中国地下害虫)

鞘翅色稍浅、黄褐色,前胸背板两侧有淡黄褐色条斑。触角 9 节,黄褐色。前胸背板发达,前缘呈弧形内弯,侧缘是弧形外弯,前角锐,后角钝。鞘翅每侧具 4 条纵肋,肩部具疣突。体腹面黄褐色,密生细毛。足黄褐色,胫节、跗节深褐色。臀板三角形,黄褐色,常有 1～3 个铜绿色或古铜色形状多变的斑。雌虫腹面乳白色,末节有 1 个棕黄色横带(图 6-38)。

卵初产为乳白色,椭圆形,孵化前近圆球形,长约 2.45mm,宽2.17mm。表面光滑。

3 龄幼虫体长 30～33mm,头部前顶刺毛每侧 6～8 根,成一纵列。

图 6-38 铜绿丽金龟

1. 成虫 2. 幼虫头部

（仿中国地下害虫图）

2. 发生规律和生活习性

（1）东北大黑鳃金龟

东北大黑鳃金龟在我国各地多为 2 年发生 1 代，成虫和幼虫均能越冬。成虫历期 300d。卵多产在 6～12cm 深的表土层，卵期 15～22d。幼虫期 340～400d。冬季在 55～145cm 深土层里越冬。

成虫昼伏夜出，日落后开始出土，夜间 9 时为取食、交尾高峰，午夜以后陆续入土潜伏。成虫有假死性，趋旋光性不强，性诱现象明显（雌诱雄）。成虫出土的适宜温度为 12.4℃～18℃，10cm 土层温度为 13.8℃～22.5℃。卵和幼虫生长发育的适宜土壤含水量为10％～20％，以 15％～18％ 最适宜。土壤过干或过湿都会造成大量死亡。

（2）棕色鳃金龟　棕色鳃金龟主要分布于辽宁、山东、陕西、吉林、河南、河北等地，多为 2 年 1 代，以成虫、幼虫交替越冬、越冬成虫 4 月上旬开始出土，4 月下旬至 5 月上旬为活动盛期。成虫历期 40d 左右。5 月初开始产卵，中间达盛期。6 月份卵孵化，卵期 17d 左右，10 月底以 3 龄幼虫越冬。越冬幼虫翌年 7 月上旬至 8 月上旬化蛹，蛹期 12～30d。羽化后的成虫当年不出土，在土中越冬。

成虫昼伏夜出，出土时间短，趋旋光性弱。雌虫活动性弱，仅做跳跃式飞行或短距离爬行，活动范围小，因此为害呈现局部发生的特点。成虫一般不取食，主要以幼虫为害地下根、根茎。一般粗沙土种植的草坪发生较多。

（3）暗黑鳃金龟　暗黑鳃金龟 1 年发生 1 代，多以 3 龄幼虫越冬，少数以成虫越冬。越冬深度为 15～40cm，多为 20～40cm 深处。以成虫越冬的，翌年 5 月份出土活动；以幼虫越冬的，一般春季不产生为害。幼虫于 4 月下旬至 5 月初化蛹。6 月初至 8 月中旬为成虫发生期，也是产卵期，秋季为害草地。一般土层深厚、土壤有机质丰富的草地发生严重，而易干易涝、土质瘠薄的草地为害较小。成虫趋旋光性较强，飞翔力亦强，喜取食柳树、榆树及果树的叶片。成虫有隔日出土交尾的习性。降水对成虫产卵期和幼虫孵化期有很大影响，7 月份降水、积水使土壤水分达饱和状态，初龄幼虫死亡率高，虫口密度迅速下降。

（4）铜绿丽金龟　铜绿丽金龟在我国北方各地均为 1 年 1 代，以幼虫在土中越冬。翌年春天越冬幼虫上升到地表活动为害，5 月下旬至 6 月中上旬为化蛹期，7 月上中旬至 8 月份是成虫期，7 月上中旬是产卵期，8 月中旬至 9 月是幼虫为害期，10 月下旬以 3 龄幼虫越冬。成虫羽化后 3d 出土，昼伏夜出。出土后先交尾，再取食，黎明前入土，雌、雄成虫可多次交尾。成虫喜欢取食各种树木和果树的叶片，有假死性，趋旋光性很强，趋化性不强。成虫发生期短，产卵期集中。雌虫分批产卵，散产于湿润、疏松的土壤或牧草和草坪枯草层中。幼虫为害牧草和草坪草及其他作物苗、果树苗的根、茎，以春、秋两季为害最重。

3. 防治方法

（1）农业防治　①草地建植地尽量远离果园、菜地以及灌木区。②翻耕整地。草地播种或植草前，对地块要进行深翻耕压，机械损伤和鸟兽啄食可大大压低虫口基数。③合理施肥。整地时增施腐熟的有机肥，可改善土壤结构，促进根系发育，使牧草生长健壮，增强抗虫能力；施适量碳酸氢铁、腐殖酸铁等化肥作基肥，对蛴螬有一定抑制作用。④在播前，用 50％辛硫磷乳油 1.5～2.25kg/hm²，加细土 30～40kg，撒在土壤表面，然后犁入土中。亦可施用颗粒剂或将药剂与肥料混合施入。⑤成虫产卵盛期,适当限制草地浇水可抑制金龟甲卵的孵化,从而减少幼虫的为害及减轻以后防治的困难。

(2)诱杀防治 利用金龟甲类的趋旋光性,设置黑光灯进行诱杀,效果显著。用墨绿单管黑光灯(发出一半绿光一半黑光)的诱杀效果较普通黑光灯好。

(3)化学防治 有机磷类农药对蛴螬比较有效。其防治方法如下:①播前种子处理药剂有 50%辛硫磷乳油和 20%甲基异柳磷乳油等,用药量为种子质量的 0.1%~0.2%。具体做法是:先将药剂用种子质量 10%的水稀释,然后喷拌于待处理的种子上,堆放 10h 使药液充分吸渗到种子中后即可播种。②在幼虫发生初期,可喷洒 50%辛硫磷乳剂和 50%马拉硫磷乳剂 1 000~1 500 倍液,喷施前在草地上打孔,喷药后喷水,可使药液渗入草皮下,从而杀灭幼虫。

(九)金针虫类

金针虫是鞘翅目,叩头甲科幼虫的总称。为害草地和草坪的金针虫类有:沟金针虫[*Pleonomus canaliculatus* (Faldermann)]、细胸金针虫(*Agriotes subvittatus* Mots.)、褐纹金针虫(*Melanotus fortnumi* Candézé)和宽背金针虫[*Selatosomus latus* (F.)]等。

沟金针虫分布于长江流域以北,以有机质缺乏、土质较疏松的沙壤旱地发生较多。而细胸金针虫主要分布于我国北部各省潮湿、土质黏重、水分充足地带,黄淮海流域、渭河流域、黄河河套、冀中平原区是常发生地区。褐纹金针虫在河北、河南、山西、陕西、甘肃、青海以及湖北局部地区有分布,适宜生活于湿润、疏松、肥沃的土壤中,常与细胸金针虫混合发生。宽背金针虫以西北和东北的黑钙土地、栗钙土地发生较重。金针虫主要咬食种子、幼苗和根,为害牧草须根、根茎和分蘖节,也可将身体钻入根或根茎内,使幼苗枯萎甚至死亡。

1. 形态特征

(1)沟金针虫[*Pleonomus canalicultus* (Faldermann)]

成虫为雌雄异型。雌虫体长 16～17mm,宽 4～5mm;雄虫体长 14～18mm,宽 3.5mm。雌虫身体扁平,深褐色,密被金黄色细毛,头顶有三角形凹陷,密布刻点(图 6-39)。雌虫触角 11 节,雄虫触角 12 节。3 对足较细长。

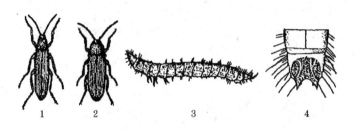

1   2   3   4

图 6-39 沟金针虫

1. 雄成虫   2. 雌成虫   3. 幼虫   4. 幼虫腹部末端

(仿中国地下害虫图)

卵长约 0.7mm、宽约 0.6mm,近椭圆形、乳白色。

幼虫初孵时体乳白色,头及尾部略带黄色,体长约 2mm、后渐变为黄色。老熟幼虫体长 20～30mm、最宽处 4mm,体金黄色、稍扁平,体表有与体色相同的细微毛、坚硬、有光泽。头前端及口器暗褐色。体背中央有 1 条细纵沟。尾节黄褐色,背面有近圆形的凹陷、密生细刻点,每侧外线各有 3 个角状突起,末端分两叉、叉内侧各有一小齿。

雌蛹长 16～22mm、宽约 4.5mm,雄蛹长 15～19mm、宽 3.5mm,腹部细长,尾端自中间裂开、有刺状突起,初蛹淡绿色、后渐变深。

(2)细胸金针虫(*Agriotes subvittatus* Mots.)   成虫体细长,长 8～9mm、宽约 2.5mm,暗褐色,密被灰色短毛、有光泽。头部、

胸部黑褐色、触角红褐色,第二节球形。前胸背板略呈圆形、长大于宽,后缘角伸向后方。鞘翅长约为头胸长的2倍,暗褐色,密生灰黄色细毛,其上有9条纵列刻点。足赤褐色(图6-40)。

卵圆球形,直径0.5~1mm,乳白色。

幼虫老熟幼虫体细长,圆筒形,长约23mm,宽约1.3mm,淡黄色、有光泽。头部偏平,口器深褐色。尾节圆锥形,背面前缘有1对褐色圆斑,其后面有4条褐色细纵纹,末端呈红褐色小突起。

蛹长8~9mm,纺锤形。初期乳白色、后期颜色变深,复眼黑色,口器淡褐色,翅芽灰黑色。

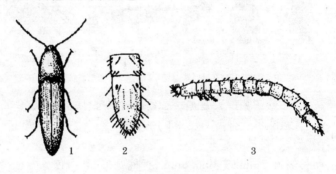

图6-40 细胸金针虫

1. 成虫 2. 幼虫腹部末端 3. 幼虫

(仿中国地下害虫图)

2. 发生规律和生活习性

(1)沟金针虫 3年发生1代,以成虫、幼虫在地下20~80cm深处越冬。由于食料和土壤水分及其他环境条件的变化,世代重叠现象严重。在生长季节,几乎任何时间均可发现各龄期幼虫。翌年春天当10cm深处土温达6.7℃时,越冬幼虫开始上升活动;当土温达9.2℃时,幼虫开始为害植物,4月份为为害盛期;5~6月份当10cm深处土温达19℃以上时,幼虫又潜入地下13~17cm

深处隐蔽,盛夏潜入更深处直到9月下旬至10月上旬土温降至18℃时,幼虫又返回地表层为害;11月份以后土温降至1.8℃以下时潜入深处越冬。老熟幼虫一般在第三年的8月至9月上旬,在土表下13～20cm处化蛹,蛹期16～20d。成虫羽化后当年不出土,第三年3月底至6月份为成虫产卵期,卵产于土中3～7cm深处。雄虫交尾后3～5d即死亡,雌虫产卵后死去。卵期约35d。幼虫10～11龄,幼虫期1 100多天。成虫寿命220多天。雌虫无飞翔能力,有假死性,无趋旋光性;雄虫飞翔能力强,有趋旋光性。

(2)细胸金针虫　2～3年发生1代,极个别1年1代,以成虫、幼虫在土层20～40cm深处越冬。在陕西关中,当10cm处土温达7.6℃～11.6℃、气温5.3℃时,成虫开始出土活动,4月中下旬气温达13℃左右时达到盛期。出土活动时间为75d左右。4月下旬开始产卵,卵散产于土中。6月份为产卵盛期,卵期15d。幼虫在秋季为害,冬初潜入土内越冬。成虫昼伏夜出,具趋旋光性、假死性,对腐烂植物亦有趋性。初孵幼虫活泼,有自残性。大龄幼虫行动迟钝。老熟幼虫在20～30cm深处土层中化蛹,9月下旬成虫羽化后不出土即在土中越冬。

以上两种金针虫在春季4月份和秋季9～10月份为害重,土温升高时即潜入土壤深层栖息。沟金针虫适于在旱地生存,但土壤湿度也需在15％～18％;细胸金针虫则以20％～25％的土壤湿度为适,甚至短期积水反而有利。

(3)防治方法

①农业防治　沟金针虫发生较多的草地应适时灌水,保持草地湿润状态可减轻为害。而细胸金针虫较多的草地,要保持草地适当的干燥以减轻为害。

②诱杀防治　细胸金针虫成虫对杂草有趋性,可在草地周围堆草(酸模、夏至草等)诱杀,堆成面积40～50cm²、高10～16cm的草堆,在草堆内撒入触杀型农药,可以毒杀成虫。

③药剂防治 以5％辛硫磷颗粒剂撒施,用量为0～45kg/hm²。若个别地段发生较重,可用40％乐果乳剂、50％辛硫磷乳剂1 000～1 500倍液灌根。灌根前需将草地打孔通气,以便药剂渗入草皮下。

(十)蝼蛄类

蝼蛄属直翅目,蝼蛄科。为害草地的蝼蛄主要为:单刺蝼蛄(*Cryllotalap unispina* Saussure)和东方蝼蛄(*Gryllotalap orietalis* Burmeister)。单刺蝼蛄主要分布于北纬32°以北的广大地区,以黄河流域、华北、内蒙古等地为多。东方蝼蛄在我国大部分地区均有分布,但以南方为害较重。两种蝼蛄的成虫、若虫均在土中咬食刚发芽的种子、根以及嫩茎,还可在土壤表面挖掘隧道,咬断根或掘走根周围的土壤,使根系吊空,导致植株干枯而死。被蝼蛄为害的草地上,有其在土壤下挖掘形成的S形虚土隧道轨迹。蝼蛄发生严重时可造成牧草死亡,形成大面积的秃斑。

1. 形态特征

(1)单刺蝼蛄 成虫,雌虫体长45～66mm,雄虫体长39～45mm。头宽5.5mm。体黄褐色,全体密生黄褐色细毛。头小,近圆锥形,暗褐色,触角丝状。前胸暗褐色,背板卵圆形、中央具一心脏形红色暗斑。前翅短小,平叠于背部,仅达腹部中部。后翅折叠成筒形,突出于腹端。腹部末端近圆筒形,背面黑褐色,腹面黄褐色。前足腿节下缘弯曲,后足胫节背面内缘有棘刺1个或消失,故亦称单刺蝼蛄(图6-41)。

卵椭圆形,初产时长1.6～1.8mm、宽1.3～1.4mm,乳白色有光泽,后渐变黄褐色。孵化前长2.4～2.7mm,暗灰色。

若虫形态与成虫相仿,翅不发达、仅有翅芽,共13龄。初孵若虫乳白色,体长3.6～4mm,头胸部细长,腹部肥大,复眼淡红色。随龄期增长体色逐渐加深,5～6龄时体色近乎成虫。

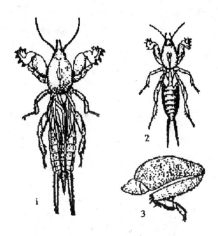

图 6-41　单刺蝼蛄

1. 成虫　2. 若虫　3. 后足　（仿中国地下害虫图）

（2）东方蝼蛄　成虫，体躯短小。雌虫体长 31～35mm，雄虫体长 30～32mm。全体灰褐色，密被细毛。头圆锥形、暗黑色，触角丝状、黄褐色。前胸背板中央的心脏形斑小且凹陷明显。腹部末端近纺锤形，背面黑褐色。腹面黄褐色，前足腿节内侧外缘较平直，缺刻不明显。后足胫节背面内侧有棘刺 3～4 根（图 6-42）。

卵椭圆形，初产时长约 2.8mm、宽 1.5mm，乳白色有光泽，后渐变为黄褐色。孵化前长约 4mm、宽约 2.3mm，暗褐色或暗紫色。

若虫共 8 龄。初孵若虫乳白色，复眼淡红色，体长约 4mm，2～3 龄后体色接近成虫，末龄若虫体长约 25mm。

2. 发生规律和生活习性

（1）单刺蝼蛄　3 年发生 1 代，以成虫、若虫在土内 1～1.3m 深处越冬。第一年越冬若虫 8～9 龄，翌年越冬若虫 12～13 龄，第三年以刚羽化未交配的成虫越冬。越冬若虫第二年 4 月上中旬土温回升后出土为害植物，其为害、活动后在草地上常留有长约

10cm 的"S"形隧道。一般 4 月底至 6 月份是其为害盛期,6～7 月份为成虫的产卵盛期。卵产于土表下 20cm 深处,每只雌虫平均产卵 300～400 粒。卵期 15～25d,7 月初开始孵化。若虫 3 龄前群居,3 龄后分散,小龄若虫多以嫩茎为食。成虫期为害最重,且可达 9 个月以上。该虫昼伏夜出,以 21～23 时活动取食最为活跃,趋旋光性强。但因身体粗笨,飞翔能力弱,只在闷热且风速小的夜晚才能被大量诱杀。对马粪和香甜物质亦有趋性,喜食半熟的谷子和炒香的豆饼、麦麸。1 年有春季、秋季两个为害高峰期。

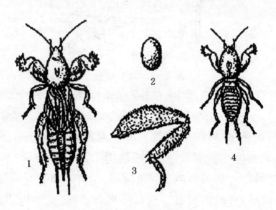

图 6-42 东方蝼蛄

1. 成虫 2. 卵 3. 后足 4. 若虫

(仿中国地下害虫图)

(2)**东方蝼蛄** 黄河以南每年发生 1 代,黄河以北 2 年发生 1 代,以成虫、若虫在土中越冬,越冬深度为 60～100cm。越冬成虫当气温上升至 5℃左右时开始上移,4 月上旬开始活动并迁向地表层,5～6 月份为第一次为害高峰期,7～8 月份转入地下活动并产卵,产卵期可拖 3～4 个月,卵期 15～28d。当年的若虫可发育至 4～7 龄,翌年春、夏再发育至 9 龄。成虫羽化后大部分不产卵即越冬,寿命8~12个月。该虫亦喜潮湿和香甜物质等,趋旋光性强,黑光灯可诱杀成虫。

3. 防治方法

(1)人工防治　可根据两种蝼蛄卵窝在土表面的特征向下挖卵窝灭卵。单刺蝼蛄卵窝在土面有约10cm长的新的虚土堆,东方蝼蛄顶起一个小圆形虚土堆,向下挖15~20cm深即可发现卵窝,再向下挖8~10cm即可发现雄虫,可一并消灭。在牧草较密较厚,看不见虚土堆的情况下,可在6~8月份产卵盛期根据草地有成行、成条枯萎或枯死的症状,向根下挖掘而找到隧道,然后跟踪挖窝灭卵。

(2)诱杀防治　可利用蝼蛄趋旋光性强的习性,设置黑光灯诱杀。

(3)药剂防治　①用90%敌百虫晶体30倍液,浸泡煮成半熟且晾干的谷子,再风干到不黏结时,草地撒22.5~37.5kg/hm²,在无风或闷热的傍晚施效果更好。拌药量不可过大,以免异味引起拒食。②用50%辛硫磷乳油1 000倍液灌根,效果良好。灌根前需在草坪上打孔,使药剂更容易下渗。

(十一)地老虎类

地老虎属鳞翅目,夜蛾科。俗名地蚕、切根虫、土蚕等。其种类多、分布广、为害重。为害草地的地老虎主要有小地老虎[*Agrotis ypsilon* (Rott.)]、黄地老虎[*Agrotis segetum* (Denis et Schiff.)]等。小地老虎属世界性大害虫,分布最广,为害最重。在我国南部主要分布在雨量丰富、气候湿润的长江流域及沿海各省;在北部主要分布在地势低洼、常年积水或过水的地区。

地老虎为多食性害虫,除为害牧草外,还可为害棉花、玉米、甘薯、烟草、豆类、麻类、麦类、瓜类、西红柿、白菜等作物和蔬菜。为害牧草时,低龄幼虫将叶子咬食成孔洞、缺刻。大龄幼虫白天潜伏于根部土中,夜间咬断近地面的茎,致使整株死亡。发生数量多时,可使牧草大片光秃。

1. 形态特征

(1)小地老虎　成虫体长 16～23mm,翅展 42～54mm,黄褐色至褐色。雌蛾触角丝状,雄蛾触角双栉齿状。前翅长三角形,前缘至外缘之间色深,从翅基部至端部有基线、内横线、中横线、外横线、亚外缘线和外缘线。内横线与中横丝间和中横线与外缘线间分别有一个环状纹和肾状纹,内横线中部外侧有一楔状纹,在肾状纹与亚外缘线间有 2 个指向内方、1 个指向外方共计 3 个相对的箭状纹。后翅灰白色,脉纹及边缘色深。腹部灰黄色(图 6-43)。

图 6-43　小地老虎
1. 成虫　2. 蛹　3. 幼虫　4. 植株被害状

卵半球形,直径约 0.5mm,表面有纵横隆起线。初产时白色,后渐变黄,近孵化时淡灰褐色。

幼虫为老熟幼虫,体长 37～47mm,长圆柱形,略扁。头黄褐色,宽 3～3.5mm。胸部灰褐色,有 2 对毛片,后 1 对显著大于前 1对。臀板黄褐色,其上有条黑褐色纵带。腹足趾钩单序中带式。

体表粗糙,布满圆形深褐色小颗粒。背部有不明显的淡色纵带。蛹长 18～24mm,赤褐色有光泽。腹部第四至七节背面前缘深褐色,末端色深,具 1 对分叉的臀刺。

(2)黄地老虎　成虫体长 14～19mm,翅展 32～43mm,黄褐色,雌蛾触角丝状,雄蛾双栉齿状。前翅基线、内横线、外横线等各线均不明显。肾形纹、环状纹和楔状纹明显,均围以褐色边缘。后翅灰白色,前缘略带黄褐色(图6-44)。

卵半圆形,底平,直径为0.5mm。初产时乳白色,以后渐显淡红色斑纹,孵化前变为褐色。

幼虫老熟幼虫体长33~45mm,圆筒形,黄褐色,体表光滑,无小颗粒。腹部1~8节背面的后对

图6-44　黄地老虎

毛片略大于前对。腹足趾钩单序中带式。

蛹长16~19mm,红褐色,腹部5~7节背面前缘有1条黑纹,纹内具有小而密的刻点,腹末有1对臀刺。

2. 发生规律和生活习性

(1)小地老虎　年发生世代数因地而异。东北、内蒙古、西北中北部每年2~3代,华北3~4代,西北东部(陕西)4代,华东4代,西南4~5代,华南、台湾等地6~7代。越冬虫态各地亦有差异,在北方不能越冬;湖南、湖北、江西、四川、浙江等地老熟幼虫、蛹和成虫均可越冬;昆明、南宁、广东、广西等地可终年繁殖,无越冬现象。各地不论发生几代,均以第一代发生数量多、时间长、为害重。

成虫昼伏夜出,尤以黄昏后活动最盛。受气温影响明显,16℃~20℃时活动性最强,低于8℃、大风或有雨的夜晚一般不活动。成虫飞翔力很强,具迁飞习性。对黑光灯、糖蜜和发酵物有明显趋性。

幼虫共6龄。3龄前昼夜为害,主要啃食叶片。因食量较小,只造成小孔洞和缺刻,一般为害不重。3龄后昼伏夜出,白天潜伏在根部周围土壤里,夜间出土为害,从茎基部将植株咬断,造成缺苗断垄。

(2)黄地老虎 东北、内蒙古1年发生2~3代,华北地区3~4代,长江流域4代,各地均以幼虫在土壤10cm左右深处越冬。在华北地区,4月中下旬是化蛹盛期,4月中旬至5月上旬是发蛾盛期,5月中间是产卵盛期,5月中下旬是幼虫为害盛期。长江流域5月中旬至6月上旬是为害盛期。成虫昼伏夜出,对黑光灯有弱趋性。卵产于牧草的根茬、茎或叶上,几十粒成串排列;产在其他杂草上时,2~3粒或6~7粒聚产,每只雌虫产卵1 000~2 000粒。幼虫3龄前在心叶上取食,3龄后昼伏夜出,可咬断幼苗,造成严重为害。

3. 防治方法 防治地老虎一般应以第一代为重点,采取栽培防治和药剂防治相结合的综合措施。

(1)农业防治 ①保持牧草的健康生长,生长旺盛的牧草对地老虎的侵害具有良好的抗性和耐性。同时,防止牧草的徒长,牧草过高或牧草周围有高草也将为地老虎的侵入为害创造理想的条件。②改善草地的排水状况,减少积水面积。③利用秋、冬季浇水可以有效地降低越冬虫口密度,另外及时灌返青水也可以降低越冬虫口密度。④草地周围蜜源植物较多时,应注意在成虫高峰期进行诱杀,降低其产卵率,减少幼虫对草地的为害。⑤清除草地周围的杂草,也是减少地老虎数量的有效方法。

(2)诱杀成虫和幼虫 利用黑光灯、糖醋酒液或雌虫性诱剂诱杀均可。诱杀时间可从3月初至5月底,灯下放置毒剂瓶、盛水的大盆或大缸,液面洒上机油或农药。糖醋酒液的配方为红糖6份、米醋3份、白酒1份、水2份,再加少量敌百虫,放在小盆或大碗里,天黑前放置在草地上,天亮后收回,收集蛾子并深埋。为了保持诱液的原味和量,每晚加半份白酒,每10~15d更换1次。

(3)人工捕杀幼虫 在发生数量不大、枯草层薄的情况下,在被害苗的周围,用手轻拂苗子周围的表土,即可找到潜伏的幼虫。自发现中心受害株后,每天清晨捕捉,坚持10~15d即可见效。

(4)药剂防治 应掌握在幼虫 3 龄前防治,效果最好。

①施毒土 用 2.5％敌百虫粉 1.5kg 与 22.5kg 细土混匀,均匀地撒在草地上。

②喷粉 用 5％敌百虫粉喷粉,喷施量为 30～37.5kg/ hm²,可视田间虫情 1 周后再喷 1 次。

③喷雾 喷洒 90％敌百虫晶体 800～1 000 倍液、50％地亚农乳油 1 000 倍液或 50％辛硫磷乳油 1 000 倍液。

第三节 草地鼠害

鼠类(啮齿动物)是草地生产中的主要有害生物类群之一。它不仅掠夺草地地上的牧草,而且传播鼠疫。在挖掘洞道时大量啮食植物的幼苗和根部,造成缺苗断垄。同时,它能把肥沃的土壤翻到地面,形成土丘,在干旱多风的季节,这些疏松的土丘,往往因风蚀而夷平,因而导致草地的土壤肥力和水分的大量损失。最终导致草地的荒漠化或导致毒、杂草入侵,使优良牧草逐年减少或消失。在鼠害大发生的年份,往往给牧畜业造成重大损失。

一、鼠害的防治

草地鼠害的防治同草地其他有害生物防治一样,要采取综合治理的防治策略,重视生态调控,合理地利用物理、化学、生物等技术方法,将害鼠种群控制在不足为害的经济水平之下。概括国内外鼠害的防治方法,可分为 4 大类:即物理灭鼠法、化学灭鼠法、生物灭鼠法和生态灭鼠法。

(一)物理灭鼠法

物理灭鼠法或器械灭鼠法,是利用某些物理学原理制成灭鼠器械来捕捉害鼠的方法,也包括利用一些普通工具灭鼠的方法,如采用鼠夹、鼠笼、电子捕鼠器以及挖洞法、灌水法、人工捕打法和灯光捕鼠法等。

(二)化学灭鼠法

用药物控制或消灭害鼠的方法叫做化学灭鼠法。灭鼠药包括杀鼠剂、绝育剂、驱鼠剂及增强毒饵诱鼠力的引诱剂等。杀鼠剂使用最广,又可分为经口进入鼠体,由胃肠道吸收而发挥作用的胃毒剂和由呼吸道吸入而发挥作用的熏蒸剂。

常用的毒饵急性胃毒剂有灭鼠优($C_{13}H_{12}N_4O_3$)。缓效毒饵杀鼠剂有杀鼠灵($C_{10}H_{16}O_4$)、敌鼠($C_{23}H_{16}O_3$)、大隆($C_{31}H_{23}BrO_3$)、杀鼠迷等。熏蒸灭鼠剂有磷化氢(PH_3)等。

(三)生物灭鼠法

生物灭鼠包括利用天敌和微生物两个方面。由于生物灭鼠法对人、畜比较安全,不污染环境,因而受到公众和生物学界的普遍欢迎。例如,1963年国际动物学会曾提出为保护人类环境,建议发展如下灭鼠方法:破坏鼠的生殖功能、保护天敌、利用寄生物、研究降低啮齿动物种群成活率的基因,以及加强物理防鼠等。但生物灭鼠并没有得到令人满意的进展,这主要是因为生物灭鼠在理论上还有许多问题尚未解决,其可行性和可操作性尚待阐明。鼬科、猫科和犬科中的许多肉食兽类以及鸟类中的猛禽(隼形目、鸮形目)和爬行动物中的蛇类都是鼠类著名的天敌,甚至乌鸦、伯劳也是鼠类的天敌。保护利用黄鼬、野猫、家猫、狐狸、鹰、猫头鹰和蛇类等天敌,对鼠害种群有一定的抑制作用。

(四)生态灭鼠法

鼠类的生存和繁衍离不开食物、水和隐蔽条件等有益因子。控制了这些因子,就可以控制鼠类的种群数量。切断鼠类与其生存条件之间的联系是最有效的灭鼠方法之一。

二、主要害鼠的识别及其防治

害鼠种类较多,在草地上可造成危害的有达乌尔鼠兔、蒙古黄鼠、中华鼢鼠、甘肃鼢鼠、东北鼢鼠、子午沙鼠、长爪沙鼠、花鼠(松鼠)、灰仓鼠、褐家鼠、小家鼠、田鼠等,其生物学习性各异。现介绍与草原和牧草生产关系较为密切的 4 个代表种的形态特征、生态特性、地理分布及防治技术。

(一)蒙古黄鼠

别名:达乌尔黄鼠、豆鼠、大眼贼、草原黄鼠。

1. 形态特征　蒙古黄鼠体长约 20mm。尾短、不超过体长的1/3,尾毛蓬松。头大。眼大而圆,故有大眼贼的称号。耳壳短小,呈脊状。前足拇趾不显著、但有小爪,其他各趾均正常,爪色黑而强壮。雌体乳头 5 对。

背部深黄而带黑褐色。腹部、体侧和前肢外侧均为沙黄色。尾部背面的毛色与体背的相同,但尾端为黑色并具有黄色边缘,尾的腹面为橙黄色,仅远处两侧有黑、黄色边缘,而黑色较少。四肢的足背面为沙黄色。头顶比背色略深。颊部和颈部的侧面与腹面之间有明显的界线。眼眶四周有白圈。从吻的侧面到眼、眼后到耳基部以及耳后部均为灰黄色。耳壳为黄色。颅骨呈椭圆形,吻端略尖。眶上脊基部的前端有缺口,无人字脊。听泡的纵轴大于横轴。门齿狭扁,后无切迹。第二、第三上臼齿齿尖不发达或无,下前臼齿的齿尖也不发达。

2. 生态特性　蒙古黄鼠是我国北部干旱草原和半荒漠草原的主要鼠类。喜散居,在农区多栖居于田埂、道旁和田间草地,在多年生苜蓿地和休耕地中的居住密度较高。临时栖居在田间的黄鼠,其数量依作物的物候期的变化而转移,早春田间里没有黄鼠,播种 3~4d 后黄鼠开始迁入田间,当禾苗长出后数量增加,夏季作物长高后黄鼠又开始迁入低矮的作物区内,秋后又回到田埂和道旁。黄鼠在苜蓿地打洞做窝,啃咬苜蓿根部致使苜蓿连片死亡。

黄鼠喜独居。洞穴可分为冬眠洞和临时洞两类。冬眠洞的洞口圆滑,直径 6cm。这类洞是供黄鼠冬眠和产仔时使用。有些地区的洞口有小土丘,有的地区则无。洞口是入地的通道,洞道刚开始斜行,而后近乎于垂直,接着再斜行一段入巢。洞深多数在105～180cm,有的达215cm以上。洞中有巢室和厕所,巢的直径达20cm。窝内絮垫有羊草、隐子草等植物,有的还有羊毛等杂物。厕所常在洞口的一侧,是一个膨大的盲洞。临时洞的洞径约8cm,呈不规则圆形。洞道斜行,长在45～90cm。这类洞孔常为黄鼠临时避难之用。

黄鼠是白昼活动的鼠类,每天日出开始出洞活动。黄鼠的挖掘能力很强,10min内就能挖一掩没身体的洞穴,当它遇到敌害时,急入洞中,迅速挖土,并借臀部的力量将前足送来的土压向后方,把洞孔堵实,俗称"打墙",以逃避敌害。

黄鼠主要以植物性食物为主,也吃一定比例的动物性食物(昆虫)。啃食频次较高的有12种植物,除蒙古葱等6种以外,尚有兴安胡枝子、苜蓿、甘草、百里香、毛芦苇等。

黄鼠每年繁殖1次,繁殖季节比较集中,春季出蛰以后即进入交配期,4月份很快由交配期进入妊娠期,而5月中旬随着交配期结束而到妊娠的盛期,当年幼鼠最早于6月中旬开始出洞,大批幼鼠在7月中旬以后分居,过独立生活。

3月末黄鼠开始苏醒出蛰,密度逐渐增高,至5月份基本稳定。6月份有少量幼鼠出现,密度开始增高,7月份数量达到高峰,9月份以后数量下降,直至冬眠为止。据10个夏季的观察,蒙古黄鼠数量最多的年份是最少的年份的10倍以上。

3. 地理分布 广泛分布于我国北部的草原和半荒漠等干旱地区,如东北、内蒙古、河北、山东、山西、陕西、宁夏和甘肃等省、自治区。

4. 防治方法 大面积消灭黄鼠时,主要采用化学灭鼠法。人工捕捉和器械捕捉属于次要的灭鼠法。根据黄鼠的生物学特征,在不同季节可采用不同的灭鼠方法。

春季(4～5月份),黄鼠由蛰期进入交配期后正是黄鼠活动的最盛时期,出入洞穴频繁,取食量大,但牧草尚未返青,食料缺乏。此时,采用毒饵法杀灭黄鼠是最有利的时机。如果在夏季使用带油的毒饵时,为了避免毒饵风干或被蚂蚁拖去,可将毒饵投入洞中,并不影响灭效。采用毒饵消灭黄鼠时,毒饵要求新鲜,并选择晴天投放,雨天会降低毒效。

夏季(6～7月份),由于植物生长茂盛,黄鼠的食物丰富,不适于使用毒饵法。

(二)中华鼢鼠

别名:原鼢鼠、瞎老鼠、瞎瞎、瞎老、瞎狯、仔隆(藏语)。

1. 形态特征　体表粗短肥壮,呈圆筒状。体长146～250mm,一般雄鼠大于雌鼠。头部扁而宽,吻端平钝。无耳壳,耳孔隐于毛下。眼睛极细小,因而得名瞎老鼠。四肢较短,前肢较后肢粗壮,其第二与第三趾的爪接近等长、呈镰刀状。尾细短,被有稀疏的毛。全身有天鹅绒状的被毛,无针毛。毛色呈灰褐色,夏天背部毛多呈现锈红色,但被毛的基部仍为褐色。腹毛灰黑色,毛尖亦为锈红色。吻上方与两眼间有一较小的淡色区,有些个体额部中央有一小白斑,足背部与尾上的稀疏毛为灰白色。

整个头骨短而宽,有明显的棱角;鼻骨较窄,幼体的额骨平坦。老年个体有发达的眶上脊,向后与颞脊相连,并延伸至人字脊处。鳞骨前侧有发达的脊。人字脊强大,但头骨不在人字脊处形成截切面。上枕骨自人字脊向上常形成两条明显的纵棱,向后略为延伸,再转向下方。门齿孔小,其末端与臼齿间没有明显的凸起,听泡相当低平。第三上臼齿后端,有1个向后方斜伸的小突起。而内侧的第一凹入角不特别深,因而与第二下臼齿极相似,只是稍小一点。

2. 生态特性　中华鼢鼠为地下生活的鼠类,主要栖息于我国华北、西北各省、自治区的农田、山林及草原中,特别喜在地势低注、土壤疏松湿润、食物比较丰富的地段栖息。垂直分布可达海拔

3 800～3 900m 的高山草甸,高山灌丛较小。通常分布在山地的阴坡、阶地和沟谷等处退化的杂草类草场上。在农区各类耕地中均有,尤其以种植土豆、莜麦和豆类农田中的数量较多。

鼢鼠的洞穴结构复杂,地面无洞口,由洞道和老窝组成。鼢鼠的洞道可分为常洞、草洞、朝天洞和老窝。

常洞:是鼢鼠由老窝到草洞经常活动的通道。一般距地面10～40cm,与地面平行,比较固定,弯曲多支,其直径为7～10cm。常洞中常有一些数量不等的临时巢、仓库和便所。临时巢距地表35～40cm,直径 12～15cm,通常垫有干草,是鼢鼠临时休息的地方。仓库多位于洞道两侧,略呈哑铃形,用于贮存食物。便所的构造与仓库相似,但相对较小,内有粪便。鼢鼠挖洞时,将洞内挖出的土每隔一段距离推出洞外,堆成土丘。土丘位于洞道的两侧,但也有少数在洞道的上方。在某些特别疏松的地里,鼢鼠将洞道内的土挤压在洞道的两侧和顶部,地面没有土丘,但在地面留下成串的隆起和脊。

草洞:是鼢鼠取食食物时所留下的洞道。较浅,距地表 6～10cm,从常洞通向地表,在地表留下具有龟裂的隆起,或末端呈土花状的小隆起,俗称食眼。

朝天洞:由常洞向下通到老窝的 1～2 条,垂直或斜行的通道。

老窝:老窝通常位于洞内较干燥处,距地面深 50～180cm,雄鼠的较浅,雌鼠的较深。在老窝中通常有巢室、仓库和便所。巢室较大,直径 15～19cm,高 17～36cm,巢呈盘状,内垫软草,构造精致。仓库位于巢室附近,2～3 个不等,呈囊状,大小为 10～20cm×15～30cm,常贮存大量的食物。便所是老窝中的一段短的盲洞。

鼢鼠营单洞独居生活,通常每个洞系中居住 1 只鼢鼠,但在繁殖期雌雄的洞道互相沟通,可在同一洞系中获得不同性别的成体,而在繁殖期过后这些通道又被堵塞。幼鼠分居之后,也营独居生活。

鼢鼠是典型的地下生活鼠种。终年在地下活动,只有当暴雨冲塌洞道或水灌入洞内时,才被迫到地面上来,但也有偶然到地面上活动的现象。由于鼢鼠在地下活动,观察它的活动时,只能根据它挖掘活动留在地面上的痕迹,如土丘、隆起的土脊和土花来判断它活动的规律。

中华鼢鼠主要采食植物性食物,只有个别个体的胃内发现有昆虫的残体。它特别喜食植物的多汁部分,如地下根、茎等。有时亦将地上部分的茎、叶和种子拖入洞内取食。其食性广,而且因时因地而异。从贮粮的情况来看,啃食苜蓿根部,造成苜蓿连片死亡,形成的土丘苜蓿无法生长,使苜蓿草地形成秃斑。鼢鼠贮存的粮食与当地的植被或作物的成分相一致。在草原(青海)取食异叶青兰、蚓果芥、沙蒿、多裂委陵菜等、阿尔泰狗娃花、二裂委陵菜、珠芽蓼等植物的根系,以及赖草、针茅的根部、花序和种子。在农区(晋冀北),其采食作物的种类也很广泛,如苜蓿、青稞、燕麦、小麦、马铃薯、豆类、高粱、玉米、黍子、花生、甘薯、甜菜、棉花幼苗以及蔬菜等。

3. 地理分布　分布于甘肃、青海、宁夏、陕西、山西、河北、内蒙古、四川、湖南等省、自治区。

4. 防治方法　传统的杀灭方法为地箭法。亦可用弓形夹捕打。常用0、1号弓形夹,方法是先通开食眼,留作通风口,顺着草洞找到常洞,在常洞上挖一洞口,再在洞道底挖一圆浅坑。然后将夹支好,置于坑上,踏板对着鼠来的方向。也可以将夹与洞道垂直布放,使两边来的鼠均能被夹住,再在鼠夹上轻轻撒些细土,夹链子用木桩固定于洞外地面上,最后用草皮将洞口盖严。

用毒饵毒杀鼢鼠时,各种杀鼠药物均可使用。诱饵最好用大葱、茞莲、马铃薯和胡萝卜等多汁的蔬菜。毒饵法毒杀鼢鼠的关键是投饵方法。

(三)长爪沙鼠

别名:黄耗子、白条子、黄尾巴鼠。

1. 形态特征 体长 100～130mm。尾巴小于头躯的长度。披有密毛，末端逐渐加长而形成毛束。后肢跖部和掌部都有细毛，爪黑褐色、弯曲而且锐利。头部和尾部毛呈沙黄色，并常带有黑色毛尖；口角至耳后有一灰白色条纹；胸部及腹部呈污白色（子午沙鼠纯白色），毛尖白色，毛基灰色。尾毛黄色，其末端的毛束则为深黑色。成年雄鼠自喉部到胸腹部中线有一棕黄色纵纹。

颅骨前窄后宽，鼻骨较狭长；顶间骨卵圆形，左右听泡相距较近，门齿前缘外侧部各有一纵沟；成体上、下颊齿有齿根，咀嚼面由于磨损而形成一列菱形。此为沙鼠亚科的重要特征。

2. 生态特性 长爪沙鼠常见于荒漠草原，但也分布于干草原和农业地区。在疏松的沙质土壤、背风向阳、坡度不大并长有茂密的白刺、滨藜及小画眉草等植物的环境条件下，常常可成为它们栖息的最适生境。在这样的生境中，有时可达 50 只/hm² 以上。在干草原的长爪沙鼠除非在大发生的年代里可以波及较大的范围以外，在一般情况下，仅有零星的分布，在撂荒地上往往能形成较高的密度。在农业地区及苜蓿人工草地主要栖居于田埂、水渠大垄和人工林边的荒地，秋季则迁入农田。

长爪沙鼠主要在白天活动。不冬眠，在 −20℃ 的冬季里仍可外出活动，冬、春季活动时间主要集中在中午（10 时至 15 时），夏、秋季则自早到晚全天活动。其活动距离可由数百米至 1km。

长爪沙鼠常以滨藜、猪毛菜、绵蓬、蒿类和白刺果等植物的绿色部分及其种子为主要食料，在农区则主要采食苜蓿、糜、黍、高粱、谷子、蚕豆、胡麻、苍耳和益母草等，尤其喜食胡麻和糜黍类。到秋季作物收割时开始贮粮，其贮藏量可从几千克到数十千克不等。牧区该鼠贮粮的植物常为白刺、沙蓬、绵蓬、苦豆子和蒺藜种子等。

长爪沙鼠种群数量的年间变化较大，季节变化较小，最高数量年夏季密度达 28.81 只/hm²，最低数量年秋季密度仅为 1.13 只/hm²，相差 20 多倍。当种群处于"不利时期"即低密度年份时，主要集中在农田生境以渡过危机,而在高数量年份则两种生境无大差别。每年春季,休闲地的种群密度均较高,秋季由于作物成熟以及邻近休闲地经过夏季的压青耕翻,大部分个体迁至作物地,因而休闲地的种群密度剧烈下降。降水是影响长爪沙鼠数量变化的重要气候条件。在秋季利用冬季积雪的预测资料,亦可作为预测翌年春季鼠量的依据(夏武平等,1982)。农业生产活动中,翻耕、秋收、运场、打草对长爪沙鼠的活动(尤其是越冬)都产生重要影响,但这些因素对长爪沙鼠种群数量的变化一般起不到决定作用。

3. 地理分布　内蒙古、甘肃等地。

4. 防治方法　在草原高密度的条件下,可采取 30m 行距条状投放磷化锌或敌鼠钠盐等急性或慢性无壳谷物毒饵。在农区最好能采取综合防治的办法。先在春季发动 1 次捕鼠运动,降低基础鼠数,收获前用药物进行第二次灭鼠;秋收时快拉快打,捡净地里的谷穗;消灭毗邻地沙鼠的栖息处所。此外,冬灌和深翻都能收到良好的防治效果。

(四)小 家 鼠

别名:鼷鼠、米鼠、小老鼠、小耗子等。

1. 形态特征　小家鼠是鼠类中较小的一种,平均体长约90mm,南方各亚种的尾长与体长几乎相等,北方各亚种的尾长小于体长。尾的长度变化较大。毛色变异亦较大,背毛由棕灰色、灰褐色至黑褐色,腹毛由纯白色至灰白色、灰黄色。前后肢背面为灰白色中暗褐色。尾背面为棕褐色,腹面为白色或沙黄色。但有时不甚明显。

头骨的吻部短,眶上脊不发达,颅底较平,顶间骨甚宽,门齿孔长,其后缘超过第一上臼齿前缘的连接线,听泡小而扁平。下颌骨喙状突较小,髁状突较发达。

上门齿内侧有一缺刻,上颌第一臼齿甚大,最末一个臼齿较小。因此,第一臼齿的长度大于第二臼齿和第三臼齿长度的总和。

2. 生态特性 小家鼠是与人伴生的小型啮齿动物。栖息环境十分广泛,常见于房舍、仓库、田野,在荒漠中亦可见其踪迹。小家鼠体小,只需很小的空间即可生存。在房舍中,既能在墙缝中做窝,更喜欢在家具、草垛、杂物堆中营巢;在田野里,非繁殖鼠可在枯草丛、禾捆、土块下随处栖身,到繁殖或天气变冷时,则在田埂、渠沿及旱地中较高亢的场所挖洞居住。小家鼠比较爱在疏松的土地上挖洞,其洞穴较为简单。洞口 1～2 个,有的亦有 3 个洞口。洞口直径 2～2.5cm;洞道长平均 98cm(63～160cm),有的直接通入巢室,有的盘旋而入,或者先为一条通道中途分岔再合并通入;在并行的 2～3 条通道中,有的呈水平走向,有的分上、下数层;巢室常通盲道,巢的位置一般位于洞穴深部,距田埂顶面 19～50cm,一般均在田埂基部之上。

小家鼠营家庭式生活,在繁殖季节,由一雌一雄组成家庭,双方共同抚育仔鼠。待仔鼠长成,则家庭解体,有时是双亲先后离去,有时是仔鼠离巢出走。在繁殖盛期,也可发现亲鼠已孕,仔鼠仍在,甚至有几代仔鼠与亲鼠同栖一洞者(最多可超过 15 只),每一家庭,有不超过数平方米的领域。

小家鼠为杂食性,但嗜食种子。在高数量时,能取食各种可食之物。小家鼠日食量为 3.3±0.25g。在有饮水的情况下,平均饥饿 3.5d 后死去,雄鼠耐饥能力为雌鼠的 4 倍。小家鼠习惯小量多餐。据观察,平均每天取食 193 次之多,每次仅吃食 10～20mg。其取食场所常不固定,往往在一天之内遍及可能取食的所有地点。小家鼠对苜蓿的危害主要表现在苜蓿草产品,它在草产品的仓库内作窝、繁殖,以草产品为食,它不仅以草产品为食,而且通过它们的活动糟蹋草产品,使草捆、草粉和草颗粒的质量受到严重的影响。

3. 地理分布 现在它已遍及全球。在我国,分布区也很广,除了西藏等少数地区外,各地均可见到。

4. 防治方法 消灭小家鼠可以用多种捕鼠器,但所用的捕鼠器体积要小,灵敏度要高。大致说来,小家鼠不太狡猾,比褐家鼠易捕。群众经常使用碗扣、坛陷、水淹等方法。近年来,有些地方用黏蝇纸捕捉小家鼠,效果很好。

对于野外的小家鼠,除了可使用一般捕鼠器以外,翻草堆、灌洞和挖洞法亦可应用。

毒杀小家鼠时,根据它对毒物的耐药力稍强而每次取食量小的特点,各种药物的使用浓度,应比消灭褐家鼠的剂量提高50％～100％,但每堆投饵量可减少一半。一般灭鼠药物用 0.5～1g,抗凝血剂可投放 3～5g,诱饵以各种种子为佳,投饵应本着多堆少放的原则。野外大面积毒杀小家鼠时,宜于春暖雪融后进行。亦应提高毒饵的含药量。消灭草堆中的小家鼠,可用布饵箱,内放毒饵数十克(视鼠的数量而定),也可同时放入蘸有毒粉的干草、废纸等。在离地面 0.2～1m 的地方,将草捆拔出少许,布饵箱放入后,外用草塞住。仅在个别情况下使用。在野外,亦可用烟剂或其他熏蒸剂。

第四节　草地几种重要杂草和毒草的防除

草地杂草种类很多,尤其是在天然草地中一块草地往往由多种植物组成,而且相得益彰,构成了一个相对稳定的生态群落,要明确哪些草是杂草是一件很难的事情。在人工草地,由于人的主观性的调控,一种植物,在不同领域、不同时间和空间之内,属性不一样。如狗牙根在早熟禾草坪中是草坪杂草,但在独立的草坪中,是一种很好的绿地草坪草。因此,草地"杂草"在草地生态群落中,只能是一个相对的概念。现将草地上几种重要杂草和毒草及防治作以简要概述。

一、草地几种重要杂草的防除

(一)刺儿菜[*Cephalanoplos segetum*(Bge.)Kitam.]

又名小蓟,刺蓟芽。属菊科,刺儿菜属。

1. 主要特征 多年生杂草。根细长,入土很深。茎直立,有棱,无毛或被蛛丝状毛,上部有少数分支。基生叶较大,多在花期枯萎,茎生叶互生、无柄,叶片长椭圆形或长椭圆状披针形,长 7～10cm、宽 1.5～2.5cm,先端有小刺头,边缘有刺齿或全缘,两面均被白蛛丝状毛。头状花序单生于枝顶,苞片多层,先端有刺,雌雄花均为管状,花冠裂片深裂至上筒部的基部,紫红色。瘦果倒长卵形或长椭圆形,有时稍弯曲、略扁,黄白色至褐色,具波状横皱纹,长 2.7～3.6mm、宽 1～1.2mm,冠毛羽状,污白色(图 6-45)。

图 6-45 刺儿菜
1. 成株 2. 根 3. 瘦果(引自王枝荣)

2. 分布 分布极为广泛,成片或散生于农田、果园、菜地、路边、休闲地和草地。

3. 防除 结合草地管理人工清除,或于播前整地灭草。用 2,4-DT 酯等药剂防除地上部分的幼芽有效。

(二)飞廉(*Carduus crispus* L.)

又名马刺蓟,属菊科,飞廉属。

1. 主要特征 越年生杂草。幼苗灰绿色。上、下胚轴均不发达。子叶与初生叶早期枯萎脱落。后生叶多数丛生,叶片椭圆状披针形,背面有蛛丝状毛,边缘羽状浅裂,有刺,具有短柄。

　　成株茎直立,粗壮。有条形壮棱及绿色翅,翅上有齿刺,上部多有分枝。叶互生;叶片长椭圆状披针形,长5～20cm,羽状深裂,裂片边缘有刺,下部的叶较大,具有短柄,上部的叶渐小,无柄。头状花序数个聚生枝顶,总苞钟状,苞片多层,外层苞片较内层短,中层苞片先端成刺状,向外反曲,花筒状,紫红色。瘦果短圆形或长倒卵形,直或稍弯曲,长3～4mm、宽1.2～1.5mm,浅黄色或浅灰色,有浅褐色细条纹,冠毛白色或灰白色,刺毛状,稍粗糙(图6-46)。

图 6-46　飞　廉
1. 成株　2. 幼苗　3. 瘦果(引自王枝荣)

　　2. 分布　分布极为广泛,以河滩地较多,生于路旁、沟岸、废墟、荒地、苜蓿田以及草地近地边处。

　　3. 防除　草地播前整地灭草有效。草多田块可试用2甲4

氯、2,4-D 或毒莠丹等药剂防除。

(三)野胡萝卜(*Daucus carota* L)

属伞形科,胡萝卜属。

1. 主要特征　越年生杂草。幼苗绿色,除子叶外,全体被毛。下胚轴较发达,上部淡红褐色。子叶近条形,长 7～9mm、宽 0.8～1mm,先端钝或渐尖,基部稍狭。初生叶 1 片,3 深裂,裂片条形,具长柄。后生叶羽状全裂。

成株全体灰绿色,有粗硬毛。根圆锥形,近白色,有胡萝卜气味。茎直立,有细条棱,分枝较多。叶互生,叶片 2～3 回羽状全裂,最终裂片条形至披针形,长 5～12mm、宽 0.5～2mm,先端渐尖,叶柄较长,基部扩张为鞘状。复伞形花序顶生;总苞叶状,羽状分裂,裂片条形,伞幅多数,小苞形同总苞而小,花白色或淡红色。果实矩圆形,长 2～3mm、宽 1.4～1.7mm,灰黄色至黄色,4 棱有翅,翅上有短钩刺(图 6-47)。

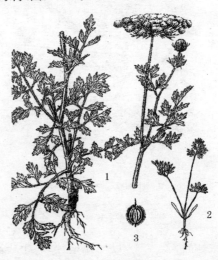

图 6-47　野胡萝卜

1. 成株　2. 幼苗　3. 果实(引自王枝荣)

2.分布　分布极为广泛,以河滩地较多。生于路旁、渠岸、荒地和部分草地。喜湿润环境,亦较耐旱。

3.防除　草多草地用 2,4-D、3 甲 4 氯等药剂防除有效。清除田边草可减轻危害。可结合田间管理人工清除。

(四)绵毛酸模叶蓼(*Polygonum lapathifolium* L.)

又名柳叶蓼,属蓼科,蓼属。

1.主要特征　一年生杂草。幼苗下胚轴玫瑰红色。子叶长椭圆形,长 5～8mm、宽 2～3mm,较肥厚,基部联合,无柄。初生叶 1 片,狭披针形,先端微钝,基部楔形,叶面被绵毛,并有紫红色斑点,全缘。后生叶叶背灰白色,有绵毛,托叶鞘筒状,先端截平。

成株茎直立,多分枝,节部膨大,淡紫红色或紫红色。叶互生,具柄;叶片披针形或宽披针形,大、小变化很大,先端渐尖或急尖,基部楔形,叶面常有黑褐色斑块,叶背密布白色绵毛,全缘,边缘有粗硬毛,托叶鞘筒状,膜质,具条纹,先端截平。总状花序顶生或腋生,花粉红色或淡绿色。瘦果卵形、扁平,两面微凹,长 2～2.5mm、宽约 1.5mm,红褐色,有光泽,全部包于宿存的花被内(图 6-48)。

2.分布　分布极为广泛。生于地边、路旁、沟渠、河床等湿润处和部分低湿地草地。

3.防除　草多草地可试用利谷隆、扑草净等药剂防除或在种子未熟前及早拔除。

图 6-48　绵毛酸模叶蓼

1.成株　2.幼苗　3.瘦果(引自王枝荣)

(五)小白酒草(*Conyza Canadensis* L.)

又名小蒸草、狼尾巴蒿。属菊科,白酒草属。

1. 主要特征 越年生或一年生杂草。幼苗除子叶外,全体被粗糙毛。下胚轴较发达。子叶卵圆形,长 2～4mm、宽约 1.5mm,先端钝圆,基部楔形,具短柄。初生叶椭圆形,先端凸、尖,基部楔形,全缘,具柄。后生叶形状变化较大。

成株茎直立,淡绿色,有细条纹及粗糙毛,上部生多数花枝。叶互生,无明显的叶柄;叶片条状披针形矩圆状披针形,长 3～10cm。先端尖,基部狭,全缘或有锯齿,边缘有长睫毛。头状花序多数,密集成圆锥状或伞房状圆锥状,花梗较短,舌状花直立,白色微紫,筒状花较舌状花稍短。瘦果矩圆形,淡黄色至褐色,长 1～1.5mm、宽 0.4～0.5mm;冠毛污白色,刚毛状(图 6-49)。

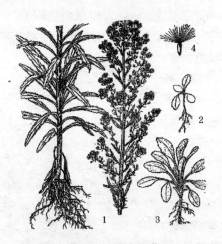

图 6-49 小白酒草
1. 成株 2. 小苗 3. 大苗 4. 瘦果(引自王枝荣)

2. 分布 分布极为广泛,以河滩地最多,河滩、路边、渠岸常成太片草丛。

3. 防除　可用 2,4-D 类药剂抑制其生长,严重发生草地无须防除,可翻压作绿肥。

(六)香薷 [*Elsholtzia ciliata*（**Thunb.**）**Hyland**]

属唇形科,香薷属。

1. 主要特征　一年生杂草,全体有香味。茎直立,四棱,疏生短毛,高 30~60cm,有分枝。叶对生,叶柄细长,叶片卵形或椭圆状披针形,长 3~9cm、宽 1~4cm,先端锐尖,基部渐狭至柄,边缘具疏锯齿,叶背密生腺点。轮状花序多花,组成偏向一侧、顶生的假穗状花序,苞片较萼稍长或等长,常带紫色,顶端针芒状;花萼钟状,齿 5,齿端针芒状,花冠 2 唇形,淡紫色或红紫色,上唇直立,下唇 3 裂,小坚果卵圆形,长约 1 毫米,棕色,平滑。花、果期 7~9 月份(图 6-50)。

2. 分布　高海拔退化阴坡人工草地,滩地常成大片发生,危害严重。

3. 防除　可用 2,4-D 类药剂抑制生长,严重发生草地,在种子未成熟前可通过深翻压作绿肥。

(七)菟 丝 子

菟丝子是苜蓿上最常见的一年生寄生性种子植物,广泛分布于世界各地,在美国、吉尔吉斯斯坦、沙特阿拉伯、匈牙利等造成很大危害,我国分布亦相当广泛,仅新

图 6-50　香　薷

疆就超过 7 种。菟丝子是苜蓿生产的一大威胁,在田间蔓延迅速,致使大片苜蓿受害,生长衰弱,抗逆性下降,提早死亡。此外,有些

种类的菟丝子含有毒素,家畜采食后消化道黏膜充血发炎,以致化脓和内出血。

春季苜蓿萌发时,出现攀附于苜蓿枝条上的黄色、粉红色、紫红色或橙色的细丝状物,缠绕成片,面积有时可达数十平方米,使苜蓿长势衰弱、矮小,以致不能结实,提早死亡。无论任何生长阶段的苜蓿植株都易遭受菟丝子的侵害。

1. 主要菟丝子及其形态特征 菟丝子是种子植物,属旋花科,菟丝子属(*Cuscuta*)。全世界有 215 种,我国 10 余种,均为全寄生性植物。借吸器从寄主植物中吸收水分和所需养分。在我国危害苜蓿的主要种类有以下几类:

(1)田野菟丝子(*C. campestris Juncker*) 茎线状,金黄色或粉红色,光滑;花梗长约 2mm,花序疏松,花冠裂片宽三角形,顶端锐尖,花冠筒内雄蕊基部的鳞片较大,具流苏,与冠筒等长;花白色,花柱 2 个,等长或不等长,柱头头状,萼片无脊而光滑。寄生于苜蓿中上部,是危害苜蓿的主要种,此外还危害三叶草、大麦、燕麦等作物。该种菟丝子是由北美洲传入欧洲、中亚和我国的。

(2)中国菟丝子(*C. chinensis Ham.*) 茎细线状,黄色;花柱 2 个,柱头头状,萼片具纵行脊、呈梭状。主要危害大豆,也危害苜蓿、草木樨、沙打旺和茄科植物等。

(3)南方菟丝子(*C. austrilis R. Br.*) 又称胡椒菟丝子。茎线状,橙黄色;花序球状,致密;花黄色,冠筒内鳞片很小,短于冠筒,有时退化成侧生小齿;花柱 2 个,柱头头状。萼片无脊,光滑。寄生于苜蓿、三叶草及许多作物上。分布于欧洲南部、中亚、远东和我国。

(4)苜蓿菟丝子(*C. approximata Babingt.*) 又称为细茎菟丝子。茎纤细呈毛发状,粉红色至黄色或淡绿色;花序球状,疏松;花白色无柄,萼片较窄,基部相连,稍短于花冠,无明显的脊和肉质尖端;鳞片二裂,长度与冠筒相近;花柱 2 个,柱头与其等长或更长,花柱及柱头长于子房。寄生于苜蓿中下部。主要分布于中亚南部和欧洲,我国新疆受害严重。

(5)欧洲菟丝子(*C. europaea* L.)　茎较粗,直径 2.5mm 左右,紫红色;花序球状,疏松;花粉红色或白色,小形。花柱 2 个,柱头线状,短于或等于子房长度;萼肉质,不透明;花瓣舒展,边缘彼此重叠,全缘,钝端;花萼、花冠背面十分光滑。寄生苜蓿,三叶草,箭筈豌豆、烟草、大麻及许多草本植物上。在欧洲、亚洲分布普遍。

(6)百里香菟丝子(*C. epithymum* Murr.)　茎线状,直径 0.3～1mm,红色或淡红色;花序球状,致密;花白色至粉红色。花萼肉质,裂深约 1/3,脊明显。花瓣尖削,顶部加厚,与冠筒等长;花柱 2 个,柱头线状。寄主范围广。可使苜蓿和三叶草减产 20%～40%。种子通过动物消化道后仍可萌发。

此外,我国还报道过杯状菟丝子(*C. cupulata* Engelm)、亚麻菟丝子(*C. epilinum* Weiche)、田菟丝子(*C. arvensis* Beyrich)和三叶草菟丝子(*C. trifolii* Bab.),也危害苜蓿。

菟丝子种子可在田间土壤中或混入苜蓿种子中越冬。土壤中的种子每年仅有极少量萌发,其他的继续休眠(休眠可持续 20 年)。菟丝子种子萌发后,长出一根纤细的茎(探索丝),探索丝在空中缓慢旋转,若遇到合适寄主就缠绕其上,茎上长出吸器插入寄主,此茎的维管束与寄主的维管束相接,建立寄生关系。若 21d 内遇不到适宜寄主建立寄生关系,则探索丝死亡。

寄生关系建立后,菟丝子生长迅速,产生大量的缠绕茎,不断延伸缠绕,侵染周围的寄主植株。与寄主同时开花,结实。因此,菟丝子的种子极易混入苜蓿种子内,被同时收贮。部分种子也可落入土壤中。菟丝子萌发适温(土温)为 25℃左右。土壤最适含水量为 15%以上,但达到 10%即开始萌动。

2. 防除　该病害可采用如下方法进行防治。

(1)加强种子检验检疫　防止随种子调运而传入新的苜蓿种

植地区。

（2）栽培管理措施　主要包括：①清选种子。以机械筛除或用磁性分离器清除菟丝子种子。②严格选用无菟丝子的种子建植苜蓿草地，并防止其通过灌溉水源、农家肥及田边野生寄主等传入苜蓿田。③人工拔除或低刈受侵染的草层，并需多次刈割清除。这一措施必须在菟丝子开花之前进行，以杜绝其结实繁衍。刈割下的茎叶应深埋或烧毁。④零星轻微受害田，在菟丝子结实前，挖除并烧毁菟丝子和被侵染植株；对于大面积受害的苜蓿田，应根据实际情况连续几年在菟丝子结实前，提前彻底刈割苜蓿。⑤焚烧也是消灭菟丝子危害的有效措施。新疆阿尔泰地区福海县的试验证明，早春焚烧残茬，对苜蓿生长有益无害，对防治病害和菟丝子十分有效。

（3）药剂防治　可用二硝基邻甲苯酚和二硝基酚（浓度1.5%～2%）防治，效果良好。另外，也可使用拉索、杀草通、地乐胺等除草剂防治。

（4）生物防治　使用鲁保1号（菟丝子炭疽病菌的制剂）在田间喷施，可收到良好防效。

二、草地几种重要毒草的防除

（一）棘豆类（*oxytropis* spp）

主要有黄花棘豆（*O. ochrocephala* Bunge）（图 6-51）和甘肃棘豆（*O. Kansuensis* Bunge）（图 6-52）。

1. 主要特征　均为多年生草本，高 14～40cm，根粗壮，茎基部有分枝，密生白色或黄色柔毛。羽状复叶，长 5～14cm；叶轴上面有沟，密生长柔毛；托叶卵形，小叶卵状至披针形，两面有密生长柔毛。总状花序，花萼筒状，花冠黄色，荚果长椭圆形或矩圆状卵形，密生柔毛。

2. 分布　分布于甘肃、青海、四川西北部。生于山坡、河边阳坡处或林下。

3. 危害 该类毒草全草有毒,为烈毒性长年有毒植物,因为含有多种生物碱,易使马属动物及绵羊、山羊中毒,是高山草地中分布最广、危害最大的一类毒草。

图 6-51 黄花棘豆

(引自中国高等植物)

图 6-52 甘肃棘豆

(引自中国高等植物)

4. 防 除

(1)以畜治草 利用家畜牧食、践踏等方式来控制,如可根据牦牛对棘豆的专嗜性及棘豆对家畜的最低致毒量,在棘豆含毒量低的生长阶段,适时适度放牧,防止棘豆的再生,达到控制的目的。

(2)趋利避害 采用0.29%的工业盐酸浸泡棘豆24h,然后取出后用水清洗,晒干后作为饲喂家畜的饲料。也可用水浸泡2~3d去毒或每间歇2周饲喂。该方法虽可部分脱毒,但其安全性仍受限制,且营养受到一定的破坏或损失。

(3)加强草地科学管理及政府引导 减小草地压力,可通过改良或改变畜种结构,提高、加快出栏率等管理措施及政府合理引导牧民开展多种经营,使牧民收入不降低的同时草地得以较好的保护。

(4)农业技术防除 在棘豆连片分布地段动员和组织牧民挖除,以减少棘豆种群数量,降低其危害。也可在冬、春季进行焚烧防除。

(5)化学防除 可用2,4-D丁酯、二甲四氯等在开花期进行喷雾防除,也可灌根,一般需要连续2~3年的施药。

(二)狼毒(*Stellera chamaejasme* L.)

1. 主要特性 多年生草本;茎直立,丛生,高20~50cm,有粗大圆柱形木质根状茎。叶通常互生,无柄,披针形至椭圆状披针形,长1.4~2.8cm、宽3~9mm,全缘,无毛。头状花序顶生;花黄色或白色,具有绿色总苞,花被筒细瘦,长8~12mm,下部常为紫色,具明显纵脉,顶端5裂,裂片长2~3mm,其上有紫红色网纹;雄蕊10,2轮,着生于花被筒中部以上;子房1室,顶端被淡肉色细柔毛。果实圆锥形,干燥,为花被管基部所包(图6-53)。

图6-53 狼 毒
(引自中国高等植物图鉴)

2. 分布 分布于东北、河北、河南、甘肃、青海及西南。喜干燥向阳地。

3. 危害 毒性极大。

4. 防除 除棘豆防除中的趋利避害外,其他防除同棘豆类防除。

(三)毒麦(*Lolium temulentum* L.)

属禾本科,黑麦草属。

1. 主要特征 越年生或一年生有毒杂草。幼苗绿色,基部紫红色,胚芽鞘长1.5~1.8cm。第一叶片条形,长6.5~9.5cm、宽2~3mm,先端渐尖,平滑无毛。成株秆丛生、直立,高50~110cm,具

3～4节。叶鞘较疏松,长于节间,叶舌白膜质状,长约1mm;叶片长10～15cm、宽4～6mm,较薄,无毛。穗状花序长10～15cm、宽10～15mm,穗轴呈小浪形弯曲,小穗8～19个,互生于穗轴上,每个小穗含2～6花,排成2列,第一颖缺,第二颖大,略长于小穗,具5～9脉,质地较硬,边缘狭膜质;外稃具5脉,顶端有芒,芒长7～15mm,内稃与外稃等长或稍短,脊上具有微毛,稃体与颖果紧贴不易分离。颖果长椭圆形,长4～6mm,宽约2mm,褐黄色至棕色,坚硬,无光泽,腹沟较宽(图6-54)。

2. 分布　分布极为广泛。

3. 危害　毒麦生活力、繁殖力都比小麦强。不仅影响小麦的产量,而且籽内含有毒麦碱($C_{17}H_{12}N_2O$),人、畜食后都能中毒,尤以未成熟时或多雨潮湿季节收获的毒性最强。

4. 防除　严格执行检疫制度,防止传播蔓延。播前选种或换种。建立无毒麦种子基地。轮作倒茬。人工清除。

图 6-54　毒麦
1. 成株　2～3. 幼苗　4. 小穗
5. 小花　6. 颖果(引自王枝荣)

(四)曼陀罗(*Datura stramonium* L.)
属茄科,曼陀罗属。

1. 主要特征　一年生有毒杂草。幼苗暗绿色,全株疏生短柔毛,有特殊气味,揉之味更浓。下胚轴较发达,淡绿色,有毛。子叶披针形,长18～25mm、宽4～5mm,先端渐尖,基部楔形,具有短柄。初生叶

1片,长卵形或宽披针形,全缘。后生叶宽卵形,边缘具稀齿。

成株茎直立、粗壮、光滑无毛或在幼嫩部分有短毛,上部多呈二叉状分枝。叶互生、具柄,叶片宽卵形,长 8～17cm、宽 4～12cm,顶端渐尖,基部呈不对称楔形,边缘有不规则的波状浅裂或大牙齿,裂片三角形,脉上疏生短柔毛。花单生于叶腋,花萼筒状,5 齿裂,外显 5 棱;花冠漏斗状,上部白色或紫色,下部淡绿色。蒴果直立、卵圆形,表面有长短不等的硬刺,成熟时由顶向下四瓣开裂。种子肾形、稍扁,长 3～4mm、宽 2.5～3mm。干后黑色,稍有皱纹(图 6-55)。

2. 分布 全国各地均有分布,生于较肥沃的棉田、玉米田、果园、菜地、休闲草地以及路边、渠边湿润处。

3. 危害 植株、种子均有毒,种子含有剧毒,人、畜误食后引起呕吐、昏迷,中毒严重者死亡。

4. 防除 可用除草醚、扑草净等药剂防除或人工清除,并及早清除苗间大草,以免种子成熟后构成大面积危害。

图 6-55 曼陀罗
1. 成株 2. 幼苗 3. 种子
(引自王枝荣)

(五)醉马草(_Achnatherum inebrians_)

属禾本科,芨芨草属。

1. 主要特征 多年生杂草。春季出苗,花果期夏、秋季。以种子和鳞芽繁殖。成株秆直立,少数丛生,高 60～100cm,节下贴生微毛,基部具鳞芽。叶鞘稍粗涩,上部者通常短于节间,叶舌膜质,顶端截平或具齿裂,长约 1mm;叶片质地较硬,通常卷折,长 10～

30cm、宽 2～7mm。圆锥花序线形,紧密而下部可有间隔,长10～25cm、宽 10～15mm;小穗灰绿色,成熟后变褐铜色或带紫色,长5～6mm,颖几等长,膜质,具 3 脉;外稃长约 4mm,顶端具 2 微齿,背部遍生柔毛,具 3 脉,基盘钝而有毛,长约 0.5mm,芒长 10mm,中部以下稍扭转,内稃具 2 脉,脊不明显,花药长约 2mm,顶生毫毛。子实颖果圆柱形,长约3mm(图 6-56)。

2. 分布　原产于欧亚两洲。在我国广泛分布于新疆、甘肃、宁夏、青海、内蒙古、陕西、西藏、四川等地,河北、山东、浙江也有分布。醉马草多生长于高山及亚高山草原、山坡草地、田边、路旁、河滩,海拔1 700～4 200 米。在青藏高原3 000～4 200 米的草原上,有时形成极大的群落。

图 6-56　醉马草
1. 植株　2. 小穗　3. 小花

3. 防除　采取防除措施仍然是预防醉马草中毒的有效方法,如合理的利用方式,改变醉马草生长地的环境条件,就可以抑制醉马草生长,使之逐渐减少,最后达到完全消除。如采取划区轮牧、封滩育草、草地施肥、灌溉等措施,可使草原上的优良牧草增多,醉马草减少。焚烧对醉马草越冬芽造成重大影响,可在 2 月底至 3 月底这段时间进行焚烧为宜。这种方法在醉马草生长密度较高的草地使用效果更好。化学防除常用的除草剂有草甘膦和茅草枯。草甘膦可以清除一年生、多年生的禾本科杂草和一年生双子叶植物,尤其是对一年生禾本科毒草效果最好。30％的草甘膦和茅草枯,清除效果很好。

第七章 草原旅游及自然保护区管理

第一节 草原旅游资源

　　草地生态系统是以各种多年生草本占优势的生物群落与其环境构成的功能综合体，是最重要的陆地生态系统之一。草原生态系统不仅提供了大量人类社会经济发展中所需的畜牧产品、植物资源，还对维持我国自然生态系统格局、功能和过程，尤其是干旱、高寒和其他生境严酷地区起到关键性作用，具有特殊生态意义。草地生态经济系统是由草地生态系统和经济系统相互交织、相互作用、相互耦合而成的，是具有一定结构和功能的复合系统。长期以来，我国把牧业经济系统凌驾于草地生态系统之上，超越草地生态系统的承载力，严重破坏草地生态环境，从而阻碍草地牧业经济的可持续发展，它以低投入、低产出、低效益、高风险为主要特征。由于长期以来对草地资源采取自然粗放经营的方式，重利用、轻建设、轻管理，草地资源普遍存在着过度放牧、乱开滥垦等现象，草地退化、沙化、盐碱化面积日益发展，草地生态系统破坏严重，由此而产生的区域生态问题越来越突出。这种状况是由历史、自然、地理、社会、经济等多方面的不利因素造成的。应予强调的是人们对草地的利用模式不合理，破坏了资源承载能力，无疑是最重要的原因之一，这也从现实上要求把草地利用模式与生态保护结合起来。

　　随着社会生活向高层次发展和草地学研究的深入，人们对草地资源的认识从草地第一、第二性生产为人们提供所需有形产品的能力上扩大到草地景观及周围的环境、气候、民情等综合方面，以满足人们多方面的需求，草地旅游发展是其主要开发模式。学者们早就发现草原地区特殊的地质、地貌、自然景观,可发展旅游事业。

一、草原旅游及其草原旅游资源的概念

旅游业在世界范围内正处于一个蓬勃发展时期,旅游资源的开发,建立"无烟工业"是现代经济发展的重要趋势。随着市场经济的发展和人民物质文化生活水平的提高,旅游活动已成为人民生活的重要组成部分。同时,随着对外经济、文化交流的扩大,国际旅游业已成为国家外汇收入的重要支柱。旅游业将对地区的经济繁荣和社会发展起到重要的作用,它是以旅游者为对象,为旅游活动创造便利条件并提供其所需商品和服务的综合性产业。旅游是人们出于移民和就业任职以外的其他原因离开常住地前往异地的旅行和暂时逗留活动,以及由此引起的各种现象和关系的总和。

草原生态系统能够提供文化、美学和娱乐服务,是重要的旅游资源。草地拥有世界上许多最自然的现象,如非洲大群角马、北美洲驯鹿和亚洲藏羚羊的大规模迁徙;草原上还有一些重要的历史遗址和极具魅力的民俗风情,如美国本地的宗教、典礼和历史上的活动场所在美国大草原的许多地方被保存下来。由于依赖于草原进行远足旅行、狩猎、钓鱼、观光以及宗教或文化活动的人不少,所以世界上拥有大片草原的国家都非常重视草地旅游业的发展,并取得了较好的经济效益。

(一)草原旅游

草原旅游是以拥有欣赏价值和吸引力的草原为对象的旅游,是指依托具有旅游意义的草原生态系统及其和谐相生的人文资源进行的旅游。具体地讲草原旅游是指在草原地区以草原风光、气候和少数民族的民俗、民情为旅游目标,以具民族特色的歌舞、体育、餐饮、观赏、避暑等为主要内容的旅游活动以及为这种旅游服务的经营活动。要以生态旅游的基本思想为指导,以实现草原旅游的可持续发展为目的,其核心是必须使草原资源这一基础始终处于优良的状态,保持生态良性循环。在实践上还应注意科学的建设和管理,实现草原旅游的健康发展。

利用独特的草原自然风光与在此环境中形成的历史人文景观和特有的民族风情及其服务设施,招徕与接待旅游者并为其提供食、住、行、娱、购、游等有偿服务的综合性旅游产业,称为草原旅游业。草原旅游业的发展以草原旅游资源的不断开发与创造为必备条件,是发挥草原景观资源美学价值而产生经济效益的一项开发性活动。旅游的真正发展实际上是需求和供给两方面联合作用的结果。而草原旅游业作为草原旅游活动的供给方,对草原旅游的发展起着重要的支持和促进作用。草原旅游业不仅在草原旅游者与草原旅游资源之间架起了联系的桥梁,成为草原旅游的终结和纽带,同时又通过它滋生的运作和经营,带动着区域经济的发展。

(二)草原旅游资源

草原旅游资源是发展草原旅游业的基本条件之一。对草原旅游资源的认识,是随着草原旅游业的兴起而出现和不断深化的。由于草原旅游业是一项新兴产业,而草原旅游相对于其他单一的传统资源,在内容和构成上都要复杂丰富得多,因此对草原旅游的确切定义,目前国内外尚未形成统一的表述。国内旅游学界关于"草原旅游资源"的定义众说纷纭,从不同角度给出的定义,按不重复的计算,已达几十种。

每一个对旅游资源的定义都有共同的标准,即以人为基准,对人具有吸引力,能够产生一定的经济效益和价值,但是许多定义归纳不全面,不准确。一个好的定义应该具有稳定性(不能随意变更)、关联性(从系统的观点去把握)、适用性(言简意明,便于理论研究与实践应用)、通用性和全面性。国家旅游局和中国科学院地理研究所制定的国家标准 GB/T 18972-2003《旅游资源分类、调查与评价》对旅游资源的定义比较确切和规范:"所谓旅游资源是指:自然界和人类社会凡对旅游者产生吸引力,可以为旅游业开发利用,并可产生经济效益、社会效益和环境效益的各种事物和因素。"经济效益指风景资源利用后可能带来的经济收入;社会效益指对人类智力开发、知识储备、思想教育等方面的功能;环境效益指风景资源的开发,是否会导致环境资源被破坏。

草原旅游资源包括草原旅游自然景观资源和人文景观资源两个方面。其中草原自然景观有:地质地貌景观、地域水体景观、地域生物景观、气候气象景观等;草原人文景观资源包括:宗教场所景观、历史遗迹景观、宗教文化景观、地方建筑街区等。

草原旅游资源所指的范围比较广泛,但构成旅游资源的基本条件和限制条件是:

第一,对旅游者产生吸引力,能激发人们的旅游动机、吸引游客到异地进行旅游观赏、消遣娱乐、休憩疗养、文化交流等活动,以此来陶冶性情,丰富自己的文化生活。

第二,具有可利用性,随着旅游者旅游爱好和习惯的改变,草原旅游资源的包容范畴不断扩大,可以为草原旅游业开发利用。而且草原旅游资源与其他资源一样,是一种客观存在,是草原旅游业发展的物质基础。无论是具体形态的草原旅游资源,还是依附于物质景观的精神文化草原旅游资源,其实质依然具有客观实在性。

第三,草原旅游开发利用后应产生经济效益、社会效益和环境效益,尚未被利用的草原资源必有被开发利用的可能性。

也有的专家将草原旅游资源定义为:"具有游览、观赏价值的景观、风貌、水体"或"能够吸引旅游者进行各种草原活动的自然、社会、人文因素。"一般认为,草原旅游资源是草原旅游业赖以生存和发展的前提条件,是草原旅游业产生的物质基础,是草原旅游的客体,是草原旅游产品和旅游活动的基本要素之一。在国外被称为旅游吸引物(tourism attraction),是草原旅游地吸引旅游者的所有因素的总和。草原旅游资源既可以是物质的,如民风民俗等;

也可以是天然的,如美丽的湖泊、蔚蓝的天空、广袤的草原等,还可以是经过人工制造而成的,如博物馆、展览馆、宗教圣地、大片的羊群和蒙古包等。作为发展草原旅游业的草原资源应该是原生的天然特性和人造的特性兼备、具有吸引力和游览价值,草原特色不断更新和游览范畴不断扩大。

二、草原旅游资源在我国的分布及其开发现状

我国草原面积辽阔,类型多样,各旅游地生态环境优良,自然风景秀丽,野生生物资源丰富,是开展草地旅游的胜地。在我国自然保护区的 3 大系列,即自然生态系统、野生生物、自然遗迹;8 种类型,即森林、草原与草甸、荒漠、内陆湿地和水域、海洋和海岸、野生生物、地质遗迹和古生物遗迹。在这 8 种类型中,至少有 7 种与草原有关,草原旅游资源十分丰富。草原地带有许多奇特的地质地貌遗迹和自然景观,既可发展旅游业,又有很高的科学研究价值。

我国草原从东到西跨 49 个经度(78°～127°E),从南到北跨 36 个纬度(29°～65°N);东西长约 4 000km,南北宽约 2 500km,总面积约 4 亿 hm²,约占国土面积的 41.7%。我国草原的类型之多居世界第一位,共有 18 个大类、37 个亚类、53 个组、1 000 多个草地型。我国有牧草种类 5 000 多种,草原上生活着许多珍稀野生动物,还生长有许多珍贵的中草药。草地植被类型可以概括为草甸类、草原类、荒漠类、灌草丛类。其中草甸类草地面积最大,分布最广,占全国草原面积的 26.9%;沼泽类草地面积最小,仅占草原总面积的 0.68%。近年来我国科学工作者提出的自然保护区长远规划的原则之一就是重点加强草原、海洋、地质类型的自然保护区建设。规划到 2010 年草原和草甸生态系统类型的自然保护区面积达 1 600 万 hm²,2050 年达 2 000 万 hm²。这些自然保护区,为

开展草地旅游创造了良好的条件。我国美丽辽阔、丰富多彩的草原,虽然古人描写的那种"天苍苍、野茫茫,风吹草低见牛羊"的情景已有所改变,草没那么高了,但"粉白湖上云,黛青天际峰"的迷人景色,古今仍然一样,正是草原的旷远、壮丽的风光,自古以来吸引着观光旅游的人们。近年来,我国的草原旅游业发展较快,不仅有大量的国内游客,还有很多国际友人。

20 世纪 90 年代后草原旅游在我国发展较快,目前我国许多省、自治区、直辖市都开发了草原旅游景区或旅游景点,已形成规模的草原旅游区有北京的康西草原,河北坝上,内蒙古乌兰察布、呼伦贝尔、科尔沁、鄂尔多斯、锡林郭勒等草原上的旅游景区,以及甘肃祁连山、新疆天山、四川红原和青海的部分旅游点等。

我国草原旅游开发经过 20 多年的发展,根据现有的不同草原旅游景区(点),大致可以分为以下 3 种开发类型:根据草原旅游景区的空间布局区位和空间布局形态可以分为依托城市型、规模集聚型和散点分布型 3 种类型。其主要表征如表 7-1 所示。

表 7-1　中国草原旅游景区的空间布局类型

类　型	前提条件	开发方式	典型地区
依托城市型	对依托城市的基本要求是草原景观与城市连接为一体,城市与草原之间没有城乡结合区,在城市周边为典型的草原景观	会议旅游	包头市成吉思汗草原生态园
规模集聚型	草原景观优良、面积广阔、有丰富的其他类型的辅助旅游资源,具有形成大型草原旅游产品的资源条件	度假旅游	通辽市珠日河草原
散点分布型	首选地点在位于主体草原旅游区内,同时距离主要接待中心较远,具有提供特殊旅游服务和旅游项目的资源	生态型开放	赤峰市乌兰布统草原

根据植被类型,草原旅游景区划分为草甸草原型、典型草原型、荒漠草原型、沙地草原型、河谷草甸型和高山草甸型旅游景点(表 7-2)。不同的类型具有不同的草原景观和植被组成,同时也具有不同的最适宜旅游季节。草甸草原、典型草原型和河谷草甸型具有茂密的植被覆盖,外观华丽,作为开发的重点类型。沙地草原型和荒漠草原型不能过度开发,防止出现沙化和植被退化,并应进行相应的休整。高山草甸型一般适宜旅游季节较短。

表 7-2　中国草原旅游景区的植被景观类型

类　型	群落特点	典型区域
草甸草原型	以低湿地草甸亚类为主,植物种类丰富、草群茂密,盖度一般为 60%～70%,高者达 80%～90%,草群优势种大部分属于禾本科内的中生类群	贺斯格淖尔草原
典型草原型	建群种为旱生密丛禾草植物,平均高度 30cm 左右,以大针茅、克氏针茅、羊草和冰草等优势植物群落为主,层次分化明显	内蒙古白音锡勒草原
荒漠草原型	植被较矮小稀疏,建群种由旱生丛生小禾草组成,草丛低矮、不到 20cm,覆盖稀疏	内蒙古希拉穆仁草原
沙地草原型	草原植被往往与疏林、灌丛斑块相结合,植被覆盖率低,景观有立体性	浑善达克沙地草原
河谷草甸型	景观具有多样性,植被丰富,建群种为多年生草本植物,优势植物有贝加尔针茅、羊草和线叶菊等,还有花色艳丽而高大的杂类草	内蒙古金莲川草原
高山草甸型	海拔较高,气温低、生长期短,草群低矮	四川红原草原

根据草原开发与人文资源的结合程度,可分为单纯草原景观型和草原综合型。单纯草原景观型旅游地往往以自然景观为主,

草原综合型旅游地则注重了自然景观与民俗风情等人文资源的结合。

三、草原旅游资源利用特点

草原旅游资源是一种比较特殊的资源,它既有其他资源的一些共性,也具有许多自己所独有的特性。草原旅游资源是地理环境的一部分,具有地理环境组成要素所具有的时空分布特征和动态分布特征,因此构成了草原旅游资源的多样性。草原旅游资源是以天然草地植被为基础,以长期的少数民族游牧生活为历史背景。草原旅游现象的文化属性又使草原旅游资源具有其他自然资源所不具有的独特性。草原旅游资源是旅游现象的客体,作为旅游业不可缺少的组成部分,具有和其他资源相似的以及特有的经济特征。由于受到季节、环境、观念、时代变化的影响,形成了草原旅游资源的变异性。同时,草原旅游资源作为一种草原资源,既具有脆弱性,又具有永续性,这是作为一种生态环境所具有的最本质的特征。因此,草原作为一种旅游资源进行开发利用,具有多样性、独特性、变异性、脆弱性和永续性。

(一)草原旅游的资源条件特点

草原旅游资源的核心是草地植被。各类草地植被与其环境,如山地丘陵、滩川平地、水体道路、设施建筑等组成宁静迷人的旅游景观综合体,是吸引游客的资源基础。同时,草原还可向游客提供特有的野生药材、野生食用植物及特有风味农作物等。夏季凉爽宜人的气候是吸引游客来草原消夏避暑的主要原因。我国主要草原区均分布于高原和中、高山地,其最热月平均气温多不到20℃,与邻近的大中城市有10℃以上的温差,是调理身心和盛夏避暑的好去处。"夏季到草原来滑草",已成为人们的一种时尚追求。优美朴实的少数民族风情和少数民族风味的饮食是草原吸引游客的又一原因。我国主要草原区是蒙、满、哈萨克、藏、裕固等少数民族聚居区,其各具特色的民族风情是吸引游客的重要资源。骑马射箭、手抓羊肉、篝火晚会等独具特色的活动深为游客所喜爱。

(二)草原旅游的市场经营特点

草原旅游地区属于自然景观型,其客源主要为临近城市的居民,以消夏避暑为主。因此,草原旅游发展最适宜的地区应是距大中城市较近、交通条件较好的草原区边缘地带。经营上则是旅游企业与当地农牧民分工协作进行。农牧民承担旅游企业不易经营的重要服务项目,如向游客出租骑乘马匹、供应风味餐饮原料、出售野生观赏和药用植物等。正是由于农牧民的这种广泛参与,使草原旅游与当地经济和生态环境之间有了更密切的联系和影响。在旅游资源条件中,除民族风情外,其他条件每年只有在风季过后的植物茂盛生长期(5～9月份)才能具备,所以草原旅游经营的季节性极强,并与农牧林业生产同季。

四、合理开发草原旅游资源的原则和意义

(一)合理开发草原旅游资源的原则

1. 生态安全性原则　草地生态环境脆弱,旅游开发要以不破坏草地自然风貌和生物多样性为前提,依据草地环境条件进行不同程度的开发。在开发利用时要确定科学的开发强度,设计合理的旅游规模,使之严格限制在生态容量范围之内。开发方式上要体现天人合一的生态伦理观,产品的开发、基础设施的建设要与草地的生态环境相协调,尽量把旅游开发对生态环境的负面效应降到最低。

2. 公众参与原则　当地公众的密切参与是草原旅游资源可持续利用的重要支持。草原旅游资源的开发,可以替代当地居民对草地资源的其他利用方式,缓减对生态环境的压力,并且通过旅游开发,弘扬当地传统文化,增强地方独有文化气氛,提高旅游资

源的品质。在旅游开发中,当地公众通过参与也获得了利益,开始珍惜爱护草地资源,成为保护环境的强大力量。

3. 旅游产品多样化原则　草原旅游资源受地质、气候等自然条件因素的长期作用,呈现出不同的地质地貌特点,并生成了多样性的生态环境,这些丰富的生态资源是开发类型多样的旅游产品的依托。据此可开展典型自然风光观光游、野生动植物观赏游、草原科普教育游、科学考察游、生态牧业观光游、草原野营游、草原民俗风情游等多种旅游产品。

4. 广开筹资渠道原则　由于资金短缺,我国草原旅游资源开发利用极为不充分。应该广开筹资渠道,从多个方面积极创造条件筹集旅游开发基金。可以通过合作开发的形式,吸引私人、集体、旅游企业等的参与,加快草原旅游资源向资产的转变。对于有代表性的草地资源,应争取国际组织的合作研究项目,增加旅游开发保护资金的来源。

(二)合理开发草原旅游资源的意义

在人类、资源、环境构成的生物圈中,草地是地球表面的一种特殊的生态系统,草原的气候变化、景观特点和民族风情构成了变化多姿的奇妙世界。多年来,有的地方由于忽视生态规律,重利用,轻保护,毁草开荒、过牧、滥牧而导致草场退化,动植物资源遭到严重破坏;同时有的地方又出现利用率低下的问题。草原旅游首先要提供一个高质量的环境空间,要使这里的水、草、动物和人在一个和谐的空间里共存,这本身就是对生态系统的一种良好促进。立足于可持续发展基础上的草地生态旅游开发,能使草地资源与旅游走上良好循环的道路。同时,草地生态活动还是一种全民环境教育。在旅游中,人们对自己生存的空间会有更深刻的感受,体会出人与自然环境和谐共存的重要性。在可持续发展日益受到重视的今天,人地关系系统协调发展的草原旅游对于正确引导人们的旅游观念,协调人与自然的关系各方面都有极其重要的作用。陈志凡等人认为发展草地生态旅游产业,可以促进当地农牧业产品的商品化,发挥草地休闲、观赏、旅游畜牧业的特色,减少资源的消耗性利用,提高草地资源的整体开发和综合利用效率,有利于草地资源得到充分利用。草原旅游业将是"人与自然和谐共存"的时代要求中,"产业与环境互利"的双赢产业,是民族地区在资源开发中,减轻经济发展对自然环境造成的压力,克服生态脆弱的不利因素和有效利用资源的最佳选择。

草原旅游带来投资、改善基础设施、增加财政收入、促进第三产业发展,促使农牧民迅速自觉地调整其产业结构、畜群结构和种植结构,一部分人还可以脱离土地,从事服务性经营活动,使旅游点附近区域经济呈现出新的活力,对于整个区域经济的发展都有带动作用。需要指出的是,这种带动作用是有限的,是点、线状的,尚不能对距旅游区较远的大面积草原区起到有效的带动作用。

在政府、旅游者、旅游企业和当地居民利益协调的基础上,既可以带动旅游区周围农村经济的发展,增加牧民经济收入,为生态保护提供经济保证,还可以促进许多历史古迹、特色建筑和纪念物的修复、再建,有助于传统文化的挖掘和民族艺术的发扬,使民族文化得到有效的保护和开发。草原上的民族有藏、蒙古、维吾尔等,都有着悠久的历史和灿烂的文明,草原旅游将他们的生活和文化直接而生动地呈现在游客面前,让游客融于民族的氛围之中,这种感知远比博物馆和讲座更有效果,加深人们对这些少数民族的理解,进而易于沟通和了解,让民族文化走出草原,使我国的民族文化得以继承和弘扬。

五、草原旅游资源的开发模式

目前草原旅游发展呈现出遍地性布局和集中开发的特征,在国外集中在非洲,在中国又以内蒙古最为突出。但是,由于草地生态系统的脆弱性,决定了草原旅游发展存在脆弱性。从空间分布上讲,草地旅游发展的核心区域往往处在自然生态系统与人类生产、生活稠密区之间的过渡区域。这里既有优越的自然生态条件,又拥有一定的经济和社会基础,如旅游基础设施好、距客源市场较近、交通比较方便等,因此人类活动给自然生态环境带来的压力也十分突出。这种交错带环境可能严重影响生态系统的稳定性,因此系统生态功能和旅游功能的实现需要更加严格的科学规划和管理。

草原旅游资源的开发模式是对一定时间和空间范围内区域旅游资源、劳动力、资金、技术等方面的开发以及它们之间的持续协调发展所做的总体安排与战略部署,它对发挥政府的宏观调控、指导资源优化配置、区域持续协调发展都有重要作用。但是,若没有科学的理论基础作指导,就不会形成科学合理的开发模式,不仅不会发挥其应有的作用,实施后反而会造成不良后果。因此,有必要对其理论基础进行研究。总的说来,草原旅游规划的理论基础可以大致涵盖草业科学、区域经济理论、区位理论、旅游生命周期理论、生态学理论、旅游人类学理论、可持续发展理论等几个大的方面。

生态学研究表明,在自然生态的群落交错带上,由于边缘效应的作用,往往形成许多边缘种或特有种;与之相反,在人类活动与自然生态的交错带上,往往由于受人类活动目的和开发利用方式的影响,生物多样性程度反而减少。这是草地旅游发展可能导致生态环境脆弱的重要原因。因此,在进行草原旅游开发时,要掌握草地生态系统及其结构组成,注意维持草地的生态平衡。要从草地生态——产业系统整体功能的发挥和复合生态系统环境、经济、社会效益统一的要求出发,创造出可持续发展的经营模式。只有在全面认识和遵循草地生态规律,坚持草地利用与生态保护并行原则下的旅游开发,才能保证草原旅游乃至整个草原地区的经济社会可持续发展。

第二节　旅游对目的地的影响

一、草原旅游对目的地社会的影响

(一)草原旅游对目的地经济的影响

旅游业在世界范围内正处于一个蓬勃发展的时期,其本身就是一个需要经济活动的消费行为。随着市场经济的发展和人们物质文化生活水平的提高,旅游活动已经成为人们生活的重要组成部分。并且伴随着对外经济、文化交流的扩大,国际旅游业现在已经成为国家外汇收入的重要支柱。旅游业对旅游目的地的经济发展也起到了重要的作用。

草原旅游不仅仅是传统的"游山玩水看风景"式的旅游,它在以往的看风景之外,还与旅游地传统文化、风土人情等相结合。这样,旅游活动一定会给目的地地区带来可观的经济利益。对旅游目的地而言,通过旅游取得的经济收入是开发旅游项目和保持旅游业持续发展的动力。在草原旅游中,当地的农牧民可与旅游企业分工合作。与此同时,要给予他们相应的报酬,这样就在微观方面提高了当地人的生活水平甚至是当地居民的平均收入。

旅游地的经济收入受各方面因素限制。其中旅游者对旅游目的地的经济贡献大致可以通过三个方面来衡量:一是旅游者的数量,二是旅游者平均停留的时间,三是旅游者的日平均消费金额。这三个因素是相互联系相互影响的。对草原旅游目的地而言,如果旅游者的数量稳定不变,那么他们在草原上的平均停留时间与日消费金额就成了旅游地收入的主要限制因素。同样,如果旅游者平均停留时间相同的话,那么旅游者的数量与日平均消费金额就成了主要限制因素。

草原旅游对目的地的经济有积极的影响,当然也有消极的影响。在旅游地,我们总是会看到那里的物价高于其他地方而且呈不断上涨的趋势。通常外来旅游者总是表现出消费能力和支付能力明显高于旅游目的地的居民。造成这种现象的原因可从两个方面来分析:其一,这些旅游者来自收入水平和物价水平都非常高的国家和地区;其二,这些旅游者为了这次度假活动,可能节衣缩食,积攒了很长时间的钱。外来旅游者在度假期间会显示出挥霍的倾向,表现出明显的高端消费倾向。这就打破了当地消费品和服务产品的供需平衡,导致一些消费品和服务产品价格的上涨,最终会引起目的地地区的基本生活用品和服务价格的全面上涨,引起通货膨胀。这必然会影响当地居民的日常生活,而且旅游的开发必然导致对土地的需求增加,进而引起目的地地区土地价格的上涨。这就直接影响了当地居民的生活质量和住房质量,他们不得不为住房或租房付出更高的代价。

但从整体来说,旅游业还是提高了一个地区的经济收入。我国西部拥有广阔的草地资源,并且是旅游品质较好的草地资源,自然保护区也大多分布在西北地区。随着人们回归自然、走向大草原这种旅游趋向的增强,抓住西部大开发这个机会,对西部经济发展和缩小东西部差异具有重要的现实意义。

(二)草原旅游对目的地就业的影响

就业问题是国民经济发展中一个至关重要的问题,它关系到每个劳动者的生存与发展,并且涉及一系列的社会问题。旅游业会给旅游目的地的居民创造很多直接就业的机会,这样就降低了失业率。

在草原旅游当中,由于大部分的草地都处于比较偏远的地区,而那里的居民大多没有额外的经济来源。因此,旅游业给他们带来的就业机会是很有意义的。在各个草原旅游地都会有一些当地的民俗舞蹈或是特色,这样就会要求有一些人来专门从事这些工作,因而在小幅度上缓解了当地的就业压力。如此一来,不仅保存了草原牧民的传统文化,又为他们的就业提供了很好的机会。

草原旅游业中有着很多类似的就业机会。

在旅游业中,交通工具是必不可少的。尤其是在草原旅游业中,由于草原特殊的地理位置,因此需要有合理的交通运输业。而在交通运输业中,交通服务的本身,事实上就是旅游者旅游体验的重要组成部分。这就需要有特殊技能的人员来完成工作,如驾驶技能、服务技能等。

草原旅游是需要较多时间的。一般选择到大草原上去旅游的人,多数是为了散心。而出去散心必定不会匆忙地离开。而旅游者要在大草原上停留,就必然要求旅游地要有一定的住宿设施以及相关服务,如餐饮服务。此外,住宿业还可以提供各种娱乐、会议、餐饮、礼品销售以及健身等设施,以提高住宿业的整体质量。如果没有住宿业,旅游者是不能在旅游地停留的,更体验不到休闲度假的乐趣,自然就降低了旅游业的收益。可见提供一个好的住宿条件是很重要的。因此,就应该安排合适的人员来从事这些工作。

餐饮业也是草原旅游必不可少的一部分。来自不同地区的游客一定会对大草原源远流长的历史文化与民俗风情充满了好奇。俗话说"民以食为天",品尝当地的特产与解决旅途中的温饱问题当然是旅游者旅游体验的重要组成部分。这就解决了一大部分当地农牧民的就业问题。而餐饮业不仅仅是局限在旅游地当地的区域范围内,在交通运输的途中也是可以安排的。

另外,也会为一些导购、导游以及其他服务行业的从业人员提供就业机会。

但是就业机会多了,并不代表会增加居民的收入。涉入旅游业的居民,可能会一直在一个水平的工作岗位上从事工作。因为旅游业中大多数行业部门的工作岗位都缺乏技能性,因此晋升的机会比较少;而且大多雇主在某种程度上都有不遵守国家规定的最低工资标准的倾向。要想真正从旅游业中获得高就业率以及通过这些工作真正提高人均收入,还有待于人们思想素质的提高与法律意识的增强。

(三)草原旅游对目的地人口的影响

旅游对目的地人口的影响大致可从两个方面来分析:一是对目的地流动人口的影响,二是对目的地定居(常住)人口的影响。

流动人口主要是旅游者。在每年的旅游旺季,蜂拥而至的异族游客和外来移民改变了民族社区原有的人口结构。首先大量涌入的旅游者是民族社区流动人口的主要成分,不仅在一定时间内对社区人口总量变化有明显影响,还带来了各种异质文化,包括不同的生活方式、审美观与价值观,还有可能为旅游社区带来当地迫切需要的市场信息和科技文化信息。其次,外来打工人员和外来移民与社区居民朝夕相处,对社区的人口结构也产生了重大影响。

常住人口一般定义为 12 个月以上居住在同一地方的人口。在数量方面,草原旅游目的地的人口可能处于保持不变状态,会有外来人口的入住,也会有迁出。尽管波动幅度应该不大,但会影响常住人口之间的交往。

(四)草原旅游对目的地教育的影响

草原旅游对教育结构的影响主要体现在两个方面:

一是"当旅游带来越来越多的繁荣时,人们很可能会要求对孩子进行更好的学校教育,教育水平很可能将得到提高"。经济条件的改善使人们有能力增加对教育的投入。因为在草原久居的少数民族人口,由于与外界接触较少,致使他们的思想也会落后于发达地区,在教育方面会比较守旧。而外来旅游者可能会对他们产生一定影响,使其认识到教育的重要性,因此会将经济收入中更多的支出用于教育事业。同样,当草原旅游发展到一定程度时,必然要求目的地的居民具有很高的素质来维护目的地的形象,这样才会使外来旅游者对旅游地产生向往,也为目的地地区树立良好的口碑,使越来越多的人愿意到当地旅游。

二是社区将可能建立对居民进行旅游教育培训的机构和旅游院校。因为在草原旅游地区,大多比较偏远,不方便受教育者的学习。所以,建立一些教育培训机构是很必要的,这样既提高了居民的素质,又为当地居民提供了良好的学习环境。

(五)草原旅游对目的地政治的影响

草原旅游目的地的民族社区开发旅游业,打破该社区原有的封闭格局,当地居民对自己国家或地区的政治结构和制度有了另外的参照系。特别是在与发达国家政治体制的比较中,当地居民发现了本地政治结构的差异,从而产生了一些新的政治要求,导致目的地政治结构的变化。波兰社会学家克里斯托夫·普尔兹克拉夫斯基,根据西班牙和葡萄牙社会在旅游影响下发生的政治变化指出,旅游是政治民主化的一个因素。在加那利群岛,一个新的旅游实业家的出现向当地政要的权力提出了挑战。因此,民族地区在发展旅游业时,如何正确引导居民的参政意识,培养居民的参政能力,妥善处理民族自治权和非自治权、区域性与全局性的关系理应引起各级政府部门的关注。

(六)草原旅游对目的地婚姻家庭结构的影响

有学者认为,旅游业的发展将导致目的地社区的婚姻家庭结构发生以下变化:一是社区的婚姻类型可以由此趋向多样化,居民的择偶范围可能扩大到包括游客在内的群体;二是妇女就业使妇女在家庭中拥有更多的发言权和经济上的支配权,家庭关系趋于平等,但也可能由于妻子的经济社会地位与仍在家务农或从事其他传统产业的丈夫的经济社会地位发生差异,引发双方矛盾,导致家庭不和乃至分裂。广西一些山区旅游点对当地农民家庭关系的调查中就发生过此类现象。不过从刘振礼先生及其学生对野云坡风景区的跟踪调查结果来看,旅游对当地婚姻结构的影响不大,只是随着旅游业的发展,人们更注重婚姻的感情因素,且对性生活的态度也更严肃。旅游对目的地婚姻家庭结构的影响受到目的地传统习俗、婚姻伦理观念的制约,在不同目的地文化背景下,其对不同目的地婚姻家庭结构影响的深浅程度也肯定会有所不同。因此,发展旅游业将会对西部地区的婚姻家庭产生什么样的影响,还需进行进一步的实地调查。

二、草原旅游对目的地社会文化的影响

草原旅游主要是针对西部广阔美丽的草原进行。而草原旅游的目的地也大多是西部少数民族聚居的地方。在这里,他们有着自己的传统文化与民族特色。来自各个不同地方的旅游者都有着自己特定的族属,携带着不同的民族文化信息,他们同旅游目的地居民直接和间接的相遇,必然引起旅游接待地区本土文化和外来文化的冲突与融合,从而引发旅游接待地社会文化的变迁。

(一)草原旅游对目的地社会文化的积极影响

首先,草原旅游促进目的地社区的对外文化交流。文化交流是文化得以发展的前提,草原旅游为增进西部少数民族地区与不同民族、不同地区、不同国家的文化交流创造了机会。与其他跨文化传播形式相比,旅游活动具有不可比拟的优势,它是"文化与文化之间,人与人之间亲身的、直接的、互动的、即时的、感知的交流与传播"。这种寓求知于娱乐的文化互动方式能够在娱乐和消遣中促成异质的文化间的接轨,完成现存各种异质文化间的互补。并且以旅游为媒介的对外文化交流主要以民间活动的方式进行,它往往能够发挥正式的外交活动所不能发挥的作用。西部民族地区开发草原旅游业,有利于树立该地区的整体形象,扩大地区居民的科学文化视野。

其次,草原旅游促进目的地传统文化的拯救与发展。以少数民族文化为主要内容的草原旅游是西部地区发展旅游业的主要方式。随着旅游业的发展和接待外来旅游者的需要,旅游目的地原

先几乎被人们遗忘了的传统习俗和文化活动又得到开发和恢复；传统的手工艺品因市场需求的扩大重新得到发展；传统的音乐、戏剧、舞蹈等因而受到重视和发掘；长期濒临湮灭的历史建筑将又得到维修和管理。

再次，草原旅游促进目的地社会文化的现代化。美国社会学家提出"社会变迁主要是文化的变迁"，"变迁的障碍主要在于非物质文化而不是物质文化"。西部少数民族地区传统文化的现代化是该地区实现现代化的重要内容和根本保障。少数民族传统文化的非商品性和非经济性价值观念严重束缚了该地区经济的发展。草地旅游业能够明显增强少数民族的商品意识和市场意识，引发其传统文化价值观的演变，从而起到移风易俗，促进民族地区经济、社会全面发展的作用。

（二）草原旅游对目的地社会文化的消极影响

第一，导致目的地传统文化商品化、庸俗化。为了满足旅游者求新求奇的心理，旅游开发商往往以现代艺术形式包装民族文化，将其舞台艺术化、程序化，致使民族文化失去了原有的文化内涵，日益商品化。在经济利益的驱使下由于自身文化素质的缺陷，一些旅游开发商不加分辨，不加选择地将少数民族传统文化的精华与糟粕一起开发，甚至将糟粕当成精华大力开发，导致民族文化庸俗化，更有甚者，一些人肆意歪曲、丑化和伪造某些民俗，严重伤害了当地少数民族人民的感情，损害了目的地的形象，这些所谓的"仿造的真实"，不仅使旅游者无法全面有效地接触和发现接待地活生生的文化，而且接待地固有的文化也会因此而逐渐失去特色。

第二，导致目的地传统价值观退化。价值观是民族文化的核心。热情好客、重义轻利本是少数民族的优良品德，随着旅游业发展，旅游者将好的与不好的价值观念一起带到了民族社区，旅游者的财富引起居民的嫉妒，现在民族旅游目的地出现了不少以次充好、强买强卖、坑蒙拐骗、敲诈勒索的事情，旅游者成为社区某些居民眼中挨宰的"猎物",这不仅损害了游客的利益,也损害了当地的名声,造成了十分恶劣的社会影响。少数民族热情友好的态度是吸引旅游者前来的因素之一,这种态度的转变不利于民族旅游的可持续发展。此外,旅游还起到了涣散人心的作用。旅游者的闲逸,与工作似乎毫无关系的任意支出,时髦的装备和装束等,使得社区青年无心勤奋工作,吃苦耐劳的品德和精神在个别群体中似乎淡化。

第三,导致目的地历史文化遗址被破坏。旅游客观上会对目的地历史文化遗址造成损害。如照相机的闪光灯,游客的汗水、呼吸及指印等都会使庙宇中的壁画和雕像受到腐蚀,成千上万游客的脚步可以磨平任何建筑地面上精美的图案。再加上一些游客的不检点行为,如乱涂乱画、乱砍乱挖更是使得历史文化遗址伤痕累累,不堪重负。

第四,引发目的地少数民族的自卑感或排外情绪。经济发展水平相对落后的少数民族地区在发展旅游业过程中,受到来自经济发达国家和地区富有游客以及随这些游客而来的外来经济势力的强有力的冲击。巨大的经济文化差异通过游客的"示范效应"和当地居民的"模仿效应"更是加深了对当地传统文化的冲击,这可能导致一些居民尤其是年轻人对自身传统文化产生怀疑乃至否定,对富有发达国家和地区的文化却无限仰慕和推崇,在富有的旅游者面前感到自卑。另一方面,也可能随着民族旅游的开发,目的区居民在重新审视本民族文化的过程中,增强了对本民族文化的自豪感,并对因旅游业的发展而产生的社会问题及旅游者对居民傲慢无礼的态度感到不满,面对外来文化对本土文化的冲击产生强烈的危机意识,从而对旅游者产生排外情绪。盲目媚外,会诱发民族虚无主义,盲目排外有可能会导致社会文化的故步自封。

关于草地旅游对目的地的社会文化的影响,我们不应持乐观的态度,但更不应悲观地看待。既然有传统的习俗,就应保持传统文化与现代文化相平衡,保持封闭性与开放性均衡,这样才能有助于草原旅游业的发展和繁荣。

三、草原旅游对目的地生态环境的影响

西部少数民族居住地优美的自然环境是少数民族祖祖辈辈生息繁衍的地方，构成了草原旅游的重要内容和参观场景。返璞归真、回归自然，更是近年来旅游市场的主打口号。因此，发展草原旅游业在客观上必然会对目的地的自然风光起到一种保护作用，有利于改善社区的生态环境。但是我们也不可否认由于盲目开发和过于强调旅游业是无污染产业，因此在旅游业的发展过程当中环保意识不足、保护措施不利，给目的地社区生态环境带来了令人遗憾的、痛心的破坏。可喜的是这一现象已经得到了学者、政府和民众的广泛重视。应运而生的"生态旅游"其目的就是为了减少旅游给目的地社会造成的各种噪声污染、垃圾污染和视觉污染，减少旅游对动植物资源、森林、草地资源的掠夺和破坏，增强人们的环保意识，以保障旅游业的可持续发展。

草原生态旅游资源在当地发展旅游业的过程中具有重要作用，它与民族风情紧紧融于一体，构成独特的旅游景观，是西部地区发展观光旅游产业的坚实基础。草地生态环境是由各种自然因素构成的，主要涉及水质、大气质量状况、土壤、野生动物、植被状况等。自然环境是草原旅游赖以存在和发展的基础。草原旅游对目的地生态环境具有重要的积极影响。

(一)增强人们对环境的保护意识

在草原旅游中，旅游目的地的自然环境是吸引游客的主要因素，尤其是对于一些发达国家和繁华都市的旅游者。他们旅游的主要目的，是为了缓解压力，领略大自然的优美风光。对旅游业来说，自然环境的破坏已使其备尝苦头。随着社会生产和旅游业的发展，如果不加注意这种破坏还将继续下去。自然环境与旅游业的利害关系，使旅游业一开始就不得不提高环境保护意识，并采取种种措施保护自然环境。旅游业利用符合旅游市场需求的环境资源就可以为旅游目的地地区创造出财富。因此,旅游目的地为了适应旅游市场的需求,也为了其自身的长远经济利益,不得不采取有效措施对生态环境进行有效的保护,以满足旅游者的需求。环境保护能够对地区的经济发展作出一定的贡献,这就在无形中唤起了目的地地方政府和人民的环境保护意识。

(二)改善旅游目的地的环境质量

旅游业增强了人们的环境保护意识,必然就推动了环境保护工作。显然,这会促进局部环境质量的提高。保证人体健康是旅游对环境质量最基本、最起码的要求,旅游区的环境质量应明显高于一般生活与生产的环境质量。为了吸引更多的旅游者到访,旅游目的地政府或行政管理部门都力图通过改善目的地的整体环境,提高舒适度来维持和增加目的地的吸引力。旅游业的发展为旅游目的地地区提供了整体美化环境和治理环境的动机和动力。旅游目的地的政府会有意识地通过系列美化、绿化工程以及其他措施来促进环境的规划,还会有意识地对空气质量、水质、噪声、垃圾等环境问题进行治理,促进环境的全面净化。由此可以看出,旅游业不但局部提高了人文景观和环境质量,也局部改善了自然景观的环境质量。因此,大多数旅游目的地(如度假村)不但风景优美,而且环境宜人,有助于旅游者获得高质量的旅游体验。

第三节　草原旅游资源的管理——生态旅游

一、生态旅游

(一)生态旅游的产生

自 20 世纪中叶以来,旅游业有了突飞猛进的发展,在不到半个世纪的时间里,一跃成为全球最大的产业,它的影响也越来越被人们所关注。近年来,随着旅游业的不断壮大,人们的旅游观念也随之发生了一系列的变化,越来越多的旅游者更愿意到原始的大自然中而不是到现代气息浓厚的城市和海滨度假。旅游业在发展之初被许多国家称为"无烟"产业,但是人们很快就发现,通过旅游所带来的各种经济收益的获得是以较高的社会和环境成本为代价的,其造成的损失是不能用经济利益的多少来衡量的,这样便促使产生了生态旅游。

生态旅游是建立在传统旅游基础上的,它可以说是一种主题。因此,生态旅游不只是那些高消费者和高素质者的特权,只要是以欣赏自然景观、了解生态现象与生态旅游地的文化和自然历史知识为旅游目的,并能够自觉地保护生态旅游资源和生态环境,任何人都可以成为生态旅游者,如普通的工人、农民、职员、学生等。所以,生态旅游是一种大众化的旅游,正因为如此,它的产生才能很快地被人们接受。

生态旅游同时又是建立在对自然资源和生物多样性的保护的基础上的。从人类的角度来说,生态旅游是由于人类经济活动、尤其是工业化进程的加快,造成所生存城市的生态环境日益恶化,城市居民迫切希望能够走进大自然,使自己的身心及时得到放松与恢复而产生的。从理论的角度来说,生态旅游是由于环境运动的发展、旅游业的反思以及自然保护方式的改变和发展中国家经济增长的需求而产生的。

(二)生态旅游的概念

西方国家早在 20 世纪 80 年代初期就已经开始了生态旅游的理论研究,目前正在从描述性研究走向更加严格和具有理论基础的研究。经过 20 年的发展,它的研究已经形成了一些比较有影响的基本框架和方法。但是总的来说,生态旅游还处于发展初期,要成为一门成熟的学科还有很大差距,最突出的表现就是对于研究的基础——生态旅游的定义尚众说纷纭。

到目前为止,大多数研究人员认为 H·C·拉丝库雷(H·C·Lascurain)创造了生态旅游一词。1981 年他首次使用了西班牙语 turisimo ecologico 来说明生态旅游的形式。1983 年缩减为 ecoturisimo,并在其担任非政府保护机构 PRONATURA 主席和墨西哥城市发展与生态部主任期间的发言中使用。1984 年 3 月到 4 月在《美国鸟类》中所做的旅游广告中首次以书面形式使用了生态旅游一词。而我们现在所知道的定义是 1987 年他在题为《生态旅游之未来》(The future of ecotourism)中所使用的:生态旅游就是前往相对没有被干扰或污染的自然区域,专门为了学习、赞美、欣赏这些地方的景色和野生动植物和存在的文化表现(现在和过去)的旅游。

有关学者指出,生态旅游被不同的人群出于不同的目的在不同意义上按照不同的方式所使用。人们通常所指的生态旅游可能是一种活动、一种产品、一种市场方法、一个标记,有的可能是一系列原则和目标。不同时期、不同的研究人员和组织从不同的角度对生态旅游进行了界定,在各种生态旅游定义中,规范性占了绝大部分,这些定义都是保护主义者、学者以及生态旅游学会、世界自然基金会等国际性组织在对旅游者行为进行长期观察和研究的基础上制订的,他们更多地强调生态资产的保护,而不太重视现实中私人企业的盈利动机和企业所处的环境(如劳动力市场、经济部门之间的联系程度、全球竞争、主要供给商讨价还价的能力等)。

1993 年国际生态旅游协会把生态旅游定义为:具有保护自然环境和维护当地人民生活双重责任的旅游活动。生态旅游活动的内涵更强调的是对自然景观的保护,是可持续发展的旅游。生态旅游不应以牺牲环境为代价而应与自然和谐,并且必须使当代人享受旅游的自然景观与人文景观的机会与后代人相平等,即不能以当代人享受和牺牲旅游资源为代价,剥夺后代人本应合理地享有同等旅游资源的机会,甚至当代人在不破坏前人创造的人文景观和自然景观的前提下,为后代人建设和提供新的人文景观。

生态旅游从根本上区别于传统的大众旅游,它是当今国际旅游的一个热点。随着人类对自然环境的兴趣逐渐增强,保护自然的意识不断加深,人们在欣赏高质量的环境景观的同时,又不想对其造成损害。生态旅游正是倡导这样思想的一种旅游方式,同时它也是一种在生态学和可持续发展思想指导下,坚持社会、经济和生态平衡协调发展,以自然生态环境为基础,以满足人们日益增长的欣赏研究自然和保护环境的需求为目的的一种旅游活动,是一种对环境负有责任的旅游,其核心概念是保护。生态旅游的含义不仅是指所有观览自然景物的旅行,而且更强调其景物不应受到损害。总的来说,生态旅游是以休闲、保健、求知、探索为目的,是以大自然为舞台,以生态学原理为指导,能够促进自然保护和社会经济可持续发展的生态产业。由此可以看出,生态旅游的含义是多方面的。首先,生态旅游一定要对自然生态系统的影响达到微乎其微,甚至是要为环境保护奠定基础并作出贡献。其次,生态旅游要尊重旅游目的地的文化习俗,尽量使当地居民受益,要唤起旅游者的环境意识,为保护生态系统作贡献。最后,生态旅游应是满足当代人的旅游需要,又不破坏后代人旅游需要的可持续性的旅游。正因为生态旅游具备当今其他方式旅游都不具备的理论基础,它才成为人们休闲观光的首选。

综上所述,生态旅游应该是一种在特定的生态理论指导下,以特定的区域为对象所做的旅游活动,其目的是享受大自然的风光和了解、研究自然景观、野生生物及相关文化特征,并以不改变生态系统有效循环及保护自然和人文生态资源与环境为宗旨,使当地居民和旅游企业得到经济利益、使旅游者增强生态保护意识的一种特殊形式的旅游。

生态旅游强调旅游对象的保护、社区群众的参与,旅游者在旅游活动中处于欣赏者和保护者的双重角色。与传统大众旅游相比,生态旅游具有以下几个明显特点:首先,生态旅游是在保护的基础上开展的一种旅游活动,其旅游收入有很大一部分要用于保护自然资源。其次,生态旅游是一种持续的旅游,在设计生态旅游活动时,必须考虑其在生态、社会、经济等方面的可持续性。另外,旅游活动的内容应包含对当地社区和游客开展生物多样性和环境保护教育。最后,应当鼓励当地社区积极参与旅游活动,并分享旅游带来的收益。

由于生态旅游充分考虑生态、社会、经济三方面效益,是一种可持续发展的旅游,因此一经提出就得到各国旅游组织的普遍重视,发展非常迅速,成为当今世界旅游业的主要发展模式。

(三)生态旅游的影响与意义

生态旅游是一种正在迅速发展的新兴的旅游形式,也是当前旅游界的热门话题。它是针对传统旅游业对环境的影响而产生并被倡导的一种全新的旅游方式。生态旅游作为旅游业可持续发展的一种实践形式,被认为是实现旅游业可持续发展首要的、必然的选择。它的开展,不仅提高了人们走进自然、欣赏自然的兴致,也提高了自然旅游在旅游业中所处的地位和赚取外汇的份额。据世界生态旅游大会介绍,生态旅游可给全球带来至少200亿美元的年产值,现已成为当今世界旅游发展的潮流。生态旅游往往是在那些工业化程度不高的地方开展,在与外来文化的接触中,当地的文化、观念、传统、习俗、社会结构、生活方式等既是生态旅游的吸引点,也是被影响的对象,如果其中的负面影响太大,那么就会对生态旅游的发展造成损害。

生态旅游的目的就是让游人在良好自然环境中或旅游游览,或度假休息,或健康疗养;同时认识自然、了解生态、丰富科学知识,进而增强环境意识和生态道德观念,更自觉地关爱自然、保护环境。可见,生态旅游是一种对环境保护负有责任的旅游方式,它同传统旅游形式的本质区别在于生态旅游必须同时具有促进生态保护和旅游资源可持续利用的特点。因此,生态旅游是要有目的地提高旅游景区的旅游环境质量,使人们在享受、认识自然的同时,又能达到保护自然的目的,从而实现人与环境的和谐共处。生态旅游不能把生态消费放在首位,不能以牺牲环境为代价,必须和生态环境的保护相结合起来,强调在维护良好环境质量的前提下开展旅游。因此,必须要保持生态自然资源、文化遗产的多样性和保证旅游区域内的环境质量,实现生态系统的良性循环和有序发展。倘若生态旅游达到了以上目的,那么它就是达到了一种良性循环,就能有效地提高当地居民的收入水平和生活质量,带动当地经济发展。即通过旅游开发的方式,为旅游区筹集资金,为当地居民创造就业机会,有效地发展经济,使当地居民在生态环境质量不降低的基础上,在经济、财政上获得益处。生态旅游体现了生态学和可持续发展的思想,既是一种指向自然和相对古朴的社会文化的旅游活动方式,也是一种结合了生态环境保护和社区发展的旅游发展方式。

生态旅游对环境的影响,既有积极的,也有消极的。但总的来说有以下几个方面:从收益来看,生态旅游可以为自然和半自然环境的保护发挥激励作用;随着人口增长和经济发展,自然区域的压力越来越大,生态旅游可以成为有效利用这些自然地区的最佳办法,为栖息地的恢复和保护提供条件;生态旅游可以通过门票收入、捐献等方式直接带来经济收益;生态旅游倡导环境保护意识,提高相关群体对环境保护的重视程度;生态旅游者通过帮助改善栖息地的状况,更多地了解生态旅游,有助于对环境问题更广泛的认识。

二、生态旅游的管理措施

旅游资源是发展旅游事业的基本条件,要使旅游业得到健康、顺利的发展,必须从理论到实践对旅游资源加以系统研究。这种研究要有利于对旅游资源进行合理而科学的开发、评价和管理,有利于对旅游资源的保护,而且应该对旅游资源学科的理论研究有深远意义。草原旅游资源主要是整个草地生态系统,它是草地生态旅游的重要组成部分,因此必须对草地生态系统进行合理的管理和利用,才能保证草地生态旅游向良性循环方面发展。

(一)开发与保护并重

草原旅游资源是草原旅游业生存和发展的物质基础,它的可持续利用是实现草原旅游业可持续发展的重要保证。要想实现草原旅游资源的可持续利用,就必须对其进行保护性开发。草地生态系统处于自然状态下,有较强的自我恢复能力,而一旦作为旅游资源来开发,人的影响就可能大大削弱这种恢复能力。去我国草原地区旅游的生态旅游者,大多向往的是迷人的自然环境和充满神秘色彩的宗教信仰与民族习俗,而这些地区接近原始或自然状态,具有很强的环境敏感性。所以,必须树立可持续发展的资源观,开发建设草地资源不能以牺牲生态环境为代价,也不能无限制地开发,否则会破坏草地生态系统的平衡导致草地退化。在筹建旅游设施、筹划旅游线路时,应避开那些脆弱、敏感的原始生态区域。切实做到"保护性开发"的主题,不能重蹈工业发展、城市发展时对环境"先污染后治理"的覆辙。这就要求政府制订相应合理的价格标准,收取生态环境保护费和资源使用费,并在开发中注重对文物古迹、民族传统文化的保护。

对草地生态旅游资源进行开发和规划时,应遵循自然生态规律和人与自然和谐统一的原则,充分认识旅游资源的经济价值,在科学的开发规划基础上,得到可持续的投资效益。长期以来,人们都十分注意草地的经济功能,全面分析起来,草地的各种功能都非常重要。草地的水土保持、防风固沙、生物多样性等方面的作用,均体现了草地的生态服务功能。草原的美丽风光以及气候、社会、人文特色都是十分难得的旅游资源。实际上,草地的可持续利用价值,不仅仅是能生产多少牧草、养多少家畜,更多地体现在它的环境价值、旅游价值、人文历史价值和生物多样性等多方面。因此,在开发草原旅游资源的时候,应该尽可能地减少和避免对旅游资源的破坏,从根本上减少和避免旅游废弃物的排放,进而达到草地生态旅游的目的,实现可持续发展。

在旅游目的地,开发者必须以草业科学和相关科学体系为指导,以生态学原理为准则,坚持开发与保护并重的原则来开发草地旅游资源,将生态旅游的可持续发展与自然保护相结合起来,促进旅游地生态环境的良性发展,保持草地自然景观的完美。

(二)加强宣传,推动经济发展

从保护环境的角度来讲,生态旅游是高层次的旅游,要求旅游者有较高的欣赏层次和较强的环境意识。因此,必须加强自然资源和环境保护的宣传教育,最好规定出旅游途中的行为限制,使其旅游行为与资源、环境相协调,这样才有利于环境优化和生物多样性的发展以及文化保护。要教育旅游者和当地居民牢固树立生态意识,并鼓励他们积极购买开发生态型旅游产品。例如在开展餐饮业时要结合本地特产,以地域产品特别是当地的绿色食品为主;住宿设施与周围环境相协调,具有地方特色;景区内尽可能限制现代化的交通工具,而以较原始的交通工具为主,如步行、马车、自行车及利用自然能(风力、水力等)的交通工具,既体现了生态旅游活动的自然特色,又可以避免对生态环境的污染;购物方面提倡购买不影响当地自然的土特产品。这样,只要加大力度去宣传并付诸行动,就能吸引更多外来旅游者,促进客源市场开发,进而推动经济的发展。

旅游市场是不断发展变化的,人们的旅游需求也在不断地变化,这就要求我们在对外的宣传促销方面也应随之变化和创新。因此要采取"多渠道、多措施"搞好对外宣传工作。旅游作为满足人类高层次精神需求的特殊形式,其人性化、个性化发展趋势体现得越来越明显。现时的旅游者需要的是"参与体验满足个性需要的旅游经历",尤其喜欢单独"为我制定的产品与服务",同时消费水平也在向高层次、多样化方向发展。在搞好传统形式宣传促销的同时,可采取直接面向社会各个阶层的宣传形式,现代化与传统化手段并用。例如,建立网站,运用现代化信息技术手段搞好宣传促销;开展大篷车宣传促销活动,直接面向所到地区社会各阶层等。在宣传的同时要为相关旅游企业的经营与发展创造一个良好的环境,否则草地旅游是很难起步的,更不要说步入发展、壮大阶段了。创造宽松环境不是撒手不管,而是要培育使其向规范化方向发展。要加强指导、重点服务,把为企业服务融入具体的实践中去,使旅行社与旅游所在地政府相互监督、相互支持,共同发展,确立良好的发展空间和合作基础。

针对目前生态旅游开发中普遍存在的重开发、轻宣传教育的问题。一方面是通过利用保护区的展览馆(厅)、宣传牌以及导游讲解对游客进行直接的宣传教育,另一方面是通过电视、报刊等大众传媒工具进行范围更广泛的宣传教育,既起到对全民进行自然保护教育的作用,又扩大生态旅游的社会影响力,吸引更多的游客来自然保护区旅游。

(三)转变观念,强化管理,加强业务能力培训,提高生态旅游质量

旅游业作为服务行业,它的竞争从某种意义上来说就是一种服务质量的竞争。因此,无论是旅游管理人员还是导游等服务人员,都应该进行生态学的学习和生态旅游管理及实施的基本培训,使他们形成较高的生态发展观念和环保意识,能够承担起发展草原生态旅游所应该开展的各项工作的责任。同时,更要对旅游者和当地居民加强宣传教育,宣传旅游地保护的意义,不断提高游人的生态环境保护意识和自觉性,教育游人以保护旅游地的一草一木为美德。

草原生态旅游作为一种新兴的、特殊的旅游方式,需要高素质的专业管理人才和服务人才,这就需要旅行社或旅游管理部门与教育部门结合起来,利用旅游院校、培训班、专题讲座、学术会议等各种形式进行人才培养,并重视其业务能力的提高,加强对生态旅游理论和规划方面的研究,为实现草原旅游可持续发展提供人才保障;也只有在保障了服务者业务素质的前提下,才能有效提高旅游者的生态旅游质量。

(四)建立健全法律法规,发挥政府在草原旅游开发中的主导作用

在草原旅游过程中会不会对草地生态环境产生负面影响,这不仅取决于旅游资源开发过程,更取决于是否在这一过程中实现了科学的管理。要保护生态环境,就要加强科学管理,而科学管理的基础在于完善的法律制度。因此,开发生态旅游资源时必须有切实可行的法律法规,才能有效杜绝一切破坏环境资源的现象。

现行法律法规中,我国还没有综合、完整的旅游基本法,只有国务院颁布的旅行社和导游管理两个行政法规,其管理范围和法规层次远远达不到旅游业发展的需要,也不能满足生态旅游资源开发与保护的需要。正因为我国没有专门的旅游资源保护法,才需要立法机构作出努力,以发挥草地资源的最大优势。在立法指导思想上,应当把经济发展与生态的可持续发展有机地结合起来,对环境、资源、能源的开发利用应维持和建立在利用效率最大化和废弃物质量最小化的基础上。政府要积极转变观念,从单纯追求旅游业的经济效益转向寻求经济发展、环境保护和社会进步三者的协调统一。只有通过政府的介入和干预进行管理和协调,才能有效地促进旅游业的快速、持续发展。

(五)发挥资源优势,实现草原旅游的可持续发展

当今社会的各个行业都处于激烈的竞争当中,旅游业也不例外。生态旅游之所以能被人们广泛地接受,且在五花八门的旅游方式中脱颖而出,是因为它具有独特的影响与意义。从大部分行业发展的经验可以看出,只要有特点,能够生产出个性化的产品,就可以在竞争中获得一席之地。在我国,传统旅游业趋向饱和,利用地域特点和民族特色发展现代旅游业不失为扬长避短的一种思路。在生态旅游中,面积最大且富有特色的就是草地。所以,应从改善草地生态环境入手,保护天然草地,走可持续发展之路,建设有特色的草原旅游胜地。

草原旅游业所处发展阶段不同,拥有的旅游资源情况也不同,如果仅用一个模式、一种思路去指导草原旅游业发展,就易出现高不成、低不就的现象。为了更加科学合理地发展草原旅游业,首先应解决好一般产品与龙头产品的关系。应优先发展龙头产品,重点、优先开发特色突出的资源,而一般产品要精心包装并丰富它的内涵,形成梯次开发格局。其次要解决好规划中产品定位与突出特色的问题,要强调旅游产品开发的多样化、个性化,最终形成草原旅游业各具特色的产品。再次要解决好旅游资源开发与生态建设和环境保护的问题。草原旅游资源有脆弱的一面,如果解决不好,景区景点建设起来了,而优美的生态环境退化或没有了,草原旅游业也就失去立足与发展的基础。发展建立在自然风光和民族风情之上的绿色旅游和生态旅游,应兼顾经济发展与环境保护的双重目标,为草原旅游的可持续发展奠定基础。因此可以说,草地生态旅游业是"以旅游保生态,以生态促旅游"的最佳结合产业,一方面草原旅游发展能为生态建设提供经济支撑,另一方面草原生态环境的美化对旅游业的发展也具有很强的促进作用。

(六)重视旅游目的地社区(居民)参与

生态旅游作为一种可持续旅游模式,它要求在维护文化完整性、保护生态环境的同时,满足人们对生活及审美的要求,要既能为今天的主人和客人们提供生计,又能保护后代人的利益,并为之提供同样的机会。因此,生态旅游的 5 个主体(当地居民、游客、旅游产业的参与者、研究者和政府)都要参与旅游工程,作出切实可行的计划,如对游客性质、游客数量以及活动线路的安排等进行严格的限制,做好旅游活动的前期调查和旅游决策管理等。这样,才有利于旅游对象的保护和社会、生态、经济三方面效益的协调发展,而这其中不可忽视的一支重要力量就是当地社区和当地居民。

　　生态旅游区建设离不开当地社区和居民,二者相互促进,共同发展。自然和社会文化相对原始的地区往往是生态旅游资源较为富集的地区,这些地区保留了很多原始的、独特的、珍贵的自然景观,但这些地区的居民往往也相对比较贫困。如果把生态旅游作为重要产业来开发,发挥这笔财富的效益,为当地人创造更多的经济效益,就能够起到有效的扶贫作用。实践证明,当地居民通过开发旅游,就能够从他们所经营的生态系统之外寻找生存空间,扩大经营领域,融入全社会,进而提高生活水平。能否使当地社区的居民从旅游中获益,直接关系到在那里开展的旅游能否得到他们的支持而持续地发展下去。在一些非洲国家,政府采取经济补偿方式,将当地社区的经济利益与生态环境保护紧密地结合起来,既保护好了生态环境,又能使社区居民得到比破坏环境所获得的利益更多的经济效益,这样就有效制止了破坏环境行为的发生。一些生态旅游开展得比较好的国家的做法是:当地社区和居民有权参与生态旅游区各项政策和规划的制订,并分享因开展生态旅游所产生的收益。吸收当地居民作为服务人员,让他们参与生态旅游区的经营,是提高当地居民生活水平的有效办法。对于那些不能在当地生态旅游区就业的居民,则采取发展农林复合经营等替代产业或项目,并赋予其土地使用权,保证他们的食物和燃料等必需品,以缓解当地居民进入生态旅游区获取资源的压力。

(七)旅游区的生态恢复与重建

　　在开发旅游的自然保护区内建立国家公园、自然公园和森林公园,是保护原始生态环境的重要措施。旅游收入的全部或部分资金,用于支付环境保护和管理费用,以求最大限度地保护这些地域内的自然生态环境,使其维持或恢复原有状态。西方发达国家在开展生态旅游活动时,极为重视保护自然生态环境,在生态旅游资源的开发过程中,避免大兴土木等有损自然景观的做法,尽一切可能将旅游对自然生态环境的影响降至最低,并在生态旅游目的地设置一些解释大自然奥秘、保护与人类息息相关的大自然标牌体系以及开展一些喜闻乐见的旅游活动,让游客在愉悦中增强环境意识,使生态旅游区成为提高人们环境意识的天然大课堂。这不仅是发达国家开展生态旅游的成功之路,更是我们应该效仿与学习的对象。

第四节　草原自然保护区管理

生态旅游的主要观赏对象是人文、自然景观,从旅游活动的生态环境质量方面考虑,自然保护区是生态旅游的最佳选择之一。自然保护区的开发与利用,能够增加保护区的投入来源,给生态旅游的发展带来新的机遇和发展空间。

一、自然保护区和草原自然保护区的概念

自然保护区是国家或地区为了保护自然环境和资源,为开展有关科学研究,进行自然保护教育,宣传并在指定区域内开展旅游和生产活动而经法定程序划分的特定区域。自然保护区往往是一些珍贵、稀有的动、植物种的集中分布区,也是候鸟繁殖、越冬或迁徙的停歇地,以及某些饲养动物和栽培植物野生近缘种的集中产地,具有典型性或特殊性的生态系统。自然保护区也可以是风光绮丽的天然风景区,具有特殊保护价值的地质剖面、化石产地或冰川遗迹、岩溶、瀑布、温泉、火山口以及陨石的所在地等。

草原自然保护区可以理解为:为进行自然保护教育、科研和宣

传活动,为保护珍贵和濒危动、植物以及各种典型的生态系统,保护珍贵的地质剖面和地理资源,并在指定的区域内开展旅游和生产活动而划定的特殊区域的总称。它是草地生态环境建设的主要内容,是保护草地自然资源和环境的重要措施之一。

草原自然保护区的建立,要依据不同区域和不同保护对象进行保护与设计,对具代表性的天然草地类型、植被带、珍稀濒危野生动植物资源分布区,具有重要的生态功能、经济功能与科研价值的草地设立保护区,进行重点保护。国务院草原行政主管部门或者省、自治区、直辖市人民政府可以按照自然保护区管理的有关规定在下列地区建立草原自然保护区:①具有代表性的草地类型,如呼伦贝尔大草原(图7-1)。②珍稀濒危野生动植物分布区,如内蒙古锡林郭勒草原。③具有重要生态功能和经济、科研价值的草原,如科尔沁国家级自然保护区(图7-2)。

图7-1 呼伦贝尔大草原　　图7-2 科尔沁国家级自然保护区

除以上几点外,还应包括我国主要优良牧草的原产地、特别重要的需要保护的畜种的原产地;重要的江河源头草原区,重要的水源涵养草原区;有重要科研、旅游观光价值的草原区域,包括具有特殊意义的地质剖面、冰川遗迹、温泉、重要的历史遗迹、遗址等。

二、草原自然保护区的类型、
分布及其发展概况

（一）草原自然保护区的类型

自然保护区是一个泛称，实际上由于建立的目的、要求和本身所具备条件的不同而有多种分类体系和方法。按照保护的对象，可将我国的自然保护区分为三类：第一类是生态系统保护区类，保护的是典型地带的生态系统，以保护森林和植被为主。例如，广东鼎湖山自然保护区，保护对象为亚热带常绿阔叶林；甘肃连古城自然保护区，保护对象为沙生植物群落；吉林查干湖自然保护区，保护对象为湖泊生态系统。第二类是野生动物保护区类，以保护珍贵稀有的野生动物为主。例如，黑龙江扎龙自然保护区，保护以丹顶鹤为主的珍贵水禽；福建文昌鱼自然保护区，保护对象是文昌鱼；青海可可西里自然保护区，保护对象是藏羚羊。第三类是自然、历史遗迹保护区类，主要保护的是有科研、教育或旅游价值的化石和孢粉产地、火山口、岩溶地貌、地质剖面等。例如，山东的山旺自然保护区，保护对象是生物化石产地；湖南张家界森林公园，保护对象是砂岩峰林风景区；黑龙江五大连池自然保护区，保护对象是火山地质地貌。

草原自然保护区属于上述第一类（保护生态系统类）的保护区。按照保护对象的不同，可将草原自然保护区分为以下四类：

1. 以保护完整的草原自然生态景观与特殊地貌为主要目的的草原保护区　属于这类保护区的典型草原是呼伦贝尔草原。呼伦贝尔地处我国北部边疆，自然环境独特，地势坦荡，草被茂盛。每到夏、秋之际，绿草如茵，牛羊成群，远远望去犹如一幅巨大的绿色画卷展向天际。生活在草原上的人，多是长期繁衍生息在这片土地上的、以畜牧业为主的兄弟民族，他们在居住、饮食、服饰、宗教、礼俗等方面仍保留着传统的习俗,民俗风情独特,给大自然的美增添了一道具有独特魅力和富有文化内涵的风景线。

2. 以保护草原植被类型以及重要草种为目的的草原保护区 宁夏云雾山草原自然保护区是我国北方继内蒙古锡林浩特草原生态系统保护区之后建立的第二个草原保护区,也是我国黄土高原上唯一的一个草地类自然保护区。保护区内没有森林,其主要保护对象是长芒草。因此,云雾山草原自然保护区的建立,对黄土高原生态环境建设、草场植被保护、植物资源开发利用,以及对宁夏局部生态环境的改善、气候条件的变化都具有重要的影响。

3. 以保护草原上的野生动物为主要目的的草原保护区 位于祁连山麓海拔 $3\,000\sim3\,300\mathrm{m}$ 的哈尔腾草原,总面积达 $126\mathrm{km}^2$,自古以来栖息繁衍着多种野生动物,其中有国家一级重点保护野生动物野牦牛、藏野驴、雪豹等 11 种,国家二级重点保护野生动物盘羊、岩羊、鹅喉羚、藏原羚等 17 种。由于一段时期草原超载过牧和沙化、盐碱化、退化加剧,这些野生动物或外迁或沿雪山雪线上移,种群数量呈减少趋势。

4. 以保护草原特有土壤结构为主要目的的保护区 目前我国还没有特定的专门为保护土壤地质结构而设立的草原自然保护区,但鉴于土壤对草原的重要作用,建立以保护草原特有土壤结构为主要目的的保护区是有必要的。

不管保护区的类型如何,其总体要求是以保护为主,在不影响保护的前提下,把科学研究、教育、生产和旅游等活动有机地结合起来,使它的生态、社会和经济效益都得到充分发挥。

(二)草原自然保护区的发展概况

1. 自然保护区的发展历史及现状分析 自然保护区在 19 世纪的时候就已经有了萌芽,以 1864 年在美国加利福尼亚州为保护红杉树而建立的保护区为首,1872 年美国又建立了世界上第一个国家公园——黄石公园。从此自然保护区就开始了兴建。自 20

世纪 20 年代以来,自然保护区首先在发达国家得到了快速引进与发展。1972 年举行的斯德哥尔摩第一次人类与环境发展会议后,自然保护区开始受到全世界的关注,许多国际机构都开始在该领域展开工作。

自然保护区在发展中国家被引进及迅速发展,是在 20 世纪 50 年代以后。我国的第一个自然保护区就是 1956 年建立在广东鼎湖山的国家级自然保护区。随着改革开放,我国的工业、农业都有了飞跃性的发展,自然保护区的建设也进入了一个快速发展的时期。截止 2004 年底,我国共有各级各类自然保护区 2 194 个,面积也超过了 1.48 亿 hm^2,大约占国土面积的 14.8%。这其中有 226 处的自然保护区是属于国家级的。虽然建立了一系列的自然保护区,但是有些地方、部门和单位仍存在对自然保护区工作的重要性缺乏认识,片面强调眼前利益和局部利益的问题。

2. 我国草原自然保护区的发展及现状　我国是一个草地大国,拥有各类天然草地近 4 亿 hm^2,居世界第二位,占国土面积的 41.7%,大约是耕地面积的 3.2 倍,也明显大于林地面积。草地是我国面积最大的绿色生态屏障,与森林一起构成我国陆地生态系统的主体。草地也是畜牧业发展的重要物质基础和牧区农牧民赖以生存的基本生产资料,它与耕地、海洋、森林等自然资源一样,是我国重要的战略资源。严格保护、科学利用、合理开发草地资源,对于维护国家生态安全和食物安全、保护人类生存环境、构建社会主义和谐社会,促进我国经济社会全面协调可持续发展具有十分重要的战略意义。

我国草原自然保护区的设置始于 20 世纪 80 年代中期。截止 2004 年底,我国共有各级草原自然保护区 52 个,总面积 465 万 hm^2,占全国各种自然生态系统类保护区的 2.4%。草原保护区建设初步形成了布局合理、类型较全、分布较广泛的基本网络框架,对保护我国生物多样性及其他自然资源,改善生态环境发挥了重要作用。我国拥有广大面积的干旱和半干旱地区,草原与草甸生态系统类型众多,并孕育了比较丰富的生物多样性。然而,已建立的草原与草甸生态系统类型保护区不仅数量偏少而且面积也很有限,有些典型的草原和草甸生态系统至今尚没有建立自然保护区。占国土面积的 41.7% 的草原,保护区数量仅为自然保护区总数的 2.4%,面积也只占到了 3.1%,这与我国草原大国的地位极不相称。另一方面,已经建立的国家级的草原保护区仅有 4 个,其余少量属于省一级,大部分都是县一级的保护区。在我国草原面积大、草原类型丰富、珍稀物种多的实际状态下,现有的草原自然保护区的数量和保护面积远远不够,草原自然保护区建设在数量和规模上远远滞后于经济建设和社会发展的需要。另外,从草地资源保护的角度来看,现有保护区也远远不能满足我国草地资源保护与可持续利用的要求。

3. 我国自然保护区开发中存在的主要问题 尽管近年来我国草原保护建设取得了显著成效,但我国草原生态总体恶化的状况还没有根本扭转,草原生产能力总体偏低的状况没有根本改变,农牧民的收入和生活水平还没有根本提高,保护建设草原、发展草业的任务仍然十分艰巨。

我国自然保护区在开发过程中往往忽略了保护,在一些地区,保护区内资源遭到破坏的现象极其严重。在旅游开发过程中,由于简单地把自然保护区作为一般的旅游景区,利用保护区特殊原始的生态作为旅游吸引点而进行开发,造成了对保护对象和资源的破坏及影响。另外,缺乏景观保护意识和生态保护思想,偏重于旅游的经济效益,忽视对景观资源的保护与管理,也是破坏生态环境的部分原因。加之大量的游客涌入,而且游客缺乏足够的生态意识,我国已有 22% 的自然保护区由于开展旅游而造成对保护对象的破坏,11% 的保护区出现了资源退化现象。长白山自然保护区为发展旅游业,竟违反河道管理规定在二道白河上游河段拦河修建综合旅游馆,迫使河流改道,造成水质污染,导致水土流失。这种违反规划、盲目兴建旅游设施的现象也大量存在于其他保护区内。

目前,我国自然保护区因旅游开发而形成的风险主要表现在以下几个方面:保护区生态失衡,生物多样性减少;旅游开发造成保护区的环境污染;增加了外来生物入侵的风险;基础设施造成区内景观破碎化;破坏了保护区内原始居民的民俗风情。造成这些问题的原因是多方面的,当前草原保护区建设及草业发展方面还存在以下问题:

(1)认识不足,政治措施落后　自然保护区与地方经济发展的矛盾。一些地方政府为提高知名度,不从实际出发,不考虑客观可行性,单纯追求宣传效果,对自然保护区的宣传非常重视,目的在于有一个"国家级"的品牌,寄希望很高,想名利双收。可建立后大失所望,因保护区的管理要求严格,捆住了手脚,就把保护与发展对立起来,形成建立自然保护区会阻碍地方经济发展的思想,对自然保护区的建设和管理存在畏难和消极抵触情绪,急功近利,片面追求经济效益。有些领导者为了在当政期间留下赫赫政绩,盲目开发生态资源,片面追求经济效益,结果使当地的自然资源遭到破坏,旅游业的可持续发展已成问题。湖北神农架生态资源极为丰富,是世界文明的基因库,但是不合理的开发已使该区旅游资源遭到严重破坏。神农架的核心修建了公路,许多珍稀动物被逼上神农顶。许多旅游区在开发旅游资源时不考虑生态环境承载力,单纯追求旅游的经济效益,其后果是旅游区的土壤板结、景物破坏、生态系统退化。

(2)生态系统退化严重,生态环境恶化　由于经营者的短见,许多草地生态旅游区开发以后,就盲目建饭店、景点和娱乐设施,而对旅游容量的控制、生态环境的检测等则置之度外,这种只开发不保护的短期性的经营行为导致旅游区资源破坏,生态系统失衡。

（3）人口压力增大，草畜矛盾突出　在我国草原地区，由于法律意识薄弱，还普遍存在重男轻女的现象，超生现象比较严重，而且草原地区的居民不愿意与外界接触，大都留守在当地，这就使得当地居民越来越多，饲养的牲畜也必须越来越多才能满足当地人生活的需求。而草原的面积却是固定不变甚至退化后逐年减少，草原的生产能力远不能满足人们的需要，供不应求，迫使过度放牧，造成草原退化。

（4）生产方式落后，经济效益不高，使自然保护区与社区经济发展产生矛盾　建立自然保护区的地区大多数居民具有刀耕火种的习惯，耕作方式落后，依赖自然资源的程度很大，靠山吃山是他们的主要经济来源。国家把社区居民具有利用价值的森林等自然资源划入保护区后，居民的生产生活来源被切断，保护区居民误认为是自然保护区所为，使得自然保护区与社区管理阶层的矛盾愈演愈烈。

（5）投入不足，草原基础设施建设落后　部分自然保护区工作运转困难，表现在资金缺口人，谋求发展的途径少，管理能力缺乏，与此相适应的保护、科研、宣传力度有限。自然保护区在建立初期总是疲于应付日常事务，寻求正常支出资金，因此自然保护区职责难以履行，社会效益与经济效益难以统一。

三、草原自然保护区的利用原则和开发意义

（一）草原自然保护区利用原则

我国是世界上自然资源和生物多样性最多的国家之一，因此我国生物多样性保护对世界生物多样性保护具有极其重要的意义。经过 40 多年的努力，我国在自然保护区建设方面取得了显著的成绩。目前我国 70% 的陆地生态系统种类、80% 的野生动物和 60% 的高等植物，特别是国家重点保护的珍稀濒危动植物，绝大多数都在自然保护区里得到较好的保护。我国的自然保护区作为宣

传教育的基地,通过对国家有关自然保护的法律法规和方针政策及自然保护科普知识的宣传,极大提高了我国公民的自然保护意识,也为保护自然资源和生物多样性以及发展生态旅游提供了可靠的物质基础。

草原自然保护区旅游开发原则应以自然生态伦理学的基本思想为指导,即人与自然间相互关系以及人对自然应有的良好态度和行为准则,强调人类应善待大自然。显然自然保护区保护性开发原则是对旅游开发者提出的根本的、普遍性的要求,是生态旅游开发的核心和根本准则。

1. 可持续发展原则　草原自然保护区旅游保护性开发的可持续发展原则必须要坚持生态效益、社会效益与经济效益的统一。生态效益是自然保护区开展旅游的基础和目的,坚决杜绝可能对自然保护区资源环境造成严重危害的开发,旅游服从保护,经济效益服从生态效益;经济效益是自然保护区得以持续发展的物质保证,在注重旅游业经济效益的同时,还必须兼顾当地社区和居民的利益,这是草原自然保护区旅游保护性开发的目的之一。

2. 控制原则　在草原自然保护区旅游保护性开发中首先必须以生态学原则进行功能分区,旅游开发控制在功能分区限定的空间范围内进行。核心区作为绝对保护区,保持自然状态,禁止一切人为干扰。缓冲区可以在适当区域开展定位观测等科研活动,但需控制规模。实验区可根据自然资源条件,有组织、有纪律地开展科学实验、教学实习、参观考察及旅游活动,但必须以不破坏自然景观为前提。其次严格控制旅游活动项目,项目需经过环境影响评价,凡是可能对自然环境造成破坏的必须予以禁止。最后要严格控制游客容量和开发强度,要在生态学基本规律的指导下进行生态规划,把旅游线路设计、旅游活动强度和游客进入数、旅游资源开发等控制在资源及环境的"生态承载力"范围内。

3. 依法开发原则　要有效保护自然保护区生态自然环境,就必须有切实可行的法律作保障,做到"依法旅游"、"依法治游",遵守国家的一些保护性法律法规文件,加强科学环境管理,以免旅游活动与保护目标冲突;草原自然保护区的旅游业务应由管理机构统一管理,所得收入用于自然保护区的建设和保护事业。

此外,草原保护区进行分步开发利用,最大限度的社区参与,对旅游者、导游和管理者进行环境教育和培训,提高环境保护意识,这是草原旅游保护性开发本身性质所决定的。

(二)合理开发草原自然保护区的意义

1. 建立自然保护区的意义　自然保护区的开发和建设,在我国是一项新兴事业,发展综合性或兼容性的保护区(既是自然保护区又是森林公园和风景旅游区),能增强人们保护生态环境的意识。建立自然保护区,概括起来有六个方面的重要意义:

(1)自然保护区能为人类提供生态系统的天然"本底",展示了生态系统的原貌　各种生态系统是生物与环境之间长期相互作用的产物,现在世界上各种自然生态系统和自然地带的景观,正在遭到人类的干扰和破坏。森林无限制地采伐,草原的开垦,过度放牧,热带森林的农业开发以及城市不断扩大和工程的建设等,使得许多地区的生态平衡失调,有些地区的自然面貌已难以辨认。建立自然保护区正是能显示和反映出自然生态系统的真实面目的方法。在遗留下来的原始自然生态系统中,生物与环境、生物与生物之间存在着相互依存,相互制约的复杂生态关系,这是生物进化发展的动力。人类在自然界从事各项社会生产活动的过程中,必须充分认识到保护好各类典型而有代表性自然生态系统的重要性,必须认识和遵循这些规律,才能维持自身的生存和创建适宜的条件。目前有些地区为了研究它们的自然资源和环境的特点,以便提出合理的利用和保护措施,已不得不借助于古代的文献记载、考古材料、自然界残留的某些特征(诸如孑遗生物种类、土壤剖面、地貌类型等)和古生物学的研究资料,来推测已不复存在的自然界的原始面貌。由此可见,在各种自然地带保留下来的具有代表性的天然生态系统或原始景观地段,都是极为珍贵的自然界的原始"本底",它为衡量人类活动结果的优劣,提供了评价的准则,同时也对探讨某些自然地域生态系统今后的合理发展方向,指出了一条途径,以便人类能够按照需要而定向地控制其演化方向,因此它需要人们极其珍视。

(2)自然保护区是天然的物种基因库 自然界的野生物种是宝贵的种质资源,而自然保护区正是各种生态系统以及生物物种的天然贮存库。人类在发展、改造和利用自然财富的实践中,要不断地提高生物品种的产量和质量,选育优良品种,就必须从自然界中找到它们野外的原生种或近亲种,自然保护区能为保存野生物种和它们的遗传基因提供有效的保证。现今世界上物种的确切数量究竟是多少,还不十分清楚,尽管生物分类学家们在研究物种方面进行了大量的工作,但由于多种原因,迄今对生物种类还缺乏一整套系统、可靠的资料。自新石器时代以来,人类的农业育种工作就一直把注意力集中于少数已被驯化或栽培的动植物种。现在育种家们发现对现有品种进行改良和提高,难度愈来愈大,因此除了对现有少数的物种进行育种改良外,必须挖掘新的物种来源,从而又开始转向到大自然丰富的宝库中,寻找野生的物种资源。自然保护区为人类保存了这些物种及其赖以生存的生态环境,现在许多重要的动植物资源及完整的生态系统就是在自然保护区中相继被发现的。目前,世界上许多物种,由于环境的变化或人为的干扰,过去曾经一度广泛分布,现在处于濒临灭绝的状态,它们只残留于自然保护区中。自然保护区的建立和管理,将有助于这些生物的保护及繁衍。从这个意义上说,自然保护区无疑是物种资源及生态系统的天然贮存库。

(3)自然保护区是科学研究的天然实验室 人类发展的历史就是了解自然、认识自然、利用自然和改造自然的漫长历史过程。

在科学技术发达的今天,人类要持续地利用资源,就必须尊重自然发展变化的客观规律。自然保护区保存了完整的生态系统、丰富的物种、生物群落及其赖以生存的环境,这就为进行各种生态学研究,提供了良好的条件,成为设立在大自然中的天然实验室。自然保护区是开展自然保护科学研究的重要基地,可用来研究自然生产潜力、自然生态平衡、最优生态结构、生态环境间的制约规律、环境因子改变的后果、自然演替、引种、人类活动的干扰与生物群落的自然恢复能力、环境本底监测等问题,为种群和物种的演变与发展、环境监测和定位研究提供了良好的物质基础。

自然保护区的长期性和天然性等特点,为进行一些连续的、系统的观测和研究,准确地掌握天然生态系统中物种数量的变化、分布及其活动规律,对自然环境长期演变的监测以及珍稀物种的繁殖及驯化等方面的研究,提供了特别有利的条件。

(4)自然保护区是进行公众教育的天然博物馆 自然保护区是向广大公众普及自然科学知识的重要场所。有计划地安排教学实习、参观考察及组织青少年夏令营活动,利用自然保护区宣传教育中心内设置的标本、模型、图片和录像等,向人们普及生物学、自然地理等方面的知识,是进行公众教育的有效方法。除少数为进行科研而设置的绝对保护区外,一般保护区都可以接纳一定数量的青少年学生和旅游者到保护区进行参观游览,通过在保护区内精心设计的游览路线和视听工具,利用自然保护区这个天然的大课堂,能够增加人们对自然界的认识。自然保护区内通常都设有小型的展览馆,通过模型、图片、录音、录像等,宣传有关自然和自然保护的知识。因此,自然保护区又称为活的自然博物馆。

(5)自然保护区是生态旅游胜地,可供人们进行旅游活动 某些自然保护区可为旅游提供一定的场所。由于自然保护区保存了完好的生态系统和珍贵而稀有的动植物或地质剖面,以及丰富的物种资源和优美的自然景观,还可满足人类精神文化生活的需求,因此对旅游者有很大的吸引力,特别是有些以保护天然风景为主要对象的自然保护区,更是旅游者向往之地。有条件的自然保护区可划出特定旅游区域,供人们参观游览,同时对从事音乐、美术等文学工作者来说,自然保护区常常是进行艺术创作的重要场地和艺术灵感的触发源泉。在不破坏自然保护区并进行严格管理的条件下,可以划出一定区域,有限制地开展旅游活动,满足人民群众欣赏美丽自然景观的需要。随着人民物质生活的改善,自然保护区在这方面的潜在价值,将日益明显地表现出来。

(6)自然保护区对维持生态平衡具有重要意义 自然保护区由于保护了天然植被及其组成的生态系统,在改善环境、保持水土、涵养水源、调节气候、维持生态平衡等方面具有重要的作用。它还能改善本地和周围地区的自然环境,维持自然生态系统的正常循环,提高当地群众的生存环境质量,促进当地农业生态环境逐步迈上良性循环的轨道。在提高农作物产量,减免自然灾害等方面都发挥着重要作用,特别是在河流上游、公路两侧及陡坡上划出的水源涵养林,是自然保护区的一种特殊类型,能直接起到环境保护的作用。当然,要维持大自然的生态平衡,仅靠少数几个自然保护区是远远不够的,但它却是自然保护的一个重要措施。

必须指出的是,上述自然保护区的意义,不只局限于保护区所在地,而是全国性的,甚至是全球性的。由于建立了一系列的自然保护区,中国的大熊猫、金丝猴、坡鹿、扬子鳄等一些珍贵野生动物已得到初步保护,有些种群并得以逐步发展。例如安徽的扬子鳄保护区,繁殖研究中心在研究扬子鳄的野外习性、人工饲养和人工孵化等方面取得了突破,使人工繁殖扬子鳄几年内发展到1 600多条。又如曾经从故乡流失的珍奇动物麋鹿已重返故土,因此在江苏大丰县和北京南苑等地建立了保护区,以便得到驯养和繁殖,现在大丰县麋鹿保护区拥有的麋鹿群体居世界第三位。此外,在西双版纳自然保护区的原始林中,还发现了原始的喜树林,一些珍稀树种和植物在不同的自然保护区中已得到繁殖和推广。正因为保护区有如此多而重要的意义,所以对其合理开发才成了至关重要的问题。

2. 建立草原自然保护区的意义　我国地域辽阔,地跨热带、亚热带、暖温带、温带、高原寒带等多个气候带。草原从东南沿海年降水量2 000mm的热带向西,一直分布到年降水50毫米以下的温带和高原寒带荒漠。如此复杂的草原自然环境,使我国拥有世界上最丰富的草地类型、最丰富的牧草种质资源和诸多草原野生动物资源,还拥有一批中国特有的植物和野生动物。目前,这些具有珍贵意义的珍稀动植物种类和草地景观,正随着人类活动范围和力度的加大,越来越受到干扰而逐渐减少,需要加强保护。因此,建立草原自然保护区同样也具有以下几个重要的意义:

第一,可以保护珍贵稀有的物种资源,维持遗传的多样性;

第二,可以保护原始的自然景观和各种生境类型,为教学科研提供"天然本底";

第三,可以保证草地资源的永续利用和多途径利用,把利用和保护有机结合起来,探索草地保护利用的途径,为科学研究、教学实验和旅游提供基地;

第四,可以对草地动态变化与环境变化进行长期检测。

四、我国几处重要的自然保护区简介

(一)我国第一个草原自然保护区——锡林郭勒草原

锡林郭勒草原是内蒙古大草原的重要组成部分,也是我国温带草原的核心,它构成了我国北方的一个绿色屏障。为了保护好这块广阔的绿地和净土,在联合国"人类环境宣言"和人与生物圈(MAB)行动计划的号召和启发下,内蒙古自治区于1986年8月5日批准成立了锡林郭勒自然保护区,它是我国第一个草地类保护区。它的建立,引起了国内外学术界和一些国际组织的重视。

1989年9月7日,联合国教科文组织人与生物圈国际协调理事会,接纳本保护区为国际生物圈保护区网络成员。1993年7月12日,首批加入了中国人与生物圈保护网络。

1997年晋升为中国国家级自然保护区,主要保护对象为草甸草原、典型草原、沙地疏林草原和河谷湿地生态系统。锡林郭勒草原(图7-3)是我国境内最有代表性的丛生禾草——根茎禾草(针茅、羊草)温性典型草原,也是欧亚大陆草原区亚洲东部草原亚区保存比较完整的原生草原部分。保护区内生境类型独特,拥有草原生物群落的基本特征,并能全面反映内蒙古高原典型草原生态系统的结构和生态过程。目前,区内已发现的种子植物74科、299属、658种,苔藓植物73种,大型真菌46种,其中药用植物426种,优良牧草116种。

图7-3 锡林郭勒草原

保护区内分布的野生动物反映了蒙古高原区系特点,哺乳动物有黄羊、狼、狐等33种,鸟类有76种。其中国家一级保护动物有丹顶鹤、白鹤、黑鹳、大鸨、玉带海雕等5种,国家二级保护动物有大天鹅、草原雕、黄羊等21种。本区是目前我国最大的草原与草甸生态系统类型的自然保护区,在草地生物多样性的保护和全球变化动态监测等方面占有重要的地位并具有明显的国际影响。

主要景区包括锡林浩特景区、海流特景区、扎格斯台诺尔保护区景区、中国科学院内蒙古草原生态系统定位研究站(嘎顺乌拉,展览、科学研究设施)、白音锡勒牧场景区(石门公园、赛马场)等。

(二)可可西里自然保护区——最艰苦的自然保护区

可可西里自然保护区,位于青海省玉树藏族自治州西北部治多和曲麻莱两县境内,地处北纬 34°08′～36°08′,东经 89°35′～94°06′,西部与西藏自治区毗邻,西北角与新疆维吾尔自治区相连,面积 4.5 万 km²,平均海拔在 5 000m 左右,位于青藏高原西北部,夹在唐古拉山和昆仑山之间,地势南北高、中部低,平坦广漠。可可西里独特的高寒自然环境,形成多种多样的自然植被类型和原始生态环境,周边地区大部分都是少数民族地区。

可可西里地区雪山耸立,冰川广布,湖泊众多,草原广袤,气候寒冷,常人很难进入,自然景观完好,故野生动物众多。野牦牛、雪豹、藏羚羊(图 7-4)、盘羊、野驴、野骆驼等出没,金雕、红隼等飞翔,是野生动物的天堂,拥有的野生动物多达 230 多种,其中属国家重点保护的一、二级保护动物就有 20 余种。这里距西宁 1 500 多 km,海拔 5 300 多 m,是观赏野生动物的理想地方。

图 7-4　藏羚羊

这片尚未被污染的净土,是野生动物的天然乐园。这里栖息着种类繁多的受国家法律保护的珍稀野生动物。现已查明哺乳动物有 16 种,其中 11 种为青藏高原特有种。鸟类约 30 种,其中 7 种为青藏高原特有种。在可可西里极为严酷的自然环境中,繁衍生息着藏羚羊、野牦牛、藏野驴、白唇鹿、雪豹、盘羊、棕熊、猞猁、雪鸡、天鹅、斑头雁等珍稀野生动物,展现了极限生存的生命奇迹。这里还有 100 多种野生植物,其中 84 种是青藏高原特有植物。1995 年青海省人民政府将可可西里地区定为省级自然保护区。1998 年又被国务院定为国家级自然保护区。圣洁而神奇的可可西里,是科学考察和旅游探险的理想去处。

(三)三江源自然保护区

于 2000 年 5 月批准建立三江源省级自然保护区(图 7-5),并于 2001 年 9 月批准成立了青海三江源自然保护区管理局。源区最低海拔约 3 335m,最高海拔 6 564m,海拔 4 000～5 800m 的高山是保护区地貌的主要骨架。由于保护区面积大,地形复杂,气候差异明显。三江源严酷的高寒环境,构成了独特的生命繁衍区,许多生物至此已达到边

图 7-5　三江源自然保护区

缘分布和极限分布,成为珍贵的种质资源和高原基因库。更由于地处黄土高原、横断山脉、羌塘高原和塔里木盆地等我国几个一级地理单元之间,"边缘效应"非常突出,生物的演化、变异等过程在激烈进行,孕育了众多高原独有的生物物种。区内维管束植物有 87 科、471 属、2 238 种,约占全国植物种数的 8%。其中种子植物种数占全国相应种数的 8.5%,分别约占青海省维管束植物科、属、种的 81%、57%、31%。脊椎动物 370 种,约占青海省脊椎动物种类的 47%、全国的 11%;其中哺乳动物 84 种,占青海省哺乳动物种类的 44%。鸟类 237 种,占青海省鸟类的 56%;两栖爬行

类15种,占青海省两栖爬行类的6%。此外,已鉴定昆虫11目、87科、378种,因而有丰富的物种多样性和遗传多样性。

国家重点保护植物有3种,其中有著名的虫草(冬虫夏草),另有列入国际贸易公约附录Ⅱ的兰科植物31种。国家重点保护动物有69种,占青海省国家重点保护动物种类的26%,其中国家一级重点保护动物16种,国家二级重点保护动物53种。此外,还有三江源地区特有植物种类100余种,青海省特有的植物种类270种,青藏高原特有植物种类705种,以及青海省级保护动物艾虎、沙狐、斑头雁、赤麻鸭等32种,充分显示了物种的稀有性。

三江源区还有9个植被型、14个群系纲、50个群系,以及众多的溪流、湖泊等秀美的水体和雪山、冰川以及沼泽等景观。区内独特的地貌类型、丰富的野生动物类型、多姿多彩的森林与草原植被类型和秀美的水体类型,本身就是一道亮丽的自然风景。随气象条件的变化而产生的各种天象景观、随季节变化而产生的林相及水体大小、形状的变化,更增添了自然景观的多样性。

(四)珠穆朗玛峰自然保护区——我国海拔最高的自然保护区

人们都知道珠穆朗玛峰是世界第一高峰,印象里这里寒冷,海拔极高。其实这里是一个自然生命生生不息的地方。据说高等植物就有2 000多种。"山顶四季雪,山下四季春,一山分四季,十里不同天"的气候特点,为众多生物尤其是许多珍贵植物的生长提供了条件(图7-6)。作为一个自然保护区,丰富的动植物资源和珍贵物种是基础条件。但是珠穆朗玛峰与其他自然保护区相比,海拔是其他任何保护区都无法望其项背的条件。

(五)新疆的草原自然保护区

草地是新疆畜牧业赖以生存和发展的生物资源。新疆草地类自然保护区的建立在牧草资源科学研究和生态环境保护方面有极重要的意义,同时具有一定西域自然景观的旅游价值。1986年同时建立的那孜确鹿特草甸类、金塔斯山地草原类和奇台荒漠草原类自然保护区,以重点保护天然草地资源和草原野生动物为主,是草地畜牧业可持续发展利用的重要科研基地。

图 7-6　珠穆朗玛峰自然保护区

此外,还有河北坝上草原旅游保护区、内蒙古其他一些草原自然保护区、川西北草原旅游保护区、宁夏云雾山草原自然保护区等。

第八章　草原法制建设

第一节　草原立法

一、我国草原立法的历史沿革

　　我国对草原依法管理的历史可以追到很早,早在元朝就对草原保护颁布有严格的禁令,对"草生而掘地者、遗火而烧草者"施以"诛其家"的严惩。元太宗实行的几项有名的新政中,就有加强牧场管理和开辟新牧场的内容,他下达指令在各千户内选派嫩秃赤(管理牧场的人),专司牧场的分配管理。新中国成立以前,我国没有系统成文的草原法规,在漫长的历史时期中,草原牧区存在着牧主、农奴主所有制和封建部落所有制等几种社会经济形态,草原除牧主占有外,有相当一部分在名义上是属领地、部落或寺庙共有,实际上有王公贵族、牧主、部落头目和寺院上层通过封建特权,掌握支配权进行收租等剥削活动。草原的经营仍处于自然游牧状态,没有关于草原保护、科学利用和建设的管理法规。

　　新中国成立以来,政府重视草原的科学管理和现代化建设,在许多政策法令中对草原的管理和建设做了规定。例如,1953 年政务院批准的《关于内蒙古自治区、绥远、青海、新疆等地若干牧区畜牧业生产的基本总结》中规定,"保护培育草原,划分与合理使用牧场、草场","在半农半牧区或农牧交错地区,以发展牧业为主,为此,采取保护牧场,禁止开荒的政策"。1958 年国家颁布的《一九五六年到一九六二年全国农业发展纲要》中规定,"在牧区要保护草原,改良和培育牧草,特别注意开辟水源。"1963 年中共中央批发的《关于少数民族牧业工作和牧区人民公社若干政策的规定》中规定，"必须保护草原，防沙、治沙、防止鼠虫害，保护水源，兴修水利，培育改良草原和合理利用草原。"这些政策法令的实施，大大推动了我国草原管理工作和草原畜牧业的发展。

我国草原立法工作起步于 20 世纪 80 年代初期，并伴随着我国改革开放政策的不断深入逐渐得到加强和规范。其发展历程大致可以分为四个阶段。

（一）萌芽阶段（1978～1984 年）

20 世纪 70 年代以前，尽管我国大多数地方设有草原行政主管部门（畜牧局、农牧局），但由于在草原管理和执法监督制度方面还没有一部专门的法律，真正意义上的草原执法基本处于空白阶段。1978 年 7 月，原国家农林部畜牧总局根据乱占、乱垦、滥牧等破坏草原资源情况十分严重的局面，负责起草了《全国草原管理条例》，印发省、自治区、直辖市和国务院各部委、军队等有关部门征求意见，至 1980 年 1 月曾 3 次在全国农牧厅局长会议上进行讨论。结果是一致同意将《全国草原管理条例》征求意见稿更名为《中华人民共和国草原法（草案）》，部分政协委员强烈要求国家早日制定和颁布草原法，以便通过法律的保障加强对草原的保护、利用和建设。1981 年 4 月，原国家农委和农业部将《草原法（草案）》上报国务院，国务院办公厅法制局、国务院经济法规研究中心先后组织有关部委和专家，进行了多次讨论修改。1982 年，国务院办公厅将《草原法（草案）》再次送各省、自治区、直辖市和国务院各部委、军队等有关部门征求意见。1983 年底，全国农村工作会议讨论了《草原法（草案）》。1984 年 6 月 12 日经国务院常务会议讨论，同意将草案提请全国人大常委会审议。这期间地方草原立法工作也初见端倪，1983 年，《宁夏回族自治区草原管理试行条例》颁布实施；1984 年，《内蒙古自治区草原管理条例》和《黑龙江省草原管理条例》相继颁布实施。

(二)起步阶段(1985～1990年)

1985年6月18日,第六届全国人民代表大会常务委员会第十一次会议通过并颁布了我国第一部草原大法《中华人民共和国草原法》(以下简称《草原法》),从此我国草原保护建设和执法监督工作开始步入了有法可依的轨道。依法保护草原和加强草原执法监督工作逐步引起各级党委、政府和主管部门的重视,草原执法体系建设步伐明显加快,草原执法工作逐步走上正轨。这一时期,随着《草原法》的颁布实施,各省、自治区也相继颁布了相关草原法律法规,甘肃、新疆、青海、四川等草原资源大省制定了实施草原法细则,为依法保护、利用和建设草原发挥了重要作用。

(三)发展阶段(1991～2001年)

1993年7月由全国人大通过并颁布的《中华人民共和国农业法》(以下简称《农业法》)提出,"本法所称农业,是指种植业、林业、畜牧业和渔业"。虽然该法没有提及草业的概念,但也为草业发展留出了一定的空间。《农业法》第二十二条规定,"国家引导农业生产经营组织和农业劳动者按照市场的需求,调整农业生产结构,保持粮棉生产稳定增长,全面发展种植业、林业、畜牧业和渔业,发展高产、优质、高效益的农业。"草业的发展,既按照市场需要,也是农业全面发展的一个组成部分。

1993年10月,国务院制定并颁布了《草原防火条例》,提出要加强草原火灾的预防和扑救工作,改善防火扑火手段,组织划定草原防火责任区,确定草原防火责任单位,建立健全草原防火责任制度,为草原安全提供了法律保障。

2000年7月,全国人大审议通过了《中华人民共和国种子法》(以下简称《种子法》),2004年8月,全国人大常委会又对《种子法》进行了修订。该法对草种进行了定义,指出草种是农作物种子的一部分,是人工种草、改良草地、退化草地治理和生态建设的物质基础。《种子法》明确了种质资源保护、品种选育与审定、种子生产、种子经营、种子使用、种子质量、种子进出口和对外合作、种子行政管理等方面的法律责任。

2001年8月,全国人大常委会审议通过了《中华人民共和国防沙治沙法》。在该法中提出,草原地区的地方各级人民政府,应当加强草原的管理和建设,由农(牧)业行政主管部门负责指导、组织农牧民建设人工草场,控制载畜量,调整牲畜结构,改良牲畜品种,推行牲畜圈养和草场轮牧,消灭草原鼠害、虫害,保护草原植被,防止草原退化和沙化。草原实行以产草量确定载畜量的制度。由农(牧)业行政主管部门负责制定载畜量的标准和有关规定,并逐级组织实施,明确责任,确保完成。

《中华人民共和国农村土地承包法》(以下简称《农村土地承包法》)于2002年8月由第九届全国人民代表大会常务委员会审议通过,2003年3月1日起施行。《农村土地承包法》中规定的农村土地也包括集体所有和国家所有的草地。因此《农村土地承包法》是牧区实行草原承包责任制的法律基础。根据《农村土地承包法》,草地要实行承包经营制度,国家依法保护承包关系的长期稳定。国家鼓励农(牧)民和集体经济组织增加对土地(包括草地)的投入,培肥地力,提高农业生产能力。国家保护承包方依法、自愿、有偿地进行土地(包括草地)承包经营权流转。《农村土地承包法》的规定中明确了发包方和承包方的权利和义务、承包的原则和程序、承包期和承包合同、土地承包经营权的保护、土地承包经营权的流转、争议的解决和法律责任。

1994年10月,国务院制定了《自然保护区条例》,对有代表性的自然生态系统、珍稀濒危野生动植物物种的天然集中分布区、有特殊意义的自然遗迹等保护对象所在的陆地、陆地水体,依法划出一定面积予以特殊保护和管理。自然保护区的建立,对特定区域草场超载过牧、退化严重、动植物资源过量开发利用等现象起到了一定的遏制作用。

1996 年 9 月,国务院制定并颁布了《野生植物保护条例》,对草原地区野生植物资源的管理和保护起到了重要作用。

(四)完善阶段(2002 年以后)

2002 年 12 月 28 日,新修订的《草原法》经第九届全国人民代表大会常务委员会第三十一次会议审议通过,并于 2003 年 3 月 1 日起施行。这部法律认真总结了原草原法颁布实施 17 年的实践经验,新增并完善了一系列制度和措施,加大了对草原违法行为的处罚力度,内容更加全面,层次更加清晰,可操作性更强。这部法律是草原保护建设的根本大法,是打击草原违法行为的有力武器,其颁布实施是我国草原法制建设的一个重要突破,为全面保护、重点建设、合理利用草原提供了良好的法治环境和有力的法律保证。

随着新《草原法》的颁布实施,各省、自治区也相继修订颁布了相关草原法律法规,甘肃、黑龙江省颁布了草原条例;内蒙古自治区、宁夏回族自治区颁布了草原管理条例;四川省颁布了草原法实施办法。

2005 年 1 月 19 日,农业部令第 48 号颁布实施《草畜平衡管理办法》,第一次以法规的形式要求在草原上从事畜牧业生产经营活动的单位和个人,实行以草定畜,草畜平衡,坚决遏制超载过牧现象,保持草原生态系统良性循环。

2006 年 1 月 12 日,农业部令第 56 号颁布实施《草种管理办法》,进一步规范和加强了草种管理工作,切实提高了草种的质量,维护了草品种选育者和草种生产者、经营者、使用者的合法权益,促进了草业的健康发展。

2006 年 1 月 27 日,农业部令第 58 号颁布实施《草原征占用审核审批管理办法》,为加强草原征占用的监督管理,规范草原征占用的审核审批,保护草原资源和环境,维护农牧民的合法权益提供了法律依据。

二、我国草原立法的宗旨

我国是草地资源大国,天然草地近 4 亿 hm^2,约占国土总面积的 41.7%,仅次于澳大利亚,居世界第二位;但人均占有草地只有 0.33 hm^2,仅为世界平均水平的一半(全世界有永久性草地面积约 31.58 亿 hm^2,人均占有草地 0.64 hm^2)。我国草地主要分布于北方干旱区和青藏高原,主要在内蒙古、新疆、西藏、青海、四川、甘肃、云南、宁夏等省、自治区。

我国草地大都在边疆和少数民族地区,草地畜牧业是广大农牧民基本生产方式和重要生活内容,草地生态保护和建设工作,不仅关系到这些地区少数民族人民生产生活水平的改善和经济的发展,更直接关系到这些地区的民族团结和社会稳定。改革开放 30 年来,国家加强草地建设和保护,改善了牧区牧民的生产生活条件,推行草原家庭承包制,调动了牧民保护和建设草原的积极性。如 2000 年内蒙古牧民人均收入比上年增加 160 元,其中 140 元来自草地畜牧业;新疆新增 200 元全部来自畜牧业;青海新增 90.8 元,其中 69.8 元来自草地畜牧业。草地不仅是畜牧业的重要生产资料,又是重要的自然资源,是我国最大的绿色生态屏障、抵御沙漠的前哨阵地和重要的水源涵养地,黄河、长江等大江大河及其主要支流都发源于草原区,上中游都流经草原区。我国西部地区草地面积占绿色植被总面积的 79%,西北地区达到 85%,青海、西藏等省、自治区都在 90% 以上。我国天然草地严重退化已是不争的事实,90% 的可利用天然草地不同程度地退化,每年还以 200 万 hm^2 的速度递增。草地过牧的趋势没有根本改变,乱采滥挖等破坏草地的现象时有发生,草地载畜能力大幅下降,草地生态环境持续恶化,荒漠化面积不断增加,江河断流,湖泊干涸,沙尘暴等自然灾害频繁发生,直接威胁我国的生态安全,影响经济和社会的可持续发展。草地退化有自然、社会、历史等多方面的原因。但从政策和法律上加强草原保护、建设和管理,减缓和遏制草地退化、沙化无疑是十分重要的。为此,近几年国务院先后颁布、出台了一些有关草原保护与建设的政策和行政法规,主要有:《国务院关于加强草原保护与建设的若干意见》(2002年9月16日)、《全国生态环境建设规划》(1998年11月7日)、《国务院关于进一步做好退耕还林还草试点工作的若干意见》(2000年9月10日)、《国务院关于禁止采集和销售发菜、制止滥挖甘草和麻黄草有关问题的通知》(2000年6月14日)和《草原防火条例》(1993年10月5日)、《野生植物保护条例》(1996年9月30日)等。

草原立法的宗旨包括以下几个方面的内容:

(一)保护、建设和合理利用草原

保护、建设、利用草原是立法的三个主要内容,也是制定草原法律的直接立法目的。草原既是畜牧业的重要生产资料,又是重要的自然资源,具有经济效益和生态效益。草原的这一特点,决定了保护、建设和合理利用草原这三者之间是紧密联系、相辅相成的。长期以来,我国普遍存在着对草原重利用轻保护、重索取轻建设的现象,只想向草原索取、对草原进行透支、搞掠夺性经营,对如何让草原休养生息、恢复生机重视不够。虽然草原是一种可再生资源,但在生态脆弱区草原一旦被破坏,恢复十分困难且周期长。这方面的教训十分深刻。总结这方面的经验教训,必须按科学和自然规律办事,处理好草原保护、建设与利用,眼前利益与长远利益之间的关系。保护、建设草原的目的是为人类所用,创造更多的生态效益和经济效益。保护、建设草原是利用草原的基础和条件,利用草原应是在保护、建设草原的前提下的合理利用和可持续利用。为此,国家必须以法的形式对草原实行科学规划、全面保护、重点建设、合理利用,促进草原的可持续利用和生态、经济、社会的协调发展。

(二)改善生态环境,维护生物多样性

草地是世界上主要生态系统之一。占全球陆地面积的 1/4。这样一个巨大生态系统,在地球生物圈中的地位是不可取代的。草地对改善生态环境,维护生物多样性是至关重要的。生态环境是人类生存和发展的基本条件,是经济、社会发展的基础。保护和建设好生态环境,实现可持续发展是我国现代化建设中必须始终坚持的一项基本方针。我国不仅草地面积大,草地类型也繁缛多样。全球草地分 48 个大类,我国就有 39 个,类型之多、生物多样性之丰富是得天独厚的。从 20 世纪 80 年代我国已先后建立了 13 处自然保护区。我国草原特别是草原自然保护区为维护生物多样性起到特别重要的作用。改善生态环境,维护生物多样性既是草原立法的目的,也是编制草原保护、建设、利用规划的重要原则、依据。

(三)发展现代畜牧业

草原畜牧业是广大农牧民基本生产方式和重要生活内容,是牧区经济的支柱产业。发展现代畜牧业作为草原的立法目的就是把草原保护、建设与农牧民脱贫致富结合起来,大力发展现代畜牧业,提高广大农牧民的生活水平,只有这样才能充分调动广大农牧民的积极性,草原也才能够保护和建设好,同时生态环境才会得到改善。这里讲的现代畜牧业是相对传统畜牧业而言的。传统畜牧业是指靠天然草原放养畜牧的生产方式。面对日益恶化的草地生态环境和农业结构调整的新形式,只有改变传统畜牧的生产方式,发展现代畜牧业,才是保证草地生态系统健康发展的根本途径。为此,必须明确规定和建立健全草原载畜量及草畜平衡制度,禁牧、休牧、轮牧制度,实行牲畜舍饲圈养,改变依赖天然草地放牧的生产方式。并通过国家法律鼓励发展现代畜牧业,处理好发展现代畜牧业与保护草原生态环境的关系。

(四)促进经济和社会的可持续发展

保护、建设草原的最终目的是促进经济和社会的可持续发展,

实现草原资源的可持续利用。可持续发展,就是要促进人与自然的和谐,实现经济发展与人口、资源、环境相协调,坚持走生产发展、生活富裕、生态良好的文明发展道路,保证一代一代地永续发展。良好的生态环境是社会生产力持续发展和人们生存质量不断提高的重要基础。近20年来,随着我国经济社会的快速发展和人民生活水平的不断提高,自然灾害、生态环境问题日益突出,已成为我国经济和社会可持续发展的制约因素。我国已开始彻底改变以牺牲环境、破坏环境为代价的粗放型增长方式,认清不能以牺牲环境、破坏资源为代价去换取一时的经济增长,不能以眼前利益损害长远利益,不能用局部发展损害全局利益。发展经济要充分考虑自然资源的承载能力和承受能力。为此,必须以法的形式禁止开垦草原,实行以草定畜、草畜平衡制度及退耕还草和禁牧、休牧制度,对草原上采矿、开展工程建设实行严格管理等。

三、我国草原立法的适用范围

法律的适用范围,也称法律的效力范围,包括法律的时间效力,即法律从什么时候开始发生效力和什么时候失效;法律的空间效力,即法律适用的地域范围;法律对人、事的效力,即法律对什么人、行为适用。关于现行草原法的时间效力问题,主要包含两层意思:

(一)本法适用的地域范围是中华人民共和国境内,包括在我国主权所及的全部领域范围

一般讲,法律的地域效力范围的普遍原则,适用于制定它的机关所管辖的全部领域。草原法作为全国人大常委会制定、颁布的法律,其效力自然在我国全境内。这里需要指出的是,根据我国香港特别行政区基本法和澳门特别行政区基本法的规定,只有列入这两个基本法附件三的全国性法律,才能在这两个特别行政区适用。本法没有被列入这两个基本法的附件三中。因此,草原法不适用于我国香港和澳门两个特别行政区。

（二）本法适用的主体范围，包括一切从事草原规划、保护、建设、利用和管理活动的单位或个人

这里的"单位"，可以是我国的法人和其他组织，也可以是外国企业以及其他组织；"个人"既可以是中国公民个人，也可以是外国人。上述主体在我国领域从事草原规划、保护、建设、利用和管理活动的，都必须遵守草原法。

（三）本法所称草原是指天然草原和人工草地

天然草原包括草地、草山和草坡，人工草地包括改良草地和退耕还草地，不包括城镇草地。

天然草原是指一种土地类型，它是草本和木本饲用植物与其所着生的土地构成的具有多种功能的自然综合体。人工草地是指选择适宜的草种，通过人工措施而建植或改良的草地。1985年的草原法规定草原包括草山、草地。这一规定比较简单。基于我国明确草原既包括天然草原，也包括人工草地，这样规定比较科学、全面，符合我国草原建设、保护的实际，特别是将人工草地纳入本法调整的草原范围，有利于草原建设、保护和利用，发展畜牧业生产，改善生态环境。同时需要说明的是，本法规定的人工草地不包括城镇草地。主要考虑城镇人工草地大多是美化环境的园林绿地，其建设、保护、利用和管理与本法规定的草原均有所不同。

四、我国草原立法的基本原则

关于草原立法遵循的基本原则，是贯穿于立法始终并作为草原工作的指导思想，也是草原工作的经验教训总结。草原立法应遵循的基本原则是：

（一）科学规划

草原是重要的自然资源，对草原的保护、建设、利用首先应当有一个科学规划、统筹安排，不能盲目、无序进行，要按照科学和自然规律办事。国家对草原保护、建设、利用实行统一规划制度,必须按照法律规定的规划编制原则、内容和审批要求,有关政府和部门要严格按照规定对有关草原保护、建设、利用规划进行编制和组织实施。

(二)全面保护

针对我国草原资源所面临日趋严峻的形势,草原立法工作应当立足于保护、强化保护。全面保护是对整个草原资源而言的,具体保护措施又是有重点和分层次的。一是实行基本草原保护制度,将一些具有重要生态功能和经济功能的草原划定为基本草原,实行严格管理;二是实行草畜平衡制度,按照核定的载畜量指导农牧民科学放牧,合理利用草原,防止超载过牧;三是实行禁牧、休牧制度,其目的是使退化草原能够休养生息,恢复植被。

(三)重点建设

草原的保护、建设是立法的核心内容,二者是紧密联系的,保护、建设草原是合理利用草原的基础和前提,对草原进行全面保护的同时,也要突出重点,搞好草原重点建设。草原建设是指通过资金、劳力投入等方式进行草原工程建设,从而更好地保护草原、合理利用草原。这里讲的重点建设是强调国家和地方对一些重点区域应加大对草原投入,主要用于天然草原恢复与建设、退化草原治理、生态脆弱区退牧封育、已开垦草原退耕还草等工程建设。近20年来,各级政府组织开展了以水、草、料、棚、围栏和定居为主要内容的草原建设,提高了草原生产力,广大牧民正逐步摆脱逐水草而居和靠天养畜的局面,生产生活条件显著改善,使周边草原得以休养生息。牧区草原家庭承包制的实行,调动了广大农牧民保护、建设草原的积极性。同时,以防灾基地建设、草原鼠虫害防治和草原防火为主要内容的防灾减灾工作也取得明显进展。特别是随着对草原认识的提高,国家和地方加大了对草原的投入力度,草原建设速度明显加快,但仍然赶不上草原退化的速度。因此,通过立法除规定各级政府加大草原建设投入外,还应规定国家鼓励单位和个人投资建设草原,按照谁投资、谁受益的原则保护草原投资建设者的合法权益。

(四)合理利用

草原作为自然资源具有生态效益和经济效益。在保护、建设草原的基础上,科学规划合理利用草原,发展现代畜牧业,提高广大牧民生活水平是十分必要的,只有这样牧民保护、建设草原才有积极性。保护、建设草原的最终目的也是利用,正确处理草原保护、建设与合理利用的关系,是需要立法解决的重要问题。过去对草原重利用轻保护,使草原长期处于超负荷的严重"透支"状态。为此,必须通过立法严格科学合理地利用草原,实施轮牧、牲畜舍饲圈养等合理利用草原的规定。

(五)促进草原的可持续利用和生态、经济、社会的协调发展

这一原则是草原保护、建设和利用的出发点和落脚点。随着经济、社会的发展,我国生态环境恶化,资源紧缺的矛盾日益突出,已成为影响经济社会发展和人民生活水平提高的一个突出制约因素,从长远看,可持续发展的压力越来越大。因此,必须始终把生态环境建设、资源保护放在战略位置上,实现经济社会发展与生态环境、资源的协调发展。具体到立法就是运用法律、行政和市场手段加强草原保护、建设,实现草原生态良性循环,促进草原的可持续利用和生态、经济、社会的协调发展。

第二节　草原执法

一、草原执法的概念

根据《中国草原执法概论》,草原执法是草原行政主管部门和草原监督管理机构,依照法律程序,执行草原法律法规规章,保护和监督管理草原的法律行为。

草原执法的概念,包括三层含义:草原执法是草原执法主体行使职权履行职责的具有法律意义的行为;草原执法是以草原为主要客体而引发的行政法律关系;草原执法是实现依法监督管理草原的重要环节。

(一)草原执法是执法主体行使职权履行职责的法律行为

国家监督管理草原,包括运用法律、行政和经济、技术等多种方法进行监督管理,而运用法律的方法是实现法治的要求。国家权力机关通过制定和修改《草原法》的立法活动,体现国家对草原监督管理的意志;国家行政机关依法通过制定行政法规、规章,发布决定和命令,实施行政措施(包括经济和技术的措施),监督检查执行情况和查处违法行为,以实现国家对草原的监督管理;国家的司法机关依法通过审理案件和法律监督来保障国家对草原的监督管理。依法监督管理草原的过程是国家机关及其公职人员依照法定职权和程序,运用法律规范处理草原权属、草原规划、建设、利用和保护等问题,以及监督检查的整体过程。草原执法的任务是对草原法律、法规执行情况进行监督检查,对违反草原法律、法规的行为进行查处。因此,草原执法是执法主体对接受监督检查或查处的当事人实施的、具有法律意义、产生法律效果的行为,不同于其他社会行为。

"有法可依,有法必依,执法必严,违法必究",是我国社会主义法制建设的基本方针。上述方针所指的执法,包括行政执法和司法,所以广义的草原执法,既指监督管理草原的国家行政机关的执法活动,也包含国家司法机关审理有关草原的案件和实施法律监督的活动。概论着重探讨草原行政执法活动,并从草原行政执法与司法活动的分工和互相衔接的角度,论及有关草原的司法活动。

(二)草原执法是以草原为主要客体而引发的行政法律关系

行政执法主体行使职权履行职责所指向的对象,称为客体,既可以是物,也可以是行为、智力成果等。草原行政执法的客体,主要是因草原引发的行政法律关系,包括草原和与草原有关的财物与行为。草原是具有多种功能的重要战略资源,草原执法就是要保障维护国家生态安全,促进草业的可持续发展。

草原作为人类社会关系的客体,之所以要由法律规范来调整,是因为草原资源的多种功能和它的稀缺性。1985 年颁布的《草原法》,主要针对草原是畜牧业生产资料的属性,作出了保护、管理、建设和合理利用草原的法律规范,虽然提到了保护草原对改善生态环境的作用,但尚未将草原作为具有生态战略意义的自然资源,置于保护的地位。草原资源在生态保障功能上的价值,虽然是客观存在的,人类早期也有朴素的感知,但随着社会经济的发展,直到现代才为人们深刻认识。2002 年修订的《草原法》,更加重视以法律规范调整保护草原生态保障功能的社会关系。在立法宗旨中将改善生态环境放在了更为重要的位置上,并明确规定"国家对草原实行科学规划、全面保护、重点建设、合理利用的方针,促进草原的可持续利用和生态、经济、社会的协调发展。"

(三)草原执法是实现依法监督管理草原的重要环节

依法监督管理草原,是草原行政主管部门依法行政的必然要求。依法行政是指行政机关必须遵循法律规定,依法行使行政权力,既不失职,又不越权。

依法行政有三个基本要求:一是行政机关行使的行政权力必须依法取得,有法可依;二是行政机关必须合法行使所取得的职权,行政权力的合法取得是行政机关行使职权的前提;三是行政机关必须依法接受监督,并承担违法的法律责任。

依法监督管理草原当然要体现以上依法行政的基本要求。为了实现这些基本要求要做到以下三点:一是要依法界定和组建草原行政主管部门,还包括设立草原监督管理机构等。二是要依法行使监督管理草原的行政权,包括按照权力机关的授权,依法制定监督管理草原的行政法规、规章和政策;实施相应的措施、办法;监督法律、法规、规章以及措施办法的执行情况,对违法行为进行查处。三是依法接受监督制约,包括内部的和外部的监督机制。内部的,如作为上级草原行政主管部门(也应包括它设立的草原监督管理机构),负有对下级草原行政主管部门或者监督管理机构的监督职能;有关草原行政主管部门对违反草原法律法规的行为,应当依法作出行政处理,而不作出行政处理决定的,上级草原行政主管部门有权依法责令其作出行政处理决定或者直接作出行政处理决定。外部的,包括国家权力机关、司法机关、专门行政监督机关以及国家机关系统外的个人、组织的监督。

二、草原执法的主体

(一)草原执法主体的概念

草原执法主体,指各级人民政府草原行政主管部门和草原监督管理机构。广义的草原执法主体还包括立法机关、各级人民政府、司法机关及相关行政主管部门。

草原执法主体必须具备以下几个构成要件:

1. 草原执法主体必须是组织而不是自然人 尽管具体的草原行政执法行为是由行政执法人员来实施的,但他们是以组织的名义而不是以个人的名义实施的。草原行政执法人员是草原行政执法主体的成员,而不是草原行政执法主体的组织。

2. 草原执法主体的成立必须有合法的依据 草原行政执法是行使草原行政执法权的行为,因此承担草原行政执法任务的组织不能任意设立,其成立必须有法律依据。也就是说未经合法认定的组织是不能成为草原行政执法主体的。

3. 草原执法主体必须有具体明确的职责范围 我国的行政执法体系是一个科学、严谨的系统,各行政执法主体相互联系,相互依存,但又相互区别,形成一体,彼此之间可以密切配合,但又不能相互取代。

4. 草原执法主体必须能以自己的名义做出行政行为并承担相应的法律责任　主体除了能以自己的名义实施行政行为外,同时也能以自己的名义承担法律责任,这是衡量一个组织是否属于合法的执法主体的重要条件。依法委托的执法草原管理机构,虽然实际承担着执法任务,但是以委托行政机关名义在委托范围内实施,并由委托行政机关对其行为后果承担法律责任。

以上四个条件相互依存,缺一不可。任何组织作为草原执法的主体必须具备以上条件。

(二)草原执法主体的特点

草原执法主体既具有国家行政组织的基本特点,即行政组织的共性,同时也具有自己的个性,与其他专业行政组织有着不同之处。这些特点主要表现如下:

1. 职能的具体性　行政组织的基本职能是执行权力机关的意志,即化法律为行政行为,从而达到管理社会公共事务的目的。而草原执法主体作为国家行政组织中负责草原法律、法规执行情况的监督检查,对违反草原法律、法规的行为进行查处的职能部门,更是以具体执行为己任。草原执法人员在描述其职能时说,"上面千条线,下面一根针",生动地指出了草原执法机构在执行法律、行政法规及行政决定时的具体性特点,即通过草原执法工作,落实各级立法机关、上级行政机关制定的法律、法规、规章及规范性文件,通过具体操作使其得到贯彻实施。

2. 服务的直接性　草原行政执法主体的服务性,是对行政组织服务性理论的具体体现和在实践上的落实,而且这种服务是切实的、直接的。例如,草原行政执法人员要直接和成千上万的农牧民打交道,"该贯彻的贯彻得下去,该收集的收集得上来",包括国家和政府对草原保护、建设、利用等各项政策法规的落实,为草原生态的保护和建设提供各项服务,甚至具体到划定每个农牧民所承包草原的四至界限,解决两户农牧民之间的草原纠纷等。

3. 内外关系的复杂性 在草原执法主体内部,既有纵向结构,又有横向结构。如省级草原行政主管部门和草原监督管理机构及其内设处、科的纵向关系;有关行政主管部门之间,处与处、科与科之间的横向关系。即内部的上下隶属关系、平级协作关系俱全,是一个完整的组织结构体系。而在外部,除与政府领导机关构成上下级关系,又有与其他职能部门的平等协作关系。作为地方草原执法主体,不仅要受地方政府领导机关的领导,而且还要处理好与国家行政组织的同一职能部门的上级行政机关的关系,因而兼有"条条"和"块块"的双重关系。草原执法主体处于上下左右、错综复杂的内外关系之中。各种关系的和谐程度,经常直接影响着各级草原执法主体的行政效率。

(三)草原执法主体的构成

1. 草原行政主管部门 草原行政主管部门是指草原保护、利用、建设等活动的行政管理机关。即在中央行政机关和地方行政机关中具体承担管理草原保护、建设、利用的职能部门。《草原法》第8条规定:"国务院草原行政主管部门主管全国草原监督管理工作。县级以上地方人民政府草原行政主管部门主管本行政区域内草原监督管理工作。"这里所说的国务院草原行政主管部门就是农业部;县级以上地方人民政府草原行政主管部门就是畜牧厅(局)、农牧厅(局)或者是农业厅(局)。

2. 草原监督管理机构 草原行政执法授权是指特定的国家机关依法把草原和草原畜牧业管理中的行政执法权力授予相应的单位行使,该单位取得了行政管理的主体资格,即可以自己的名义独立地行使这些权力,同时以自己的名义独立地承担因行使这些权力所引起的法律后果。

依照《草原法》和《行政处罚法》的规定,草原行政主管部门设立的草原监督管理机构,是法律明确授权的执法机构,在行政主管部门的领导之下,从事监督检查草原法律、法规的执行情况,对违反草原法律、法规的行为进行查处的具体执法工作。因此,草原监督管理机构对草原的行政执法权是法律赋予的职权。《行政复议法》第 15 条第 1 款第(三)项规定:对法律、法规授权的组织的具体行政行为不服的,分别向直接管理该组织的地方人民政府、地方人民政府工作部门或者国务院部门申请行政复议。《行政诉讼法》第 25 条第 4 款也规定:由法律、法规授权的组织所作的具体行政行为,该组织是被告。

上述法律的具体规定,说明草原监督管理机构具有行政执法的主体资格,并以自身的名义承担由执法行为引起的法律后果。

3. 草原行政主管部门与草原监督管理机构之间的关系　草原执法,存在草原行政主管部门、草原监督管理机构两种执法主体,也规定了草原行政执法是草原行政主管部门和草原监督管理机构的共同职责。在没有设立监督管理机构的地方,草原行政主管部门本身就履行监督管理的执法职能,或者依法委托符合条件的组织,负责草原执法工作。它们之间的关系是领导与被领导、宏观与微观、整体与局部的关系。

(1)法律规定了这种关系　草原行政主管部门是人民政府设立的职能部门,属国家行政机关序列,是政府的一个组成部分。《草原法》第 8 条规定:"国务院草原行政主管部门主管全国草原监督管理工作,县级以上地方人民政府草原行政主管部门主管本行政区域内草原监督管理工作。"同时,《草原法》第 56 条规定:"国务院草原行政主管部门和草原面积较大的省、自治区的县级以上地方人民政府草原行政主管部门设立草原监督管理机构。"这两条规定中的"主管"和"设立"的含义,已明确表达了二者之间的领导与被领导关系。

(2)监督机制表明了这种关系　《行政处罚法》第 54 条第 1 款规定:"行政机关应当建立健全对行政处罚的监督制度。县级以上人民政府应当加强对行政处罚的监督检查。"第2款又规定:"公民、法人或者其他组织对行政机关做出的行政处罚,有权申诉或者检举;行政机关应当认真审查,发现行政处罚有错误的,应当主动改正。"这条规定说明,草原行政执法一方面依靠内部监督矫正机制来规范执法行为;另一方面草原监督管理机构由同级草原行政主管部门监督,其执法工作的质量由行政主管部门负责。《行政许可法》也有相类似的规定。《行政复议法》第15条中规定:"对法律法规授权的组织的具体行政行为不服的,分别向直接管理该组织的地方人民政府、地方人民政府工作部门或者国务院部门申请行政复议。"草原行政主管部门委托受委托的组织实施行政处罚或许可的,对其实施行为也应当负责监督;当事人不服行政处罚或许可的,委托的草原行政主管部门还需接受复议审查或应诉。

(3)草原监督管理机构的发展历史确立了这种关系 长期以来,主要牧区各级政府对草原的管理特别是草原行政执法方面力度不够,作为各级农牧业行政主管部门的具体办事机构,草原处(科、室)既要负责贯彻草原的法律、政策、规划、计划、管理等项工作,又要开展草原执法,由于人员少、任务重,影响执法工作正常开展和执法质量的提高。随着各地的实践,逐步产生了草原监督管理机构。后来由于草原保护和建设工作进一步得到重视,新修订的《草原法》第56条明确规定国务院和草原面积较大的省(自治区)草原行政主管部门设立草原监督管理机构,专门负责监督检查草原法律、法规执行情况和草原违法行为的查处工作。由此说明,草原监督机构地位、职责在法律上的明确,是草原行政主管部门充实草原行政执法力量、全面加强草原行政执法工作的需要。多年的实践证明,各级政府和草原行政主管部门对草原监督管理工作重视的地方,草原监督管理体系的建设就比较完善,草原监督管理工作开展的成效也比较突出,这是一条成功的经验。从长远来看,无论是体系的建设、条件的改善和工作的开展,都离不开草原行政主管部门的领导、帮助和支持。草原行政主管部门和草原监督管理机构在贯彻落实《草原法》、加强草原行政执法、维护草原生态环境和牧民合法权益方面，目标是一致的。必须要正确处理好两者之间的关系，才能摆正位置，形成合力，才能全面履行好法律赋予的职责。

三、草原执法主体的职能

(一)草原执法主体职能的设置

执法主体的职能设置，由行政组织法和与其业务相关的法律、法规规定。行政组织法是指国务院组织法与地方各级人民政府组织法。行政组织法的基本内容概括地讲，由三个环节组成，即确立行政机构的地位和任务，确定行政机关具体化的编制以及配置比例适宜的公务员。作为国务院的草原行政主管部门，草原行政执法主体的职能，是由国务院依据国务院组织法和《草原法》的规定来确定的；县级以上地方人民政府的草原行政主管部门的职能，由地方各级人民政府依据地方各级人民政府组织法和《草原法》的规定来确定；国务院草原行政主管部门和草原面积较大的省、自治区的县级以上地方人民政府草原行政主管部门设立的草原监督管理机构的职能，由《草原法》规定，也应纳入行政组织法调整的范围，确定编制和配备人员。

依据全国人民代表大会批准的国务院机构设置方案，国务院确定农业部为国务院的草原行政主管部门，配置与职能相适应的内设机构，以及设立草原监理中心作为农业部的草原监督管理机构。县级以上地方各级人民政府根据本地的实际情况，分别确定草原行政主管部门的职能，草原面积较大的省、自治区的县级以上地方人民政府草原行政主管部门分别设立相应职能的草原监督管理机构。草原监督管理职能的意义，在于将保护、建设、合理利用草原的行政目标和职责，落实到有能力完成目标和履行职责的机关、机构和人员配置上。

草原行政执法主体职能的特点，可以概括为以下两点：

1. 草原执法主体职能是由行政组织法和草原法律、法规规定的，具有地域性和层级性　草原执法主体的职能配置、内设机构和人员编制方案是由行政组织法调整的。我国虽然还没有系统的行政组织法，但已经有了不少体现行政组织法内容的法律、法规和规范性文件，草原执法主体的职能配置方案就是根据相应的规定制定的。草原行政执法主体的职能配置方案，既要遵守草原法律、法规的有关规定来制定，还要结合草原行政管理的实际。我国各地的草原，自然条件不尽相同，面积有大有小，各地草原行政执法职能会受地区影响而有地区性。从国务院草原行政主管部门到基层草原行政执法主体的能力也有区别，因此草原行政执法的职能更具有相应的层级性。

2. 草原执法主体职能具有专业性与综合性相结合的特点　随着经济和社会生活的复杂多变，行政执法越来越成为一种专业知识复合型的管理职能。草原行政执法职能既需要有保护草原生态、合理利用草原的专业知识，也要有行政执法需要的专业法律知识，以适应实现草原行政管理目标的要求。从现有草原行政执法队伍来看，两方面的业务知识都需要提高，但大部分人员是长期从事草原专业工作的，更需要充实行政执法的法律知识，不仅要熟悉草原法律、法规，还需要熟悉相关的行政法律知识。草原执法人员不仅要有多种专业知识，还要学会运用多种执法手段。

(二)草原执法主体的职能

草原执法主体的职能概括起来有宣传、管理、监督、查处等方面。

1. 宣传职能　草原执法主体具有宣传贯彻草原法律、法规的职能。《草原法》规定"任何单位和个人都有遵守草原法律法规、保护草原的义务，同时享有对违反草原法律法规，破坏草原的行为进行监督、检举和控告的权利。"草原执法主体理所当然地负有宣传贯彻草原法律、法规，教育任何单位和个人自觉遵守法律法规、履行保护草原的义务，行使对违法行为进行监督、检举和控告的权利。

2. 管理职能　即是草原执法主体在贯彻实施《草原法》的过程中具有的行政管理职能。例如编制草原保护建设利用规划，协助有关人民政府调处草原权属纠纷，对草原基本状况、生产力和灾害情况进行调查和监测，会同有关部门制定草原评定标准，对草原资源进行统计调查，对征占用草原的行为进行许可和审核、审批，建立健全草原自然保护区，推行草畜平衡制度，对禁牧休牧及划区轮牧情况进行监督检查等。

3. 监督职能　草原执法主体具有监督检查草原法律、法规执行情况的职能。草原执法主体对草原法律、法规执行情况的监督检查，就是对行政相对人执行草原法律、法规的情况进行查看和督促，并从调查的情况中发现存在的问题，采取相应的行政措施。

现代的执法理念、执法监督不只局限在行政处罚上，而是将外延扩展至监督检查上来，根据发现的不利于维护行政管理秩序的现象采取预防、纠正措施，必要时给予处罚。由于监督检查是草原行政执法主体进行的强制性调查，必须限制在履行职责的必要范围内，要防止滥用监督检查侵犯单位或个人合法权益现象的发生。监督检查草原法律、法规执行情况的具体范围，可以有以下五个方面。

一是草原权属方面。《草原法》第 12 条规定"依法登记的草原所有权和使用权受法律保护，任何单位或者个人不得侵犯。"而在现实中仍然存在草原权属的登记工作仍不够完善、证书没有按时发放；特别是退耕还草的农用地没有及时办理变更登记；草原被非法开垦、滥征滥占的违法现象等。草原行政执法主体有职责进行监督检查，协助政府做好确权工作，保护国家、集体、个人对草原的

草地工作技术指南

合法权益。

二是草原保护、建设和利用规划方面。《草原法》第21条规定"草原保护、建设、利用规划一经批准，必须严格执行。"因此，草原行政执法主体及其执法人员就有职责对批准的草原保护、建设、利用规划的执行情况进行监督检查。例如有没有未经批准，擅自改变草原保护、建设、利用规划的；有没有不符合草原保护、建设、利用规划而在草原上开展经营性旅游活动或其他活动的。

三是草原建设方面。《草原法》第32条规定"县级以上人民政府应当根据草原保护、建设、利用规划，在本级国民经济和社会发展计划中安排资金用于草原改良、人工种草和草种生产，任何单位或者个人不得截留、挪用。"草原行政执法主体及其执法人员有职责监督检查上述资金有没有截留、挪用的情况。在草原建设方面，草原执法工作还有通过监督检查实施指导的职责，如鼓励单位和个人投资建设草原，鼓励与支持人工草地建设、天然草原改良和饲草饲料基地建设等。在地方性草原法规中还有更具体的一些要求，如在特定的自然条件下，鼓励采取不破坏原生植被的方法改良天然草原，以及对草种基地建设、草原防火设施的监督检查等多项内容。

四是草原利用方面。草原行政执法主体及其执法人员监督检查的重点是草畜平衡制度的贯彻执行，征占用草原的审核、批准，草原禁牧、休牧、轮牧情况，国家对实行舍饲圈养给予粮食和资金补助的执行情况，草原植被恢复费的征收，临时占用草原期满后恢复草原植被并及时退还的情况等。

五是草原保护方面。草原执法主体及其执法人员监督检查的重点是实行基本草原保护制度的执行情况，禁止开垦草原及各种破坏草原的禁止性规范的执行情况，以及草原防火，草原鼠害、病虫害、毒害草防治的监督检查等，这是监督检查内容最多的一项职责范围。

4. 查处职能　草原执法主体具有惩处违反草原法律、法规的行为和支持保护草原行为的职能。草原执法主体及其执法人员对违反草原法律、法规的行为进行查处，可以说是对监督检查中发现的违法行为的主动查处，当然也有来自单位和个人对违法行为的检举、控告而进行的查处。查处的范围，《草原法》在第8章法律责任中做了相对详尽的规定，大部分是需要给予行政处罚的，如买卖或者以其他形式非法转让草原，尚不够刑事处罚的；未经批准或者采取欺骗手段骗取批准，非法使用草原，尚不够刑事处罚的；非法开垦草原，尚不够刑事处罚的；在荒漠、半荒漠和严重退化、沙化、盐碱化、石漠化、水土流失的草原，以及生态脆弱区的草原上采挖植物或者从事破坏草原植被的其他活动的；未经批准或者未按照规定的时间、区域和采挖方式在草原上进行采土、采矿、采石等活动的；擅自在草原上违法开展经营性旅游活动，破坏草原植被的；非抢险救灾和牧民搬迁的机动车辆离开道路在草原上行驶或者从事地质勘探、科学考察等活动未按照确认的行驶区域和行驶路线在草原上行驶，破坏草原植被的；在临时占用的草原上修建永久性建筑物、构筑物的；临时占用草原，占用期届满，用地单位不予恢复草原植被的；违反有关草畜平衡制度的规定，牲畜饲养量超过县级以上地方人民政府草原行政主管部门核定的草原载畜量标准的。有的是要给予行政处分的，如截留、挪用草原改良、人工种草和草种生产资金或者草原植被恢复费，尚不够刑事处罚的；无权批准征用、使用草原的单位或者个人非法批准征用、使用草原的，或者违反法律规定的程序批准征用、使用草原，尚不够刑事处罚的等。

除了《草原法》的规定外，还有与《草原法》配套的行政法规、地方性法规、规章对违法行为作出给予行政处罚或行政处分具体规定的，也是相应的草原行政执法主体及其执法人员应该查处的职责范围内的内容。

草原执法主体在执法过程中还有调处职能。草原行政执法主体在查处违反草原法律、法规的行为时,发现对违法行为给当事人造成损失的,违法行为人应依法承担赔偿责任,虽然这是民事法律关系,但草原行政执法人员也可以进行调解处理。又如草原权属发生争议的,政府委托或授权草原行政执法主体调解处理的,也成为草原行政执法主体的一项调处职能。

5. 其他职能 草原执法主体除以上四方面的主要职能外,还具有参与完善草原法制建设的职能、培训和考核执法人员的职能等。

草原行政执法侧重于法律的实施,但与法制的完善共同构成草原的法治,所以草原执法主体及执法人员,也有参与完善法制建设的职能。省、自治区以下的草原行政执法主体都不具有制定规章的立法权限,但这不影响它们发挥参与完善草原法制建设的职能作用。事实上很多省、自治区以下的草原行政执法主体,根据执法实践对完善草原法制建设提供了很多有益的建议与意见,有的还具体承担了地方性法规规章的起草工作。农业部作为国务院主管全国草原监督管理工作的部门,积极参与了《草原法》的修订和配套的行政法规的起草工作,并直接完成了相应规章的制定与颁布实施。为了继续完善草原法制建设,发挥各级草原行政执法主体及执法人员参与法制建设的职能作用是很重要的。

《草原法》第56条第2款规定:"草原行政主管部门和草原监督管理机构应当加强执法队伍建设,提高草原监督检查人员的政治、业务素质。草原监督检查人员应当忠于职守,秉公执法。"同时,第58条规定:"国务院草原行政主管部门和省、自治区、直辖市人民政府草原行政主管部门,应当加强对草原监督检查人员的培训和考核。"因此,培训和考核执法人员,是与草原行政执法主体完成执法任务、提高执法质量密切联系的一项重要职能。

第三节　草原行政处罚

一、草原行政处罚概述

（一）草原行政处罚的概念

行政处罚是查处违反草原法律、法规行为的重要方式。行政处罚与行政处分都是追究行政责任的方式，但具有不同的特征。行政处罚是指享有行政处罚权的行政机关或者法律、法规授权的组织，依法对违反行政法律规范而尚未构成犯罪的行政相对人所做出的法律制裁行为。行政处分是对有违法行为而尚不够刑事处罚的单位内部人员的一种行政制裁行为。

草原行政处罚，是指草原行政主管部门或者草原监督管理机构，依法对行政相对人违反草原法律、法规或者规章规定但尚未构成犯罪的行为，给予相应的行政处罚的法律制裁行为。

（二）草原行政处罚的特征

1. 执法主体具有行政处罚权　作出行政处罚的主体必须是享有行政处罚权的行政执法机关，就草原案件的行政处罚来说，就是草原行政主管部门或者草原监督管理机构。而作出行政处分的主体，则是有违法行为的公务员或参照公务员管理的工作人员所属的行政机关、上级行政机关或者监察机关。

2. 行政处罚的对象并不特定　草原行政处罚的对象是其行为违反草原法律、法规或者规章规定但尚未构成犯罪的行政相对人，一般是自然人、法人或其他组织。例如违反草原保护，建设、利用规划擅自将草原改为建设用地的人；从事地质勘探、科学考察等活动，未按照确认的行使区域和行使路线在草原上行使，破坏草原植被的人。而行政处分的对象是违法行政机关或与行政机关具有隶属关系的违法公务人员。如截留、挪用草原改良、人工种草和草种生产资金或者草原植被恢复费,尚不够刑事处罚的,依法给予行政处分的人;无权批准征用、使用草原的单位或者个人非法批准征用、使用草原的,超越批准权限非法批准征用、使用草原的,或者违反法律规定的程序批准征用、使用草原,尚不够刑事处罚的,依法给予行政处分的单位或个人。

3. 行政处罚行为的外部性 草原行政处罚发生在行政机关的对外管理领域,属于外部行政行为,因此草原行政执法主体在对外执法过程中,才实施草原行政处罚。而行政处分发生在行政机关的对内管理领域,属于内部行政行为,一般由监察审计等部门实施;有时也会与草原执法主体采取联合检查的方式,但处理时仍要区别不同情况,决定不同的制裁形式。

4. 行政处罚的种类繁多 依据《行政处罚法》的规定,行政罚的种类主要包括警告、罚款、没收违法所得、没收非法财物、责令停产停业、暂扣或者吊销许可证、暂扣或者吊销执照、行政拘留以及法律、行政法规规定的其他行政处罚。而行政处分的种类,依据《公务员法》的规定,有警告、记过、记大过、降级、撤职和开除6种。

5. 行政处罚的救济途径法定而宽广 当事人对行政处罚不服的,可依法提起行政复议和行政诉讼。而当事人不服行政处分的,不能提起行政复议和行政诉讼,只能依法申请复核和提出申诉。

二、草原行政处罚的基本原则

(一)行政处罚法定原则

《行政处罚法》第3条规定:"公民、法人或者其他组织违反行政管理秩序的行为,应当给予行政处罚的,依照本法由法律、法规或者规章规定,并由行政机关依照本法规定的程序实施。""没有法定依据或者不遵守法定程序的,行政处罚无效。"这是《行政处罚法》对行政处罚法定原则的总概括。《草原法》第65条规定:"未经批准或者采取欺骗手段骗取批准，非法使用草原，构成犯罪的，依法追究刑事责任；尚不够刑事处罚的，由县级以上人民政府草原行政主管部门依据职权责令退还非法使用的草原，对违反草原保护、建设、利用规划擅自将草原改为建设用地的，限期拆除在非法使用的草原上新建的建筑物和其他设施，恢复草原植被，并处草原被非法使用前 3 年平均产值 6 倍以上 12 倍以下的罚款。"这是《草原法》对处罚法定原则的具体体现。《草原法》中还有许多条款，以及配套的法规、规章中对草原违法行为的行政处罚规定，都体现了行政处罚法定原则。

（二）行政处罚公正、公开原则

公正即为公平、正义。公正被认为是执法者所应具有的品质，意味着平等地对待当事人各方，不偏袒任何人，平等和公正地运用法律。草原行政处罚的公正原则包括三层含义：①对违法行为给予的行政处罚的种类和幅度，应当与违法行为对社会造成的危害程度相当，不能乱设处罚、滥设处罚。②草原行政执法主体对自然人、法人或者其他组织的违法行为进行处罚时，必须按照其违法行为的性质、情节轻重和对社会的危害程度给予恰如其分的处罚，即责罚相当，不应畸轻畸重。③草原行政执法主体在处罚中对于不同的受处罚者，必须用同一尺度平等对待；对同样性质和情节的草原违法行为，不论其地位、权势、名望，有没有"后台"等，应一样处罚。不能有的处罚轻，有的处罚重。公正原则的目的在于排除执法人员的偏私，给予草原行政管理相对人平等参与的机会，谋求查明事实，正确运用法律，作出公正处理。

草原行政处罚的公开，是指草原行政处罚的各个环节要让当事人和社会公众知晓，有利于他们对草原行政处罚的监督。为了保证草原行政处罚的公正，草原行政处罚必须公开。没有公开原则，公正原则就没有真正可靠的保证。草原行政处罚的公开原则包括三个方面的内容：一是对草原行政违法行为给予草原行政处罚的规定公开。过去有些行政机关制定的需要自然人、法人或者其他组织遵守的规范性文件,下发时要求保密,当自然人、法人或者其他组织违反了红头文件规定要给予处罚时,又不肯出示该文件,使违法当事人无从了解自己为什么违法,也起不到教育其余的自然人、法人或其他组织的作用,不利于对行政执法机关的监督。针对这种情况,《行政处罚法》第4条第3款明确规定:"对违法行为给予行政处罚的规定必须公布;未经公布的,不得作为行政处罚的依据。"所以未公开的内部规定不能作为草原行政处罚的依据,草原行政执法主体依据该类规定作出的草原行政处罚行为无效。二是草原行政执法主体作出草原行政处罚决定所依据的事实和理由公开。这样做的目的是为了便于当事人行使陈述权、申辩权,有利于草原行政执法主体查清事实真相,作出正确的草原行政处罚。三是草原行政处罚决定公开。将草原行政处罚决定公开,让公众知道决定的内容,有利于社会公众对草原行政处罚活动的监督;同时,也教育了社会公众,警戒效尤者,让其自觉抑制违法意念,以免发生类似草原违法行为。

(三)行政处罚与教育相结合原则

对草原违法行为给予草原行政处罚,绝不是单纯为了惩罚。对一般违法者给予草原行政处罚,更应强调教育。行政处罚与教育相结合原则,是指对草原违法行为人不仅要给予一定的惩罚,以纠正其违法行为,更要教育草原违法行为人今后要自觉守法,将处罚和教育有机地结合起来。对草原违法者实施草原行政处罚是手段,而不是目的。通过对草原违法者实施草原行政处罚,起到教育违法者与其他单位和个人自觉守法的作用。草原行政处罚的教育作用体现在两个方面:一方面通过草原行政处罚对违法者的草原违法行为作出否定评价,教育违法者履行保护、建设与合理利用草原的义务,达到对违法者本人的教育目的;另一方面通过草原行政处罚,宣传贯彻草原法律、法规,让其他社会成员了解到什么是草原违法行为,什么是合法行为,以及违法行为要承担什么后果,教育其他单位和个人自觉守法。

(四)保护当事人合法权益的原则

草原行政处罚是草原执法主体运用国家强制力强加于自然人、法人或其他组织的一种行政制裁措施,由于主观、客观上的各种原因,难免出现处罚不公或错罚现象。为了保障当事人的合法权益,《行政处罚法》规定了保障当事人合法权益的原则。这项原则的主要内容是:不告知不处罚,没有陈述和申辩不处罚,没有救济不处罚。

(五)草原行政处罚适用的原则

1. 首先纠正违法行为原则　首先纠正违法行为原则的法律规定。《行政处罚法》第 23 条规定:"行政机关实施行政处罚时,应当责令当事人改正或者限期改正违法行为。"这就是首先纠正违法行为原则的规定,因此行政机关实施行政处罚时,应当首先责令当事人改正或者限期改正违法行为,不能以罚代管,也不能以管代罚。

《草原法》也已经体现了该原则,第 65 条规定:"未经批准或者采取欺骗手段骗取批准,非法使用草原,构成犯罪的,依法追究刑事责任;尚不够刑事处罚的,由县级以上人民政府草原行政主管部门依据职权责令退还非法使用的草原,对违反草原保护、建设、利用规划擅自将草原改为建设用地的,限期拆除在非法使用的草原上新建的建筑物和其他设施,恢复草原植被,并处草原被非法使用前 3 年平均产值 6 倍以上 12 倍以下的罚款。"即在对草原违法行为人给予罚款处罚时,应当责令其改正违法行为。此外,《草原法》第 64 条、第 66 条、第 68 条、第 69 条、第 70 条、第 71 条都规定了责令限期改正、限期恢复植被或限期拆除。

《甘肃省草原管理条例》的有关规定也体现了该原则,例如该条例第 44 条规定:"草原使用者或者承包经营者超过核定的载畜量放牧的,由草原监督管理机构责令限期改正;逾期未改正的,按照下列规定进行处罚,并限期出栏:①超载 10%～30% 的,每个超载羊单位罚款 10 元;②超载 31%～50% 的,每个超载羊单位罚款 20 元;③超载 50% 以上的,每个超载羊单位罚款 30 元。"该条例第 45 条规定:"草原承包经营者拒不签订草畜平衡责任书的,由草原监督管理机构责令限期签订;逾期仍不签订的,处以五百元以下的罚款。"

2. 一事不再罚(不重复处罚)原则 一事不再罚原则,也称为一事不重复处罚原则,是指一般情况下针对草原违法行为人的同一种草原违法行为,不得以同一事实和同一依据,由 2 个或 2 个以上的草原执法主体,或者由一个草原执法主体,给予 2 次或 2 次以上罚款的草原行政处罚。《行政处罚法》第 24 条规定:"对当事人的同一个违法行为,不得给予 2 次以上罚款的行政处罚。"即是这一原则的法律依据,它是为了解决行政处罚中的利益机制驱使问题,避免行政执法主体为追求利益而多次罚款。在这个原则中的"同一事实和同一依据",是不得再实施草原行政处罚必须具备的条件,该原则是行政处罚的"罚过相当"原则在草原行政处罚适用原则中的基本要求。

3. 罚款决定与收缴罚款相分离原则 这一原则要求作出罚款决定的草原执法主体应当与收缴罚款的机构分离。这一原则的贯彻执行,可以有效地防止处罚过程中可能产生的通过罚款创收的腐败现象,从根本上割断了行政处罚的罚款权与部门利益的联系,有利于廉政建设,树立草原执法主体的良好形象。

《行政处罚法》第 46 条规定:"作出罚款决定的行政机关应当与收缴罚款的机构分离。"除了《行政处罚法》规定可以当场收缴的罚款以外,作出行政处罚决定的草原行政执法主体及其执法人员不得自行收缴罚款。并规定:"当事人应当自收到行政处罚决定书之日起 15 日内,到指定的银行缴纳罚款。银行应当收受罚款,并将罚款直接上缴国库。"只有在法律规定的特别情形下,才可以由草原行政执法主体收缴罚款,并在规定的期限内将罚款交到指定的银行。

4. 草原行政处罚折抵刑罚的原则　这一原则是指违法行为构成犯罪,人民法院判处拘役或者有期徒刑时,行政机关已经给予当事人行政拘留的,应当依法折抵相应刑期。草原执法中不适用行政拘留,但在公安部门协同查处草原违法行为时,有可能出现上述情况。违法行为构成犯罪,人民法院判处罚金时,草原执法主体已经给予当事人罚款的,应当折抵相应罚金。对此,我国《行政处罚法》第 28 条已经作出了如上内容的明确规定,这一规定主要是针对刑罚执行问题作出的,但同时也规定了刑罚执行与行政处罚的关系。

5. 禁止牵连原则　这一原则是指草原行政处罚只适用于草原违法行为人,不得对无责任的草原违法行为人的亲属、其他个人或者组织给予草原行政处罚,也可以称为责任自负原则。

6. 逾越追究时效不予处罚的原则　这一原则是根据草原行政处罚的目的、宗旨确定的。当一个草原违法行为依法应受草原行政处罚,但超过一定期限未被发觉或未予处罚时法律则规定不再处罚。因为它对社会的不利影响随着时间的推移已日渐淡化,再作处罚显然没有必要,甚至会起到相反的社会效果。《行政处罚法》第二十九条规定,"违法行为在 2 年内未被发现的,不再给予行政处罚。法律另有规定的除外。"《治安管理处罚法》第二十二条规定:"违反治安管理行为在 6 个月内没有被公安机关发现的,不再处罚。"上述规定的期限,都从违法行为发生之日起计算;违法行为有连续或者继续状态的,从行为终了之日起计算。

三、草原行政处罚程序和执行

(一)草原行政处罚案件的调查取证

1. 草原行政处罚案件调查取证的原则和方法

(1)调查取证的原则　草原行政处罚案件的调查取证,是指草原执法主体对违反草原法律、法规的行为立案处理,为查明案件的真实情况,获取证据,依法定程序进行的专门活动和依法采取的有关措施。它是行政处罚决定程序的重要环节,即使违法事实确凿,当场作出处罚决定,也需要调查取证。

草原行政处罚案件的调查取证,必须遵循全面、客观、公正的调查原则,收集有关证据,并且符合法律、法规规定。

①全面调查　是指调查人员对与案件有关的事实和证据都要了解、收集。需要注意调查肯定发生了违法行为的一面,也要调查否定发生违法行为的另一面。

②客观调查　是指从客观实际出发,以事实为依据,调查人员不主观臆断,只能正确地去认识证据,不事先设定结论。

③公正调查　是指调查人员不带个人偏见,排除干扰和障碍,对待被调查人秉持在法律面前,人人平等的原则,既不能歧视,也不能给予法外的特殊待遇。

④合法调查　一是调查取证的方法合法,非法律允许的方法不得采用;二是调查取证的时间合法,必须在作出行政处罚决定前完成调查取证工作;三是调查取证的步骤合法,该出示证件、填写清单、签字盖章等都要按规定的步骤执行;四是调查取证的证据合法,符合《行政处罚法》的要求。

(2)调查取证的方法　调查取证必须依法进行。在进行调查取证时,执法人员不得少于2人,要依法出示执法证件,表明身份。整个调查取证过程必须遵循全面、客观、公正的原则,对有法定回避情形的,执法人员应自行回避,当事人也有权要求其回避。调查取证的方法主要如下。

①询问当事人、证人 当事人是有权益纠纷或者与特定法律事实有直接关系的人,包括违法行为嫌疑人和受害人。证人是知道案情并可以真实表述的人。证人有作证的义务。

②勘验检查 检查一般是指执法主体依法对行政相对人遵守法律、法规、规章的情况进行检查的活动。检查的目的是了解与行政违法案件有关的情况,检查实施违法行为的现场,查明案件事实真相,收集与案件有关的证据。检查必须自始至终依法进行,不仅要依法办理检查手续,还要主体合法、内容合法、程序合法。

③鉴定 草原执法主体在调查案件时,对专门性问题认为需要鉴定的,应交由法定鉴定部门进行鉴定,当地没有法定鉴定部门的应当提交公认的鉴定机构进行鉴定。鉴定人鉴定后,应当制作《鉴定意见书》。

④抽样取证及提取其他证据 抽样取证是从需要进行检查的同样物品中,随机抽取一部分依法进行检验,并将被抽取的物品及其检验结果作为证据。抽样取证搜集证据应当制作《抽样取证凭证》,一份交当事人,一份由行政处罚机关留存。在草原行政处罚案件中以抽样取证办法搜集证据的方式很少采用。

⑤证据先行登记保存 登记保存是行政机关保全证据的措施。实施登记保存的条件是:证据可能灭失或证据以后难以取得。实施登记保存的程序是:执法人员向所在行政执法主体提出申请,经负责人批准,通知被取证人到场。被取证人不在场或拒绝到场的执法人员可邀请有关人员参加。由执法人员对证据造册,制作《证据登记保存清单》,由执法人员、被取证人和参加的人员签名或盖章,并告知当事人在7日内不得销毁或转移。封存于一定地点,责令当事人或者有关人员妥善保管,不得动用、转移、损毁、隐匿;行政机关应当在7日内作出处理决定,否则应当解除保存措施。

2. 调查取证中有关人员的义务

(1) 执法人员的义务 ①在调查或者检查时，不得少于两人。②在调查或者检查时，应向当事人和有关人员出示执法证件。③在询问或者检查时，应当做笔录，并与当事人、证人或者被调查人核对无误后由其签名或者盖章。④执法人员的回避制度。

执法人员应当回避的情形：执法人员是本案当事人或者本案当事人的近亲属；执法人员或者其近亲属与本案当事人有直接利害关系；执法人员或者其近亲属与本案当事人有其他可能影响案件公正处理的关系。

回避的程序：具有回避情形的执法人员应当自行请求回避，当事人也可以向执法主体提出执法人员回避的请求；执法员的回避由主管领导集体决定或者由上级机关决定。

(2) 当事人或者证人的义务 ①在执法人员进行询问时，如实回答询问，不得做虚假陈述。②在执法人员进行调查、检查、抽样取证、登记保存等执法活动时，不得阻挠。③在证据登记保存期间，不得销毁或者转移。

3. 草原行政处罚案件的证据

(1) 草原行政处罚证据的含义 草原行政处罚证据指在草原行政处罚案件中经依法查证属实的能够证明案件真实情况的一切事实。作为证据，它们必须具备两个基本条件：首先，必须是确实存在的客观事实；其次，这些事实与案件有客观联系，并能证明案内有待证明的问题。查明案情的过程，就是一个收集和利用证据来认定违法事实的过程。只有掌握了确凿、充分的证据，才能判断是否存在违法行为，才能作出正确的行政处罚。

(2) 草原行政处罚的证据种类 《农业行政处罚程序规定》做了规定，草原行政处罚的证据种类主要有书证、物证、当事人陈述、证人证言、鉴定结论、勘验笔录、视听资料、现场笔录等。

①书证 如《草原使用权证》、《草原保护建设利用规划》、《采

集证》、草原征占用审核、审批文件、《建设规划许可证》、施工图纸等。

②物证　如药锄、碾压草场的车辆、开垦草场的拖拉机铧犁、连根采挖的麻黄草、采石的钢钎等。

③视听资料　利用摄影、摄像或计算机储存的资料来证明案件事实的证明材料。

④证人证言　用来证明案件事实的非本案违法行为嫌疑人、受害人等当事人所做的陈述。无行为能力人和限制行为能力人、不能正确表达的人,不能作证。对证人证言不能不信,也不能盲目相信,要进行核对、审查和判断。

⑤当事人陈述　是当事人依法享有的权利,也是完善执法程序的需要。草原执法人员应当把当事人陈述与其他证据一起综合研究,对符合事实的陈述,可以作为定案的证据。

⑥鉴定结论　必须由法定鉴定部门作出,而不应是执法部门自己进行鉴定,至于选择哪个法定鉴定部门,可以由执法部门指定或当事人选定。在查处侵占、破坏草原案件中,应对草场等级进行鉴定,这有利于为行政处罚提供支持依据。

⑦勘验笔录和现场笔录　草原监理人员应当对与案件有关的现场、物品,进行勘验、检查、拍照、测量等,勘验检查的情况和结果,应制作勘验笔录和现场笔录。

(二)草原行政处罚的决定程序

草原行政处罚决定程序是指草原行政执法主体在实施行政处罚过程中依法应遵守的程序。

1. 简易程序

(1)简易程序的概念　简易程序又称当场处罚程序,是指行政执法主体对违法行为人实施行政处罚的简便易行的工作程序。它是对事实确凿、有法定依据、符合《行政处罚法》第33条规定的种类和幅度的行政违法案件可以当场处罚的程序规定。《行政处罚法》第 33 条、第 34 条、第 35 条分别就行政处罚简易程序的适用条件、简易程序的内容作出了规定。

（2）简易程序的适用条件

①违法事实确凿　包括的内容是：一是有充分的证据证明违法事实的存在及其性质、程度。这里的违法事实是指违反法律、行政法规、地方性法规、规章规定的行为规范的事实。二是有充分的证据证明违法行为是当事人所为。只有在违法事实确凿的情况下，才能当场给予行政处罚，否则不能给予行政处罚。违法事实确凿是适用简易程序的前提条件。

②有法定依据　是指有法律、行政法规、地方性法规、规章的规定作为依据，而且这些依据必须明确、具体。如果法定依据不明确具体，或者当场无法确定依据的，即使有违法事实存在也不能适用简易程序。

③给予较小数额罚款或警告的行政处罚　对公民处 50 元以下、对法人或者其他组织处 1 000 元以下罚款或者警告。对公民处 50 元以下的罚款或者警告、对法人或者其他组织处 1 000 元以下的罚款，是处罚程度较轻、对当事人权益影响不大的行政处罚。这两类警告、罚款的行政处罚，在当事人的违法事实确凿并有法定依据的前提下，执法人员可以当场作出。但是这种当场作出的行政处罚，必须以行政执法主体的名义作出。

（3）简易程序的内容

①表明身份（向当事人出示执法身份证件）　执法人员当场作出行政处罚决定的应当向当事人出示执法身份证件。

②告知违法事实、理由和根据　《行政处罚法》第 30 条规定，作出行政处罚决定前，行政机关必须查明事实；违法事实不清的，不得给予行政处罚。这是以事实为根据的法律原则的具体应用。

③听取当事人的陈述和申辩　《行政处罚法》第 32 条规定，在实施行政处罚过程中，听取当事人陈述和申辩是执法主体应当履

行的法定义务,陈述和申辩是当事人的法定权利。

④填写行政处罚当场决定书　行政处罚决定书的形式要件:一是有预定格式,一般为统一设计和印刷的专用行政处罚决定书。不得用白条的形式作出行政处罚决定。二是编有号码,一般为统一设计和印制的前后连贯的号码。这两项形式要件既是为了使行政处罚决定书的格式规范、严谨,又是为了防止假冒,在有争议时还可作为证据。

⑤行政处罚决定书当场交付当事人　当场作出行政处罚决定的,都必须当场交付当事人。这是当场处罚的主要特点。凡是不当场将行政处罚决定书交付当事人的,都不能按照简易程序实施行政处罚,而只能按照一般程序实施行政处罚。

⑥行政处罚决定报执法人员所属执法主体备案　备案制度的意义在于:便于执法主体了解和掌握其工作人员当场作出行政处罚的情况;便于执法主体对其工作人员依法进行监督,督促其严格依法行政,防止滥用职权和乱罚款现象的发生;有据可查,以备解决纠纷时使用。

⑦法律救济制度　当事人对当场作出的行政处罚决定不服的,有权依法申请行政复议或者提起行政诉讼,以获得法律救济。

2.一般程序

(1)一般程序的概念　一般程序是指行政执法主体对违法行政相对人实施行政处罚所遵循的普通程序。大多数行政违法行为给予行政处罚都适用一般程序。与简易程序相比较,一般程序更完备、更规范。与听证程序相比较,一般程序是基础程序,听证程序是特殊程序。

一般程序的适用范围是除当场作出行政处罚的案件外的其他行政处罚案件,主要适用于事实认定有分歧、情节复杂、后果较为严重的案件。《行政处罚法》第36条至41条共6条,就一般程序中的调查取证、行政处罚决定、行政处罚决定书及其送达等作出了规定。

(2)一般程序的步骤

①立案

立案的含义:立案是指草原行政执法主体对当事人违反草原法律、法规、规章的行为决定作为行政处罚案件进行调查处理的活动,它是行政处罚一般程序的开始。除适用简易程序的违法案件外的其他行政违法案件的查处,都要首先立案。立案是一般程序的开始,是对行政违法案件的初获信息和材料进行审查,以便依法进入一般程序的各项工作。

立案的条件:有违反草原行政法律规范的事实。如发生非法开垦草原、非法采挖草原上的野生植物等违法行为;依照草原法律、法规、规章的规定应当追究行政法律责任的行为;属于草原行政执法主体职权范围内,且应由草原行政执法单位管辖的案件;属于适用一般程序的违法案件范围之内。

立案的具体步骤,填表登记,写明基本情况和重要事实;审查初步掌握的违法事实和研究有关法律、法规、规章规定的依据;对符合立案条件、违法事实初步掌握、有明确的法律、法规、规章规定依据的案件批准立案,以便开展调查取证等工作。

关于案件的来源,行政执法主体自行发现的;受害人投诉的;群众举报的;有关部门移送的;上级机关交办的;行政违法人员交代、检举的。

②调查取证 见本节(一)。

③告知当事人权利及应知事项 草原行政执法主体负责人对《案件处理意见书》审核后,认为应当给予行政处罚的,应当制作《违法行为处理通知书》,送达当事人,告知拟给予行政处罚的内容及其事实、理由和依据,并告知当事人可以在收到通知书3日内,进行陈述和申辩,符合听证条件的,可以要求草原行政执法主体组织听证。行政执法主体没有向当事人告知给予行政处罚的事实、

理由和依据,或者拒绝听取当事人的陈述、申辩,行政处罚决定不能成立。当事人放弃陈述和申辩权利的除外。

④陈述、申辩和听证　在行政处罚过程中,草原行政执法主体应当依法保障当事人的陈述和申辩权,充分听取当事人的意见。对当事人提出的事实、理由和证据,应当进行复核;当事人提出的事实、理由和证据成立的,行政处罚机关应当采纳。行政处罚机关不得因当事人的陈述和申辩而加重处罚。当事人无正当理由逾期未提出陈述、申辩或要求组织听证的,视为放弃上述权利。

此外,对符合听证条件,当事人依法要求组织听证的,行政执法主体应当依法组织听证。关于听证的条件及具体程序将在后面详细阐述。

⑤审议与决定　审议与决定是在案件调查终结后,由行政处罚机关召集有关人员对违法行为的事实、证据及处罚进行审查评议,确定对违法行为处罚结论的重要阶段。

根据《行政处罚法》确立的办案与审查决定相分离的制度。草原行政处罚案件调查终结后,案件承办人员应将案件有关材料加以整理,连同处理意见报所属行政执法主体负责人审批。负责人应及时审查有关案件调查材料、当事人陈述和申辩材料、听证会笔录和听证会报告书,根据不同情况依法作出处理决定。对情节复杂或有重大违法行为,给予较重行政处罚的,行政执法主体的负责人应当集体讨论决定。集体讨论未能取得一致意见的,由主要行政首长作出决定。持不同意见者可以保留意见并记录在案。

决定有以下几种:违法事实清楚,证据确凿的,根据情节轻重及具体情况,作出处罚决定;违法行为轻微并及时纠正,没有造成危害后果的,作出不予行政处罚的决定;违法事实不能成立的,不得给予行政处罚,并作出撤销案件的决定;违法行为构成犯罪的,应作出将案件移送司法机关的决定。

⑥制作行政处罚决定书及送达　草原行政执法主体对决定给

予行政处罚的案件,应当依法制作《行政处罚决定书》。《行政处罚决定书》一经送达即产生相应的法律效力。当事人申请行政复议和提起行政诉讼的期限,一般从送达之日起计算。

(三)草原行政处罚的执行

1. 草原行政处罚执行的概念和原则

(1)草原行政处罚执行的概念　草原案件行政处罚的执行,不同于当事人的履行。《行政处罚法》第44条规定:行政处罚决定依法作出后,当事人应当在行政处罚决定的期限内,予以履行。这是当事人的义务,不能拖延履行或者不履行。草原行政处罚的执行,则是执法主体为了实现处罚决定而采取的行动和措施。可以由执法主体自己实施,也可以申请司法机关强制执行。法律、法规规定由司法机关强制执行的,必须申请司法机关强制执行。这是草原案件行政处罚程序中最后的一个程序。行政处罚的执行是行政处罚决定得以实现的重要程序,是行政执法职能得以有效行使的重要保障。没有行政处罚的执行,行政处罚决定就毫无意义。

(2)草原行政处罚执行的原则

①申诉不停止执行的原则　《行政处罚法》第45条规定:当事人对行政处罚决定不服申请行政复议或者提起行政诉讼的,行政处罚不停止执行,法律另有规定的除外。行政处罚决定一旦作出就要坚决执行,如果因申诉而搁置,则会影响行政机关活动的连续性、行政管理秩序的稳定性,影响行政效率,影响社会公共利益。因此,除了法律另有规定的外,行政处罚都不能因为申诉而停止执行。

②罚款决定机关(执法主体)与收缴罚款机构分离的原则　这一原则是《行政处罚法》第46条第一款作出的规定,目的是为了最大程度避免执法人员利用职务之便违法犯罪和有效防止罚款决定机关自收罚没款、私设小金库、滥用罚款权,实现对行政处罚权的规范化管理,建设公正、廉洁、科学、高效的行政管理体制。因此,

除依照《行政处罚法》的规定当场收缴的罚款外,作出行政处罚决定的行政机关及其执法人员不得自行收缴罚款,必须由行政机关指定的银行收缴并将罚款直接上缴国库。

2. 草原行政处罚执行的实施

(1)当场收缴　当场收缴罚款的适用范围如下。

①依法给予 20 元以下罚款的　执法主体依照《行政处罚法》规定适用简易程序,对当事人的违法行为实施罚款,如果罚款在 20 元以下的,可以当场收缴罚款。这是《行政处罚法》第 47 条第 1 项的规定。

②不当场收缴事后难以执行的　执法主体依照《行政处罚法》规定适用简易程序,对当事人的违法行为实施罚款,如果不当场收缴事后难以执行的,可以当场收缴罚款。这是《行政处罚法》第 47 条第 2 项的规定。这主要是针对一些流动的有违法行为的人员,如常住户口不在本行政区域内的人员,对他们的违法行为,执法主体作出罚款决定后,如果不当场收缴罚款,事后很可能找不到该被处罚人。因此,作出这一规定是十分必要的。收缴的数额范围为,对公民处以 50 元以下、对法人或者其他组织处以 1 000 元以下的罚款。

③在边远、水上、交通不便地区缴纳罚款确有不便,经当事人提出的　《行政处罚法》第 48 条规定:在边远、水上、交通不便地区,行政机关及其执法人员依照本法第 33 条、第 38 条的规定作出罚款决定后,当事人向指定的银行缴纳罚款有困难的,经当事人提出,行政机关及其执法人员可以当场收缴罚款。这里,当事人提出当场缴纳罚款,是执法主体及其执法人员当场收缴罚款的必要条件。

(2)指定银行收缴罚款　①将罚款通知送达当事人。②指定银行收受罚款。③收受罚款的银行直接上缴国库。

3. 强制执行　行政处罚的强制执行是指当事人逾期不履行

行政处罚决定,迫使其履行行政处罚决定或达到与履行行政处罚决定等同状态而采取的活动。行政处罚强制执行分为两种:一种是行政强制执行,即由有权的执法主体直接采取的强制执行;另一种是司法强制执行,即由执法主体申请人民法院行使的强制执行。

四、草原执法文书

(一)草原执法文书的概念、特点和种类

1. 草原执法文书的概念 草原执法文书,广义上是指各级草原行政主管部门以及草原监督管理机构和当事人应用有关草原法律、法规、规章和其他规范性文件处理草原案(事)件过程中依法制作的具有法律效力或法律意义的文书的总称。狭义的草原执法文书专指草原执法主体在办理各类草原案(事)件过程中依法制作的法律文书。

2. 草原执法文书的特点

(1)草原执法文书制作主体的特定性 草原执法文书,只能由草原行政主管部门和草原监督管理机关制作,并且草原行政主管部门和草原监督管理机构只能在自己的职权范围内制作相应的执法文书。

(2)草原执法文书制作内容的法律性 草原执法文书是草原行政主管部门和草原监督管理机构为保证草原法律、法规和规章的正确实施而制作和使用的文书。因此,草原执法文书内容体现法律规定,也就是说草原执法文书的制作必须有法律依据,具体地体现实体法律规范所确定的权利义务关系和程序法律规范所规定的行为人享有的权利和履行义务的方式、方法、步骤等。例如,草原违法案件行政处罚决定书是根据行政相对人的违法事实、违法情节、社会危害性,并具体地适用草原法律、法规和相关法律、法规的规定,处以行政制裁的具体法律适用过程。因此,草原执法文书是形式,法律事实和适用的法律规范才是内容。草原执法文书离

开了法律规定,就成为无源之水,无本之木,就谈不上是草原执法文书了。

(3)草原执法文书制作程序的合法性　草原执法文书具有法律约束力,它在什么条件、在什么时候制作、制作什么样的文书,应严格按照行政程序的有关规定进行。因此,草原执法文书的制作必须有法律依据,这是草原执法文书制作的前提。

(4)草原执法文书制作形式的程式性　所谓程式,就是一定的格式。草原执法文书是属于程式化的法律文书。因此,制作某一具体执法文书时,应当了解和掌握该文书的特定程式,按照格式样本去制作。

(5)草原执法文书制作具有法律上的确定力　是指草原执法文书一经制作完毕并送达到当事人,非经法定程序不得变更或撤销。草原执法文书是草原行政主管部门或草原监督管理机构具体适用法律的书面表现形式,如行政处罚决定书一旦发生法律效力,就不得以其他文书代替,其执行就具有国家强制力的保证。如果要改变或撤销,只能由复议机关、司法机关依照法定程序进行变更或撤销。

(6)草原执法文书制作语言表达的准确性　草原执法文书制作在语言文字的运用上,必须严格要求,不能模棱两可,似是而非,任意夸大或缩小事实真相。因为草原执法文书涉及国家、集体和个人的权益,文书语言的运用必须精确,也就是说,是则是、非则非,不能有丝毫的含混。不能用方言土话,不用冷僻古奥难懂词语,不得随意简化文字;不得有错别字;遣词造句要规范,句子结构完整,不得随意简省;文风鲜明朴实,平易严肃;专业术语准确、完整;标点符号正确等。

3. 草原执法文书的种类　草原执法文书可以从不同角度进行分类,大体上有以下几种:

(1)以制作主体分类　可分为草原行政主管部门的执法文书,

草原监督管理机关的执法文书,当事人和其他参与人提供的文书等。

(2)以文种来分 可分为报告类文书,决定类文书,通知类文书,笔录类文书,其他类文书等。例如:登记、申请类(立案登记、征占用草原申请、强制执行申请、复议申请、听证申请等);调查取证类(询问笔录、现场笔录、勘验笔录、陈述笔录、听证笔录、鉴定结论、抽样取证等);报告类(案件处理意见书、结案报告等);通知类(处罚通知书、听证通知书、停工通知书等);决定类(处罚决定书、复议决定书、听证决定书、调解协议书等);手续类(罚没凭证、送达回执、扣押物品清单、证据登记保全清单等)。

(3)以文书表达形式来分 可分为书写式文书,填空式文书,表格式文书,笔录式文书等。

(二)草原执法文书的写作要求

1. 草原执法文书写作的基本原则

(1)态度要严肃 草原执法文书是草原执法主体具体运用草原法律、法规进行监督检查,查处违法案件的重要工具。因此,在制作草原执法文书时,必须持十分严肃认真的态度,不得等闲视之。

(2)以事实为依据 在制作草原执法文书过程中,许多文书都要求写明案件的事实,叙述案件事实的过程中必须忠于事实真相,以客观事实为依据,坚持实事求是的精神。

(3)以法律为准绳 制作草原执法文书,必须符合《农业行政处罚程序规定》中的有关规定,要按照《农业行政处罚程序规定》中要求的时限、步骤、方式、方法和规定的内容制作。草原执法文书中涉及案件实体内容的,必须严格遵守草原法律、法规的有关规定,依法制作,并在草原执法文书中准确地引用草原法律、法规的条文。例如,对违反草原法律、法规规定开垦草原的行政相对人,其行为性质的认定和处罚等方面的内容,都必须以《中华人民共和国草原法》以及草原法规、规章中有关条文的规定为依据。

（4）要讲求效率　法律对各种执法文书的制作，虽然没有一一明确规定严格的时限，但是对执法机关立案审查、调查取证、处罚决定、处罚决定的执行、文书的送达等行政执法行为却有明确的时限规定。而这些时限规定实际上就是执法机关制作某些重要执法文书的时限要求。如《农业行政处罚程序规定》第二十二条规定："符合下列条件的,应在 7 日内予以立案",这就是说草原执法人员在发现违法案件后,应当在 7 日内制作填写《行政处罚立案审批表》。

（5）文书规范化　制作草原执法文书要规范化,从草原执法文书的纸张、格式、事项、内容、文字表达、签名等都必须遵循统一严格的规范。

2. 草原执法文书制作的基本要求　草原执法文书的写作从法定格式、文书主旨、事实叙述、理由阐明、语言运用等方面都有其基本的写作要求。现分述如下:

（1）遵循格式、写全事项　《农业行政处罚程序规定》要求的16 种基本农业行政执法文书格式中,绝大部分是程式化的表格文书,有较为固定的格式。制作草原执法文书时,必须按格式的规范要求制作填写,需要写明的各种事项内容,一定要书写齐全。

（2）中心思想明确、阐述精当　制作草原执法文书时,必须有明确的目的和中心思想。中心思想是解决草原执法活动中某一具体问题的根据和意见。首先,中心思想必须统领一份草原执法文书的全文,成为一份草原执法文书的灵魂。其次,中心思想必须正确。要保证做到正确,草原执法活动就需要"有法必依,执法必严",若草原执法活动本身不是依法进行,则草原执法文书的中心思想就不可能正确。再次,中心思想必须集中。草原执法文书都有明确的、单一的制作目的,草原执法活动处在什么阶段就要求制作什么样的草原执法文书,这是由草原执法文书是为了解决草原执法活动中的具体问题而制作的特点所决定的。而一份草原执法文书的中心思想，实际上是解决问题的具体意见，自然更必须鲜明突出，观点集中。在具体阐述内容时，还必须做到精当恰切。所谓"精当恰切"就是要求"言简意赅、文意精要、表述确切、要言不烦"。使人看过后，可以迅速了解文书的中心思想和明确要求。

（3）叙事清楚、材料真实　草原执法文书要求写清案情事实，因为案情事实是制作草原执法文书的基础，是案件的基本依据。在草原执法文书中用材料说明一定的事实时，必须绝对真实。草原执法文书要通过对事实的分析判明是非曲直和责任的大小，倘若事实有误或被歪曲，就难以得出公正的结论，势必影响案件的公正处理。

（三）草原执法主要文书的制作和格式文本

1. 草原行政处罚简易程序的处罚决定书　制作草原行政处罚（当场）决定书应注意以下事项：

（1）草原行政处罚（当场）决定书适用于简易程序　也就是说，草原执法人员受案后，认为该案件"违法事实确凿并有法定依据，应对公民处以50元、对法人或者其他组织处以1 000元以下罚款或者警告的行政处罚的"，就可以制作草原行政处罚（当场）决定书。这项规定实质上就是适用草原行政处罚（当场）决定书的条件。

（2）草原行政处罚（当场）决定书采用固定的表格形式　在具体草原执法活动中，由草原执法人员根据案件的实际情况如实填写。

草原行政处罚(当场)决定书

案　号：　　字(　　)第　　号

<table>
<tr><td rowspan="4">当事人</td><td>姓　名</td><td></td><td>性　别</td><td></td><td>年　龄</td><td></td></tr>
<tr><td>家庭住址</td><td colspan="3"></td><td>证件号码</td><td></td></tr>
<tr><td>单　位
名　称</td><td colspan="3"></td><td>法定代表人
(或负责人)</td><td></td></tr>
<tr><td>单位地址</td><td colspan="3"></td><td>联系电话</td><td></td></tr>
<tr><td colspan="2">案发地点</td><td colspan="3"></td><td>案发时间</td><td></td></tr>
<tr><td colspan="7">违法事实和证据：</td></tr>
<tr><td colspan="7">处罚依据：</td></tr>
<tr><td colspan="7">处罚内容：</td></tr>
<tr><td rowspan="1">告知事项</td><td colspan="6">1. 当事人应对违法行为立即或在＿＿＿＿＿日内予以纠正；
2. 当事人必须在收到处罚决定书之日起 15 日内持本决定书到＿＿＿＿银行缴纳罚款，逾期每日按罚款数额的 3％加处罚款；
3. 对本处罚决定不服的，可以在收到本处罚决定书 60 日内向＿＿＿＿申请行政复议或在 3 个月之内向人民法院起诉；
4. 当事人逾期不申请行政复议或起诉，又不执行本处罚决定的，本机关将申请人民法院强制执行或依法强制执行。</td></tr>
<tr><td colspan="7">　　执法人员：＿＿＿＿＿＿＿　　　　执法证号：＿＿＿＿＿＿＿
　　执法人员：＿＿＿＿＿＿＿　　　　执法证号：＿＿＿＿＿＿＿
　　处罚时间：＿＿年＿＿月＿＿日　　处罚地点：＿＿＿＿＿＿＿
　　当事人签字：＿＿＿＿＿＿＿
　　　　　　　　　　　　　　　　　　　　　处罚机关(盖章)
　　　　　　　　　　　　　　　　　　　　　　年　月　日</td></tr>
<tr><td colspan="7">备注:是否当场执行()</td></tr>
</table>

注:本行政处罚决定书仅适用于对违法行为做出的当场行政处罚。本处罚决定书一式二份，一份交当事人，一份存档

2. 草原行政处罚一般程序文书的制作　制作草原行政处罚

一般程序文书的种类较多,现择录如下。

(1) 草原违法案件立案审批表　主要是用于对有线索的草原行政处罚案件,处罚机关决定是否立案时用的执法文书。

草原违法案件立案审批表

编　号：　　年第　　号

受案地点			受案时间	
案件来源			案件类型	
违法嫌疑人	姓　名		性别	年　龄
	住　址			联系电话
	单位名称			法定代表人
	单位地址			联系电话
简要案情：				
受案人意见		（签字）　　　年　月　日		
负责人审批意见		（签字）　　　年　月　日		
备　注				

(2) 询问笔录　也称调查笔录。询问笔录是草原执法人员为了查清事实,对行政相对人或其他知情人就其对案情陈述的有关情况所作的文字记录。询问笔录也包括当事人对案件有关情况所作的陈述和申辩。询问笔录可作为对案件定性、量罚的证据之一。制作询问笔录应注意以下事项：

第一,草原执法人员进行询问笔录时,不得少于2人,并在笔录中记明。

第二,询问当事人时,应当先询问当事人有无违法行为,让其陈述违法的情节或者做合法辩解,然后再向其询问。

第三,询问人的提问要围绕可能违法的事实过程进行。笔录既要全面,又要突出重点,对重点内容详细记录。与案情无关的内容不要记录,记录中要尽量记录被询问人的原话。如有关提问,被询问人不回答或拒绝回答的,应在笔录中写明被询问人的态度,即"不回答"或"沉默"等。

第四,笔录文书内容正文有较大空白部分时,空白部分应填充空白符号或书写"以下空白"字样;笔录不够记载的,可在笔录后面续纸。

第五,笔录最后印有"以上笔录本人已看过(或已向我宣读过),属实无误",被询问人应在此签名。

(3)现场勘验检查笔录　是指草原执法人员对与违法行为有关的场所、遗留的痕迹、物品等进行勘验或者检查时,通过测量、拍照、录像、绘图或采集物品等如实详细地进行记录的文书。现场勘验检查笔录是对草原违法案件实施行政处罚必须具备的证据材料之一。现场勘验检查笔录是通过检查阐明该事件是否构成违法,其记录的情节内容是判明违法行为与合法行为的根据,如涉及违法行为,又是应选择承担何种法律责任的重要依据。为此,勘验检查笔录内容必须力求完整。

(4)证据登记保存清单　是草原执法人员在调查处理违法案件过程中,对证据可能灭失或者以后难以取得的情况下,将证据物品的数量、规格、性质等情况先行登记记录下来,保存在原地或指定的地方,在一定期限内限制该物品流转的书面文书。

制作证据登记保存清单时应注意以下问题:

第一,对证据进行登记保存时,当事人应当在场;当事人不在场或拒绝参加的,可以邀请有关人员参加,并在清单附注中注明。

第二,对被保存物品的位置、物品名称、规格、数量、保存地、保存方式等关键事项要记清楚。

第三,证据登记保存清单为双联复写式,第一联存处罚机关,第二联交被取证人。

(5)草原违法案件处理意见书 是指草原执法人员对案件调查取证结束后,认为案件事实基本清楚、证据确凿的,提出对案件如何处理的具体意见的书面文书。

草原违法案件处理意见书

案　号:　　字(　　)第　号

案由				案件承办人	
当事人	姓　名		性　别	年　龄	
	家庭住址			联系电话	
	单位名称			法定代表人	
	单位地址			联系电话	
案件调查经过					
所附证据材料	种　类	证据名称		规　格	数　量
	书　证	询问笔录		张	
	书　证	现场勘验检查笔录		张	
	书　证	证据登记保存清单		张	
调查结论及处理意见	承办人员签字: 年　月　日				
负责人意见	签字: 年　月　日				

(6)草原违法行为处理通知书　是执法人员在草原执法部门负责人审核批准《草原违法案件处理意见书》所提处理意见后,为告知当事人草原执法部门拟对其作出何种处理的事实、理由、依据以及告知当事人享有陈述、申辩或提出听证的权利而制作的书面文书。

(7)草原违法行为处罚决定书　是草原执法部门根据当事人违反行政法律规范的事实和证据,按照《行政处罚法》的规定,对当事人实施行政处罚时制作的法律文书。草原违法行为处罚决定书是执法文书中最重要的文书种类。适用一般程序的案件,认为案件事实已经查清,依法应当给予行政处罚的,报经执法主体负责人批准后,必须制作行政处罚决定书。行政处罚决定书除书写违法行为人的基本情况外,对当事人违法行为所涉及的法律、法规和规章的名称及其条款,以及处罚依据的法律、法规和规章及其条款,必须书写完整。对处罚决定的内容要求分项写明处罚决定的种类和具体数额(各项数额应当用中文大写数字表示)。

(8)草原行政处罚文书送达回证　是指据以证明草原执法部门将有关执法文书已送达当事人或其他被送达人的书面文书。根据法律规定,一些执法文书只有在送达当事人后才能发生相应的法律效力,在送达草原违法行为处理通知书、草原行政处罚听证会通知书和草原违法行为处罚决定书时,都需要填写草原行政处罚文书送达回证。

送达回证

案　号：　　字（　）第　号

被送达人		案　由	
送达单位			
送达地点			

送达文书	送达人	收到日期	收件人签名
违法行为处理通知书			
行政处罚决定书			
备　注			

注：1.如被送达人不在场，可交其同住的成年家属签收，并在备注栏内写明其与被送达人的关系；2.被送达人已指定代收人的，交代收人签收；3.被送达人拒绝接收的，送达人应邀请有关组织的代表或其他人员到场，说明情况，并在备注中写明拒收的事由

（9）**草原行政处罚结案报告**　是指执法人员在草原行政处罚案件执行终结后制作的，反映案件处理结果和执行情况的书面文书。结案报告是对草原行政处罚案件的总结，应当认真制作。

草原行政处罚结案报告

案　号：　　字（　）第　号

案件名称			
立案时间		承办人	
处理决定：			
执行情况：		承办人签字： 年　月　日	
备　注：			

注：本页填写不下，可另附续页，并在备注中说明

第九章　草业试验设计与分析

第一节　草业科学研究概念

一、草业科学研究的作用

草业科学研究是草业科学工作者认识自然、改造自然、服务社会的原动力。草业科学领域的研究推动了人们认识草地生态系统，促进人们发掘出新的草地农业技术和措施，从而不断提高草业生产水平，改进人类生存环境。

二、草业科学研究的类别

草业科学属自然科学范畴。与自然科学研究类别一样包含两大类：一类是理论科学，一类是实验科学。理论科学研究主要运用推理，包括演绎和归纳的方法。实验科学研究主要通过周密设计的试验来探新。草业科学领域中所涉及的学科大多数是实验科学。

三、草业科学试验的方法

草业科学领域中试验方法主要有两类：一类是抽样调查，另一类是科学试验。生物界千差万别，变化万端，要准确地描述自然，一般必须通过抽样的方法，使所做的描述具有代表性。同理，要准确地获得试验结果，必须严格控制试验条件，使所比较的对象尽可能少地受到非试验因素的干扰而能把差异突出显示出来。

四、草业科学研究的基本过程和方法

(一)草业科学研究的基本过程

草业科学研究的目的在于探求草业新知识、理论、方法、技术和产品。基础性或应用基础性研究在于提示新的知识、理论和方法,应用性研究则在于获得某种新的技术或产品。在草业科学领域中不论是基础性研究还是应用性研究,基本过程包括3个环节:

第一,根据本人观察(了解)或前人的观察(通过文献)对所研究的题目形成一种认识或假说;

第二,根据假说所涉及的内容安排相斥性的试验或抽样调查;

第三,根据试验或调查所获得的资料进行推理,肯定或否定,或修改假说,从而形成结论。或开始新一轮的试验以验证修改完善后的假说,如此循环发展,命名所获得的认识或理论并使其逐步发展、深化。

(二)草业科学研究的基本方法

1. 选题   草业科学研究的基本要求是探索、创新。研究题目的选择决定了该项研究创新的潜在可能性。优秀的草业科学研究人员主要在于选题时的明智,而不仅仅在于解决问题的能力。最有效的研究是去开拓前人还未涉及过的领域。

不论理论性研究还是应用性研究,选题时必须明确意义或重要性。理论性研究着重于所选题目在未来科学发展中的重要性,应用性研究着重于对未来生产发展的作用和潜力。

草业科学研究不同于一般的工作,它需要进行独创性的思维。因此要求所选的题目使研究者具有强烈的兴趣,促使研究者保持十分敏感的心理状况。反之,若所选的课题并不激发研究者的兴趣,这项研究难以获得新颖的见解和成果。

有些课题是资助者或指导者设定的,这时研究者必须认真体会它的确实意义并激发出对该项研究的热情和信心。

2. 文献 选题要有文献的依据,设计研究内容和方法更需要文献的启示。查阅文献可以少走弯路,避免重复,节省时间。因此,绝对不要吝啬查阅文献的时间和功夫。

科学文献随着时代的发展越来越丰富。图书馆和电子网络是最普通的资料来源,它对于进入一个新领域的最初了解是极为有用的。文献的类别如下:

(1)文献索引 是帮助研究人员进入某一特定领域做广泛了解的重要工具。书刊、书籍和图书馆电子数据库可为所进入的领域提供一个基础性的了解。

(2)评论性杂志 可使研究人员了解有关领域里已取得的主要成绩。

(3)文摘 可帮助研究人员查找特定领域研究的结论性内容,使之跟上研究进展的步伐。

(4)科学期刊和杂志 登载最新研究的论文,它介绍一项研究的目的、材料、方法以及由试验资料推论到结果的全过程。优秀的研究人员十分重视图书、期刊、文献的搜集。现代通信和网络技术的发展,使期刊、杂志通过网络为研究人员提供服务,现在计算机及网络系统将是文献探索的主要工具。

3. 假说 在提出一项课题时,对所研究的对象总有一些初步的了解,有些来自以往观察的累积,有些来自文献的分析。因而围绕研究对象和预期结果之间的关系,研究者常把已有的某种见解或想法,构成某种假说,将通过进一步的研究来证实或修改已有的假说。简单的假说只是某些现象的概括,复杂的假说则要进一步假定出各现象之间的联系,这种联系可能是平行的,也可能是因果的,复杂的假说中甚至还可能包含类推关系。

4. 假说的检验 假说有时也表示为假设。在许多研究中假设是简单的,它们的推论也很明确。对假说进行检验,可以重新对研究对象进行观察,更多的情况是进行实验或试验,这是直接的检验。有时也可对假说的推理安排试验进行验证,这是一种间接的检验,验证了所有可能的推理的正确性也就验证了所做的假说本身,当然这种间接的检验要十分小心,防止漏洞。

5. 试验规划与设计 围绕检验假说开展的试验,需要全面仔细地规划与设计。试验所涉及的范围要覆盖假说涉及的各个方面,以便对待检验的假说可以作出无遗漏的判断。

(1)选定比较标准和对照 比较(因素和水平)是研究中常用的方法,有比较才有鉴别。草业科学领域的研究常采用比较试验的方法,从比较中确定出最确凿的理论、方法和技术。比较研究中十分重要的是选定恰当的比较标准。

比较试验中比较的对象不一定只有 2 个,可以是一组对象间的比较。这组比较的对象是按假说的内涵选定的,称为一组处理。这一组处理可能是某一因子(因素)量的不同级别或质的不同状态(水平),也可能是不同因子(因素)的不同级别(或状态)的组合。全部处理规定了整个研究的内容和范围,称为试验方案。试验方案包括实施步骤在内的整个试验计划。确定试验方案是试验规划与设计的核心部分,试验方案中必须明确比较的标准或对照处理。

(2)试验材料和试验环境条件的代表性和典型性 草业科学试验中十分重视试验结果的代表性和重演性,从而可以明确研究结果的适用范围和稳定程度。因而要求试验材料和试验环境条件有代表性。这是因为作为试验材料的生物体是存在遗传分化的,作为应用试验结果的地点是有地理、季节、土壤等环境差异的。设计一项试验时必须考虑到试验材料和试验环境的代表性和典型性。

(3)"唯一差异"原则 试验中供试的一组处理间的差异是在一定的试验条件下体现出来的,因而要确切暴露出处理间或供试因子、级别间的差异,必须严格控制供试材料及试验条件的一致性;多因子试验时还要将比较的那个因子以外的因子控制在相同的水平上,这是比较试验的"唯一差异"原则。

(4)**排除系统误差** 供试的生物体、试验条件除了许多偶然因素所致的变异外,特别注意系统性原因的变异。试验研究应严格排除这种系统性的变异。

(5)**应用统计学原理分析出剩余因素的差异** 剩余因素造成的差异确实是不能完全控制的。一个试验中试验结果(数据)包含了这种偶然性误差,要正确地从试验数据中提取结论,必须与试验的偶然性误差相比较,只有证实试验表现出来的效应不是偶然性误差所致,才能合乎逻辑地作出正确的结论。因而在设计试验时必须考虑到可以确切估计出排除了系统误差的试验效应和试验的偶然性误差,从而在两者的比较中引出关于试验对象的结论。草业科学试验中常将排除系统误差和控制偶然性误差的试验设置称为试验设计。

第二节 草业科学试验

一、试验因素与水平

(一)主要概念

1. 试验方案 根据试验目的和要求所拟订的进行比较的一组试验处理的总称。

2. 试验条件 草业科学研究中,不论植物还是微生物,其生长、发育以及最终所表现的产量受多种因素影响。其中有些属于自然因素,如光、温、湿、气、土、病、虫等;有些属于栽培条件,如肥料、水分、生长素、农药、除草剂等。进行科学试验时,必须在固定大多数因素的条件下才能研究一个或几个因素的作用,从变动这一个或几个因子的不同处理中比较鉴别出最佳的一个或几个处理。这里被固定的因子在全试验中保持一致,组成了相对一致的试验条件。

3. 试验因素 被变动并有待比较的一组处理的因子称为试验因素，简称因素或因子。

4. 试验水平 试验因素的量的不同级别或质的不同状态称为水平。

5. 质量水平和数量水平 试验因素水平可以是定性的，如供试的不同品种，具有质的区别，称为质量水平；也可以是定量的，如喷施生长素的不同浓度，具有量的差异，称为数量水平。

数量水平不同级别间的差异可以等间距，也可以不等间距。所以试验方案是由试验因素与其相应的水平组成，其中包括有比较的标准水平。

(二)试验方案

试验方案按其供试因子数的多少可以区分为以下三类：

1. 单因素试验 是指整个试验中只变更一个试验因素的不同水平，其他作为试验条件的因素均严格控制。这是一种最基本、最简单的试验方案。

例1：在育种试验中，将新育成品种与原有若干品种进行比较，测定其改良的程度，此时品种是试验的唯一因素，各育成品种与原有品种即为各个处理水平。在试验过程中，除品种不同外，其他环境条件和栽培管理措施应严格控制一致。

例2：为了明确某一品种的耐肥程度，施肥量就是试验因素，试验中的处理水平就是几种不同的施肥量，品种及其他栽培管理措施均相同。

2. 多因素试验 是指在同一试验方案中包含2个或2个以上的试验因素，各因素均分为不同水平，其他试验条件均严格控制一致。各因素不同水平的组合称为处理组合。处理组合数是各供试因素水平数的乘积。多因素试验的目的在于明确各试验因素的相对重要性和相互作用，并从中评选出一个或几个最优处理组合。

例：进行甲、乙、丙3个品种与高、中、低3种施肥量的二因素试验,共有甲高、甲中、甲低、乙高、乙中、乙低、丙高、丙中、丙低,$3 \times 3 = 9$ 个处理组合。试验可以明确两个试验因素分别的作用,还可以检测出 3 个品种对各种施肥量是否有不同反应,并从中选出最优处理组合。

生物体生长受到许多因素的综合作用,采用多因素试验,有利于探究并明确对生物体生长有关的各个因素的效应及其相互作用,能够较全面地说明问题。多因素试验的效率常常高于单因素试验。

3. 综合性试验(集成技术试验)　也是一种多因素试验,但与上述多因素试验不同。综合性试验中各因素的水平不构成平衡的处理组合,而是将若干因素的某些水平结合在一起形成少数几个处理组合。这种试验方案的目的在于探讨供试因素某些处理组合的综合作用,而不是检测因素的单独效应和相互作用。

单因素试验和多因素试验常是分析性的试验,而综合性试验是在对起主导作用的那些因素及其相互关系已基本清楚的基础上设置的试验。它的处理组合就是一系列经过实践初步证实的优良水平的配套。

例:选择一种或几种适合当地条件的综合性丰产技术作为试验处理与当地常规技术比较,从中选出较优的综合性处理。

二、试验方案拟订

拟订一个正确有效的试验方案,应注意以下几方面:

(一)明确试验目的

拟订试验方案前应通过回顾以往研究的进展、调查交流、文献检索等明确试验的目的,形成对所研究主题及其外延的设想,使待拟订的试验方案能针对主题确切而有效地解决问题。

(二)确定供试因素及水平

根据试验目的确定供试因素及其水平。供试因素一般不宜过多,应该抓住 1~2 个或少数几个主要因素解决关键性问题。每个因素的水平数不宜过多,且各处理水平间距要适当,使各水平能有明确区分,并把最佳水平范围包括在内。

例 1:通过喷施矮壮素以控制某种植物生长,其浓度试验设置 50、100、150、200、250mg/L 等 5 个处理水平,其间距为 50mg/L。试验剂量范围 50~250mg/L。

例 2:上例浓度间距缩小至 10mg/L(50、60、70、…250mg/L),共 21 个处理水平,增加 16 个,工作量增大。

例 3:若处理数不增加(仍为 5 个处理),参试浓度间距仍为 10mg/L,则其浓度范围变窄,试验剂量范围 50~90mg/L,这样的方案可能会遗漏最佳浓度水平。

这里应注意:处理水平间距过小,处理效应受误差干扰而不易有规律性地显示出来;若试验因素多,一时难以取舍,或者对各因素最佳水平的可能范围难以估计,这时可以将试验分为 2 个阶段进行,即先做单因素的预备试验,通过拉大幅度进行初步观察,然后根据预备试验结果再精细选取因素和水平,设置较多的重复;为不使试验规模过大而失控,试验方案原则上应力求简单,单因素试验可解决的问题就不一定采用多因素试验。

(三)设置对照

试验方案中应包括有对照水平或处理,简称对照(符号 CK)。品种比较试验中常统一规定同一生态区域内使用的标准(对照)种,以便作为各试验单位共同的比较标准。

(四)唯一差异原则

试验方案中应注意比较间的唯一差异原则,以便正确地解析出试验因素的效应。

例:根外喷磷肥试验,设喷磷(A)与不喷磷(B)2 个处理,则两者间的差异含有磷的作用,也有水的作用,这时磷和水的作用混杂在一起解析不出来,若加进喷水(C)的处理,则磷和水的作用可分别从 A 与 C 及 B 与 C 的比较中解析出来,因而可进一步明确磷和水的相对重要性。

(五)试验条件的一致性与适宜性

拟订试验方案时必须正确处理试验因素及试验条件间的关系。一个试验中只有供试因素的水平在变动,其他因素均保持一致,固定在某一个水平上。根据交互作用的概念,在一种条件下某试验因子的最优水平。在另一种条件下,便可能不再是最优水平,反之亦然。这在品种试验中最明显。说明在某种试验条件下限制了其潜力的表现,而在另一种试验条件下则激发了其潜力的表现。因而在拟订试验方案时必须做好试验条件的安排,绝不要认为强调了试验条件的一致性就可以获得正确的试验结果。

由于单因子试验时,其他试验条件必须要一致,局限性较大。一般情况下,草业科学试验又是多因素影响的复杂试验,可以考虑将某些与试验因素有互作(特别指负互作)的条件作为试验因素一起进行多因素试验,或者同一单因素试验在多种条件下作为试验因素一起进行多因素的试验,或者同一单因素试验在多种条件下分别进行试验。

(六)多因素试验

提供了比单因素试验更多的效应估计,具有单因素试验无可比拟的优越性。但当试验因素增多时,处理组合数迅速增加,要对全部处理组合进行全面试验,规模过大,往往难以实施,因而以往多因素试验的应用常受到限制。解决这一难题的方法就是利用正交试验法,通过抽取部分处理组合用以代表全部处理组合以缩小试验规模。这种方法牺牲了高级交互作用效应的估计,但仍能估计出因素的简单效应、主要效应和低级交互作用效应,因而促进了多因素试验的应用。

第三节　试验误差及其控制

一、试验数据的误差和精确性

通过试验的观察或测定,获得试验数据,这是推论试验结果的依据。然而研究工作者获得的试验数据往往是含有误差的。

(一)误差概念

例如,测定一个大豆品种的蛋白质含量,取两个样品分别测得结果为 42.35% 和 41.98%,两者是同一品种的豆粒,理论上应相等,但实测结果不等,如果再继续取样品测定,所获的数据均可能各不相等,这表明试验数据间有误差。

(二)试验数据的准确性与精确性

准确性是指观测值与其理论真值间的符合程度。精确性是指观测值间的符合程度。试验数据的准确与否是相对于试验误差而言的。系统误差使数据偏离了其理论真值,影响数据的准确性。偶然误差使数据相互分散,影响数据的精确性。草业科学试验中,常常采用比较试验来衡量试验的效应。如果两个处理均受同一方向和大小的系统误差干扰,这往往对两个处理效应之间的比较影响不大。相反若两个处理分受两种不同方向和大小系统误差的干扰,便严重影响两个处理效应间的真实比较。研究工作者在正确设计并实施试验时,十分重视精确性或偶然误差的控制,以求得试验结论的正确性。

二、试验误差的种类

试验误差根据来源不同分为系统误差和随机误差两类。

(一)系统误差

观察值间存在的变异除处理所致外,还可以找出确切的原因,这类差异称为偏差或系统误差。这是一种有原因的偏差,因而在试验过程中要防止这种偏差的出现。田间试验在开放的自然条件下进行,有很多特殊性,生物体及自然界的气候、土壤本身都存在很多变异,因而田间试验的系统误差容易发生,控制系统误差尤其重要。

例如,同品种同批次大豆种子一部分保存在冷库中,另有一部分保存在常温下,分别取样测定其蛋白质含量,其结果为 41.2%,40.8%,同样每一观察值均包含有误差,这是不可避免的。照理两者都是同一品种、同一批次的种子,其蛋白质含量应相同,但实际不同,有误差,这种误差是能追溯其原因的(取样基础不同)。因而对同品种同批次种子蛋白质含量的测定,观察值间存在变异,这种变异归结为系统误差。

(二)随机误差

观察值间存在的变异找不出确切原因的,称为偶然性误差或随机误差。试验过程中涉及的随机波动因素愈多,试验的环节愈多、时间愈长、随机误差发生的可能性及波动程度便愈大。随机误差不可能避免,但可以减少,通过控制试验过程,控制那些随机波动性大的因素。

三、随机误差的规律性

随机误差的分布是一种正态分布。许多以数量表示的观察值的误差常常属于这种模式。

以大豆品种蛋白质含量测定为例,从每品种种子堆中均匀地取样品约 30g 作测定,磨碎烘干后用凯氏定氮法测定。

(一)取样误差

若取 100 个 30g 的样品进行测定,尽管很注意从各个部位取样,但在严格控制分析技术时,100 个数据间仍然有变异,表明有随机取样误差存在。

（二）测定误差

技术人员在每次测定时要多次称重、消化、移液，这个过程中往往也有随机因素的影响使结果有波动。为了克服测定误差，一般将一个样品分成 2～3 个平行样，若两次测定值相差不大时便不再做第三次测定，否则要进行第三次分析，直至有 2 个数据相一致为止。

这里随机误差由两部分组成，取样过程的随机性导致取样误差，测定过程中的随机因素导致测定误差，两者发生的时段或层次不一样，因此，随机误差具有层次性。

四、田间试验的基本要求

为保证田间试验达到预定目的，田间试验的基本要求如下：

（一）明确试验目的

在阅读大量文献与进行社会调查的基础上，明确选题，制订合理的试验方案。对试验的预期结果及在草业生产和科学试验中的作用要做到心中有数。试验项目应抓住当时的生产实践和科学试验中亟须解决的问题，并照顾到长远和在不久的将来可能突出的问题。

（二）试验条件要有代表性

试验条件应能代表将来准备推广试验结果的地区自然条件（如试验区土壤种类、地势、土壤肥力、气象条件等）与农业条件（如轮作制度、农业结构、施肥水平等）。进行试验时，既要考虑代表目前的条件，还应注意到将来可能被广泛采用的条件。使试验结果既能符合当前需要，又不落后于生产发展的要求。

（三）试验结果要可靠

在一般试验中，真值为未知数，准确度不易确定，故常设置对照处理，通过与对照相比了解试验结果的相对准确程度。

精确度是指试验中同一性状的重复观察值彼此接近的程度，

即试验误差的大小,它是可以计算的。试验误差越小,则处理间的比较越为精确。因此,在进行试验的全过程中,特别要注意田间试验的唯一差异原则,即除了将所研究的因素有意识地分成不同处理外,其他条件及一切管理措施都应尽可能一致。必须准确执行各项试验技术,避免发生人为的错误和系统误差,提高试验结果的可靠性。

(四)试验结果要能够重演

在相同条件下,再次进行试验,应能获得与原试验相同的结果。田间试验中不仅植物本身有变异性,环境条件更是复杂多变。要保证试验结果能够重演必须做到:要仔细明确地设定试验条件,包括田间管理措施等,试验实施过程中对试验条件(包括气象、土壤及田间措施等)和植物发育过程保持系统的记录,以便创造相同的试验条件;为保证试验结果能重演,可将试验在多种试验条件下进行,以得到相应于各种可能条件的结果。

(五)田间试验的误差与土壤差异

1. 田间试验的误差来源

(1)试验材料固有的差异　在田间试验中供试材料常是植物或其他生物,它们在遗传和生长发育上往往存在着差异,如试验的材料基因型不一致,种子生活力差别,试验用秧苗素质差异等,均能造成试验结果的偏差。

(2)试验时农事操作和管理技术的不一致所引起的差异　供试材料在田间的生长周期较长,在试验过程中的各个管理环节稍有不慎,均会增加试验误差。例如播种前整地、施肥的不一致性及播种时播种深浅的不一致性;在植物生长发育过程中田间管理包括中耕、除草、灌溉、施肥、防病、治虫及使用除草剂、生长调节剂等完成时间及操作标准的不一致性;收获脱粒时操作质量的不一致性以及观察测定时间、人员、仪器等的不一致性。

(3)进行试验时外界条件的差异　田间试验条件中最主要、最经常的差异是试验地的土壤差异，主要指土壤肥力不均匀所导致的条件差异，这是试验误差中最有影响、亦是最难以控制的。其他还有病虫害侵袭、人畜践踏、风雨影响等，它们常具有随机性，各处理遭受的影响不完全相同。

上述各项差异在不同程度上影响试验，造成试验误差。

田间试验有系统偏差和随机误差两类误差，上述三方面田间试验误差的来源因素都可导致系统偏差，也都可导致随机误差，每类因素究竟导致了系统偏差还是随机误差要具体情况具体分析。试验误差与试验中发生的错误是两种完全不同的概念。在试验过程中，错误绝不允许发生，偏差可以控制，但随机误差却难以避免。

2. 控制田间试验误差的途径　从以上田间试验误差来源的分析来看，控制田间试验误差必须针对试验材料、田间操作管理、试验条件等的一致性逐项落实。为防止系统偏差，田间试验应严格遵循"唯一差异原则"，尽量排除其他非处理因素的干扰。常用的控制措施有以下几方面：

（1）选择同质一致的试验材料　必须严格要求试验材料的基因型同质一致，或生长发育上的一致性。如秧苗大小、壮弱不一致时，则可按大小、壮弱分档，而后将同一规格的安排在同一区组的各处理小区，或将不同档次秧苗按比例混合分配于各处理，从而减少试验的差异。

（2）改进操作和管理技术，使之标准化　除操作要仔细，一丝不苟，把各种操作尽可能做到完全一样外，一切管理操作、观察、测量和数据收集都应以区组为单位进行，减少可能发生的差异。例如整个试验的某种操作如不能在一天内完成，则至少要完成一个区组内所有小区的工作。这样，各天之间如有差异，就由区组的划分而得以控制。进行操作的人员不同常常也会使相同技术发生差异。如施肥、施用杀虫剂等，如有数人同时进行操作，最好一人完成一个或若干个区组，不宜分配两人到同一区组。

（3）控制引起差异的外界主要因素　试验过程中引起差异的外界因素中,土壤差异是最主要的又是较难控制的因素。如果能控制土壤差异而减少土壤差异对处理的影响,就可以有效地降低误差,增加试验的精确度。通常采用的有以下措施:选择肥力均匀的试验地,试验中采用适当的小区技术,应用良好的试验设计和相应的统计分析。正确贯彻执行以上措施,已证明能有效地降低误差。

（六）田间试验设计的原则

田间试验设计,广义的理解是指整个试验研究课题的设计,包括确定试验处理的方案,小区技术以及相应的资料搜集、整理和统计分析的方法等。狭义的理解专指小区技术,特别是重复和试验小区的排列方法,这里所讨论的试验设计均指狭义的设计。

田间试验设计的主要作用是降低试验误差,提高试验精确度,使人们能从试验结果中获得无偏的处理平均值以及试验误差的估计量,从而能进行正确而有效的比较。田间试验设计以下面三个基本原则为依据:

1. 重复　试验中同一处理种植的小区数即为重复次数。如每一处理种植 1 个小区,则为 1 次重复,如每处理有 2 个小区,称为 2 次重复。

重复的作用是估计试验误差。试验误差是客观存在的,但只能由同一处理的几个重复小区间的差异估计。同一处理有了两次以上重复,就可以从这些重复小区之间的产量（或其他性状）的差异估计误差。如果试验的各处理只种一个小区,则同一处理将只有 1 个数值,无法求得差异,亦无法估计误差。

重复的另一主要作用是降低试验误差,以提高试验的精确度。数理统计学已证明误差的大小与重复次数的平方根成反比。重复多,则误差小。此外,通过重复也能更准确地估计处理效应。因为单一小区所得的数值易受特别高或低的土壤肥力的影响,多次重复所估计的处理效应比单个数值更为可靠,使处理间的比较更为有效。

2. 随机排列　是指一个区组中每一处理都有同等的机会设置在任何一个试验小区上,避免任何主观成见。进行随机排列,可用抽签法、计算器(机)产生随机数字法或利用随机数字表。随机排列与重复相结合,就能提供无偏的试验误差估计值。

3. 局部控制　就是将整个试验环境分成若干个相对一致的小环境,再在小环境内设置成套处理,即在田间分范围分地段地控制土壤差异等非处理因素,使之对各试验处理小区的影响达到最大限度的一致。

采用上述重复、随机排列和局部控制三个基本原则而进行的田间试验设计,配合应用适当的统计分析,既能准确地估计试验处理效应,又能获得无偏的、最小的试验误差估计,因而对于所要进行的各处理间的比较能作出可靠的结论。

(七)控制土壤差异的小区技术

1. 试验小区的面积　在田间试验中,安排一个处理的小块田地称试验小区,简称小区。小区面积的大小与减少土壤差异的影响和提高试验的精确度有相当密切的关系。在一定范围内,小区面积增加,试验误差减少,但减少不是同比例的。试验小区太小,小区有可能落入占有较瘦或较肥的斑块地段,从而使小区误差增大。但必须指出,试验精确度的提高程度往往落后于小区面积的增大程度。小区增大到一定程度后,误差的降低不明显,如果采用很大的小区,并不能有效地降低误差,却要多费人力和物力,不如增加重复次数有利。

试验小区面积的大小,一般变动范围为 $6\sim60m^2$。而示范性试验的小区面积通常不小于 $330m^2$。在确定一个具体试验的小区面积时,可以从以下几方面考虑:

(1)试验种类　如机械化栽培试验、灌溉试验等的小区应大些,而品种试验则可小些。

（2）**植物类别**　种植密度大的植物如早熟禾、黑麦草等的试验小区可小些；种植密度小的大株作物如玉米、苏丹草、杂交酸模等应大些。

（3）**试验地土壤差异的程度与形式**　土壤差异大，小区面积应相应大些；土壤差异较小，小区可相应小些。当土壤差异呈斑块时，也就是相邻小区的生产力差异相对比较大时，应该用较大的小区。

（4）**育种工作的不同阶段**　在新品种选育的过程中，品系数由多到少，种子数量由少到多，对精确度的要求从低到高，因此在各阶段所采用的小区面积是从小到大。

（5）**试验地面积**　有较大的试验地时，小区可适当大些。

（6）**试验过程中的取样需要**　在试验进行过程中，需要田间多次取样进行各种测定时，取样会影响小区四周植株的生长，亦影响取样小区最后的产量测定，因此要相应增大小区面积，以保证所需的试验面积。

（7）**边际效应**　边际效应是指小区两边或两端的植株，因占有较大空间而表现的差异，小区面积应考虑边际效应大小，边际效应大的相应增大小区面积。

（8）**生长竞争**　当相邻小区种植不同品种或相邻小区施用不同肥料时，由于株高、分蘖力或生长期的不同，通常将有 1 行或更多行受到影响。这种影响因不同性状及其差异大小而有不同。对这些效应和影响的处理办法，是在小区面积上，除去可能受影响的边行和两端，以减少误差。一般的讲，小区的每一边可除去 1～2 行，两端各除去 0.3～0.5m，这样留下准备测定的面积称为收获面积或计产面积。观察记载和产量计算应在计产面积上进行。

2. 试验小区的形状　小区的形状是指小区长度与宽度的比例，适当的小区形状在控制土壤差异、提高试验精确度方面也有相当作用。通常情况下，长方形尤其是狭长形小区，容易调匀土壤差异,使小区肥力接近于试验地的平均肥力水平,且便于观察记载及农事操作。不论是呈梯度或呈斑块状的土壤肥力差异,采用狭长形小区均能较全面地包括不同肥力的土壤,相应减少小区之间的土壤差异,提高精确度。

例如:已知试验田呈肥力梯度时,小区的方向必须是使小区长边与肥力变化最大的梯度方向平行,使区组方向与肥力梯度方向垂直(图 9-1),这样可提供较高的精确度。

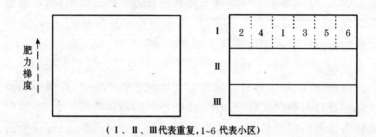

(Ⅰ、Ⅱ、Ⅲ代表重复,1~6 代表小区)

图 9-1 按土壤肥力变异趋势确定小区排列方向

小区的长宽比可为(3~10)∶1,甚至可达 20∶1,依试验地形状和面积以及小区多少和大小等决定。采用播种机或其他机具时,为了发挥机械性能,长宽比还可增加,其宽度应为机具的宽度或其倍数。在喷施杀虫剂、杀菌剂或根外追肥的试验中,小区的宽度应考虑到喷雾器喷施的范围。

在边际效应值得重视的试验中,方形小区是有利的。方形小区具有最小的周长,计产面积占小区面积的比率最大。进行肥料试验,如采用狭长形小区,处理效应往往会扩及邻区,采用方形或近方形的小区较好。当土壤差异表现的形式未知时,用方形小区也较好,因为虽不如用狭长小区那样获得较高的精确度,但亦不会产生较大的误差。

3. 重复次数　对试验精确度的影响前面已述及。重复次数的多少,一般应根据试验所要求的精确度、试验地土壤差异大小、试验材料如种子的数量、试验地面积、小区大小等具体决定。对精确度要求高的试验,重复次数应多些;试验田土壤差异较大的,重复次数应多些;土壤差异较为一致的可少些。在育种工作的初期阶段,由于试验材料的种子数量较少,重复次数可少些,但在后期试验中,种子数量较多、精确度要求较高,重复次数应多些。试验地面积大时,允许有较多重复。小区面积较小的试验,通常可用3～6次重复;小区面积较大的,一般可重复3～4次。进行大面积的对比试验时,2次重复即可,最好能由几个地点联合试验,对产量进行综合计算和分析。

4. 对照区的设置　田间试验应设置对照区(CK),作为处理比较的标准。对照应该是当地推广良种或最广泛应用的栽培技术措施。设置对照区的目的:便于在田间对各处理进行观察比较时作为衡量品种或处理优劣的标准;用以估计和矫正试验田的土壤差异。通常在一个试验中只有1个对照,有时为了适应某种要求,可同时用两个各具不同特点的处理作对照。如品种比较试验中,可设早、晚熟2个品种作对照。对照区的设置多少及方式由各类设计而定,顺序法试验设计对照区较多,随机法试验设计对照区较少。

5. 保护行的设置　试验地周围设置保护行的作用是:保护试验材料不受外来因素如人、畜等的践踏和损害;防止靠近试验田四周的小区受到空旷地的特殊环境影响,即边际效应,使处理间能有正确的比较。

保护行的多少依据作物而定,如禾本科牧草试验一般在试验田周边至少种植4行以上的保护行。小区与小区之间一般连接种植,不种保护行。重复之间不必设置保护行,如有需要,亦可种2～3行。保护行种植的品种,可用对照品种,最好用比供试品种略为早熟的品种,以便在成熟时提前收割,既可避免与试验小区发生混杂,亦能减少鸟类等对试验小区牧草的为害,亦便于试验小区材料的收获。

6. 重复区(或区组)和小区的排列 小区技术还应考虑整个重复区或区组怎样安排以及小区在区组内的位置问题(图 9-1)。将全部处理小区分配于具有相对同质的一块土地上,这称为一个区组。一般试验须设置 3~4 次重复,分别安排在 3~4 个区组上,这时重复数与区组数相等,每一区组或重复包含有全套处理,称为完全区组。也有少数情况,一个重复安排在几个区组上,每个区组只安排部分处理,称为不完全区组。设置区组是控制土壤差异最简单而有效的方法之一。在田间,重复或区组可排成一排,亦可为两排或多排,这决定于试验地的形状、地势等,特别要考虑土壤差异情况。

原则上同一重复或区组内的土壤肥力应尽可能相对一致,而不同重复之间可存在差异。区组间的差异大,并不增大试验误差,因为可通过统计分析消除其影响;而区组内的差异小,能有效地减少试验误差,可增加试验的精确度。

小区在各重复内的排列方式,一般可为顺序排列或随机排列。顺序排列,可能存在系统误差,不能作出无偏的误差估计。随机排列是各小区在各重复内的位置完全随机决定,可避免系统误差,提高试验的准确度,还能提供无偏的误差估计。

第四节 田间试验设计与取样技术

一、田间试验设计

运用数理统计方法帮助人们进行试验设计,用为数不多的试验,进行试验、比较,对不同药剂、不同栽培措施、不同育苗技术、不同生态因子等作出合理的选择,从而促进作物、牧草和草坪草、花卉苗木更好地生长,取得满意的结果。

(一)试验设计的基本要素

1. 指标　试验设计中,把判断试验效果好坏所采用的标准称为试验指标或简称指标。例如,当试验目的在于了解不同牧草品种的丰产情况时,可以用单位面积产量作为试验指标。试验目的为判断杀虫剂杀虫效果时,可以用昆虫的死亡率作为试验指标。

2. 因素　人为控制的可能影响试验指标的条件称为试验因素,简称因素或因子。例如,施肥量、栽植密度、播种量等是影响牧草生产量这一指标的条件。药剂种类、昆虫对药剂的抗生性等是影响死亡率这一指标的条件。因此,施肥量、栽植密度、播种量、药剂种类、昆虫抗性等都可以作为分析的因素。

3. 水平　影响试验指标的因素,通常可以人为地控制或分组,所划分的组通常叫做各因素的类别或等级,统计上称其为因素的处理水平。

4. 数量因素　依数量划分水平的因素,称为数量因素(定量因素),如栽植密度、施肥量等。

5. 非数量因素　不是依数量划分水平的因素称为非数量因素(定性因素),如药品种类、肥料种类等。

6. 可控因素　每一试验,其影响因素是复杂的,其中可人为控制的因素称为可控因素。

7. 不可控因素　人为不可以控制的因素称为不可控因素,如气温、降水量等,或处理因素以外的因素。

(二)常用随机排列的试验设计方法

1. 完全随机的试验设计　将各处理随机分配到各个试验单元或小区中,每一处理的重复数可以相等或不相等,这种设计对试验单元的安排灵活机动,单因素或多因素试验皆可应用。

2. 随机区组设计　依据局部控制的原则,将试验地按肥力程度划分为等于重复次数的区组，一区组安排一个重复，区组内各处理都独立地随机排列。

方法步骤：

（1）划分区组　了解试验地的肥力梯度（一般以前作的长势或灌水方向作判断分析），并顺肥力梯度方向划分和安排区组。

（2）划分小区　在每一区组内，垂直于肥力梯度划分试验小区。

（3）随机安排各处理　每一区组内的各处理随机地安排到各小区中。

3. 拉丁方设计　将处理从纵横两个方向排列为区组（或重复），使每个处理在每一列和每一行中出现的次数相等（通常 1 次），垂直双向控制土壤差异，比随机区组多一个方向进行局部控制的随机排列的一种设计。

方法步骤：

一是根据处理数，在拉丁方的标准方中选择一个标准方。标准方第一直行和第一横行均为顺序排列的。

二是直行随机处理。

三是横行随机处理。

四是各处理随机处理。按随机法确定字母与数字的对应关系。

4. 裂区设计　是多因素试验的一种设计形式。在多因素试验中，若处理组合数不太多，且各个因素的效应同等重要时采用随机区组设计。若处理组合数较多，各因素效应不等同时采用裂区设计。

裂区设计的应用范围：一个因素的处理比另一个因素的处理需要大的面积以便实施和管理，如耕作、施肥、浇水等作主处理而将品种等其他因素做副处理；某一因素的主效比另一因素的主效更为重要，要求精度高的做主处理，或将两因素的交互作用作为研究对象时，宜采用裂区设计；根据以往研究，某因素的效应比另一因素的效应更大时，可能表现较大差异的因素做主处理。

方法步骤：

一是划分试验地(田)等于重复数的区组。

二是每一区组中划分主区,主区数等于主处理数。

三是每一主区划分小区,小区数等于副处理数。

四是对主处理随机排列,而后对副处理随机排列。每一重复的主、副处理随机排列皆独立进行。

5. 再裂区设计　是三因素试验中常采用的试验设计。在裂区设计的基础上,若再引进第三个因素的试验,可进一步做成再裂区。裂区设计中每一副区再划分成更小的小区叫再裂区。第三个因素的各处理叫副副处理,随机排列于再裂区内。这种设计叫再裂区设计。

应用范围:这种设计能估计 3 种试验误差,有利于解决三因素试验中的实际问题,尤其在研究高级互作时采用。

方法步骤：

一是划分试验地(田)为等于重复数的区组。

二是每一区组划分为等于主处理数目的主区,每一主区安排一个主处理。

三是每一主区划分为等于副处理数目的裂区(副区),每一裂区安排 1 个副处理。

四是每一裂区再划分为等于副副处理数目的再裂区,每一再裂区安排 1 个副副处理。

五是主处理、副处理、副副处理随机排列。

6. 条区设计　是裂区设计的一种衍生设计。两因素试验中若两因素都需要较大的小区面积,且为了便于管理和观察记载,可将每一区组纵向划分为第一因素的处理小区,而后横向划分为第二因素的处理小区。这种设计方式称为条区设计。

方法步骤：

一是试验地划分成等于重复数的区组。

二是每个区组先纵向划分成等于第一因素处理数的小条区，再横向划分成等于第二因素处理数的小条区。

三是两因素均做随机排列。

7. 正交试验设计　假如有 A、B、C 三因素，各有 3 个水平，A_1、A_2、A_3、B_1、B_2、B_3、C_1、C_2、C_3，若用全面的多因素试验设计，可以组成 $3 \times 3 \times 3 = 27$ 个试验组合。做一个 5 因素，每因素 4 水平的全面试验，共需做 $4^5 = 1\,024$ 试验组合，全面试验往往条件不容许，这在实践上是难以完成的。

要解决这个问题，采用正交试验设计是最好的办法。正交试验是在这些全部可能的处理组合中，选取一部分进行试验，从中获得所需要的结论（即使是近似的），这种试验方式称为部分试验；按正交试验设计挑选的试验组合，次数少，代表性强；通过正交试验能够从多个因素中找出影响试验结果的各因素的主次顺序，也能判断因素间交互作用是否显著存在，并能找出最优处理组合，在这种处理组合下，使试验取得最优结果。因此，正交试验设计是采用正交表安排试验小区的一种试验设计方法。在多因素多水平试验中，主要用来测验各处理的组合效应。

(1)**正交表**　视试验因素和各因素水平数具有多种形式。表头 L 的下角表示试验个数（处理组合数），括号中的指数表示可安排的因素数，底数为各因素的处理水平数。如 $L_9(3^4)$ 表示最多可安排 4 个因素 3 个水平的试验。共做 9 个处理组合。

$$L_{试验数}(水平数^{因素数})$$

(2)**正交表的性质**　各列中各处理水平数出现的次数相同，如 $L_9(3^4)$ 中每列出现 1、2、3 各 3 次；任意两列中，同一行数字组成的有序搭配出现的次数相同。如 $L_9(3^4)$ 中任两列的同一行数字的有序搭配必定为(1.1)、(1.2)、(1.3)、(2.1)、(2.2)、(2.3)、(3.1)、(3.2)、(3.3)共 9 个。这个性质数学上叫正交性。正交试验的特点是：从全局来看是部分试验，从局部来看其中任两个因素是具有相同重复次数的全部试验。每个因素的每个水平与另外任一因素的各水平各搭配 1 次且仅搭配 1 次。

应用正交表设计正交试验,一般有下列步骤:

①确定试验因素和每个试验因素的处理水平　一般对所研究的问题了解较少的,应多取一些试验因素,而对所研究的问题比较了解的,少取些试验因素。各个试验因素一般要取相同的水平数。

②根据试验因素和水平数的多少,以及是否需要估计交互作用,选择合适的正交表　试验因素较多或试验因素虽不太多,但需估计交互作用的,宜选较大的(组合数较大的)正交表;试验因素较少或试验因素虽较多,但仅需估计主效的,可选较小的正交表。

③正交表表头设计　就是将试验因素和需要估计的交互作用,排入正交表的表头各列(注意:各列下的水平数必须与该列试验因素的水平数相同)。然后根据各试验因素列下的水平,写出该试验的各个处理组合成试验方案。具体设计见表 9-1。

表 9-1　B_1 重复 1 次、C_2 重复 1 次的拟水平法正交

试验号	因　素			
	A	B	C	组　合
1	1	1	1	$A_1B_1C_1$
2	1	2	2	$A_1B_2C_2$
3	1	3(1)	3(2)	$A_1B_1C_2$
4	2	1	1	$A_2B_1C_1$
5	2	2	2	$A_2B_2C_2$
6	2	3(1)	3(2)	$A_2B_1C_2$
7	3	1	1	$A_3B_1C_1$
8	3	2	2	$A_3B_2C_2$
9	3	3(1)	3(2)	$A_3B_1C_2$

若各因素水平数不同时则选用混合表。方法如下：

利用混合型表，如 $L_{16}(3^4 \times 2^6)$ 可安排 4 因素 3 水平和 6 因素 2 水平的试验，$L_{16}(4^3 \times 2^{12})$ 表可安排 3 因素 4 水平和 12 个因素 2 水平的试验。

若没有合适的表时，采用拟水平法。将水平数少的因素再重复使其与水平数多的因素相同，然后再选合适的正交表。若试验组合有相同的出现时，应删除。如 3 品种（A 因素）、2 种播种技术（B 因素）和 2 种灌水量（C 因素）试验，即 $3A \times 2B \times 2C$ 的试验，用拟水平法，将 B 因素第一个水平重复 1 次，C 因素第二个水平重复 1 次，则形成 3 因素、3 水平的试验组合，可选用 $L_9(3^4)$ 正交表。B 因素逢 3 变 1、C 因素逢 3 变 2，则处理组合为 $A_1B_1C_1$、$A_1B_1C_2$、$A_1B_2C_1$、$A_1B_2C_2$、$A_2B_1C_1$、$A_2B_1C_2$、$A_2B_2C_1$、$A_2B_2C_2$、$A_3B_1C_1$、$A_3B_1C_2$、$A_3B_2C_1$、$A_3B_2C_2$，重复的组合删除，剩余 12 个组合。正交试验选取的组合为 $A_1B_1C_1$、$A_1B_2C_2$、$A_1B_1C_2$、$A_2B_2C_1$、$A_2B_1C_1$、$A_3B_1C_2$、$A_3B_2C_1$、$A_3B_1C_2$，采用拟水平法，缺点是不存在正交性。

二、小区取样技术

取样测定的要点：一是取样方法要合理，保证样本有代表性；二是样本容量要适当，保证分析测定结果的精确性；三是分析测定方法要标准化，操作要规范化。

小区取样时，在注意上述要点的基础上，具体考虑样方在小区中的位置与误差的关系。图 9-2 为全区样方和半区样方设置方法。全区样方（图 9-2a）取样误差的大小取决于小区在试验田中边际效应的大小，若小区存在边际效应，全区样方取样误差较大。半区样方取样时有纵半区样方、横半区样方和中心半区样方之分（图 9-2 b、c、d）。纵半区样方和横半区样方均存在边际效应，误差较大。中心半区样方消除了边际效应的影响，大大降低了取样误差。

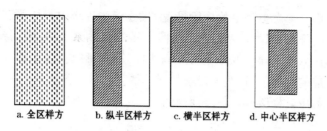

a. 全区样方　　b. 纵半区样方　　c. 横半区样方　　d. 中心半区样方

图9-2 全区样方和半区样方设置方法

图 9-3 为小区中的样方设置方法。a 为 1 个边行的一个边区样方和一个中心样方取样,b 为各有 1 个边行的两个边区样方取样,c 为 2 个边行的一个边区样方和一个中心样方取样,d 为 2 个边行的两个边区样方取样,e 为没有边行的两个中心样方取样,f 为 1 个边行的一个边区样方和 2 个边行的一个边区样方取样。在小区存在边际效应的前提下,这些样方取样误差的大小依次为 d>f>c>b>a>e,没有边行的中心样方取样代表性最强。

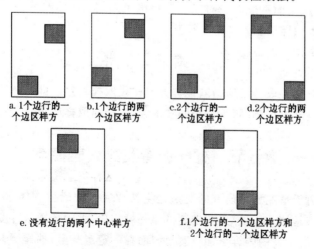

a. 1个边行的一个边区样方　　b. 1个边行的两个边区样方　　c. 2个边行的一个边区样方　　d. 2个边行的两个边区样方

e. 没有边行的两个中心样方　　f. 1个边行的一个边区样方和2个边行的一个边区样方

图9-3 小区中的样方设置方法

图 9-4 为小区中的样段设置方法。a 为一个边行样段和一个无边行样段取样,b 为无边行的两个样段取样,c 为一个边行的两个样段取样。样段取样更易受到边际效应的影响,在小区存在边际效应的前提下,这些样段取样误差的大小依次为 c>a>b,没有边行的中心样段取样代表性最强。

a. 1 个边行样段和　　　　　　b. 无边行的　　　　　　c. 1 个边行的
　一个无边行样段　　　　　　　 两个样段　　　　　　　　两个样段

图 9-4　小区中的样段设置方法

取样方法的合理性和样本的代表性,除上述小区样方设置方法外,应全面考虑试验对象情况再决定采用何种取样方法。详见第五节抽样调查及其误差控制。

三、对照区取样

对照区取样必须与其他样方或样段取样一致。即对照区与供试材料区进行相同种植,相同技术管理,相同取样测定。

第五节　抽样调查及其误差控制

由于草业科学研究的对象是生长在大田中的生物体,不论是牧草还是病、虫、鼠等,与控制试验环境相比,大田环境条件变化无穷,可供研究的内容更加丰富。因而在一定意义上,抽样调查更为常用,有时还必须应用。通过调查研究可以掌握生物的生育动态,了解病虫害发生及分布的情况,掌握田块土壤肥力水平及变化情况,尤其通过对比性调查研究可以检查农业措施,诸如群体密度、施肥种类与水平、病虫害防治措施等的效果。调查研究和试验研究是互为补充的,通过调查研究获得初步信息,在控制条件下进行试验以验证和发展调查研究的结果。试验研究所获得的结论,在大田中广泛应用,并通过调查研究进一步明确其实际效果。

与试验研究一样,调查研究的目的是对所调查的总体作出估计和推论。但是所调查的总体往往包含有大量的单位,要穷尽是不可能的,也是不必要的,因而通常仅从总体中进行抽样调查,由样本的结果对总体的情况作出估计和推论。这里用样本的统计数估计总体的参数,便存在所获统计数的准确性及精确性的问题。例如,用样本平均数 x 去估计总体平均数 μ,其准确性$(x-\mu)$如何? 其精确性$(S,即 \mu$ 的抽样误差)又如何? 科学的调查研究应该有严密的抽样设计以便对所获调查研究的结果作出准确的和精确的估计,从而有分寸地作出推论。

一、抽样调查方案

进行草业调查研究,首先应制订好抽样调查计划,计划中应明确调查研究的总体或推论的总体。调查研究的总体有时包含有大量的个体,这时可以把该总体看作为一个无限总体,例如一块大田中有数以万计的植株,如果以一个植株为单位,这个总体中便有数以万计的单位。有时调查研究的总体本身包含的个体并不太多,如一个小区有 200 个单株,以一株为单位,将这个小区看作为一个总体,这一总体则为有限总体。

抽样调查计划的关键是确定抽样调查方案,对总体性质的了解直接关系到抽样调查方案。一个调查计划中,一般应包括目的要求、调查研究材料、对象及其说明、所观察的性状及其标准,统计分析的方法以及日程和人力安排等。

抽样调查方案包括各种各样的专业内容,难以全面概括。

简单的抽样调查方案其主要内容是由样本对总体作出估计。复杂的抽样调查方案则涉及多个不同因素不同处理水平间的比较。

对于这类具有比较性质的抽样调查研究,凡比较试验所遵循的原则均适用。当然自然条件下尤其田间条件下,环境条件难以得到全面控制,设计抽样调查方案时必须注意力求相对一致,以保证不同处理间的可比性,并通过抽样调查技术进行调节和弥补。

抽样比较的设计原则完全参考试验设计的有关要求进行。这里主要集中在抽样方案的三个基本内容的设计方面进行讨论,即抽样单位、抽样方法以及样本容量(也称样本含量)的设计。

在有限总体的情况下还包括与样本容量密切相关的抽样分数(成数)的安排,抽样分数指一个样本所包含的抽样单位数占其总体单位数的成数。

对正规试验的观察测定须通过抽样调查完成,这种情况下每一小区便为一个总体,往往是对有限总体的抽样。而对全试验的整个抽样调查来说,每一小区的抽样观测便成为整体试验的一个部分,这样便组成了一个复杂的抽样调查方案。

二、抽样单位

田间抽样调查的抽样单位随调查研究的目的、牧草种类、病虫害种类、生育时期、播种方法等因素而不同,可以是一种自然的单位,也可以是若干个自然单位归并成的单位,还可以用人为确定的大小、范围或数量作为一个抽样单位。常用的抽样单位如下:

面积:如 $0.5m^2$ 或每 $1m^2$ 内的产量、株数、害虫头数等,为便于田间操作,常用铁丝或木料制成测框供调查时套用,撒播或小株密植的牧草常用测框为抽样单位。

长度:条播的牧草常采用一定长度为抽样单位,如每行若干长度内的产量、株数,若干长度内植株上的害虫头数等。为便于田间操作,常用一定长度的木尺或绳子作工具。

株穴:如碱茅连续 10 株的结籽数,紫羊茅连续 20 穴的苗数、分蘖数、结实粒数等。穴播或大株牧草常以一定株数、穴数为抽样单位。

器官:如苜蓿、红豆草千粒重,豌豆百粒重,每 100 枝燕麦枝条上的蚜虫头数,每个叶片的病斑数等,以一定数量的器官作为一个抽样单位。

时间:如单位时间内见到的虫子头数,每天或每小时开始开花的株数等。

器械:如一捕虫网的虫数,一只诱蛾灯下的虫数,每一个显微镜视野内的细菌数、孢子数、花粉粒数等。

容量或质量:如 1L 或 1kg 种子内的混杂种子数,每 1L 或每 1kg 种子内的害虫头数等。

其他:如一个田块、一个农场等概念性的单位。

抽样单位的确定与调查结果的准确度和精确度有密切关系。不同类型及大小的抽样单位调查效果不一样。例如,条播牧草行距的变异小,株距的变异大,长度法常比测框法或株、穴法好;撒播牧草植株交错,相同面积条件下,方形测框比狭长形测框边界小,计数株数的误差小;$1m^2$ 的测框比 $0.5m^2$ 的测框调查效果好。

三、抽样方法

基本的抽样方法有以下三类。

(一)顺序抽样

也称机械抽样或系统抽样,按照某种既定的顺序抽取一定数量的抽样单位组成样本。例如,按总体各单位编号中逢 1 或逢 5 或一定数量间隔依次抽取或按田间行次每隔一定行数抽取 1 个抽样单位等。田间常用的对角线式、棋盘式、分行式、平行线式、"z"

字形式等抽样方法均属顺序抽样,顺序抽样在操作上方便易行。

以牧草田间测产的抽样调查为例,通常采用实收产量的抽样调查或产量因素的抽样调查法,视测产的时间及要求决定。如高羊茅种子成熟前的测产,在面积不大的田块上常采用棋盘式五点抽样,每样点 $1m^2$(抽样单位为 $1m^2$ 的测框),计数样点中有效穗数,并从中连续数取 20~50 个穗的每穗粒数,根据品种的多年平均千粒重及土地利用系数估计单位面积产量。

(二)典型抽样

也称代表性抽样。按调查研究的目的从总体中有意识地选取有代表性的一定数量的抽样单位(要求所选取的抽样单位能代表总体的大多数)。例如,牧草田间测产的抽样调查,如果全田块生长起伏较大,可以通过目测,在有代表性的几个地段上取点调查。典型抽样在样本容量较小时,相对效果较好。这一方法的应用必须要有一定的抽样经验,否则会因调查人员的主观片面性而造成抽样偏差。

(三)随机抽样

也称等概率抽样。在抽取抽样单位时,总体内各单位均应有同等机会被抽取,随机抽样要遵循一定的随机方法,一般先要对总体内各抽样单位编号,然后用抽签法或随机数字法(随机数字表或计算器上的随机数字)抽取所需数量的抽样单位,组成样本。

仍以牧草田间测产为例,随机决定测框位置时,可先步测田块的长度、宽度,然后由随机数字法决定各点的方位。设田块长300m、宽170m,取 5 点,各点的长、宽位置分别随机决定为(125,88)、(240,9)、(26,53)、(80,71)、(231,129)等,然后逐点步测设点,投框调查。

随机抽样法除上述简单随机抽样法外,还有一系列衍生的随机抽样法。如分层随机抽样法、整群随机抽样法、巢式随机抽样法、双重随机抽样法、序贯抽样法等。简单随机抽样时,总体各单位被抽取的概率相同,一些复杂的随机抽样可以预先确定总体不同部分被抽取的概率。

以上三类方法中,只有随机抽样法符合统计方法中估计随机误差并由所估计误差进行统计推断的原理。在一个抽样调查计划中可以综合地应用以上三种方法。例如,从总体内先用典型抽样法选取典型田块或典型单位群,然后再从中进行随机抽样或顺序抽样。

四、样本容量

样本容量(或样本含量),指样本所包括的抽样单位数。样本容量的大小与所获抽样调查结果的准确度和精确度密切相关。抽样单位的大小和样本容量的大小决定了总调查工作量。总工作量一定时,样本容量可适当大些而抽样单位适当小些。当然并不是容量越大越好,因为抽样单位太小也将导致较大误差。样本容量和抽样单位大小的最佳配置一般可由试验综合权衡后确定。

五、影响抽样方案的因素

设计抽样方案时须考虑以下几方面。

(一)准确度与精确度

要求高时样本容量应大。一定工作量条件下以增大抽样单位为好还是增大样本容量为好,一般先着重考虑针对误差大的环节做出反应。

(二)是否做数理统计推论

一般随机抽样有合理的试验误差估计,可以做统计推论,而其他抽样方法往往缺乏合理的误差估计,统计分析有局限性。但是田间调查采用随机抽样方法有时候较麻烦,不甚方便,常常做某些变通,如综合抽样方法中将随机抽样放在比较方便的场合或阶段,如顺序抽样＋随机抽样,先棋盘式五点抽样,在大体确定 5 个点的方位后,由抛掷测框或其他物件下落的偶然性决定各点的位置,从而减少主观偏向和系统误差的影响,这种情况下,可借用随机抽样的统计分析方法作近似的估计。

(三)抽样单位和样本容量与人力、物力、时间等条件相适应

如抽样单位和样本容量均较大时工作量较大,必须权衡需要与可能,在保证一定精确性的前提下,尽量减少或降低人力、物力、时间等的消耗。

(四)注意调查研究对象的特点

如某些害虫发生量的调查方案,尤其抽样方法,应适合于该昆虫田间分布类型的特点,一般均匀分布的害虫采用对角线式、棋盘式、分行式均可,稀密(非均匀)分布的害虫则常采用平行线式、"z"字形式等。

第六节 试验结果的统计分析

几种比较简单的试验设计结果分析。

一、完全随机设计试验结果分析

例:用两种类型的玻璃电极来测定某地的土壤 pH,每种测定 4 次,用改良的醌氢醌电极所测的数据为 5.78、5.74、5.84 和 5.8。而用改良的 Ag/AgCl 电极时,则为 5.82、5.87、5.96 和 5.89。试以 95% 的可靠性比较用两种类型不同的玻璃电极测定的结果有无差异。

这个试验实际上是两个总体平均数的差异显著性检验,只是要求在抽取样本时,应严格遵循纯随机原则。

假设 $H_0: \mu_1 = \mu_2$

解:计算得 $\overline{X}_1 = 5.790, S_1^2 = 0.001\ 7, n_1 = 4$

$$T = \frac{\bar{X}_1 - \bar{X}_2}{\sqrt{\dfrac{S_1^2 + S_2^2}{n}}} = \frac{5.79 - 5.885}{\sqrt{\dfrac{0.0017 + 0.0034}{4}}} = -2.66$$

$$\bar{X}_2 = 5.885, \quad S_2^2 = 0.0034, \quad n_2 = 4$$

按自由度 $2n - 2 = 6$ 查 t 分布的双侧分位数表得 $t_{0.05} = 2.447$

$$|T| = 2.66 > t_{0.05} = 2.447$$

表明小概率事件出现，原假设不成立。就是说两种不同的玻璃电极测定的 pH 有显著差异。

如果比较的不是两种处理，而是多种处理，也同样可以采用完全随机试验设计，分析时可采用单因素的方差分析法。

二、随机区组设计试验结果分析

(一)分析步骤

随机区组试验设计结果的计算与分析，一般用方差分析的办法来解决。

例 1：通过重复小区的牧草生长量的比较，从 8 个苜蓿品种无性系中选优。考虑到试验地土质差异，将整个试验区划分成 4 个区组（即 4 次重复），每一区组分成 8 个小区，每一小区是一个处理，各区组的小区排列是随机的，其试验结果见表 9-2。

表 9-2　牧草生长量整理数据　（单位：kg/m² · d）

品　种	重　复				合　计
	Ⅰ	Ⅱ	Ⅲ	Ⅳ	
1	0.0196	0.0196	0.0144	0.0121	0.0647
2	0.0256	0.0196	0.0169	0.0169	0.0790

品 种	重 复				合 计
	I	II	III	IV	
3	0.0400	0.0484	0.0441	0.0441	0.1766
4	0.0144	0.0196	0.0169	0.0169	0.0678
5	0.0361	0.0529	0.0400	0.0324	0.1614
6	0.0324	0.0400	0.0441	0.0289	0.1454
7	0.0400	0.0324	0.0289	0.0289	0.1302
8	0.0324	0.0361	0.0256	0.0225	0.1166
合 计	0.2405	0.2686	0.2309	0.2027	0.9427

解:

i 统计假设。假设 8 个无性系在各小区的生长量均无显著差异。

ii 计算离均差平方和

$$SS_T = \sum_{i=1}^{8} \sum_{j=1}^{4} (x_{ij} - \bar{X})^2 = 0.0344$$

$$SS_t = \sum_{i=1}^{8} (\bar{X}_i - \bar{X})^2 = 0.0284$$

$$SSe = SS_T - SS_t = 0.0060$$

iii 计算方差,F 测验结果见表 9-3。

表 9-3 方差分析

变差来源	离差平方和	自由度	方 差	F	F_d
组间(t)	0.0284	8−1=7	0.00405	F=16.2	$F_{0.05}(7;24)=2.42$
组内(e)	0.0060	31−7=24	0.00025		
总和(T)	0.0344	31			

ⅳ 结论:因 F>F$_{0.05}$,小概率事件出现,推翻假设,即 8 个无性系之间的生长量有显著差异。

上面进行的方差分析只得出 8 个无性系之间的生长量有着显著的差异,但究竟这些无性系相互之间生长量差异如何,需采用 SSR 法或 q 法进行多重比较检验。

上面是对试验结果的单因素方差分析,随机区组试验结果还可以用双因素方差分析方法进行分析。其中 A 因素为无性系的生长量,B 因素为区组。二因素方差分析可以判断这两个因素各水平间的差异显著程度。如果区组之间无显著差异,说明各区组条件相似,可以不用随机区组设计,否则,只能用随机区组设计。借助于二因素方差分析把区组间差异剔除,才可能真正弄清楚所研究的各处理间的差异显著性,克服区组间差异的干扰。

例 2:对上例用二因素方差分析的方法进行分析。

统计假设一样。在离差平方和的计算中多一项区组间离差平方和。

SS$_总$=0.0344(同前)

SS$_A$=0.0284,(SS$_A$ 表示品种间的离差平方和,也同前)

SS$_B$:区组间的离差平方和(B 因素)

SS$_e$:误差项平方和

$$SS_B = m \sum_{j=1}^{k} (x_{bj} - x)^2 = \frac{1}{m} \sum_{j=1}^{k} T_{bj}^2 - C = 0.0026$$

$$SS_e = SS_T - SS_A - SS_B = 0.0344 - 0.0284 - 0.0026 = 0.0034$$

自由度:

f$_T$=Km-1=4×8-1=31

f$_A$=m-1=8-1=7

f$_B$=K-1=4-1=3

f$_e$= f$_总$- f$_A$- f$_B$=31-7-3=21

列方差分析见表 9-4。

表 9-4　方差分析

变差来源	离差平方和	自由度	方差	F	Fa
品种 A	0.0284	$f_A=7$	0.0045	$F_A=25.3125$	$F_{0.05}(7,21)=2.49$
区组 B	0.0026	$f_B=3$	0.0087	$F_B=5.4375$	$F_{0.05}(3,21)=3.07$
误差项	0.0034	$F_e=21$	0.0002		
总和(T)	0.0344	$f_总=31$			

结论:$F_A > F_{0.05}$,差异显著,$F_B > F_{0.05}$,差异显著。

表明无性系品种与区组处理对生长量均有显著影响,品种的差异显著性与单因素方差分析是一致的,但在单因素方差分析中假定了区组条件基本一致。用两因素方差分析方法分析的结果,区组的差异也显著,这表明虽然采取了随机区组设计,但土壤差异并没有被完全克服,若用单因素方差分析则不能发现这一问题,用两因素方差分析的优点也在于此。

关于具体信息测验部分与单因素方差分析相同。

(二)随机区组设计试验结果方差分析的几种资料模式

1. 单向分组资料　见表 9-5。

表 9-5　单向分组资料

重复	组别					
	1	2	…	i	…	k
1	X_{11}	X_{21}	…	X_{i1}	…	X_{k1}
2	X_{12}	X_{22}	…	X_{i2}		X_{k2}
…	…	…	…	…	…	…
j	X_{1j}	X_{2j}	…	X_{ij}	…	X_{kj}
…	…	…	…	…	…	…
n	X_{1n}	X_{2n}	…	X_{in}	…	X_{kn}
$\sum_组$	T_1	T_2	…	T_i	…	T_k
$\sum_总$			$T_总$			

2. 系统分组资料(组内又分亚组)　见表9-6。

表9-6　系统分组资料

重复	组别									
	1			...	i				...	k
	1	2	... m	...	1	2	...	m	...	1...m
1	X_{111}	X_{121}	... X_{1m1}	...	X_{i11}	X_{i21}	...	X_{im1}	...	...
2	X_{112}	X_{122}	... X_{1m2}	...	X_{i12}	X_{i22}	...	X_{im2}	...	...
...	...	...	...	...	...	...	...	...		
j	X_{11j}	X_{12j}	... X_{1mj}	...	X_{i1j}	X_{i2j}	...	X_{imj}	...	
...	...	...	...	...	...	...	...	...		
n	X_{11n}	X_{12n}	... X_{1mn}	...	X_{i1n}	X_{i2n}	...	X_{imn}	...	
$\sum_{亚组}$	T_{11}	T_{12}	... T_{1m}	...	T_{i1}	T_{i2}	...	T_{im}	...	...
T_i		T_1		...		T_i			...	T_k
$T_总$					T					

3. 有重复观察值的两向分组资料　见表9-7。

表9-7　有重复观察值的两向分组资料

A因素	B因素					T_{Ai}
	B_1	...	B_j	...	B_b	
	X_{111}	...	X_{j11}	...	Xb_{11}	
A_1	...	...		...	...	T_{A1}
	X_{11n}	...	X_{j1n}	...	X_{b1n}	
	...	...	...	...	...	
...	...	...	...	...	...	...
	...	...	...	...	...	

续表 9-7

A 因素	B 因素					T_{Ai}
	B_1	...	B_j	...	B_b	
	X_{1i1}	...	X_{ji1}	...	X_{bi1}	
A_i	...	...	...	...	...	T_{Ai}
	X_{1in}	...	X_{jin}	...	X_{bin}	
	...	...	...	...	...	
...	...	...	...	...	...	...
	...	...	...	...	...	
	X_{1a1}	...	X_{ja1}	...	X_{ba1}	
A_a	...	...	...	...	...	T_{Aa}
	X_{1an}	...	X_{jan}	...	X_{ban}	
T_{Bj}	T_{B1}	...	T_{Bj}	...	T_{Bb}	$T_{总}$

三、正交设计试验结果分析

正交设计同时考察多个试验因素,利用正交表安排试验和分析试验结果,目的是要分清多个试验因素中哪些是主要因素,哪些是次要因素。并在多个因素同时试验的条件下,选择试验的最佳处理组合。

例 1:有一个育苗 4 因素试验。A 因素为品种:A_1、A_2、A_3 3 个水平,B 因素为密度:B_1、B_2、B_3 3 个水平,C 因素为施肥量:C_1、C_2、C_3 3 个水平,D 因素为灌水次数:D_1、D_2、D_3 3 个水平。这个试验若全面实施,要有 $3^3 = 27$ 个试验组合。如何用最少的处理组合数目来进行这一试验?采用正交设计中的正交性,即参加试验的每个因素的每一水平与另一因素的 3 个水平各组合 1 次,也仅组合 1 次,这种特性定义为正交性,它是试验结果得以正确比较的极重要条件。

我们先考虑 A、B 两个因素,共有 9 个水平组合,如表 9-8。

表 9-8　A、B 二因素正交试验组合

项　目	B_1	B_2	B_3
A_1	$A_1 B_1$	$A_1 B_2$	$A_1 B_3$
A_2	$A_2 B_1$	$A_2 B_2$	$A_2 B_3$
A_3	$A_3 B_1$	$A_3 B_2$	$A_3 B_3$

在表 9-8 组合中排进 C 因素,也必须保持正交性,即使任两个因素的不同水平各组合 1 次,也仅组合 1 次。这样试验结果才能进行正确的比较。这个排列如表 9-9。

表 9-9　A、B、C 三因素正交试验组合

项　　目	B_1	B_2	B_3
A_1	$A_1 B_1 C_1$	$A_1 B_2 C_2$	$A_1 B_3 C_3$
A_2	$A_2 B_1 C_2$	$A_2 B_2 C_3$	$A_2 B_3 C_1$
A_3	$A_3 B_1 C_3$	$A_3 B_2 C_1$	$A_3 B_3 C_2$

或简写为表 9-10 形式。

表 9-10　A、B、C 三因素正交简表

项　　目	B_1	B_2	B_3
1	1	2	3
2	2	3	1
3	3	1	2

我们再排进因素 D，D 因素亦必须是均衡正交的。设以 1、2、3 表示 D 因素的 3 个水平，则其排列如表 9-11。

表 9-11　A、B、C、D 四因素正交简表

项　目	1	2	3
1	11	22	33
2	23	31	12
3	32	13	21

在表 9-11 中，A、B、C、D 任 2 个因素的每一水平都与另一因素的 3 个水平仅各组合 1 次，所以都是均衡正交的。这样 $3^4=81$ 个组合的试验就只有 9 个试验。

(1) $A_1B_1C_1D_1$　　　(2) $A_1B_2C_2D_2$　　　(3) $A_1B_3C_3D_3$

(4) $A_2B_1C_2D_3$　　　(5) $A_2B_2C_3D_1$　　　(6) $A_2B_3C_1D_2$

(7) $A_3B_1C_3D_2$　　　(8) $A_3B_2C_1D_3$　　　(9) $A_3B_3C_2D_1$

将上述结果列成表格，如表 9-12，就成为 $L_9(3^4)$ 正交表。

表 9-12　$L_9(3^4)$——四因素三水平可安排 9 个处理组合的正交表

处理组合	列　号			
	A 列	B 列	C 列	D 列
(1) $A_1B_1C_1D_1$	A_1	B_1	C_1	D_1
(2) $A_1B_2C_2D_2$	A_1	B_2	C_2	D_2
(3) $A_1B_3C_3D_3$	A_1	B_3	C_3	D_3
(4) $A_2B_1C_2D_3$	A_2	B_1	C_2	D_3
(5) $A_2B_2C_3D_1$	A_2	B_2	C_3	D_1
(6) $A_2B_3C_1D_2$	A_2	B_3	C_1	D_2
(7) $A_3B_1C_3D_2$	A_3	B_1	C_3	D_2
(8) $A_3B_2C_1D_3$	A_3	B_2	C_1	D_3
(9) $A_3B_3C_2D_1$	A_3	B_3	C_2	D_1

$L_9(3^4)$正交表中,L 代表正交表;9 代表 9 行,可以安排 9 个试验;4 代表 4 列,最多可以安排 4 个因素;3 代表每个因素的水平数,这里每因素有 3 个水平。

正交试验的代表性:9 个组合到底能在多大程度上反映 81 个组合的试验结果呢? 根据正交表的基本性质,各因素的水平是两两正交的,因此,任一因素的任一水平下都必须均衡地包含着其他因素的各个水平。例如:品种 A_1 下有 3 种密度水平,3 种施肥量水平和 3 种灌水次数水平,如图 9-5。

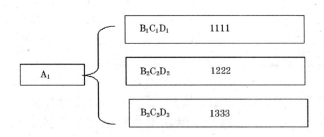

图 9-5　A_1 水平下均衡地包含 B、C、D 因素的各水平

同样,品种 A_2、A_3 也都包含 3 种密度,3 种施肥量和 3 种灌水次数水平。所以,当比较 A_1、A_2、A_3 时,其他 3 个因素的效应都彼此抵消,余下的只有 A 的效应和试验误差。在比较 B_1、B_2、B_3 或 C_1、C_2、C_3 或 D_1、D_2、D_3 时,也是同样情况。

正是由于这种正交性质,故虽然只有 9 个水平组合,但 4 个因素的主要效应仍可清楚地分开,而使各因素的效应都得到估计。所以,这 9 个水平组合可以对 81 个水平组合的因素效应作出近似的估计。

正交表表头设计及其结果分析:所谓表头设计,就是将试验因素和需要估计的交互作用,排入正交表的表头各列(注意:各列下的水平数必须与该列试验因素的水平数相同)。然后根据各试验因素列下的水平,写出该试验的各个处理组合,做成试验方案。

例2:为探讨影响某种松树苗木嫁接成活率的因素。据分析,松木品种(A、B、C)、嫁接者(甲、乙、丙)、不同药物处理[空(CK)、酒精、涂蜡],可能对成活率影响较大,为此用3个松木品种、3名嫁接工人、3种药物处理进行正交表表头设计,如表9-13。

表9-13　3个松木品种、3名嫁接工人、3种药物处理组合

试验因素	处理水平		
	1	2	3
松木品种	A	B	C
药物处理	空(CK)	酒精	涂蜡
嫁接工人	甲	乙	丙

这是一个3因素3水平的多因素试验,在正交表中查到m=3的情形,有$L_9(3^4)$表,这是4因素3水平表,这里我们借用此表,现将$L_9(3^4)$列成表9-14。

表9-14　$L_9(3^4)$正交表

处理号	列　　号			
	1	2	3	4
1	1	1	1	1
2	1	2	2	2
3	1	3	3	3
4	2	1	2	3
5	2	2	3	1
6	2	3	1	2
7	3	1	3	2
8	3	2	1	3
9	3	3	2	1

　　由于上例是三因素三水平试验,这个表是四因素三水平表,所以表头中的1、2、3、4列,只能选用其中的三列,现在选用1、3、4列,分别与品种、药物、嫁接者相对应,表内数值1、2、3分别与各因素的3个水平相对应。我们把因素与水平分别安排到 $L_9(3^4)$ 表中去,则得到表9-15。

表9-15　三因素三水平试验表头设计

试验号	列　号			
	品种 1	2	药物 3	嫁接者
1	1(A)	1	1(空)	1(甲)
2	1(A)	2	2(酒)	2 乙
3	1(A)	3	3(蜡)	3(丙)
4	2(B)	1	2(酒)	3(丙)
5	2(B)	2	3(蜡)	1(甲)
6	2(B)	3	1(空)	2(乙)
7	3(C)	1	3(蜡)	2(乙)
8	3(C)	2	1(空)	3(丙)
9	3(C)	3	2(酒)	1(甲)

　　列出表9-15,即得到要做的9个试验。如第1个试验 A、空、甲组合,第二个试验是 A、酒、乙组合,…第九个试验是 C、酒、甲组合。

四、试验结果的计算与直观分析

　　试验结果填入表中,得表9-16。

表 9-16　试验结果

| 处理号 | 列　号 | | | | 成活率(%) |
| | 1 | 2 | 3 | 4 | |
	品　种		药　物	嫁接者	
1	1(A)	1	1(空)	1(甲)	80(x_1)
2	1(A)	2	2(酒)	2(乙)	20(x_2)
3	1(A)	3	3(蜡)	3(丙)	80(x_3)
4	2(B)	1	2(酒)	3(丙)	0(x_4)
5	2(B)	2	3(蜡)	1(甲)	100(x_5)
6	2(B)	3	1(空)	2(乙)	60(x_6)
7	3(C)	1	3(蜡)	2(乙)	20(x_7)
8	3(C)	2	1(空)	3(丙)	20(x_8)
9	3(C)	3	2(酒)	1(甲)	0(x_9)
T_1	180	100	160	180	
T_2	160	140	20	100	T=380
T_3	40	140	200	100	
$\overline{X}_1$	60.0		53.33	60.00	
$\overline{X}_2$	53.33		6.67	33.33	
$\overline{X}_3$	13.33		66.67	33.33	

表中数字的计算：

$T = x_1 + x_2 + \cdots\cdots + x_9 = 380$，品种 $T_1 = 80 + 20 + 80 = 180$，$\overline{X}_1 = 180/3 = 60$，依此类推。根据表 9-16 可以做如下的直观分析。

从图 9-6 可以看出，对品种因素而言，以品种 A 水平为最佳，对药物处理因素而言，以涂蜡为最佳，对嫁接者因素而言，以甲为最佳。因此，可以认为试验可能以 A、蜡、甲这样的水平组合为最优。尽管这一水平组合为最优,但在试验中未出现,而这样的趋势是容易看出的,可以通过进一步的试验来验证。

另外从数据的变动情况来看,药物处理使试验结果发生很大变动,这说明药物处理因素对试验结果有最重要的影响,可见它是主要因子。进一步通过方差分析尚可找出哪些因素对试验结果影响显著,哪些因素对试验结果影响不显著。

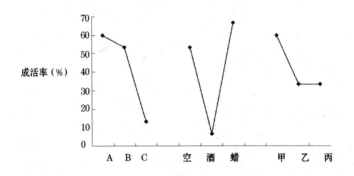

图 9-6   品种、药物、嫁接者对成活率的影响

正交试验的方差分析:以上例为例,与过去做方差分析完全相似。n＝9,T＝380。

$$\overline{X} = \frac{T}{n} = \frac{380}{9} = 42.22$$

总离差平方和

$$SS_{总} = \sum_{i=1}^{9} x^2 - C = 11555.56$$

品种项离差平方和

$$SS_{品} = \frac{1}{3} \sum_{i=1}^{3} T_品^2 - C = 3822.23$$

药物项离差平方和

$$SS_{药} = \frac{1}{3} \sum_{i=1}^{3} T_{药}^2 - C = 5955.56$$

嫁接者离差平方和

$$SS_{嫁} = \frac{1}{3} \sum_{i=1}^{3} T_{嫁}^2 - C = 1422.23$$

剩余项离差平方和

$$SSe = SS_{总} - SS_{品} - SS_{药} - SS_{嫁} = 355.54$$

总自由度 $f_{总} = n - 1 = 9 - 1 = 8$

处理项自由度 $f_{品} = f_{药} = f_{嫁} = 3 - 1 = 2$

剩余项自由度 $f_e = f_{总} - f_{品} - f_{药} - f_{嫁} = 8 - 2 - 2 - 2 = 2$

列方差分析见表 9-17。

表 9-17　方差分析表

变差来源	离差平方和	自由度	方　差	F	F_a
品　种	3822.23	2	1911.12	$F_{品} = 10.75$	$F_{0.05}(2,2) = 19.0$
药　物	5955.56	2	2977.18	$F_{药} = 16.75$	$F_{0.01}(2,2) = 99.0$
嫁接者	1422.23	2	711.12	$F_{嫁} = 4.00$	
剩　余	355.54	2	177.77		
总　和	11555.56	8			

结论:品种、药物、嫁接者在 0.05 的检验水平上差异均不显著。

如果将第二列(该列上未安排因素)亦与其他各列作类似的离差平方和计算。则:

$$SS_e = \frac{1}{3}(100^2 + 140^2 + 140^2) - C = 16400 - 16044.44 = 355.56$$

这个离差平方和值与剩余项离差平方和值相等(两次的 SSe 值仅差 0.02,属计算误差),这绝不是偶合,而这正是正交设计方差分析中的一条重要特性:在正交设计的方差分析中,总离差平方和分解时,其他列赋予了处理项相应的内容,而没有安排的列的平方和就反映了剩余项的内容。

正交试验交互作用分析:假设要设计一个 4 因素,每因素 2 水平的正交试验,根据正交表查因素等于 2 的情形,选定 $L_8(2^7)$ 正交表,它表明共需做 8 次试验,这个表最多可以容纳 7 个因素,如果某一列安排与剩余项相对应,则对试验来说可有两列是空的。这两列在考虑因素间有交互作用的条件下即可安排其为所需的交互作用。当然交互作用可以有 $A \times B, A \times C, A \times D$ … 等,不止两个,实践中常常根据经验直接作出某些交互作用可以忽略的判断,留下一个或几个主要的交互作用进行分析,计算方法则与前例完全相同(认定它所在的列,就按与其他列一样方法计算。结果就代表了该交互作用的离差平方和)。但是应当指出,对于每一个正交表来说,主因素与交互作用所在列不是可以任意选择的,对 L_8 (2^7) 来说,若第一、第二列安排了 A、B 二因素,则第三列就是 $A \times$ B 所在列,如果选择 A、B、C、D 4 因素,而且认为 $A \times B$ 这一因素是应该考虑的,则第三列就留给 $A \times B$,C、D 就放到其他列上去。关于哪些列为哪个因素的交互作用列这个问题,在正交表后所附交互作用表上常有说明。

例:研究某栽培牧草的品种(A)、密度(B)、施肥量(C)及施肥日期(D)对年产量的影响,每一因素均分 2 个水平,如表 9-18。根据经验,知道交互作用 $A \times B$、$A \times C$ 较大,其他交互作用则较小,略去不计。

表 9-18　品种(A)、密度(B)、施肥量(C)及施肥日期(D)处理组合

编　号	因　　素			
	A 品　种	B 密　度	C 施肥量	D 施肥日期
1	甲	2×2	20	5
2	乙	2×4	30	6

采用正交表 $L_8(2^7)$，先将 A、B 安排在第一、第二列，查 L_8 (2^7) 的交互作用表，知 A×B 为第三列，于是将 C 安排在第四列，则 A×C 在第五列，由于不考虑 D 与各因素的交互作用，可以将 D 放在第六、第七这两列的任一列中，而另一列安排剩余项。这样便得到如表 9-19 的表头设计和试验结果（表 9-20）。

表 9-19   A、B、C、D 四因素处理组合试验表头设计

列　号	1	2	3	4	5	6	7
因　素	A	B	A×B	C	A×C	剩余	D

表 9-20   试验结果

编　号	因　素							
	A 品种	B 密度	A×B	C 施肥量	A×C	E 剩余	D 施肥日期	X 产量
1	1	1	1	1	1	1	1	790
2	1	1	1	2	2	2	2	956
3	1	2	2	1	1	2	2	900
4	1	2	2	2	2	1	1	899
5	2	1	2	1	2	1	2	860
6	2	1	2	2	1	2	1	780
7	2	2	1	1	2	2	1	838
8	2	2	1	2	1	1	2	750
T_1	3545	3386	3334	3388	3220	3299	3307	T=6773
T_2	3228	3387	3439	3385	3553	3474	3466	

$$SS_{总} = \sum_{i=1}^{n} x^2 - C = 34789.9$$

$$SS_A = \frac{1}{4} \sum_{i=1}^{4} T_{Ai}^2 - C = 12561.2$$

$$SS_B = \frac{1}{4} \sum_{i=1}^{4} T_{Bi}^2 - C = 0.2$$

$$SS_{A \times B} = \frac{1}{4} \sum_{i=1}^{4} T_{A \times B}^2 - C = 1378.2$$

$$SS_C = \frac{1}{4} \sum_{i=1}^{4} T_{ci}^2 - C = 1.2$$

$$SS_{A \times C} = \frac{1}{4} \sum_{i=1}^{4} T_{A \times C}^2 - C = 13861.2$$

$$SS_e = \frac{1}{4} \sum_{i=1}^{4} T_{ei}^2 - C = 3828.2$$

$$SS_D = \frac{1}{4} \sum_{i=1}^{4} T_{Di}^2 - C = 3160.2$$

总自由度为 7,各列(处理因素)的自由度均为 1,由此得方差分析,如表 9-21。在表 9-21 中,B、C 二因素的离差平方和极小,可以认为 B、C 各水平差异仅由随机原因形成,故将其归入剩余项。

表 9-21　方差分析表

变异来源	离差平方和	自由度	方　差	F	F α
A×C	13861.2	1	13861.2	10.86	$F_{0.01}(1,3) = 34.1$
A	12561.2	1	12561.2	9.84	$F_{0.05}(1,3) = 10.1$
D	3160.2	1	3160.2	2.48	
A×B	1378.2	1	1378.2	1.08	
剩余 $\left\{\begin{array}{l} C \\ B \\ E \end{array}\right.$	3829.6	$\left.\begin{array}{l} 1 \\ 1 \\ 1 \end{array}\right\}3$	1276.53		
总和	34789.9	7			

分析结果表明 A×C 因素对试验结果影响最大。其余各因素(包括 A×B)均不显著,因素 B、C 的影响微不足道。

A、C 因素各组合的具体信息,通过多重比较实现。

第七节　案例分析

一、案例一

在草地改良中,研究草地整地深度对播种种子发芽率、出苗率、成苗率的影响。

设计思路:

(一)考虑影响试验的因素

a. 试验地点;b. 草地类型;c. 小区面积;d. 整地深度;e. 试验指示植物(单播品种或混播品种及其组合);f. 播种时间(春播、夏播、秋播);g. 播种方式(条播、穴播或行距间隔)。

(二)对试验进行因素分类处理

a. 试验主要因素(整地深度);b. 试验次要因素(草地类型);c. 其他因素(设计为相同条件:小区面积相同、播种时间相同、播种品种相同、播种量相同、播种方式相同)。

试验为不同草地类型上整地深度对播种种子发芽率、出苗率、成苗率的影响,为 2 因素试验。

试验小区排列方式采用完全随机排列还是随机区组排列,取决于试验地的均匀度和处理因素的水平数,而处理因素水平的多少要与试验地面积、工作量、人力等相匹配。这样,就可以进入实施设计阶段。

(三)试验设计

1. 整地深度处理　15、20、25、30cm 4 个水平。

2. 草地类型处理　草甸、草原、灌丛、荒漠 4 个水平。

3. 播种时间　春播(4 月 20 日)。

4. 播种牧草品种　披碱草。

5. 小区面积　$2 \times 5 \text{m}^2$。

6. 播种方式　条播(行距 15cm)。

7. 播种量　10kg /hm²。

8. 重复数　草地类型重复 3 次,小区重复 4 次。

9. 随机区组排列设计　4 个区组(草甸区组、草原区组、灌丛区组、荒漠区组)(图 9-7)。

2	4	1	3	草甸 I
1	3	2	4	草甸 II
3	4	1	2	草甸 III
2	1	4	3	草原 I
1	4	3	2	草原 II
3	2	1	4	草原 III
2	1	4	3	灌丛 I
4	2	3	1	灌丛 II
2	3	1	4	灌丛 III
1	2	4	3	荒漠 I
4	3	1	2	荒漠 II
2	4	3	1	荒漠 III

图 9-7　试验种植图

另外,试验因素的多少,也影响试验设计,因素多的可采用正交设计、裂区设计等。

(四)试验结果分析

图 9-7 中四个区组的试验结果整理形成表 9-22。为有重复观察值的二因素资料,可进行方差分析。

表9-22 二因素随机区组试验结果

草地类型	区 组	整地深度处理及观察值			
		15cm	20cm	25cm	30cm
草 甸	I	X_{111}	X_{211}	X_{311}	X_{411}
	II	X_{112}	X_{212}	X_{312}	X_{412}
	III	X_{113}	X_{213}	X_{313}	X_{413}
草 原	I	X_{121}	X_{221}	X_{321}	X_{421}
	II	X_{122}	X_{222}	X_{322}	X_{422}
	III	X_{123}	X_{223}	X_{323}	X_{423}
灌 丛	I	X_{131}	X_{231}	X_{331}	X_{431}
	II	X_{132}	X_{232}	X_{332}	X_{432}
	III	X_{133}	X_{233}	X_{333}	X_{433}
荒 漠	I	X_{141}	X_{241}	X_{341}	X_{441}
	II	X_{142}	X_{242}	X_{342}	X_{442}
	III	X_{143}	X_{243}	X_{343}	X_{443}

若本试验因素主因素:整地深度;次因素:草地类型,播种时间;则可采用裂区设计:大区因素为草地类型,次大区因素为播种时间,小区因素为整地深度,则如图9-8。

春播区				夏播区				秋播区			
草甸				草甸				草甸			
3	2	4	1	2	3	1	4	3	1	2	4
草原				草原				草原			
2	4	1	3	1	2	4	3	2	4	1	2
荒漠				荒漠				荒漠			
1	3	4	2	4	1	3	2	3	1	2	4
灌丛				灌丛				灌丛			
4	2	3	1	2	1	4	3	1	4	3	2

图9-8 裂区试验设计种植图

每一草地类型上都有如此的小区试验。试验结果合并后得到如表 9-23 结果，为 3 因素有重复观察值的资料，可按 3 因素有重复观察值资料进行方差分析。

表 9-23　裂区设计试验结果

B 因素		春播区				夏播区				秋播区			
C 因素		15	20	25	30	15	20	25	30	15	20	25	30
A 因素	草甸	X_{1111}	X_{1211}	X_{1311}	X_{1411}	X_{2111}	X_{2211}	X_{2311}	X_{2411}	X_{3111}	X_{3211}	X_{3311}	X_{3411}
		X_{1112}	X_{1212}	X_{1312}	X_{1412}	X_{2112}	X_{2212}	X_{2312}	X_{2412}	X_{3112}	X_{3212}	X_{3312}	X_{3412}
		X_{1113}	X_{1213}	X_{1313}	X_{1413}	X_{2113}	X_{2213}	X_{2313}	X_{2413}	X_{3113}	X_{3213}	X_{3313}	X_{3413}
	草原	X_{1121}	X_{1221}	X_{1321}	X_{1421}	X_{2121}	X_{2221}	X_{2321}	X_{2421}	X_{3121}	X_{3221}	X_{3321}	X_{3421}
		X_{1122}	X_{1222}	X_{1322}	X_{1422}	X_{2122}	X_{2222}	X_{2322}	X_{2422}	X_{3122}	X_{3222}	X_{3322}	X_{3422}
		X_{1123}	X_{1223}	X_{1323}	X_{1423}	X_{2123}	X_{2223}	X_{2323}	X_{2423}	X_{3122}	X_{3223}	X_{3323}	X_{3423}
	灌丛	X_{1131}	X_{1231}	X_{1331}	X_{1423}	X_{2131}	X_{2231}	X_{2331}	X_{2431}	X_{3131}	X_{3231}	X_{3331}	X_{3431}
		X_{1132}	X_{1232}	X_{1332}	X_{1432}	X_{2132}	X_{2232}	X_{2332}	X_{2432}	X_{3132}	X_{3232}	X_{3332}	X_{3432}
		X_{1133}	X_{1233}	X_{1333}	X_{1433}	X_{2133}	X_{2233}	X_{2333}	X_{2433}	X_{3132}	X_{3233}	X_{3333}	X_{3433}
	荒漠	X_{1141}	X_{1241}	X_{1341}	X_{1441}	X_{2141}	X_{2241}	X_{2341}	X_{2441}	X_{3141}	X_{3241}	X_{3341}	X_{3441}
		X_{1142}	X_{1242}	X_{1342}	X_{1442}	X_{2142}	X_{2242}	X_{2342}	X_{2442}	X_{3142}	X_{3242}	X_{3342}	X_{3442}
		X_{1143}	X_{1243}	X_{1343}	X_{1443}	X_{2143}	X_{2243}	X_{2343}	X_{2443}	X_{3142}	X_{3243}	X_{3343}	X_{3443}

二、案 例 二

对某牧草种子制订了 5 种处理方法（其中一种为对照 CK），进行播种试验，其他条件相同，出苗后 1 个月对苗高进行测定，研究不同处理方法对苗高的影响。

设计思路：

（一）考虑影响试验的因素

a. 某牧草品种种子处理方法；b. 播种时间；c. 指示指标（苗

高);d. 播种方式;e. 小区面积;f. 播种地点;g. 整地深度。

(二)对试验进行因素分类处理

a. 试验处理因素设计:5 种种子处理方法;b. 试验其他因素设计:播种时间、播种方式、播种地点、小区面积、整地深度设计为相同标准。

(三)试验设计

某牧草品种种子处理:选择纯净度、饱满度、发芽率好的种子,5 种方法处理。

播种地点选择确定:选择适宜于某牧草品种生长的区域,考虑栽培条件、生活条件、交通条件、试验条件等确定一个试验地点。

播种时间确定(月—日):选择春播、夏播、秋播时间的其一或作为 3 个时间处理。

小区面积确定:据小区数和重复次数确定试验地面积(含保护行、走道等)。

播种量确定:(kg/hm^2)。

整地深度确定:(cm)。

播种方式确定:条播、撒播或穴播。

区组排列方式确定:单因素设计或二因素设计。

指示指标及其测定方法:苗高(自然高度、绝对高度);测定方法;测定时间;测定仪器。

试验地管理方案:栽培技术、管理技术。

1. 单因素试验设计　若重复 3 次,单因素试验种植如图9-9 所示。

2	4	1	3	5
5	3	2	4	1
1	4	5	2	3

图 9-9　单因素试验设计田间种植

将种植观察结果汇总后,形成表 9-24 资料,可进行单因素试验结果资料统计分析。

表 9-24　试验结果整理为单向分组资料

重　复	种子处理方法				
	1	2	3	4	5
1	X_{11}	X_{21}	X_{31}	X_{41}	X_{51}
2	X_{12}	X_{22}	X_{32}	X_{42}	X_{52}
3	X_{13}	X_{23}	X_{33}	X_{43}	X_{53}

2. 二因素试验设计　随机区组设计:3 个区组,小区重复 3 次;种植如图 9-10。

2	4	1	3	5	
5	3	2	4	1	Ⅰ
1	4	5	2	3	

2	4	1	3	5	
5	3	2	4	1	Ⅱ
1	4	5	2	3	

2	4	1	3	5	
5	3	2	4	1	Ⅲ
1	4	5	2	3	

图 9-10　二因素试验设计田间种植图

将种植观察结果汇总后,形成如表 9-25 资料,可进行二因素试验结果资料统计分析。

表 9-25　试验结果整理为两向分组资料

区　组	种子处理方法				
	1	2	3	4	5
I	X_{111}	X_{211}	X_{311}	X_{411}	X_{511}
	X_{112}	X_{212}	X_{312}	X_{412}	X_{512}
	X_{113}	X_{213}	X_{313}	X_{413}	X_{513}
II	X_{121}	X_{221}	X_{321}	X_{421}	X_{521}
	X_{122}	X_{222}	X_{322}	X_{422}	X_{522}
	X_{123}	X_{223}	X_{323}	X_{423}	X_{523}
III	X_{131}	X_{231}	X_{331}	X_{431}	X_{531}
	X_{132}	X_{232}	X_{332}	X_{432}	X_{532}
	X_{133}	X_{233}	X_{333}	X_{433}	X_{533}

第八节　数理统计软件应用

SPSS 10.0 统计软件应用见附录 C。

附录 A 中国草地类型分类系统

一、温性草甸草原类

(一)平原丘陵草甸草原亚类

B 中禾草组

1. 羊草(*Leymus chinensis*)型

2. 羊草(*Leymus chinensis*)、贝加尔针茅(*Stipa baicalensis*)型

3. 羊草(*Leymus chinensis*)、杂类草(*Herbarum variarum*)型

4. 具西伯利亚杏的羊草(*Leymus chinensis*)、贝加尔针茅(*Stipa baicalensis*)型

5. 贝加尔针茅(*Stipa baicalensis*)、羊草(*Leymus chinensis*)型

6. 贝加尔针茅(*Stipa baicalensis*)、杂类草(*Herbarum variarum*)型

7. 具西伯利亚杏的贝加尔针茅(*Stipa baicalensis*)型

8. 多叶隐子草(*Cleistogenes polyphylla*)、杂类草(*Herbarum variarum*)型

9. 多叶隐子草(*Cleistogenes polyphylla*)、冷蒿(*Artemisia frigida*)型

10. 多叶隐子草(*Cleistogenes polyphylla*)、细叶胡枝子(*Lespedeza hedysaroides*)型

11. 具西伯利亚杏的多叶隐子草(*Cleistogenes polyphylla*)型

G 杂类草组

12. 线叶菊(*Filifolium sibiricum*)、羊草(*Leymus chinensis*)型

13. 裂叶蒿(*Artemisia laciniata*)、地榆(*Sanguisorba offici-nalis*)型

(二)山地草甸草原亚类

B 中禾草组

14. 贝加尔针茅(*Stipa baicalensis*)型

15. 贝加尔针茅(*Stipa baicalensis*)型、线叶菊(*Filifolium sibiricum*)型

16. 具灌木的贝加尔针茅(*Stipa baicalensis*)、隐子草(*Cleistogenes* spp.)型

17. 白羊草(*Bothriochloa ischaemum*)、针茅(*Stipa* spp.)型

C 矮禾草组

18. 羊茅(*Festuca ovina*)型

19. 具蔷薇的羊茅(*Festuca ovina*)、杂类草(*Herbarum variarum*)型

20. 沟羊茅(*Festuca valesiaca subsp.* sulcata)、杂类草(*Herbarum variarum*)型

21. 阿拉套羊茅(*Festuca alatavica*)、草原薹草(*Carex liparocarpos*)型

22. 细叶早熟禾(*Poa angustifolia*)、针茅(*Stipa capillata*)型

23. 新疆早熟禾(*Poa versicolor subsp.* relaxa)、新疆亚菊(*Ajania fastigiata*)型

24. 硬质早熟禾(*Poa sphondylodes*)、杂类草(*Herbarum variarum*)型

F 小莎草组

25. 脚薹草(*Carex pediformis*)型、杂类草(*Herbarum variarum*)型

26. 具灌木的脚薹草(*Carex pediformis*)型、杂类草(*Herba-*

rum variarum)型

27. 披针叶苔草(*Carex lanceolata*)、杂类草(*Herbarum variarum*)型

28. 具灌木的披针叶薹草(*Carex lanceolata*)、杂类草(*Herbarum variarum*)型

29. 草原薹草(*Carex liparocarpos*)、杂类草(*Herbarum variarum*)型

30. 异穗薹草(*Carex heterostachya*)、铁杆蒿(*Artemisia gmelinii*)型

G 杂类草组

31. 线叶菊(*Filifolium sibiricum*)、贝加尔针茅(*Stipa baicalensis*)型

32. 线叶菊(*Filifolium sibiricum*)、羊茅(*Festuca ovina*)型

33. 线叶菊(*Filifolium sibiricum*)、脚薹草(*Carex pediformis*)型

34. 线叶菊(*Filifolium sibiricum*)、杂类草(*Herbarum variarum*)型

35. 线叶菊(*Filifolium sibiricum*)、细叶胡枝子(*Lespedeza hedysaroides*)型

36. 具灌木的线叶菊(*Filifolium sibiricum*)、贝加尔针茅(*Stipa baicalensis*)型

37. 裂叶蒿(*Artemisia laciniata*)、披针叶薹草(*Carex lanceolata*)型

38. 银蒿(*Artemisia austriaca*)、白草(*Pennisetum flaccidum*)型

39. 天山鸢尾(*Iris loczyi*)、杂类草(*Herbarum variarum*)型

40. 紫花鸢尾(*Iris ruthenica*)、铁杆蒿(*Artemisia gmelinii*)型

41. 具金丝桃叶绣线菊的新疆亚菊(*Ajania fastigiata*)型

H 蒿类半灌木组

42. 牛尾蒿(*Artemisia subdigitata*)、铁杆蒿(*Artemisia gmelinii*)型

43. 铁杆蒿(*Artemisia gmelinii*)、贝加尔针茅(*Stipa baicalensis*)型

44. 铁杆蒿(*Artemisia gmelinii*)、草地早熟禾(*Poa pratensis*)型

45. 铁杆蒿(*Artemisia gmelinii*)、杂类草(*Herbarum variarum*)型

46. 具灌木的铁杆蒿(*Artemisia gmelinii*)、杂类草(*Herbarum variarum*)型

47. 细裂叶莲蒿(*Artemisia santolinifolia*)、早熟禾(*Poa spp.*)型

48. 具灌木的细裂叶莲蒿(*Artemisia santolinifolia*)型

I 半灌木组

49. 细叶胡枝子(*Lespedeza hedysaroides*)、中华隐子草(*Cleistogenes chinensis*)型

(三)沙地草地草原亚类

B 中禾草组

50. 具家榆的羊草(*Leymus chinensis*)、杂类草(*Herbarum variarum*)型

G 杂类草组

51. 菊叶委陵菜(*Potentilla tanacetifolia*)、杂类草(*Herbarum variarum*)型

H 蒿类半灌木组

52. 具灌木的差巴嘎蒿(*Artemisia halodendron*)、禾草(*Gramineae*)型

二、温性草原类

（一）平原丘陵草原亚类

B 中禾草组

1. 羊草（*Leymus chinensis*）、针茅（*Stipa* spp. ）型

2. 羊草（*Leymus chinensis*）、糙隐子草（*Cleistogenes squarrosa*）型

3. 羊草（*Leymus chinensis*）、杂类草（*Herbarum variarum*）型

4. 羊草（*Leymus chinensis*）、冷蒿（*Artemisia frigida*）型

5. 具小叶锦鸡儿的羊草（*Leymus chinensis*）、杂类草（*Herbarum variarum*）型

6. 大针茅（*Stipa grandis*）型

7. 大针茅（*Stipa grandis*）、糙隐子草（*Cleistogenes squarrosa*）型

8. 大针茅（*Stipa grandis*）、杂类草（*Herbarum variarum*）型

9. 大针茅（*Stipa grandis*）、达乌里胡枝子（*Lespedeza davurica*）型

10. 具小叶锦鸡儿的大针茅（*Stipa grandis*）、冰草（*Agropyron cristatum*）型

11. 具西伯利亚杏的大针茅（*Stipa grandis*）、糙隐子草（*Cleistogenes squarrosa*）型

12. 克氏针茅（*Stipa krylovii*）、糙隐子草（*Cleistogenes squarrosa*）型

13. 克氏针茅（*Stipa krylovii*）、冷蒿（*Artemisia frigida*）型

14. 具小叶锦鸡儿的克氏针茅（*Stipa krylovii*）型

15. 长芒草（*Stipa bungeana*）、冰草（*Agropyron cristatum*）型

16. 长芒草（*Stipa bungeana*）、糙隐子草（*Cleistogenes squar-*

rosa）型

17. 长芒草（*Stipa bungeana*）、杂类草（*Herbarum variarum*）型

18. 具锦鸡儿的长芒草（*Stipa bungeana*）型

19. 中亚白草（*Pennisetum centrasiaticum*）型

C 矮禾草组

20. 冰草（*Agropyron cristatum*）、糙隐子草（*Cleistogenes squarrosa*）型

21. 冰草（*Agropyron cristatum*）、杂类草（*Herbarum variarum*）型

22. 冰草（*Agropyron cristatum*）、冷蒿（*Artemisia frigida*）型

23. 具小叶锦鸡儿的冰草（*Agropyron cristatum*）、糙隐子草（*Cleistogenes squarrosa*）型

24. 糙隐子草（*Cleistogenes squarrosa*）型

25. 糙隐子草（*Cleistogenes squarrosa*）、杂类草（*Herbarum variarum*）型

26. 糙隐子草（*Cleistogenes squarrosa*）、冷蒿（*Artemisia frigida*）型

27. 糙隐子草（*Cleistogenes squarrosa*）、达乌里胡枝子（*Lespedeza davurica*）型

28. 具锦鸡儿的糙隐子草（*Cleistogenes squarrosa*）型

29. 溚草（*Koeleria cristata*）、糙隐子草（*Cleistogenes squarrosa*）型

G 杂类草组

30. 多根葱（*Allium polyrrhizum*）型

31. 漠蒿（*Artemisia deserhorum*）、长芒草（*Stipa bungeana*）型

32. 猪毛蒿（*Artemisia scoparia*）、杂类草（*Herbarum varia-*

rum)型

33. 星毛委陵菜(*Potentilla acaulis*)、长芒草(*Stipa bungeana*)型

H 蒿类半灌木组

34. 蒿(*Artemisia* spp.)、杂类草(*Herbarum variarum*)型

35. 茭蒿(*Artemisia giraldii*)、禾草型

36. 冷蒿(*Artemisia frigida*)、克氏针茅(*Stipa krylovii*)型

37. 冷蒿(*Artemisia frigida*)、长芒草(*Stipa bungeana*)型

38. 冷蒿(*Artemisia frigida*)、冰草(*Agropyron cristatum*)型

39. 冷蒿(*Artemisia frigida*)、杂类草(*Herbarum variarum*)型

40. 具小叶锦鸡儿的冷蒿(*Artemisia frigida*)、克氏针茅(*Stipa krylovii*)型

I 半灌木组

41. 达乌里胡枝子(*Lespedeza davurica*)、杂类草(*Herbarum variarum*)型

42. 具柠条锦鸡儿的牛枝子(*Lespedeza potaninii*)型

43. 百里香(*Thymus serpyllum* var. *mongolicus*)、长芒草(*Stipa bungeana*)型

44. 百里香(*Thymus serpyllum* var. *mongolicus*)、糙隐子草(*Cleistogenes squarrosa*)型

45. 百里香(*Thymus serpyllum* var. *mongolicus*)、杂类草(*Herbarum variarum*)型

46. 百里香(*Thymus serpyllum var. mongolicus*)、达乌里胡枝子(*Lespedeza davurica*)型

47. 山竹岩黄芪(*Hedysarum fruticosum*)、杂类草(*Herbarum variarum*)型

(二)山地草原亚类

A 高禾草组

48. 芨芨草(*Achnatherum splendens*)型

B 中禾草组

49. 大针茅(*Stipa grandis*) 型

50. 克氏针茅(*Stipa krylovii*)、羊茅(*Festuca ovina*)型

51. 克氏针茅(*Stipa krylovii*)、早熟禾(*Poa* spp.) 型

52. 克氏针茅(*Stipa krylovii*)、青海薹草(*Carex ivanovae*)型

53. 克氏针茅(*Stipa krylovii*)、甘青针茅(*Stipa przewalskyi*)型

54. 具灌木的克氏针茅(*Stipa krylovii*)、杂类草(*Herbarum variarum*)型

55. 长芒草(*Stipa bungeana*)、杂类草(*Herbarum variarum*)型

56. 具砂生槐的长芒草(*Stipa bungeana*)型

57. 具灌木的长芒草(*Stipa bungeana*)型

58. 疏花针茅(*Stipa penicillata*)、冰草(*Agropyron cristatum*)型

59. 具砂生槐的白草(*Pennisetum flaccidum*)型

60. 白草(*Pennisetum flaccidum*)型

61. 青海固沙草(*Orinus kokonorica*)、克氏针茅(*Stipa krylovii*)型

62. 青海固沙草(*Orinus kokonorica*)、杂类草(*Herbarum variarum*)型

63. 具锦鸡儿的青海固沙草(*Orinus kokonorica*) 型

64. 固沙草(*Orinus thoroldii*)、白草(*Pennisetum flaccidum*)型

65. 阿拉善鹅观草(*Roegneria alashanica*)、冷蒿(*Artemisia*

frigida)型

C 矮禾草组

66. 藏布三芒草(*Aristida tsangpoensis*)型

67. 天山针茅(*Stipa tianschanica*)型

68. 针茅(*Stipa capillata*)型

69. 茅针(*Stipa capillata*)、新疆亚菊(*Ajania fastigiata*)型

70. 具锦鸡儿的针茅(*Stipa capillata*)、杂类草(*Herbarum variarum*)型

71. 具金丝桃叶绣线菊的针茅(*Stipa capillata*)、杂类草(*Herbarum variarum*)型

72. 渐狭早熟禾(*Poa attenuata*)型

73. 中华隐子草(*Cleistogenes chinensia*)、杂类草(*Herbarum variarum*)型

74. 中华隐子草(*Cleistogenes chinensia*)、百里香(*Thymus* spp.)型

75. 冰草(*Agropyron cristatum*)、杂类草(*Herbarum variarum*)型

76. 冰草(*Agropyron cristatum*)、冷蒿(*Artemisia frigida*)型

77. 具锦鸡儿的冰草(*Agropyron cristatum*)型

F 小莎草组

78. 草原薹草(*Carex liparocarpos*)、杂类草(*Herbarum variorum*)型

79. 草原薹草(*Carex liparocarpos*)、冷蒿(*Artemisia frigida*)型

80. 具灌木的草原苔草(*Carex liparocarpos*)型

G 杂类草组

81. 蒙古蒿(*Artemisia mongolica*)、甘青针茅(*Stipa przew-*

alskyi)型

82. 栉叶蒿(*Neopallasia pectinata*)型

83. 天山鸢尾(*Iris loczyi*)、禾草(*Gramineae*)型

H 蒿类半灌木组

84. 菱蒿(*Artemisia giraldii*)、杂类草(*Herbarum variarum*)型

85. 菱蒿(*Artemisia giraldii*)、冷蒿(*Artemisia frigida*)型

86. 铁杆蒿(*Artemisia gmelinii*)、长芒草(*Stipa bungeana*)型

87. 铁杆蒿(*Artemisia gmelinii*)、冰草(*Agropyron cristatum*)型

88. 铁杆蒿(*Artemisia gmelinii*)、杂类草(*Herbarum variarum*)型

89. 铁杆蒿(*Artemisia gmelinii*)、冷蒿(*Artemisia frigida*)型

90. 铁杆蒿(*Artemisia gmelinii*)、百里香(*Thymus serpyllum* var. *mongolicus*)型

91. 铁杆蒿(*Artemisia gmelinii*)、达乌里胡枝子(*Lespedeza davurica*)型

92. 具灌木的铁杆蒿(*Artemisia gmelinii*)型

93. 毛莲蒿(*Artemisia vestita*)型

94. 岩蒿(山蒿)(*Artemisia brachyloba*)、杂类草(*Herbarum variarum*)型

95. 藏白蒿(*Artemisia younghusbandii*)、白草(*Pennisetum flaccidum*)型

I 半灌木组

96. 达乌里胡枝子(*Lespedeza davurica*)、长芒草(*Stipa bungeana*)型

97. 灰枝紫菀（*Aster poliothamnus*）、杂类草（*Herbarum variarum*）型

（三）沙地草原亚类

B 中禾草组

98. 中亚白草（*Pennisetum centrasiaticum*）、杂类草（*Herbarum variarum*）型

99. 中亚白草（*Pennisetum centrasiaticum*）、冷蒿（*Artemisia frigida*）型

100. 具灌木的中亚白草（*Pennisetum centrasiaticum*）、杂类草（*Herbarum variarum*）型

101. 具北沙柳的长芒草（*Stipa bungeana*）、杂类草（*Herbarum variarum*）型

C 矮禾草组

102. 沙生冰草（*Agropyron desertorum*）、糙隐子草（*Cleistogenes squarrosa*）型

103. 具柠条锦鸡儿的冰草（*Agropyron cristatum*）型

104. 具家榆的冰草（*Agropyron cristatum*）型

D 豆科草本组

105. 甘草（*Glycyrrhiza uralensis*）、杂类草（*Herbarum variarum*）型

H 蒿类半灌木组

106. 具灌木的冷蒿（*Artemisia frigida*）型

107. 具家榆的冷蒿（*Artemisia frigida*）型

108. 褐沙蒿（*Artemisia intramongolica*）型

109. 具锦鸡儿的褐沙蒿（*Artemisia intramongolica*）型

110. 具家榆的褐沙蒿（*Artemisia intramongolica*）型

111. 差巴嘎蒿（*Artemisia halodendron*）型

112. 差巴嘎蒿（*Artemisia halodendron*）、冷蒿（*Artemisia*

frigida)型

113. 具灌木的差巴嘎蒿(*Artemisia halodendron*)型

114. 具家榆的差巴嘎蒿(*Artemisia halodendron*)型

115. 油蒿(*Artemisia ordosica*)、杂类草(*Herbarum varia-rum*)型

I 半灌木组

116. 达乌里胡枝子(*Lespedeza davurica*)、禾草(*Gramineae*)型

117. 具灌木的达乌里胡枝子(*Lespedeza davurica*)、沙生冰草(*Agropyron desertorum*)型

118. 具家榆的达乌里胡枝子(*Lespedeza davurica*)型

119. 草麻黄(*Ephedran sinica*)、差巴嘎蒿(*Artemisia halo-dendron*)型

120. 草麻黄(*Ephedran sinica*)、糙隐子草(*Cleistogenes squarrosa*)型

121. 具灌木的草麻黄(*Ephedran sinica*)、糙隐子草(*Cleisto-genes squarrosa*)型

三、温性荒漠草原类

(一)平原丘陵荒漠草原亚类

C 矮禾草组

1. 小针茅(*Stipa klemenzii*)、无芒隐子草(*Cleistogenes son-gorica*)型

2. 小针茅(*Stipa klemenzii*)、冷蒿(*Artemisia frigida*)型

3. 小针茅(*Stipa klemenzii*)、半灌木(*Suffruter*)型

4. 具锦鸡儿的小针茅(*Stipa klemenzii*)型

5. 短花针茅(*Stipa breviflora*)、无芒隐子草(*Cleistogenes songorica*)型

6. 短花针茅(*Stipa breviflora*)、冷蒿(*Artemisia frigida*)型

7. 短花针茅(*Stipa breviflora*)、牛枝子(*Lespedeza potaninii*)型

8. 短花针茅(*Stipa breviflora*)、蓍状亚菊(*Ajania achilleoides*)型

9. 短花针茅(*Stipa breviflora*)、刺叶柄棘豆(*Oxytropis aciphylla*)型

10. 短花针茅(*Stipa breviflora*)、刺旋花(*Convolvulus tragacanthoides*)型

11. 具锦鸡儿的短花针茅(*Stipa breviflora*)型

12. 沙生针茅(*Stipa glareosa*)、糙隐子草(*Cleistogenes squarrosa*)型

13. 沙生冰草(*Agropyron desertorum*)型

14. 无芒隐子草(*Cleistogenes songorica*)型

15. 具锦鸡儿的无芒隐子草(*Cleistogenes songorica*)型

G 杂类草组

16. 多根葱(*Allium polyrrhizum*)、小针茅(*Stipa klemenzii*)型

17. 大苞鸢尾(*Iris bungei*)、杂类草(*Herbarum variarum*)型

H 蒿类半灌木组

18. 具锦鸡儿的冷蒿(*Artemisia frigida*)型

19. 驴驴蒿(*Artemisia dalai-lamae*)、短花针茅(*Stipa breviflora*)型

I 半灌木组

20. 牛枝子(*Lespedeza potaninii*)、杂类草(*Herbarum variarum*)型

21. 具锦鸡儿的牛枝子(*Lespedeza potaninii*)型

22. 蓍状亚菊(*Ajania achilleoides*)、短花针茅(*Stipa brevi-*

flora)型

23. 具垫状锦鸡儿的蓍状亚菊(*Ajania achilleoides*)型

24. 束伞亚菊(*Ajania parviflora*)、长芒草(*Stipa bungeana*)型

25. 灌木亚菊(*Ajania fruticulosa*)、针茅(*Stipa* spp.)型

26. 女蒿(*Hippolytia trifida*)、小针茅(*Stipa klemenzii*)型

27. 刺叶柄棘豆(*Oxytropis aciphylla*)、杂类草(*Herbarum variarum*)型

(二)山地荒漠草原亚类

B 中禾草组

28. 阿拉善鹅观草(*Roegneria alashanica*)、驼绒藜(*Cceratoides latens*)型

C 矮禾草组

29. 镰芒针茅(*Stipa caucasica*)、高山绢蒿(*Seriphidium rhodanthum*)型

30. 镰芒针茅(*Stipa caucasica*)、博洛塔绢蒿(*Seriphidium borotalense*)型

31. 具锦鸡儿的镰芒针茅(*Stipa caucasica*)型

32. 沙生针茅(*Stipa glareosa*)型

33. 沙生针茅(*Stipa glareosa*)、高山绢蒿(*Seriphidium rhodanthum*)型

34. 沙生针茅(*Stipa glareosa*)、短叶假木贼(*Anabasis brevifolia*)型

35. 沙生针茅(*Stipa glareosa*)、合头藜(*Sympegma regelii*)型

36. 沙生针茅(*Stipa glareosa*)、蒿叶猪毛菜(*Salsola abrotanoides*)型

37. 沙生针茅(*Stipa glareosa*)、灌木短舌菊(*Brachanthe-*

mum freticulosum)型

38. 沙生针茅(*Stipa glareosa*)、红砂(*Reaumuria soongorica*)型

39. 具锦鸡儿的沙生针茅(*Stipa glareosa*)型

40. 具灌木的沙生针茅(*Stipa glareosa*)型

41. 戈壁针茅(*Stipa gobica*)、松叶猪毛菜(*Salsola laricifolia*)型

42. 戈壁针茅(*Stipa gobica*)、蒙古扁桃(*Prumus mongolic*)型

43. 戈壁针茅(*Stipa gobica*)、灌木亚菊(*Ajania fruticulosa*)型

44. 短花针茅(*Stipa breviflora*)型

45. 短花针茅(*Stipa breviflora*)、博洛塔绢蒿(*Seriphidium borotalense*)型

46. 短花针茅(*Stipa breviflora*)、半灌木杂类草(*Suffrutex*)型

47. 具锦鸡儿的短花针茅(*Stipa breviflora*)、杂类草(*Herbarum variarum*)型

48. 昆仑针茅(*Stipa roborowskyi*)、高山绢蒿(*Seriphidium rhodanthum*)型

49. 新疆针茅(*Stipa sareptana*)、纤细绢蒿(*Seriphidium gracilescens*)型

50. 东方针茅(*Stipa orientalis*)、博洛塔绢蒿(*Seriphidium borotalense*)型

51. 冰草(*Agropyron cristatum*)、纤细绢蒿(*Seriphidium gracilescens*)型

52. 冰草(*Agropyron cristatum*)、高山绢蒿(*Seriphidium rhodanthum*)型

53. 羊茅（*Festuca ovina*）、博洛塔绢蒿（*Seriphidium borotalense*）型

F 小莎草组

54. 草原薹草（*Carex liparocarpos*）、高山绢蒿（*Seriphidium rhodanthum*）型

（三）沙地荒漠草原亚类

A 高禾草组

55. 沙鞭（*Psammochloa villosa*）、杂类草（*Herbarum variarum*）型

C 矮禾草组

56. 沙芦草（*Agropyron mongolicum*）型

D 豆科草本组

57. 甘草（*Glycyrrhiza uralensis*）型

58. 苦豆子（*Sophora allopecuroides*）、中亚白草（*Pennisetum centrasiaticum*）型

G 杂类草组

59. 具锦鸡儿的杂类草（*Herbarum variarum*）型

60. 老鸹头（*Cynanchum komarovii*）型

H 蒿类半灌木组

61. 油蒿（*Artemisia ordosica*）、沙鞭（*Psammochloa villosa*）型

62. 油蒿（*Artemisia ordosica*）、甘草（*Glycyrrhiza uralensis*）型

63. 油蒿（*Artemisia ordosica*）、中亚白草（*Pennisetum centrasiaticum*）型

64. 具锦鸡儿的油蒿（*Artemisia ordosica*）型

四、高寒草甸草原类

B 中禾草组

1. 寡穗茅（*Littledalea przevalskyi*）、杂类草（*Herbarum variarum*）型

C 矮禾草组

2. 丝颖针茅（*Stipa capillacea*）型

3. 具灌木的丝颖针茅（*Stipa capillacea*）型

4. 具变色锦鸡儿的穗状寒生羊茅（*Festuca ovina subsp. sphagnicola*）型

5. 微药羊茅（*Festuca nitidula*）型

6. 紫花针茅（*Stipa purpurea*）、嵩草（*Kobresia spp.*）型

F 小莎草组

7. 窄果薹草（*Carex angustifructus*）型

8. 青藏薹草（*Carex moorcroftii*）、嵩草（*Kobresia spp.*）型

G 杂类草组

9. 具香柏的臭蚤草（*Pulicaria insignis*）型

五、高寒草原类

B 中禾草组

1. 新疆银穗草（*Leucopoa olgae*）型

2. 新疆银穗草（*Leucopoa olgae*）、穗状寒生羊茅（*Festuca ovina subsp. sphagnicola*）型

3. 固沙草（*Orinus thoroldii*）型

C 矮禾草组

4. 紫花针茅（*Stipa purpurea*）型

5. 紫花针茅（*Stipa purpurea*）、新疆银穗草（*Leucopoa olgae*）型

6. 紫花针茅（*Stipa purpurea*）、固沙草（*Orinus* spp.）型

7. 紫花针茅（*Stipa purpurea*）、黄芪（*Astragalus* spp.）型

8. 紫花针茅（*Stipa purpurea*）、青藏薹草（*Carex moorcroftii*）型

9. 紫花针茅（*Stipa purpurea*）、杂类草（*Herbarum variarum*）型

10. 具锦鸡儿的紫花针茅（*Stipa purpurea*）型

11. 羽状针茅（*Stipa subsessiliflora* var. *basiplumosa*）型

12. 座花针茅（*Stipa subsessiliflora*）型

13. 昆仑针茅（*Stipa roborowskyi*）型

14. 寒生羊茅（*Festuca kryloviana*）型

15. 穗状寒生羊茅（*Festuca ovina* subsp. *sphagnicola*）型

16. 昆仑早熟禾（*Poa litwinowiana*）、糙点地梅（*Androsace squarrosula*）型

17. 羊茅状早熟禾（*Poa festucoides*）、棘豆（*Oxytropis* spp.）型

18. 羊茅状早熟禾（*Poa festucoides*）、四裂红景天（*Rhodiola quadrifida*）型

19. 草沙蚕（*Tripogon bromoides*）型

D 豆科草本组

20. 劲直黄芪（*Astragalus strictus*）、紫花针茅（*Stipa purpurea*）型

F 小莎草组

21. 青藏苔草（*Carex moorcroftii*）、杂类草（*Herbarum variarum*）型

22. 具灌木的青藏苔草（*Carex moorcroftii*）型

G 杂类草组

23. 木根香青（*Anaphalis xylorrhiza*）、杂类草（*Herbarum*

variarum)型

24. 帕阿委陵菜(*Potentilla pamiroalaica*)型

25. 冻原白蒿(*Artemisia strachey*)型

26. 川藏蒿(*Artemisia tainingensis*)型

H 蒿类半灌木组

27. 藏沙蒿(*Artemisia wellbyi*)型

28. 藏沙蒿(*Artemisia wellbyi*)、紫花针茅(*Stipa purpurea*)型

29. 藏白蒿(*Artemisia younghusbandii*)型

30. 日喀则蒿(*Artemisia xigazeensis*)型

31. 灰苞蒿(*Artemisia roxburghiana*)型

32. 藏龙蒿(*Artemisia waltonii*)型

六、高寒荒漠草原类

C 矮禾草组

1. 镰芒针茅(*Stipa caucasica*)型

2. 紫花针茅(*Stipa purpurea*)、垫状驼绒藜(*Ceratoides compacta*)型

3. 具变色锦鸡儿的紫花针茅(*Stipa purpurea*)型

4. 座花针茅(*Stipa subsessiliflora*)、高山蒿(*Seriphidium rhodanthum*)型

5. 沙生针茅(*Stipa glareosa*)、固沙草(*Orinus* spp.)型

6. 沙生针茅(*Stipa glareosa*)、藏沙蒿(*Artemisia wellbyi*)型

F 小莎草组

7. 青藏薹草(*Carex moorcroftii*)、垫状驼绒藜(*Ceratoides compacta*)型

七、温性草原化荒漠类

H 蒿类半灌木组

1. 白茎绢蒿（*Seriphidium terrae-albae*）、沙生针茅（*Stipa glareosa*）型

2. 博洛塔绢蒿（*Seriphidium borotalense*）、针茅（*Stipa capillata*）型

3. 新疆绢蒿（*Seriphidium kaschgaricum*）、沙生针茅（*Stipa glareosa*）型

4. 纤细绢蒿（*Seriphidium gracilescens*）、沙生针茅（*Stipa glareosa*）型

I 半灌木组

5. 合头藜（*Sympegma ragelii*）、禾草（*Gramineae*）型

6. 喀什菊（*Kaschgaria komarovii*）、禾草（*Gramineae*）型

7. 珍珠猪毛菜（*Salsola passerina*）、禾草（*Gramineae*）型

8. 珍珠猪毛菜（*Salsola passerina*）、杂类草（*Herbarum variorum*）型

9. 蒿叶猪毛菜（*Salsola abrotanoides*）、沙生针茅（*Stipa glareosa*）型

10. 天山猪毛菜（*Salsola junatovii*）、沙生针茅（*Stipa glareosa*）型

11. 短叶假木贼（*Anabasis brevifolia*）、针茅（*Stipa* spp.）型

12. 高枝假木贼（*Anabasis elatior*）、中亚细柄茅（*Ptilagrostis pelliotii*）型

13. 小蓬（*Nanophyton erinaceum*）、沙生针茅（*Stipa glareosa*）型

14. 灌木紫菀木（*Asterothamnus fruticosus*）、沙生针茅（*Stipa glareosa*）型

15. 红砂(*Reaumuria soongorica*)、禾草(*Gramineae*)型

16. 红砂(*Reaumuria soongorica*)、多根葱(*Allium polyrrhizum*)型

17. 驼绒藜(*Ceratoides latens*)、沙生针茅(*Stipa glareosa*)型

18. 驼绒藜(*Ceratoides latens*)、女蒿(*Hippolytia trifida*)型

19. 盐爪爪(*Kalidium foliatum*)、禾草(*Gramineae*)型

20. 圆叶盐爪爪(*Kalidium schrenkianum*)、沙生针茅(*Stipa glareosa*)型

21. 松叶猪毛菜(*Salsola laricifolia*)、禾草(*Gramineae*)型

J 灌木组

22. 旋花(*Convolvulus tragacanthoides*)、沙生针茅(*Stipa glareosa*)型

23. 垫状锦鸡儿(*Caragana tibetica*)、针茅(*Stipa* spp.)型

24. 垫状锦鸡儿(*Caragana tibetica*)、冷蒿(*Artemisia frigida*)型

25. 中间锦鸡儿(*Caragana intermedia*)、沙生针茅(*Stipa glareosa*)型

26. 锦鸡儿(*Caragana spp.*)、小针茅(*Stipa kelemenzii*)型

27. 柠条锦鸡儿(*Caragana Korshinskii*)、油蒿(*Artemisia ordosica*)型

28. 蒙古扁桃(*Prunus mongolica*)、戈壁针茅(*Stipa gobica*)型

29. 半日花(*Helianthemum soongoricum*)、戈壁针茅(*Stipa gobica*)型

30. 沙冬青(*Ammopiptanthus mongolicus*)、短花针茅(*Stipa breviflora*)型

八、温性荒漠类

(一)土砾质荒漠亚类

G 杂类草组

1. 叉毛蓬(*Petrosimonia sibirica*)型

H 蒿类半灌木组

2. 白茎绢蒿(*Seriphidium terrae－albae*)型

3. 博洛塔绢蒿(*Seriphidium borotalense*)型

4. 新疆绢蒿(*Seriphidium kaschgaricum*)型

5. 伊犁绢蒿(*Seriphidium transillense*)型

6. 准噶尔沙蒿(*Artemisia songarica*)型

I 半灌木组

7. 木地肤(*Kochia prostrata*)、角果藜(*Ceratocarpus arenarius*)型

8. 天山猪毛菜(*Salsola junatovii*)型

9. 蒿叶猪毛菜(*Salsola abrotanoides*)、红纱(*Reaumuria soongorica*)型

10. 东方猪毛菜(*Salsola orientalis*)型

11. 珍珠猪毛菜(*Salsola passerina*)型

12. 合头藜(*Sympegma regelii*)型

13. 盐生假木贼(*Anabasis salsa*)型

14. 短叶假木贼(*Anabasis brevifolia*)型

15. 粗糙假木贼(*Anabasis pelliotii*)型

16. 无叶假木贼(*Anabasis aphylla*)型、圆叶盐爪爪(*Kalidium schrenkianum*)型

17. 戈壁藜(*Iljnia regelii*)型

18. 小蓬(*Nanophyton erinaceum*)型

19. 木碱蓬(*Suaeda dendroides*)型

20. 五柱红砂(*Reaumuria kaschgarica*)型

21. 蒙古短舌菊(*Brachanthemum mongolicum*)型

22. 星毛短舌菊(*Brachanthemum pulvinatum*)型

23. 松叶猪毛菜(*Salsola laricifolia*)型

24. 驼绒藜(*Ceratoides latens*)型

25. 木本猪毛菜(*Salsola arbuscula*)、驼绒藜(*Ceratoides latens*)型

26. 红砂(*Reaumuria soongorica*)型

27. 圆叶盐爪爪(*Kalidium schrenkianum*)型

28. 尖叶盐爪爪(*Kalidium cuspidatum*)型

29. 细枝盐爪爪(*Kalidium gracile*)型

30. 黄毛盐爪爪(*Kalidium sinicum*)型

J 灌木组

31. 鹰爪柴(*Convolvulus gortschakovii*)型

32. 刺旋花(*Convolvulus tragacanthoides*)、绵刺(*Potaninia mongolica*)型

33. 油柴(*Tetraena mongolica*)型

34. 绵刺(*Potaninia mongolica*)型

35. 霸王(*Zygophyllum xanthoxylon*)型

36. 泡泡刺(*Nitraria sphaerocarpa*)型

37. 白刺(*Nitraria tangutorum*)型

38. 小果白刺(*Nitraria sibirica*)型

39. 柽柳(*Tamarix chinesis*)型

40. 裸果木(*Gymnocarpos przewalskii*)、短叶假木贼(*Anabasis brevifolia*)型

41. 膜果麻黄(*Ephedra przewalskii*)、半灌木(*Suffrutex*)型

42. 垫状锦鸡儿(*Caragana tibetica*)、红砂(*Reaumuria soon-*

gorica)型

43. 沙冬青(*Ammopiptanthus mongolicus*)、红纱(*Reaumuria soongorica*)型

K 小乔木组

44. 梭梭(*Haloxylon erinaceum*)、半灌木(*Suffrutex*)型

(二)沙质荒漠亚类

B 中禾草组

45. 大赖草(*Leymus racemosus*)、沙漠绢蒿(*Seriphidium santolinum*)型

H 蒿类半灌木组

46. 沙蒿(*Artemisia arenria*)、白茎绢蒿(*Seriphidium terrae—albae*)型

47. 白沙蒿(*Artemisia sphaerocephala*)型

48. 旱蒿(*Artemisia xerophytica*)、驼绒藜(*Ceratoides latens*)型

I 半灌木组

49. 驼绒藜(*Ceratoides latens*)型

J 灌木组

50. 沙拐枣(*Calligonum* spp.)型

K 小乔木组

51. 白梭梭(*Haloxylon persicum*)、沙拐枣(*Calligonum* spp.)型

52. 梭梭(*Haloxylon erinaceum*)型

53. 梭梭(*Haloxylon erinaceum*)、白刺(*Nitraria tangutorum*)型

54. 梭梭(*Haloxylon erinaceum*)、沙漠绢蒿(*Seriphidium santolinum*)型

(三)盐土质荒漠亚类

I 半灌木组

55. 盐节木(*Halocnemum strobilaceum*)型

56. 囊果碱蓬(*Suaeda physophora*)型

57. 盐爪爪(*Kalidium foliatum*)型

58. 盐穗木(*Halostachys caspica*)型

J 灌木组

59. 多枝柽柳(*Tamarix ramosissima*)、盐穗木(*Halostachys caspica*)型

60. 小果白刺(*Nitraria sibirica*)、黑果枸杞(*Lycium ruthenicum*)型

九、高寒荒漠类

G 杂类草

1. 唐古特红景天(*Rhodrola algida* var. *tanfutica*)、杂类草(*Herbarum variarum*)型

2. 高原芥(*Christolea crassifolia*)型

H 蒿类半灌木组

3. 高山绢蒿(*Seriphidium rhodanthum*)、垫状驼绒藜(*Ceratoides compacta*)型

4. 高山绢蒿(*Seriphidium rhodanthum*)、驼绒藜(*Ceratoides latens*)型

I 半灌木组

5. 亚菊(*Ajania* spp.)型

6. 垫状驼绒藜(*Ceratoides compacta*)型

十、暖性草丛类

A 高禾草组

1. 大油芒（*Spodiopogon sibiricus*）型

2. 芒（*Miscanthus sibiricus*）型

3. 芒（*Miscanthus sibiricus*）、野青茅（*Deyeuxia arundinacea*）型

B 中禾草组

4. 白羊草（*Bothriochloa ischaemum*）型

5. 白羊草（*Bothriochloa ischaemum*）、黄背草（*Themeda triandra* var. *japonica*）型

6. 白羊草（*Bothriochloa ischaemum*）、荩草（*Arthraxon hispidus*）型

7. 白羊草（*Bothriochloa ischaemum*）、隐子草（*Cleistogenes* spp.）型

8. 黄背草（*Themeda triandra* var. *japonica*）型

9. 黄背草（*Themeda triandra* var. *japonica*）、白羊草（*Bothriochloa ischaemum*）型

10. 黄背草（*Themeda triandra* var. *japonica*）、野古草（*Arundinella hirta*）型

11. 黄背草（*Themeda triandra* var. *japonica*）、荩草（*Arthraxon hispidus*）型

12. 白健秆（*Eulalia pallens*）型

13. 野古草（*Arundinella hirta*）型

14. 穗序野古草（*Arundinella chenii*）型

15. 中亚白草（*Pennisetum centrasiaticum*）、杂类草（*Herbarum variarum*）型

16. 画眉草（*Eragrostis pilosa*）、白草（*Pennisetum flaccid-*

um)型

17. 知风草(*Eragrostis ferruginea*)、西南委陵菜(*Potentilla fulgens*)型

18. 白茅(*Imperata cylindrica* var. *major*)、白羊草(*Bothriochloa ischaemum*)型

19. 白茅(*Imperata cylindrica* var. *major*)型

20. 野青茅(*Deyeuxia arundinacea*)型

C 矮禾草组

21. 结缕草(*Zoysia japonica*)型

F 小莎草组

22. 披针叶薹草(*Carex lanceolata*)、杂类草(*Herbarum variarum*)型

H 蒿类半灌木组

23. 铁杆蒿(*Artemisia gmelinii*)、白羊草(*Bothriochloa ischaemum*)型

24. 细裂叶莲蒿(*Artemisia santolinifolia*)、桔草(*Cymbopogon goeringii*)型

十一、暖性灌草丛类

A 高禾草组

1. 具灌木的大油芒(*Spodiopogon sibiricus*)型

2. 具灌木的荻(*Mixcanthus sacchariflorus*)型

3. 具栎的荻(*Mixcanthus sacchariflorus*)型

4. 具栎的芒(*Mixcanthus sinensis*)型

5. 具灌木的芒(*Mixcanthus sinensis*)型

6. 具乔木的芒(*Mixcanthus sinensis*)、野青茅(*Deyeuxia arundinacea*)型

B 中禾草组

7. 具胡枝子的白羊草（*Bothriochloa ischaemum*）型

8. 具酸枣白羊草（*Bothriochloa ischaemum*）型

9. 具沙棘的白羊草（*Bothriochloa ischaemum*）型

10. 具荆条的白羊草（*Bothriochloa ischaemum*）型

11. 具灌木的白羊草（*Bothriochloa ischaemum*）型

12. 具乔木的白羊草（*Bothriochloa ischaemum*）型

13. 具酸枣的黄背草（*Themeda triandra* var. *japonica*）型

14. 具荆条的黄背草（*Themeda triandra* var. *japonica*）型

15. 具灌木的黄背草（*Themeda triandra* var. *japonica*）型

16. 具柞栎的黄背草（*Themeda triandra* var. *japonica*）型

17. 具乔木的黄背草（*Themeda triandra* var. *japonica*）型

18. 具胡枝子的野古草（*Arundinella hirta*）型

19. 具灌木的野古草（*Arundinella hirta*）型

20. 具乔木的野古草（*Arundinella hirta*）型

21. 具灌木的荩草（*Arthraxon hispidus*）型

22. 具乔木的荩草（*Arthraxon hispidus*）型

23. 具云南松的穗序野古草（*Arundinella chenii*）型

24. 具灌木的须芒草（*Andropogon tristis*）型

25. 具灌木的白健秆（*Eulalia pallens*）、金茅（*Eulalia speciosa*）型

26. 具云南松的白健秆（*Eulalia pallens*）型

27. 具灌木的野青茅（*Deyeuxia arundinacea*）型

28. 具乔木的野青茅（*Deyeuxia arundinacea*）型

29. 具白刺花的小营草（*Themeda hookeri*）型

30. 具灌木的桔草（*Cymbopogon goeringii*）型

31. 具虎榛子的拂子茅（*Calamagrostis epigejos*）型

32. 具灌木的白茅（*Imperata cylindrica* var. *major*）、杂类

草（*Herbarum variarum*）型

33. 具灌木的湖北三毛草（*Trisetum senryi*）型

34. 具乔木的知风草（*Eragrostis ferruginea*）型

35. 具栎的旱茅（*Eremopogon delavayi*）型

C 矮禾草组

36. 具荆条的隐子草（*Cleistogenes* spp.）型

37. 具乔木的隐子草（*Cleistogenes* spp.）型

38. 具乔木的结缕草（*Zoysia japonica*）型

F 小莎草组

39. 具灌木的羊胡子薹草（*Carex callitrichos*）型

40. 具胡枝子的披针叶薹草（*Carex lanceolata*）型

41. 具柞栎的披针叶薹草（*Carex lanceolata*）型

42. 具乔木的披针叶薹草（*Carex lanceolata*）型

G 杂类草组

43. 具灌木的委陵菜（*Potentilla* spp.）、杂类草（*Herbarum variarum*）型

44. 具青冈的委陵菜（*Potentilla fulgens*）型

H 蒿类半灌木组

45. 具灌木的铁杆蒿（*Artemisia gmelinii*）型

I 半灌木组

46. 具酸枣的达乌里胡枝子（*Lespedeza davurica*）型

47. 具灌木的百里香（*Thymus serpyllum* var. *mongolicua*）型

48. 具乔木的百里香（*Thymus serpyllum* var. *mongolicua*）型

十二、热性草丛类

A 高禾草组

1. 五节芒(*Miscanthus floridulus*)型

2. 五节芒(*Miscanthus floridulus*)、白茅(*Imperata cylindrica* var. *major*)型

3. 五节芒(*Miscanthus floridulus*)、野古草(*Arundinella hirta*)型

4. 五节芒(*Miscanthus floridulus*)、纤毛鸭嘴草(*Ischaemum indicum*)型

5. 芒(*Miscanthus sinensis*)型

6. 芒(*Miscanthus sinensis*)、白茅(*Imperata cylindrica var. major*)型

7. 芒(*Miscanthus sinensis*)、金茅(*Eulalic speciosa*)型

8. 芒(*Miscanthus sinensis*)、野古草(*Arundinella hirta*)型

9. 类芦(*Neyraudia reynaudiana*)型

10. 苞子草(*Themeda gigantea* var. *caudata*)型

B 中禾草组

11. 白茅(*Imperata cylindrica* var. *major*)型

12. 白茅(*Imperata cylindrica* var. *major*)、芒(*Miscanthus sinensis*)型

13. 白茅(*Imperata cylindrica* var. *major*)、金茅(*Eulalic speciosa*)型

14. 白茅(*Imperata cylindrica* var. *major*)、细柄草(*Capillipedium parviflorum*)型

15. 白茅(*Imperata cylindrica* var. *major*)、野古草(*Arundinella hirta*)型

16. 白茅(*Imperata cylindrica* var. *major*)、纤毛鸭嘴草

（*Ischaemum indicum*）型

    17. 白茅（*Imperata cylindrica* var. *major*）、黄背草（*Themeda triandra* var. *japonica*）型

    18. 扭黄茅（*Heteropogon contortus*）型

    19. 扭黄茅（*Heteropogon contortus*）、白茅（*Imperata cylindrica* var. *major*）型

    20. 扭黄茅（*Heteropogon contortus*）、金茅（*Eulalic speciosa*）型

    21. 金茅（*Eulalia speciosa*）型

    22. 金茅（*Eulalia speciosa*）型、白茅（*Imperata cylindrica* var. *major*）型

    23. 金茅（*Eulalia speciosa*）、野古草（*Arundinella hirta*）型

    24. 四脉金茅（*Eulalia quadrinervis*）型

    25. 青香茅（*Cymbopogon caesius*）、白茅（*Imperata cylindrica* var. *major*）型

    26. 野古草（*Arundinella hirta*）型

    27. 野古草（*Arundinella hirta*）、芒（*Miscanthus sinensis*）型

    28. 密序野古草（*Arundinella bengalensis*）型

    29. 刺芒野古草（*Arundinella setosa*）型

    30. 黄背草（*Themeda triandra* var. *japonica*）型

    31. 黄背草（*Themeda triandra* var. *japonica*）、白茅（*Imperata cylindrica var. major*）型

    32. 黄背草（*Themeda triandra* var. *japonica*）、扭黄茅（*Heteropogon contortus*）型

    33. 黄背草（*Themeda triandra* var. *japonica*）、禾草（*Gramineae*）型

    34. 纤毛鸭嘴草（*Ischaemum indicum*）型

    35. 纤毛鸭嘴草（*Ischaemum indicum*）、野古草（*Arundinella*

hirta）型

36. 纤毛鸭嘴草（*Ischaemum indicum*）、画眉草（*Eragrostis pilosa*）型

37. 纤毛鸭嘴草（*Ischaemum indicum*）、鸱鸪草（*Eriachne pallescens*）型

38. 矛叶荩草（*Arthraxon prionodes*）型

39. 细柄草（*Capillipedium parviflorum*）型

40. 拟金茅（*Eulaliopsis binita*）型

41. 旱茅（*Eremopogon delavayi*）型

42. 画眉草（*Eragrostis pilosa*）型

43. 红裂稃草（*Schizachyrium sanguineum*）型

44. 硬杆子草（*Capillipedium assimile*）型

45. 刚莠竹（*Microstegium ciliatum*）型

46. 桔草（*Cymbopogon goeringii*）型

47. 臭根子草（*Bothriochloa intermedia*）型

48. 光高粱（*Sorghum nitidum*）、白茅（*Imperata cylindrica* var. *major*）型

49. 雀稗（*Paspalum thunbergii*）型

C 矮禾草组

50. 地毯草（*Axonopus compressus*）型

51. 竹节草（*Chrysopogon aciculatus*）型

52. 蜈蚣草（*Eremochloa ciliaris*）型

53. 马陆草（*Eremochloa zeylanica*）型

54. 假俭草（*Eremochloa ophiuroides*）型

G 杂类草组

55. 芒萁（*Dicranopteris dichotoma*）、芒（*Miscanthus sinensis*）型

56. 芒萁（*Dicranopteris dichotoma*）、白茅（*Imperata cylin-

drica var. *major*)型

57. 芒萁(*Dicranopteris dichotoma*)、细柄草(*Capillipedium parviflorum*)型

58. 芒萁(*Dicranopteris dichotoma*)、鸭嘴草(*Ischaemum* spp.)型

59. 紫茎泽兰(*Eupatorium adenophorum*)、野古草(*Arundinella hirta*)型

十三、热性灌草丛类

A 高禾草组

1. 具桦木的五节芒(*Miscanthus floridulus*)型

2. 具灌木的五节芒(*Miscanthus floridulus*)型

3. 具杜鹃的五节芒(*Miscanthus floridulus*)、纤毛鸭嘴草(*Ischaemum indicum*)型

4. 具乔木的五节芒(*Miscanthus floridulus*)型

5. 具胡枝子的芒(*Miscanthus sinensis*)型

6. 具竹类的芒(*Miscanthus sinensis*)型

7. 具桦木的芒(*Miscanthus sinensis*)型

8. 具桦木的芒(*Miscanthus sinensis*)、野古草(*Arundinella hirta*)型

9. 具灌木的芒(*Miscanthus sinensis*)型

10. 具马尾松的芒(*Miscanthus sinensis*)型

11. 具青冈的芒(*Miscanthus sinensis*)、金茅(*Eulalic speciosa*)型

12. 具灌木的类芦(*Neyraudia reynaudiana*)型

B 中禾草组

13. 具青冈的白茅(*Imperata cylindrica* var. *major*)、芒(*Miscanthus sinensis*)型

14. 具乔木的白茅（*Imperata cylindrica* var. *major*）、芒（*Miscanthus sinensis*）型

15. 具竹类的白茅（*Imperata cylindrica* var. *major*）型

16. 具胡枝子的白茅（*Imperata cylindrica* var. *major*）、野古草（*Arundinella hirta*）型

17. 具马桑的白茅（*Imperata cylindrica* var. *major*）型

18. 具桤木的白茅（*Imperata cylindrica* var. *major*）、黄背草（*Themeda triandra var. japonica*）型

19. 具火棘的白茅（*Imperata cylindrica* var. *major*）、扭黄茅（*Heteropogon contortus*）型

20. 具桃金娘的白茅（*Imperata cylindrica* var. *major*）、纤毛鸭嘴草（*Ischaemum indicum*）型

21. 具灌木的白茅（*Imperata cylindrica* var. *major*）型

22. 具灌木的白茅（*Imperata cylindrica* var. *major*）、细柄草（*Capillipedium parviflorum*）型

23. 具灌木的白茅（*Imperata cylindrica* var. *major*）、青香茅（*Cymbopogon caesius*）型

24. 具灌木的白茅（*Imperata cylindrica* var. *major*）、纤毛鸭嘴草（*Ischaemum indicum*）型

25. 具大叶胡枝子的野古草（*Arundinella hirta*）型

26. 具桃金娘的野古草（*Arundinella hirta*）型

27. 具灌木的野古草（*Arundinella hirta*）型

28. 具乔木的野古草（*Arundinella hirta*）型

29. 具三叶赤楠的刺芒野古草（*Arundinella hirta*）型

30. 具灌木的纤毛鸭嘴草（*Ischaemum indicum*）型

31. 具乔木的纤毛鸭嘴草（*Ischaemum indicum*）型

32. 具云南松的细柄草（*Capillipedium parviflorum*）型

33. 具仙人掌的扭黄茅（*Heteropogon contortus*）型

34. 具小马鞍叶羊蹄甲的扭黄茅(*Heteropogon contortus*)型

35. 具栎的扭黄茅(*Heteropogon contortus*)、杂类草(*Herbarum variarum*)型

36. 具灌木的扭黄茅(*Heteropogon contortus*)型

37. 具乔木的扭黄茅(*Heteropogon contortus*)型

38. 具桦木的黄背草(*Themeda triandra* var. *japonica*)型

39. 具灌木的黄背草(*Themeda triandra* var. *japonica*)型

40. 具马尾松的黄背草(*Themeda triandra* var. *japonica*)型

41. 具灌木的桔草(*Cymbopogon goeringii*)型

42. 具火棘的金茅(*Eulalia speciosa*)、白茅(*Imperata cylindrica var. major*)型

43. 具灌木的金茅(*Eulalia speciosa*)型

44. 具乔木的金茅(*Eulalia speciosa*)型

45. 具乔木的四脉金茅(*Eulalia quadrinervis*)型

46. 具灌木的青香茅(*Cymbopogon caesius*)型

47. 具马尾松的青香茅(*Cymbopogon caesius*)型

48. 具胡枝子的矛叶荩草(*Arthraxon prionodes*)型

49. 具乔木的矛叶荩草(*Arthraxon prionodes*)型

50. 具灌木的臭根子草(*Bothriochloa intermedia*)型

51. 具云南松的棕茅(*Eulalia phaeothrix*)型

C 矮禾草组

52. 具灌木的马陆草(*Eremochloa zeylanica*)型

53. 具乔木的蜈蚣草(*Eremochloa ciliaris*)型

G 杂类草组

54. 具灌木的芒萁(*Dicranopteris dichotoma*)、黄背草(*Themeda triandra var. japonica*)型

55. 具马尾松的芒萁(*Dicranopteris dichotoma*)、野古草(*Arundinella hirta*)型

56. 具灌木的飞机草（*Eupatorium odoratum*）、白茅（*Imperata cylindrica var. major*）型

十四、干热稀树灌草丛类

B 中禾草组

1. 具云南松的扭黄茅（*Heteropogon contortus*）型

2. 具木棉的扭黄茅（*Heteropogon contortus*）、华三芒（*Aristida chinensis*）型

3. 木棉的水蔗草（*Apluda mutica*）、扭黄茅（*Heteropogon contortus*）型

4. 具厚皮树的华三芒（*Aristida chinensis*）、扭黄茅（*Heteropogon contortus*）型

5. 具余甘子的扭黄茅（*Heteropogon contortus*）型

6. 具坡柳的扭黄茅（*Heteropogon contortus*）、双花草（*Dichanthium annulatum*）型

十五、低地草甸类

(一)低湿地草甸亚类

A 高禾草组

1. 芦苇（*Phragmites australis*）型

2. 荻（*Miscanthus sacchariflorus*）、芦苇（*Phragmites australis*）型

3. 大叶章（*Deyeuxia langsdorffii*）型

4. 大油芒（*Spodiopogon sibiricus*）、杂类草（*Herbarum variarum*）型

B 中禾草组

5. 野古草（*Arundinella hirta*）型、杂类草（*Herbarum variarum*）型

6. 羊草(*Leymus chinensis*)、芦苇(*Phragmites australis*)型

7. 赖草(*Levmus secalinus*)、杂类草(*Herbarum variarum*)型

8. 巨序剪股颖(*Agrostis gigantea*)、杂类草(*Herbarum variarum*)型

9. 拂子茅(*Calamagrostis epigejos*)型

10. 假苇拂子茅(*Calamagrostis pseudophragmites*)型

11. 牛鞭草(*Hemarthria* spp.)型

12. 扁穗牛鞭草(*Hemarthria compressa*)、狗牙根(*Cynodon dactylon*)型

13. 布顿大麦(*Hordeum bogdanii*)、巨序剪股颖(*Agrostis gigantea*)型

14. 白茅(*Imperata cylindrica* var. *major*)、狗牙根(*Cynodon dactylon*)型

15. 虉草(*Phalaris arundinacea*)、稗(*Echinochloa crusgalli*)型

16. 散穗早熟禾(*Poa subfastigiata*)型

C 矮禾草组

17. 狗牙根(*Cynodon dactylon*)型

18. 狗牙根(*Cynodon dactylon*)、假俭草(*Eremochloa ophiuroides*)型

19. 结缕草(*Zoysia japonica*)型

F 小莎草组

20. 寸草薹(*Carex duriuscula*)、杂类草(*Herbarum variarum*)型

21. 薹草(*Carex* spp.)、杂类草(*Herbarum variarum*)型

G 杂类草组

22. 具柳的地榆(*Sanguisorba officinalis*)型

23. 鹅绒委陵菜（*Potentilla anserina*）、杂类草（*Herbarum variarum*）型

(二)盐化地草甸亚类

A 高禾草组

24. 芦苇（*Phragmites australis*）型

25. 具多枝柽柳的芦苇（*Phragmites australis*）型

26. 具胡杨的芦苇（*Phragmites australis*）型

27. 芨芨草（*Achmaghernm spendens*）型

28. 具盐豆木的芨芨草（*Achmaghernm spendens*）型

29. 具白刺的芨芨草（*Achmaghernm spendens*）型

B 中禾草组

30. 赖草（*Levmus secalinus*）型

31. 多枝赖草（*Levmus multicaulis*）型

32. 赖草（*Levmus secalinus*）、马蔺（*Iris lactea* var. *chinensis*）型

33. 赖草（*Levmus secalinus*）、碱茅（*Puccinellia distans*）型

34. 碱茅（*Puccinellia distans*）、杂类草（*Herbarum variarum*）型

35. 星星草（*Puccinellia tenuiflora*）、杂类草（*Herbarum variarum*）型

36. 野黑麦（*Hordewn brevisubulatum*）型

C 矮禾草组

37. 小獐茅（*Aeluropus pungens*）型

38. 狗牙根（*Cynodon dactylon*）型

D 豆科草本组

39. 胀果甘草（*Glycyrrhiza inflata*）型

40. 具多枝柽柳的胀果甘草（*Glycyrrhiza inflata*）型

41. 具胡杨的苦豆子（*Sophora alopecuroides*）型

G 杂类草组

42. 马蔺(*Iris lactea* var. *chinensis*)型

43. 花花柴(*Karelinia caspica*)型

44. 具多枝柽柳的花花柴(*Karelinia caspica*)型

45. 具胡杨的花花柴(*Karelinia caspica*)型

46. 大叶白麻(*Poacynum hendersonii*)、芦苇(*Phragmites australis*)型

47. 具多枝柽柳的大叶白麻(*Poacynum hendersonii*)型

48. 碱蓬(*Suaeda* spp.)、杂类草(*Herbarum variarum*)型

49. 具红砂的碱蓬(*Suaeda* spp.)型

I 半灌木组

50. 疏叶骆驼刺(*Alhagi sparsifolia*)型

51. 具多枝柽柳的骆驼刺(*Alhagi sparsifolia*)型

52. 具胡杨的骆驼刺(*Alhagi sparsifolia*)型

(三)滩涂盐生草甸亚类

A 高禾草组

53. 芦苇(*Phragmites australis*)型

C 矮禾草组

54. 獐茅(*Aeluropus sinensis*)、杂类草(*Herbarum variarum*)型

55. 结缕草(*Zoysia japonica*)、白茅(*Imperata cylindrica* var. *major*)型

56. 盐地鼠尾栗(*Sporobolus virginicus*)型

F 小莎草组

57. 香附子(*Cyperus rotundus*)、杂类草(*Herbarum variarum*)型

G 杂类草组

58. 盐地碱蓬(*Suaeda salsa*)、结缕草(*Zoysia japonica*)型

(四)沼泽化低地草甸类

A 高禾草组

59. 芦苇(*Phragmites australis*)型

60. 小叶章(*Deyeuxia angustifolia*)型

61. 小叶章(*Deyeuxia angustifolia*)、芦苇(*Phragmites australis*)型

62. 小叶章(*Deyeuxia angustifolia*)、薹草(*Carex* spp.)型

63. 具沼柳的小叶章(*Deyeuxia angustifolia*)型

64. 具柴桦的小叶章(*Deyeuxia angustifolia* with *Betula fruticosa*)型

65. 大叶章(*Deyeuxia langsdorffii*)、杂类草(*Herbarum variarum*)型

B 中禾草组

66. 狭叶甜茅(*Glyceria spiculosa*)、小叶章(*Deyeuxia angustifolia*)型

E 大莎草组

67. 灰化薹草(*Carex cinerascens*)、芦苇(*Phragmites australis*)型

68. 灰脉薹草(*Carex appendiculata*)、杂类草(*Herbarum variarum*)型

69. 薹草(*Carex* spp.)、藨草(*Scirpus triqueter*)型

70. 具柳灌丛的薹草(*Carex* spp.)、杂类草(*Herbarum variarum*)型

71. 瘤囊薹草(*Carex schmidtii*)型

72. 乌拉薹草(*Carex meyeriana*)型

73. 具笃斯越桔的乌拉薹草(*Carex meyeriana*)型

74. 具柴桦的乌拉薹草(*Carex meyeriana*)型

75. 阿穆尔莎草(*Cyperus amuricus*)型

F 小莎草组

76. 华扁穗草(*Blysmus sinocompressus*)型

77. 芒尖薹草(*Carex doniana*)、鹅绒委陵菜(*Potentilla anserina*)型

十六、山地草甸类

(一)低中山山地草甸亚类

A 高禾草组

1. 荻(*Mixcanthus sacchariflorus*)型

2. 具乔木的大油芒(*Spodiopogon sibiricus*)型

B 中禾草组

3. 具灌木的野古草(*Arundinella hirta*)、拂子茅(*Calamagrostis epigejos*)型

4. 穗序野古草(*Arundinella chenii*)、杂类草(*Herbarum variarum*)型

5. 拂子茅(*Calamagrostis epigejos*)、杂类草(*Herbarum variarum*)型

6. 野青茅(*Deyeuxia arundinacea*)、蓝花棘豆(*Oxytropis coerulea*)型

7. 无芒雀麦(*Bromus inermis*)型

8. 鸭茅(*Dactylis glomerata*)、杂类草(*Herbarum variarum*)型

9. 披碱草(*Elymus dahuricus*)型

10. 黑穗画眉草(*Eragrostis nigra*)、林芝薹草(*Carex capillacea* var. *linzensis*)型

C 矮禾草组

11. 羊茅(*Festuca ovina*)、杂类草(*Herbarum variarum*)型

12. 草地早熟禾(*Poa pratensis*)型

13. 细叶早熟禾(*Poa angustifolia*)型

14. 早熟禾(*Poa* spp.)、杂类草(*Herbarum variarum*)型

D 豆科草本组

15. 白三叶(*Trifolium reoens*)、山野豌豆(*Vicia amoena*)型

F 小莎草组

16. 无脉薹草(*Carex enervis*)、西藏早熟禾(*Poa tibetica*)型

17. 亚柄薹草(*Carex subpediformis*)型

18. 白克薹草(*Carex buekii*)、杂类草(*Herbarum variarum*)型

19. 薹草(*Carex* spp.)、杂类草(*Herbarum variarum*)型

20. 具灌木的薹草(*Carex* spp.)型

G 杂类草组

21. 蒙古蒿(*Artemisia mongolica*)、杂类草(*Herbarum variarum*)型

22. 地榆(*Sanguisorba officinalis*)、杂类草(*Herbarum variarum*)型

23. 草原老鹳草(*Geranium pratense*)、禾草(*Gramineae*)型

24. 山地糙苏(*Phlomis oreophila*)型

25. 草原糙苏(*Phlomis pratensis*)型

26. 多穗蓼(*Polygonum polystachyum*)、二裂委陵菜(*Potentilla bifurca*)型

27. 具灌木的长梗蓼(*Polygonum griffithii*)、尼泊尔蓼(*Polygonum nepalense*)型

28. 叉分蓼(*Polygonum divaricatum*)、荻(*Mixcanthus sacchariflorus*)型

29. 紫花鸢尾(*Iris ruthenica*)型

30. 弯叶鸢尾(*Iris curvifolia*)型

31. 大叶橐吾(*Ligularia macrophylla*)、细叶早熟禾(*Poa*

angustifolia)型

32. 白喉乌头(*Aconitum leucostomum*)、高山地榆(*Sanguisorba alpina*)型

33. 西南委陵菜(*Potentilla fulgens*)、杂类草(*Herbarum variarum*)型

34. 翻白委陵菜(*Potentilla discolor*)、杂类草(*Herbarum variarum*)型

(二)亚高山山地草甸亚类

B 中禾草组

35. 垂穗鹅观草(*Roegneria nutans*)型

36. 垂穗披碱草(*Elymus nutans*)型

37. 具灌木的垂穗披碱草(*Elymus nutans*)型

38. 野青茅(*Deyeuxia arundinacea*)、异针茅(*Stipa aliena*)型

39. 糙野青茅(*Deyeuxia scabrescens*)型

40. 具灌木的糙野青茅(*Deyeuxia scabrescens*)型

41. 具冷杉的糙野青茅(*Deyeuxia scabrescens*)型

42. 细柱短柄草(*Brachypodium sylvaticum* var. *gracile*)、杂类草(*Herbarum variarum*)型

43. 短柄草(*Brachypodium sylvaticum*)型

44. 具灌木的短柄草(*Brachypodium sylvaticum*)型

45. 藏异燕麦(*Helictotrichon tibeticum*)型

C 矮禾草组

46. 羊茅(*Festuca ovina*)型

47. 具箭竹的羊茅(*Festuca ovina*)型

48. 具杜鹃的羊茅(*Festuca ovina*)型

49. 三界羊茅(*Festuca kurtschumica*)、白克薹草(*Carex buekii*)型

50. 紫羊茅（*Festuca rubra*）、杂类草（*Herbarum variarum*）型

51. 丝颖针茅（*Stipa capill qcea.*）杂类草（*Herbarum variarum*）型

52. 草地早熟禾（*Poa pratensis*）型

53. 具灌木的疏花早熟禾（*Poa chalarantha*）型

54. 具箭竹的早熟禾（*Poa* spp.）型

55. 猬草（*Asperella duthiei*）、圆穗蓼（*Polygonum macrophyllum*）型

56. 具灌木的扁芒草（*Danthonia shcneideri*）、圆穗蓼（*Polygonum macrophyllum*）型

F 小莎草组

57. 四川嵩草（*Kobresia setchwanensis*）型

58. 大花嵩草（*Kobresia macrantha*）、丝颖针茅（*Stipa capillacea*）型

59. 具灌木的高山嵩草（*Kobresia pygmaea*）型

60. 具灌木的线叶嵩草（*Kobresia capillifolid*）型

61. 具乔木的矮生嵩草（*Kobresia humilis*）型

62. 具乔木的北方嵩草（*Kobresia bellardii*）型

63. 红棕薹草（*Carex digyne*）型

64. 黑褐薹草（*Carex atrofusca*）、西伯利亚羽衣草（*Alchemilla sibirica*）型

65. 薹草（*Carex* spp.）、杂类草（*Herbarum variarum*）型

66. 具乔木的青藏苔草（*Carex moorcroftii*）型

G 杂类草组

67. 草血竭（*Polygonum paleceum*）、羊茅（*Festuca ovina*）型

68. 旋叶香青（*Anaphalis contorta*）、圆穗蓼（*Polygonum macrophyllum*）型

69. 天山羽衣草（*Alchemilla tianschanica*）型

70. 阿尔泰羽衣草(*Alchemilla pinguis*)型

71. 西伯利亚羽衣草(*Alchemilla sibirica*)型

72. 西南委陵菜(*Potentilla fulgens*)型

73. 珠芽蓼(*Polygonum viviparum*)型

74. 具鬼箭锦鸡儿的珠芽蓼(*Polygonum viviparum*)型

十七、高寒草甸类

(一)典型高寒草甸亚类

C 矮禾草组

1. 高山早熟禾(*Poa alpina*)、杂类草(*Herbarum variarum*)型

2. 高山黄花茅(*Anthoxanthum alpinum*)、杂类草(*Herbarum variarum*)型

3. 侏儒翦股颖(*Agrostis limprichtii*)型

4. 具灌木的紫羊茅(*Festuca rubra*)型

D 豆科草本组

5. 黄花棘豆(*Oxytropis ochrocephala*)杂类草(*Herbarum variarum*)型

F 小莎草组

6. 高山嵩草(*Kobresia pygmaea*)型

7. 高山嵩草(*Kobresia pygmaea*)、异针茅(*Stipa aliena*)型

8. 高山嵩草(*Kobresia pygmaea*)、矮生嵩草(*Kobresia humilis*)型

9. 高山嵩草(*Kobresia pygmaea*)、薹草(*Carex* spp.)型

10. 高山嵩草(*Kobresia pygmaea*)、圆穗蓼(*Polygonum macrophyllum*)型

11. 高山嵩草(*Kobresia pygmaea*)、杂类草(*Herbarum variarum*)型

12. 具灌木的高山嵩草(*Kobresia pygmaea*)型

13. 矮生嵩草(*Kobresia humilis*)型

14. 矮生嵩草(*Kobresia humilis*)、圆穗蓼(*Polygonum macrophyllum*)型

15. 矮生嵩草(*Kobresia humilis*)、杂类草(*Herbarum variarum*)型

16. 具金露梅的矮生嵩草(*Kobresia humilis*)型

17. 具灌木的矮生嵩草(*Kobresia humilis*)型

18. 线叶嵩草(*Kobresia capilifolia*)型

19. 线叶嵩草(*Kobresia capilifolia*)、高山早熟禾(*Poa alpina*)型

20. 线叶嵩草(*Kobresia capilifolia*)、珠芽蓼(*Polygonum viviparum*)型

21. 线叶嵩草(*Kobresia capilifolia*)、杂类草(*Herbarum variarum*)型

22. 北方嵩草(*Kobresia bellardii*)型

23. 北方嵩草(*Kobresia bellardii*)、珠芽蓼(*Polygonum viviparum*)型

24. 窄果嵩草(*Kobresia stenocarpa*)型

25. 禾叶嵩草(*Kobresia graminifolia*)型

26. 大花嵩草(*Kobresia macrantha*)型

27. 具鬼箭锦鸡儿的嵩草(*Kobresia* spp.)型

28. 具高山柳的嵩草(*Kobresia* spp.)型

29. 黑褐薹草(*Carex atrofusca*)、杂类草(*Herbarum variarum*)型

30. 具金露梅的黑褐薹草(*Carex atrofusca*)型

31. 具杜鹃的黑褐薹草(*Carex atrofusca*)型

32. 黑花苔草(*Carex melanantha*)、嵩草(*Kobresia* spp.)型

33. 具圆叶桦的黑花苔草(*Carex melanantha*)型

34. 黑穗薹草(*Carex nivalis*)、高山嵩草(*Kobresia pygmaea*)型

35. 糙喙薹草(*Carex scabrirostris*)、线叶嵩草(*Kobresia capilifolia*)型

36. 白尖薹草(*Carex oxvleuca*)、高山早熟禾(*Poa alpina*)型

37. 细果薹草(*Carex stenocarpa*)、穗状寒生羊茅(*Festuca ovina* subsp. *sphagnicola*)型

38. 具阿拉套柳的细果薹草(*Carex stenocarpa*)型

39. 毛囊薹草(*Carex inanis*)、青藏薹草(*Carex moorcroftii*)型

40. 葱岭薹草(*Carex alajica*)、帕阿委陵菜(*Potentilla pamiroalaica*)型

41. 薹草(*Carex* spp.)型

42. 薹草(*Carex* spp.)、珠芽蓼(*Polygonum viviparum*)型

G 杂类草组

43. 圆穗蓼(*Polygonum macrophyllum*)型

44. 圆穗蓼(*Polygonum macrophyllum*)、嵩草(*Kobresia* spp.)型

45. 圆穗蓼(*Polygonum macrophyllum*)、杂类草(*Herbarum variarum*)型

46. 珠芽蓼(*Polygonum viviparum*)型

47. 珠芽蓼(*Polygonum viviparum*)、圆穗蓼(*Polygonum macrophyllum*)型

48. 具高山柳的珠芽蓼(*Polygonum viviparum*)型

49. 具金露梅的珠芽蓼(*Polygonum viviparum*)型

50. 高山凤毛菊(*Saussurea alpina*)、高山嵩草(*Kobresia pygmaea*)型

51. 黄总花（*Spenceria ramalana*）、嵩草（*Kobresia* spp.）、杂类草（*Herbarum variarum*）型

（二）盐化高寒草甸亚类

A 高禾草组

52. 芦苇（*Phragmites australis*）型

53. 具匍匐水柏枝的芦苇（*Phragmites australis*）、赖草（*Legmus secalinus*）型

B 中禾草组

54. 赖草（*Legmus secalinus*）型

55. 具金露梅的赖草（*Legmus secalinus*）型

56. 毛秤偃麦草（*Elytrigia alatavica*）型

57. 具秀丽水柏枝的大拂子茅（*Calamagrostis macrolepis*）型

58. 裸花碱茅（*Puccinellia nudiflora*）型

59. 野黑麦（*Hordeum brevisubulatum*）型

60. 三角草（*Trikeraia hookeri*）型

（三）沼泽化高寒草甸亚类

E 大莎草组

61. 粗壮嵩草（*Kobresia robusta*）型

62. 藏北嵩草（*Kobresia littledalei*）型

63. 西藏嵩草（*Kobresia trbetica*）型

64. 西藏嵩草（*Kobresia trbetica*）、甘肃嵩草（*Kobresia kansuensis*）型

65. 西藏嵩草（*Kobresia trbetica*）、糙喙苔草（*Carex scabrirostris*）型

66. 西藏嵩草（*Kobresia trbetica*）、杂类草（*Herbarum variarum*）型

67. 甘肃嵩草（*Kobresia kansuensis*）型

68. 裸果扁穗薹（*Blysmocarex nudicarpa*）、甘肃嵩草（*Ko-*

bresia kansuensis）型

69. 双柱头蔍草（*Scirpus distigmaticus*）型

F 小莎草组

70. 华扁穗草（*Blysmus sinocom pressus*）型

71. 华扁穗草（*Blysmus sinocom pressus*）、木里薹草（*Carex muliensis*）型

72. 短柱薹草（*Carex turkestanica*）型

73. 异穗薹草（*Carex heterostachva*）、针蔺（刚毛荸荠）（*Eleocharis valleculosa*）型

G 杂类草组

74. 走茎灯心草（*Juncus amplifolius*）型

十八、沼泽类

A 高禾草组

1. 芦苇（*Phragmites australis*）型

2. 菰（*Zizania caduciflora*）型

E 大莎草组

3. 乌拉薹草（*Carex meyeriana*）、木里薹草（*Carex muliensis*）型

4. 木里薹草（*Carex muliensis*）型

5. 毛果薹草（*Carex lasiocarpa*）、杂类草（*Herbarum variarum*）型

6. 漂筏薹草（*Carex pseudocuraica*）型

7. 灰脉薹草（*Carex appendiculata*）型

8. 柄囊薹草（细叶苔草）（*Carex stenophylla*）型

9. 芒尖薹草（*Carex doniana*）型

10. 荆三棱（*Scirpus yagara*）型

11. 蔍草（*Scirpus triqueter*）型

G 杂类草组

12. 薄果草（*Leptocarpus disjunctus*）、田间鸭嘴草（*Ischae-mum rugosum* var. *segetum*）型

13. 香蒲（*Typha* spp.）、杂类草（*Herbarum variarum*）型

14. 水麦冬（*Triglochin palustre*）、发草（*Deschampsia cae-pitosa*）型

附录 B　草原综合顺序分类法中的草地类

根据草原分类检索图,全世界存在的草地类别共 56 个。但其中有些类在我国还未发现,有些类虽已发现但还缺乏足够的研究资料,已经描述过的天然草地类共 27 类,人工草地 5 类。本节就已描述过的 32 类草地作一简要描述。

为了便于记忆和运用,每一草地类给以固定编号。编号方式为:横轴坐标(以罗马数字表示,从 Ⅰ 至 Ⅶ)＋纵轴座标(以拉丁字母表示,从 A 至 H)＋固定序号(以阿拉伯数字表示)。如 Ⅰ A2 类,即表示该类草地在横坐标第一行(Ⅰ行),纵坐标第一行(A行)。

1. Ⅰ A1 类:寒冷极干寒带荒漠、高山寒漠类

本类草地是草原湿润度 0.3 以下,≥0℃积温 1 300℃以下范围所指示的草原类型。

本类草原在甘肃境内,主要分布在疏勒河上游以西的肃北、阿克塞县境内的大雪山、野马南山、党河南山,甘青交界的尔根达板山、野牛脊山和阿尔金山等山脉海拔 3 600(3 800)～4 000m 及以上的高山地带。东西断续带状分布,主要是在山峰顶部或顶峰之间的凹地。

气候异常寒冷,且极为干燥,寒暑变化剧烈,辐射极强。年均温在 0℃以下,年降水量小于 30mm,无绝对无霜期,野生植物生长季节为 100d 左右。

土壤为高山寒漠土。由于气候寒冷和植被稀疏,分化过程和土壤形成过程都十分微弱,质地粗松,土层浅薄,剖面分异不明显,并且有盐分聚集。全剖面有石灰反应,呈碱性或弱碱性。有机质含量甚少,为 0.4%～0.6%。由于少雨,甚至在坡地上也可见到易溶性盐类的堆积。在融雪水干后,地表往往发生龟裂。土表有极薄易碎的结皮、呈浅灰棕色,砾石背面有石膏聚集,在 5cm 以下的石块背面即有石膏晶粒出现。冬季土壤结冻后发生龟裂。局部地区还有沼泽土和山地盐土的分布。

植被主要是矮小、垫状的半灌木和灌木。主要种有驼绒藜(*Ceratoides latens*)、蒿叶猪毛菜(*Salsola abrotanoides*)、帕米尔委陵菜(*Potentilla pamirolaica*)、高山风毛菊(*Saussurea* spp.)等。有些水热条件和土壤条件较好的地段也可见紫花针茅(*Stipa purpurea*)。

本类型的草地,牧草种类稀少,高度仅 2~4cm,盖度 10%~15%、高的还可达 25%。青草产量 500~700 kg/hm²,一般可用作附带利用的夏季放牧地,放牧山羊或骆驼。

2. ⅡA2 类:寒温极干山地荒漠类

本类草地是草原湿润度 0.3 以下,≥0℃ 积温 1 300℃~2 300℃的范围所指示的草原类型。

本类草地分布于喜马拉雅山北部峡谷区以北、喀喇昆仑山以东 4 000m 以上的羌塘高原和昆仑山、阿尔金山及帕米尔高原东部 3 500m 以上地带,在甘肃境内主要分布在肃北、阿克塞境内的讨赖南山、疏勒南山海拔 3 400~3 600m,党河南山、大雪山海拔 3 300~3 500m,阿尔金山海拔 2 800~3 200m 的地带,阿克塞境内的海拔 2 200~2 500m 和马宗山海拔 1 800~2 000m 的山地和山前地带,以及赛什腾山、阿尔金山和党河南山之间海拔 2 700~3 100m 的苏干湖-花海子盆地。

气候干燥而较冷,年均温为 0℃~3℃,寒暑变化剧烈,春季升温和秋季降温均十分迅速。7 月份可达 20℃以上,1 月份也可达 −15℃以下。年降水量少于 100mm,主要降于 6、7、8 三个月,其余时期基本无雨。年平均相对湿度 30% 左右。野生植物生长季可有 120~160d。

土壤为高山荒漠土和山地灰棕漠土。它是平原地区灰棕漠土向山地的延续,不过地面多沙砾,并有很大一部分为石质山坡。山麓地带的基岩大部裸露,土壤多强烈干燥或盐化。

植被中以垫状小半灌木为主,有藜科的合头草(*Sympegma regelii*)、短叶假木贼(*Anabasis brevifolia*)、蒿叶猪毛菜和中国盐爪爪(*Kalidium chinensis*)、红砂(*Reaumuria soongorica*)以及木紫苑(*Aster allyssoides*)、葱属(*Allium*)的一些种等。

草地植被稀疏,盖度在15%以下。青草产量222~600 kg/hm²。草质粗硬,多含盐分,为山羊、骆驼所喜食。一般用作冬、春放牧地。

3. ⅢA3类:微温极干温带荒漠类

本类草地是草原湿润度0.3以下,≥0℃积温2 300℃~3 700℃的范围所指示的草原类型。

主要分布于准噶尔盆地、诺明戈壁、阿拉善至额济纳高平原,河西走廊中部及柴达木盆地中、西部。在甘肃分布于河西走廊张掖以西海拔1 400~1 800m的狭长地带,马宗山以东、弱水以西海拔1 400~1 600m的开阔地区,以及民勤北部的雅布赖山地。

极端的大陆性气候。年均温5℃~8℃。夏季干热、平均气温在20℃以上,冬季长而严寒,无霜期150~170d。年降水量在120mm以下,蒸发量大于降水量25~85倍。整个生长季相对湿度均在45%以下,日照很长,风力强劲。

土壤以灰棕漠土为主,土壤中含盐量较大,土表往往具有由细小砾石形成的砾幂,表层有1~2cm的蜂窝状多孔结皮,下部多有白色纤维状石膏结晶,部分地区盐土和草甸土也广为分布。此外,还有大面积的砾石和流沙分布。

植被以超旱生的灌木、半灌木为主。植物区系的组成特点以藜科种属最多,如珍珠(*Salsola passerina*)、蒿叶猪毛菜、红砂、细枝盐爪爪(*Kalidium gracile*)、有叶盐爪爪(*K. foliatum*)、盐生草(*Hqtogeton gtomeratus*)、蛛丝蓬(*Micropeplis arachnoidea*)、沙

米(*Agriophyllum arenarium*)、绵蓬(*Corispermum lehmannianum*)、短叶假木贼、梭梭(*Haloxylon ammodendron*)、盐梭梭(*Halocnemum strobilaceum*)等；其次是菊科的蒿属，如旱蒿(*Artemisia xerophytica*)、籽蒿(*A. sphaerocephala*)、猪毛蒿(*A. scoparia*)、蒔萝蒿(*A. anethoides*)；还有蒺藜科的西伯利亚白刺(*Nitraria sibirica*)、霸王(*Zygophyllum xanthoxylon*)、蓼科的沙拐枣(*Calligonum mongolicum*)，百合科的葱属，柽柳科的柽柳属(*Tamarix*)等。在河湖沿岸和地下水较高或露头之处，生长有大量的禾本科植物，如芦苇(*Phragmites australis*)、芨芨草(*Achnatherum splendens*)。

本类型的草地，因土地条件的差异，牧草种类有很大的不同，但大部分缺乏禾本科和豆科的多年生草。同时毒草也很少。草层盖度一般在20%以下。可食青草产量因类型不同差异很大，但产量比较稳定，一般在500～1 500kg/hm² 左右，沙拐枣放牧地可大大高于此数。饲用植物的干物质和灰分含量很高，一般用作冷季放牧地。

动物种属比较贫乏，但是很专化，很多的种以及很多类型，如啮齿类(跳鼠、砂土鼠、黄鼠等)、食肉类、有蹄类、鸟类和昆虫类的很多属，很少分布于其他的草地类型上，冬天或夏天，进入蛰伏的动物和夜出动物的比例较高。爬行类的蜥蜴和蛇，是本类草地的景观特色之一。

家畜分布以能适应干旱，冷热变化剧烈和善于采食多刺、有香味、含灰分多的骆驼与山羊为主，也有少量的蒙古羊和哈萨克羊。

4. ⅣA4 类：暖温极干暖温带荒漠类

本类草地是草原湿润度 0.3 以下，≥0℃积温 3 700℃～5 300℃的范围所指示的草原类型。

主要分布在塔里木盆地、吐鲁番-哈密盆地和河西走廊西部的疏勒河流域的额济纳旗、阿拉善右旗等地区。

气候的特点是夏季十分炎热和极端干旱,冬季比较温和,年均温 7℃～10℃,7 月份平均温度在 23℃～30℃,1 月份平均温度在 0℃以下。年降水量在 140mm 以下,但大部分地区降水低于 50mm,甚或无雨,是我国最干热的地区。蒸发强烈,日照极长,无霜期 180～230d。

土壤以棕漠土为主,多分布于排水良好的山地、丘陵、戈壁和风沙地区。表土具厚 1cm 的弱孔状结皮,其上覆灰色或灰黑色薄层砾幂(俗称黑戈壁),其下厚为 8～10cm 的红棕色铁质土层,并与砂砾石和微量石膏相胶结。土壤有机质含量很少,一般为 0.2%～0.5%。冲积平原的土壤大多为盐土,也有灰色草甸土。

植被以超旱生的灌木和半灌木为主。生境较微温极干类更为严酷,种属更少。主要的植物有合头草、戈壁藜(*Iljinia regell*)、泡果白刺(*Nitraria sphaerocarpa*)、勃氏麻黄(*Ephedra przewalskii*)、单子麻黄(*E. monosperina*)、红砂、梭梭等。河湖沿岸及地下水位较高之处还分布有柽柳、芦苇、盐爪爪、芨芨草、骆驼刺(*Alhagi pseudoalhagi*),以及胡杨(*Populus diversifolia*)、灰杨(*P. pruinosa*)。

本类草地因生境条件的严酷,植物组成简单,缺少一年生和多年生草本植物。植被稀疏,盖度多在 10%以下。产草量只有 200～300 kg/hm² 。一般用作冷季放牧地。

动物分布较微温极干类更少,夏眠动物的数量更多。家畜分布为骆驼和山羊,并适应三北羔皮羊。

5. ⅡB9 类:寒温干旱山地半荒漠类

本类草地是草原湿润度 0.3～0.9,≥0℃积温 1 300℃～2 300℃的范围所指示的草地类型。

主要分布于疏勒河上游以西的肃北、阿克塞县境的大雪山、野马南山、党河南山,甘肃、青海交界的尔根达板山、野牛脊山和阿尔金山等山脉海拔 3 000(3 500)～3 200(3 700)m 的地带以及藏北部分地带。

气候寒冷而干旱,寒暑变化剧烈,辐射极强。年均温在 0℃左右,年降水量为 50~140mm。冬季有积雪,野生植物的生长季为120d 左右。

土壤为高寒荒漠莎嘎土,质地粗松,多砾石及粗砂。腐殖质层呈浅棕色或浅灰棕色,厚 6~10cm,有机质含量 0.5%~1.2%。钙积层不明显,呈浅棕色或棕色,较紧实。石灰反应全剖面都很强烈。碳酸盐在土体中呈斑状或条状分布。无明显石膏聚集层,有时只在钙积层下部的砾石背面,有少量石膏晶粒。土壤上层含盐量较低,一般在 0.3% 以下。

植被以旱生禾草、蒿属和杂类草为主。常见的植物有异花针茅(*Stipa aliena*)、紫花针茅、沙生针茅(*S. glareosa*)、戈壁针茅(*S. gobica*)、扁穗冰草(*Agropyron cristatum*)、溚草(*Koeleria Cristata*)、水猪毛菜、冷蒿(*Artemisia frigida*)、驼绒藜等。

草层高 5~10cm。盖度 10%~25%,有的也可达 40%。青草产量 300~500 kg/ hm²,毒草很少。牧草质量较好,由于气候较冷,一般用作夏季或春、秋放牧地。主要用来放牧山羊、绵羊和骆驼。

6. ⅢB10 类:微温干旱温带半荒漠类

本类草地是草原湿润度 0.3~0.9,≥0℃积温 2 300℃~3 700℃的范围所指示的草原类型。

在甘肃境内,主要分布于肃北、阿克塞县境内的马宗山海拔2 000m 以上的山地、大雪山、党河南山、阿尔金山的 2 500~3 000m 的包括从红口安南坝、苦水河坝,黄河以西皋兰、景泰、塘坊、黄羊镇、武威、永昌、山丹、张掖海拔 1 500~2 000m 的走廊地带和玉门市、昌马堡、石包城,肃北一线并延伸到甘肃、新疆交界的海拔 1 700~2 500m 的山前地带。

干旱大陆性气候,寒暑变化剧烈,春风强劲。年均温 2℃~

8℃,7月份可达20℃,1月份-12℃左右。年降水量50~300mm,多集中在7、8两月,冬季有短期积雪,年平均相对湿度在40%以下。日照长达3 000h,多大风,无霜期60~190d。

土壤为山地淡棕钙土、普通灰钙土和暗灰钙土。地面为砾石、砂壤物质覆盖的山地,有沟状侵蚀。pH 8~8.5,钙积层不明显,呈浅棕色或棕色,较紧实。石灰反应全剖面均很强烈。有微弱的石膏聚集层,在砾石背面有石膏晶粒,土壤上层含盐量在0.5%以上。黄河以西及走廊地带剖面的分异性很小,黄土母质的特性表现明显,腐殖质层比较厚,腐殖质含量1.5%~3%,碳酸盐淀积层很明显。

植被以旱生禾草和菊科草为主,大量的旱生半灌木在植被组成中起显著作用。主要植物有沙生针茅、短花针茅(*Stipa brevifolia*)、戈壁针茅、长芒草(*Stipa bungeana*)、狼尾草(*Pennisetum flaccidum*)、无芒隐子草(*Cleistogenes songorica*)、铁木耳草(*Timouria saposhibowii*)、冷蒿、驴驴蒿(*Artemisia dalailamae*)、旱蒿、茵陈蒿(*Artemisia capillaris*)、小黄菊、干艾菊(*Tanacetum xerophytieum*)、阿尔泰紫菀(*Aster altaicus*)、短舌菊(*Brachanthemum alaschanicum*)、小黄菊(*Tanacetum achinoides*)、沙生复旋花(*Lnula salsoloides*)、蒙古葱(*Allium mongolicum*)、多根葱(*A. polyrrhizum*)、刺砂蓬(*Salsola beticolor*)、蒿叶猪毛菜、灰蓬(*Halogeton araohnoideus*)、披针叶黄华(*Thermopsis lanceolata*)、苦豆子(*Sophora alopecuroides*)、达乌里胡枝子(*Lespedeza dahurica*)、小花棘豆(*Oxytropis glabra*)、刺叶柄棘豆(*O. aciphylla*)、骆驼蓬(*Pegannm harmala*)、红砂、白颖薹草(*Carex rigescens*)等。

本类草地优良牧草种类较多,植物组成仍较简单,草层稀疏而不郁闭。草层盖度10%~40%,高度可达20~40cm。青草产量1 000~2 000 kg/hm²,草质较好,有毒有害植物较少,可用作四季放牧地。

动物分布较为丰富。有蹄类、食肉类、啮齿类、爬虫类和昆虫的种属较多,但迁移性种类比重很大。土壤动物活动剧烈。啮齿类(三趾跳鼠、林姬鼠、沙鼠等)、蜥蜴、粪甲和蛇的数量很多。

家畜分布以蒙古系的绵羊、黄牛为主,在河西走廊西段还有哈萨克羊,但山羊和骆驼的数量相对减少。

7. ⅣB11 类:暖温干旱暖温带半荒漠类

本类草地是草原湿润度 0.3～0.9,≥0℃积温 3 700℃～5 300℃的范围所指示的草原类型。

在甘肃省仅集中分布在河口以下、海拔 1 000～1 500m 的黄河谷地和阳坡地。阿拉善右旗上井子局部地区也有分布。

气候温暖而干燥。年均温 8℃～10℃,7 月份可达 22℃～24℃,但 1 月份仍可降至 −7℃～−9℃。年降水量 120～400mm,年平均空气相对湿度 40%～60%。无霜期 160～200d。

土壤主要为淡灰钙土。其特点是石膏盐分累积较明显,地表常有盐结皮,表层松散,无结构,色淡,有机质含量少、一般在 1.5% 以下。中部为块状淀积层,碳酸盐反应强、但含量较低,碱性反应。此外,灰钙土型草甸土也有分布。

植被以旱生多年生草本植物占优势,但旱生半灌木在组成中也具有很大比重。植物种属较微温干旱类复杂,植株也较高大。主要的种类有短花针茅、本氏针茅、大针茅(Stipa grandis)、异针茅、克氏针茅(S. krylovii)、羊茅(Festuca ovina)、溚草、狼尾草、蒙古冰草(Agropyron mongolicum)、扁穗冰草、甘蒙锦鸡儿、鬼箭锦鸡儿(Caragana jubata)、达乌里胡枝子、茵陈蒿、蓖叶蒿(Artemisia pectenata)、臭蒿、大卫小黄菊(Tanacetum davidii)、小黄菊、阿尔泰紫菀、木紫菀、灌木亚菊(Ajania fruticulosa)、亚氏旋花(Convolvulus ammanii)、驼绒藜、华北驼绒藜(Ceratoides arborescens)、刺蓬、松叶猪毛菜(Salsola laricifolia)、合头草、骆驼蓬、黄花补血草(*Limonium aureum*)等。

本类草地适应的家畜为蒙古牛和蒙古羊。

8. ⅤB12 类:暖热干旱亚热带半荒漠类

本类草地是草原湿润度 0.3～0.9,≥0℃积温 5 300℃～6 200℃的范围所指示的草原类型。

在甘肃省仅分布于白水江下游和白龙江下游的以文县为中心的河谷低地及阳坡地,面积甚小。

气候的特点是暖热干燥。年均温 15℃以上,7 月份在 25℃左右,冬季暖和、在 4℃～5℃,土壤不冻结。年降水量可在 200～600mm,4～10 月份降水量比较均匀。年平均空气相对湿度在 60%以下,冬季比较干燥。日照较少,年百分数仅 40%,1700 h,霜期甚短、且轻微,野生植物可以全年生长。

土壤为石灰性褐土。剖面中有不明显的黏化现象。整个剖面都具有碳酸盐,并且分层明显,从表层起即显强石灰反应。有机质含量 1.5%～4.5%,但腐殖质削面(A+B)可延伸至 80cm 以下。腐殖质层的颜色带褐色,其下即为淀积层。

植被为高大的禾草及杂类草,也见有很多蒿属植物。此外,还混生有多种旱生阔树种。

9. ⅡC16 类:寒温微干山地草原类

本类草地是草原湿润度 0.9～1.2,≥0℃积温 1 300℃～2 300℃的范围所指示的草原类型。

本类草地在甘肃主要分布于大水河(盐池湾以上的党河上游)和疏勒河上游(甘沟以上)的疏勒南山海拔 3 000～3 700m 的山地,肃南谷地,阿克塞东部,肃北北部境内的阿尔金山、大雪山、野马山之海拔 2 700～3 800m 的地带。

气候寒冷,但干旱程度较轻,年均温 0℃～4℃,7 月份不超过 18℃,1 月份不超过-12℃。年降水量 100～250mm,11 月份至翌年 3 月份有断续的积雪。年平均空气相对湿度在 50%以下,风多而强劲。野生植物生长期 120～160d。

土壤为山地淡栗钙土,土层薄,质地粗。土壤腐殖质为淡棕褐色。钙积层很浅。母质多为黄土,但质地较粗、疏松。

植被组成中针茅和羊茅占优势,但蒿属植物亦多。主要植物种有紫花针茅、短花针茅、本氏针茅、疏花针茅(*Stipa laxiflora*)、异针茅、克氏针茅、红狐茅(*Fesluca rubra*)、扁穗冰草、多种早熟禾(*Poa* spp.)、垂穗披碱草(*Elymus nutans*)、藏异燕麦(*Helictotrichon tibeticum*)、冷蒿、茵陈蒿,铁杆蒿(*Artemisia sacrorum*)、驴驴蒿、蒙古蕊芭(*Cymbaria mongolica*)、披针叶黄华、多种委陵菜(*Potentilla* spp.)、甘肃棘豆(*Oxytropis kansuensis*)、黑萼棘豆(*O. melanocalyx*)、龙胆(*Gentiana* spp.)、狼毒(*Stellera chamaejasme*)、高山唐松草(*Thalictrum alpinum*)、达乌里龙胆(*Gentiana dahurica*)、麻花艽(*G. straminea*)。阴湿之处也可见到金露梅(*Potentilla fruticosa*)等灌木。

本类草地植物短小但较稠密,高度 10～40cm,盖度 30%～40%,青草产量 500～3 000 kg/hm²,其中禾草的比重在 40% 以上,但毒草和不可食草也有很大比例。多用作夏季放牧地和冷季放牧地。

野生动物除大型的食肉类和有蹄类外,还有啮齿类的黄鼠、沙鼠、鼢鼠(阴坡山麓)、野兔和旱獭,以及黄羊、狼、狐、黄鼬等。

家畜分布以藏系和蒙藏混血种为主,如牦牛、犏牛、藏羊、蒙藏混血羊等。

10. ⅢC17 类:微温微干温带典型草原类

本类草地是草原湿润度 0.9～1.2,≥0℃积温 2 300℃～3 700℃的范围所指示的草原类型。

本类草地主要分布于内蒙古高原中北部和南部、黄土高原北部和西部、燕山山地北部、甘肃中部和陇东北部、伊犁河谷海拔1 000～1 400m、天山 1 300～2 000m、阿尔泰山 900～1 200m 以及祁连山张掖以东 1 600～2 100m 山前地带。

　　气候较温和,但干燥。年均温 4℃～9℃,寒暑变化剧烈,7 月份可达 22℃,1 月为-10℃。年降水量 200～400mm,分布极不均匀,集中于 7～9 月份,并多暴雨。冬季有断续积雪。年平均相对湿度在 55％以下,春季酷旱,夏季多干热风。年日照长达 2 600～2 800h,无霜期 160～180d。

　　土壤主要为栗钙土。腐殖质含量 2％～4％,结构较差,水土流失较严重。陇东地区的本类型尚有淡黑垆土的分布。

　　植被以微温旱生丛状禾草占优势,并混生有一定数量的旱生杂草或灌丛。丛状禾草中主要有大针茅、本氏针茅、异针茅、短花针茅、隐子草、蒙古冰草、紫花芨芨草(Achnatherum purpurascens)、硬质早熟禾(Poa sphondylodes)、狼尾草、羊茅、溚草;此外,冷蒿、阿尔泰紫菀、草木樨状黄芪(Astragalus melilotoides)、乳白花黄芪(A. galactites)、单叶黄芪(A. efoliolatus)、达乌里胡枝子、甘草(Glycyrrhiza uralensis)、蒙古马康草(Malcolmia mongolica)等豆科草杂草也较多。在平地或阴坡尚有百里香(Thymus mongolicus)、柠条锦鸡儿(Caragana korshinskii)、三裂绣线菊(Spiraea trilobata)、枸杞(Lycium chinense)等灌木分布。

　　本类草地一般牧草种类繁多、丰盛、均匀。气候和农牧结合的条件也好,可以发展为主要的畜牧业基地之一。牧草一般高 30～50cm。盖度 30％～50％。青草产量 1 000～1 500 kg/hm²。饲料贮量的月动态以 8 月份为最多(阴坡还要迟一些),5 月份只及 8 月份的 10％左右,6 月份也尚在 50％以下。每年放牧 2～3 次不影响翌年产量。一般用作冷季放牧地或四季放牧地。培育得当也可用作天然割草地。

　　微温微干类草地的动物区系较为丰富,食肉类、啮齿类、昆虫类也相当多。季节性迁移和冬季食物贮藏种类的百分数较高。动物活动具有十分明显的昼夜相,特别是在夏天。此外,本类草地动物还具有适于开阔地区的适应性,如群集、善跑和挖掘动物多。群集的蝗虫和善于挖掘的黄鼠为本类草地的主要有害动物。

适应的家畜为蒙古牛、蒙古羊和蒙古马,著名的裘皮用滩羊和沙毛山羊就分布于本类草地的范围内。

11. ⅤC19 类:暖热微干亚热带禾草-灌木草原类

本类草地是草原湿润度 0.9～1.2,≥0℃积温 5 300℃～6 200℃的范围所指示的草原类型。

本类草地主要分布于鲁西平原、豫西平原、南阳盆地、关中平原及甘肃武都海拔 900～1 200m 的干燥河谷地。

气候特点是炎热多雨,冬、春温暖而干旱,处于亚热带过渡的季风区。年均温约 15℃,夏季相当炎热,7 月份平均温度可达 25℃,1 月份在 3℃左右;年降水量 400～800mm,一半以上集中在夏季,且多暴雨。年平均相对湿度在 60% 以下,无霜期 250d 左右。

土壤为褐土,主要是碳酸盐褐土。腐殖质很不明显,有机质含量 2%～4%。淋溶作用较弱,碳酸盐可在土壤上层聚集,有假菌丝体存在。微碱性或弱碱性反应。

植被为以落叶阔叶树种为主的稀疏森林和矮生灌丛,其特点是具有明显的干生特性。主要树种有栎属(*Quercus*)、杨属(*Populus*)、椿属(*Toona*)和榆属(*Ulmus*)的多种植物,以及槐(*Sophora japonica*)、柿(*Diospyros*)、泡桐(*Paulownia fortunei*)等。灌丛常见的有酸刺(*Ziziphus spinosus*)、荆条(*Vitex chinensis*)、山楂(*Crataegus pinnatifida*)。小灌木和草本最常见的三裂绣绒菊、达乌里胡枝子、山红草(*Themeda triandra*)、白草(*Andropogon ischaemum*)、草木樨状黄芪。此外,铁杆蒿、黄蒿和针茅属的植物也可见到。

动物区系中有林栖动物的种属。由于广泛开垦,田间小型啮齿类分布特别广泛。

本类草地由于温暖干燥的适宜气候条件,丰富的饲料,劳动人民辛勤培育成的家畜优良品种很多,如鲁西黄牛、关中黄牛、南阳黄牛、关中驴以及寒羊、同羊等。

12. ⅦC21 类:炎热微干稀树草原类

本类草地是草原湿润度 0.87~1.18,≥0℃积温 8 000℃以上范围所指示的草原类型。本类草地主要分布于海南岛西南部,雷州半岛的台地丘陵,以及云南横断山脉的干谷。

气候特点为干湿季明显,夏季炎热、比较湿润,冬季晴燥,一年内干季长达 7 个月。年平均温度 22℃~25℃,1 月份平均温度不低于 15℃。年降水量 750~1 000mm,年蒸发量可达降水量的 2~3 倍。

土壤主要为燥红土,具有明显的发生层次。表层(A 层)为灰棕色,呈粒状或团粒结构,疏松;心土层(B 层)为红褐色,呈团盐状或梭盐状结构,较紧实;底土层(BC 层)呈红色,棕色或黄棕色。表层土壤中有机质含量可达 3%~4%,在植被破坏并发生侵蚀后则下降到 1%以下。

植被为热带稀树草原,由稀疏的乔木或灌丛和高温旱生阔叶禾草构成,主要的木本植物为刺篱木(*Flacourtia indica*)、刺条属(*Taxotrophis spp.*)、毒刺子(*Phyliochlamys taxoides*)、变叶裸实(*Gymnosporia diversifolia*)等。草本植物以扭黄茅(*Heteropogon coglorfus*)为主,还有狗尾草(*Setaria pallidefusea*)、石芒草(*Arundinella nepalensic*)、刺芒野牡草(*A. setosa*)、青香茅(*Cymbopogon caesius*)、芸香茅(*C. distans*)、鸭嘴草(*Ischaemum aristatum*),四脉金茅(*Eulalia quadrinervis*)、红裂稃草(*Schizachyrium sanguineum*)、蜈蚣草(*Eremochloa ciliaris*)、中华三芒草(*Aristida chinensis*)、类雀稗(*Paspalum flavidum*)等。此外,还有仙人掌属(*Opuntia*)和大戟属(*Euphorbia titucalli*,*E. nerifolia*)等极耐旱的种类。

动物的种属远较热带森林简单,干、湿季的交替引起了动物(有蹄类、鸟类)的季节迁移,动物数量的年动态亦大。

家畜分布为海南黄牛、广西黄牛和一些山羊。

13. ⅡD23 类:寒温微润山地草甸草原类

本类草地是草原湿润度 1.2～1.5,≥0℃积温 1 300℃～2 300℃的范围所指示的草原类型。

本类草地在甘肃境内主要分布于疏勒河以东的讨赖南山海拔 3 200～3 700m,疏勒南山海拔 3 600～3 800m 地带;肃南马营河以西,直到昌马甘沟段的疏勒河之间的祁连山中段海拔 2 300(2 500)～2 800(3 000)m,鱼儿红地区海拔 2 700～3 300m 的地带,天祝松山滩海拔 2 700m 以下的平缓滩地。此外,迭部、舟曲境内海拔 3 900～4 200m 的山地也有岛状分布。

气候寒冷而相对较湿润。年均温 0℃左右,年降水量 120～300mm。野生植物生长期 100～150d。

土壤主要为山地栗钙土,质地较粗。表层有薄而明显的生草层。土壤含盐量较大,局部地区有明显的盐渍化现象。有机质一般在 3％以上或高达 7％～8 ％,腐殖层厚,土壤结构较好。全剖面都有碳酸盐反应且强烈,土壤 pH 7～8.5。

植被主要为冷温中旱生丛生禾草,但蒿属亦为主要成分。如异针茅、紫花针茅、克氏针茅、短花针茅、扁穗冰草、藏早热禾(*Poa tibetica*)等。但高山草甸植物如头花蓼(*Polyoonum sphaerostachyum*)、珠芽蓼(*P. viviparum*)、嵩草(*Kobresia spp.*)、垂穗披碱草、垂穗鹅冠草(*Roegneria nutans*)、花苜蓿(*Trigonella ruthenica*)、多种委陵菜(*Potentilla* spp.)、多种龙胆及狼毒等分布也广。

动物分布以草食有蹄类(黄羊、鹿、狍)、食肉类(狐、狼,鼬)及啮齿类(尤其是旱獭和鼢鼠)为普遍。

本类草地草层较密,产量也高,是良好的夏季放牧地。盖度

60％～70％,高度 10～20cm,青草产量 500～1 500 kg/ hm²,有价值的嵩草的总重量可达 60％～90％。产量的年变幅很大,增加和减少可达 2.5 倍以上。产量的最高峰为 7～8 月份。此时放牧或刈割后,几乎无再生草生长。休闲如施肥培育,效果极好,可用于割草。一般用作四季或春、秋放牧地。

家畜分布以蒙藏混血种的羊和犏牛为主。此外,牦牛、藏羊和山羊也多。著名的岔口驿马在天祝境内的本类型草地也有分布。

14. ⅢD24 类:微温微润草甸草原类

本类草地是草原湿润度 1.2～1.5,≥0℃ 积温 2 300℃～3 700℃的范围所指示的草原类型。

本类草地主要分布于东北松辽平原,内蒙古东部,甘肃陇东黄土高原,临夏及洮河流域,青海省湟水谷地,以及天山海拔 1 400～2 000m,阿尔泰山海拔 1 000～1 800m,东祁连山海拔 1 800～2 400m的地带。

气候湿润,年均温 4℃～8℃,7 月份一般为 20℃,冬季较冷、在－10℃左右。年降水量 300～550mm,集中于夏季,多暴雨。年平均空气相对湿度 60％～65％。春季多风、干旱。无霜期 140～220d。

本类草地的土壤在甘肃陇东和中部地区的东部为普通黑垆土,腐殖层厚 70～90cm,有机质含量 1％～4％。土质疏松,呈中性至微碱性反应。心土中的菌丝状钙积层很明显,有的还有石灰结核。有黏化现象,但在形态上不明显。中部地区的西部和祁连山的上述部分,土壤为暗栗钙土或栗钙土。

植被以中旱生的草本植物占优势,并有相当数量的中生草本;在局部地形及其土壤条件下,可以出现森林。草本植物主要有本氏针茅、大针茅、短花针茅、隐子草、赖草(*Legmus secalinus*)、冷蒿、茵陈蒿、铁杆蒿、茭蒿(*Artemisia giraldii*)及柠条锦鸡儿、达乌里胡枝子、百里香、丁香(*Syringa oblata*)、三裂绣线菊、水栒子

（*Cotoneaster multiflorus*）等灌木。乔木可出现蒙古栎（*Quercus mongolica*）、辽东栎（*Q. liaotungensis*）、蒙古樟子松（*Pinus sylvestris*）、侧柏（*Thuja arientalis*）、榆（*Ulmus pumila*）、臭椿（*Toona altissima*）、杨等。

本类草地的牧草较丰富而高产，草高可达 60cm，盖度 60%～80%，青草产量 5 000～6 000 kg/hm^2，豆科成分较多。产量最高峰在 8 月份和 9 月上旬，为良好的四季放牧地和割草地。

动物分布除具有微温微干类的基本特点外，尚有少量的林栖动物，鸟类和啮齿类则更丰富。

家畜分布以蒙古系的马、牛、羊为主。

15. ⅣD25 类：暖温微润森林草原类

本类草地是草原湿润度 1.2～1.5，≥0℃积温 3 700℃～5 300℃的范围所指示草原类型。

本类草地主要分布于辽东半岛南部、辽东湾西北沿岸、长治盆地、燕山山地南部、华北平原北部、山东半岛南部、川西和昌都部分地区，以及甘肃陇南、陇东南部。

气候具夏热多雨，冬寒晴燥的特点。年均温 8℃～11℃，7 月份为 22℃～24℃，1 月份为 -3℃～5℃。年降水量 450～650mm，集中于 7、8、9 三个月。年平均相对湿度约 70%。因春季雨少，而温度上升迅速，故易发生春旱，冬季无积雪，无霜期 180～250d。

土壤为黏化黑垆土和褐土。黏化黑垆土是普通黑垆土与褐土的过渡类型，具有发育比较明显的棕色黏化层，黏化程度较强。腐殖质较厚，有机质含量较多。碳酸盐受到相当淋溶，一般聚集在 1～15m 的深处，剖面呈碱性或微碱性反应。此外，河谷低地有浅色草甸土和草甸黑垆土的分布。

植被以辽东栎、蒙古栎为主的多种栎树落叶阔叶林，并杂有其他落叶阔叶树种或赤松（*Pinus densiflora*）。但由于各种原因，目前森林只有片断分布，而广泛分布的为次生的灌木草原。灌木主要有二色胡枝子(*Lespedeza bicolor*)、荆条、酸刺等。草本植物主要有白草、山红草、大油芒(*Spodiopogon sibiricus*)等。

动物的种类丰富,适应性广。数量的季节性变化比较明显,其中多作较远的迁徙。由于森林减少,林栖动物尤其是大、中型的林栖动物大大减少,而田间小型啮齿类的分布特别广泛。

家畜分布为华北类型的黄牛、蒙古羊和山羊。

16. ⅤD26 类:暖热微润落叶阔叶林类

本类草地是草原湿润度 1.2～1.5,≥0℃ 积温 5 300℃～6 200℃ 的范围所指示的草原类型。

本类草地主要分布于黄淮平原及其上游汶河地区,湖北大洪山两侧及汉水中游,汉中盆地,川北及云南玉溪地区。

气候较热,四季分明。年平均温度 14℃～17℃。1 月份平均气温 0℃ 左右,而最热的 7 月份平均气温可达 30℃。年降水量 650～900mm。生长季 250～300d。是我国农业气候的南北分界。

土壤主要为淋溶褐土,有鲜明的褐色,腐殖质一般在 1% 以下。由于淋溶的原因,土层中的碳酸盐出现在 1.5～2m 或更低的深处。pH 6～8,有明显的黏化作用。此外,在冲积平原上还广泛的分布着浅色草甸褐土,土壤剖面中褐土过程虽很明显,但因受地下水的影响发生浅色草甸过程。

植被具有过渡性的特征,是落叶阔叶林的南界和常绿阔叶林的北界。落叶阔叶树主要是栎(*Quercus spp.*)、杨(*Populus spp.*)等。常绿阔叶树种主要有枫香(*Liquidambar formosana*)、乌桕(*Sapium sebiferum*)、黄檀(*Dalbergia hupehana*)等。草本植物有狗牙根(*Cynodon dactylon*)、白草(*Andropogon ischaemum*)、野古草(*Arundinella anomala*)等。河流两岸的草甸则早已开垦为农田。

动物组成具有南北类型相混合过渡现象的特征,但更接近于南方的类型。

17. ⅡE30 类:寒温湿润山地草甸类

本类草地是草原湿润度 1.5～2,≥0℃积温 1 300～2 300℃的范围所指示的类型。

在甘肃境内主要分布在甘南甘甲滩和晒金淮海拔 2 800～3 100m 的盆地及其周围丘陵;天祝松山滩海拔 2 700～2 900m 的阳坡和 2 500～2 700m 的狭长山地地带;阿尔金山北坡海拔 3 500m 以上,疏勒河上游右岸的讨赖南山东坡海拔 3 300～3 600m 的地带。

气候较冷而不十分干燥。年平均温度为 1℃～3℃,7 月份可达 14℃。但冬季颇冷,1 月份平均温度在－12℃以下。年降水量150～400mm。冬春风多而强劲,无绝对无霜期。

土壤主要为山地暗栗钙土,颜色较暗,土层较厚,质地多为中壤。有机质含量表层可达 7%～9%,腐殖层可延伸至 80cm。生草层厚 10～15cm。

植被以冷旱中生禾草如克氏针茅、短花针茅、紫花针茅、异针茅、溚草、藏早熟禾、老芒麦(*Elymus sibirtcus*)、垂穗披碱草以及细叶苔(*Carex stenophylla*)、珠芽蓼、头花蓼、矮嵩草、毛状叶嵩草、藏嵩草(*Kobresia tibetica*)、冷蒿等外,尚可稀疏见到高山绣绒菊(*Spiraea atpina*),金露梅等灌木。

动物分布以啮齿类和蝗虫最多,啮齿类最常见的是黄鼠与鼠兔,而在坡地则以旱獭(阳坡)和鼢鼠(阴坡)最多。

本类草地盖度 45%～60%,草高可达 40cm。青草产量 1 000～1 800 kg/hm²。一般用作冷季放牧地。

本类草地一般用作夏季放牧地。可以放牧牦牛、藏羊、犏牛、蒙藏混血羊、山羊。

18. ⅢE31 类:微温湿润森林草原、落叶阔叶林类

本类草地是草原湿润度 1.5～2,≥0℃积温 2 300℃～3 700℃的范围所指示的草原类型。

本类在甘肃省的分布主要在陇东高原子午岭以西,六盘山以东,桐川沟门-屯子-新城线以南,黑河以北的地区;六盘山西侧的庄浪、清水狭长地区;通渭华家岭海拔2000m以下的地带;岷山西侧的岷江流域及凤凰山西侧的宕昌、岷县地区;太子山、莲花山以北,马衔山以南的临夏、和政、广河、康乐、临洮、渭源及漳县等地区。

气候温和而较湿润。年均温6℃～10℃;夏季不太热,7月份一般不超过22℃;冬季也不太冷,1月份一般不低于-7℃。年降水量400～700mm,夏季较多。年相对湿度65%～70%。无霜期150～180d。

土壤主要为黑垆土,其中有黏化黑垆土(陇东地区)、暗黑垆土和山地黑垆土。山地黑垆土腐殖层达1m以上,有机质含量高,土色深暗。一般没有黏化现象。全剖面呈强石灰反应。钙积层明显而其幅度很宽,一般向母质层过渡,其间无明显的分界。

本类草地的植被是森林草原向森林过渡的植被。梁峁阴坡或半阴坡分布的是森林,主要树种有蒙古栎、辽东栎、槲栎(*Quercus aliena*)、白桦(*Betula platyphylla*)、山杨(*Populus davidiana*)、和蒙古樟子松、油松(*Pinus tabulaeformis*)、侧柏。但目前由于采伐和其他原因,森林保存下来的很少,而灌丛和草本植被分布却较广泛。主要的灌木有虎榛子(*Ostryopsis davidiana*)、土庄绣线菊(*Spiraea pubescens*)、酸刺、黄蔷薇(*Rosa hugonis*)等。草本植物有铁杆蒿、茭蒿、本氏针茅、白草、山红草、大油芒、日荫苔草(*Carex pedifomis*)、斜茎黄芪(*Astragalus adsurgens*)等。

动物的分布中,林栖动物较多,鸟类和啮齿类也很丰富。

家畜的分布为蒙古羊南限,藏羊北限。

19. ⅣE32类:暖温湿润落叶阔叶林类

本类草地是草原湿润度1.5～2,≥0℃积温3700℃～5300℃的范围所指示的草原类型。

主要分布于陇南,川北的若干小盆地,白水江以南的地区。

气候温暖而湿润。年均温 9℃～12℃,7 月份可达 24℃,1 月份不低于－2℃。年降水量 600～900mm。年平均相对湿度 75%。无霜期 210～230d。

代表性的土壤为黄褐土。腐殖层薄,心土为黄棕色、褐色。土壤质地黏重,坚硬密实。一般多呈核状结构,其中有小型铁锰结核和斑点,在 2m 以下或更深处有石灰结核。上部呈微酸性至中性反应,下部为中性至弱碱性反应。

植被为落叶阔叶林-常绿阔叶林的交错地带。但由于位置较北和寒潮的侵袭,仍以落叶阔叶林占优势。乔木树种丰富。主要的树种有棕榈(*Trachyearpus fortunei*)、油桐(*Aleurites fordii*)、杉木(*Cunninghamia lanceolata*)、乌桕(*Sapium sebiferum*)、枇杷(*Eriobotrya japoniea*)、辽东栎、麻栎(*Quereus acutissima*)、槲(*Q. dentata*)、槲栎、榉树(*Zelkova schneideriana*)、椴树(*Tilia tuan*)、油松等。灌木层也很丰富。草本植物主要有白草、山红草、荩草(*Arthraxon hispidus*)、雀稗(*Paspalum thunbergii*)、臭草(*Melica scabrosa*)、芒(*Miscanthus sinesis*)、鸭跖草(*Commelina communis*)等。

本类草地由于植物繁茂,植物性食物丰富,隐蔽条件也好,所以动物种群较丰富,适应性较广,数量的季节性变化较明显。一些北方的种(如熊、鹿、麝、野猪、苏门羚、鼬)、南方的种(如猴、大鲵等)在这里都有广泛的分布。

家畜分布有华北类型的黄牛和山羊,也有少量的半舍饲蒙古羊和水牛。秦川牛和关中驴在这里也表现适应。

20. ⅤE33 类:暖热湿润常绿-落叶阔叶林类

本类草地是草原湿润度 1.5～2,≥0℃积温 5 300℃～6 200℃的范围所指示的草原类型。

本类草地主要分布于淮河以南、长江以北的大别山两侧平原,江南天目山、九岭山、罗霄山山地,四川北部、南部以及大凉山东侧,云贵高原的局部。

气候具有湿润向潮湿、暖温向亚热的过渡性。年平均温度14℃～19℃,1 月份平均温度 3℃～5℃。年降水量 800～1 100mm。生长季可达 300d 以上。

土壤主要为黄棕壤和黄褐土。黄棕壤是黄壤和棕壤的过渡类型,具有较强的酸性,pH 4～5.5,腐殖质含量 0.5%～1%。黄褐土是黄壤和褐色土之间的过渡类型,剖面上部呈微酸性反应,下部则转为中性或微碱性,腐殖质含量 1%～3%。

植被为以落叶阔叶林为主的混有常绿阔叶树和针叶树。主要为白栎(*Quercus fabri*)、栓皮栎(*Q. variabilis*)、大叶榉(*Zelkova schneideriana*)、青檀(*Pteroceltis tatarinowii*)、朴(*Celtis* spp.)等。常绿阔叶树有柃木(*Eurya japonica*)、马银花(*Rhododendron ovatum*)、青冈(*Cyclobalanopsis* spp.)、苦槠(*Castanopsis sclerophylla*)等。草本植物有荩草、白茅(*Imperata aylindrica*)、芒(*Miscanthus sinensis*)及狗牙根等。

动物的组成因为森林结构的复杂而丰富。喜温和严格要求潮湿的类群丰富,有蹄类的种属和北方不同,啮齿类以树栖为主。

家畜主要为水牛、西南马、猪、水禽。

21. IF36 类:寒冷潮湿多雨冻原、高山草甸类

本类草地是草原湿润度大于 2,≥0℃积温 1 300℃以下的范围所指示的草原类型。

主要分布于祁连山山脉海拔 3 700(东段)～4 000m(西段),甘南积石山脉和西倾山海拔 4 000m 以上的高山地带,巴颜喀拉山地东南部,可可西里山地西南部海拔 3 000～4 500m,天山、阿尔泰山海拔 3 500m 以上以及大兴安岭长白山海拔 2 100m 以上地带。

气候严寒而潮湿,估计年均温－3℃～－5℃,最热月不过10℃。年降水量 150～500mm。由于气温低,蒸发小,相对湿度很

大,冬季严寒漫长。没有无霜期,野生植物的生长季为 60～90d。

土壤以高山冻原土为主。坡度大,多风化砾石。发生层薄而不明显,多呈泥炭化或潜育化。有机质含量高。夏季冰雪消融后,地面多呈泥泞小丘。阴坡 30cm 以下即为永冻层。

植被组成以耐寒、矮小、浅根、匍匐植物为主,多灌木、苔藓和地衣。

寒冷潮湿类草地灌丛高 60～100cm,草本植被高 10～20cm。盖度变化颇大,无灌丛覆盖之处仅 10%～20%,灌丛可达 70%。绿色物质产量可达 2 000～2 500 kg/hm²。但可食率很低,一般在30% 以下。本类草地一般用作辅助性的夏季放牧地。可用来放牧牦牛、藏羊和山羊。

动物分布以有蹄类为主。能适应高山岩石陡坡、峭壁。它们常有巨角,如盘羊、岩羊、野牦牛、羚羊等。此外,还有雪豹等食肉类动物。

适应家畜为藏羊、牦牛和驯鹿。

22. IF37 类:寒温潮湿寒温性针叶林类

本类草地是草原湿润度大于 1.82,≥0℃积温 1 300℃～2 300℃的范围所指示的草原类型。

本类草地主要分布于大小兴安岭海拔 500～1 000m、长白山地海拔 1 100～1 800m、华北海拔 2 100～2 500m 山地,秦岭海拔3 000～4 000m 山地,鄂西、黔东海拔 2 200m 以上山地,云南西部横断山脉,四川西部,台湾山地海拔 3 000～4 000m 地区,西藏东南部雅鲁藏布江下游峡谷地区和亚东海拔 3 000～4 000m 地区,天山山地海拔 1 600 m 以上山地,以及阿尔泰山地海拔 1 300～2 300m 和青、甘、川交界地区;祁连山东段海拔 2 200～3 700m 和西段(疏勒南山、讨赖南山、走廊南山)海拔 3 700～4 000m 地区;甘南高原夏河、碌曲、玛曲境内海拔 3 200～4 000m 地区以及中部地区的岛状山至马衔山海拔 3 000m 以上的高山地带,以及青海、川西海拔 3 000m 以上的高山地带。

气候寒冷而潮湿。温度变化剧烈,年均温 0℃左右,7 月份可达 10℃以上,但为期甚短。即使在最热月份也可有霜,因此没有绝对无霜期。每天约有 10℃以下低温出现,可以说无日不冬。年降水量 300～650mm,多地形雨。降水频繁而暂短。冬季晴朗少雪,3～5 月份降雪频繁,日照强烈,风大,年平均相对湿度 55%～65%,春季常有春旱发生。野生植物的生长期为 90～120d。

土壤分布以草毡土为主。有明显的生草层,极富弹性。有机质丰富,可达 8%～15%。一般呈酸性至中性反应。冬季土壤冻结后可发生龟裂。此外,在局部地形条件下还可见到沼泽土和山地暗栗钙土的分布。不同地带的山地针叶林带下的土壤有暗棕壤、漂灰土、淋溶灰褐土和灰黑土等。

植被以冷中生植物为主,耐寒性强,并有较多的适冰雪植物。本类型的代表植物有垂穗披碱草、垂穗鹅冠草、紫花针茅、异针茅、草地早熟禾(*Poa pratense*)、红狐茅、矮嵩草、线叶嵩草、藏嵩草、细叶苔、披针苔、虎耳草、马先蒿、珠芽蓼、苏苜蓿、乳白香青(*Anaphalis lactea*)、火绒草(*Leontopodium culocephalum*)、冷蒿、以及多种龙胆、多种棘豆,多种毛茛(*Ranunculus* spp.)等毒草。主要的灌丛有扁麻、高山绣线菊、鲜卑木(*Sibiraea laevigata*)及数种杜鹃等。乔木植被主要为阴暗针叶林,主要树种为冷杉属(*Abies*)、云杉属(*Picea*)、松属(*Pinus*)、铁杉属(*Tsuga*)、落叶松属(*Larix*)的高大乔木。也有杨属、桦属等阔叶树的生长,在阳坡则分布有藏柏(*Juniperus tibtica*)和方香柏(*J. saltuaria*)疏林。

寒温潮湿类草地是我国青藏高原面积较大和主要的畜牧业生产基地之一。它的植物生长特点是植物种属多,种的饱和度大,一般为 20～30 种/m²。有莎草、杂类草、禾草和灌丛分别占优势的四个基本型。植被矮小而稠密形成坚韧的草皮。植株平均高度仅 10～20cm,生境较好之处也可达 40～50cm。盖度较大,一般在

70％～80％以上、高的可达 95％以上。牧草的营养价值,适口性均高。据分析,主要的牧草营养成分含量接近或超过紫苜蓿或禾本科与豆科混合牧草。青草产量平均 1 800 kg/hm²,高者可达此数之 4～5 倍。青草产量在一年中有两个高峰;一个在 7 月底,主要由莎草科牧草形成;另一个在 9 月初,由禾草和杂类草形成。豆科牧草贫乏和毒草特多也是本类草地生产的特点之一。林下牧草由于阴湿,光照等条件的不同,牧草的产量和质量颇不一致。一般干物质和蛋白质的含量低,适口性差。此类草地一般可用作四季放牧地或暖季放牧地;经过适当培育后,也可建成为培育的刈草地。

动物种属贫乏,尤其缺少昆虫类,昆虫类的虻是这里的最主要的景观动物。其中占优势的是广适应的种类,主要是喜冷性种类。有很多动物在冬季进入蛰状,冬眠或贮藏食物(熊、花鼠等)。有较大数量的哺乳类(獐、麝、鹿、苏门羚等)、鸟类(高山旋木雀、蓝马鸡、松鸡等)和啮齿类(鼢鼠、旱獭、松鼠、田鼠、北鼠等),动物有季节性迁移,有的迁徙很远。森林中冬季活动的动物不到夏季的 1/10。

适应的家畜为藏系的牦牛、藏羊、犏牛,马也能适应。分布于本类草地的优良育成品种也较多,主要有河曲马、岔口驿马、天祝白牦牛、欧拉羊、西藏猪、甘南蕨麻猪等。

23. ⅢF38 类:微温潮湿针叶-阔叶混交林类

本类草地是草原湿润度 1.82 以上,≥0℃积温 2 300℃～3 700℃的范围所指示的草原类型。

主要分布于秦岭、大巴山等海拔 2 000～2 500m 地带。

气候潮湿而温和,年均温 5℃～9℃,7 月份不超过 20℃,1 月份不低于-8℃,年降水量 400mm 以上。年平均相对湿度 70％～75％。冬季有较稳定的积雪,无霜期 130～170d。

土壤为棕壤和灰褐土。土壤剖面以棕色或黄棕色为主,多少有灰化现象。有机质含量高,常达 8％～15％。整个剖面分层不明显而呈微酸性反应。

植被为针叶-阔叶混交林。植被组成较复杂,除有落叶松属、冷杉属、云杉属、松属和紫杉(Taxus)的高大针叶树种外,还有许多落叶阔叶树,如桦属、槭属(Acer)、椴属(Tilia)、栎属、杨属等。林下灌木也较繁多,主要有箭竹(Sinarundinaria nitida)、峨眉蔷薇(Rosa omeiensis)、罗氏绣线菊(Spiraea rosthornii)、灰栒子(Cotoneaster acutifolius)、绣球(Hydrangea xanthoneura)、醋李(Ribes moupinense)、满洲棒子(Corylus aieboldiana)、冠果忍冬(Lonicera stephanocarpa)、红脉忍冬(L. nervosa)、金银花(L. japonica)、北五味子(Schisandra chinensis)等。草本植物有拂子茅(Calamagrostis epigejos)、小康草(Agrostis alba)、草地早熟禾、橐吾(Ligularia jamesii)、冷龙胆(Gentiana alpina)、珠芽蓼、天蓝韭等。

动物由于饲料丰富和气候比较温和,种属远较冷温潮湿类为多,昆虫也大为增加。冬眠和食物贮藏普遍。昼夜相差明显。季节性运动和个别种的数量具有很大的易变性。因此,动物群落在不同年份有较大变化。有蹄类出现青羊、野猪。啮齿类除松鼠、花鼠外,还有田鼠和仓鼠。由于动物性食物丰富,食肉类大为增加,有金钱豹、石貂、豹猫、狼等。

在家畜分布上为蒙古羊、藏羊、黄牛和牦牛的混合分布地区,多混血种,尤其是黄犏牛。也有一定数量的山羊。优良的地方品种有岷县黑紫羔羊,间井放牧猪。

24. ⅣF39 类:暖温潮湿落叶-阔叶林类

本类草地是湿润度大于 2,≥0℃积温 3 700℃～5 300℃的范围所指示的草原类型。

主要分布于南秦岭山地。

气候温和而潮湿。年均温 10℃～12℃,7 月份不高于 22℃,1 月份不低于－1℃。年降水量 700mm 以上,分布较均匀。年平均相对湿度 75%，并且上下变幅很小。土壤基本不冻结。无霜期 220d 左右。

土壤主要为黄棕壤。腐殖层为暗棕灰色，以下为淡棕色，淋溶作用强，全剖面呈中性至微酸性反应。有机质含量 3%～7%。土层特别黏重，有潜育现象发生。

植被为以落叶阔叶树为主的落叶-常绿阔叶混交林。但含常绿成分较暖温湿润类为多，也有少数针叶树。主要的乔木树种有多种栎、鹅耳枥(*Carpinus turczaninowii*)、黄檀(*Dalbergia hupehana*)、黄连木(*Pistacia chinensis*)、三角枫(*Acer buergerianum*)，较高处分布有多种桦。常绿树种主要有棕榈(*Trachycarpus fortunei*)、女贞(*Ligustrum lucidum*)、刺柞(*Xylosma congestum*)、枇杷、石楠(*Photinia serrulata*)、青冈等。针叶树有马尾松(*Pinus massoniana*)、华山松(*P. armandii*)、杉木、柏木(*Cupressus funebris*)等。草本植物有白草、金钱蓼(*Polygonum filiforme*)、牛膝(*Achyranthes bidentata*)、鱼腥草(*Houttuynia cordata*)等。

动物分布与暖温湿润类相似。

家畜分布主要为蒙古黄牛。

25. ⅤF40 类：暖热潮湿落叶-常绿阔叶林类

本类草地是草原湿润度 2 以上，≥0℃积温 5 300℃～6 200℃ 的范围所指示的草原类型。

本类草地广泛分布于长江以南地区、包括江南丘陵，浙闽山地、闽粤丘陵南部、南岭山地、广西南部、洞庭湖平原、鄱阳湖平原、四川盆地、海南岛山地和台湾山地。

气候温暖而潮湿。年平均温度 15℃～19℃，1 月份平均温度在 0℃以上。年降水量 900～1 500mm，甚至达到 1 900mm。相对湿度较大，一般均在 75%以上，北部地区可见有霜冻，但生长季可达 320～360d。

土壤主要为红壤和黄壤。红壤是亚热带气候条件下发育在第四纪黏土上的土壤。表层腐殖质含量少，不超过 2%，是深红色的重黏土，全剖面呈强酸性反应。黄壤是亚热带气候条件下发育在砂岩、页岩或花岗岩上的土壤。表层暗灰色，含腐殖质较多，可达 5%或更多，B 层为黄棕色或红棕色。黏化和灰化现象相当明显，全部剖面呈酸性反应，pH 5～5.5。在四川盆地还分布有中性紫色土。

植物有常绿阔叶林，在局部水热条件较差的生境条件下，也出现落叶阔叶林。林内植物茂密，藤本和附生植物相当丰富，但没有热带雨林的老茎生花和明显的板状根树木。构成乔木层的建群树种主要为壳斗科、山茶科、樟科、杜英科、金缕梅科、大戟科、冬青科和山矾科的乔木植物。灌木层和小乔木层亦发达。草本植物有芒、白茅、野古草、四脉金茅、一枝黄花（*Solidago decurrens* Loar.）和蕨类植物如铁芒萁（*Dicranopteris decurrens*）等。此外，在本类草地的一些地区常绿阔叶林被砍伐和破坏的地方广泛分布有以松为代表的亚热带松林。

动物区系最为丰富。喜热喜湿的种类很多，树栖、地栖的食果性、食虫性的种类特多。繁多的啮齿类中亦以树栖类为多，而田鼠类少见。季节迁移的程度较小。种群的繁殖和数量变化很小。

家畜主要为西南马、水牛、猪，华南类型的黄牛及水禽。

26. ⅦF41 类：亚热潮湿常绿阔叶林类

本类草地是草原湿润度大于 2，≥0℃积温 6 200℃～8 000℃的范围所指示的草原类型。

本类草地主要分布在我国台湾省中部、粤闽沿海丘陵平原、海南岛西南部、桂南丘陵盆地和滇西南山间盆地。

气候特点为高温和具有明显的干季。年平均温度在 22℃以上，1 月份平均温度 10℃左右。年降水量 1 200mm 以上，每年 10 月份至翌年 5 月份为干季。

土壤为赤红壤。

植被为由热带常绿阔叶树和落叶阔叶树构成。组成种类比雨林稍简单，林木比较矮小，藤本植物和附生植物的数量和种类也有明显的减少。乔木一般不高于 20m。落叶树种在旱季脱叶，雨季来临时发出新叶。林下灌木以紫金牛科和茜草科为主，草本植物主要由高大的中生和旱中生的禾本科草类组成。

动物中狭适应类占很大百分数。两栖类较多，季节相和昼夜相明显，迁移性和越冬的北方种类很普遍。

家畜主要以水牛、华南类型的黄牛和山羊为主。

27. ⅦF42 类：炎热潮湿雨林类

本类草地是草原湿润度 2 以上，≥0℃积温 8 000℃以上的范围所指示的草原类型。

本类草地主要分布在海南岛东南部、台湾省南部、滇东南红河河谷、滇西河谷、西藏东南部河谷、广东南部和广西南部的部分地区。

气候炎热潮湿。年平均温度在 23℃以上，1 月份平均温度在 14℃以上，无霜冻。年降水量不少于 1 400mm，分配较均匀。

土壤主要为暗色砖红壤。地表有枯枝落叶层，表层有机质含量可达 5%。腐殖层厚度达 30cm，呈暗灰棕色。土壤水分含量在 25%～30%，并随土壤剖面加深而增高。

植被为高大（30～50m）多层的热带常绿阔叶乔木构成，没有优势种，树干基部有气根和板状根，有些树在茎上开花。林下藤本和灌木丰富，常茂密交结在树干和枝条上的蕨类和附生植物极为丰富。草本植物高大、肉质、多浆，如梅芋（*Alocasia*）、芭蕉（*Musa*）和山姜（*Languas*）以及禾本科草类。

动物种类复杂，特多昆虫类和灵长类，多为狭适应性类，季节迁移是稀有现象，没有明显的生殖季节，数量的季节变化不大。动物间生物学的联系（食物链、敌害和寄生物的影响）紧密。昼夜相表现最明显，动物分化为夜出和昼出两类。季节相由于缺乏较远的迁移和数量的季节变化,通常表现得很弱。

家畜主要为水牛、猪、水禽。

28. 热带人工草地

这是由喜热不耐冷的热带牧草建植的草地。热带地区有禾本科草 7 000～10 000 种,但用于建植人工草地的不过 40 余种,这些种主要来自暖季草族,如须芒草族(*Andropogneae*)、黍族(*Paniceae*)和虎尾草族(*Chlorideae* 和 *Fragrosteae*)的种。热带禾本科草大多为 C4 植物,具有较高的光合速率,导致较高的生长速度和干物质产量,但它们的消化率低于温带禾本科草。生产上利用的热带禾本科草主要有雀稗属(*Paspalum*)、臂形草属(*Brachiaria*)、狼尾草属(*Pannisetum*)、黍属(*Panicum*)、狗尾草属(*Setaria*)、蒺藜草属(*Cenchrus*)、虎尾草属(*Chloris*)、马唐属(*Digitaria*)、须芒草属(*Andropogon*)、双花草属(*Dichanthium*)、稗属(*Echinochloa*)等。热带栽培豆科牧草品种主要是槐兰族(*Indigofereae*)、田皂角族(*Aeschynomeneae*)、山蚂蟥族(*Desmodieae*)和菜豆族(*Phaseoleae*)。热带豆科牧草引入栽培的研究开始于20 世纪 40 年代,广泛而深入的研究开始于 60 年代。热带豆科牧草在混播草地中的竞争力和持久性不如温带豆科牧草,其主要原因是热带土壤中养分不足,特别是磷和钙,土壤酸性大,缺少或不能利用相应的根瘤菌株等。生产上利用的主要豆科草种有柱花草属(*Stylosanthes*)、山蚂蟥属(*Desmodium*)、威氏大豆(*Glycine wightii*)、大翼豆属(*Macroptilium*)、银合欢属(*Leucaena*)、距瓣豆属(*Centrosema*)、毛蔓豆(*Calopogonium mucunoides*)、美洲田皂角(*Aeschynomena americana*)、紫扁豆(*Lablab purpureus*)、三裂叶葛藤(*Pueraria phaseoloipes*)、罗顿豆(*Lotononis bainesii*)、黄豇豆等。热带混播人工草地的主要成分是豆科牧草,禾本科牧草的作用在于防止杂草入侵和利用豆科牧草根瘤菌所固定的氮素。从产量上说,禾本科牧草可能比豆科更大一些;从质量上说,豆科牧草则是必不可少的。热带人工草地由于全年可以生长,植株高大,是人工草地中产量最高的类型。

29. 亚热带人工草地

亚热带在气候条件上是热带与温带的过渡地带,夏季气温可能比热带更高,冬季气温可以低于 0℃ 并有霜。建植亚热带人工草地的草种,在靠近热带的一侧多使用热带草种,在靠近温带的一侧多使用温带草种。亚热带人工草地一般也可以全年生长,但冬季生长速度明显变低或停滞,部分植株甚或死亡,草层高度大,产量可以达到热带人工草地的水平。需要特别提出的是,亚热带人工草地的牧草既要耐受夏季的高温,又要抗御冬季的霜冻,因此混播牧草尤其是豆科牧草的抗寒越冬能力,是建植人工草地需要考虑的最主要的因素之一。热带牧草中抗寒性强、适于亚热带栽培的草种,禾本科有杂色黍(*Panicum coloratum*)、毛花雀稗(宜安草,*Paspalum dilatatum*)、宽花雀稗(*P notatum*)、隐花狼尾草(*Pennisetum clandestinum*)、象草(*P purpureum*)、罗顿豆(*Lotononis bainesii*)、大翼豆(*Macroptilium atropurpureum*)、圭亚那柱花草(*Stylosanthes guianensis*)、银合欢、紫扁豆及几种山蚂蟥等。

30. 温带人工草地

温带的特点是有一个较长而寒冷的冬季,一年生人工草地的牧草在冬季死亡,多年生人工草地则有一个长短不等的冬眠期,在暖温带冬眠期可能是 1～2 个月,但在寒温带则长达半年以上。因此,温带人工草地牧草最明显的特性是具有一定的耐寒性和越冬性。由于温带豆科牧草的竞争力较强,禾本科牧草的可食性和消化率较高,除了两者的混播草地外,豆科或禾本科的单播草地十分普遍,如紫花苜蓿草地、多年生黑麦草草地以及一年生的箭筈豌豆草地、燕麦草地等。有关温带人工草地管理方面的研究已经有一个多世纪,所以建植人工草地的牧草品种比较丰富。主要的禾本科栽培牧草有早熟禾属（*Poa*）、翦股颖属（*Agrostis*）、雀麦属（*Bromus*）、虉草属（*Phalaris*）、猫尾草属（*Phleum*）、鸭茅（*Dactylis glomerata*）、羊茅属（*Festuca*）、黑麦草属（*Lolium*）、狗牙根属（*Cynodon*）、看麦娘属（*Alopecurus*）、燕麦属（*Avena*）、高粱属（*Sorghum*）的种和品种。主要的豆科栽培牧草有苜蓿属（*Medicago*）、三叶草属（*Trifolium*）、百脉根属（*Lotus*）、胡枝子属（*Lespedeza*）、小冠花属（*Coronilla*）、紫云英属（*Astragalus*）、红豆草属（*Onobrychis*）、草木樨属（*Melilotus*）、野豌豆属（*Vicia*）、羽扇豆属（*Lupinus*）、山黧豆属（*Lathyrus*）、豌豆属（*Pisum*）等的种和品种。

31. 寒温带人工草地

寒温带是温带和寒带的过渡地带。气候的特点是冬季很长，十分寒冷，极端最低温度可在－35℃以下；相反，夏季日照很长，虽然≥22℃以上的典型夏季气温不超过1个月，但≥10℃的时期可达70～110d，极端最高温度也可达35℃以上。年降水量一般在150～500mm，但由于气温低，蒸发量小，表现较为湿润。在这种气候尤其是这种热量条件下，典型的温带牧草如紫花苜蓿、红豆草、两年生的草木樨以及多年生黑麦草等难以越冬，而喜冷和耐寒的牧草如无芒雀麦（*Bromus inermis*）、猫尾草（*Pleum pratense*）、伏生冰草（*Agropyron repens*）、草地早熟禾（*Poa pratensis*）以及寒带和高山带人工草地使用的一些种可以很好地生长。

32. 寒带和高山带人工草地

寒带大致以极圈为界线，夏季短暂，最热月平均气温不超过10℃，且经常有霜；冬季漫长，十分寒冷，且有强风，一年之内辐射变化很大，夏季长昼，冬季长夜；降水量超过蒸发量，但绝对量也不过200～400mm。土壤潜育化、泥炭化和呈强酸性，水冻层接近地面，这样就决定了地面极度有机化和在大、中地形部位上形成喀斯特地貌。高山带的气候条件大致与寒带相同，但辐射很强，日照长度取决于其所处的纬度，不一定是寒带的长昼和长夜。降水量差异很大,土壤湿度可以从极干至极湿。土壤酸度可以从酸性到碱性。在寒带和高山带的上述生境条件下,栽培牧草的生长期很短,并在冬季来临时,生长会陡然中止。较厚的雪被层对牧草的越冬和翌年生长有重要的作用。夏季的长日照在一定程度上弥补了生长期短的缺陷。

寒带和高山带的栽培牧草以禾本科为主,主要的有草地早熟禾(*Poa pratensis*)、羊茅(*Festuca ovina*)、紫羊茅(*F. rubra*)、极地翦股颖(*Arctagrostis lalifolia*)、苇状极地翦股颖(*A. arundinacea*)、猫尾草(*Phleum pratense*,"Engmo")、无芒雀麦(*Bromus inermis*,"Polar")、彭披雀麦(*B. pumpellianus*)、偃麦草(*Elytrigia repens*)、加拿大拂子茅(*Calamagrostis canadensis*)、极地冰草(*Agropyron macrourum*)。在高山带还可用老芒麦(*Elymus sibiricus*)、垂穗披碱草(*E. nutans*)、星星草(*Puccinellia tenuiflora*)等。一年生禾本科草可用燕麦、无芒大麦、冬黑麦、一年生黑麦草等。真正适用于寒带和高山带的多年生豆科牧草尚未培育出来,但在寒带的南部——森林冻原带和亚高山带的某些地区,冬季有积雪层时,可以栽培红三叶、白三叶、杂三叶(*Trifolium hybridum*)、牛角花(*Lotus corniculatus*)、黄花苜蓿(*Medicago falcata*)以及一年生的箭筈豌豆和豌豆等。

附录 C　SPSS 统计学软件的使用方法

一、SPSS 统计软件简介（以 SPSS10.0 为例）

SPSS 是软件英文名称 Statistical Product and Service Solutions 的首字母缩写,意为"统计产品与服务解决方案"。20 世纪 60 年代末,美国斯坦福大学的 3 位研究生研制开发了最早的统计分析软件 SPSS,同时成立了 SPSS 公司,并于 1975 年在芝加哥组建了 SPSS 总部。1984 年 SPSS 总部首先推出了世界第一个统计分析软件微机版本 SPSS/PC+,开创了 SPSS 微机系列产品的开发方向,极大地扩充了它的应用范围,并使其能很快地应用于自然科学、技术科学、社会科学的各个领域,世界上许多有影响的报刊、杂志纷纷就 SPSS 的自动统计绘图、数据的深入分析、使用方便、功能齐全等方面给予了高度的评价与称赞。迄今 SPSS 软件已有 30 余年的成长历史,是世界上应用最广泛的专业统计软件。SPSS 最突出的特点就是操作界面极为友好,输出结果美观漂亮(从国外的角度看),使用 Windows 的窗口方式展示各种管理和分析数据方法的功能,使用对话框展示出各种功能选择项,只要掌握一定的 Windows 操作技能,粗通统计分析原理,就可以使用该软件为特定的科研工作服务。SPSS 采用类似 EXCEL 表格的方式输入与管理数据,数据接口较为通用,能方便地从其他数据库中读入数据。其统计过程包括了常用的、较为成熟的统计过程,完全可以满足非统计专业人士的工作需要。

二、SPSS 文件的建立与读取

进行数据分析之前,必须先将数据输入系统的数据表中,才能进行整理与分析,而 SPSS 可以支持这些数据表,输入数据的来源有下列几种：①由 SPSS 数据表输入数据。②读取数据库数据。③读取外部数据（Excel. ASCⅡ）文件。

（一）由 SPSS 数据表输入数据

通常进行一项统计工作时的数据是新数据，可以直接由数据表输入，如下图所示。

（二）数据读取

SPSS 可以直接读取许多格式的数据文件，其中就包括 EXCEL 各个版本的数据文件。选择菜单 File⇒Open⇒Data 或直接单击快捷工具栏上的"⊞"按钮，系统就会弹出 Open File 对话框，单击"文件类型"列表框，在里面能看到直接打开的数据文件格式，分别是：

SPSS(* . sav)　　　　　SPSS 数据文件(6.0～10.0 版)

SPSS/PC＋(* . sys)　　　SPSS 4.0 版数据文件

Systat(＊. syd)　　　　　＊. syd 格式的 Systat 数据文件

Systat(＊. sys)　　　　　＊. sys 格式的 Systat 数据文件

SPSS portable(＊. por)　SPSS 便携格式的数据文件

EXCEL(＊. xls)　　　　　EXCEL 数据文件(5. 0 版～2000 版)

Lotus(＊. w ＊)　　　　　Lotus 数据文件

SYLK(＊. slk)　　　　　SYLK 数据文件

dBase(＊. dbf)　　　　　dBase 系列数据文件(dBase Ⅱ～Ⅳ)

Text(＊. txt)　　　　　　纯文本格式的数据文件

data(＊. dat)　　　　　　纯文本格式的数据文件

选择所需的文件类型,然后选中需要打开的文件,SPSS 就会按你的要求打开你要使用的数据文件,并自动转换为数据 SPSS 格式。

(三)保存数据文件

在对数据做了修改后,保存数据文件是必不可少的工作之一。选择菜单 File⇒Save,如果数据文件曾经存储过,则系统会自动按原文件名保存数据;否则,就会弹出和选择 Save as 菜单时相同的 Save as 对话框。里面可以保存的数据类型和可以打开的几乎一样多,选择合适的类型,确定就可以了。

三、数据管理

(一)定义变量名称

大多数情况下,我们需要从头定义变量,在 SPSS 10. 0 中,定义变量的操作界面和 FoxPro 等数据库非常相似,只需单击左下方的 Variable View 标签就可以切换到变量定义界面开始定义新变量。如 Li1_1. sav 的变量定义如下图所示。

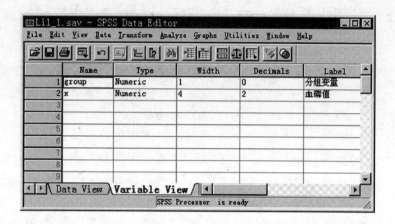

以变量 x 为例:变量名为 x,类型为 Numeric,宽度为 4,小数位数 2 位(因小数点还要占 1 位,故整数位只有 1 位),变量标签位为"血磷值"。右侧在图中未能看到的依次为 Values,用于定义具体变量值的标签;Missing,用于定义变量默认值;Colomns,定义显示列宽;Align,定义显示对齐方式;Measure,定义变量类型是连续、有序分类还是无序分类。

(二)SPSS **数据备注**

"SPSS 数据备注"是 SPSS 用来标示数据文件变项的意义,包括变量备注(Label)和数值标记(Values)2 种。

1. 定义变量备注

步骤 1:首先切换到"Variable View"窗口。

步骤 2:再在"Label"字段输入备注说明,如下图所示。

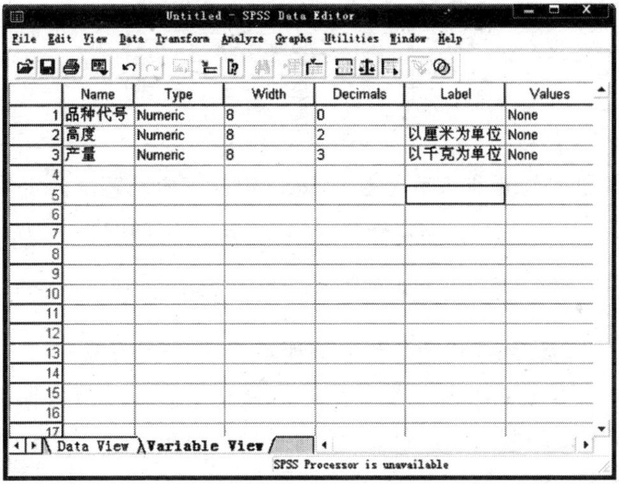

步骤3:选择"View"|"Value Labels"命令,再将鼠标指针移到变量字段时将自动显示文字备注,如下图所示。

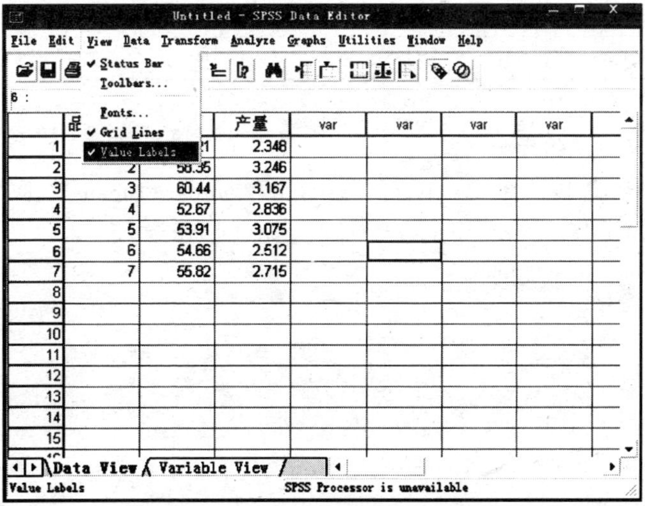

品种代号	高度	产量
1	以厘米为单位	2.348
2	58.35	3.246

2. 设定宽度和小数位数 SPSS 数据表中的宽度内定值为 8，小数位数的内定值为 2，这些数值都可以按照不同的需求加以更改。

四、显著性检验

(一)两样本平均数差异显著性检验——t 检验法

1. 成组数据的两平均数差异显著性检验 成组数据资料是两个试验处理为完全随机设计，而且两处理的各供试单位相互独立，每个处理为一组所得到的试验资料。

例 1：在老芒麦草地划出 10 块各 $10m^2$ 面积草地施于肥料，抽穗期测得施肥区和未施肥区产草量如下表。

施肥与未施肥区产草量记录 （单位：$kg/10m^2$）

未施肥区	55	52	48	59	54	47	55	56	53	57
施肥区(x2)	59	63	72	59	64	66	69	70	73	68

（1）操作步骤

步骤 1：选择"Analyze"（分析）│"Compare Means"（比较平均数法）│"Pair Samples Test"命令。如下图所示。

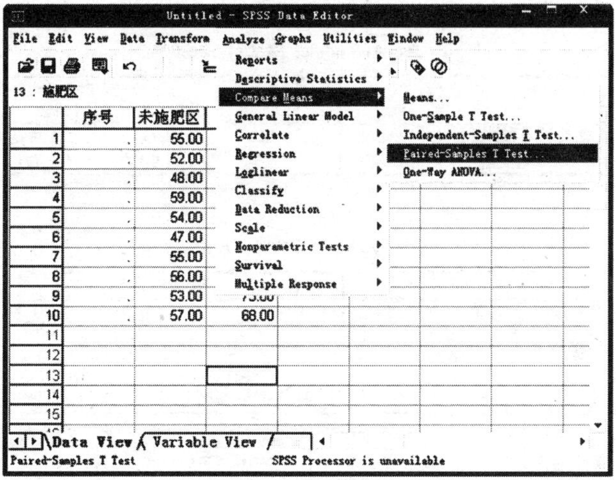

步骤 2：出现的"Paired Samples T Test"对话框中将"未施肥区、施肥区"选项从左侧的列表框移入"Paired Variables"列表框中，单击"OK"按钮，如下图所示。

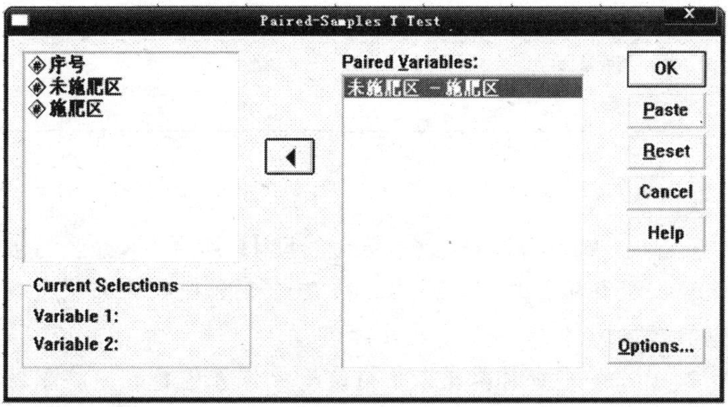

（2）输出报表

Paired Samples Statistics

		Mean	N	Std. Deviation	Std. Error Mean
Pair 1	未施肥区	53.6000	10	3.7771	1.1944
	施肥区	66.3000	10	4.9900	1.5780

Paired Samples Correlations

		N	Correlation	Sig.
Pair 1	未施肥区 & 施肥区	10	-.358	.309

Paired Samples Test

		Paired Differences					t	df	Sig. (2-tailed)
		Mean	Std. Deviation	Std. Error Mean	95% Confidence Interval of the Difference				
					Lower	Upper			
Pair 1	未施肥区 - 施肥区	-12.70	7.2579	2.2952	-17.8920	-7.5080	-5.533	9	.000

（3）报表解读

施肥与未施肥区产草量差异

项　目	平均数	标准差	t 值
未施肥区产草量	53.6	3.78	−5.533
施肥区产草量	66.3	4.99	

（4）分析显示

$t_{0.05}=2.262<5.533$；故不接受假设 $H_0 : \mu_1=\mu_2$，施肥与未施肥区草产量有显著差异。$P=0.000<0.05$，施肥与未施肥区草产量差异极显著。

2. 成对数据资料两样本平均数差异显著性检验　将条件十分一致的两个供试单位配成 1 对，共设若干对，每对内的 1 个供试单位接受 1 个试验处理，所得试验数据以成对形式出现。叫成对数据资料。

例 2:某羊场将初生日期相近的双胎羔羊进行不同补饲日粮的饲喂试验,30d 后其增重结果整理如下,检验两种补饲日粮对羔羊增重的影响。增重资料如下表。

配对试验羔羊增重资料　（单位:kg）

日粮 1(x_1)	6.2	6.5	7.1	5.8	5.8	6.4	6.6	7.0	6.5	6.6	6.8
日粮 2(x_2)	6.0	6.6	7.0	6.4	6.2	6.8	7.0	7.2	6.6	6.4	7.0

（1）操作步骤

步骤 1:选择"Analyze"|"Compare Means"|"Pair Samples Test"命令。

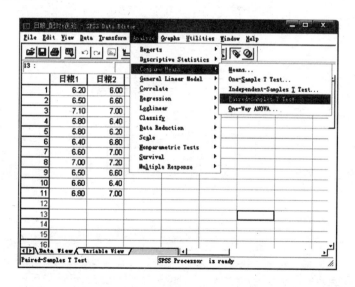

步骤 2:在出现的"Paired Samples T Test"对话框中将"日粮 1、日粮 2"选项从左侧的列表框移入"Paired Variables"列表框中,单击"OK"按钮,如图所示。

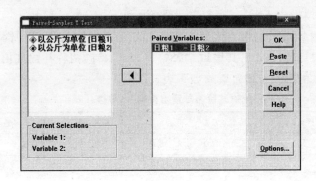

（2）输出报表

Paired Samples Statistics

		Mean	N	Std. Deviation	Std. Error Mean
Pair 1	日粮1	6.4818	11	.4238	.1278
	日粮2	6.6545	11	.3804	.1147

Paired Samples Correlations

		N	Correlation	Sig.
Pair 1	日粮1 & 日粮2	11	.788	.004

Paired Samples Test

		Paired Differences					t	df	Sig. (2-tailed)
					95% Confidence Interval of the Difference				
		Mean	Std. Deviation	Std. Error Mean	Lower	Upper			
Pair 1	日粮1-日粮2	-.1727	.2649	7.988E-02	-.3507	5.247E-03	-2.162	10	.056

（3）报表解读

	平均数	标准差	t 值	P 值
日粮 1	6.4818	0.4238	−2.162	0.056
日粮 2	6.6545	0.3804		

（4）分析显示　$t_{0.05}=2.228>2.162$，故接受假设 $H_0 : ц_1 = ц_2$，日粮 1 和日粮 2 对羔羊增重无差异。$P=0.056>0.05$，日粮 1 和

日粮 2 对羔羊增重无显著差异。

（二）多个样本平均数差异显著性检验——方差分析法

用于进行两组及多组样本均数的比较，即成组设计的方差分析，如果做了相应选择，还可进行随后的两两比较，甚至于在各组间精确设定哪几组和哪几组进行比较，在以下内容中详解。

方差分析的适用条件为各处理组样本来自正态总体；各样本是相互独立的随机样本；各处理组的总体方差相等，即方差齐性。

方差分析的注意事项：①方差分析的结果解释：方差分析的 F 检验，当 $P \leqslant 0.05$，可以认为各组总体均数不等或不全相等，即总的说来各组总体均数有差别，但并不意味着任何两组总体均数都有差别。要想确定哪些组间有差别，需进一步做两两比较。②多个样本均数间的两两比较：当样本数大于 2 时，不宜再用前述 t 检验方法分别作两两比较，否则会增大犯第一类错误的概率。③方差分析与 t 检验的联系：t 检验可以看作为方差分析的特例，两者的计算结果有如下关系：$\sqrt{F} = t$。

1. 完全随机设计（成组设计）的单因素 ANOVA（一个研究因素, k 个水平）

例 3：通过四种施肥方案的对比试验，选择最佳施肥方案，对某退化草地随机地选出 20 小区，每小区 $10m^2$，5 小区为一组，每组施行 1 种方案，其结果列于表，检验不同施肥方案对牧草产量的影响（列于下表）。

4 种施肥方案的试验结果

施肥方案	牧草产量（kg/亩）				
对照（0 处理）	14	18	25	30	19
方案Ⅰ（尿素 0.5kg）	32	30	23	42	48
方案Ⅱ（尿素 0.5＋磷胺 0.1kg）	52	36	58	32	47
方案Ⅲ（羊粪 10kg）	11	31	17	37	39

步骤 1：选择"Analyze" | "Compare Means" | "One-Way ANOVA"（单因子变异量分析）命令，如下图所示。

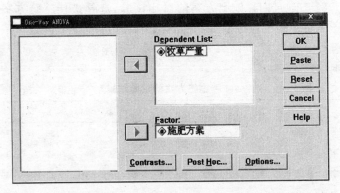

步骤 2：在出现的"One-Way ANOVA"对话框中将左侧表框中的"牧草产量"选项放入"Dependent List"（依变量清单）列表框中，将"施肥方案"选项放入"Factor："（因子）列表框中，单击"Options"按钮，如下图所示。

步骤 3：在出现的"One-Way ANOVA：Options"对话框，选

中"Descriptive"(描述性统计量)和"Homogeneity-of-variance"(变异量的同构型考验)复选框,再单击"Continue"按钮,如下图所示。

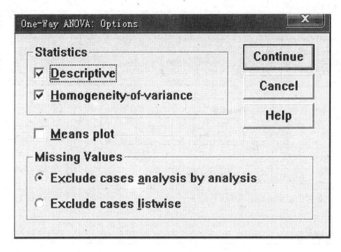

　　再单击"Post Hoc⋯"对话框,选中 "LSD"和"S-N-K"复选框,再单击"Continue"和"OK"按钮,如下图所示。

报表解读：

Descriptives

牧草产量

	N	Mean	Std. Deviation	Std. Error	95% Confidence Interval for Mean		Minimum	Maximum
					Lower Bound	Upper Bound		
对照	5	21.2000	6.3008	2.8178	13.3765	29.0235	14.00	30.00
方案1	5	35.0000	9.9499	4.4497	22.6456	47.3544	23.00	48.00
方案2	5	45.0000	10.8628	4.8580	31.5121	58.4879	32.00	58.00
方案3	5	27.0000	12.4097	5.5498	11.5914	42.4086	11.00	39.00
Total	20	32.0500	13.0605	2.9204	25.9375	38.1625	11.00	58.00

Test of Homogeneity of Variances

牧草产量

Levene Statistic	df1	df2	Sig.
1.508	3	16	.250

经 Levene 方差齐性检验，P＝0.250＞0.05，因此各组方差齐性。

ANOVA

牧草产量

	Sum of Squares	df	Mean Square	F	Sig.
Between Groups	1598.150	3	532.717	5.188	.011
Within Groups	1642.800	16	102.675		
Total	3240.950	19			

采用完全随机设计的单因素方差分析，$F = 5.188$，$P = 0.011 < 0.05$，可以认为 3 种配方对牧草产量的影响有差异。因此采用 LSD（最小显著差异法）和 SNK 法比较，如下图所示。

Multiple Comparisons

Dependent Variable: 牧草产量

	(I) 施肥方案	(J) 施肥方案	Mean Difference (I-J)	Std. Error	Sig.	95% Confidence Interval Lower Bound	95% Confidence Interval Upper Bound
LSD	对照	方案1	-13.8000*	6.4086	.047	-27.3856	-.2144
		方案2	-23.8000*	6.4086	.002	-37.3856	-10.2144
		方案3	-5.8000	6.4086	.379	-19.3856	7.7856
	方案1	对照	13.8000*	6.4086	.047	.2144	27.3856
		方案2	-10.0000	6.4086	.138	-23.5856	3.5856
		方案3	8.0000	6.4086	.230	-5.5856	21.5856
	方案2	对照	23.8000*	6.4086	.002	10.2144	37.3856
		方案1	10.0000	6.4086	.138	-3.5856	23.5856
		方案3	18.0000*	6.4086	.013	4.4144	31.5856
	方案3	对照	5.8000	6.4086	.379	-7.7856	19.3856
		方案1	-8.0000	6.4086	.230	-21.5856	5.5856
		方案2	-18.0000*	6.4086	.013	-31.5856	-4.4144

经 LSD 法进行的两两比较,施肥方案 2 与其他方案及对照有显著差异($P<0.05$),而施肥方案 1、施肥方案 3 与对照无显著差异($P>0.05$)。

牧草产量

	施肥方案	N	Subset for alpha = .05 1	Subset for alpha = .05 2
Student-Newman-Keuls[a]	对照	5	21.2000	
	方案3	5	27.0000	
	方案1	5	35.0000	35.0000
	方案2	5		45.0000
	Sig.		.110	.138

经 SNK 两两比较,施肥方案 2 与其他方案及对照有显著差异($P<0.05$),而施肥方案 1、施肥方案 3 与对照无显著差异($P>0.05$)。

2. 随机区组设计(配伍设计)的两因素 ANOVA[1 个研究因素(a 个水平),1 个配伍因素(b 个水平)]

例 4:3 批甘蓝叶样本分别在甲、乙、丙、丁四种条件下测量核黄素浓度,结果如下。请问他们之间有差异吗? 相关数据见下表。

核黄素含量　（单位：mg/g）

批　次	甲	乙	丙	丁
1	27.2	24.6	39.5	38.6
2	23.2	24.2	43.1	39.5
3	24.8	22.2	45.2	33.0

步骤1：选择"Analyze"｜"General Linear Model"｜"Univariate..."（多因子变异量分析）命令。

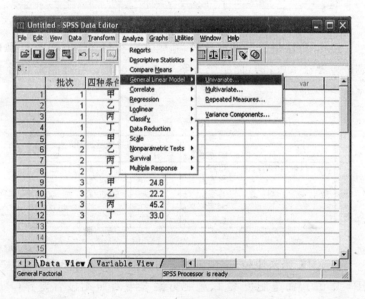

步骤2：从主对话框左侧的变量列表中选定"浓度"，单击按钮使之进入"Dependent List"框，再选定变量"批次"和"四种条件"，单击按钮使之进入"Fixed Factor(s)"框。单击"OK"按钮。

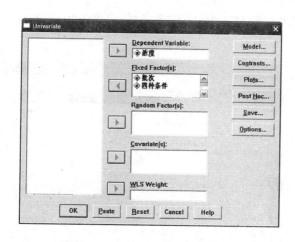

步骤 3：单击"Model"按钮，从左侧"Factors & Covariates"中选定变量"批次"和"四种条件"，单击按钮使之进入"Model"框。由于没有重复数据，所以不进行交互作用分析。选择"Custom"并将 Build Term(s) 下的下拉菜单选取"Main effects"，再单击"Custom"按钮。

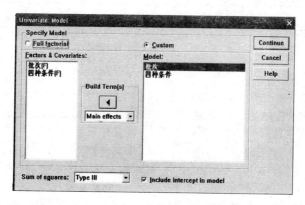

步骤 4：单击"Post Hoc…"按钮，选择"四种条件"作多重比较

分析。选中"LSD"和"S-N-K"复选框,再单击"Continue"和"OK"按钮,如下图所示:

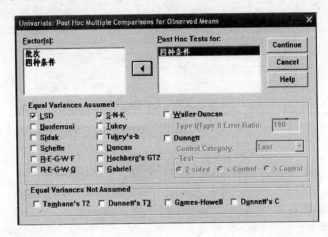

报表:

Tests of Between-Subjects Effects

Dependent variable:浓度

Source	Type III Sum of Squares	df	Mean Square	F	Sig.
Corrected Model	769.291[a]	5	153.858	18.810	.001
Intercept	12358.501	1	12358.501	1510.870	.000
批次	3.762	2	1.881	.230	.801
四种条件	765.529	3	255.176	31.196	.000
Error	49.078	6	8.180		
Total	13176.870	12			
Corrected Total	818.369	11			

a. R Squared = .940 (Adjusted R Squared = .890)

采用随机区组设计的两因素方差分析,对四种条件和批次进行检验,得到四种条件的 F=31.196,P<0.01。可以认为在四种条件下测得的浓度有差异,而批次的 F=0.230,P>0.05,所以认为三种批次测得的浓度无差异。

Multiple Comparisons

Dependent Variable: 浓度

	(I) 四种条件	(J) 四种条件	Mean Difference (I-J)	Std. Error	Sig.	95% Confidence Interval Lower Bound	95% Confidence Interval Upper Bound
LSD	甲	乙	1.400	2.335	.571	-4.314	7.114
		丙	-17.533*	2.335	.000	-23.247	-11.819
		丁	-11.967*	2.335	.002	-17.681	-6.253
	乙	甲	-1.400	2.335	.571	-7.114	4.314
		丙	-18.933*	2.335	.000	-24.647	-13.219
		丁	-13.367*	2.335	.001	-19.081	-7.653
	丙	甲	17.533*	2.335	.000	11.819	23.247
		乙	18.933*	2.335	.000	13.219	24.647
		丁	5.567	2.335	.054	-.147	11.281
	丁	甲	11.967*	2.335	.002	6.253	17.681
		乙	13.367*	2.335	.001	7.653	19.081
		丙	-5.567	2.335	.054	-11.281	.147

Based on observed means.

*. The mean difference is significant at the .05 level.

经 LSD 法两两比较,除甲和乙,丙和丁之间无差异(P<0.05)以外,其他条件两两之间均有差异(P>0.05)。

浓度

	四种条件	N	Subset 1	Subset 2
Student-Newman-Keuls[a,b]	乙	3	23.667	
	甲	3	25.067	
	丁	3		37.033
	丙	3		42.600
	Sig.		.571	.054

Means for groups in homogeneous subsets are displayed.

Based on Type III Sum of Squares

The error term is Mean Square(Error) = 8.180.

a. Uses Harmonic Mean Sample Size = 3.000.

b. Alpha = .05.

经 S-N-K 法两两比较,除甲和乙,丙和丁之间无差异(P<0.05)以外,其他条件两两之间均有差异(P>0.05)。

(三)次数资料的检验——卡平方(x^2)检验法

在草业科学试验中常常由计数而得到的资料,这类资料称为次数资料。对次数资料差异显著性的检验问题,除了对有些样本容量很大的资料用成熟资料的检验方法外对另一些次数资料须用卡平方检验法。

在卡平方检验中对比理论次数与实际观察次数的符合程度的检验叫适合性检验,对探求个变数间是否相互独立的检验叫独立性检验。经独立性检验若两变数间相互独立,说明处理无效果。若两变数不独立即有关,则说明处理有效果。如牧草种子灭菌与否与牧草植株发病两个变数之间,若相互不独立,则表示种子灭菌与发病高低有关,说明种子灭菌有效果,反之则否。

1. 适合性 检验检验种和两种以上质量性状的实际次数与理论次数是否相符合即为适合性检验。这种检验要求有根据某种理论或需要预期的理论次数。此时 X^2 统计量的自由度 df 等于质量性状分类数 k 减去 1。

例5:在苜蓿育种时观察某一杂交组合的花色,共观测了 289 株,其中 208 株开紫花,81 株开黄花。试分析这一资料是否符合一对等位基因的遗传规律 3∶1 的理论数值(下表)。

苜蓿花色一对等位基因遗传的适合性检验

花 色	实测株数	理论次数
紫	208	216.75
黄	81	72.25

步骤 1:对数据进行加权处理,选择主菜单［Analyze］⇒［Date］⇒［Weight Cases］,如下图所示。

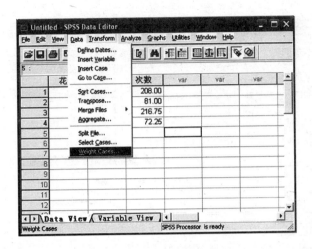

步骤 2：选择 [Weight cases by] 选项，将"次数"选入"Frequency Variable"复选框中，点击"OK"，如下图所示。

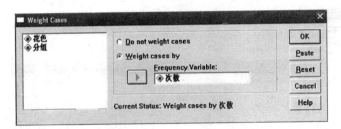

步骤 3：选择主菜单 [Analyze] ⇒ [Nonparametric Tests] ⇒ [Chi－square]，如下图所示。

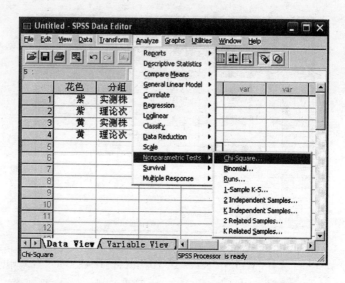

步骤 4：在显示的［Chi－square Test（卡方检验）］主对话框中，把"次数"选入［Test Variable］作为检验变量。再单击"OK"按钮，如下图所示。

报表：

次数

	Observed N	Expected N	Residual
72.25	72	144.5	-72.5
81.00	81	144.5	-63.5
208.00	208	144.5	63.5
216.75	217	144.5	72.5
Total	578		

Test Statistics

	次数
Chi-Square[a]	128.561
df	3
Asymp. Sig.	.000

a. 0 cells (.0%) have expected frequencies less than
5. The minimum expected cell frequency is 144.5.

由卡方检验,其渐进显著性(P-value)为 0.000,在显著水平 α
=0.01 的情况下,渐近显著性 0.000＜0.01,拒绝假设,即实际次
数与理论次数差异显著,说明此杂交组合的花色性状符合一对等
位基因的遗传规律 3∶1 比率的。

2. 独立性检验　独立性检验是两类因素的联列次数是彼此
独立或相关。进行独立性检验时,首先将次数资料作为两向联列
相依表。然后计算各小格的与实际观测次数相应的理论次数。设
横、直行因素,分别为 R 类和 C 类。则联列表共有 R×C 个小格,
统计量的自由度 df＝(R-1)(C-1)。

例 6:某牛场用鲜精、细管冻精、颗粒冻精分别授配 140 头、
110 头和 120 头母牛。其受胎率列于下表。试检验 3 种状态的精
液是否对受胎率有显著的影响。

3 种状态精液对受胎率影响试验

受胎情况	精 液		
	鲜精（A）	细管冻精（B）	颗粒冻精（C）
受　胎	125	92	95
未受胎	15	18	25

设定数据库变量

VA：行变量，数字型，宽度一位

VB：列变量，数字型，宽度一位

VC：因变量（观察数），数字型，宽度由最大观察数位数决定。

输入数据，建立数据库

VA	VB	VC
1	1	125
1	2	92
1	3	95
2	1	15
2	2	18
2	3	25

步骤 1：对数据进行加权处理，选择主菜单［Analyze］⇒
［Date］⇒［Weight Cases］，如下图所示。

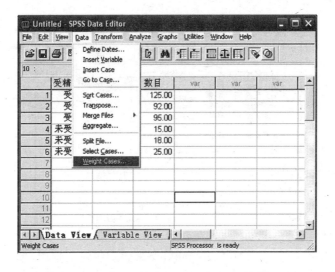

步骤 2：选择[Weight cases by]选项，将"数目"选入"Frequen-cy Variable"复选框中，点击"OK"，如下图所示。

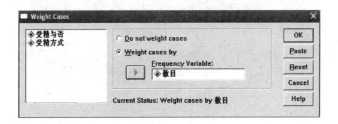

步骤 3：选择［Analyze］⇒［Descriptive Statistic］⇒［Crosstabs］，如下图所示。

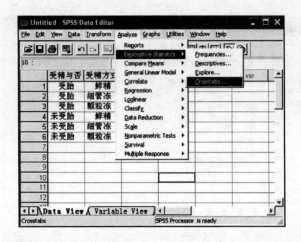

步骤 4：在显示的［Crosstabs（交叉表）］主对话框中，把"受精方式"选入［Row］框中，把"受精与否"选入［Column］框中，如下图所示。

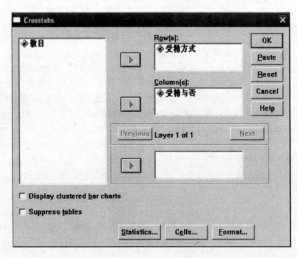

步骤 5：点击"Statistics"按钮，选择"Chi-square"选项，单击"Continue"，再单击"OK"，如下图所示。

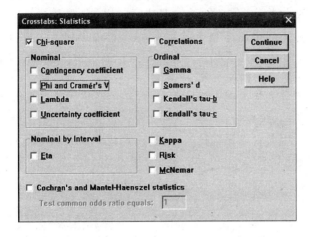

报表：

受精方式 * 受精与否 Crosstabulation

Count

		受精与否		Total
		受胎	未受胎	
受精方式	鲜精	125	15	140
	细管冻精	92	18	110
	颗粒冻精	95	25	120
Total		312	58	370

Chi-Square Tests

	Value	df	Asymp. Sig. (2-sided)
Pearson Chi-Square	5.061[a]	2	.080
Likelihood Ratio	5.146	2	.076
Linear-by-Linear Association	5.027	1	.025
N of Valid Cases	370		

a. 0 cells (.0%) have expected count less than 5. The minimum expected count is 17.24.

P＝0.08＞0.05,说明三种状态精液的受胎率无显著差异。

(四)两个变量之间的相关程度进行分析——简单相关分析

简单相关分析是对两个变量之间的相关程度进行分析。单相关分析所用的指标称为单相关系数,又称为单相关系数、Pearson(皮尔森)相关系数或相关系数。通常以 ρ 表示总体的相关系数,以 r 表示样本的相关系数。

在实际的客观现象分析研究中,相关系数一般都是利用样本数据计算的,因而带有一定的随机性。样本容量越小其可信程度就越差。因此也需要进行检验,即对总体相关系数 ρ 是否等于 0 进行检验。

例6:见下表。

3 月上旬平均温度与害虫始盛期关系

年 份	3 月上旬(x)平均温度℃	害虫始盛期(y)(6 月 30 日为零)
1961	8.6	3
1962	8.3	5
1963	9.7	5
1964	8.5	1
1965	7.5	4
1966	8.4	4
1967	7.3	5
1968	9.7	2
1969	5.4	7
1970	5.5	5
Σ	78.9	39

步骤1:在显示的如下对话框中,选择[Analyze]⇒[Correlate]⇒[Bivariate],如下图所示。

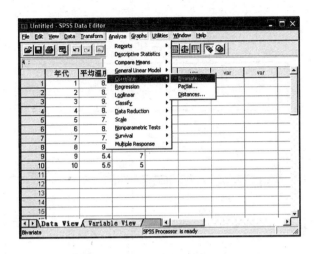

步骤 2：选择变量"平均温度"和"虫始盛期"，进入"Variables"框。采用默认设置，直接单击"OK"进行分析，如下图所示。

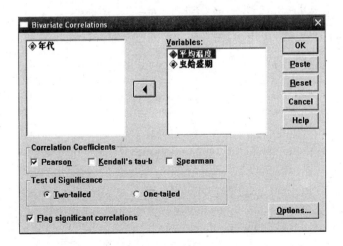

报表：

Descriptive Statistics

	Mean	Std. Deviation	N
平均温度	7.890	1.501	10
虫始盛期	4.10	1.73	10

Correlations

		平均温度	虫始盛期
平均温度	Pearson Correlation	1.000	-.616
	Sig. (2-tailed)	.	.058
	N	10	10
虫始盛期	Pearson Correlation	-.616	1.000
	Sig. (2-tailed)	.058	.
	N	10	10

从结果可以看出，"平均温度"和"虫始盛期"的相关系数 $r=-0.616$，p 值 $=0.058$，在 $\alpha=0.05$ 水平下呈非线性相关。

附录 D 《中华人民共和国草原法》释义

第一章 总 则

第一条 为了保护、建设和合理利用草原,改善生态环境,维护生物多样性,发展现代畜牧业,促进经济和社会的可持续发展,制定本法。

【释 义】 本条是关于草原法立法宗旨的规定。明确指出草原的经济利用意义和生态环境功能具有同等重要的地位。

第二条 在中华人民共和国领域内从事草原规划、保护、建设、利用和管理活动,适用本法。

本法所称草原,是指天然草原和人工草地。

【释 义】 本条指出在中华人民共和国领域内从事的一切草原活动都适用《草原法》。

天然草原是指:一种土地类型,它是草本和木本饲用植物以及野生动物和家畜与其所着生的土地构成的具有多种功能的自然综合体,是一种特殊的土地——生物资源。

人工草地是指:选择适宜的草种,通过人工措施而建植或改良的草地。

第三条 国家对草原实行科学规划、全面保护、重点建设、合理利用的方针,促进草原的可持续利用和生态、经济、社会的协调发展。

【释 义】 指出要依本法编制草原规划,科学保护、建设和合理利用草原资源。国家对草原保护、建设和利用实行统一规划制度。科学的规划是做好草原保护和建设工作的基础。

第四条 各级人民政府应当加强对草原保护、建设和利用的管理,将草原的保护、建设和利用纳入国民经济和社会发展计划。

各级人民政府应当加强保护、建设和合理利用草原的宣传教育。

【释　义】　指出草原建设是生态建设的重要组成部分,各级政府要依法加强草原建设,尽快扭转草原生态环境不断恶化的局面。要将草原的保护、建设和利用纳入国民经济和社会发展计划,增加对草原的投入。

第五条　任何单位和个人都有遵守草原法律法规、保护草原的义务,同时享有对违反草原法律法规、破坏草原的行为进行监督、检举和控告的权利。

【释　义】　草原法律法规是调整草原关系的法律依据和行为规范,制定草原法律法规的直接目的就是使这些法律法规得到具体实施,因而要求每个社会主体都要遵守。

这里规定的"检举"和"控告"是指单位和公民个人对有违反草原法行为的政府机关、单位、组织和个人,有向人民政府草原行政主管部门或者草原监督管理机构提出举报和指控或者检举的权利。

第六条　国家鼓励与支持开展草原保护、建设、利用和监测方面的科学研究,推广先进技术和先进成果,培养科学技术人才。

【释　义】　在草原法中作出这项规定,目的是以法律的形式有力地推动关于草原的科学研究和技术进步,培养草原方面的科技人才。因为草原保护与建设是集生态、环境、资源、经济、人口、社会、民族等问题于一体的巨型系统工程,必须以强有力的科学技术支撑,才能实现系统良性循环。

第七条　国家对在草原管理、保护、建设、合理利用和科学研究等工作中作出显著成绩的单位和个人,给予奖励。

【释　义】　在法律上建立奖励制度,作用在于推进依法进行的草原管理、建设等项事业。奖励办法分为两类:一类是物质上的奖励,如发给一定数额的奖金、晋升工资等;另一类是精神上的奖励,如授予光荣称号、通报嘉奖等。

第八条 国务院草原行政主管部门主管全国草原监督管理工作。

县级以上地方人民政府草原行政主管部门主管本行政区域内草原监督管理工作。

乡(镇)人民政府应当加强对本行政区域内草原保护、建设和利用情况的监督检查,根据需要可以设专职或者兼职人员负责具体监督检查工作。

【释 义】 本条是关于草原监督管理工作体制、法定部门、法定权限的规定。包含三个层次、三个方面内容:一是全国的草原监督管理工作由国务院草原行政主管部门负责,这是指在全国范围内有法定的主管部门;二是县级以上地方人民政府草原行政主管部门主管本行政区域内的草原监督管理工作,地方草原行政主管部门是地方人民政府的一个法定的组成部分,有明确的法定职责;三是指乡(镇)政府有责任也应当有人员保证做好草原监督管理工作。

第二章 草原权属

第九条 草原属于国家所有,由法律规定属于集体所有的除外。国家所有的草原,由国务院代表国家行使所有权。

任何单位或者个人不得侵占、买卖或者以其他形式非法转让草原。

【释 义】 本条是有关草原所有权和草原所有权行使机关的规定。

本条有关草原所有权的规定是依据宪法作出的。我国宪法第九条第一款规定:"矿藏、水流、森林、山岭、草原、荒地、滩涂等自然资源,都属于国家所有,即全民所有;由法律规定属于集体所有的森林和山岭、草原、荒地、滩涂除外。"这就是说,草原作为自然资源的一种,一般属于国家所有,新中国成立以来的实际情况也是这样。

国有草原的所有权由国务院代表国家行使,是指国务院代表国家依法行使对国有草原的占有、使用、收益和处分的权利。

我国草原所有权的主体只能是国家和有关农牧民集体,除国家为了公共利益的需要可以依法征用农牧民集体所有的草原外,草原的所有权是不能改变的。任何侵占、买卖或者以其他形式非法转让草原的行为都是非法的,都必须依法禁止。

第十条 国家所有的草原,可以依法确定给全民所有制单位、集体经济组织等使用。

使用草原的单位,应当履行保护、建设和合理利用草原的义务。

【释 义】 本条是有关国有草原使用权和草原使用权人应履行的义务的规定。体现了国有草原所有权和国有草原使用权可以分离的基本原则。规定使用国有草原的单位,都应当履行保护、建设和合理利用草原的义务。

第十一条 依法确定给全民所有制单位、集体经济组织等使用的国家所有的草原,由县级以上人民政府登记、核发使用权证,确认草原使用权。

未确定使用权的国家所有的草原,由县级以上人民政府登记造册,并负责保护管理。

集体所有的草原,由县级人民政府登记、核发所有权证,确认草原所有权。

依法改变草原权属的,应当办理草原权属变更登记手续。

【释 义】 本条是关于草原确权登记的规定。

所谓草原登记,是指县级以上人民政府依法将草原的权属、用途、面积等情况登记在专门的簿册上,同时向草原的所有者和使用者颁发草原证书以确认草原所有权和使用权的一种法律制度。

第十二条 依法登记的草原所有权和使用权受法律保护,任何单位或者个人不得侵犯。

第十三条 集体所有的草原或者依法确定给集体经济组织使用的国家所有的草原,可以由本集体经济组织内的家庭或者联户承包经营。

在草原承包经营期内,不得对承包经营者使用的草原进行调整;个别确需适当调整的,必须经本集体经济组织成员的村(牧)民会议三分之二以上成员或者三分之二以上村(牧)民代表的同意,并报乡(镇)人民政府和县级人民政府草原行政主管部门批准。

集体所有的草原或者依法确定给集体经济组织使用的国家所有的草原由本集体经济组织以外的单位或者个人承包经营的,必须经本集体经济组织成员的村(牧)民会议三分之二以上成员或者三分之二以上村(牧)民代表的同意,并报乡(镇)人民政府批准。

【释 义】 本条是关于集体所有的草原和确定给集体使用的国有草原承包经营权的规定。

草原由集体经济组织内的家庭或者联户承包经营。即只要是农村集体经济组织中的成员,其对集体所有的草原或者依法确定给集体经济组织使用的国家所有的草原都享有法定的权益,都有权依法承包由农村集体经济组织发包的草原。在草原承包经营期内,不得对承包经营者使用的草原进行调整,体现了国家对农牧民赋予长期而有保障的草原使用权,保持农村集体草原承包关系的长期稳定。同时,草原的承包期为 30 年至 50 年,在这样长的承包期内,农村的情况会发生很大的变化,完全不允许调整承包草原也难以做到。因此,在草原承包"大稳定"的前提下,可以做"小调整",允许按照法律规定的程序对个别承包户的草原进行必要的调整。

集体所有的草原或者依法确定给集体经济组织使用的国家所

有的草原除可以由本集体经济组织成员承包外,还可以由本集体经济组织以外的单位或者个人承包经营,但要经过一定的程序,以确保本集体经济组织所有成员的利益。

第十四条 承包经营草原,发包方和承包方应当签订书面合同。草原承包合同的内容应当包括双方的权利和义务、承包草原四至界限、面积和等级、承包期和起止日期、承包草原用途和违约责任等。承包期届满,原承包经营者在同等条件下享有优先承包权。

承包经营草原的单位和个人,应当履行保护、建设和按照承包合同约定的用途合理利用草原的义务。

【释 义】本条是关于草原承包经营合同的内容、优先承包权和草原承包经营者应当承担的义务的规定。

承包经营草原应当订立草原承包经营合同。草原承包经营合同,是指发包方和承包方依法订立的约定双方权利和义务的协议。发包方是与集体经济组织所有草原或者确定给集体经济组织使用的国有草原范围相一致的农村集体经济组织、村委会或者村民小组。承包方是本集体经济组织内的家庭、联户或者依法可以承包的本集体经济组织以外的单位或者个人。

草原承包经营者的义务。保护和建设草原,是关系国计民生,关系国家发展全局的大事。因此,草原承包经营者作为直接使用草原的一方有义务保护和建设草原。同时,草原承包经营者还要严格依照承包经营合同约定的用途使用草原,并遵守有关法律和行政法规关于保护草原的规定。

第十五条 草原承包经营权受法律保护,可以按照自愿、有偿的原则依法转让。

草原承包经营权转让的受让方必须具有从事畜牧业生产的能力,并应当履行保护、建设和按照承包合同约定的用途合理利用草原的义务。

草原承包经营权转让应当经发包方同意。承包方与受让方在转让合同中约定的转让期限,不得超过原承包合同剩余的期限。

【释　义】　本条是关于草原承包经营权转让的规定。

草原承包经营权转让的原则。草原承包经营权的转让必须在草原承包关系稳定的前提下进行,必须在农牧民自愿的基础上进行,承包者有权从草原承包经营权转让中获得合法收益,所获得的收益受法律保护,任何组织和个人不得擅自截留、扣缴。

草原承包经营权转让的条件。依照农村土地承包法的规定,承包经营权的流转可以采用转包、出租、互换、转让四种方式。本条明确规定草原承包经营权流转采取转让的方式。转让是指将草原的承包经营权移转给他人,转让将使承包者丧失对承包草原的使用权。因此,转让草原承包经营权的基础是农牧民有了切实的生活保障,否则不应转让草原承包经营权。

按照本条第二款规定,草原承包经营权转让的受让方必须具有从事畜牧业生产的能力。这是对受让方主体资格的要求,也是对受让方在法律上作出的限制。倘若其不能从事畜牧业生产,就不能承受草原承包经营权的转让。这项规定对保护草原、防止将草原用于其他用途和任意侵占草原提供了法律上的保证。

第十六条　草原所有权、使用权的争议,由当事人协商解决;协商不成的,由有关人民政府处理。

单位之间的争议,由县级以上人民政府处理;个人之间、个人与单位之间的争议,由乡(镇)人民政府或者县级以上人民政府处理。

当事人对有关人民政府的处理决定不服的,可以依法向人民法院起诉。

在草原权属争议解决前,任何一方不得改变草原利用现状,不得破坏草原和草原上的设施。

第三章　规　划

第十七条　国家对草原保护、建设、利用实行统一规划制度。国务院草原行政主管部门会同国务院有关部门编制全国草原保护、建设、利用规划，报国务院批准后实施。

县级以上地方人民政府草原行政主管部门会同同级有关部门依据上一级草原保护、建设、利用规划编制本行政区域的草原保护、建设、利用规划，报本级人民政府批准后实施。

经批准的草原保护、建设、利用规划确需调整或者修改时，须经原批准机关批准。

【释　义】　本条是关于草原保护、建设、利用实行统一规划制度和规划编制的要求、审批权限、修改程序的规定。

草原保护、建设、利用规划是指在一定时期和一定地域范围内，根据草原现状以及国家或当地国民经济和社会发展计划，对草原保护、建设、利用工作在空间上、时间上所作的统筹安排，是对草原资源的总体利用规划。草原保护、建设、利用规划在草原工作中具有重要的法律地位，是草原工作应当遵循的首要原则。草原保护、建设、利用规划是经过国务院或地方人民政府批准的、具有高度的权威性和法律效力，任何单位和个人都必须严格执行。

第十八条　编制草原保护、建设、利用规划，应当依据国民经济和社会发展规划并遵循下列原则：

（一）改善生态环境，维护生物多样性，促进草原的可持续利用；

（二）以现有草原为基础，因地制宜，统筹规划，分类指导；

（三）保护为主、加强建设、分批改良、合理利用；

（四）生态效益、经济效益、社会效益相结合。

【释　义】　草原是国民经济和社会发展的基础，草原保护、建设、利用工作是保护生态环境，促进畜牧业和社会经济可持续发展的一件大事,它与牧区乃至整个国家经济发展状况密切相关。草原保护、建设、利用规划确定的目标和措施,应当服从国民经济和社会发展规划的要求。具体讲,就是要以实现牧区经济社会发展方式转变为最终目标,统筹考虑经济发展、社会进步与生态建设之间的关系。既要努力促进经济社会发展,又要保护生态环境;既不能以牺牲生态环境为代价片面追求经济的发展、破坏子孙后代的生存空间,也不能超越国民经济和社会发展阶段片面追求草原资源的保护,不顾农牧民的生产和生活。

第十九条 草原保护、建设、利用规划应当包括:草原保护、建设、利用的目标和措施,草原功能分区和各项建设的总体部署,各项专业规划等。

【释 义】 草原功能分区和各项建设的总体部署。我国各类草原由于所处地理区域的不同,草原本身各项自然经济特点是很不相同的,自然条件、资源特点、社会经济、生产条件等各方面均有显著差异,必须通过科学的分区划片,把全国草地资源划分成具有不同特点的功能区,以充分考虑各区的主要特点和存在的主要矛盾,制定草原建设的具体方案,是对各项草原建设进行总体部署的重要依据。

各项专业规划。指在总体规划下,按照不同类型、不同区域、不同草原区的特点,采取重点措施制定的专项的工程建设规划。

第二十条 草原保护、建设、利用规划应当与土地利用总体规划相衔接,与环境保护规划、水土保持规划、防沙治沙规划、水资源规划、林业长远规划、城市总体规划、村庄和集镇规划以及其他有关规划相协调。

【释 义】 草原是土地的一种类型,也是土地的一个重要组成部分。草原保护、建设、利用规划与土地利用总体规划都涉及土地的利用,这两个规划应当是相互衔接的。由于草原在国土总量当中占有的重大比例和广泛分布性,其保护、建设、利用涉及行业较多,所以需要相互协调、以利于草原保护、建设、利用规划具有更强的可操作性。

第二十一条 草原保护、建设、利用规划一经批准,必须严格执行。

第二十二条 国家建立草原调查制度。

县级以上人民政府草原行政主管部门会同同级有关部门定期进行草原调查;草原所有者或者使用者应当支持、配合调查,并提供有关资料。

【释　义】 草原资源调查是县级以上人民政府草原行政主管部门,根据需要在一定范围内和时间内,为查清草原的面积、质量、分布、利用和权属状况而采取的一项技术的、行政的、法律的调查措施。草原资源调查制度一般包括两个方面的工作:一是一定时期或一定阶段对草原进行全面调查;二是对草原随时进行动态监测,把定期调查与日常监测结合起来。

第二十三条 国务院草原行政主管部门会同国务院有关部门制定全国草原等级评定标准。

县级以上人民政府草原行政主管部门根据草原调查结果、草原的质量,依据草原等级评定标准,对草原进行评等定级。

【释　义】 草原是家畜和野生动物生存生长重要的饲草料来源,草的饲用品质和草产量是评定草原资源质与量的首要指标。"等"表示草原草群品质的优劣。"级"表示草原产草量的高低,是由草群地上部分草的生长量决定的。在对草原资源"等"和"级"评价的基础上,进一步进行草原"等级"综合评价,才能综合反映草原质量的优劣和反映草原生产力的水平。准确的草原"等级"评价结果是科学合理保护、利用草原和建设草原的科学依据。

第二十四条 国家建立草原统计制度。

县级以上人民政府草原行政主管部门和同级统计部门共同制定草原统计调查办法,依法对草原的面积、等级、产草量、载畜量等进行统计,定期发布草原统计资料。

草原统计资料是各级人民政府编制草原保护、建设、利用规划的依据。

【释　义】　国家建立草原统计制度,这是国家法定的统计项目的重要内容,是国家对草原的面积、等级、产草量、载畜量等状况进行调查、汇总、统计分析和提供草原统计资料的法定制度。草原统计的任务是及时、准确地掌握草原资源的利用状况和变化动态,系统地收集、整理分析草原数据信息,更新完善资料,保证统计资料的现时性,为国家和各级人民政府制定政策、规划和管好用好草原资源奠定良好基础。

第二十五条　国家建立草原生产、生态监测预警系统。

县级以上人民政府草原行政主管部门对草原的面积、等级、植被构成、生产能力、自然灾害、生物灾害等草原基本状况实行动态监测,及时为本级政府和有关部门提供动态监测和预警信息服务。

第四章　建　设

第二十六条　县级以上人民政府应当增加草原建设的投入,支持草原建设。

国家鼓励单位和个人投资建设草原,按照谁投资、谁受益的原则保护草原投资建设者的合法权益。

【释　义】　本条是对政府加强草原建设投入的强制性规定和建立草原多元化投资渠道的鼓励性规定。

草原生态建设是一项公益性的事业,应当以各级政府投入为主。由于长期以来草原牧区经济社会发展相对落后,地方政府财力有限,因此在政府投入的总盘子中,应当以中央政府投入为主,地方政府配套为辅。

在坚持各级政府持续增加草原建设投入的同时,国家鼓励单位和个人投资建设草原,其目的是通过采取相关鼓励措施,动员各种社会经济力量参与草原建设,从而建立起草原建设多渠道、多元化的投资和融资机制,以弥补政府投入的不足。这里所说的单位和个人,既包括各类性质的经济组织和事业单位,也包括个人特别是承包草原的农牧民本身;投资建设,既包括投入资金,也包括投入劳务。对于单位和个人的投入以及所形成的物质利益,要按照谁投资、谁受益的原则予以确认所有权,从而不断提高各方面投资建设草原的积极性,进一步加大对草原建设的投入力度,形成草原建设投入产出的良性循环。

第二十七条 国家鼓励与支持人工草地建设、天然草原改良和饲草饲料基地建设,稳定和提高草原生产能力。

【释 义】 人工草地是指根据牧草的生物学、生态学和群落结构的特点,有计划地、因地制宜地种植多年生或一年生的优质高产牧草而形成的草地。

天然草地改良是指对天然草原采取一定的农业技术措施,调节和改善草地生态环境中土、水、肥、气、热和植被等自然因素,促进牧草生长,提高草地生产能力的一种生产方法。其做法一般包括草地复壮、补播、灌溉、排水、施肥、除毒害草、防病、治虫灭鼠等。

第二十八条 县级以上人民政府应当支持、鼓励和引导农牧民开展草原围栏、饲草饲料储备、牲畜圈舍、牧民定居点等生产生活设施的建设。

县级以上地方人民政府应当支持草原水利设施建设,发展草原节水灌溉,改善人、畜饮水条件。

第二十九条 县级以上人民政府应当按照草原保护、建设、利用规划加强草种基地建设,鼓励选育、引进、推广优良草品种。

新草品种必须经全国草品种审定委员会审定,由国务院草原行政主管部门公告后方可推广。从境外引进草种必须依法进行审批。

县级以上人民政府草原行政主管部门应当依法加强对草种生

产、加工、检疫、检验的监督管理,保证草种质量。

【释　义】　本条是对草种选育、推广、生产、管理等方面的规定。

草种是指用于动物饲养、生态建设、绿化美化、培肥地力等用途的草本植物和饲用灌木的子实、果实、根、茎、苗、芽等种植材料和繁殖材料。草种基地是指专用于繁殖牧草、草坪草种子和繁殖材料用的人工或者天然的生产基地。

牧草品种审定是指由国家牧草品种审定机构对牧草品种进行审定登记的制度。牧草品种经审定通过,准予登记、发给证书,并予以公告。

第三十条　县级以上人民政府应当有计划地进行火情监测、防火物资储备、防火隔离带等草原防火设施的建设,确保防火需要。

【释　义】　草原火情监测是通过人工观测、卫星遥感技术和网络、电视、广播、电话等现代通讯手段,根据降水量、温度、相对湿度、风级和干旱等气象条件,对草原火灾进行预测预报。当出现高温、连续干旱、大风等火险天气时,提前采取草原防火措施,积极消除火灾隐患。

防火物资储备主要是在草原面积较大,尤其是在重点牧区和草原生态保护区,建立中央和地方的草原防火物资储备库,储备用于草原灭火的各类防火应急物资,为及时扑灭火灾,减少损失,提供必要的物质条件。

防火隔离带重点在国境线、铁路、村庄、森林附近开设。它是一种积极有效的防火设施。目前,主要是在春季或秋季开设草原防火隔离带,国境防火隔离带宽度一般为 100~120 米,境内防火隔离带宽度一般为 40~60 米。常用的开设方法有火烧或机械翻耕去除地面上的植被。

第三十一条　对退化、沙化、盐碱化、石漠化和水土流失的草原,地方各级人民政府应当按照草原保护、建设、利用规划,划定治理区,组织专项治理。

大规模的草原综合治理,列入国家国土整治计划。

第三十二条　县级以上人民政府应当根据草原保护、建设、利用规划,在本级国民经济和社会发展计划中安排资金用于草原改良、人工种草和草种生产,任何单位或者个人不得截留、挪用;县级以上人民政府财政部门和审计部门应当加强监督管理。

第五章　利　用

第三十三条　草原承包经营者应当合理利用草原,不得超过草原行政主管部门核定的载畜量;草原承包经营者应当采取种植和储备饲草饲料、增加饲草饲料供应量、调剂处理牲畜、优化畜群结构、提高出栏率等措施,保持草畜平衡。

草原载畜量标准和草畜平衡管理办法由国务院草原行政主管部门规定。

【释　义】　本条是对草畜平衡的规定。核心是核定适宜载畜量,防止超载过牧,破坏草原。

草原载畜量是指以一定放牧时期和一定草原面积为基数,在不影响草原生产力及保证牲畜正常生长发育的前提下,所能容纳放牧家畜的数量。

草畜平衡是指为保护草原生态系统良性循环,在一定区域和时间内通过草原和其他途径提供的饲草饲料量与在草原饲养的牲畜所需的饲草饲料量保持相对的动态平衡。

超载过牧是我国草原普遍退化的主要原因。所以,强制性规定草原承包经营者遵循草原行政主管部门核定的载畜量,对发生超载过牧情形时应当采取的措施和途径在法规上予以明确。

第三十四条　牧区的草原承包经营者应当实行划区轮牧,合理配置畜群,均衡利用草原。

【释　义】　牧区的草原承包经营者应当将承包经营的草原合理划分为不同的季节牧场,轮流放牧经营并合理配置畜群数量,均衡利用草原,避免过度放牧。

划区轮牧是一种科学利用草原的方式,它是根据草原生产力和放牧畜群的需要,将放牧场划分为若干分区,规定放牧顺序、放牧周期和分区放牧时间以科学控制放牧强度的放牧方式。划区轮牧一般以日或周为轮牧的时间单位。与自由放牧相比,划区轮牧有利于保护草原植被,改善草原植被成分,提高牧草的产量、品质和利用效率。

第三十五条　国家提倡在农区、半农半牧区和有条件的牧区实行牲畜圈养。草原承包经营者应当按照饲养牲畜的种类和数量,调剂、储备饲草饲料,采用青贮和饲草饲料加工等新技术,逐步改变依赖天然草地放牧的生产方式。

在草原禁牧、休牧、轮牧区,国家对实行舍饲圈养的给予粮食和资金补助,具体办法由国务院或者国务院授权的有关部门规定。

第三十六条　县级以上地方人民政府草原行政主管部门对割草场和野生草种基地应当规定合理的割草期、采种期以及留茬高度和采割强度,实行轮割轮采。

【释　义】　割草场和野生草种基地是我国草原资源的重要组成部分。割草场是指牧区草原、农区草山草坡,以及栽培草地中能够进行割草的生产地段,它是草地的一个重要组成部分。科学合理利用割草场,充分储备越冬用青干草,对于减少由于饲草不足造成的家畜乏弱死亡,减轻草原畜牧业损失具有重要意义。割草场实行轮割,就是按草场生产水平,有计划地确定轮流割草场及刈割年限;同时,采取轮流休闲与培育,使草地植物贮藏足够的营养物质并形成种子,有利于草原植物生长条件的改善和种子的繁殖。另外,割草场还要根据草地类型、优势植物种以及自然条件确定合理的割草时期和留茬高度。

野生草种基地是我国重要的种质资源"宝库"，具有重要的科研和生产价值，合理保护和利用野生草种资源，对保持我国生物多样性和实现野生草种资源可持续利用具有重要作用。野生草种基地实行轮采，就是按一定顺序逐年变更采种时期、地点和强度，同时采取轮流休闲与培育，使牧草形成的种子落入原草地上，有利于草地植物繁殖更新。

第三十七条 遇到自然灾害等特殊情况，需要临时调剂使用草原的，按照自愿互利的原则，由双方协商解决；需要跨县临时调剂使用草原的，由有关县级人民政府或者共同的上级人民政府组织协商解决。

第三十八条 进行矿藏开采和工程建设，应当不占或者少占草原；确需征用或者使用草原的，必须经省级以上人民政府草原行政主管部门审核同意后，依照有关土地管理的法律、行政法规办理建设用地审批手续。

【释　义】 本条是对征用集体草原和使用国有草原的原则及其审批程序的规定。

本条所指征用草原是国家因建设需要将集体所有的草原依法变更为国家所有。使用草原是国家将国有草原（包括依法确定给农村集体经济组织、机关、企事业单位、军队使用的国有草原）用于矿藏开采和工程建设。

征用和使用草原进行工程建设和矿藏开采会不可避免地导致草原面积减少，使草畜矛盾更加突出，加大对草原生态环境的破坏和压力。因此，本条规定了"应当不占或者少占草原"的原则。

征用和使用草原必须经省级以上草原行政主管部门审核同意后，相关部门才能办理审批手续。这一规定要求在不改变原审批机构的前提下，草原行政主管部门切实履行职责，有利于草原行政主管部门全面掌握草原利用状况，保证草原保护、建设、利用规划的权威性，加大对草原生态环境的保护力度。其次，征用和使用草原不但涉及草原权属变更,而且涉及给原所有权单位和使用、经营单位及个人的补偿、安置等问题,草原行政主管部门的介入可以在一定程度上缓解和解决目前非法征用和使用草原中存在的不合理现象,避免出现严重后果。

第三十九条　因建设征用集体所有草原的,应当依照《中华人民共和国土地管理法》的规定给予补偿;因建设使用国家所有的草原的,应当依照国务院有关规定对草原承包经营者给予补偿。

因建设征用或者使用草原的,应当交纳草原植被恢复费。草原植被恢复费专款专用,由草原行政主管部门按照规定用于恢复草原植被,任何单位和个人不得截留、挪用。草原植被恢复费的征收、使用和管理办法,由国务院价格主管部门和国务院财政部门会同国务院草原行政主管部门制定。

【释　义】　集体草原补偿是征用单位向原所有权单位支付有关开发、投入、产出的补偿。集体经济组织为了提高草原的生产力,方便牧民生产生活,对其开发利用时进行的投入,如兴修水利灌溉系统、修建牧道、药浴池、配种站、牲畜圈舍、人畜饮水设施、围栏、防火设施等基础设施投入进行适当补偿。

国家所有的草原,绝大多数已承包到户,这是广大农牧民的基本生产、生活资料。征占用、使用这部分草原意味着承包经营者将失去基本生产生活资料,因此必须对其进行补偿。补偿包括两部分:一是对农牧民失去草原的补偿;二是对畜牧业生产基础设施建设投入损失的补偿。

因建设征用、使用草原的应交纳草原植被恢复费。这是因为不论是使用国家草原还是征用集体所有的草原都会一定程度上影响和破坏草原生态环境。草原资源虽属可再生资源,但征用、使用草原不可避免地会造成草原资源总量的减少,征收草原植被恢复费用于异地恢复草原植被,改良和治理退化草原,以保持草原资源总量的动态平衡和草原生态环境的相对稳定。

第四十条　需要临时占用草原的,应当经县级以上地方人民政府草原行政主管部门审核同意。

临时占用草原的期限不得超过二年,并不得在临时占用的草原上修建永久性建筑物、构筑物;占用期满,用地单位必须恢复草原植被并及时退还。

第四十一条　在草原上修建直接为草原保护和畜牧业生产服务的工程设施,需要使用草原的,由县级以上人民政府草原行政主管部门批准;修筑其他工程,需要将草原转为非畜牧业生产用地的,必须依法办理建设用地审批手续。

前款所称直接为草原保护和畜牧业生产服务的工程设施,是指:

(一)生产、储存草种和饲草饲料的设施;

(二)牲畜圈舍、配种点、剪毛点、药浴池、人畜饮水设施;

(三)科研、试验、示范基地;

(四)草原防火和灌溉设施。

第六章　保　护

第四十二条　国家实行基本草原保护制度。下列草原应当划为基本草原,实施严格管理:

(一)重要放牧场;

(二)割草地;

(三)用于畜牧业生产的人工草地、退耕还草地以及改良草地、草种基地;

(四)对调节气候、涵养水源、保持水土、防风固沙具有特殊作用的草原;

(五)作为国家重点保护野生动植物生存环境的草原;

(六)草原科研、教学试验基地;

(七)国务院规定应当划为基本草原的其他草原。

基本草原的保护管理办法,由国务院制定。

【释　义】　设立基本草原保护制度,目的是将草原的主体纳入基本草原范畴,实行严格保护。草原在我国生态资源总量中占据第一位,是生态安全保护链上不可或缺的一环,同时也是草原地区广大农牧民生产生活所依靠的最主要的物质资料。本条规定的各类草地对畜牧业的发展具有关键性、决定性的作用,有的还是经过国家和群众投资建设形成的重要成果,是畜牧业的基本草原,同农业生产中的基本农田具有同等重要的地位和作用,必须同基本农田一样,在法律上确立特殊的保护制度。

实行基本草原保护制度的要点是对建设征用、使用、开垦和各种形式的占用草原,以国家法律为保证实行更加严格的审批制度,能不占用草原的坚决不批不占,能不占用基本草原的用一般草原替代,对占用的草原数量坚决控制在最低合理限度之内。

第四十三条　国务院草原行政主管部门或者省、自治区、直辖市人民政府可以按照自然保护区管理的有关规定在下列地区建立草原自然保护区:

(一)具有代表性的草原类型;

(二)珍稀濒危野生动植物分布区;

(三)具有重要生态功能和经济科研价值的草原。

【释　义】　草原自然保护区是指对有代表性的草原自然生态系统、珍稀濒危野生动植物的天然集中分布区和有特殊意义的自然遗迹等保护对象所在的草原,依法划出一定面积予以特殊保护和管理的区域。

具有代表性的草原类型是指具有代表一定区域、面积且地带性明显的草原植被类型。按照农业部 1995 年组织编写的《中国草地资源》一书的分类,我国草原被划分为 18 个基本的草地类型:(1)温性草甸草原;(2)温性草原;(3)温性荒漠草原;(4)高寒草甸草原;(5)高寒草原;(6)高寒荒漠草原;(7)温性草原化荒漠;(8)温性荒漠;(9)

高寒荒漠;(10)暖性草丛;(11)暖性灌草丛;(12)热性草丛;(13)热性灌草丛;(14)干热稀树灌草丛;(15)低地草甸;(16)山地草甸;(17)高寒草甸;(18)沼泽。

珍稀濒危野生动植物分布区:是指国家珍稀濒危野生动物的栖息地和国家珍稀濒危野生植物的附着地区的草原。珍稀濒危野生动植物主要是指一些在草原上特有的面临绝种危险的野生动植物。

具有重要生态功能和经济科研价值的草原:具有重要生态功能的草原是突出草原的生态功能,如水源涵养地的草原、生态脆弱区的草原、防风固沙的草原等;具有经济价值的草原是指具有一定经济功能的草原,如以甘草、麻黄草等药用价值为建群种的草原;具有科研价值的草原是指具有一定科学研究价值的草原,如以绝遗植物为建群种的草原,以草原濒危野生植物为代表的草原,隐域性分布的草原等。

建立草原自然保护区的目的是:保护珍贵稀有的物种资源,维持遗传的多样性;保护原始的自然景观和各种生境类型,为科研提供"天然本底";保持草原生态系统及其生态演替的正常进行;保证草原资源的永续利用和多途径利用,把利用、改造和保护结合起来,探索提高草原生产力的途径,为科学研究、生产试验、教学和旅游提供基地;为建设草原生态监测站,进行草原动态与环境变化长期监测提供基地。

第四十四条 县级以上人民政府应当依法加强对草原珍稀濒危野生植物和种质资源的保护、管理。

第四十五条 国家对草原实行以草定畜、草畜平衡制度。县级以上地方人民政府草原行政主管部门应当按照国务院草原行政主管部门制定的草原载畜量标准,结合当地实际情况,定期核定草原载畜量。各级人民政府应当采取有效措施,防止超载过牧。

【释　义】 草畜平衡管理是以核定草原的产草量为基础,以草定畜,增草增畜,以达到科学合理的载畜量,实现草与畜之间的动态平衡,实现草畜平衡应当坚持畜牧业发展与保护草原生态并重的原则。

为了保证草畜平衡制度的顺利开展,农业部于 2005 年 1 月 7 日发布了《草畜平衡管理办法》,自 2005 年 3 月 1 日起施行。该办法进一步明确了草畜平衡工作的适用范围、原则、管理机制和管理办法,是逐步实现我国草原草畜平衡管理的又一部法律依据。

第四十六条 禁止开垦草原。对水土流失严重、有沙化趋势、需要改善生态环境的已垦草原,应当有计划、有步骤地退耕还草;已造成沙化、盐碱化、石漠化的,应当限期治理。

【释 义】 开垦草原,是人为破坏草原最主要最直接的原因之一。草原作为一种有着经济、生态和社会价值的自然资源,一旦开垦将会造成草原资源和生态环境的严重破坏,很难在短时间内恢复,并且恢复费用惊人,因此本法明确规定"禁止开垦草原"。要遏制草原退化的趋势,恢复草原生态系统的功效,必须加强对现有草原区域的保护,在严禁开垦破坏的同时,要尽快实施对已垦草原的退耕还草工程。

第四十七条 对严重退化、沙化、盐碱化、石漠化的草原和生态脆弱区的草原,实行禁牧、休牧制度。

【释 义】 禁牧是指为实现草原植被恢复正常水平而对草原实行全面禁止放牧利用的保护措施。禁牧相对时限较长,通常不低于 1 年。

休牧是指为保护牧草正常生长和繁殖,在春季牧草返青期和秋季牧草结实期实行季节性禁止放牧利用或在整个植物生长期禁止放牧利用的措施。休牧的时限通常不高于 1 年。

第四十八条 国家支持依法实行退耕还草和禁牧、休牧。具体办法由国务院或者省、自治区、直辖市人民政府制定。

对在国务院批准规划范围内实施退耕还草的农牧民,按照国家规定给予粮食、现金、草种费补助。退耕还草完成后,由县级以上人民政府草原行政主管部门核实登记,依法履行土地用途变更手续,发放草原权属证书。

第四十九条 禁止在荒漠、半荒漠和严重退化、沙化、盐碱化、石漠化、水土流失的草原以及生态脆弱区的草原上采挖植物和从事破坏草原植被的其他活动。

【释 义】 本条特别规定禁止采挖破坏植被的草原主要包括两类:一类是荒漠和半荒漠。荒漠一般指特别干旱,年降水量在200毫米乃至100毫米以下,植被主要为旱生、超旱生的灌木、半灌木和小半灌木为主;半荒漠也叫荒漠草原或草原化荒漠,是草原与荒漠的过渡地带,植被中有大量旱生、超旱生灌木、小灌木和小半灌木植物与旱生草本植物,年降水量在200～250毫米或以下。荒漠、半荒漠草原主要分布在我国西部的内蒙古、宁夏、甘肃、青海和新疆等省、自治区,面积约 0.92 亿公顷(13.8 亿亩),占全国草原面积的 23%。这一地区植被稀少,盖度低,且以灌木和小半灌木为主,物种单一,一旦遭到破坏,很难恢复。另一类是严重退化、沙化、盐碱化、石漠化、水土流失和生态脆弱区的草原,主要是指人为利用过度的草原,大约占我国草原面积的 1/3。该草原的土壤基质已经受到破坏,植被已经很难经得起再一次的破坏。生态脆弱区的草原主要指类似青藏高原的三江源地区,该地区的草原主要承担着涵养水源的重任。一旦破坏,将会对我国的生态系统构成严重威胁,必须严加保护。

明令禁止的破坏植被的行为包括两类:一类是禁止采挖植被,包括樵采、挖药材、搂发菜、割麻黄等破坏自然植被的行为;一类是禁止破坏生态的行为,包括开垦、上游截流、严重超载过牧、滥采滥挖等活动。

第五十条 在草原上从事采土、采砂、采石等作业活动,应当报县级人民政府草原行政主管部门批准;开采矿产资源的,并应当依法办理有关手续。

经批准在草原上从事本条第一款所列活动的,应当在规定的时间、区域内,按照准许的采挖方式作业,并采取保护草原植被的措施。

在他人使用的草原上从事本条第一款所列活动的,还应当事先征得草原使用者的同意。

第五十一条 在草原上种植牧草或者饲料作物,应当符合草原保护、建设、利用规划;县级以上地方人民政府草原行政主管部门应当加强监督管理,防止草原沙化和水土流失。

第五十二条 在草原上开展经营性旅游活动,应当符合有关草原保护、建设、利用规划,并事先征得县级以上地方人民政府草原行政主管部门的同意,方可办理有关手续。

在草原上开展经营性旅游活动,不得侵犯草原所有者、使用者和承包经营者的合法权益,不得破坏草原植被。

第五十三条 草原防火工作贯彻预防为主、防消结合的方针。

各级人民政府应当建立草原防火责任制,规定草原防火期,制定草原防火扑火预案,切实做好草原火灾的预防和扑救工作。

【释 义】 草原防火工作责任重大,事关国家和人民生命财产安全,事关改革、发展、稳定的大局,是再造秀美山川、改善生态环境的现实需要,也是维护经济社会可持续发展的历史使命。

1993年,国务院制定实施了《草原防火条例》,明确规定我国草原防火工作的主管部门为各级农牧主管部门,将草原火灾划分为草原火警、一般草原火灾、重大草原火灾和特大草原火灾四个等级,并对草原火灾的预防、扑救、善后以及奖励作了具体规定。本法强调了我国草原防火工作的指导方针,即"预防为主、防消结合"。预防为主,重点就是采取各种措施预防火情、火灾发生,如建防火道、挖隔离带,防止野火、外火内窜;积极进行防火宣传,增强群众防火观念;规定防火期,严格防火管理;加强防火检查和火源管理,防止火灾发生等。防消结合，是指在加强预防的基础上，一旦发生火情，就要及时、积极组织力量扑灭，防止扩大，减少损失。

第五十四条　县级以上地方人民政府应当做好草原鼠害、病虫害和毒害草防治的组织管理工作。县级以上地方人民政府草原行政主管部门应当采取措施，加强草原鼠害、病虫害和毒害草监测预警、调查以及防治工作，组织研究和推广综合防治的办法。

禁止在草原上使用剧毒、高残留以及可能导致二次中毒的农药。

【释　义】　鼠害、虫害是我国草原最为严重的生物灾害之一，种类多，暴发频繁，分布面积大，危害程度重，对草原生态环境的破坏作用很大，加剧了草原退化、沙化，制约着草原畜牧业的可持续发展。因此，本条强调了各级政府的职责是做好草原鼠害、病虫害和毒害草防治的组织管理工作，是基于生物灾害的突然性、暴发性、时效性和艰巨性的考虑，只有政府充分调动各方面的力量，才有可能在暴发初期迅速对其防治。法律规定县级以上地方人民政府草原行政主管部门要做好草原鼠害、病虫害和毒害草监测预警、调查以及防治工作，组织研究和推广综合防治的办法。

第二款是一项禁止性条款，禁止在草原上使用剧毒、高残留以及可能导致二次中毒的农药。这里所说的剧毒、高残留以及可能导致二次中毒的农药主要是指用于消灭和防治鼠、虫害和外来物种的药物、生物制剂等。

第五十五条　除抢险救灾和牧民搬迁的机动车辆外，禁止机动车辆离开道路在草原上行驶，破坏草原植被；因从事地质勘探、科学考察等活动确需离开道路在草原上行驶的，应当向县级人民政府草原行政主管部门提交行驶区域和行驶路线方案，经确认后执行。

第七章 监督检查

第五十六条 国务院草原行政主管部门和草原面积较大的省、自治区的县级以上地方人民政府草原行政主管部门设立草原监督管理机构,负责草原法律、法规执行情况的监督检查,对违反草原法律、法规的行为进行查处。

草原行政主管部门和草原监督管理机构应当加强执法队伍建设,提高草原监督检查人员的政治、业务素质。草原监督检查人员应当忠于职守,秉公执法。

【释　义】 本条是对设立草原监督管理机构和加强执法队伍建设的规定。

本条明确规定国务院草原行政主管部门和草原面积较大的省、自治区的县级以上地方人民政府草原行政主管部门设立草原监督管理机构,负责草原法律、法规执行情况的监督检查,对违反草原法律、法规的行为进行查处,这样就以法的形式赋予了草原监督管理机构监督主体的职责和权力。同时,规定草原监督管理机构监督的对象是一切违反草原法律、法规的单位和个人。草原监督管理机构依法行使监督检查权受法律保护,不受其他行政部门、社会团体和个人的干涉。其他行政部门、社会团体以及任何个人都应尊重草原监督管理机构的法定职权,支持其履行法定职责。

我国的草原面积很大,但是近些年来有些地方和部门受传统农业思想的影响,只注重草原的经济功能,忽视草原的生态功能,只求索取、不求投入,只求多产、过度开发,致使草地的面积逐步减少,草地载畜力不断下降,普遍存在超载过牧,草地"三化"(退化、沙化、碱化)不断扩展。因此,加强草原监督管理迫在眉睫,在法律上赋予草原行政主管部门及其草原监督管理机构对草原的监督管理权是非常必要的。

第五十七条 草原监督检查人员履行监督检查职责时,有权采取下列措施：

（一）要求被检查单位或者个人提供有关草原权属的文件和资料，进行查阅或者复制；

（二）要求被检查单位或者个人对草原权属等问题作出说明；

（三）进入违法现场进行拍照、摄像和勘测；

（四）责令被检查单位或者个人停止违反草原法律、法规的行为，履行法定义务。

第五十八条　国务院草原行政主管部门和省、自治区、直辖市人民政府草原行政主管部门，应当加强对草原监督检查人员的培训和考核。

第五十九条　有关单位和个人对草原监督检查人员的监督检查工作应当给予支持、配合，不得拒绝或者阻碍草原监督检查人员依法执行职务。

草原监督检查人员在履行监督检查职责时，应当向被检查单位和个人出示执法证件。

第六十条　对违反草原法律、法规的行为，应当依法作出行政处理。有关草原行政主管部门不作出行政处理决定的，上级草原行政主管部门有权责令有关草原行政主管部门作出行政处理决定或者直接作出行政处理决定。

【释　义】　本条是关于下级草原行政主管部门对违法行为不作出行政处理时上级草原行政主管部门对其进行纠正的规定。

有关草原行政主管部门对草原违法行为依法应当作出行政处理而不作出处理，属于行政机关的不作为，理应受到法律的追究。这种不作为既可以是故意行为，也可以是过失行为。本条规定的依法应当给予行政处理，而有关草原行政主管部门不给予行政处理，是指在违法事实清楚、案件管辖明确的前提下，有处理权的草原行政主管部门对依法应当给予行政处理的行为不给予行政处理，上级草原行政主管部门有权责令有关草原行政主管部门作出行政处理决定或者直接作出行政处理决定。

第八章　法律责任

第六十一条　草原行政主管部门工作人员及其他国家机关有关工作人员玩忽职守、滥用职权,不依法履行监督管理职责,或者发现违法行为不予查处,造成严重后果,构成犯罪的,依法追究刑事责任;尚不够刑事处罚的,依法给予行政处分。

【释　义】　承担本条规定的法律责任的主体是草原行政主管部门工作人员及其他国家机关有关工作人员。草原行政主管部门工作人员是指草原行政主管部门的工作人员和依法履行草原行政主管部门管理职能的人员。其他国家机关有关工作人员是指依法涉及草原保护、建设、利用、管理的国家机关中的工作人员,他们都有依法履行职责的义务和违背法定职责而应当承担的责任。

承担本条规定的法律责任的违法行为是草原行政主管部门及其他国家机关有关工作人员的渎职行为,包括玩忽职守、滥用职权,不依法履行监督管理职责,发现违法行为不予查处。玩忽职守是指草原行政主管部门及其他国家机关有关工作人员不履行、不正确履行或者放弃其草原法规定的职责的违法行为。滥用职权是指草原行政主管部门及其他国家机关有关工作人员违反草原法规定的权限和程序,滥用职权或者超越职权的违法行为。不依法履行监督管理职责,发现违法行为不予查处,这两种行为都是有失职守的渎职行为。

第六十二条　截留、挪用草原改良、人工种草和草种生产资金或者草原植被恢复费,构成犯罪的,依法追究刑事责任;尚不够刑事处罚的,依法给予行政处分。

【释　义】　本条规定的行政责任是行政处分。按照本条规定,国家工作人员截留、挪用草原改良、人工种草和草种生产资金或者草原植被恢复费,情节较轻,尚不够刑事处罚的,由其所在单位或者上级主管部门根据违法行为的情节分别处以警告、记过、记大过、降级、降职、撤职、留用察看、开除等八种行政处分。

第六十三条　无权批准征用、使用草原的单位或者个人非法批准征用、使用草原的，超越批准权限非法批准征用、使用草原的，或者违反法律规定的程序批准征用、使用草原，构成犯罪的，依法追究刑事责任；尚不够刑事处罚的，依法给予行政处分。非法批准征用、使用草原的文件无效。非法批准征用、使用的草原应当收回，当事人拒不归还的，以非法使用草原论处。

非法批准征用、使用草原，给当事人造成损失的，依法承担赔偿责任。

第六十四条　买卖或者以其他形式非法转让草原，构成犯罪的，依法追究刑事责任；尚不够刑事处罚的，由县级以上人民政府草原行政主管部门依据职权责令限期改正，没收违法所得，并处违法所得一倍以上五倍以下的罚款。

第六十五条　未经批准或者采取欺骗手段骗取批准，非法使用草原，构成犯罪的，依法追究刑事责任；尚不够刑事处罚的，由县级以上人民政府草原行政主管部门依据职权责令退还非法使用的草原，对违反草原保护、建设、利用规划擅自将草原改为建设用地的，限期拆除在非法使用的草原上新建的建筑物和其他设施，恢复草原植被，并处草原被非法使用前三年平均产值六倍以上十二倍以下的罚款。

【释　义】　本条规定的违法行为，是未经批准或者采取欺骗手段骗取批准，非法使用草原。未经批准是指：①有关单位和个人未向草原行政主管部门提交使用草原申请即擅自使用草原的行为。②当事人向草原行政主管部门申请使用草原，在草原行政主管部门审核过程中，擅自使用草原的行为。③当事人向草原行政主管部门申请使用草原，经草原行政主管部门审核后未获批准，仍然擅自使用草原的行为。本条所称采取欺骗手段骗取批准，是指有关单位和个人为了获取草原使用权,在向草原行政主管部门申请使用草原时,采取提供虚假材料等手段,以期获得草原行政主管部门批准的行为。

第六十六条 非法开垦草原,构成犯罪的,依法追究刑事责任;尚不够刑事处罚的,由县级以上人民政府草原行政主管部门依据职权责令停止违法行为,限期恢复植被,没收非法财物和违法所得,并处违法所得一倍以上五倍以下的罚款;没有违法所得的,并处五万元以下的罚款;给草原所有者或者使用者造成损失的,依法承担赔偿责任。

第六十七条 在荒漠、半荒漠和严重退化、沙化、盐碱化、石漠化、水土流失的草原,以及生态脆弱区的草原上采挖植物或者从事破坏草原植被的其他活动的,由县级以上地方人民政府草原行政主管部门依据职权责令停止违法行为,没收非法财物和违法所得,可以并处违法所得一倍以上五倍以下的罚款;没有违法所得的,可以并处五万元以下的罚款;给草原所有者或者使用者造成损失的,依法承担赔偿责任。

第六十八条 未经批准或者未按照规定的时间、区域和采挖方式在草原上进行采土、采砂、采石等活动的,由县级人民政府草原行政主管部门责令停止违法行为,限期恢复植被,没收非法财物和违法所得,可以并处违法所得一倍以上二倍以下的罚款;没有违法所得的,可以并处二万元以下的罚款;给草原所有者或者使用者造成损失的,依法承担赔偿责任。

第六十九条 违反本法第五十二条 规定,擅自在草原上开展经营性旅游活动,破坏草原植被的,由县级以上地方人民政府草原行政主管部门依据职权责令停止违法行为,限期恢复植被,没收违法所得,可以并处违法所得一倍以上二倍以下的罚款;没有违法所得的,可以并处草原被破坏前三年平均产值六倍以上十二倍以下的罚款;给草原所有者或者使用者造成损失的,依法承担赔偿责任。

第七十条　非抢险救灾和牧民搬迁的机动车辆离开道路在草原上行驶或者从事地质勘探、科学考察等活动未按照确认的行驶区域和行驶路线在草原上行驶，破坏草原植被的，由县级人民政府草原行政主管部门责令停止违法行为，限期恢复植被，可以并处草原被破坏前三年平均产值三倍以上九倍以下的罚款；给草原所有者或者使用者造成损失的，依法承担赔偿责任。

第七十一条　在临时占用的草原上修建永久性建筑物、构筑物的，由县级以上地方人民政府草原行政主管部门依据职权责令限期拆除；逾期不拆除的，依法强制拆除，所需费用由违法者承担。

临时占用草原，占用期届满，用地单位不予恢复草原植被的，由县级以上地方人民政府草原行政主管部门依据职权责令限期恢复；逾期不恢复的，由县级以上地方人民政府草原行政主管部门代为恢复，所需费用由违法者承担。

第七十二条　未经批准，擅自改变草原保护、建设、利用规划的，由县级以上人民政府责令限期改正；对直接负责的主管人员和其他直接责任人员，依法给予行政处分。

第七十三条　对违反本法有关草畜平衡制度的规定，牲畜饲养量超过县级以上地方人民政府草原行政主管部门核定的草原载畜量标准的纠正或者处罚措施，由省、自治区、直辖市人民代表大会或者其常务委员会规定。

第九章　附　则

第七十四条　本法第二条第二款中所称的天然草原包括草地、草山和草坡，人工草地包括改良草地和退耕还草地，不包括城镇草地。

第七十五条　本法自 2003 年 3 月 1 日起施行。

参考文献

[1] 甘肃农业大学主编. 牧草育种学. 北京:农业出版社, 1980.

[2] 云锦凤. 牧草及饲料作物育种学. 北京:中国农业大学出版社,2001.

[3] 师尚礼. 草坪草种子生产技术. 北京:化学工业出版社, 2005.

[4] 韩建国. 实用牧草种子学,北京:中国农业大学出版社, 1997.

[5] 韩建国. 牧草种子学,中国农业大学出版社. 2007.

[6] 刘若,侯天爵,薛福祥,等. 草原保护学(第三分册)牧草病理学(第二版). 北京:中国农业出版社,1998.

[7] 甘肃农业大学,草原保护学(第一分册)草原啮齿动物学(第二版). 北京:中国农业出版社,1999.

[8] 冯光翰等. 草原保护学(第二分册)草地昆虫学(第二版). 北京:中国农业出版社,1999.

[9] 贺春贵. 苜蓿病虫草鼠害防治. 北京:中国农业出版社, 2004.

[10] 许志刚. 普通植物病理学. 北京:中国农业出版社, 2001.

[11] Tani T. Turfgrass disease. Ann Arbor Press. 1997.

[12] Graham, J. R. et al. A Compendium of Alfalfa Diseases. American Society, 1980.

[13] 赵美琦等. 草坪病害. 北京:中国林业出版社,1999.

[14] 商鸿生,王风葵. 草坪病虫害及其防治. 北京:中国农业

出版社,1996.

[15] Wakar uddin. Cray leaf spot 'blast' U. S. Golf Coures tarf. Golf course Management. 1999.

[16] 刘荣堂,薛福祥,贺伟等. 草坪有害生物及其防治. 北京：中国农业出版社,2004.

[17] 中国科学院植物研究所. 中国高等植物图鉴. 北京：科学出版社,1983.

[18] 汪玺等. 天然草原植被恢复与草地畜牧现代技术. 兰州：甘肃科学技术出版社,2004.

[19] 陕西省农业厅渭南农垦科研所. 陕西农田杂草图志. 西安：陕西科学技术出版社,1984.

[20] 吕君. 草原旅游发展的生态安全研究——以内蒙古自治区为例. 华东师范大学,2006.

[21] 朱琳,赵英伟,刘黎明. 我国草地旅游资源及其合理开发保护. 商业研究,2004,(14).

[22] 白卫国,李增元. 中国西部草地生态系统可持续发展的探讨. 中国草地,2004,(3).

[23] 赵雪. 草地旅游在草地生态系统中的作用及其持续发展. 中国草地,2000,(5).

[24] 刘敏,陈田,钟林生. 草原旅游资源深度开发研究——以内蒙古自治区为例. 资源开发与市场,2006,(4).

[25] 任继周. 草地农业生态学. 北京,中国农业出版社,1996.

[26] 许鹏. 草原资源调查规划. 中国农业出版社,1992.

[27] 杨富裕. 草原旅游理论与管理实务,中国旅游出版社,2007.

[28] 杜青林. 中国草业可持续发展战略. 中国农业出版社,2006.

［29］卞耀武. 中华人民共和国草原法释义. 法律出版社，2004.

［30］农业部草原监理中心. 中国草原执法概论. 人民出版社，2007.

［31］Jiaguo Qi，A. chehbouni，A. R. Huete. A Modified Soil Adjust Vegetation Index. Remote Sens Environment. 1994，l48：119～126.

［32］甘肃农业大学草原系. 草原学与牧草学实习实验指导书. 兰州：甘肃科学技术出版社，1991.

［33］张金屯. 数量生态学. 北京：科学出版社，2004.

［34］陈佐忠，汪诗平. 草地生态系统观测方法. 北京：中国环境科学出版社，2004.

［35］任继周. 草原调查与规划. 农业出版社. 1985.

［36］董永平，吴新宏，戎郁萍. 草原遥感监测技术. 北京：化学工业出版社，2005.

［37］胡自治. 草原分类学概论. 北京：中国农业出版社，1997.

［38］任继周. 草业科学研究方法. 北京：中国农业出版社，1998.

［39］许鹏. 草地资源调查规划学. 北京：中国农业出版社，2000.

［40］孙吉雄. 草地培育学. 北京：中国农业出版社，2000.

［41］内蒙古农牧学院主编. 草原管理学. 北京：中国农业出版社，1991.

［42］阿法纳西耶夫著. 张自和，孙吉雄译. 草原管理手册. 甘肃人民出版社，1986.

［43］黄文惠. 草地改良利用. 北京：金盾出版社，1993.

［44］甘肃农业大学. 草原调查与规划. 北京：农业出版社，1985.

[45]农业部畜牧兽医司.中国草地资源.北京:中国科学技术出版社,1996.

[46]吴征镒.中国植被.北京:科学出版社,1995.

[47]任继周.草地农业生态学.北京:农业出版社,1995.

[48]中华人民共和国农业部畜牧兽医司,中国农业科学院草原研究所,中国科学院自然资源综合考察委员会.中国草地资源数据.北京:中国农业科技出版社,1994.

[49]林杰斌,刘明德.SPSS10.0与统计模式建构.科学出版社.2002

[50]陈金利,杨俊奎,刘凤海.盐碱化草地土壤的改良技术措施.黑龙江畜牧兽医 2003,(4).

[51]王宏,陆绍军,王金花,白金虎.盐渍化草地改良效果调查报告.内蒙古草业,2006,(2).

[52]杨光,王玉.试论植被恢复生态学的理论基础及其黄土高原植被重建中的指导作用.水土保持研究,2000,(2).

[53]章家恩,徐琪.恢复生态学研究的一些基本问题探讨.应用生态学报,1999,(1).

[54]赵晓英,陈怀顺,孙成权.恢复生态学——生态恢复的原理与方法.中国环境科学出版社,2001.

[55]任海,刘庆,李凌浩.恢复生态学导论（第二版）.科学出版社,2008,1.

[56]任海,彭少麟.恢复生态学导论 科学出版社,2001.

[57]天然草地退化、沙化、盐渍化的分级指标（GB 19377－2003）.中国标准出版社,2004.